江苏省“道德发展智库”成果
江苏省“公民道德与社会风尚协同创新中心”成果

国家社科基金重大招标项目
“现代伦理学诸理论形态研究”（10&ZD072) 成果

2018 年国家社会科学基金重大项目
“改革开放 40 年中国伦理道德数据库建设研究”
（18ZDA022）成果

中国伦理道德发展数据库

第六卷

樊 浩 王 珏 等著

中国社会科学出版社

图书在版编目(CIP)数据

中国伦理道德发展数据库：全七卷／樊浩等著．—北京：中国社会科学出版社，2018.12

ISBN 978-7-5203-3603-1

Ⅰ.①中… Ⅱ.①樊… Ⅲ.①社会公德—调查研究—中国
Ⅳ.①B822

中国版本图书馆 CIP 数据核字（2018）第 260004 号

出 版 人　赵剑英
责任编辑　高　歌
责任校对　石春梅
责任印制　戴　宽

出　　版　中国社会科学出版社
社　　址　北京鼓楼西大街甲 158 号
邮　　编　100720
网　　址　http://www.csspw.cn
发 行 部　010-84083685
门 市 部　010-84029450
经　　销　新华书店及其他书店

印刷装订　北京君升印刷有限公司
版　　次　2018 年 12 月第 1 版
印　　次　2018 年 12 月第 1 次印刷

开　　本　787×1092　1/16
印　　张　482.5
字　　数　8918 千字
定　　价　2788.00 元（全七卷）

中国伦理道德发展数据库
建设委员会

中国伦理道德发展数据库
编辑委员会

总　　序

东南大学的伦理学科起步于20世纪80年代前期，由著名哲学家、伦理学家萧焜焘教授、王育殊教授创立，90年代初开始组建一支由青年博士构成的年轻的学科梯队，至90年代中期，这个团队基本实现了博士化。在学界前辈和各界朋友的关爱与支持下，东南大学的伦理学科得到了较大的发展。自20世纪末以来，我本人和我们团队的同仁一直在思考和探索一个问题：我们这个团队应当和可能为中国伦理学事业的发展做出怎样的贡献？换言之，东南大学的伦理学科应当形成和建立什么样的特色？我们很明白，没有特色的学术，其贡献总是有限的。2005年，我们的伦理学科被批准为“985工程”国家哲学社会科学创新基地，这个历史性的跃进推动了我们对这个问题的思考。经过认真讨论并向学界前辈和同仁求教，我们将自己的学科特色和学术贡献点定位于三个方面：道德哲学；科技伦理；重大应用。

以道德哲学为第一建设方向的定位基于这样的认识：伦理学在一级学科上属于哲学，其研究及其成果必须具有充分的哲学基础和足够的哲学含量；当今中国伦理学和道德哲学的诸多理论和现实课题必须在道德哲学的层面探讨和解决。道德哲学研究立志并致力于道德哲学的一些重大乃至尖端性的理论课题的探讨。在这个被称为“后哲学”的时代，伦理学研究中这种对哲学的执着、眷念和回归，着实是一种“明知不可为而为之”之举，但我们坚信，它是我们这个时代稀缺的学术资源和学术努力。科技伦理的定位是依据我们这个团队的历史传统、东南大学的学科生态以及对伦理道德发展的新前沿而做出的判断和谋划。东南大学最早的研究生培养方向就是“科学伦理学”，当年我本人就在这个方向下学习和研究，而东南大学以科学技术为主体、文管艺医综合发展的学科生态，也使我们这些90年代初成长起来的“新生代”再次认识到，选择科技伦理为学科生长点是明智之举。如果说道德哲学与科技伦理的定位与我们的学科传统有关，那么，重大应用的定位就是基于对伦理学的现实本性以及为中国伦理道德建设做贡献的愿望和抱负的选择。定位“重大应用”而不是一般的“应用伦理学”，昭明我们在这方面有所为也有所不为，只是试图在伦理学应用的某些重大方面和重大领域凝聚我们的努力。

基于以上定位，在“985 工程”建设中，我们决定进行系列研究并在长期积累的基础上严肃而审慎地推出以“东大伦理”为标识的学术成果。“东大伦理”取名于两种考虑：这些系列成果的作者主要是东南大学伦理学团队的成员，有的系列也包括东南大学培养的伦理学博士生的优秀博士论文；更深刻的原因是，我们希望并努力使这些成果具有某种特色，以为中国伦理学事业的发展做出自己的贡献。“东大伦理”由六个系列构成：道德哲学研究系列；科技伦理研究系列；重大应用研究系列；与以上三个结构相关的译著系列；以丛刊形式出现并在 20 世纪 90 年代已经创刊的《伦理研究》专辑系列，该丛刊同样围绕三大定位组稿和出版；还有优秀博士论文系列。

“道德哲学系列”的基本结构是“两史一论”，即道德哲学基本理论；中国道德哲学；外国道德哲学。道德哲学理论的研究基础，不仅在概念上将“伦理”与“道德”相区分，而且在一定意义将伦理学、道德哲学、道德形而上学相区分。这些区分某种意义上回归到德国古典哲学的传统，但它更深刻地与中国道德哲学传统相契合。在这个被宣布“哲学终结”的时代，深入而细致、精致而宏大的哲学研究反倒是必需而稀缺的，虽然那个“致广大、尽精微、综罗百代”的“朱熹气象”在中国几乎已经一去不返，但这并不代表我们今天的学术已经不再需要深刻、精致和宏大气魄。中国道德哲学史、西方道德哲学史研究的理念基础，是将道德哲学史当作“哲学的历史”，而不只是道德哲学“原始的历史”和“反省的历史”，它致力探索和发现中西方道德哲学传统中那些具有“永远的现实性”的精神内涵，并在哲学层面进行中西方道德传统的对话与互释。专门史与通史，将是道德哲学史研究的两个基本维度，马克思主义的历史辩证法是其灵魂与方法。

“科技伦理系列”的学术风格与“道德哲学系列”相接并一致，它同样包括两个研究结构。第一个研究结构是科技道德哲学研究，它不是一般的科技伦理学，而是从哲学的层面、用哲学的方法进行科技伦理的理论建构和学术研究，故名之“科技道德哲学”而不是“科技伦理学”；第二个研究结构是当代科技前沿的伦理问题研究，如基因伦理研究、网络伦理研究、生命伦理研究等。第一个结构的学术任务是理论建构，第二个结构的学术任务是问题探讨，由此形成理论研究与现实研究之间的互补与互动。

“重大应用系列”以目前我作为首席专家的国家哲学社会科学重大招标课题和江苏省哲学社会科学重大委托课题为起步，以调查研究和对策研究为重点。目前我们正组织四个方面的大调查，即当今中国社会的伦理关系大调查；道德生活大调查；伦理—道德素质大调查；伦理—道德发展的经验教训及其影响因子的大调查。我们的目标和任务，是努力了解和把握当今中国伦理道德的真实状况，在此基础上进行理论推进和理论创新，为中国伦理道德建设提出具有战略意义和创新意义的对策思路。这就是我们对“重大应用”的诠释和理解，今后我们将沿着这个方向走下去，并贡献出团队和个人的研究成果。

“译著系列”、《伦理研究》丛刊，将围绕以上三个结构展开。我们试图进行的努力是：这两个系列将以学术交流，包括团队成员对国外著名大学、著名学术机构、著名学者的访问，以及高层次的国际国内学术会议为基础，以“我们正在做的事情”为主题和主线，由此凝聚自己的资源和努力。“优秀博士论文系列”将审慎地推出一些东南大学伦理学科的优秀博士论文，以检阅我们的文脉传承。

马克思曾经说过，历史只能提出自己能够完成的任务，因为任务的提出已经表明完成任务的条件已经具备或正在具备。也许，我们提出的是一个自己难以完成或不能完成的任务，因为我们完成任务的条件尤其是我本人和我们这支团队的学术资质方面的条件还远没有具备。我们期待通过漫漫兮求索乃至几代人的努力，建立起以道德哲学、科技伦理、重大应用为三原色的“东大伦理”的学术标识。这个计划所展示的，与其说是某些学术成果，不如说是我们这个团队的成员为中国伦理学事业贡献自己努力的抱负和愿望。我们无法预测结果，因为哲人罗素早就告诫，没有发生的事情是无法预料的，我们甚至没有足够的信心展望未来，我们唯一可以昭告和承诺的是：

我们正在努力！

我们将永远努力！

樊 浩

谨识于东南大学“舌在谷”

2007 年 2 月 11 日

前　言
国家需求—学术成长—学科发展的协奏

东南大学伦理学团队是中国第三个伦理学博士点，在学科建设的初期就将道德哲学、科技伦理、重大应用定位于“东大伦理”的三原色，但重大应用的“重大”如何确认？重大应用研究如何与道德哲学研究良性互动？这个学术研究和学科发展的战略问题一开始并不是很清晰，只是有一点很明确：之所以瞄准“重大”，就是要有所为有所不为，着力于理论创新和文化传承。在中国学术界，应用研究的缺陷很明显，很多是理论研究的功力不够而转向“应用”，就像高考，不少人是因为理科成绩不理想而选考文科，于是对文科学习的激情和好奇心不够，直接影响了人文社会科学教学与研究的质量。还有一个问题是，我们发现不少学者长期从事应用研究，理论研究的高度和深度明显下滑，学界所谓“上行”与“下行”之说便由此而来。在国家“985”创新基地建设的初期，在我们的学术与学科发展理念中只是知道必须“重大”，但到底何谓“重大”、如何“重大”却并不聚焦。

这一问题的自觉始于2007年。那一年，全国哲学社会科学规划办第一次启动全国范围的重大招标项目，东南大学以樊和平教授为首席专家申报的“构建社会主义和谐社会进程中的思想道德与和谐伦理的理论与实践研究”在激烈竞争中获得成功。一段时间后，江苏省哲学社会科学规划办公室委托樊和平教授作为首席专家之一，承担重大委托项目“当前我国思想道德文化多元、多样、多变的特点和规律研究”。当时，整个团队都很兴奋，同时压力也很大，更重要的是，面对这两个以前从未邂逅的“重大”项目，不知从何处下手。樊和平教授做了多种方案，一年中团队多次研讨，但总觉得难以聚焦，也难以找到突破口，最后樊和平教授决定两个课题都从国情省情的调查研究突破。然而，到底如何调查，这支从未受过调查研究系统训练的团队只是凭着青春期的那股朝气和勇气前行。樊和平教授制定了一个“‘四大结构’—‘六大群体’—‘两类地区’”的逻辑框架。“四大结构”即“四大调查”：伦理关系大调查、道德生活大调查、伦理道德素质大调查、伦理道德的影响因子大调查；“六大群体”即政府公务员群体、企业家与企业员工群体、青少年群体、青年知识分子群体、新兴群体、弱势群体；“两类地区”即在全国和江苏都分别从发达地区和发展中地区采样，在全国以江苏、广东（广东以专题调查和补充调查为主）和广西、新疆，在江苏以苏州和盐城分别代表发达地区和发展中地区。两大课题分别设总课题调查组和六大群体的子课题调查组，投放问卷一万多份，故称“万人大调查”。子课题组根据六大群体的不同情况分别设计问卷，分别召开座谈会，总课题组设计综合问卷不分群体进行综合调查和座谈。无疑，问卷设计是基础也是第一道难关，因为它不仅考验和锻炼学者将学术问题转化为现实问题的那种“入化”的学术能力和学术境界，而且必须在这个过程中打造和建立团队。据此，问题设计的基本方法是：樊和平教授设计总体框架和学术内容，然后由各子课题负责人设计四大调查和六大群体的相关内容，在此基础上集体研讨，最后由樊和平教授逐一修改定稿，最后形成了由五十多个问题构成的两大问卷，并开始了在全国和江苏的浩浩荡荡的调查研究。国家课题组分别在江苏、广西、新疆三地，以多阶层抽样的方式共投放问卷1200份，获得有效样本984份，有效回收率为82%，其中江苏地区417份，新疆、广西两地区共567份。江苏委托项目的总课题组的调查在三地同样投放1200份问卷，获得有效样本971份，有效回收率为81%，其中江苏427份，广西、新疆544份。六大群体中的每个课题组都投放了相当数量的调查问卷。当时，不少学者包括规划办的领导都提醒我们可能将课题展开得太大了，但团队处于高昂的热情之中，深夜从数百里之外的盐城回来，还从车厢里飘出一路歌声。调查研究最终形成了200多万字的研究报告和数据库《中国伦理道德报告》《中国大众意识形态报告》（中国社会科学出版社，2010年12月版），首发式和成果发布会后，包括《人民日报》和《光明日报》在内的各主流媒体都以不同方式对成果做了报道和介绍，受到时任中共中央政治局常委李长春同志的关注，并作了重要批示。

首轮道德国情调查焕发了东大伦理学团队的激情，它不仅主要是由东南大学伦理学团队组织和完成，而且主要是用伦理学的方法进行调查研究。首轮道德国情调查的重要尝试和进展是在问卷设计上做出了原创性的理论探索，但是在此过程中也暴露了这支团队在学术体制和能力结构上社会学素养方面的短板。为此，我们一方面进行知识学习，请社会调查的著名社会学家做学术辅导；另一方面着手组建一支新型的国际化的社会学团队。于是，在道德国情调查研究的过程中，一支来自世界各社会学重镇的知识结构和学术视野全新的优秀青年社会学团队暨东南大学社会学系诞生了，它从一开始便与伦理学团队交会，这一交会赋予两个团队、两个学科以特殊的活力与魅力。伦理学团队找到“道德哲学”与“重大应用”的结合点，形成了“道德国情与道德哲学前沿”江苏省创新团队，这个团队的目标和气派是“顶天立地”，方法和境界是在道德国情的调查研究中发现道德哲学前沿，而不再是从理论到理论，从热点到热点，更不是跟风西方学术，而是摆脱西方学术的路径信赖，将“前沿”与“热点”相区分，将“重大应用”聚力于道德国情的调查研究，在调查研究的基础上发现前沿，进行尖端性的道德哲学理论创新。

2013 年，“东大伦理”团队依托“公民道德与社会风尚”协同创新研究中心“2011 项目”和江苏省决策咨询基地“道德国情调查研究中心”，开展了第二轮江苏道德省情和中国道德国情调查。江苏调查由社会学系第一任系主任李林艳博士领衔，在 2007 年调查问卷的基础上补充一些新内容，并将整个问卷“社会学化”，使之更专业。江苏省省委常委、宣传部部长王燕文决定，全国调查搭载中国人民大学中国调查与数据中心的 CGSS 项目进行，CGSS（China General Social Survey）是中国人民大学社会学系和香港科技大学社会科学部发起的一项全国范围的大型抽样调查项目。2013 年为中国综合社会调查（CGSS）第二期（2010—2019）的第 4 次年度调查，也是 CGSS 自 2003 年开始以来的第 10 年。本次调查在全国一共抽取了 100 个县（区），加上北京、上海、天津、广州和深圳 5 个大城市，作为初级抽样单元。其中在每个抽中的县（区），随机抽取 4 个居委会或村委会；在每个居委会或村委会又计划调查 25 个家庭；在每个抽取的家庭，随机抽取一人进行访问。而在北京、上海、天津、广州和深圳这 5 个大城市，一共抽取 80 个居委会；在每个居委会计划调查 25 个家庭；在每个抽取的家庭，随机抽取一人进行访问。这样，在全国一共调查 480 个村/居委会，每个村/居委会调查 25 个家庭，每个家庭随机调查 1 人，最终完成有效调查样本 5666 个。江苏省道德省情调查项目由东南大学道德国情调查中心和社会学系具体实施，调查采用多阶段抽样方法，按照经济发展水平和地理位置进行分类。先把所有地级市分为三类，南京单独成一类，把其他地级市按照人均 GDP 高低分成两类，即人均 GDP 较高和较低两类。然后用概率比例规模抽样（PPS）在经济发展水平较高和较低这两大类中分别抽取了无锡市和连云港市，由此产生了南京、无锡和连云港三个地级市抽样样本。在每个地级市中，把城乡分开、按照 PPS 方法抽取两个区县，在每个区县中采用 PPS 方法抽取两个街道/乡镇，最后在每个街道/乡镇中采用 PPS 方法抽取两个社区（居委会/村委会）。随后利用社区常住人口名单进行系统抽样，每个社区抽取 50—60 户进行调查。因此，最终抽中了 3 个地级市中的 6 个区县、12 个街道/乡镇、24 个社区。入户问卷调查于 2013 年 9 月 5—15 日、11

月9日进行，访谈员主要是东南大学人文学院社会学系师生。入户之后，调查员利用KISH表抽取户内18—69岁的1名被访者进行面访。最终完成1281份调查问卷，其中南京完成问卷446份，无锡完成443份，连云港完成392份。第二次道德国情与道德省情调查，借助专业的社会学调查机构和调查团队进行，为中国道德国情与江苏道德省情调查提供更为专业的调研平台。但是在此过程中也经历了十分艰难的磨合，在与中国人民大学合作意向确定之后，樊和平教授就问卷中每个问题的主题及试图获得的相关信息，逐一与南京大学社会学家吴愈晓教授进行研讨，从而共同讨论出双方可以接受的问卷方式。在此过程中，伦理学与社会学两个学科的专家有学术交锋，乃至有不见面的学术争吵，社会学似乎认为伦理学主观并难以操作，而伦理学认为这是以社会学的偶然性代替伦理学的主观性，深度不够。然而，正是经过磨合甚至争吵，我们的国情调查才真正既有伦理学的主题和立场，又有社会学的味道。

2015年10月，东南大学伦理学团队成为江苏省首批重点高端智库“道德发展智库”，它以“道德发展研究院”为依托，以东南大学伦理学科为牵头单位，与“公民道德与社会风尚协同创新中心”合而为一，与江苏省委宣传部、北京大学世界伦理中心、吉林大学马克思主义基本理论教育部重点研究基地、华东师范大学中国传统思想文化研究所教育部重点研究基地、中山大学马克思主义与中国现代化教育部重点研究基地、中国人民大学伦理学与道德建设教育部重点研究基地合作，进行协同创新。道德发展智库成立后，江苏省委宣传部、江苏省文明办与东南大学伦理学团队在全国首创《江苏省道德发展测评体系》，该测评体系由李林艳博士为课题负责人，先后经过十一轮的艰难探索和修改。测评体系主要包括“主流价值引领”“崇德向善风尚”“人文精神培育”“道德突出问题治理”和“政策法规保障”5大类23项测评内容。2016年8月，以江苏省道德发展测评体系为指南，道德发展智库与江苏省委宣传部、江苏省文明办协同，组织320多位师生，由人文学院院长王珏教授为行政总负责，社会学系龙书芹博士在一线指挥，对江苏全省13个设区市、41个县（市），共抽中了70个区县、139个街道、248个社区，进行覆盖全省万户家庭的首轮江苏道德发展测评与第三轮道德省情大调查。第三次江苏道德省情调查总样本量7000份，其中有效样本量为6355份（成人问卷），同时完成青少年问卷704份。2017年9月19日，在第15个公民道德宣传日来临之际，江苏省文明办和东南大学道德发展智库联合发布2016年江苏省道德发展状况测评指数报告。此次调查主要由东南大学伦理学团队与社会学团队合作完成，同时也是学术研究与社会服务相结合的智库合作尝试。

2017 年，江苏省委宣传部、江苏省文明办与道德发展智库深入合作，开展“2017 年全国和江苏省道德发展状况调查”。调查以“道德发展”理念为核心，先由樊和平教授进行理念和理论研究，形成并发表《伦理道德，如何才是发展?》的长篇学术论文，论证“以发展看待道德”的理念，提出“七力”的调查研究的理论体系和问卷框架，即：公民道德的自主力、家庭伦理的承载力、集团伦理的建构力、社会伦理的凝聚力、政府伦理的公信力、生态伦理的亲和力、世界伦理的兼容力。由此，测评当代中国伦理道德发展的“七大指数”，即公民的道德自觉自持指数、家庭的伦理承载力指数、集团的伦理可靠性指数、社会的伦理凝聚力指数、政府的伦理公信力指数、生态的伦理亲和力指数、文化的伦理魅力指数。在“伦理道德，如何才是发展”的理论框架的基础上，伦理学与社会学团队相整合，分部分进行问卷设计，以此推进团队建设和个体学术发展，锻炼和提升学者和团队“顶天立地”的学术能力，最后由樊和平教授逐一修改，定稿问卷。虽然过程漫长并十分艰苦，足够让那些耐心和耐力不够的学者望而却步，但在此过程中大家明显感到，学者和团队又一次进步了。江苏省省委常委、宣传部部长王燕文再次决定，此次调查过程由北京大学政府管理学院中国国情研究中心通过招标完成，东南大学伦理团队进行全程合作和全程监督。为解决流动人口的覆盖偏差问题，调查采用“GPS/GIS 辅助的地址抽样”（GPS Assistant Area Sampling）方法，以单元格内人口数为规模度量（Measure of Size），按照分层、多阶段的概率与规模成比例的方法（Probabilities Proportional to Size，PPS）进行选取。调查团队于 2017 年 8—11 月在全国 29 个省（自治区、直辖市）、89 个市、143 个县（市）进行抽样调查，派出督导员 30 人，访员 185 人。中国道德国情调查实际共抽取了 13358 个符合调查资格的住宅单位，完成了 8755 个有效样本，有效回答率为 65.5%；江苏道德省情调查实际共抽取了 6523 个符合调查资格的住宅单位，完成了 4362 个有效样本，有效回答率为 66.9%，同时完成青少年样本 576 个。调查由人文学院院长王珏为行政总负责，道德发展研究院庞俊来副院长负责执行。第三次道德国情与第四次道德省情调查进一步完善了道德国情与道德省情调查的问卷体系，积极探索了适合当代中国的道德发展状况的伦理道德调查理论与社会调查实践方法。

目前，东南大学伦理学团队已经完成三轮中国道德国情调查（2007 年、2013 年、2017 年），四轮江苏道德省情调查（2007 年、2013 年、2016 年、2017 年）。东南大学道德发展研究院对所有调查数据全部进行复核，并以大众可以接受的方式呈现，以直接服务于政府决策、大众需求和理论研究。2018 年，为纪念改革开放 40 周年，东南大学道德发展智库决定出版“中国伦理道德国情数据库”系列，记录这个伟大时代、伟大民族的道德发展历程。数据库的建设由庞俊来、龙书芹、李林艳具体负责，樊和平、王珏总负责。我们的目标和抱负是：将中国伦理道德国情数据库做成服务政府决策和学术研究的最全面、最专业、最权威的数据库。显然，我们和最终目标的实现还有相当距离，但我们的承诺一如既往——

我们正在努力！

我们将永远努力！

樊　浩

2018 年 9 月 10 日

总 目 录

中国伦理道德发展数据库·第一卷
伦理道德国情调查的问卷设计与初始数据库（2007 年）

本卷编著责任专家：徐　嘉

上篇　伦理道德国情调查问卷设计与行动方案

下篇　伦理道德发展初始数据库（2007 年·中国与江苏）

中国伦理道德发展数据库·第二卷
伦理道德发展的大众共识与群体差异数据库（2013 年）

本卷编著责任专家：李林艳

上篇　2013 年中国伦理道德发展数据库

下篇　2013 年江苏省伦理道德发展数据库

中国伦理道德发展数据库·第三卷
伦理道德发展的大众共识与群体差异数据库（中国·2017年）

本卷编著责任专家：庞俊来

中国伦理道德发展数据库·第四卷
伦理道德发展的大众共识与群体差异数据库（江苏省·2016年）

本卷编著责任专家：龙书芹

中国伦理道德发展数据库·第五卷
伦理道德发展的大众共识与群体差异数据库（江苏省·2017年）

本卷编著责任专家：蒋艳艳

中国伦理道德发展数据库·第六卷
中国伦理道德发展的时序差异比较数据库（2007—2017）

本卷编著责任专家：许　敏

中国伦理道德发展数据库·第七卷
伦理道德发展的大众共识与地域差异比较数据库

本卷编著责任专家：洪岩壁

第六卷目录

第一章　中国伦理道德发展比较数据库（2007—2017）

中国2007年与2017年伦理道德发展比较数据库

一　基本信息

1. 性别

	2007年	2017年
男	47.3%	46.8%
女	52.7%	53.2%
总计	100.0%	100.0%

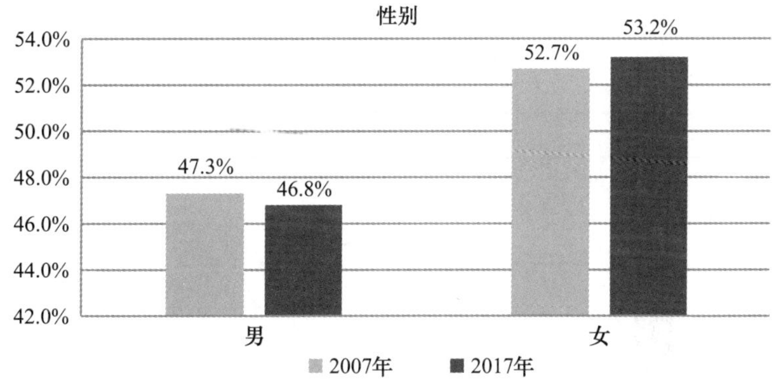

2. 年龄

	2007年	2017年
18岁以下	1.0%	1.9%
18—25岁	67.8%	10.8%
26—35岁	20.2%	20.0%
36—50岁	8.6%	31.5%
51岁以上	2.4%	35.7%
总计	100.0%	100.0%

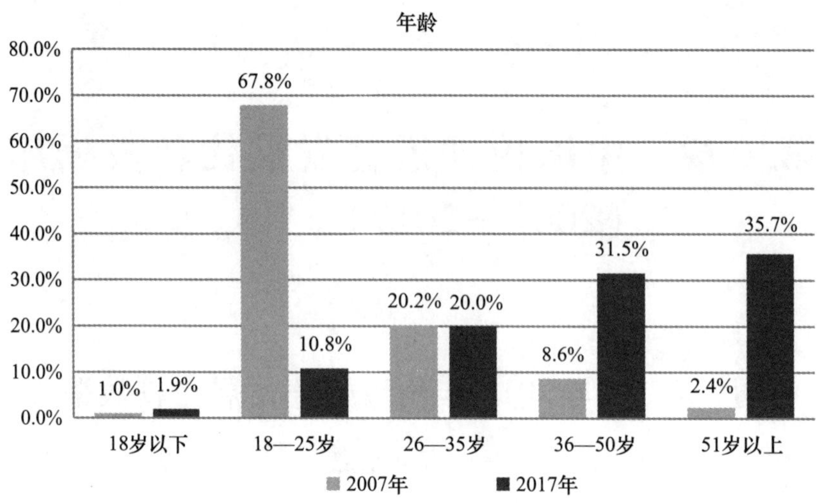

3. 受教育程度

	2007 年	2017 年
初中及以下	0.5%	60.0%
高中	1.2%	19.5%
职高/中专		4.7%
大专	20.2%	7.0%
本科	48.2%	7.6%
研究生及以上	29.9%	1.2%
总计	100.0%	100.0%

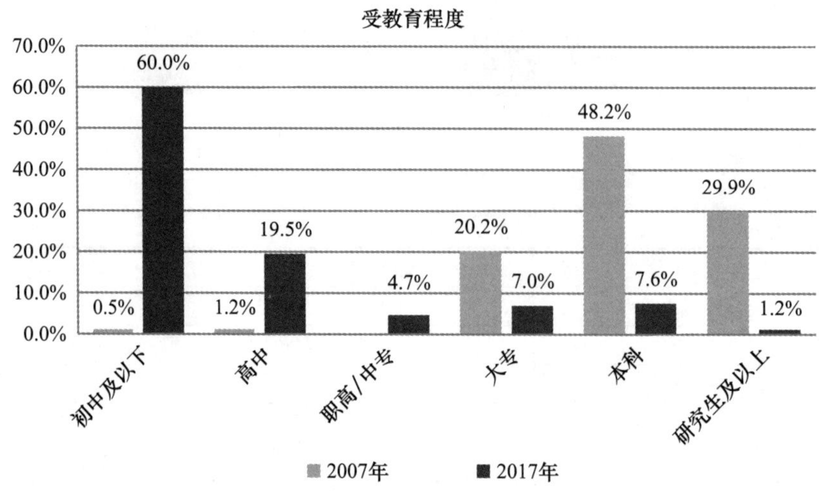

4. 您目前的具体职业是

2007 年中国：您目前的具体职业是

职业	有效百分比
公务员	13.4%
企业家	0.7%
知识分子	83.5%
中小学生	0.5%
农民	0.4%
进城务工人员	0.4%
新社会群体	0.7%
企业职工	0.4%
总计	100.0%

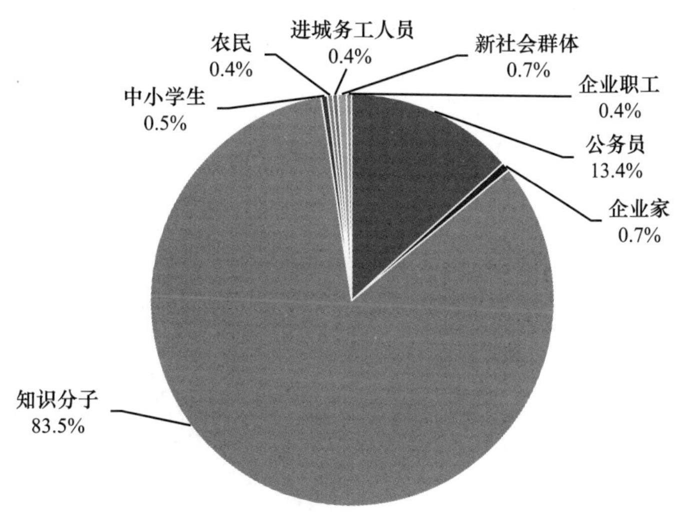

2017 年中国：您目前的具体职业是

职业	有效百分比
办事人员（如办公室普通职员、业务人员）	8.4%
服务人员（如营业员、保安、收银员等）	9.0%
做小生意（如卖菜、开小餐馆等）	11.2%
流动小贩	1.2%
体力工人（勤杂工、搬运工等）	7.2%
技术工人/维修人员/手工艺人	10.8%

续表

职业	有效百分比
企业领导/公司老板	0.4%
企业中层管理人员	1.4%
教师、医生、科研/技术/工程人员	4.5%
事业单位领导	0.5%
文化、艺术、体育从业人员	0.5%
普通公务员	1.0%
机关干部（科级及以上）	0.3%
军人/警察	0.2%
农民/牧民	28.4%
无业/失业/下岗	9.4%
从未工作过	5.9%
总计	100.0%

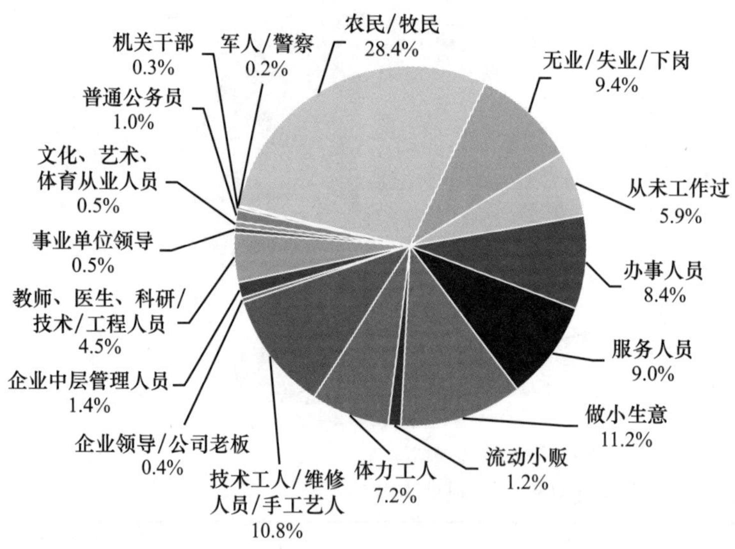

5. 近一年来的月平均收入

2007 年中国：近一年来的月平均收入

	有效百分比
299 元及以下	53.4%
300—499 元	7.4%

续表

	有效百分比
500—999 元	12. 3%
1000—1999 元	12. 8%
2000—3999 元	6. 9%
4000—7999 元	1. 0%
8000 元及以上	0. 4%
总计	94. 2%

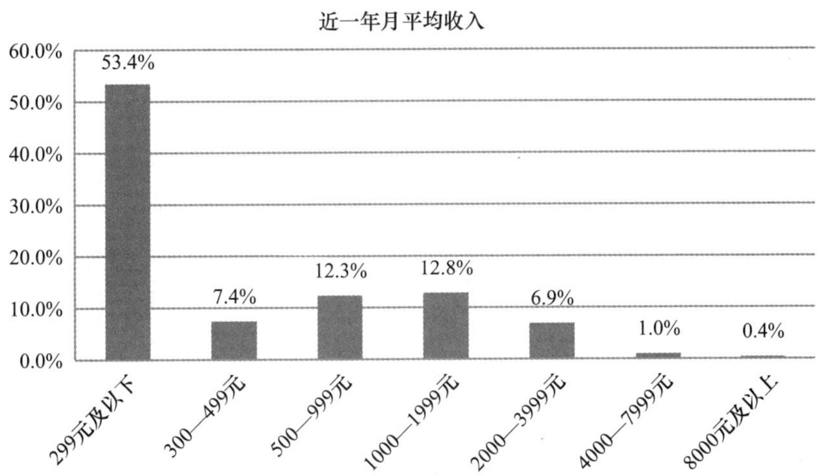

2017 年中国：近一年来的月平均收入

	有效百分比
无收入	16. 4%
1—999 元	10. 3%
1000—1999 元	19. 8%
2000—3999 元	32. 6%
4000—5999 元	14. 6%
6000—8999 元	4. 7%
9000—12999 元	1. 1%
13000—20000 元	0. 4%
20000 元以上	0. 2%
总计	100. 0%

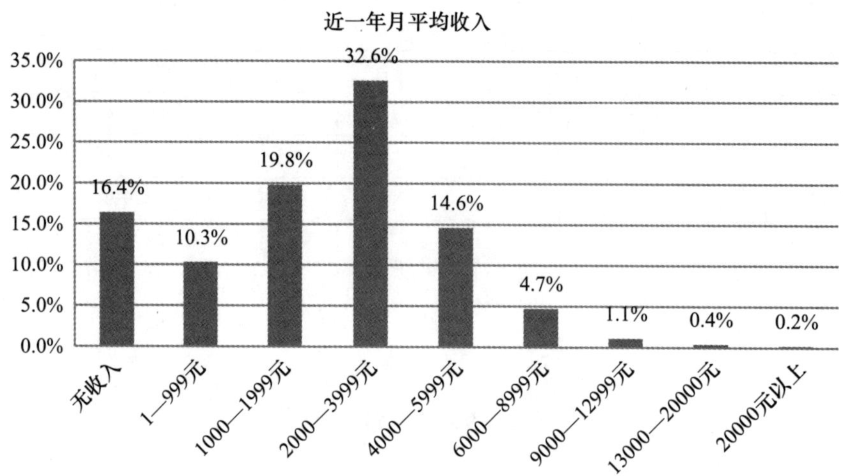

6. 宗教信仰

	2007 年	2017 年
佛教	10.0%	4.0%
道教	1.0%	0.4%
伊斯兰教	5.0%	1.7%
基督教或天主教	3.8%	1.0%
不信教	78.8%	91.5%
其他（请说明）	1.4%	0.1%
总计	100.0%	98.7%

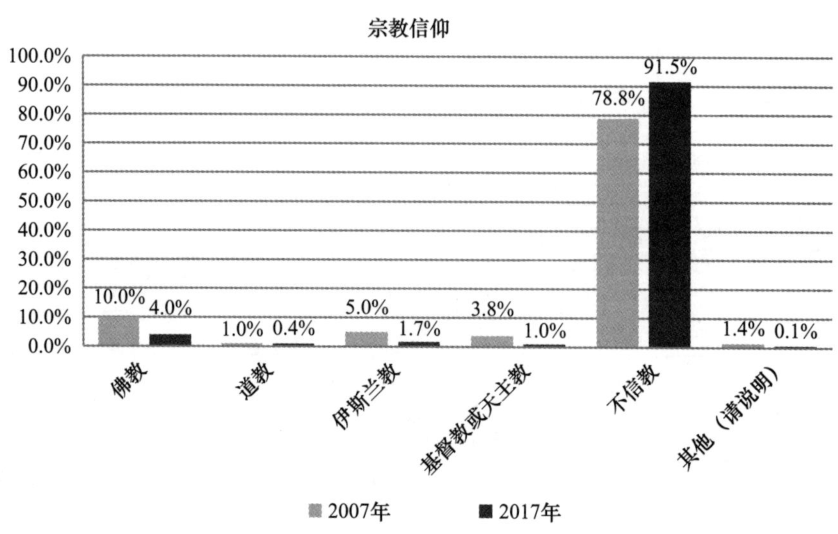

二　总体认知与判断

1. 您对我国目前道德风尚的总体满意度是

2007 年中国：您对我国目前道德风尚的总体满意度是

	有效百分比
基本满意，虽然不尽如人意，但还是在不断改善	69.7%
满意，有很大进步	5.4%
不满意，道德失范，伦理失序	19.5%
说不清	5.4%
总计	100.0%

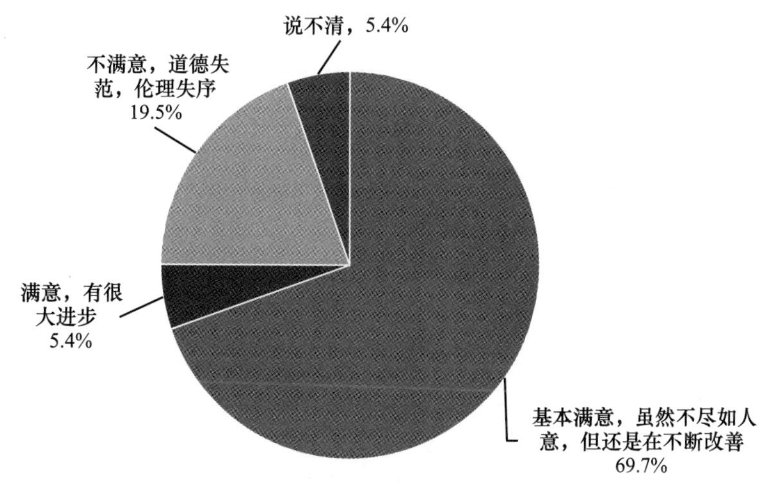

2017 年中国：您对我国目前道德风尚的总体满意度是

	有效百分比
非常满意	6.9%
比较满意	66.7%
不太满意	23.7%
非常不满意	2.6%
总计	100.0%

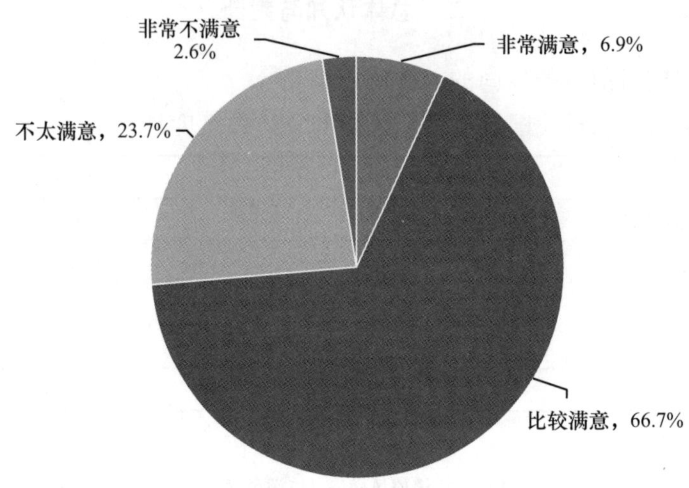

2. 您对我国目前人际关系的满意度

2007 年中国：您对我国目前人际关系的满意度

	有效百分比
总体良好，比十年前少了一些相互制约，比五年前多了些相互关怀	25.3%
受功利原则支配，大多是相互利用	38.1%
关系变简单了，但温情大大减少了	27.1%
不满意，变得越来越恶化了	8.1%
对人际关系问题不感兴趣，因为它对我来说无意义	1.4%
总计	100.0%

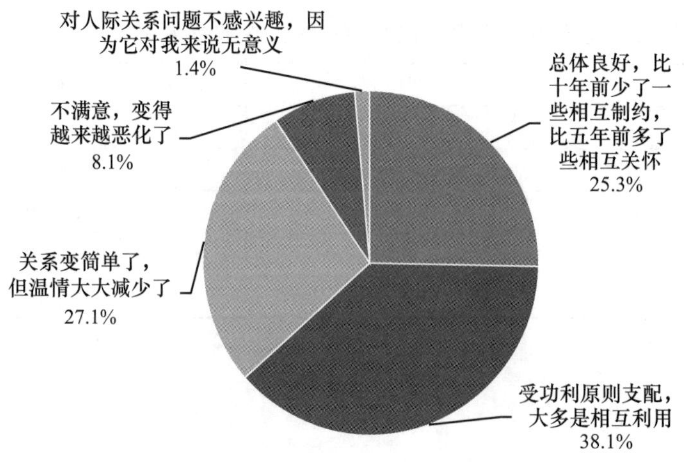

2017 年中国：您对我国目前人际关系的满意度

	有效百分比
非常满意	6.0%
比较满意	67.8%
不太满意	24.3%
非常不满意	1.8%
总计	100.0%

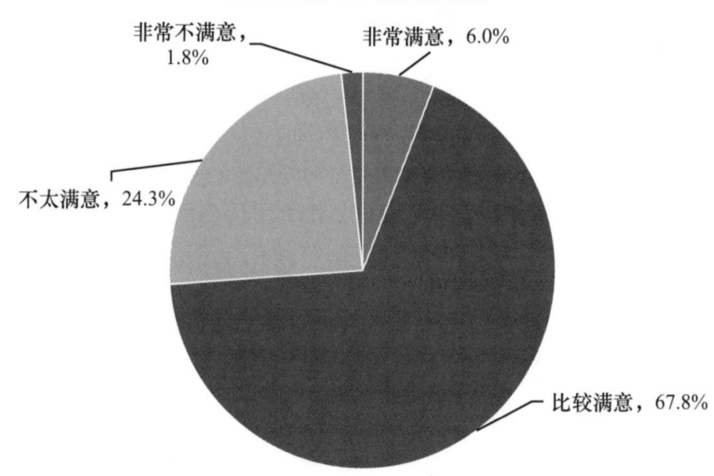

3. 对我国的伦理关系和道德生活，您最向往或怀念的是

	2007 年	2017 年
传统社会的伦理和道德（如仁义礼智信）	22.7%	60.1%
战争年代为理想而献身的革命精神（如革命烈士无私献身精神）	19.2%	15.5%
新中国成立后到“文化大革命”前的大公无私的集体主义精神	5.6%	9.8%
追求个人利益的市场经济下的道德	13.4%	10.0%
西方道德（如个人主义，实用主义，功利主义）	6.4%	2.6%
无所谓向往或怀念，只要自己认可就行	30.7%	
其他	2.0%	2.1%
总计	100.0%	100.0%

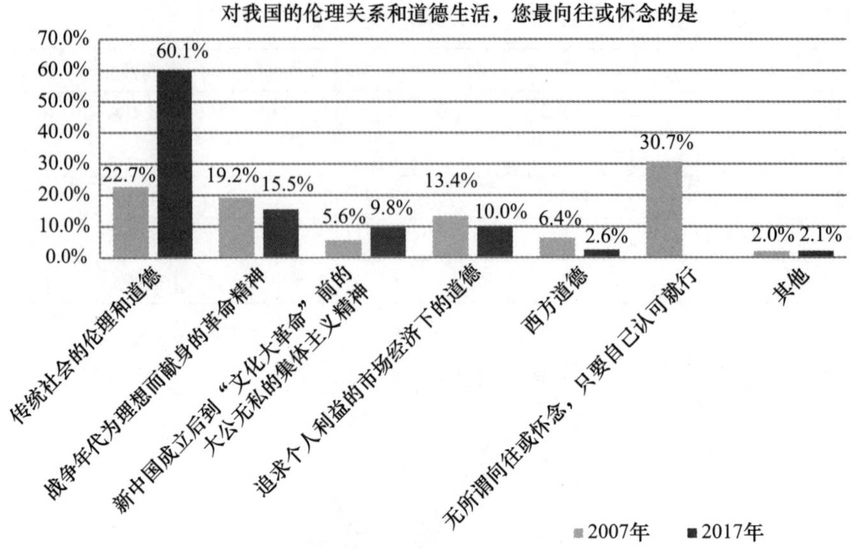

4. 您认为当前我国社会道德生活中最重要的内容是

2007 年全国：您认为当前我国社会道德生活中最重要的内容是

	有效百分比
意识形态中所提倡的社会主义道德	25.3%
中国传统道德	20.8%
西方文化影响而形成的道德	11.8%
市场经济中形成的道德	40.3%
其他，请说明	1.8%
总计	100.0%

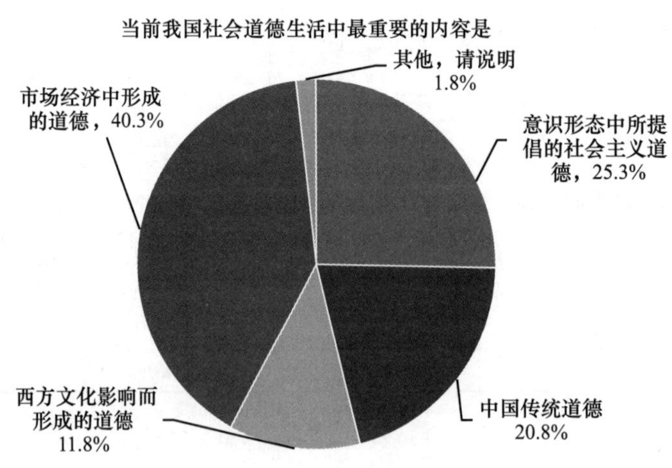

2017 年中国：您认为当前我国社会道德生活中最重要的内容是

	第一重要		第二重要		第三重要		总分
	频数	加权得分	频数	加权得分	频数	加权得分	
中国传统道德	4212	12636	2352	4704	1204	1204	18544
意识形态中所提倡的社会主义道德	1978	5934	3290	6580	2140	2140	14654
市场经济中形成的道德	1465	4395	1630	3260	3303	3303	10958
西方文化影响而形成的道德	690	2070	712	1424	1137	1137	4631
其他	8	24	6	12	2	2	38

（加权规则：第一重要的频数 ×3，第二重要的频数 ×2，第三重要的频数 ×1）

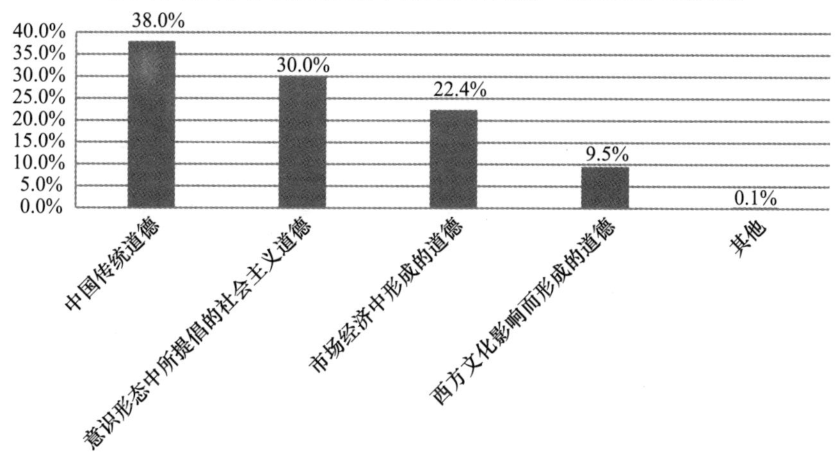

5. 您认为目前我国社会中伦理道德对人际关系的调节能力和个人行为的约束能力如何

2007 年中国：目前我国社会中伦理道德对人际关系的调节能力和个人行为的约束能力如何

评价	有效百分比
良好	9.2%
一般	63.6%
很差	17.9%
几乎没有，一切都听从利益支配	9.1%
其他	0.2%
总计	100.0%

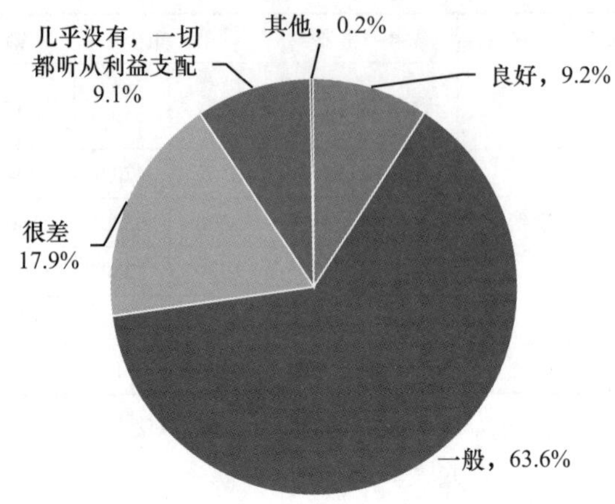

2017 年中国：目前我国社会中伦理道德对人际关系的调节能力和个人行为的约束能力如何

a. 您认为目前我国社会中伦理道德对人际关系的调节能力如何

	有效百分比
良好	18.2%
一般	58.4%
很差	10.8%
几乎没有，一切都听从利益支配	12.6%
总计	100.0%

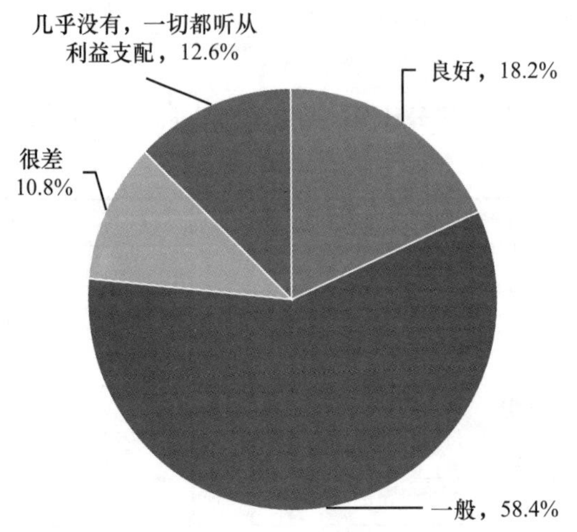

b. 您认为目前我国社会中伦理道德对个人行为的约束能力如何

评价	有效百分比
良好	17.0%
一般	58.0%
很差	13.2%
几乎没有，一切都听从利益支配	11.8%
总计	100.0%

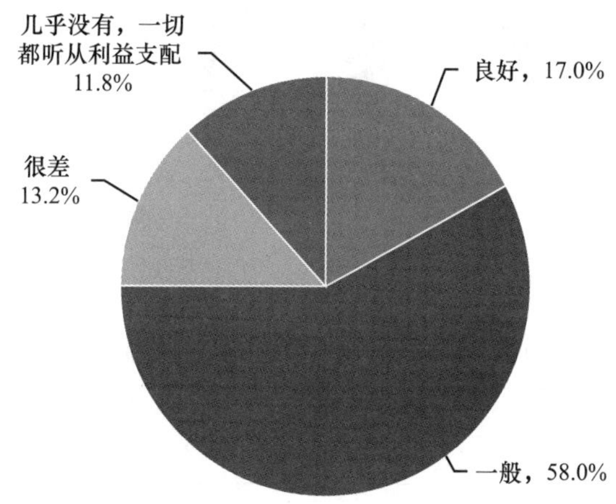

6. 您认为当今中国社会最基本的伦理冲突是

2007 年中国：您认为当今中国社会最基本的伦理冲突是

	重要性程度
人与自然的冲突	10.756
人自我内在的冲突	10.252
人与人之间的冲突	11.860
个人与社会的冲突	9.856
个人与政府的冲突	8.488
其他，请说明	

该题为排序题。统计方法是：将某一支项在各个序位的出现率（a_i）X 该序位的权重系数（ŋ），相加后算数平均，此值（Φ）即为该支项的重要度。Φ =（ a_i × ŋ）/5。将第一序位的权重系数设为 1，后面四位分别为 0.8、0.6、0.4、0.2。例如：若第三支项“人与人之间的冲突”在序位一出现概率为 12%，后四位分别为 22%、31%、18%、17%，则：

Φ =，代入公式得：

Φ（1） =（21.1 + 15.8 × 0.8 + 19.9 × 0.6 + 11.7 × 0.4 + 17.1 × 0.2）/5 = 10.756

$\Phi(2) = (15.7 + 17.7 \times 0.8 + 18.7 \times 0.6 + 17.9 \times 0.4 + 15.1 \times 0.2) / 5 = 10.252$

$\Phi(3) = (23.8 + 22.7 \times 0.8 + 16.5 \times 0.6 + 14.7 \times 0.4 + 7.8 \times 0.2) / 5 = 11.86$

$\Phi(4) = (11.1 + 17.8 \times 0.8 + 19.5 \times 0.6 + 24.4 \times 0.4 + 12.4 \times 0.2) / 5 = 9.856$

$\Phi(5) = (13.9 + 11.3 \times 0.8 + 10.6 \times 0.6 + 16.5 \times 0.4 + 32.7 \times 0.2) / 5 = 8.488$

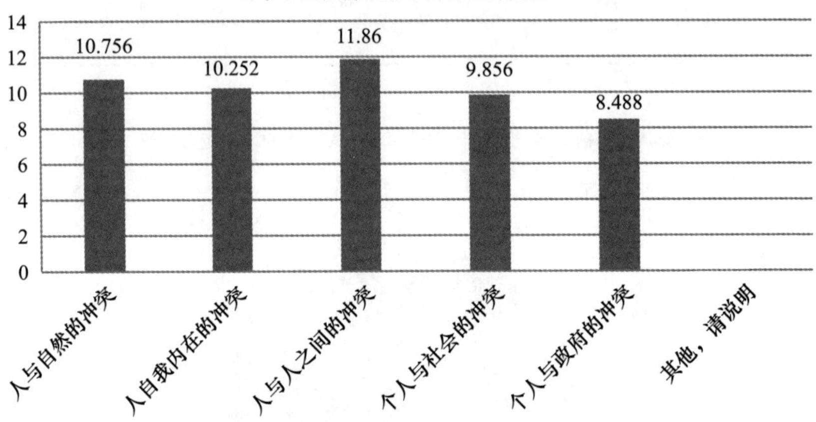

2017 年中国：您认为当今中国社会最基本的伦理冲突是（限选两项）

	有效百分比
人与自然的冲突	22.4%
人与自身的冲突	31.2%
人与人之间的冲突	46.3%
个人与社会的冲突	30.9%
个人与政府的冲突	7.5%

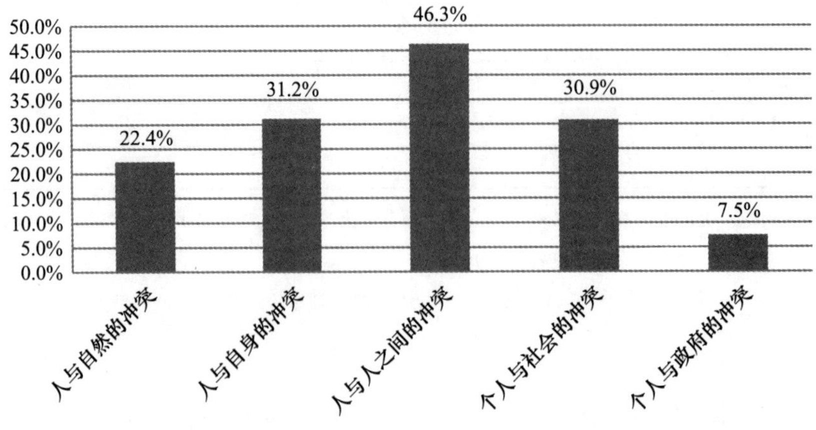

7. 在下列伦理关系中，您最重视哪些关系

2007 年中国：您最重视哪些关系（限选五项）

	有效百分比
父母与子女	93.8%
夫妇	78.4%
兄弟姐妹	63.5%
同事或同学	47.1%
上级或下级	27.9%
师生	18.9%
与自然的关系	24.5%
个人与社会	31.2%
个人与政府	8.8%
个人与工作单位	30.2%
网上关系	2.3%
朋友	43.5%
其他（请说明）	0.4%

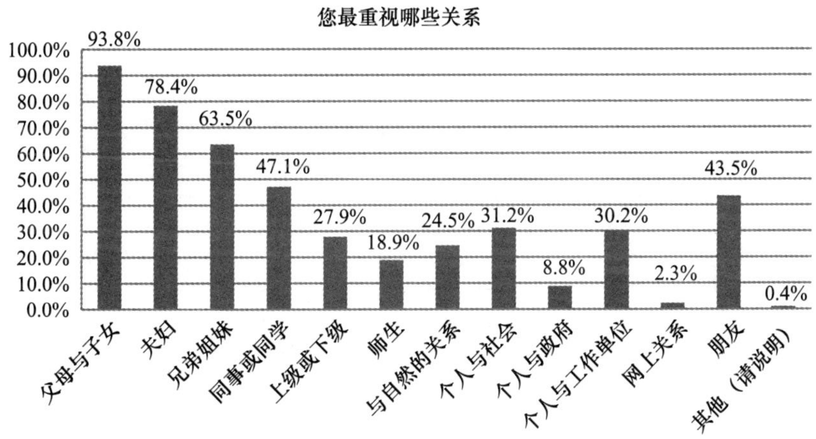

2017 年中国：您最重视哪些关系

	第一重要		第二重要		第三重要		第四重要		第五重要		总分
	频数	加权得分	频数	加权得分	频数	加权得分	频数	加权得分	频数	加权得分	
父母与子女	5903	29515	2060	8240	286	858	114	228	57	57	38898
夫妇	1849	9245	4435	17740	742	2226	332	664	139	139	30014

续表

	第一重要		第二重要		第三重要		第四重要		第五重要		总分
	频数	加权得分	频数	加权得分	频数	加权得分	频数	加权得分	频数	加权得分	
兄弟姐妹	117	585	1031	4124	4642	13926	478	956	269	269	19860
同事或同学	200	1000	361	1444	713	2139	1595	3190	976	976	8749
朋友	37	185	99	396	378	1134	1984	3968	1850	1850	7533
个人与社会	85	425	109	436	388	1164	985	1970	1226	1226	5221
个人与国家	163	815	104	416	305	915	496	992	918	918	4056
个人与工作单位	96	480	115	460	191	573	736	1472	772	772	3757
与自然的关系	87	435	141	564	301	903	625	1250	453	453	3605
上级或下级	88	440	112	448	347	1041	458	916	513	513	3358
师生	13	65	72	288	215	645	435	870	551	551	2419
个人与自身的关系（身心和谐）	101	505	44	176	134	402	247	494	470	470	2047
通过网络建立的各种“群”的关系	6	30	8	32	25	75	68	136	229	229	502
其他	3	15	4	16	2	6	3	6	14	14	57

（加权规则：第一重要的频数×5，第二重要的频数×4，第三重要的频数×3，第四重要的频数×2，第五重要的频数×1）

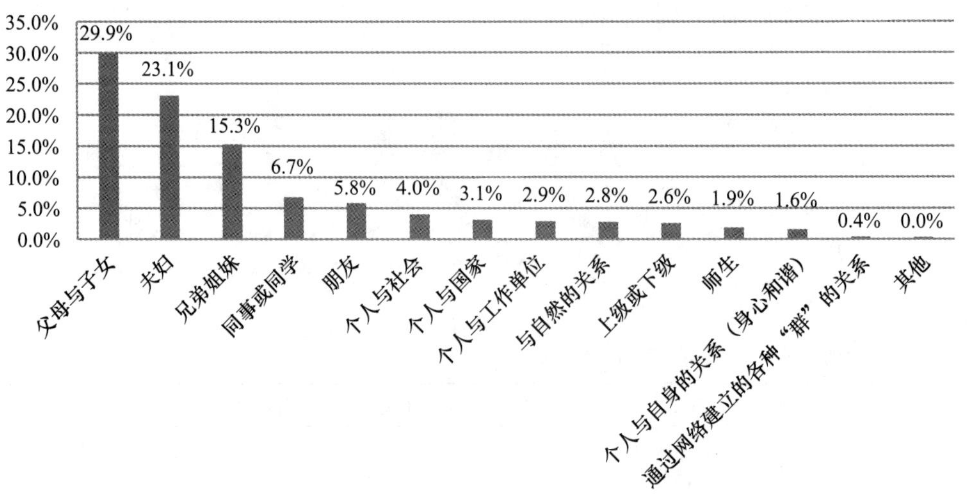

8. 您认为哪一种伦理关系对社会秩序和个人生活最具根本性意义

2007 年中国：您认为哪一种伦理关系对社会秩序和个人生活最具根本性意义

	有效百分比
家庭关系或血缘关系	40.2%
个人与社会的关系	28.2%
职业关系	5.5%
个人与国家民族的关系	15.6%
人与自然的关系	4.4%
个人与自身的关系	5.6%
其他	0.5%
总计	100.0%

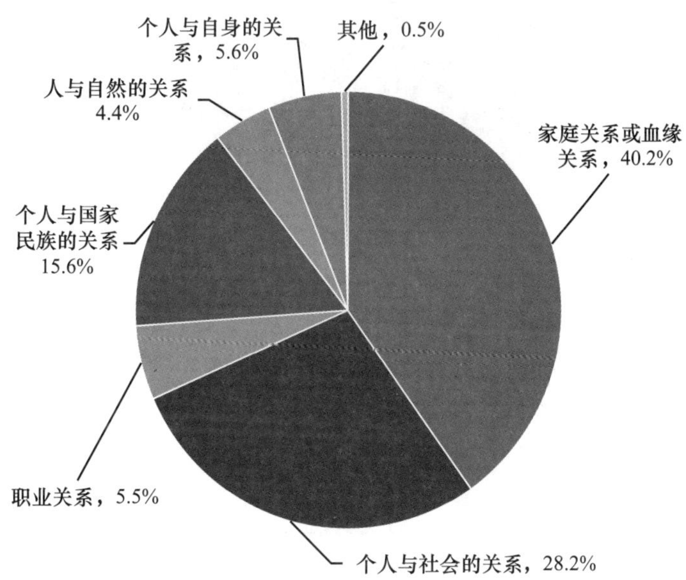

2017 年中国：您认为哪一种伦理关系对社会秩序和个人生活最具根本性意义

a. 您认为哪一种关系对社会秩序最具根本性意义

	有效百分比
家庭关系或血缘关系	32.6%
个人与社会的关系	46.7%
职业关系	4.6%

续表

	有效百分比
个人与国家民族的关系	10.4%
人与自然的关系	2.0%
个人与自身的关系	3.7%
总计	100.0%

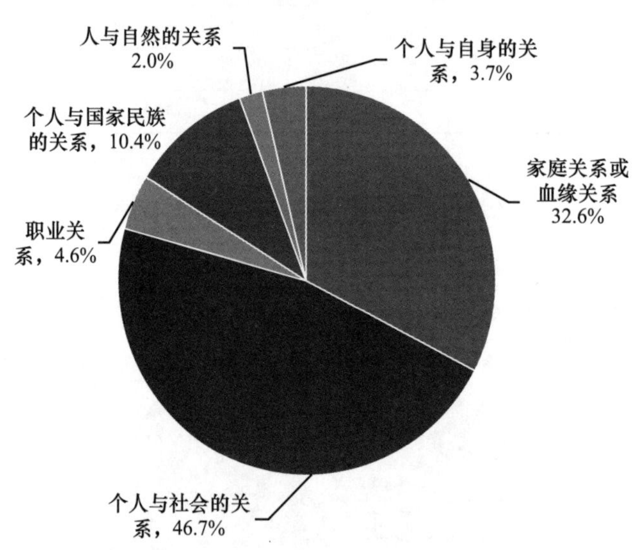

b. 您认为哪一种关系对个人生活最具根本性意义

	有效百分比
家庭关系或血缘关系	54.3%
个人与社会的关系	19.8%
职业关系	12.6%
个人与国家民族的关系	4.9%
人与自然的关系	1.9%
个人与自身的关系	6.5%
总计	100.0%

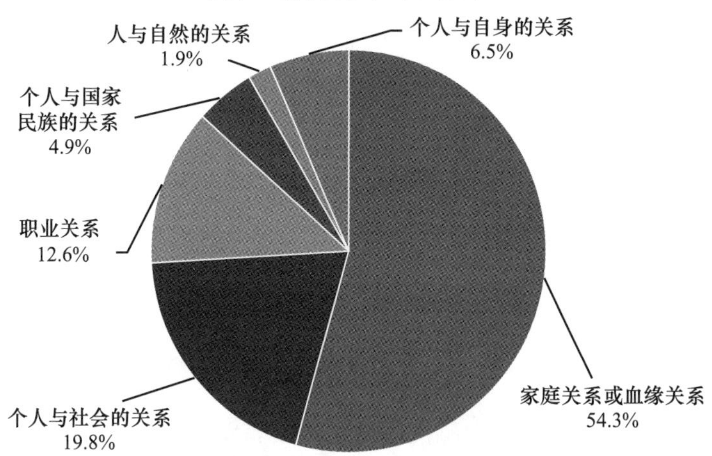

9. 您认为信息技术、网络技术的发展对伦理关系的影响是

2007 年中国：信息技术、网络技术的发展对伦理关系的影响是

	有效百分比
联系方便了，但人与人之间的亲密度降低了	24.4%
信息传递迅捷了，但人与人之间的伦理感削弱了	18.8%
联系变得容易，但情感方面的沟通变得困难	16.6%
效率提高了，但人与人之间情感的真实性降低了	34.3%
传递信息的效率和伦理关系的质量都提高了	4.6%
其他	1.3%
总计	100.0%

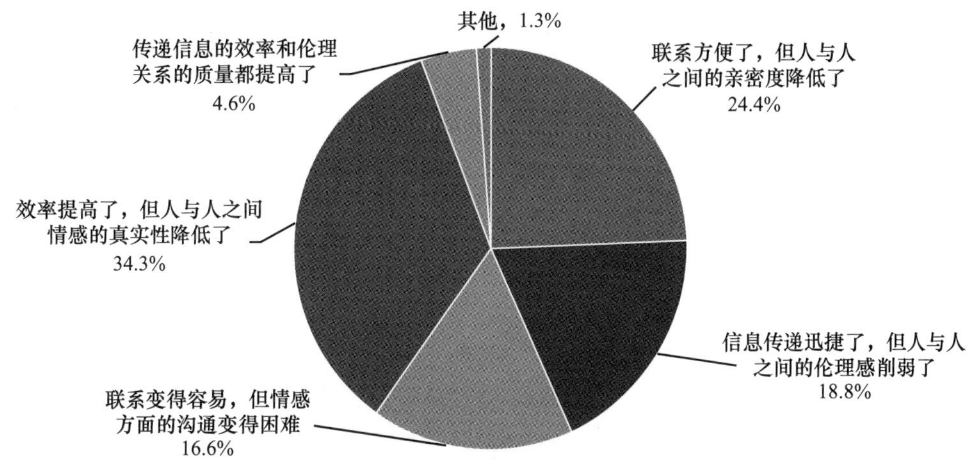

2017 年中国：信息技术、网络技术的发展对伦理关系的影响是

	有效百分比
消极影响	15.7%
没有影响	29.5%
积极影响	54.8%
总计	100.0%

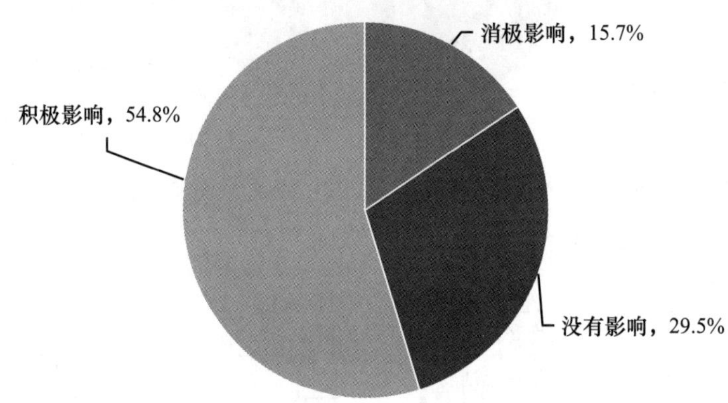

10. 您认为市场经济对我国伦理道德的影响是

2007 年中国：市场经济对我国伦理道德的影响是

	有效百分比
经济发展了，人变得自私了	24.7%
经济发展了，道德也更合理了	7.0%
经济发展了，伦理道德也变化了，但人的幸福感和满足感降低了	57.5%
问题复杂，说不清	10.0%
其他，请说明	0.8%
总计	100.0%

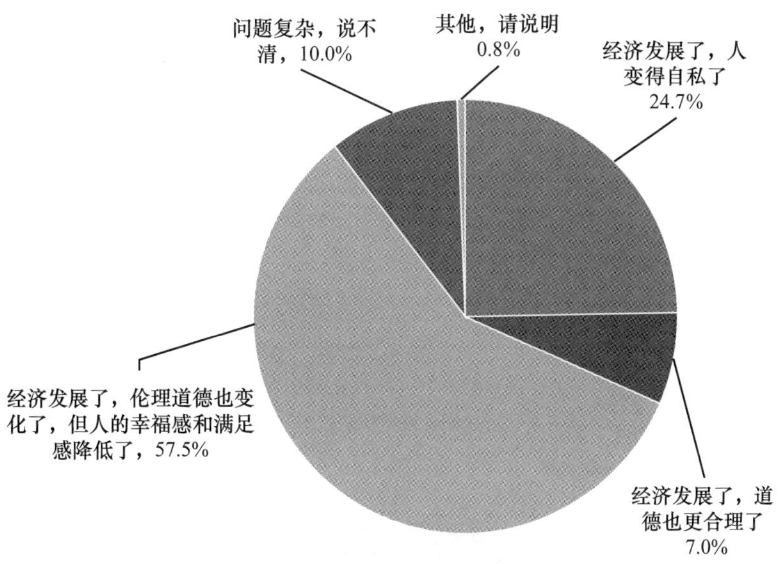

2017 年中国：市场经济对我国伦理道德的影响是

	有效百分比
消极影响	15. 2%
没有影响	25. 5%
积极影响	59. 4%
总计	100. 0%

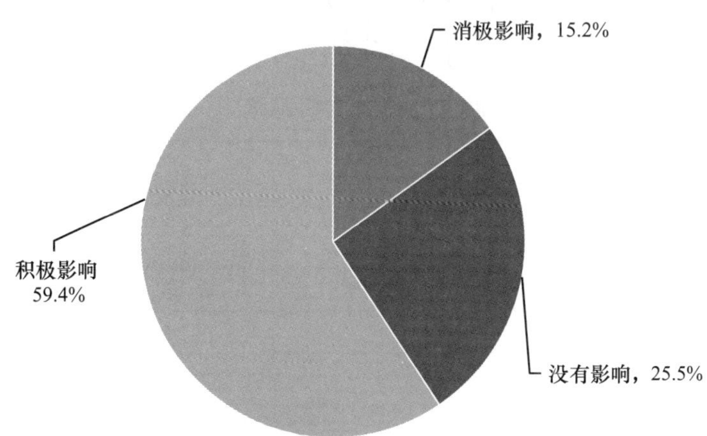

11. 您认为西方文化对我国伦理道德的影响

2007 年中国：西方文化对我国伦理道德的影响

	有效百分比
总体上积极，负面影响是次要的	21.1%
误导和污染了中国的社会风气	8.3%
中国人根本不了解西方伦理关系和道德生活的真实状况，表面的模仿导致了许多社会变态	61.9%
很复杂，说不清	8.7%
总计	100.0%

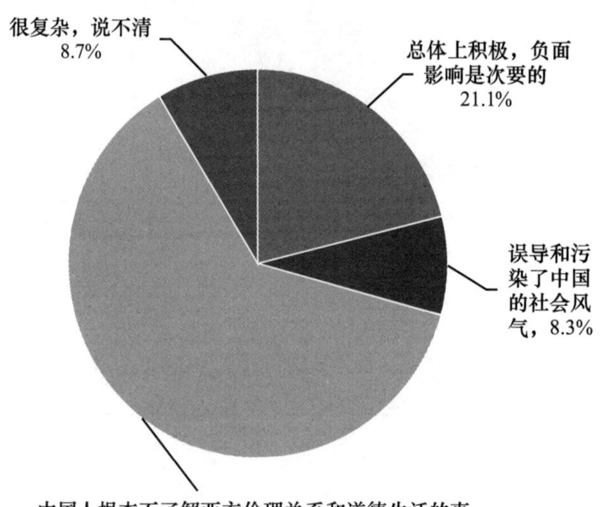

2017 年中国：西方文化对我国伦理道德的影响

	有效百分比
消极影响	21.9%
没有影响	33.5%
积极影响	44.6%
总计	100.0%

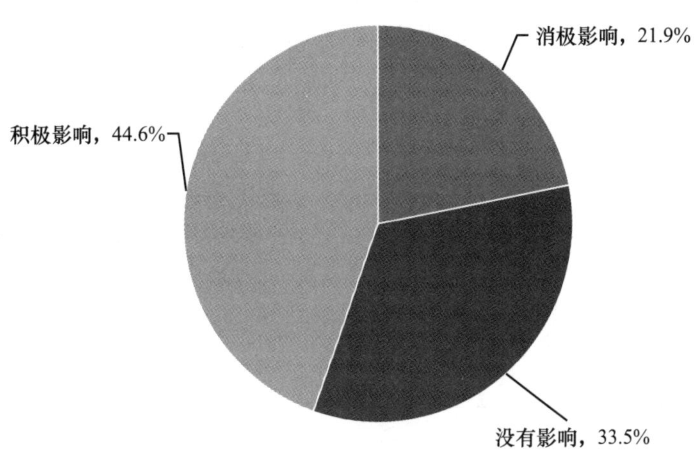

三　个体道德

1．当前中国社会中个体道德素质存在的主要问题是

	2007 年	2017 年
道德上无知	6.6%	13.2%
有道德知识，但不见诸行动	80.9%	69.4%
既道德上无知，也不见道德行动	11.5%	16.7%
其他	1.0%	0.8%
总计	100.0%	100.0%

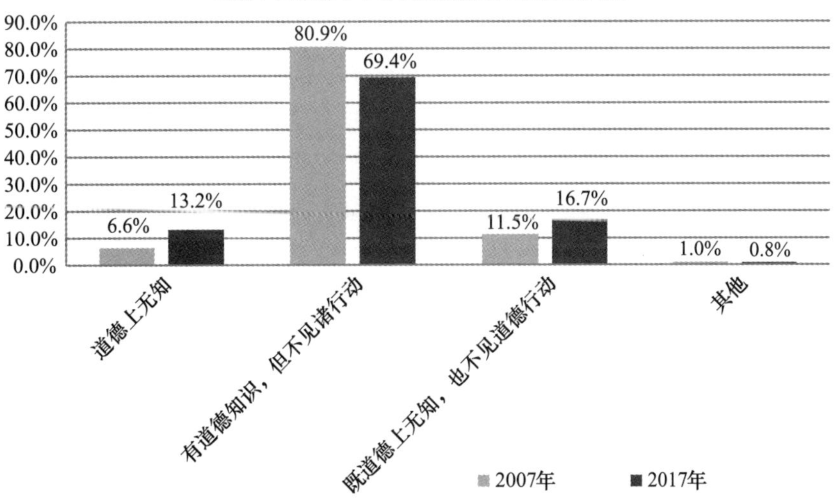

2. 您根据什么来判断某种行为是否符合伦理或道德

2007 年中国：您根据什么来判断某种行为是否符合伦理或道德（限选两项）

	有效百分比
是否符合传统	15.7%
是否达到利益最大化	12.9%
别人的评价	8.0%
自己的良心和信念	61.3%
是否符合大多数人认同的规范	43.9%
己立立人，立达达人；己所不欲，勿施于人	20.6%
其他，请说明	0.6%

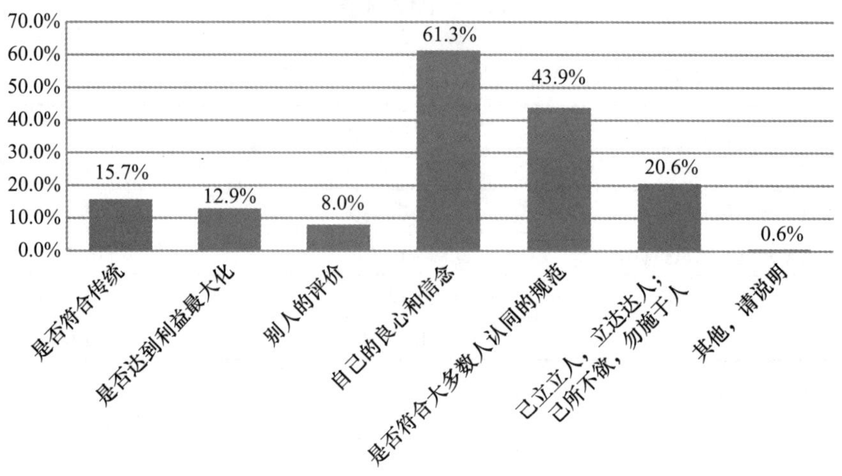

2017 年中国：您根据什么来判断某种行为是否符合伦理或道德（限选三项）

根据	有效百分比
传统道德观念	51.3%
风俗习惯	47.9%
大多数人认同的道德规范	35.4%
当事人共同利益和意志	18.3%
自己的良心	57.1%
意识形态的要求	8.5%

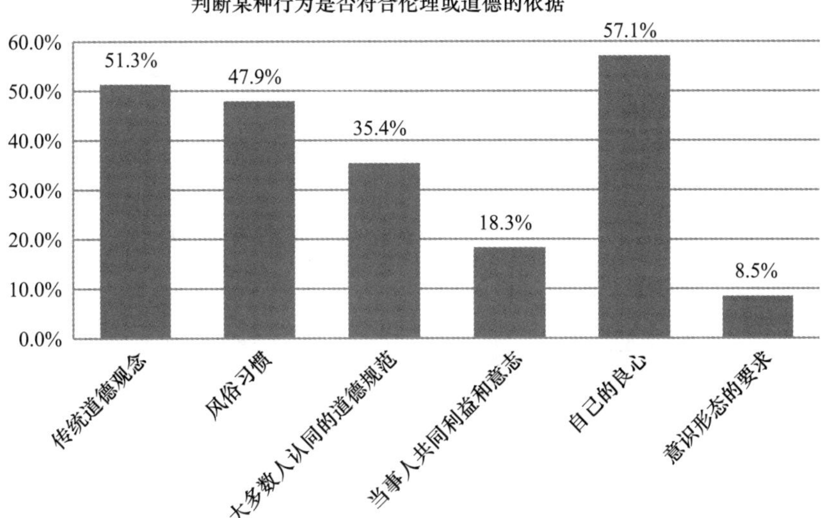

3. 您认为当今中国社会最重要也是最需要的德性是

2007 年中国：您认为当今中国社会最重要也是最需要的德性是（限选五项）

	有效百分比
爱（仁爱、博爱、友爱）	78.2%
义（义务，见利思义，按道德规范行事）	47.0%
宽容	47.8%
责任	69.4%
正义或公正	52.0%
诚信	72.0%
忠恕	7.0%
理智	12.2%
节制	6.2%
谦让	5.9%
恭敬（对社会、道德准则、责任、义务，以及长上的恭敬）	13.7%
勇敢	5.3%
正直	12.5%
善良	16.4%
力行或知行合一	6.5%
教养	16.2%
孝悌	11.4%
守节	2.7%

续表

	有效百分比
中庸	2.6%
其他，请说明	

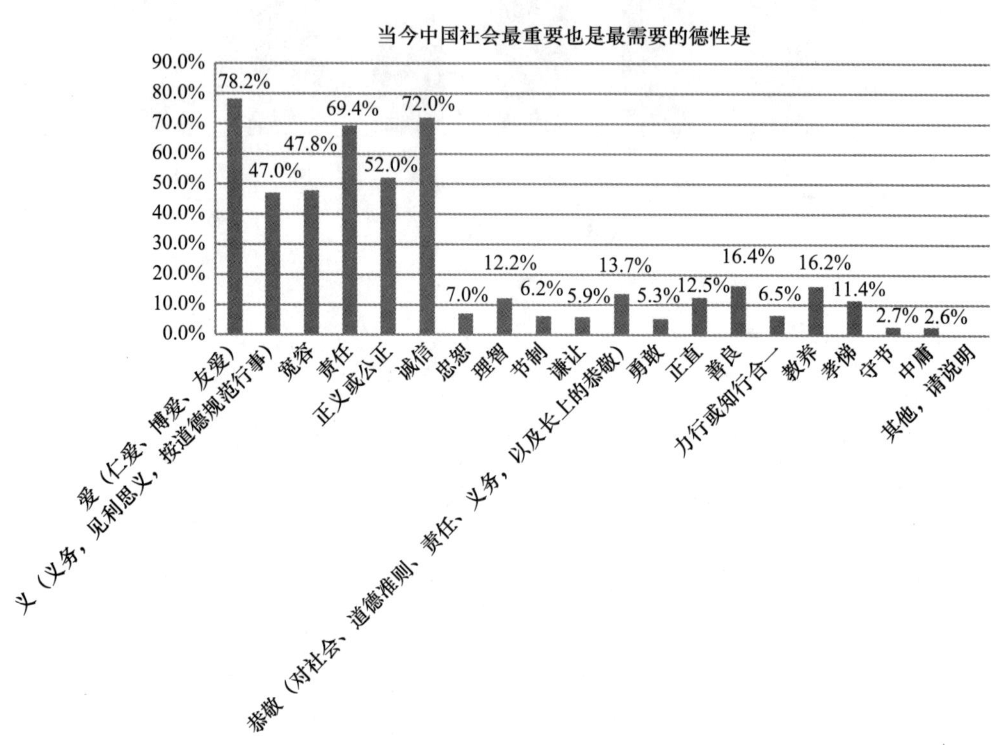

2017 年中国：您认为当今中国社会最重要也是最需要的德性是

	第一重要		第二重要		第三重要		第四重要		第五重要		总分
	频数	加权得分	频数	加权得分	频数	加权得分	频数	加权得分	频数	加权得分	
爱（仁爱、博爱、友爱）	2515	12575	945	3780	527	1581	415	830	427	427	19193
诚信	943	4715	1378	5512	1200	3600	1033	2066	944	944	16837
责任	765	3825	975	3900	1363	4089	1262	2524	668	668	15006
公正	1098	5490	1038	4152	780	2340	901	1802	694	694	14478
孝敬	1407	7035	723	2892	540	1620	764	1528	1173	1173	14248
宽容	378	1890	814	3256	1393	4179	671	1342	446	446	11113
善良	500	2500	559	2236	498	1494	962	1924	856	856	9010

续表

	第一重要		第二重要		第三重要		第四重要		第五重要		总分
	频数	加权得分	频数	加权得分	频数	加权得分	频数	加权得分	频数	加权得分	
义（道义、义务）	342	1710	1008	4032	405	1215	362	724	386	386	8067
忠恕（将心比心）	173	865	348	1392	448	1344	302	604	383	383	4588
谦让	198	990	196	784	297	891	461	922	556	556	4143
正直	104	520	196	784	408	1224	453	906	677	677	4111
节制	142	710	202	808	204	612	326	652	287	287	3069
理智	60	300	102	408	330	990	338	676	389	389	2763
勇敢	55	275	115	460	162	486	249	498	297	297	2016
敬业	33	165	102	408	129	387	160	320	436	436	1716
其他	10		1								

（加权规则：第一重要的频数 ×5，第二重要的频数 ×4，第三重要的频数 ×3，第四重要的频数 ×2，第五重要的频数 ×1）

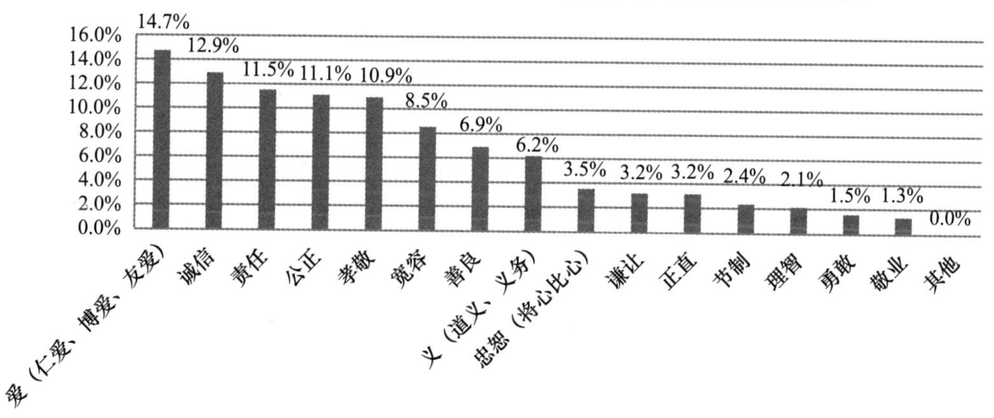

4. 现在社会上有些人不守道德反而占了便宜，您会不会仿效

	2007 年	2017 年
从来不这么做	32.3%	51.7%
通常不这么做，关键时刻会这么做	12.5%	24.9%
经常这么做	3.6%	1.0%
相信善有善报，恶有恶报，终将会善恶报应	48.3%	22.3%
其他	2.7%	0.2%
总计	99.4%	100.0%

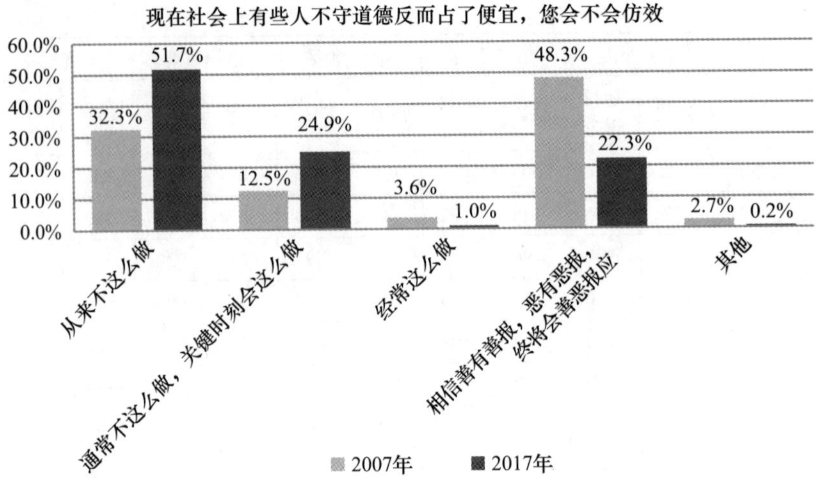

5. 假设您的上司或老板是外国人，他侮辱了中国，但抗争会产生不利于自己的后果，您会选择

	2007 年	2017 年
当面抗议	71.5%	62.9%
保持沉默	10.5%	19.9%
暗地里报复		2.3%
以屈求伸，背后骂几句就行了	10.5%	9.4%
无所谓		5.5%
其他	7.5%	
总计	100.0%	100.0%

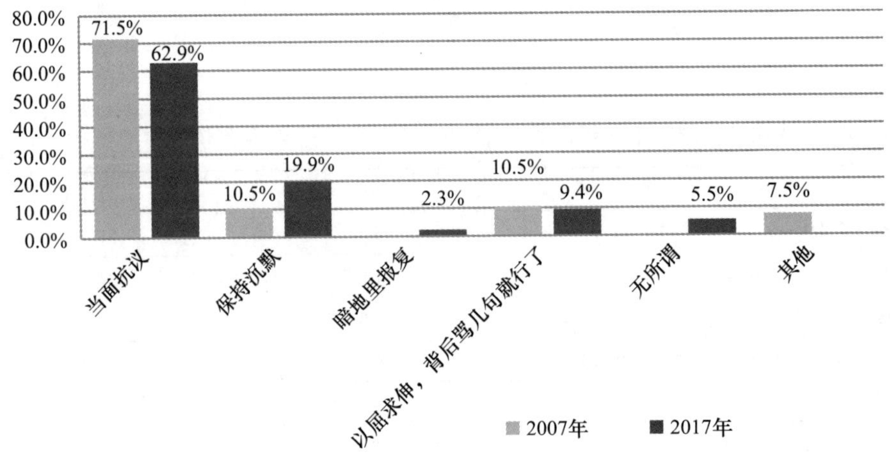

6. 您常常体验到自己身上有一种“伦理感”的存在，如感到自己不属于自己，而属于他人、属于某个集体、国家、民族，行为选择要服从于它，有一种要为它奉献的冲动吗

2007 年中国：是否常常体验到自己身上有一种“伦理感”的存在

	有效百分比
没有，我只感受到我自己个人实实在在的生活	13.3%
偶尔有，但主要是因为那种情况下我的利益与它一致	21.7%
偶尔有，是在受某种作品或生活情境的影响之后	36.7%
时常有，它是一种内在的信念	27.4%
其他，请说明	0.9%
总计	100.0%

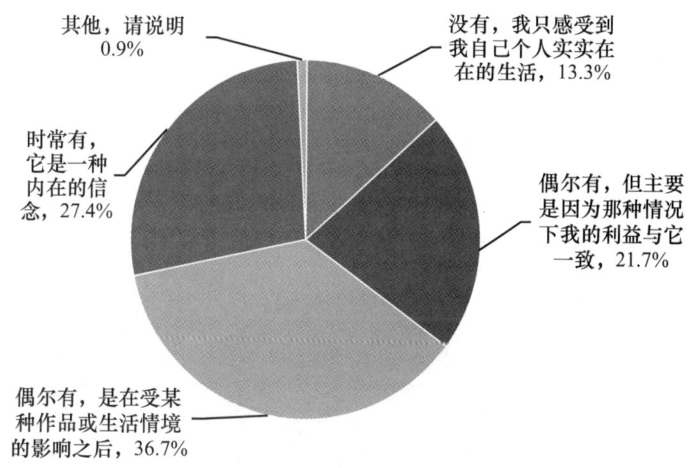

2017 年中国：是否常常体验到自己身上有一种“伦理感”的存在

a. 人与人之间，是否常常体验到自己身上有一种“伦理感”的存在

	有效百分比
没有，我只感受到我自己个人实实在在的生活	23.8%
偶尔有，但主要是因为那种情况下我的利益与它一致	34.4%
偶尔有，是在受某种作品或生活情境的影响之后	21.6%
时常有，它是一种内在的信念	20.2%
总计	100.0%

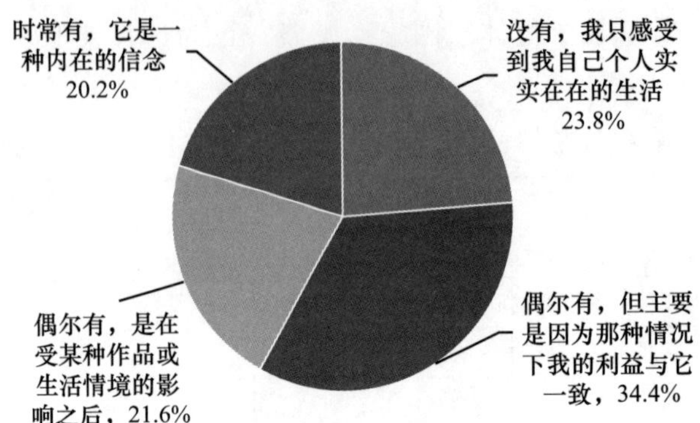

b. 家庭中，是否常常体验到自己身上有一种“伦理感”的存在

	有效百分比
没有，我只感受到我自己个人实实在在的生活	19.0%
偶尔有，但主要是因为那种情况下我的利益与它一致	22.8%
偶尔有，是在受某种作品或生活情境的影响之后	21.8%
时常有，它是一种内在的信念	36.4%
总计	100.0%

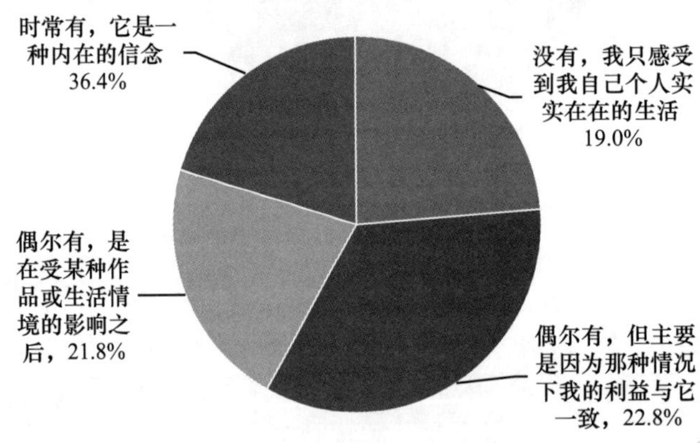

c. 单位中，是否常常体验到自己身上有一种“伦理感”的存在

	有效百分比
没有，我只感受到我自己个人实实在在的生活	26.3%
偶尔有，但主要是因为那种情况下我的利益与它一致	33.9%
偶尔有，是在受某种作品或生活情境的影响之后	27.2%

续表

	有效百分比
时常有，它是一种内在的信念	12.5%
总计	100.0%

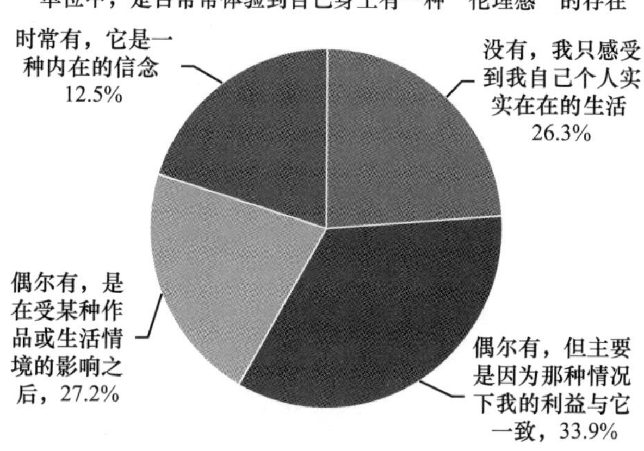

d. 社区、城市中，是否常常体验到自己身上有一种“伦理感”的存在

	有效百分比
没有，我只感受到我自己个人实实在在的生活	31.7%
偶尔有，但主要是因为那种情况下我的利益与它一致	29.0%
偶尔有，是在受某种作品或生活情境的影响之后	24.5%
时常有，它是一种内在的信念	14.7%
总计	100.0%

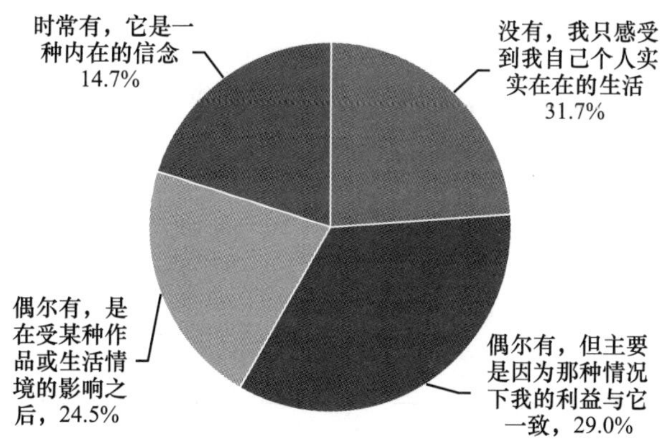

7. 您常常体验到自己身上有一种“道德感”的存在和满足吗

	2007 年	2017 年
没有，只是凭自己的感觉和利益办事	12.2%	27.0%
在有监督的环境中或有别人在场时有，其他环境中没有	11.9%	13.9%
经常有，问心无愧、不做亏心事最重要	36.4%	33.8%
没有特别的感觉，但从来不做不道德的事		24.9%
能考虑行为符合公认的道德准则，但是出于社会评价的考虑	37.4%	
其他	2.1%	0.3%
总计	100.0%	100.0%

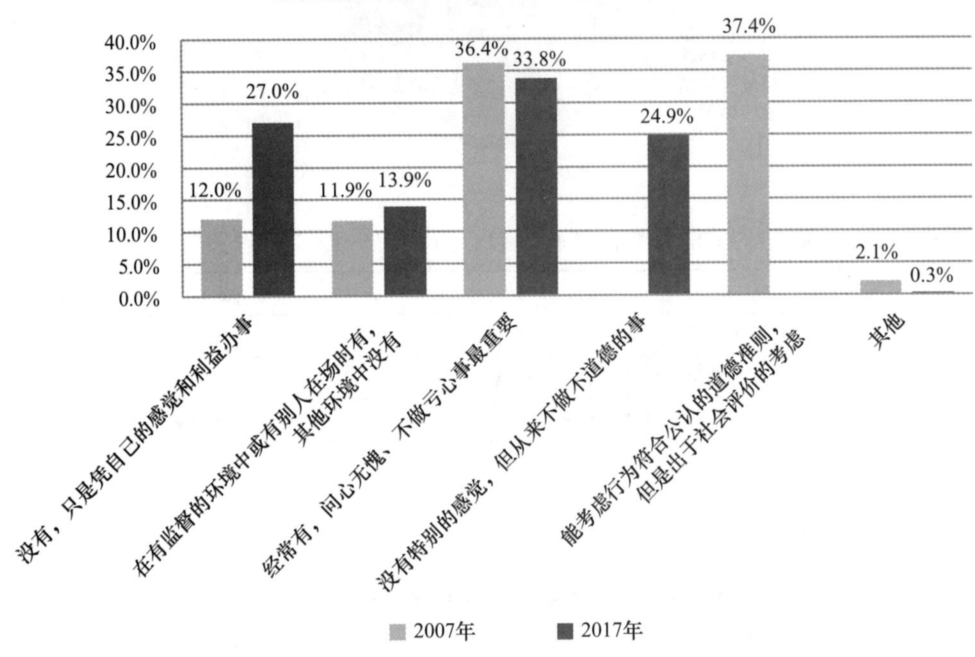

8. 您认为对社会生活而言，个体德性和社会公正哪个更重要

	2007 年	2017 年
个体德性最重要	7.9%	18.0%
个体应当首先有德性，个人应当根据道德规范和社会要求修养德性	23.3%	
社会公正最重要	30.5%	31.0%
二者应当统一，但二者矛盾时应先追求个体德性	17.9%	28.1%

续表

	2007 年	2017 年
二者应当统一，但二者矛盾时应先追求社会公正	19.6%	23.0%
其他	0.8%	
总计	100.0%	100.0%

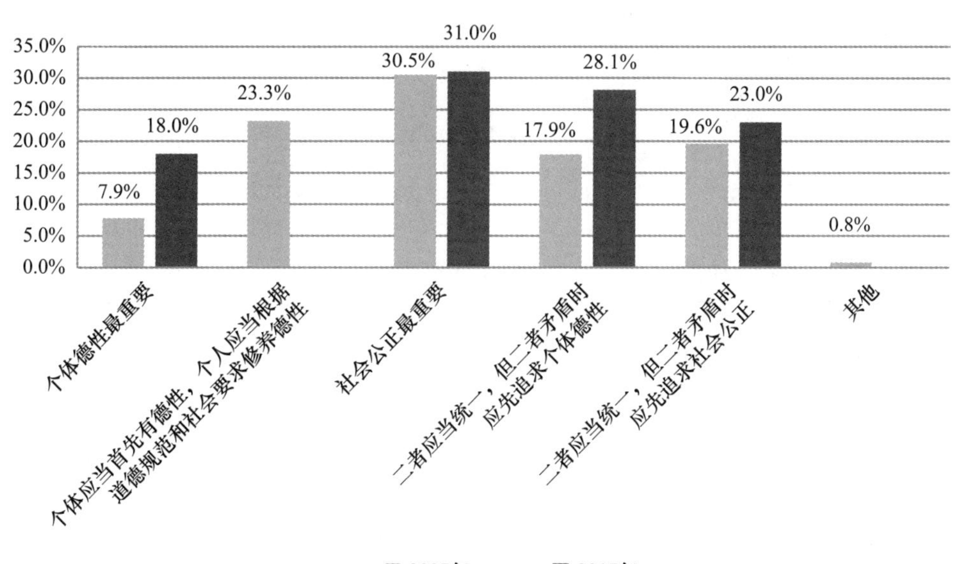

9. 在公共生活中，个人之所以要遵守道德，是因为

	2007 年	2017 年
遵守道德有利于自身利益的实现	8.9%	22.6%
个人是社会的一分子，应当遵守道德	22.6%	41.4%
遵守道德社会才能有序和美好	56.8%	27.2%
不遵守道德会被别人议论或谴责		8.6%
出于自己的信念或习惯	10.9%	
其他	0.8%	0.2%
总计	100.0%	100.0%

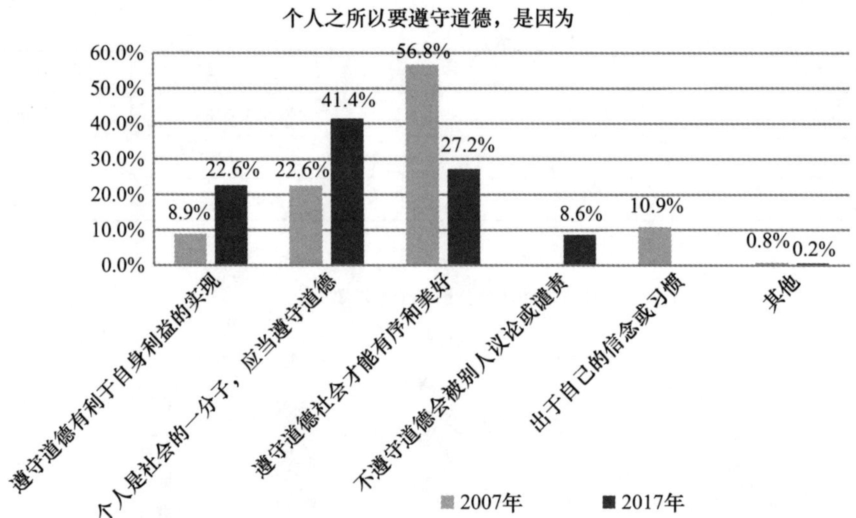

10．关于职业劳动的说法，您最认同的是

	2007 年	2017 年
职业劳动是个人和家庭谋生的手段	22.8%	55.0%
职业劳动是为社会创造财富	25.8%	25.3%
职业劳动是个人兴趣和价值实现的方式	48.9%	19.4%
其他	2.5%	0.3%
总计	100.0%	100.0%

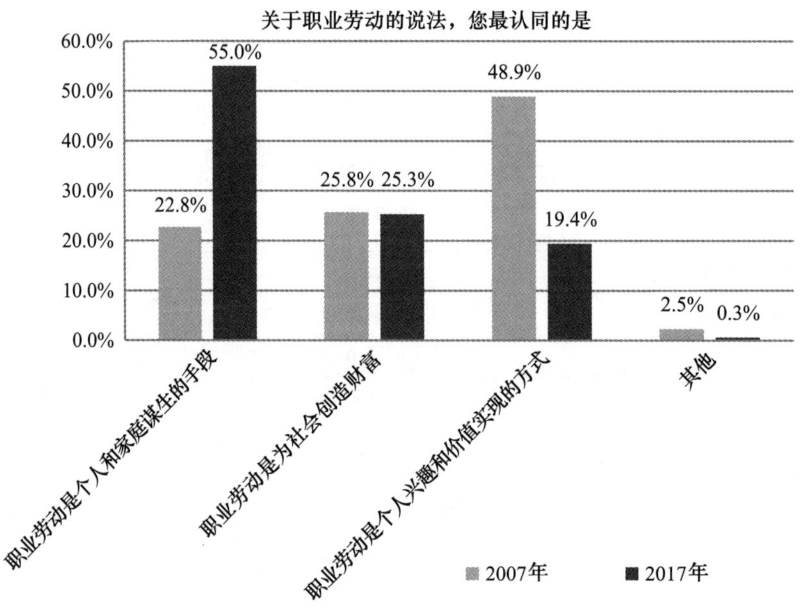

11. 忧郁、自杀原因是

2007 年中国：忧郁、自杀原因是（限选三项）

	有效百分比
欲望过多过大，不能知足常乐	50.5%
社会保障体系不健全，对自己和未来没有把握	35.1%
竞争激烈，工作压力过大，身心疲惫	53.1%
人与人之间缺乏信任感，遇到烦恼没有朋友能够倾诉和排解	38.5%
社会环境缺乏安全感	18.9%
个人的文化底蕴和文化积累不够，缺乏自我理解和自我调节能力	25.9%
缺乏道德公正，没有道德的人总是占便宜	17.3%
缺乏理想和信念支持，精神没有寄托和归宿	20.5%
生活压力太大	18.6%
现代人缺乏安顿自己、化解内心矛盾的文化能力	10.1%
其他，请说明	0.2%

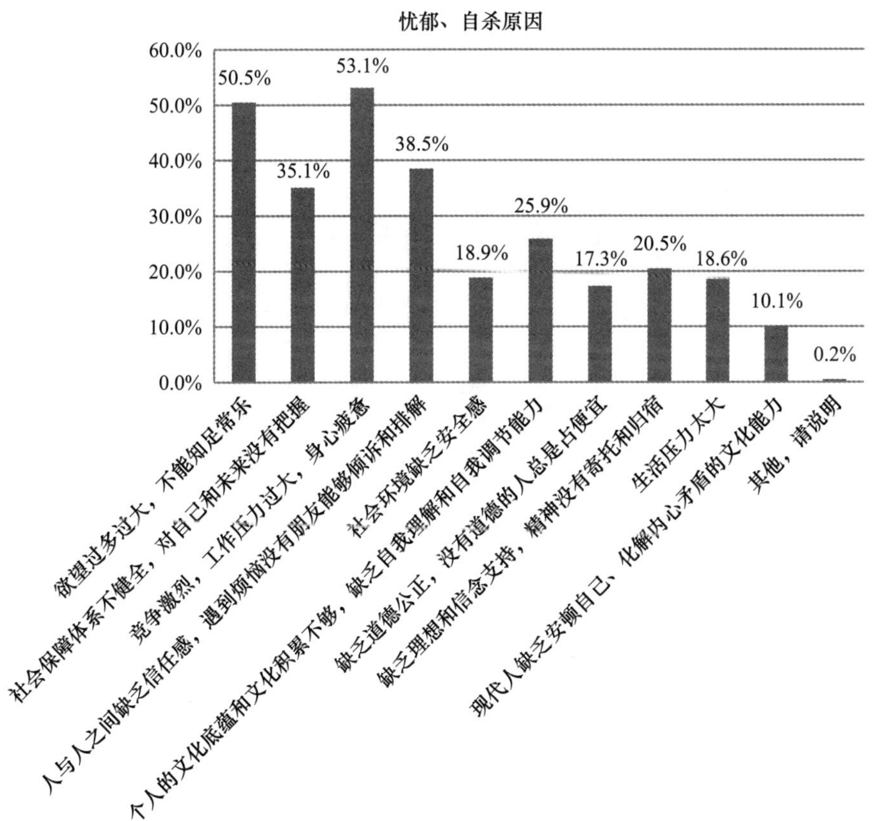

2017 年中国：忧郁、自杀原因是（可多选）

	有效百分比
欲望过多过大，不能知足常乐	34.1%
对自己和未来没有把握	29.7%
竞争激烈，工作压力过大，身心疲惫	44.3%
人与人之间缺乏信任感，人际关系紧张	33.7%
有烦恼很难找到人倾诉和排解	28.1%
缺乏自我理解和自我调节能力	24.7%
现代人缺乏安顿自己、化解内心矛盾的能力	24.1%
缺乏道德公正，没有道德的人总是占便宜	13.9%
缺乏理想和信念支持，精神没有寄托和归宿	18.4%
生活压力大	39.2%
其他	0.4%

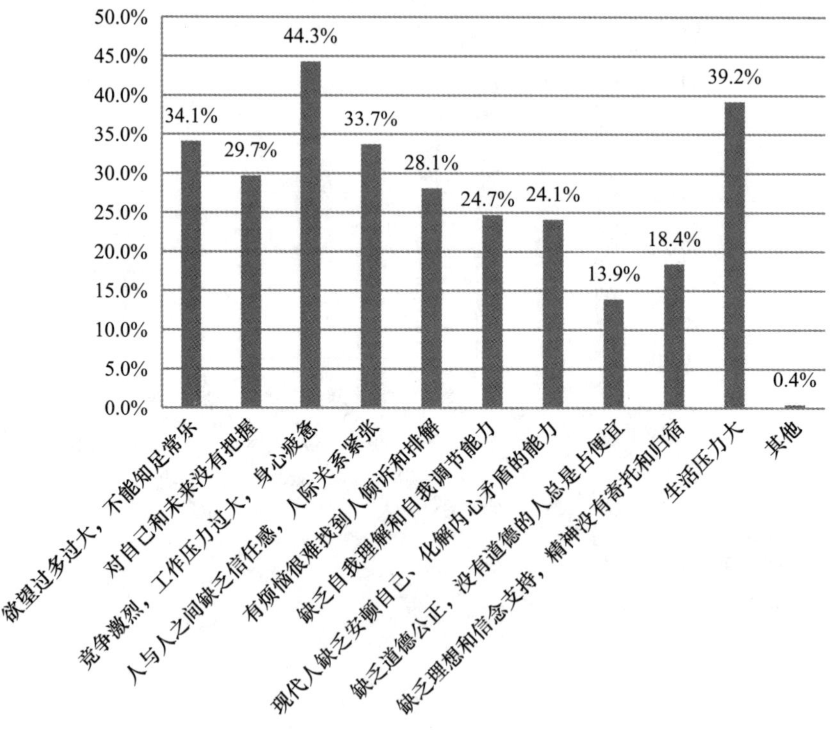

12. 如果遭遇利益冲突，如名誉、利益受他人侵害，您首先的行为反应是

2007 年中国：如果遭遇利益冲突，如名誉、利益受他人侵害，您首先的行为反应是

	有效百分比
诉诸法律，打官司	17. 4%
直接找对方沟通，但得理让人，适可而止	54. 5%
通过第三方（如社会机构，朋友等）从中调解，尽量不伤和气	24. 7%
其他，请说明	2. 4%
总计	100. 0%

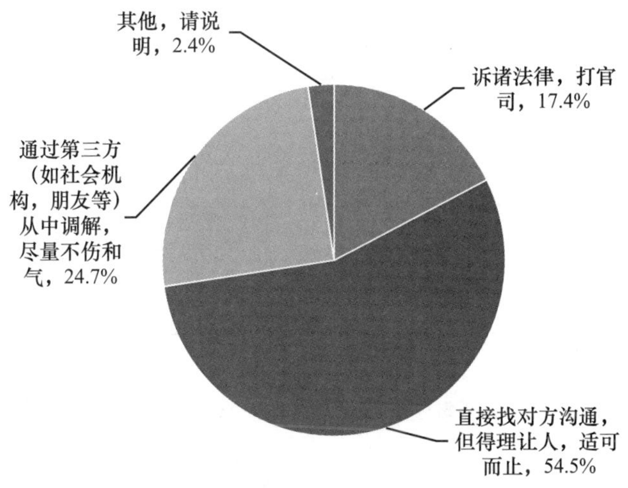

2017 年中国：如果遭遇利益冲突，如名誉、利益受他人侵害，您首先的行为反应是

a. 如果您与家庭成员之间发生重大利益冲突，您会

	有效百分比
诉诸法律，打官司	1. 2%
直接找对方沟通但得理让人，适可而止	51. 7%
通过第三方（如社会机构，朋友等）从中调解，尽量不伤和气	13. 8%
能忍则忍	33. 3%
总计	100. 0%

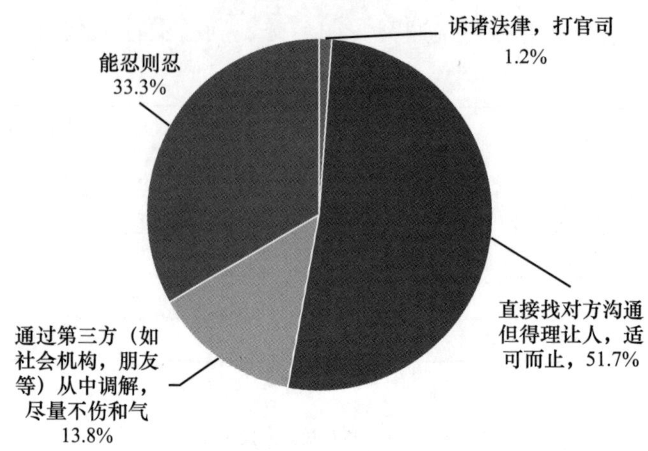

b. 如果您与朋友之间发生重大利益冲突，您会

	有效百分比
诉诸法律，打官司	1.9%
直接找对方沟通，但得理让人，适可而止	48.5%
通过第三方（如社会机构，朋友等）从中调解，尽量不伤和气	29.1%
能忍则忍	20.5%
总计	100.0%

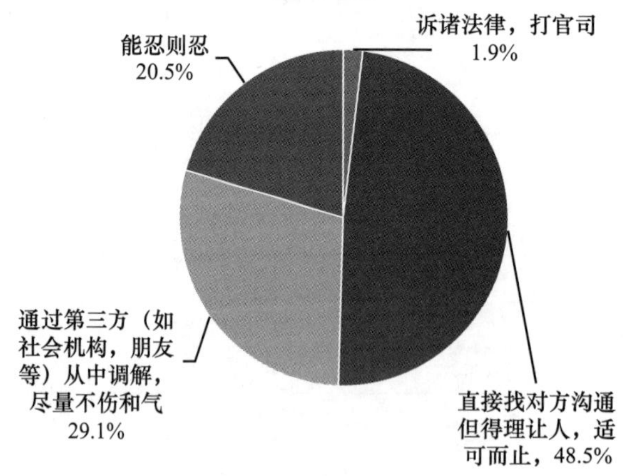

c. 如果您与同事之间发生重大利益冲突，您会

	有效百分比
诉诸法律，打官司	3.4%
直接找对方沟通，但得理让人，适可而止	43.5%
通过第三方（如社会机构，朋友等）从中调解，尽量不伤和气	39.4%
能忍则忍	13.7%
总计	100.0%

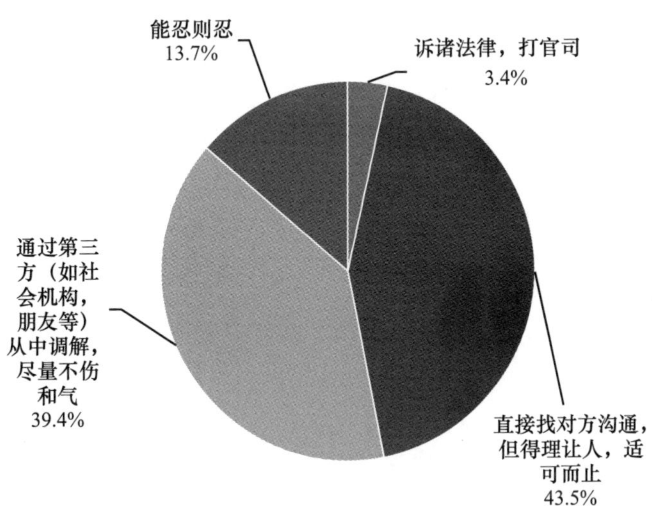

d. 如果您与商业伙伴之间发生重大利益冲突，您会

	有效百分比
诉诸法律，打官司	31.0%
直接找对方沟通，但得理让人，适可而止	27.3%
通过第三方（如社会机构，朋友等）从中调解，尽量不伤和气	31.6%
能忍则忍	10.1%
总计	100.0%

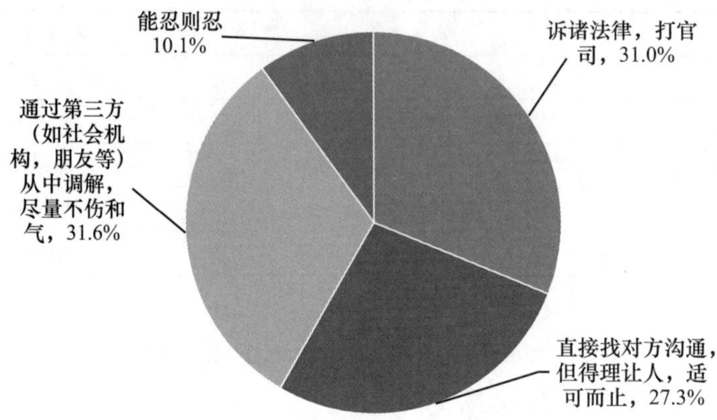

13. 您认为在自己的成长中得到道德训练的最重要场所或机构是

2007 年中国：您认为在自己的成长中得到道德训练的最重要场所或机构是（限选两项）

	有效百分比
家庭	63.2%
学校	59.7%
社会（如工作单位、社区等）	32.2%
国家或政府	6.8%
媒体	7.8%
其他	1.1%

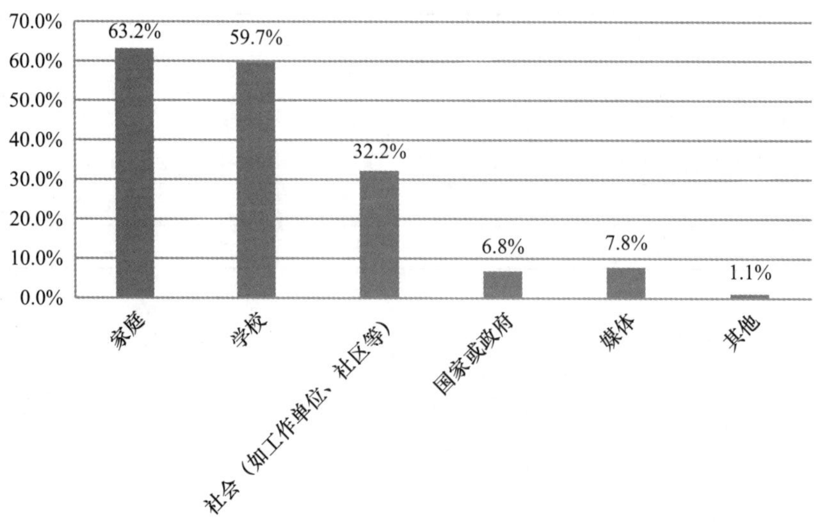

2017 年中国：您认为在自己的成长中得到道德训练的最重要场所或机构是

	有效百分比
家庭	33.8%
学校	26.2%
社会（如工作单位、社区等）	33.3%
国家或政府	3.2%
媒体	1.1%
其他	2.4%
总计	100.0%

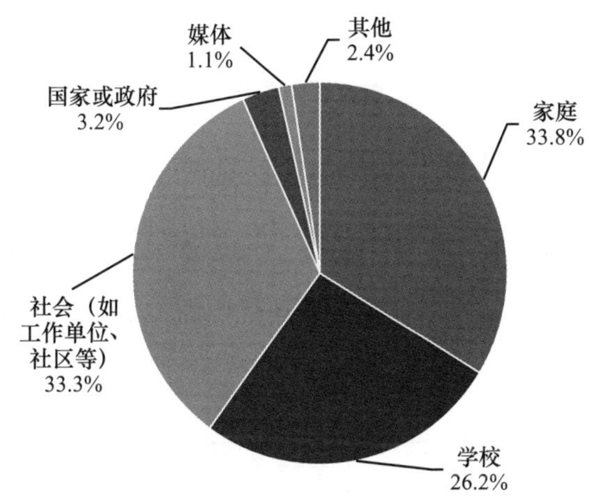

14. 目前中国社会的两性关系日益开放，它对社会风尚的影响是

	2007 年	2017 年
是社会进步的表现	19.6%	13.9%
两性关系混乱必然导致道德沦丧、污染社会风气	58.0%	50.9%
个人选择，无所谓好坏	17.5%	34.8%
其他	4.9%	0.4%
总计	100.0%	100.0%

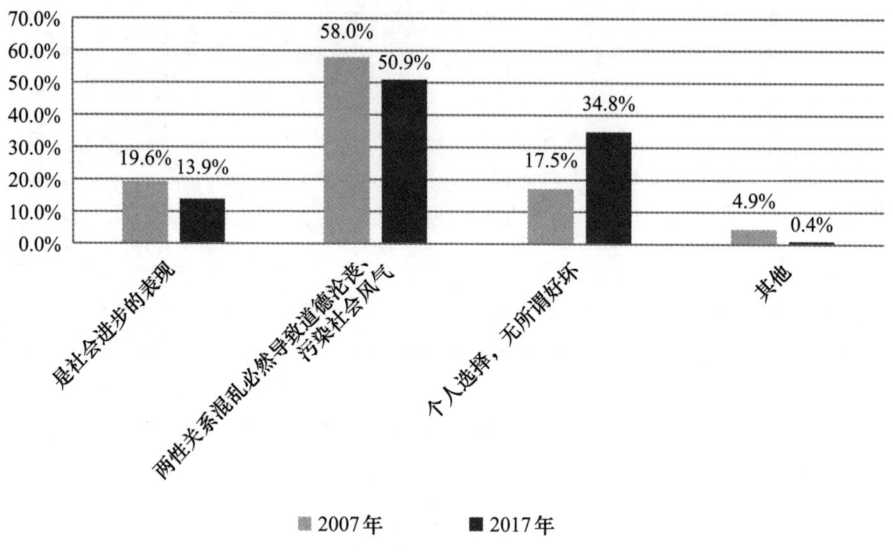

四　家庭伦理

1. 您认为现代家庭关系中最令人担忧的问题是

2007 年中国：现代家庭关系中最令人担忧的问题是（限选两项）

	有效百分比
婚姻不稳定，两性关系过度开放	42.3%
子女尤其是独生子女缺乏责任感	50.1%
子女不孝敬父母	26.2%
代沟严重，价值观念对立	36.2%
婆媳关系紧张	10.7%
父母不民主，不能容忍差异	8.7%
其他，请说明	2.0%

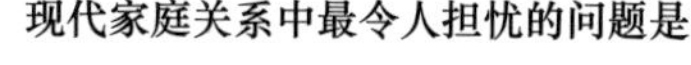

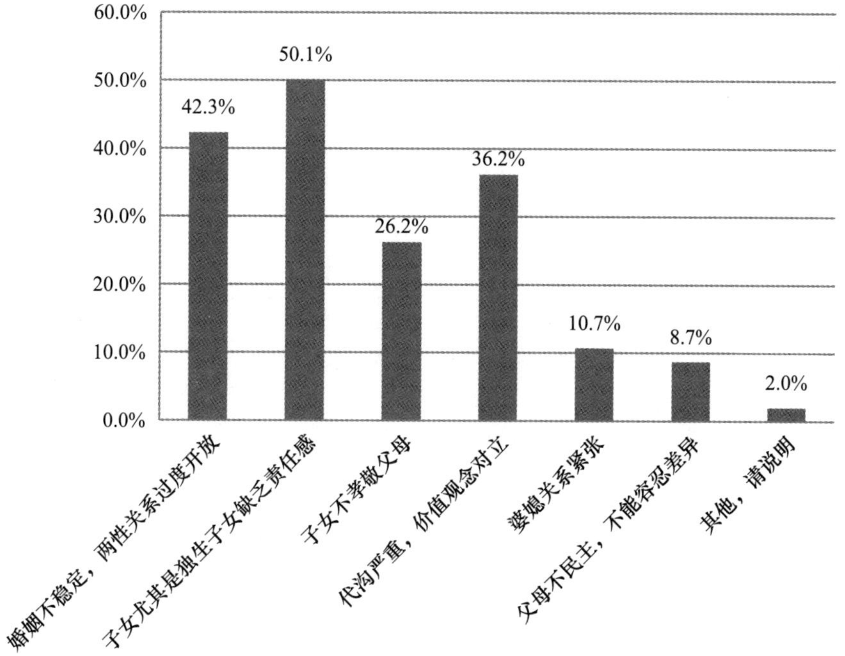

2017 年中国：现代家庭关系中最令人担忧的问题是（限选两项）

	有效百分比
只有一个孩子，对家庭的未来没把握	22.1%
独生子女难以承担养老责任，老无所养	28.8%
年轻人不愿结婚，或不愿生孩子，家族传承危机	15.6%
婚姻不稳定，年轻人缺乏守护婚姻的意识和能力	24.3%
子女尤其是独生子女缺乏责任感，孝道意识薄弱	18.5%
代沟严重，父母与子女之间难以沟通	28.1%
婆媳关系紧张	9.7%
父母不民主，不能容忍差异	10.4%
“啃老”现象严重	6.5%
父母只培养孩子的知识和技能，忽视良好品德的养成	13.1%
两性关系过度开放	2.9%

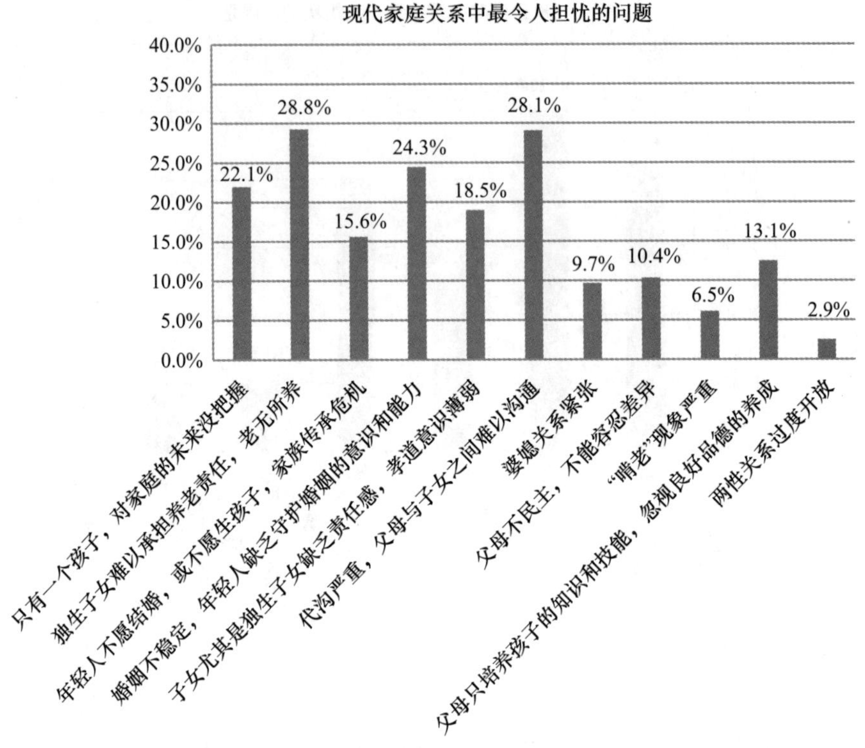

五　集团伦理

1．一些政府机关和大中小学，利用权力让本单位的职工子女在很好的学校读书，或降分录取，您认为这种行为道德吗

	2007 年	2017 年
为本单位人员谋福利，符合道德	3.9%	16.5%
以权谋私，属于政府行为不道德	36.3%	35.3%
是对社会公众的欺骗行为，严重不道德	10.9%	30.9%
符合本单位内部伦理，但严重侵蚀社会道德	19.3%	10.7%
是干部特权和政府谋私行为	22.2%	
无所谓道德不道德		6.6%
其他，请说明	1.9%	
总计	94.5%	100.0%

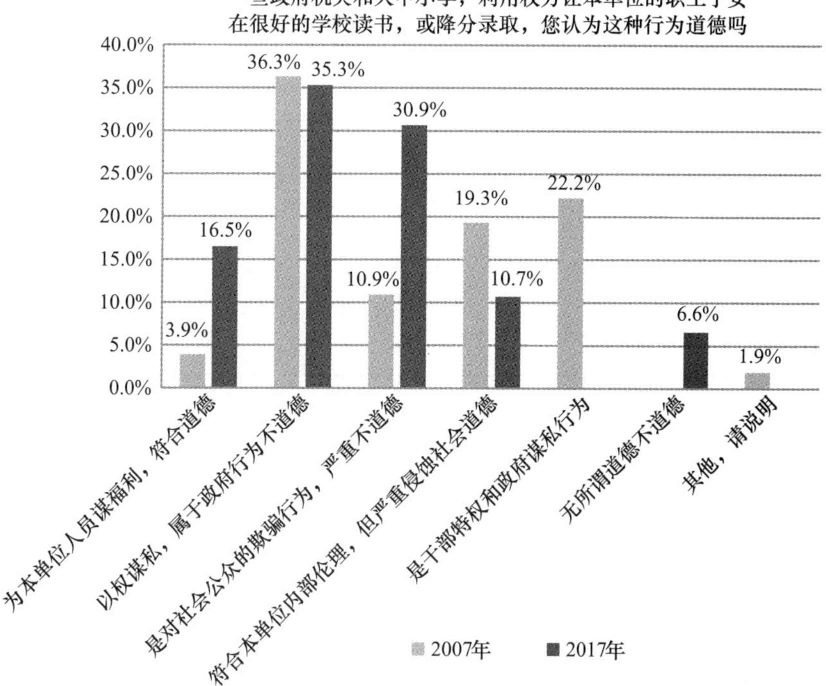

2. 如果您所在的单位有一项举措可以提高集体福利并使您个人得到利益，但会造成环境污染或社会公害，您会举报吗

	2007 年	2017 年
会	56.6%	65.4%
不会	33.9%	34.6%
其他	8.0%	
总计	98.5%	100.0%

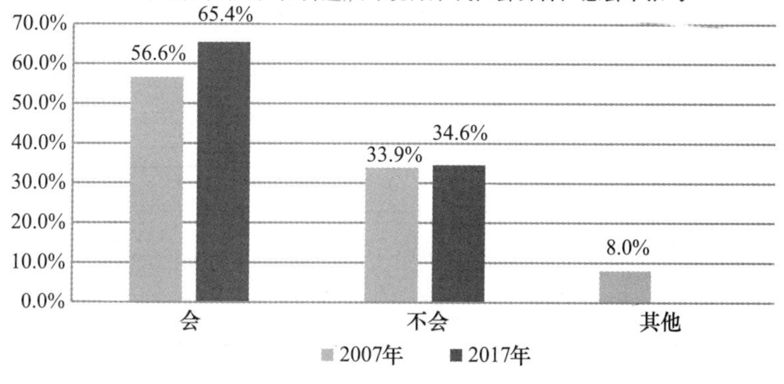

六　社会伦理

1. 您认为目前我国社会中道德和幸福的现实关系是

	2007 年	2017 年
总体上道德和幸福能够一致，能惩恶扬善	49.9%	67.9%
有道德讲伦理的人大都吃亏，不守道德的人更能占便宜	32.9%	23.8%
道德与幸福没有关系，能挣钱有发展无论怎样行动都行	16.8%	8.3%
其他	0.4%	
总计	100.0%	100.0%

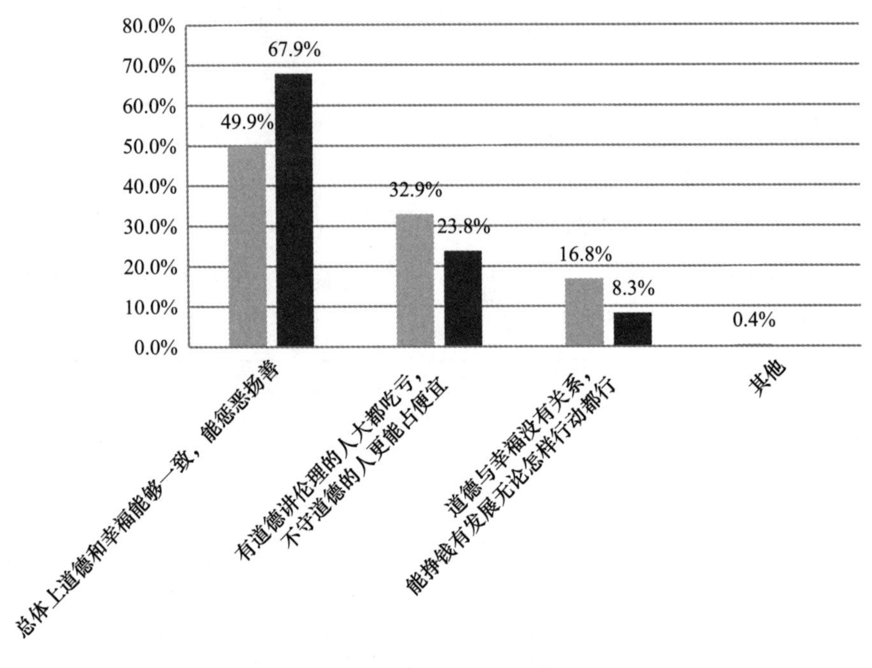

2. 您认为您目前的状况是

2007 年中国：您认为您目前的状况是（限选两项）

	有效百分比
生活水平提高了，但幸福感和快乐感降低了	37.3%
生活富裕，但不感到幸福和快乐	13.3%
生活小康，幸福且快乐	16.1%

续表

	有效百分比
生活既不富裕也不小康，但幸福并快乐着	35.4%
生活贫困，既不幸福也不快乐	12.7%
生活富裕，幸福也快乐	5.8%
幸福感和快乐度提高了	18.9%
其他，请说明	4.0%

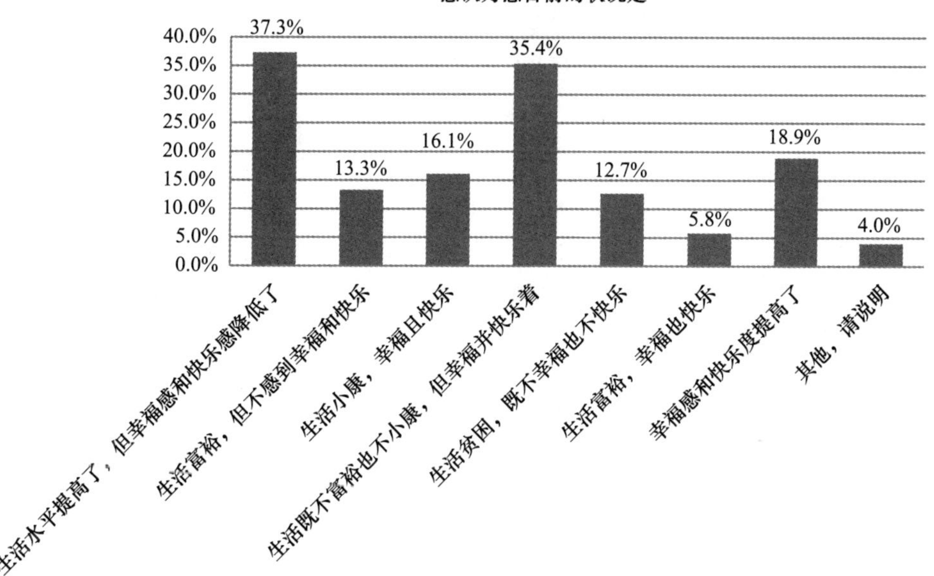

2017 年中国：您认为您目前的状况是

	有效百分比
生活富裕，但不感到幸福和快乐	7.1%
生活富裕，幸福也快乐	11.0%
生活小康，幸福且快乐	47.0%
生活小康，但不感到幸福和快乐	5.8%
生活清贫，幸福且快乐	23.9%
生活贫困，既不幸福也不快乐	5.2%
总计	100.0%

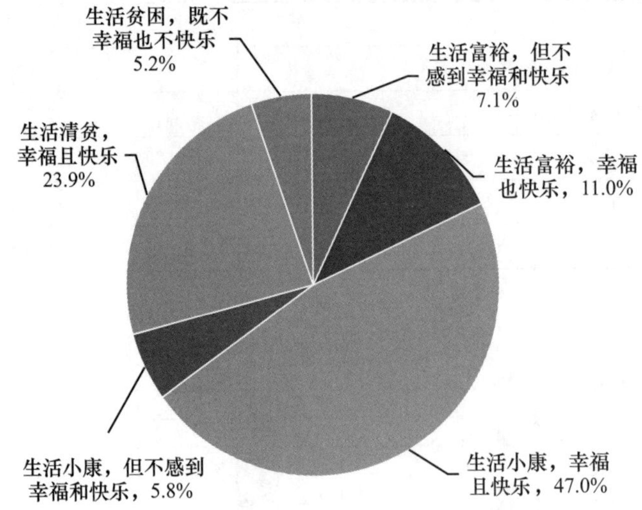

3. 下列哪些因素可能影响人际关系紧张

2007 年中国：哪些因素可能影响人际关系紧张（限选五项）

	有效百分比
客观上竞争激烈，利益冲突加剧	61.7%
主观上竞争意识和竞争观念的过度宣扬和过度张扬	40.7%
社会资源缺乏，引发恶性竞争	24.2%
社会财富分配不公，贫富差距过大	59.9%
过于个人主义，以自我为中心，对他人责任感淡漠	65.7%
缺乏爱心	23.2%
缺乏宽容	35.0%
缺乏相互理解和沟通的意识和能力	47.3%
制度安排不公正，机会不平等	38.4%
一切服从于利益或法律，人际关系缺乏伦理调节的机制和能力	22.4%
市场经济导致的社会同一性丧失	15.0%
传统伦理瓦解，社会缺乏统一的价值观	27.0%
其他，请说明	2.1%

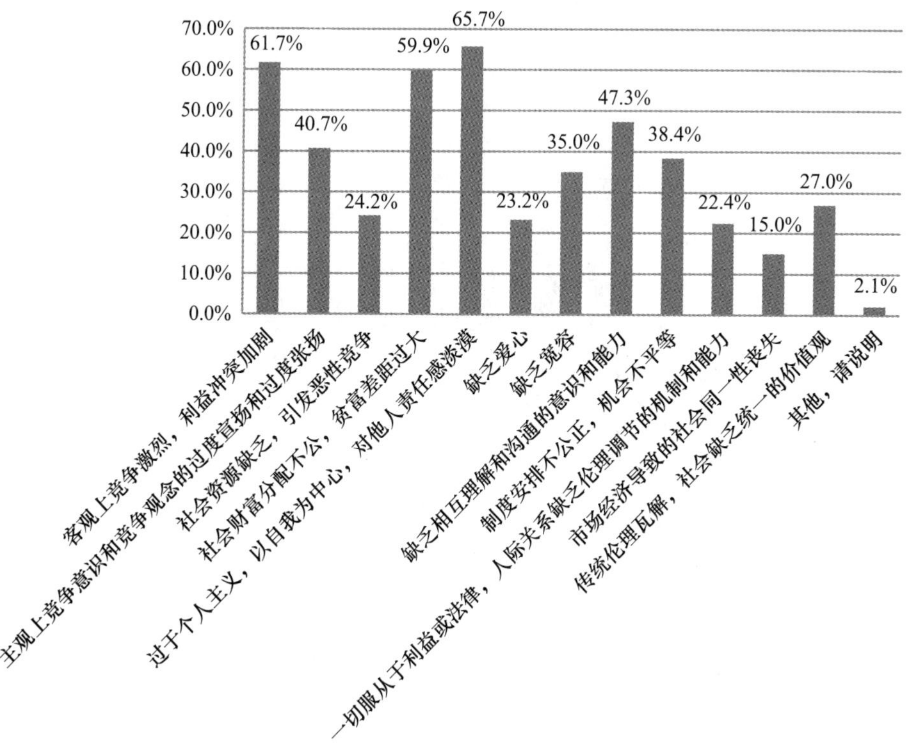

2017 年中国：哪些因素可能影响人际关系紧张（限选三项）

	有效百分比
主观上竞争意识和竞争观念的过度宣扬和过度张扬	25. 2%
社会资源缺乏，引发恶性竞争	29. 6%
社会财富分配不公，贫富差距过大	33. 0%
过于个人主义，以自我为中心，对他人责任感淡漠	18. 6%
缺乏爱心	22. 3%
缺乏相互理解和沟通的意识和能力	18. 6%
制度安排不公正，机会不平等	23. 1%
以权谋私，官员腐败	21. 2%
缺乏道德信用	18. 7%
人与人、人与社会之间缺乏信任	28. 4%
一切服从于利益或法律，人际关系缺乏伦理调节的机制和能力	4. 3%
传统伦理瓦解，社会缺乏统一的价值观	9. 1%

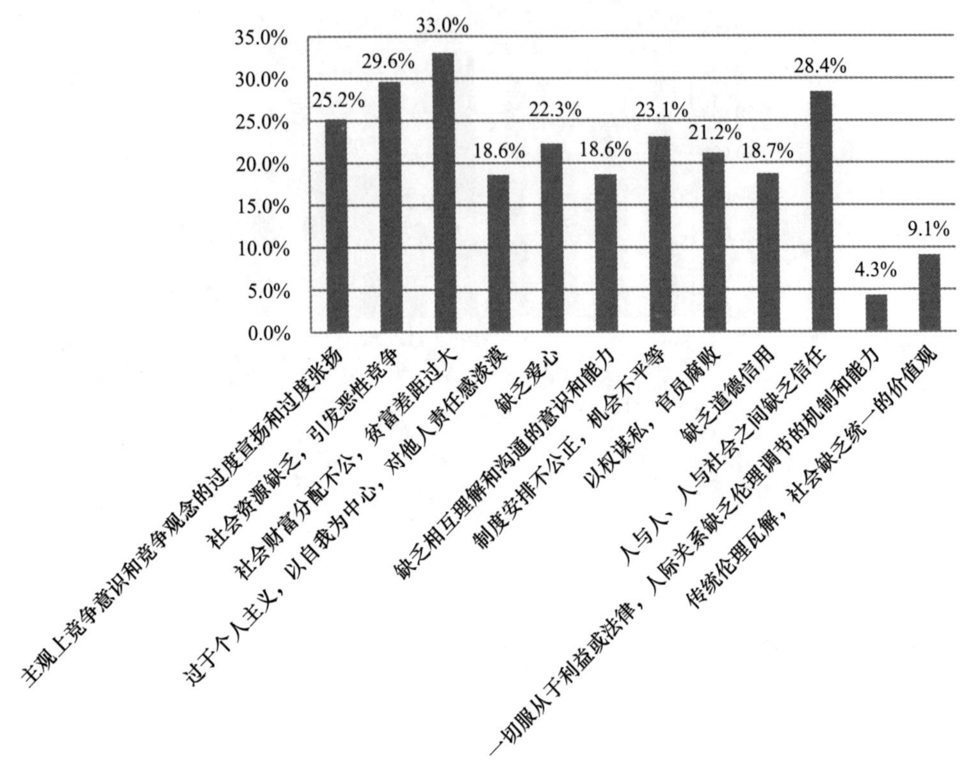

4. 您认为在现代中国社会实际奉行的道德价值是

2007 年中国：您认为在现代中国社会实际奉行的道德价值是

	有效百分比
个人主义，人人为自己，上帝为大家	21.9%
义利合一，以理导欲	49.4%
见利忘义，物欲横流	21.1%
存义去利	3.9%
其他，请说明	3.7%
总计	100.0%

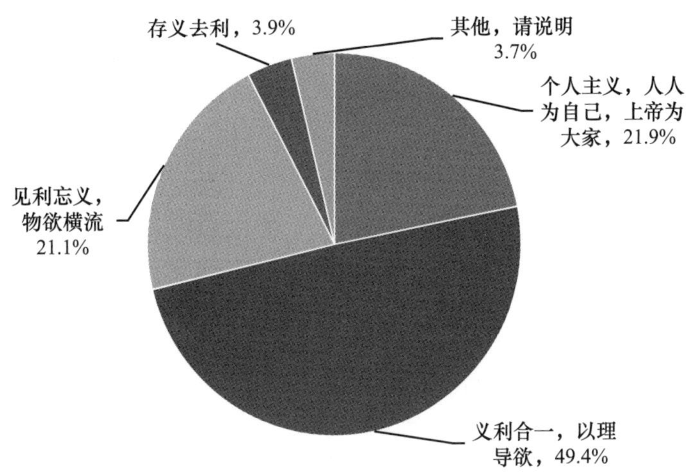

2017 年中国：您认为在现代中国社会实际奉行的道德价值是

	2017 年
义利合一，用符合道德的方式谋利	51.6%
见利忘义，唯利是图	37.1%
不计较利害得失，道德至上	11.1%
其他	0.2%
总计	100.0%

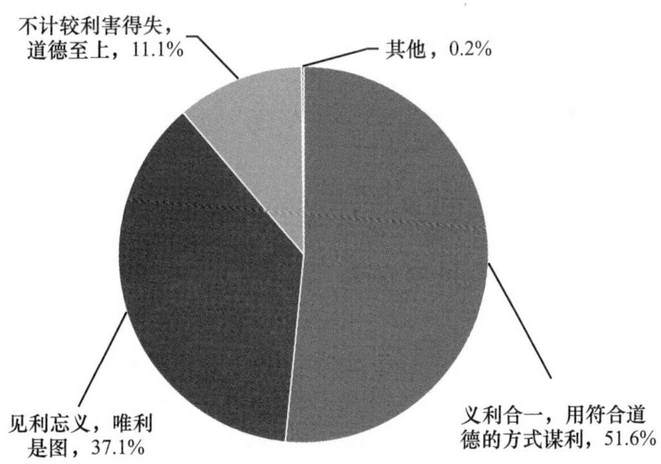

5. 对形成我国当前各种新型伦理关系和道德观念，哪些因素影响最大

2007 年、2017 年中国（限选三项）

	2007 年	2017 年
网络和媒体	74.2%	47.2%
政府	56.7%	59.4%
大学及其文化	56.5%	22.7%
市场	57.8%	32.6%
企业	13.2%	21.0%
宗教团体	10.1%	
社会团体		17.8%
知识精英		11.3%
国外的思潮与生活方式		12.5%
其他，请说明	2.8%	

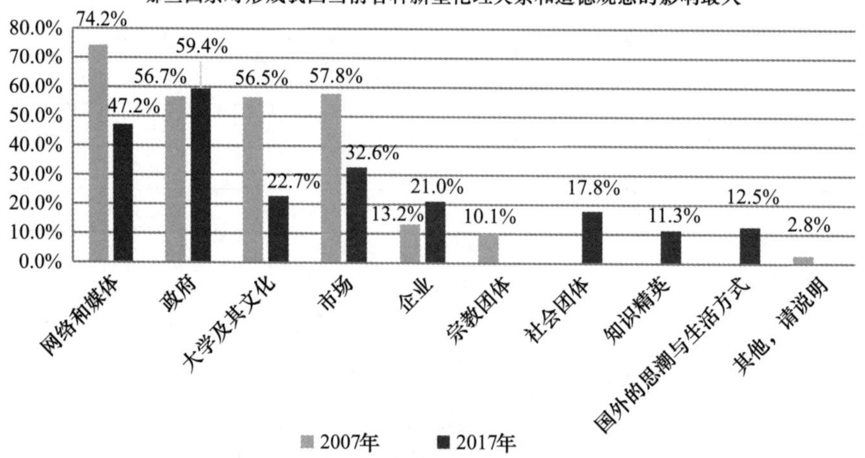

6. 对当前我国伦理关系和道德风尚造成最大负面影响的因素是

2007 年中国：对当前我国伦理关系和道德风尚造成最大负面影响的因素是

	有效百分比
传统文化的崩坏	12.2%
外来文化的冲击	28.4%
市场经济导致的个人主义	55.6%
高技术的应用	2.1%
其他，请说明	1.7%
总计	100.0%

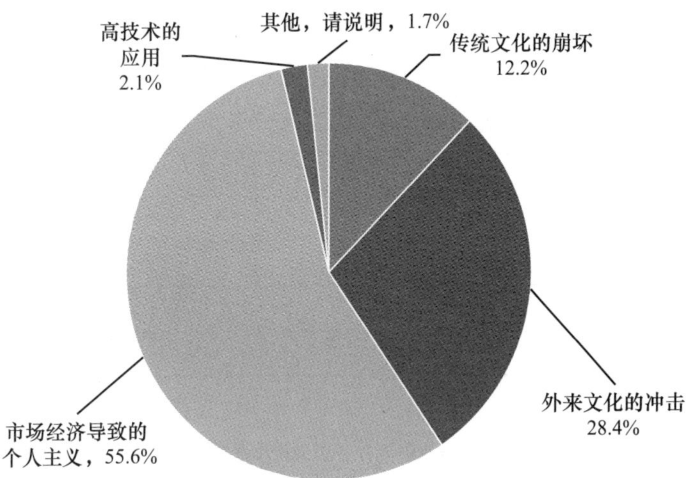

2017 年中国：对当前我国伦理关系和道德风尚造成最大负面影响的因素是（限选两项）

	有效百分比
传统文化的崩坏	41. 2%
外来文化的冲击	37. 7%
市场经济导致的个人主义	26. 2%
网络技术的发展	21. 7%
分配不公，两极分化	25. 9%
以权谋私，官员腐败	23. 7%

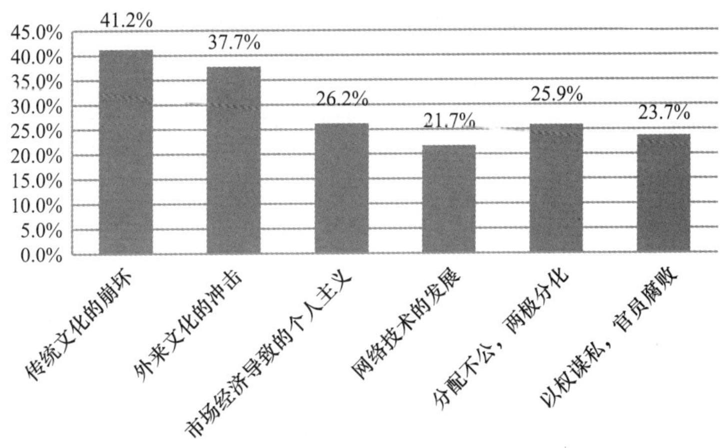

七　政府伦理

1. 政府在制定政策和决策时充分考虑到伦理道德方面的要求了吗

2007 年中国：政府在制定政策和决策时充分考虑到伦理道德方面的要求了吗

	有效百分比
是	60.2%
否	32.3%
其他，请说明	4.9%
总计	97.4%

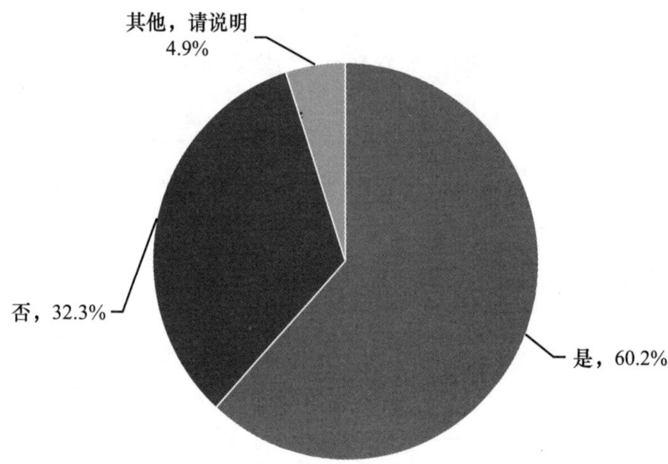

2017 年中国：政府在制定政策和决策时充分考虑到伦理道德方面的要求了吗

	有效百分比
有考虑，能够从日常生活中感受到	37.1%
有考虑，能够从政策文件中体会到	23.7%
只是口头上说说，没有实质性行动	28.1%
没有考虑，政策制度都是从自己的政绩和富人的利益着想	10.4%
其他	0.7%
总计	100.0%

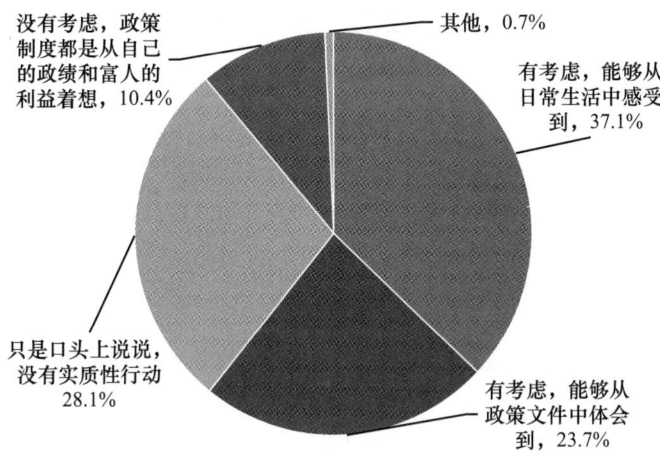

2. 您认为《公民道德建设纲要》及其实施的效果如何

	2007 年	2017 年
完全没效果		4. 3%
效果较差		24. 5%
效果较好	54. 0%	58. 6%
效果很好	9. 1%	12. 5%
没有实质性效果	34. 9%	
其他，请说明	1. 8%	
总计	99. 8%	100. 0%

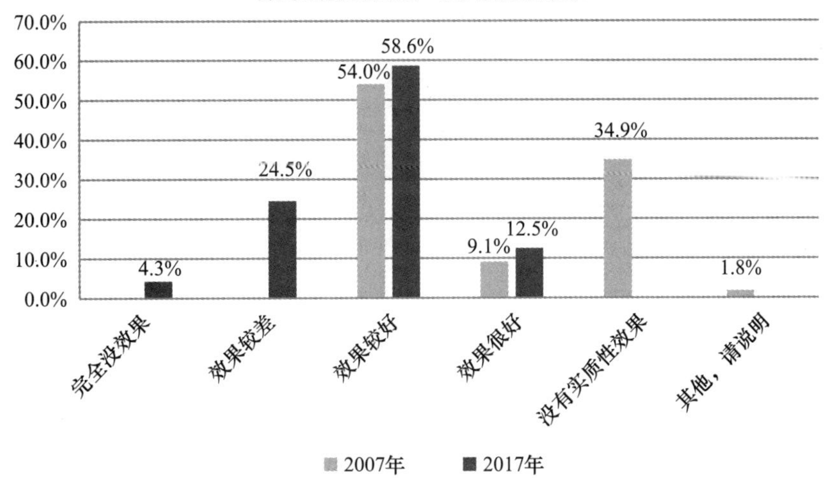

中国2007年、2013年、2017年伦理道德发展比较数据库

一　基本信息

1. 受访者性别

	2007年	2013年	2017年
女性	52.7%	50.0%	53.2%
男性	47.3%	50.0%	46.8%
总计	100.0%	100.0%	100.0%

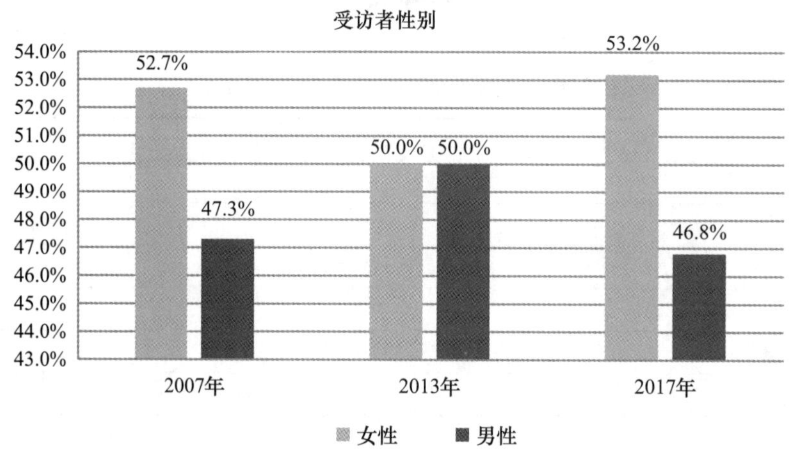

2. 年龄

2007年与2017年中国：受访者年龄

	2007年	2017年
18岁以下	1.0%	1.9%
18—25岁	67.8%	10.8%
26—35岁	20.2%	20.0%
36—50岁	8.6%	31.5%
51岁以上	2.4%	35.7%
总计	100.0%	100.0%

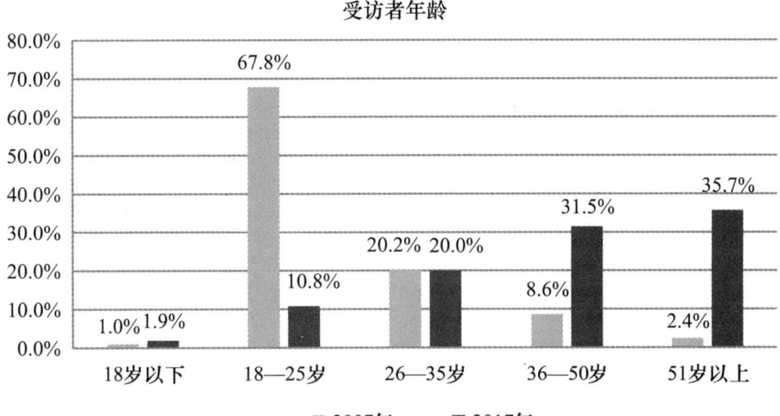

2013 年中国：受访者年龄

	2013 年
30 岁以下	14. 5%
30—39 岁	17. 4%
40—49 岁	21. 8%
50—59 岁	19. 3%
60 岁及以上	27. 0%
总计	100. 0%

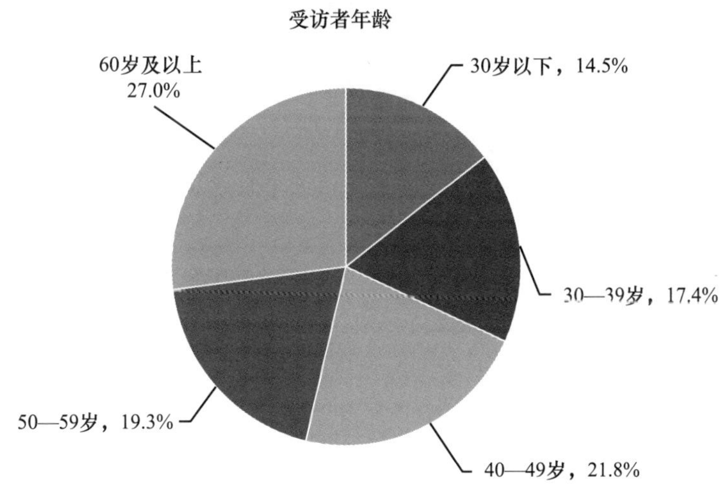

3. 受教育程度

2007 年中国：受教育程度

	2007 年
初中及以下	0.5%
高中	1.2%
大专	20.2%
本科	48.1%
研究生及以上	29.9%
总计	100.0%

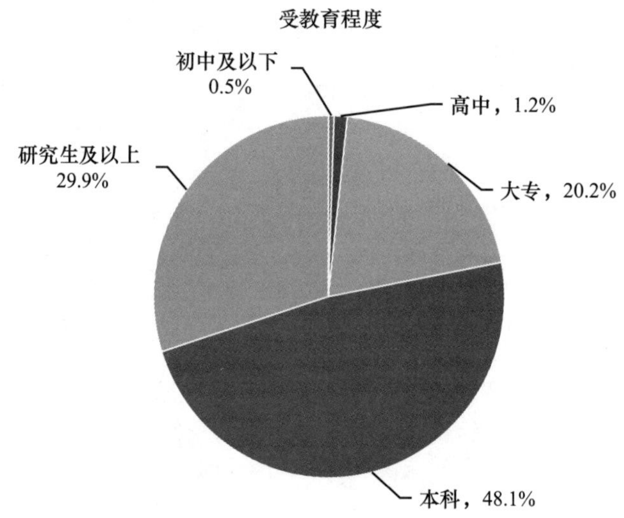

2013 年中国：受教育程度

	2013 年
未受过高等教育	83.6%
受过高等教育	16.4%
总计	100.0%

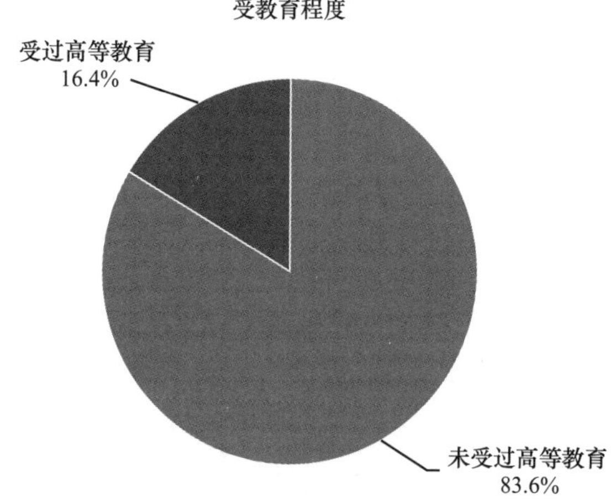

2017 年中国：受教育程度

	2017 年
小学以下	8.6%
小学	20.2%
初中	31.2%
高中	19.5%
职高/中专	4.7%
大专	7.0%
大学	7.6%
硕士	0.8%
博士	0.4%
总计	100.0%

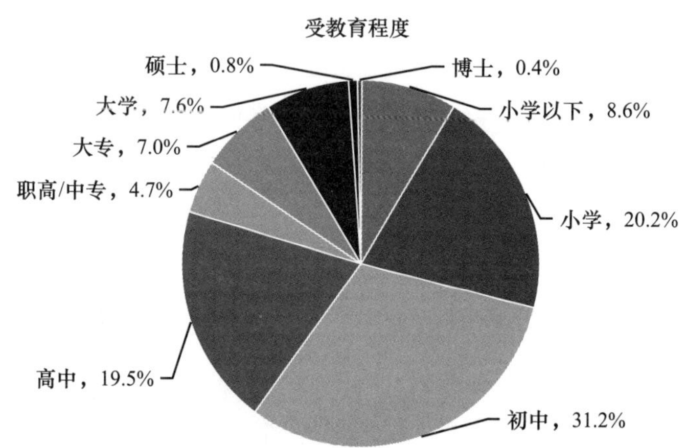

4. 月平均收入

2007 年中国：月平均收入

	2007 年
299 元及以下	53.4%
300—499 元	7.4%
500—999 元	12.3%
1000—1999 元	12.8%
2000—3999 元	6.9%
4000—7999 元	1.0%
8000 元及以上	0.4%
总计	94.2%

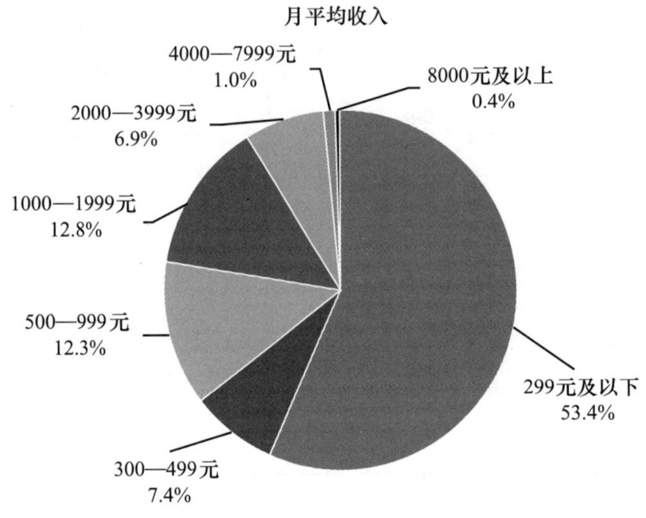

2013 年中国：月平均收入

	2013 年
无收入	10.7%
1—1999 元	46.0%
2000—3999 元	20.6%
4000 元及以上	22.7%
总计	100.0%

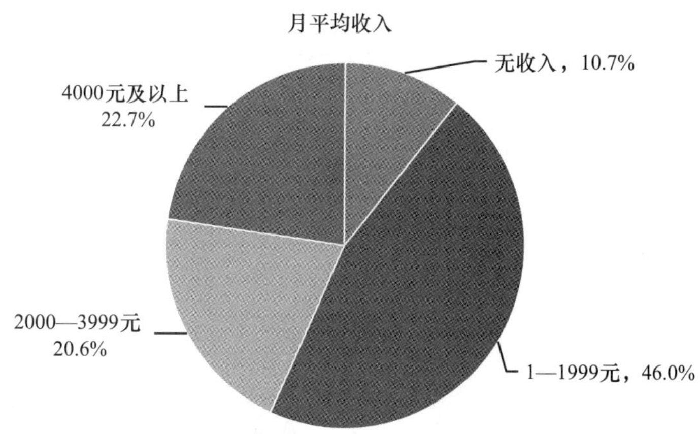

2017 年中国：月平均收入

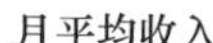

	2017 年
无收入	16.4%
1—999 元	10.3%
1000—1999 元	19.8%
2000—3999 元	32.5%
4000—5999 元	14.6%
6000—8999 元	4.7%
9000—12999 元	1.1%
13000—20000 元	0.4%
20000 元以上	0.2%
总计	100.0%

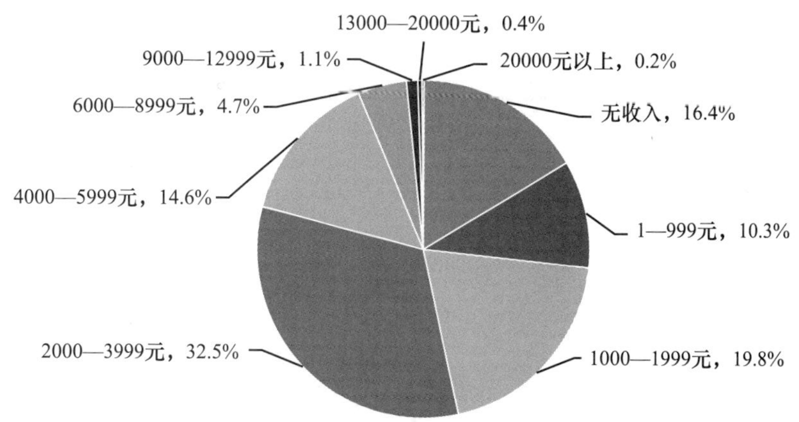

5. 是否信仰宗教

	2007 年	2013 年	2017 年
信仰宗教	21.6%	11.5%	8.5%
不信仰宗教	78.4%	88.5%	91.5%
总计	100.0%	100.0%	100.0%

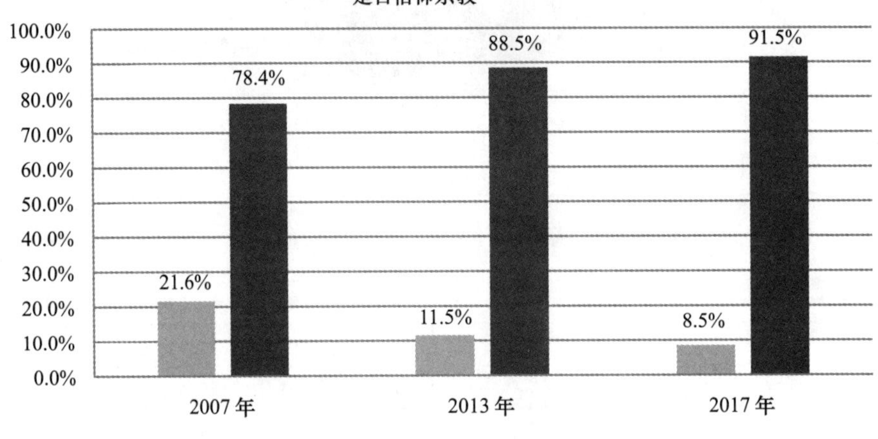

二 调研部分

1. 您对当前我国社会道德状况的总体满意度是

2007 年中国：您对当前我国社会道德状况的总体满意度是

	2007 年
满意，有很大进步	5.3%
基本满意，虽然不尽如人意，但还是在不断改善	69.8%
不满意，道德失范，伦理失序	19.5%
说不清	5.4%
总计	100.0%

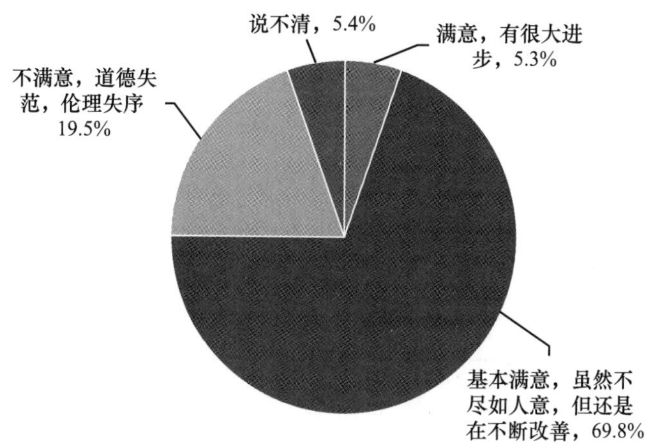

2013 年和 2017 年中国：您对当前我国社会道德状况的总体满意度是

	2013 年	2017 年
非常满意	2. 1%	6. 9%
比较满意	33. 7%	66. 8%
一般	41. 5%	
比较不满意	19. 0%	23. 7%
非常不满意	3. 8%	2. 6%
总计	100. 0%	100. 0%

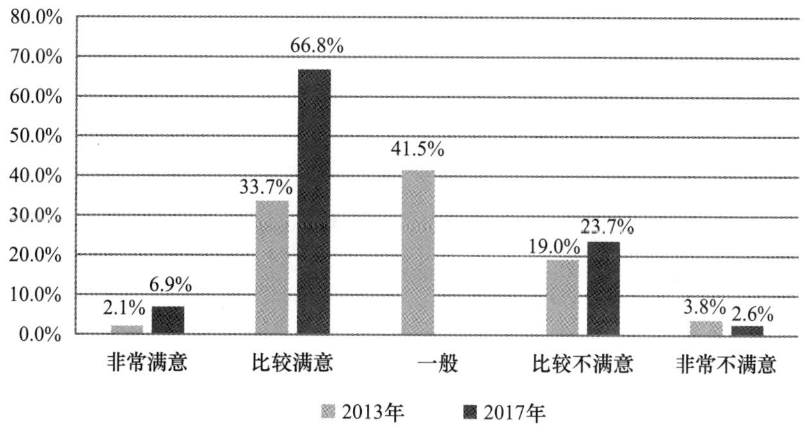

2. 您认为当前我国社会道德生活的基本方面是

2007 年和 2013 年中国：您认为当前我国社会道德生活的基本方面是

	2007 年	2013 年
意识形态中所提倡的社会主义道德	25.3%	18.1%
中国传统道德	20.9%	65.1%
西方文化影响而形成的道德	11.7%	4.1%
市场经济中形成的道德	40.3%	11.1%
其他	1.8%	1.6%
总计	100.0%	100.0%

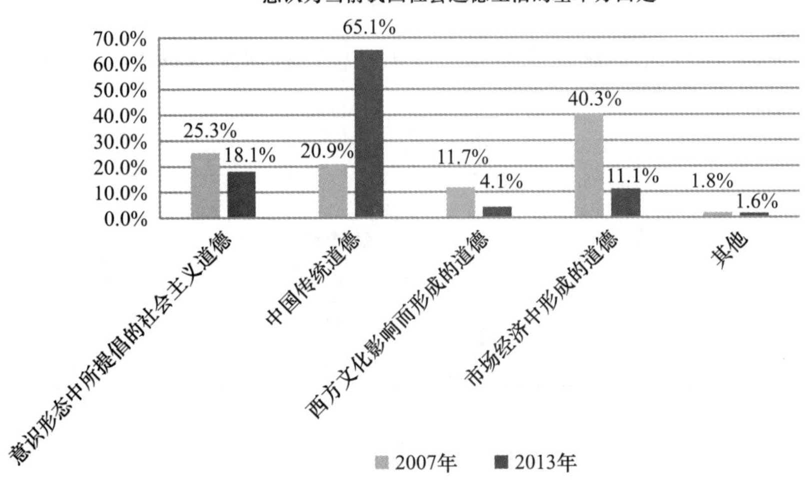

2017 年中国（排序题）：您认为当前我国社会道德生活的基本方面是

	第一重要		第二重要		第三重要		总分
	频数	加权得分	频数	加权得分	频数	加权得分	
中国传统道德	4212	12636	2352	4704	1204	1204	18544
意识形态中所提倡的社会主义道德	1978	5934	3290	6580	2140	2140	14654
市场经济中形成的道德	1465	4395	1630	3260	3303	3303	10958
西方文化影响而形成的道德	690	2070	712	1424	1137	1137	4631
其他	8	24	6	12	2	2	38

（加权规则：第一重要的频数×3，第二重要的频数×2，第三重要的频数×1）

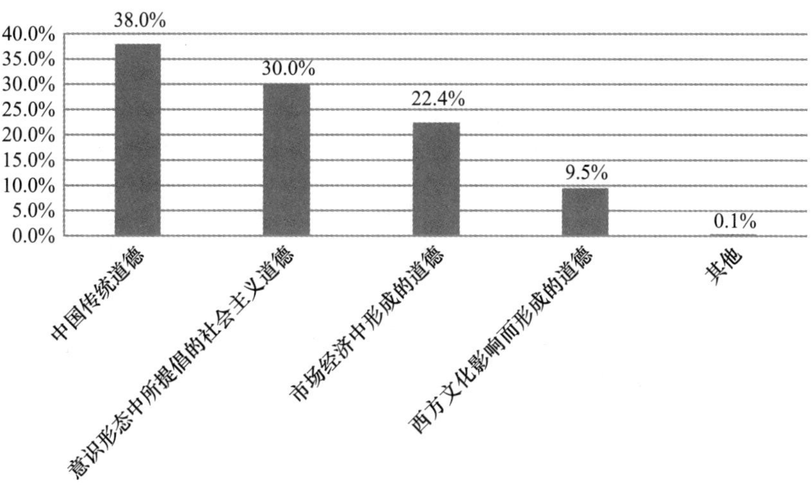

3. 下列哪个因素最可能影响人际关系紧张

2007 年和 2017 年中国：下列哪个因素最可能影响人际关系紧张

	2007 年（限选五项）	2017 年（限选三项）
客观上竞争激烈，利益冲突加剧	61.7%	
主观上竞争意识和竞争观念的过度宣扬和过度张扬	40.7%	25.2%
社会资源缺乏，引发恶性竞争	24.2%	29.6%
社会财富分配不公，贫富差距过大	59.9%	33.0%
过于个人主义，以自我为中心，对他人责任感淡漠	65.7%	18.6%
缺乏爱心	23.2%	22.3%
缺乏宽容	35.0%	
缺乏相互理解和沟通的意识和能力	47.3%	18.6%
制度安排不公正，机会不平等	38.4%	23.1%
以权谋私，官员腐败		21.2%
缺乏道德信用		18.7%
人与人、人与社会之间缺乏信任		28.4%
一切服从于利益或法律，人际关系缺乏伦理调节的机制和能力	22.4%	4.3%
市场经济导致的社会同一性丧失	15.0%	
传统伦理瓦解，社会缺乏统一的价值观	27.0%	9.1%
其他	2.1%	

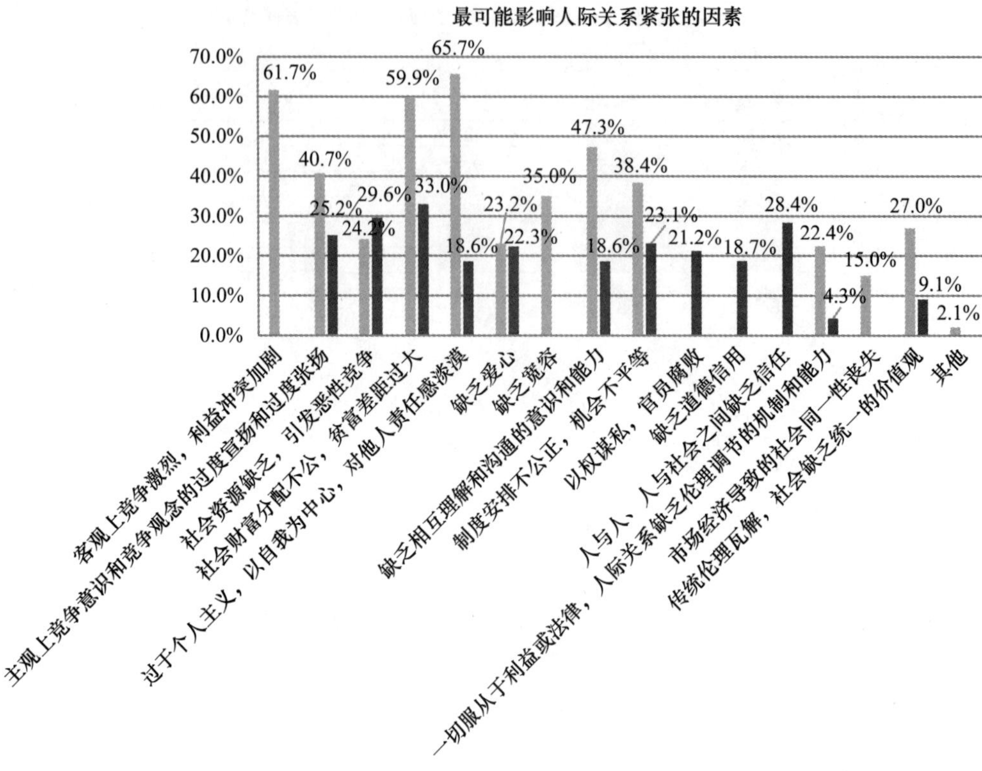

2013 年中国：下列哪个因素最可能影响人际关系紧张

	2013 年
社会资源缺乏，引发恶性竞争	8.9%
过度宣扬竞争意识	5.1%
社会财富分配不公，贫富差距过大	44.6%
个人主义盛行	8.9%
缺乏爱心	6.6%
缺乏宽容	5.9%
缺乏相互理解和沟通的意识和能力	10.8%
制度安排不公正，机会不平等	6.2%
一切诉诸利益或法律，人际关系缺乏伦理调节的机制和能力	1.5%
其他	1.5%
总计	100.0%

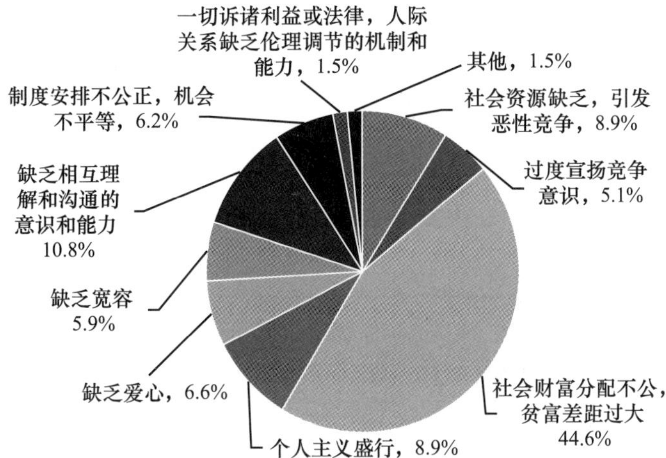

您对当前我国社会的人际关系的总体满意程度是

2007 年中国：您对当前我国社会的人际关系的总体满意程度是

	2007 年
总体良好，比十年前少了一些相互制约，比五年前多了些相互关怀	25.4%
受功利原则支配，大多是相互利用	38.0%
关系变简单了，但温情大大减少了	27.0%
不满意，越来越恶化	8.2%
对人际关系问题不感兴趣，因为它对我来说无意义	1.4%
总计	100.0%

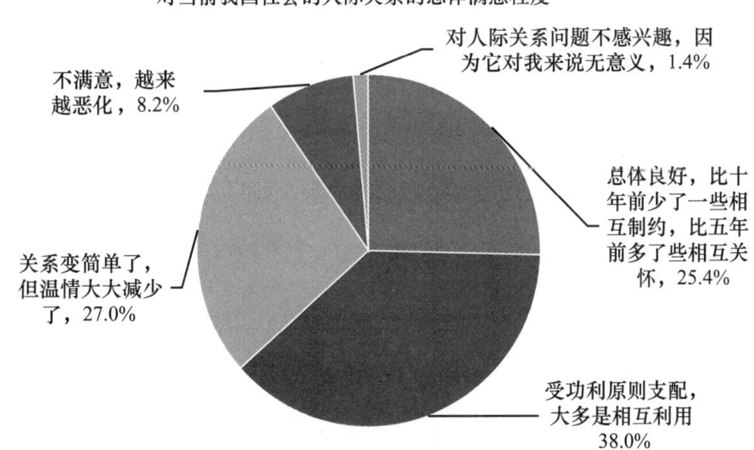

2013 年和 2017 年中国：您对当前我国社会的人际关系的总体满意程度是

	2013 年	2017 年
非常满意	2.3%	6.0%
比较满意	35.1%	67.8%
一般	45.0%	
比较不满意	15.5%	24.4%
非常不满意	2.1%	1.8%
总计	100.0%	100.0%

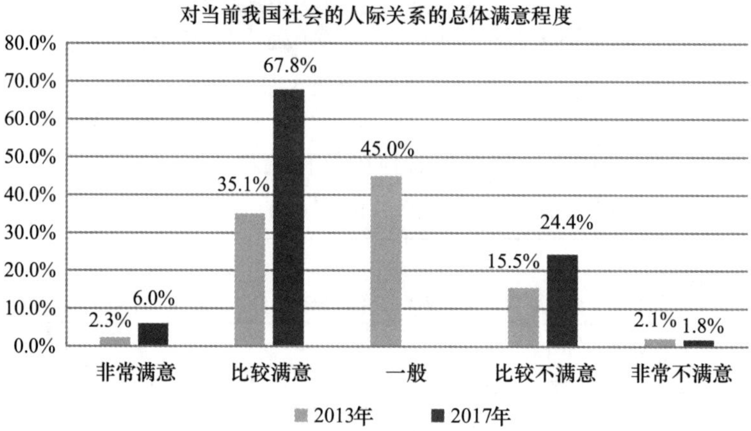

对当前我国社会的人际关系的总体满意程度

4. 当前有些人身心不和谐，如忧郁、精神分裂、自杀等，您认为造成这种情况的最主要原因是什么

2007 年和 2017 年中国：当前有些人身心不和谐，如忧郁、精神分裂、自杀等，您认为造成这种情况的最主要原因是什么

	2007 年（限选三项）	2017 年（多选）
欲望过多过大，不能知足常乐	50.5%	34.1%
社会保障体系不健全，对自己和未来没有把握	35.1%	29.7%
竞争激烈，工作压力过大，身心疲惫	53.1%	44.3%
人与人之间缺乏信任感，遇到烦恼没有朋友能够倾诉和排解	38.5%	
人与人之间缺乏信任感，人际关系紧张		33.7%
有烦恼很难找到人倾诉和排解		28.1%
社会环境缺乏安全感	18.9%	
个人的文化底蕴和文化积累不够，缺乏自我理解和自我调节能力	25.9%	24.7%

续表

	2007 年 （限选三项）	2017 年 （多选）
缺乏道德公正，没有道德的人总是占便宜	17.3%	13.9%
缺乏理想和信念支持，精神没有寄托和归宿	20.5%	18.4%
生活压力太大	18.6%	39.2%
现代人缺乏安顿自己、化解内心矛盾的文化能力	10.1%	24.1%
其他	0.2%	0.4%

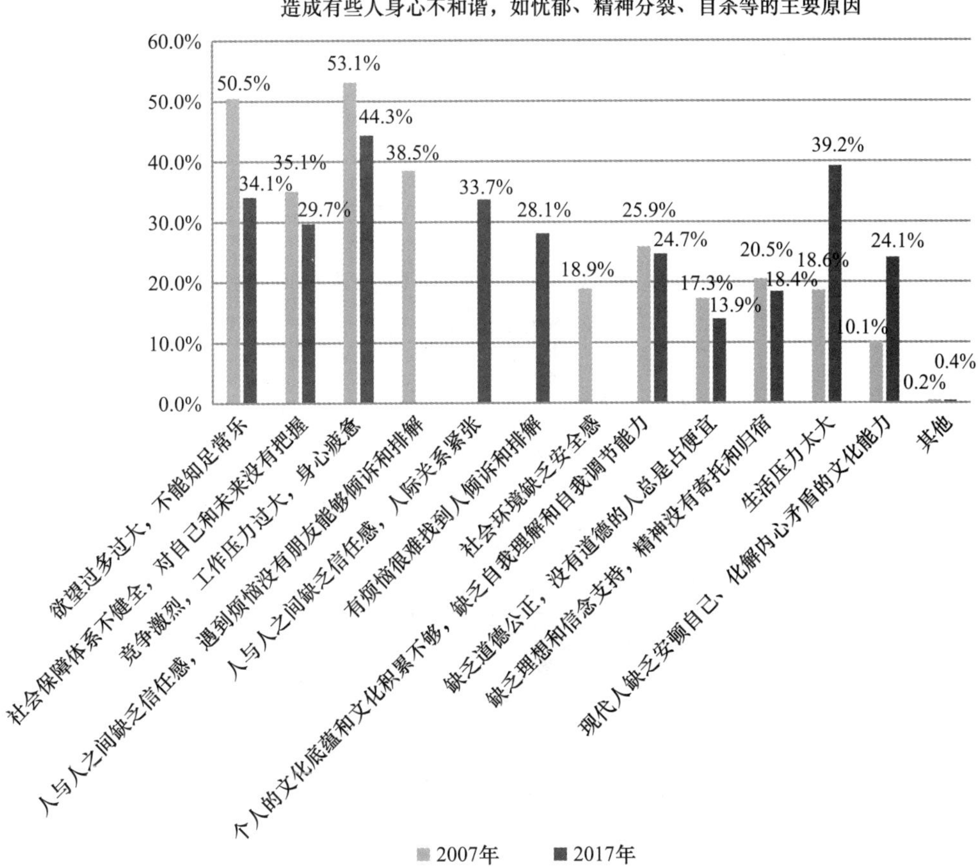

2013 年中国：当前有些人身心不和谐，如忧郁、精神分裂、自杀等，您认为造成这种情况的最主要原因是什么

	2013 年
欲望过多过大，不能知足常乐	16.7%
社会保障体系不健全，对自己和未来没有把握	12.5%
竞争激烈，工作压力过大，身心疲惫	32.7%
人与人之间缺乏信任感，人际关系紧张	11.3%
有烦恼很难找到人倾诉和排解	5.7%
个人的文化底蕴和文化积累不够，缺乏自我理解和自我调节能力	9.0%
现代人缺乏安顿自己、化解内心矛盾的能力	3.5%
缺乏道德公正，没有道德的人总是占便宜	2.9%
缺乏理想和信念支持，精神没有寄托和归宿	3.3%
其他	2.4%
总计	100.0%

造成有些人身心不和谐，如忧郁、精神分裂、自杀等的主要原因

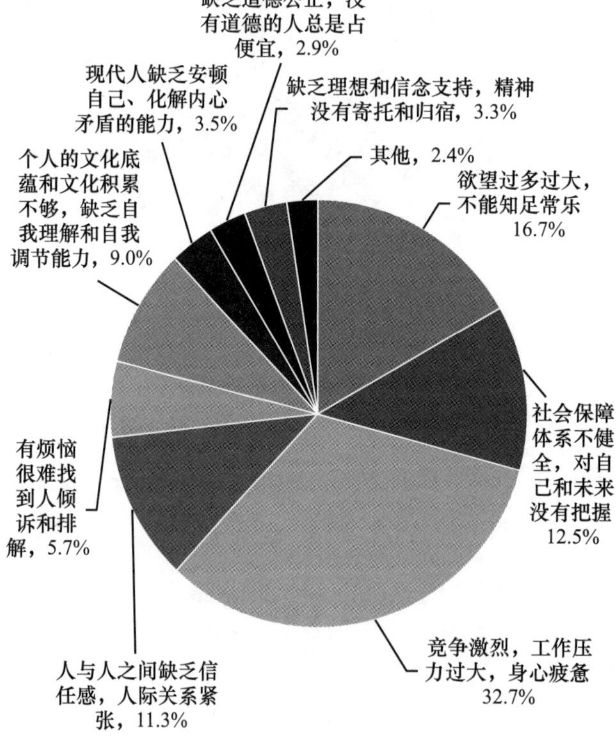

5. 您认为哪一种伦理关系对社会秩序和个人生活最具根本性意义

2007 年和 2013 年中国：您认为哪一种伦理关系对社会秩序和个人生活最具根本性意义

	2007 年	2013 年
家庭伦理关系或血缘关系	40.2%	64.4%
个人与社会的关系	28.2%	19.3%
职业伦理关系	5.6%	3.0%
个人与国家民族的关系	15.6%	7.9%
人与自然的关系	4.3%	1.8%
个人与他自身的关系	5.6%	2.9%
其他	0.5%	0.7%
总计	100.0%	100.0%

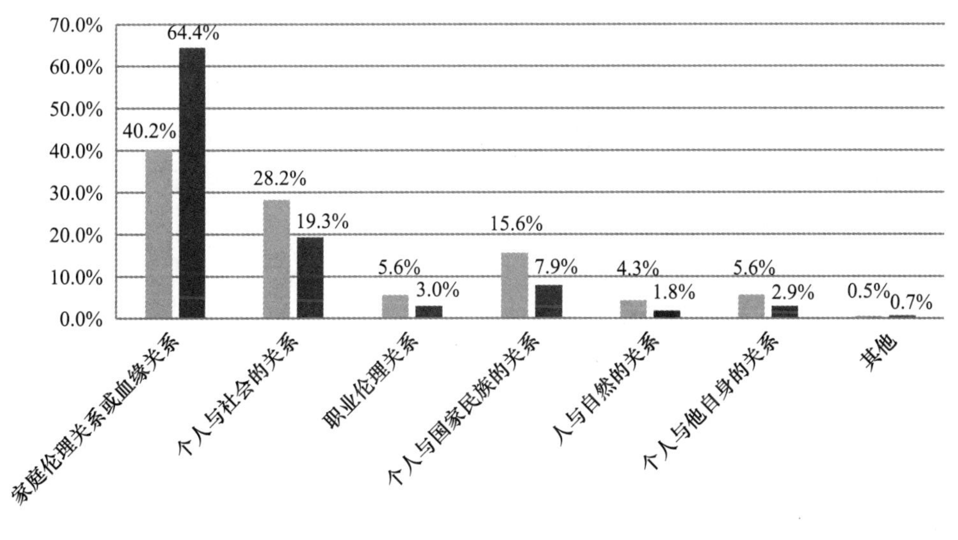

2017 年中国：您认为哪一种关系对社会秩序最具根本性意义

	2017 年
家庭关系或血缘关系	32.6%
个人与社会的关系	46.7%
职业关系	4.6%

续表

	2017 年
个人与国家民族的关系	10.4%
人与自然的关系	2.0%
个人与自身的关系	3.7%
总计	100.0%

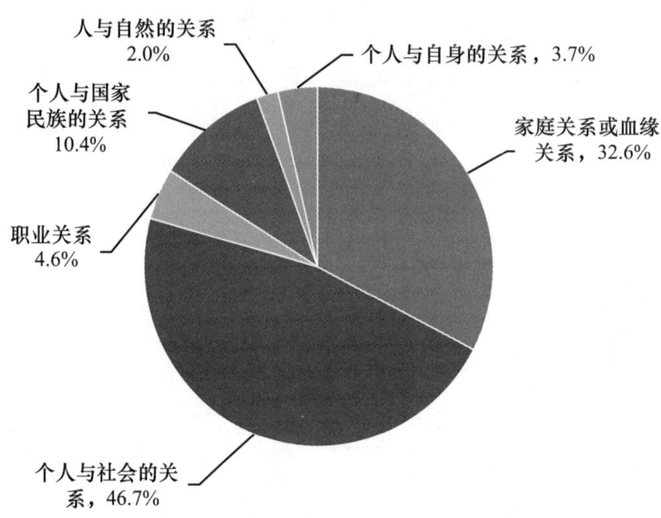

2017 年中国：您认为哪一种关系对个人生活最具根本性意义

	2017 年
家庭关系或血缘关系	54.3%
个人与社会的关系	19.8%
职业关系	12.6%
个人与国家民族的关系	4.9%
人与自然的关系	1.9%
个人与自身的关系	6.5%
总计	100.0%

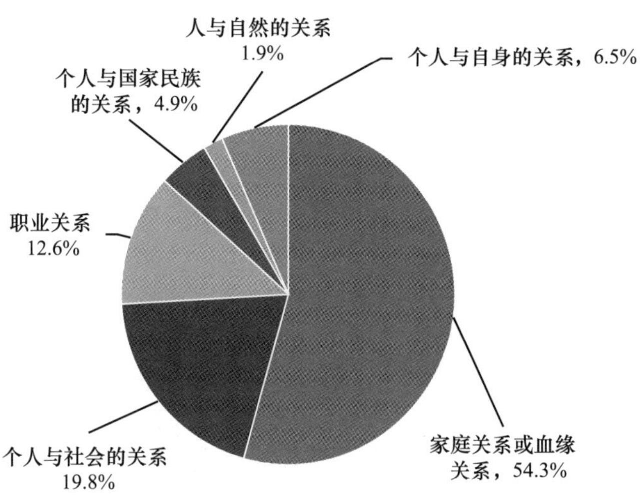

6. 当前中国社会中个体道德素质存在的主要问题是

	2007 年	2013 年	2017 年
道德上无知	6.5%	12.3%	13.2%
有道德知识，但不见诸行动	80.9%	66.8%	69.3%
既无知，也不行动	11.6%	17.2%	16.7%
其他	1.0%	3.7%	0.8%
总计	100.0%	100.0%	100.0%

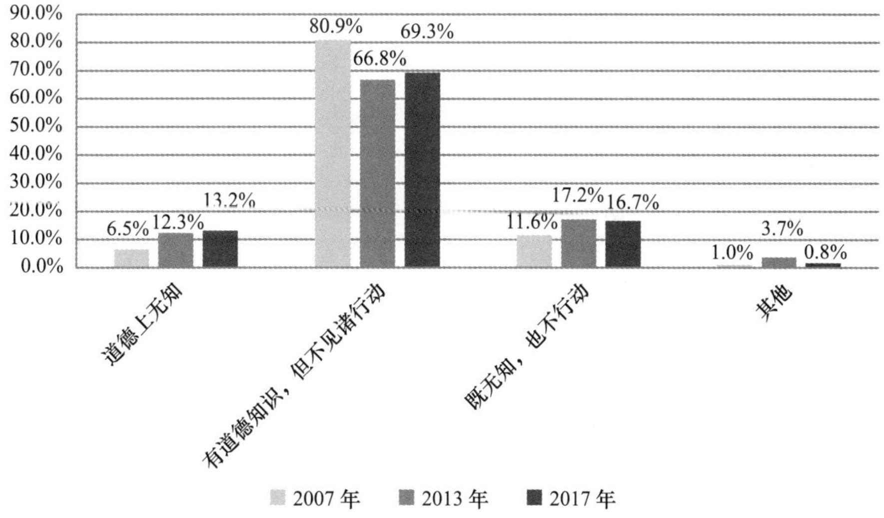

7. 现在社会上有些人不守道德反而占了便宜，您会不会为了得到好处而效仿

	2007 年	2013 年	2017 年
从来不这么做		73.1%	51.7%
通常不这么做，关键时刻会这么做		13.6%	24.8%
经常这么做		1.3%	1.0%
相信善有善报，恶有恶报，终将会善恶报应	48.5%		22.3%
不动心，按自己的准则和方式行事	32.4%		
一般不这样做，但在重要时刻仿效，以争取自己利益的最大化	12.6%		
一切由自己的利益决定，这是一种明智	3.7%	12.0%	
其他	2.8%		0.2%
总计	100.0%	100.0%	100.0%

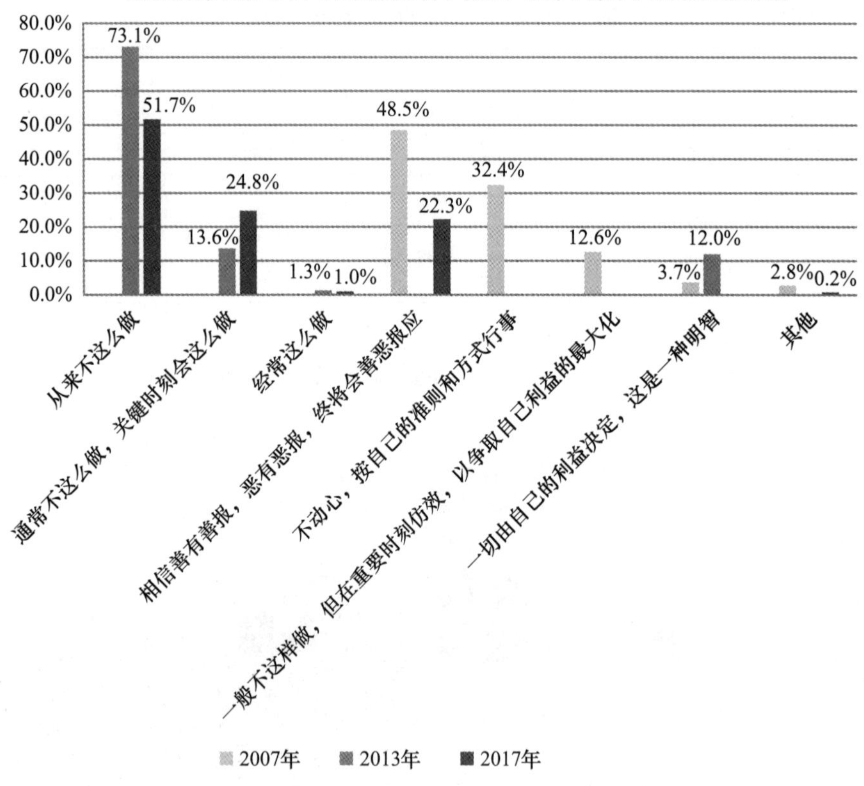

8. 如果遭遇利益冲突，如名誉、利益受他人侵害，您首先的行为反应是

2007 年中国：如果遭遇利益冲突，如名誉、利益受他人侵害，您首先的行为反应是

	2007 年
诉诸法律，打官司	17.3%
直接找对方沟通，但得理让人，适可而止	54.6%
通过第三方（如社会机构，朋友等）从中调节，尽量不伤和气	25.7%
其他	2.4%
总计	100.0%

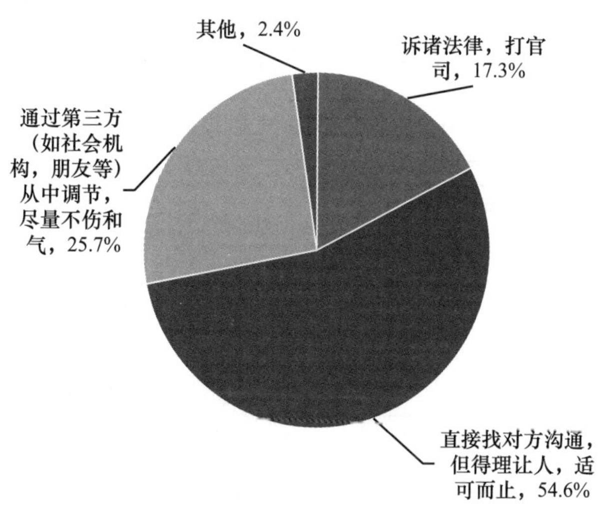

2013 年和 2017 年中国：如果您与家庭成员之间发生重大利益冲突，您会

	2013 年	2017 年
诉诸法律，打官司	0.6%	1.2%
直接找对方沟通但得礼让人，适可而止	55.7%	51.7%
通过第三方从中调解，尽量不伤和气	8.9%	13.8%
能忍则忍	34.8%	33.3%
总计	100.0%	100.0%

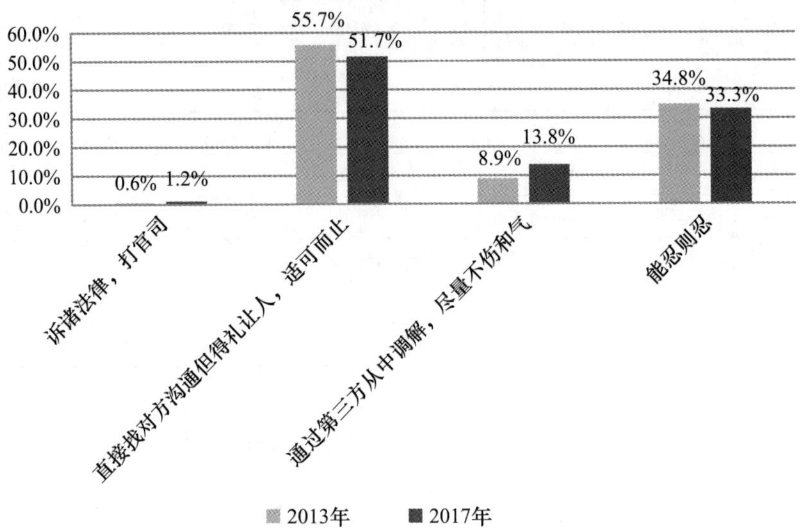

2013 年和 2017 年中国：如果您与朋友之间发生重大利益冲突，您会

	2013 年	2017 年
诉诸法律，打官司	1.2%	1.9%
直接找对方沟通但得礼让人，适可而止	51.5%	48.5%
通过第三方从中调解，尽量不伤和气	24.2%	29.1%
能忍则忍	23.1%	20.5%
总计	100.0%	100.0%

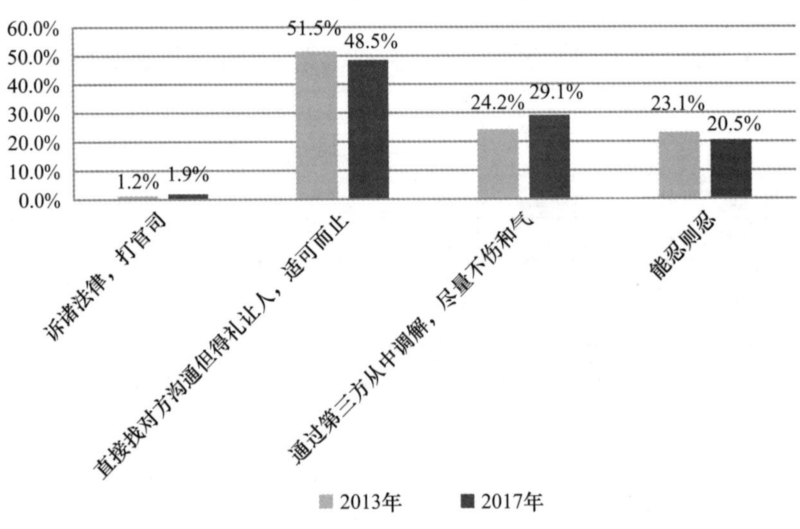

2013 年和 2017 年中国：如果您与同事之间发生重大利益冲突，您会

	2013 年	2017 年
诉诸法律，打官司	2.7%	3.4%
直接找对方沟通但得礼让人，适可而止	47.5%	43.5%
通过第三方从中调解，尽量不伤和气	29.7%	39.4%
能忍则忍	20.1%	13.7%
总计	100.0%	100.0%

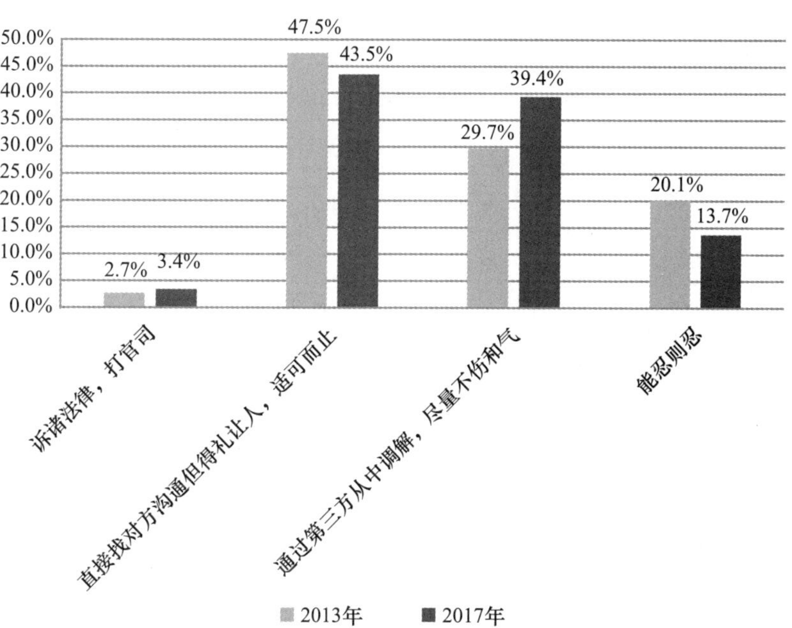

2013 年和 2017 年中国：如果您与商业伙伴之间发生重大利益冲突，您会

	2013 年	2017 年
诉诸法律，打官司	34.8%	31.0%
直接找对方沟通但得礼让人，适可而止	29.8%	27.3%
通过第三方从中调解，尽量不伤和气	25.6%	31.6%
能忍则忍	9.8%	10.1%
总计	100.0%	100.0%

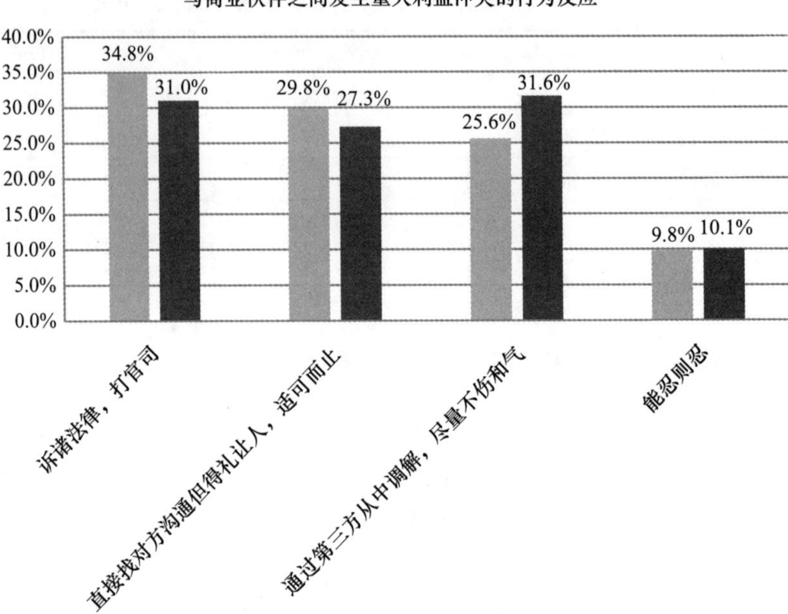

9. 一些政府机关和大中小学，利用权力让本单位的职工子女在很好的学校读书，或降分录取，您认为这种行为道德吗

	2007 年	2013 年	2017 年
为本单位人员谋福利，符合道德	3.9%	3.7%	16.5%
以权谋私，属于政府行为不道德	36.3%	61.1%	35.3%
是对社会公众的欺骗行为，严重不道德	10.9%	19.8%	30.9%
符合本单位内部伦理，但严重侵蚀社会道德	19.3%	7.1%	10.7%
是干部特权和政府谋私行为	22.2%		
无所谓道德不道德		8.3%	6.6%
其他	1.9%		
总计	94.5%	100.0%	100.0%

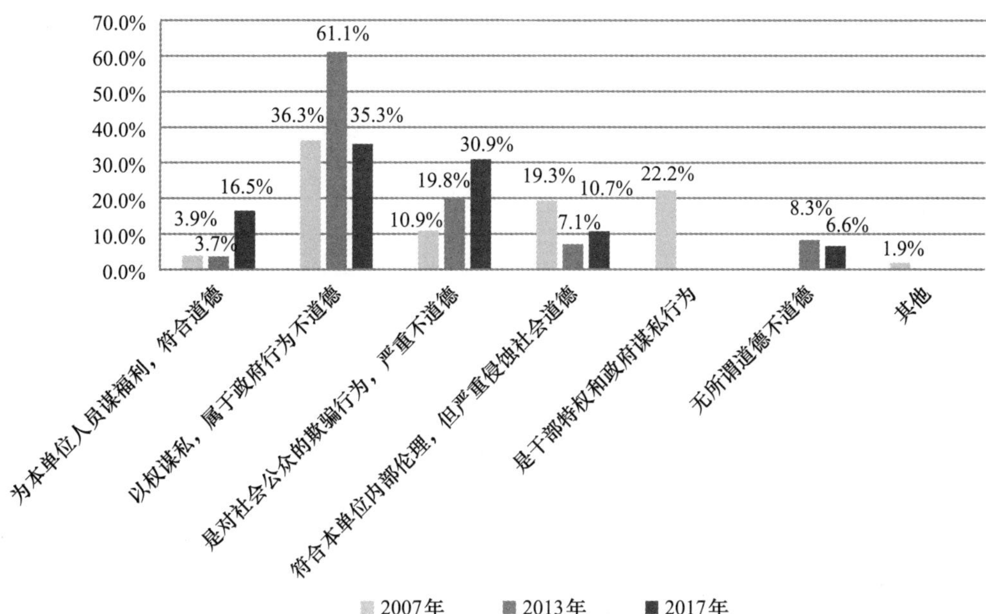

10. 如果您所在的单位有一项举措可以提高集体福利并使您个人得到利益，但会造成环境污染或社会公害，您会举报吗

	2007 年	2013 年	2017 年
会	56.6%	56.3%	65.4%
不会	33.9%	43.7%	34.6%
其他	8.0%		
总计	98.5%	100.0%	100.0%

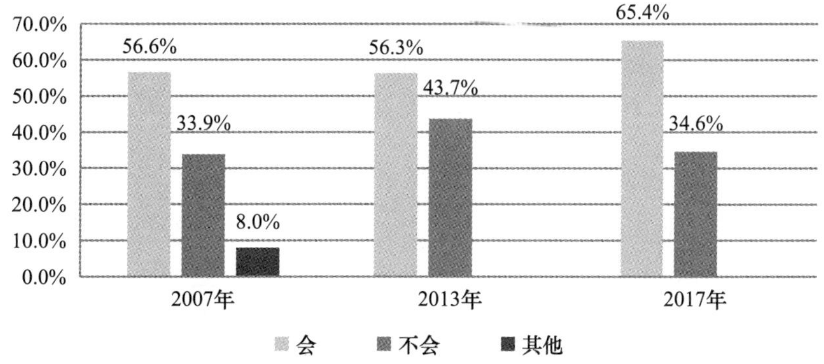

11. 您认为对当前我国伦理关系和道德风尚造成最大负面影响的因素是

2007 年和 2013 年中国：您认为对当前我国伦理关系和道德风尚造成最大负面影响的因素是

	2007 年	2013 年
传统文化的崩坏	12.0%	35.6%
外来文化的冲击	28.2%	23.0%
市场经济导致的个人主义	55.4%	30.4%
高技术的应用	2.0%	8.0%
其他	1.5%	3.0%
总计	99.1%	100.0%

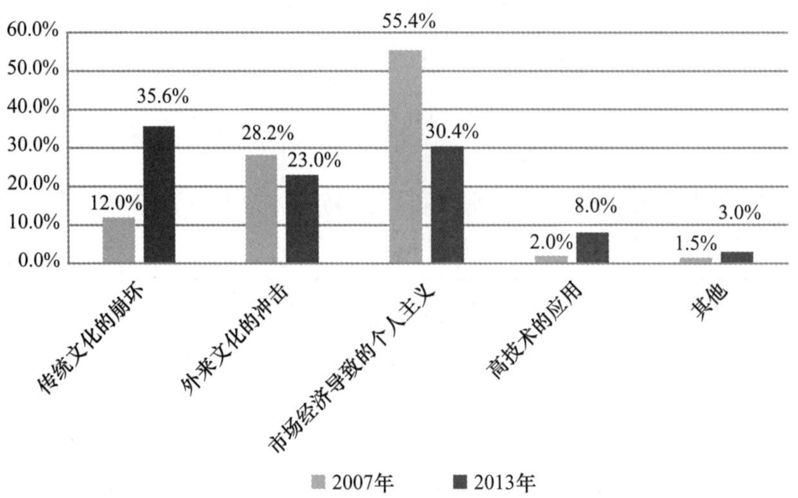

2017 年中国（限选两项）：您认为对当前我国伦理关系和道德风尚造成最大负面影响的因素是

	2017 年
传统文化的崩坏	41.2%
外来文化的冲击	37.7%
市场经济导致的个人主义	26.2%
网络技术的发展	21.7%
分配不公，两极分化	25.9%
以权谋私，官员腐败	23.7%

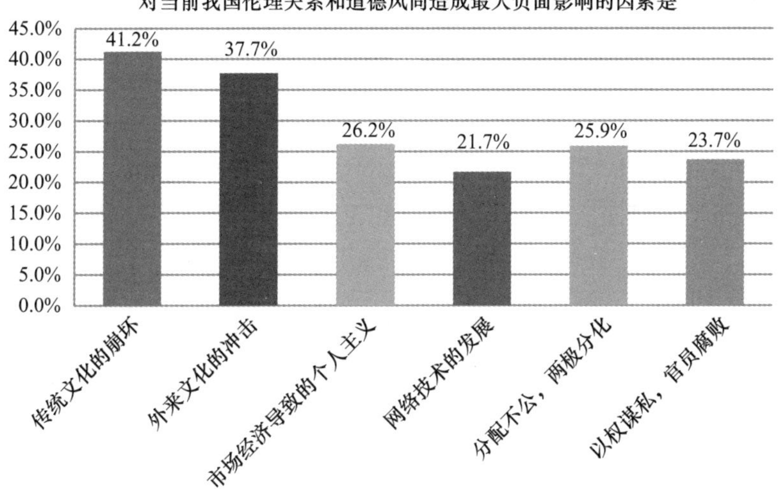

12. 您认为在自己的成长中得到道德训练的最重要场所或机构是

2007 年中国（限选两项）：您认为在自己的成长中得到道德训练的最重要场所或机构是

	2007 年
家庭	63.2%
学校	59.7%
社会	32.2%
国家或政府	6.8%
媒体	7.8%
其他	1.1%

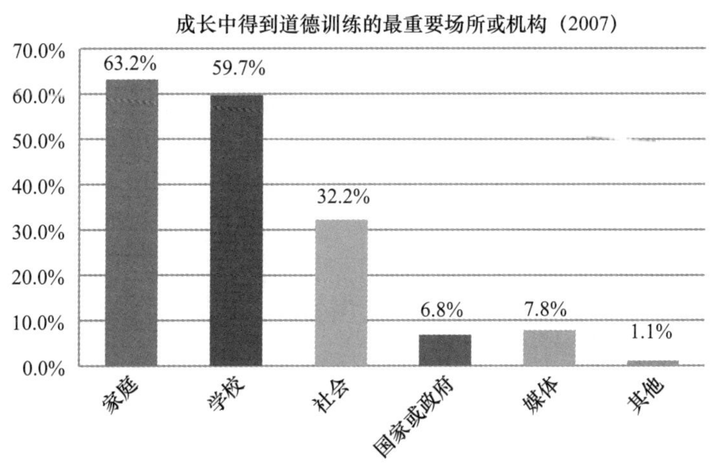

2013 年和 2017 年中国：您认为在自己的成长中得到道德训练的最重要场所或机构是

	2013 年	2017 年
家庭	50.7%	33.8%
学校	17.8%	26.2%
社会	25.2%	33.3%
国家或政府	3.5%	3.2%
媒体	1.7%	1.1%
其他	1.1%	2.4%
总计	100.0%	100.0%

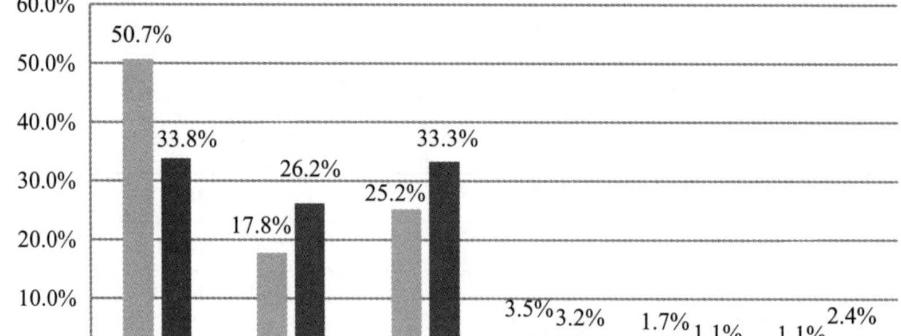

13. 假设您的上司或老板是外国人，如果他侮辱了中国，但抗争会产生不利于自己的后果，您会选择

	2007 年	2013 年	2017 年
当面抗议	71.5%	57.9%	62.9%
保持沉默	10.4%	19.8%	19.9%
暗地里报复		2.7%	2.3%
以屈求伸，背后骂几句就行了	10.4%	9.2%	9.4%
无所谓		10.4%	5.5%
其他	7.7%		
总计	100.0%	100.0%	100.0%

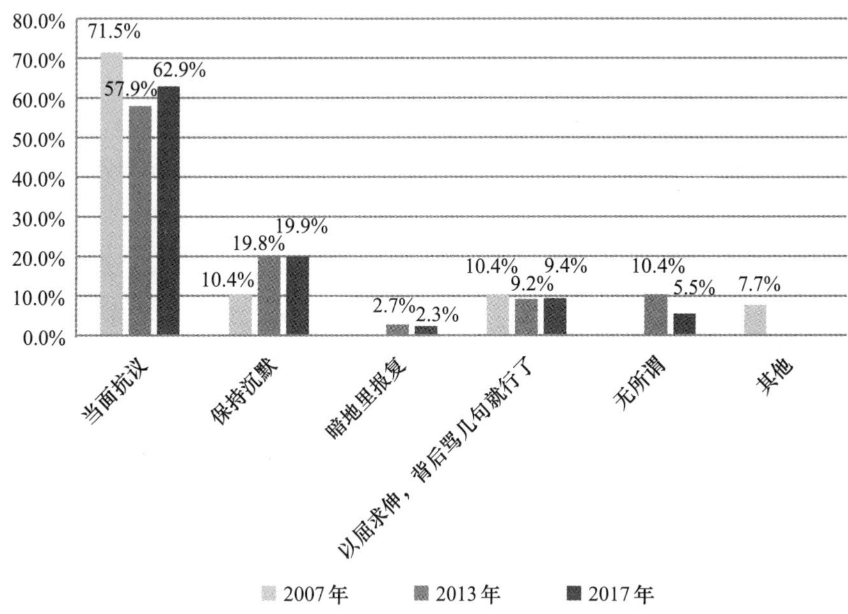

14. 在下列关系中，您认为哪些关系最重要

2007年中国（限选五项）：在下列关系中，您认为哪些关系最重要

	2007年
父母与子女	93.8%
夫妇	78.4%
兄弟姐妹	63.5%
同事或同学	47.1%
上级或下级	27.9%
师生	18.9%
与自然的关系	24.5%
个人与社会	31.2%
个人与政府	8.8%
个人与工作单位	30.2%
网上关系	2.3%
朋友	43.5%
其他	0.4%

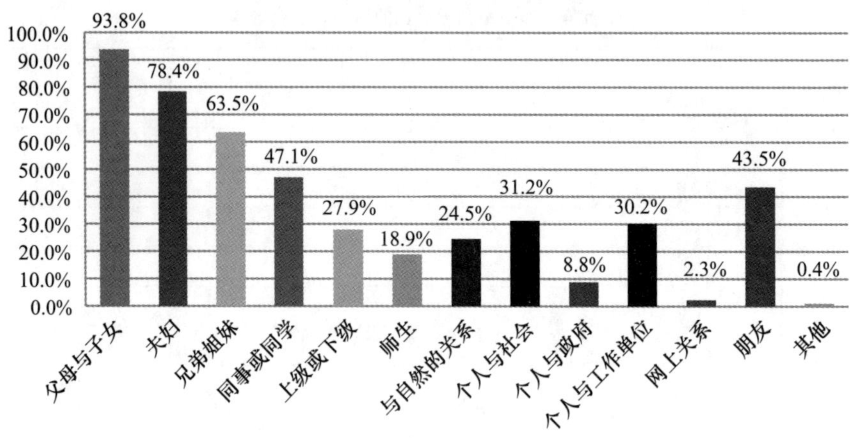

2013 年中国（排序）：在下列关系中，您认为哪些关系最重要

	第一重要		第二重要		第三重要		总分
	频数	加权得分	频数	加权得分	频数	加权得分	
父母与子女	3458	10374	1505	3010	270	270	13654
夫妻	1423	4269	2621	5242	495	495	10006
兄弟姐妹	41	123	447	894	2420	2420	3437
个人与社会	183	549	266	532	473	473	1554
个人与国家	191	573	154	308	273	273	1154
朋友	42	126	156	312	592	592	1030
个人与自身的关系	84	252	65	130	202	202	584
人与自然的关系	66	198	94	188	150	150	536
个人与工作单位	30	90	84	168	203	203	461
上级与下级	47	141	75	150	149	149	440
同事或同学	25	75	68	136	222	222	433
师生	14	42	48	96	85	85	223
通过网络建立的关系	8	24	11	22	13	13	59
其他	6	18	3	6	14	14	38

（加权规则：第一重要的频数×3，第二重要的频数×2，第三重要的频数×1）

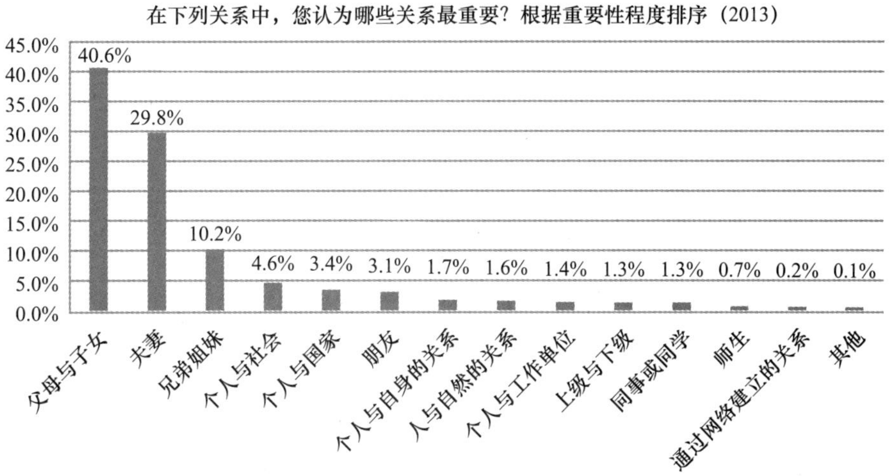

在下列关系中，您认为哪些关系最重要？根据重要性程度排序（2013）

父母与子女 40.6%
夫妻 29.8%
兄弟姐妹 10.2%
个人与社会 4.6%
个人与国家 3.4%
朋友 3.1%
个人与自身的关系 1.7%
人与自然的关系 1.6%
个人与工作单位 1.4%
上级与下级 1.3%
同事或同学 1.3%
师生 0.7%
通过网络建立的关系 0.2%
其他 0.1%

2017 年中国（排序）：在下列关系中，您认为哪些关系最重要

	第一重要		第二重要		第三重要		第四重要		第五重要		总分
	频数	加权得分	频数	加权得分	频数	加权得分	频数	加权得分	频数	加权得分	
父母与子女	5903	29515	2060	8240	286	858	114	228	57	57	38898
夫妇	1849	9245	4435	17740	742	2226	332	664	139	139	30014
兄弟姐妹	117	585	1031	4124	4642	13926	478	956	269	269	19860
同事或同学	200	1000	361	1444	713	2139	1595	3190	976	976	8749
朋友	37	185	99	396	378	1134	1984	3968	1850	1850	7533
个人与社会	85	425	109	436	388	1164	985	1970	1226	1226	5221
个人与国家	163	815	104	416	305	915	496	992	918	918	4056
个人与工作单位	96	480	115	460	191	573	736	1472	772	772	3757
与自然的关系	87	435	141	564	301	903	625	1250	453	453	3605
上级或下级	88	440	112	448	347	1041	458	916	513	513	3358
师生	13	65	72	288	215	645	435	870	551	551	2419
个人与自身的关系（身心和谐）	101	505	44	176	134	402	247	494	470	470	2047
通过网络建立的各种“群”的关系	6	30	8	32	25	75	68	136	229	229	502
其他	3	15	4	16	2	6	3	6	14	14	57

（加权规则：第一重要的频数×5，第二重要的频数×4，第三重要的频数×3，第四重要的频数×2，第五重要的频数×1）

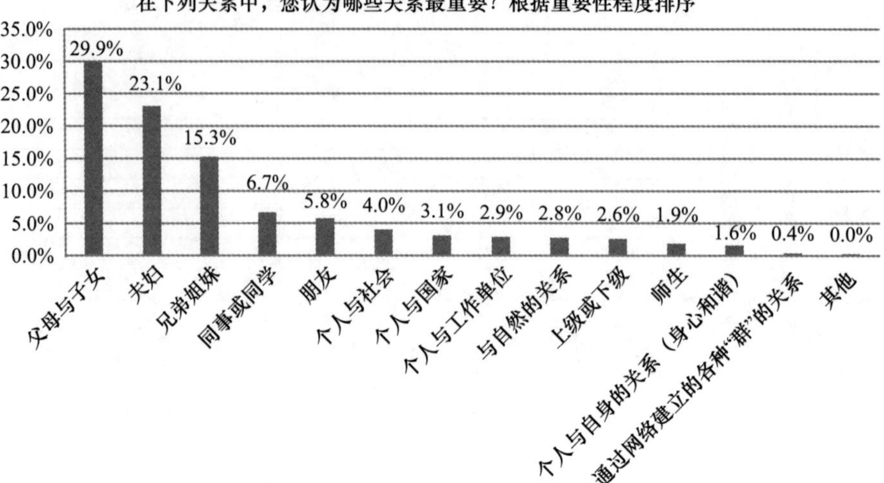
在下列关系中，您认为哪些关系最重要？根据重要性程度排序
35.0%
30.0%
25.0%
20.0%
15.0%
10.0%
5.0%
0.0%
29.9%
23.1%
15.3%
6.7%
5.8%
4.0%
3.1%
2.9%
2.8%
2.6%
1.9%
1.6%
0.4%
0.0%
父母与子女
夫妇
兄弟姐妹
同事或同学
朋友
个人与社会
个人与国家
个人与工作单位
与自然的关系
上级或下级
师生
个人与自身的关系（身心和谐）
通过网络建立的各种"群"的关系
其他

第二章　江苏省伦理道德发展比较数据库（2007—2017）

江苏省2007年与2013年伦理道德发展比较数据库

第一部分　基本信息

1. 您的性别

	2007年	2013年
男	59. 2%	46. 4%
女	40. 8%	53. 6%
总计	100. 0%	100. 0%

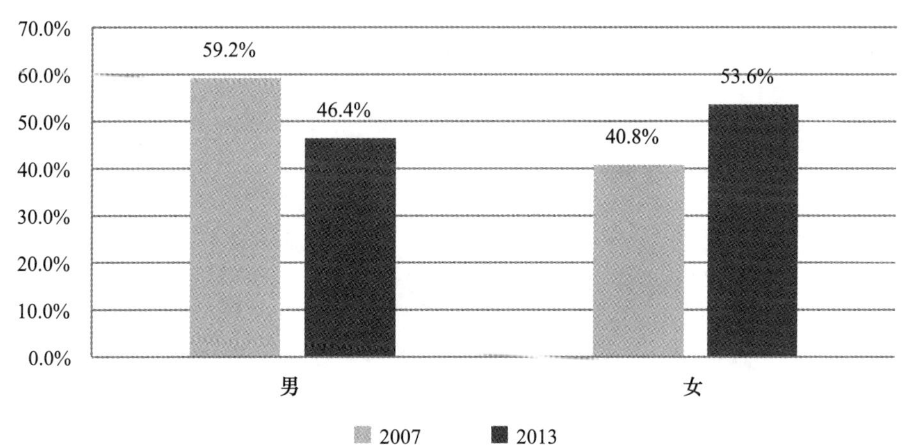

2. 您的年龄

2007 年江苏：

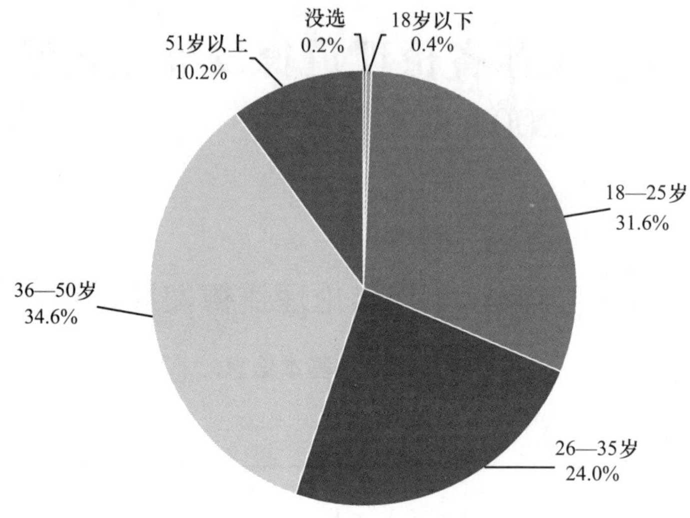

2013 年江苏：

变量	频数	有效百分比	累积百分比
30 岁以下	188	14.8%	14.8%
30—39 岁	183	14.4%	29.1%
40—49 岁	271	21.3%	50.4%
50—59 岁	308	24.2%	74.6%
60 岁及以上	323	25.4%	100.0%
总计	1273	100.0%	

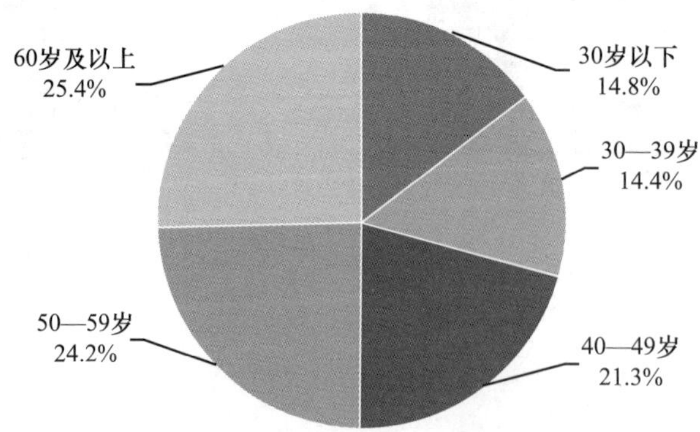

3. 您的受教育程度

2007 年江苏：

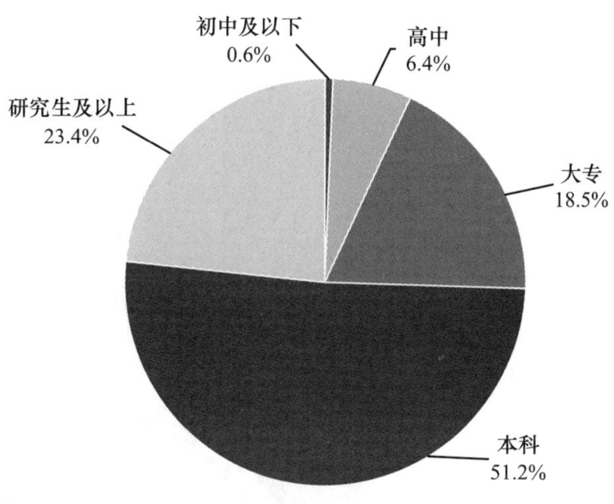

2013 年江苏：

	频数	百分比	累积百分比
没上过学	129	10.1%	10.1%
小学	142	11.1%	21.2%
初中	399	31.2%	52.4%
高中、中专和职高	316	24.7%	77.0%
大专	167	13.0%	90.1%
本科	112	8.8%	98.8%
研究生及以上	15	1.2%	100.0%
总计	1280	100.0%	

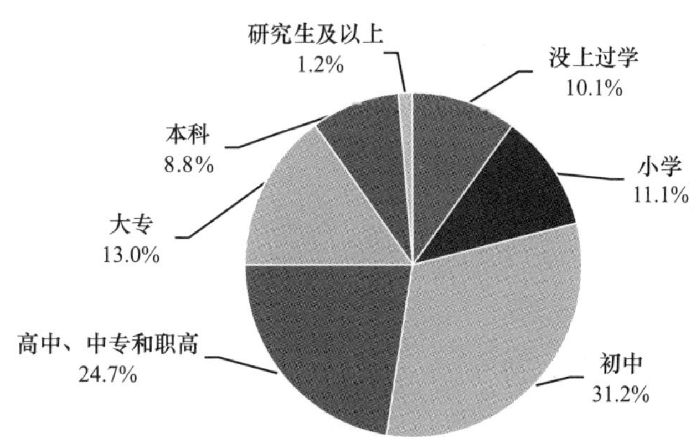

4. 您目前的职业

2007 年江苏：

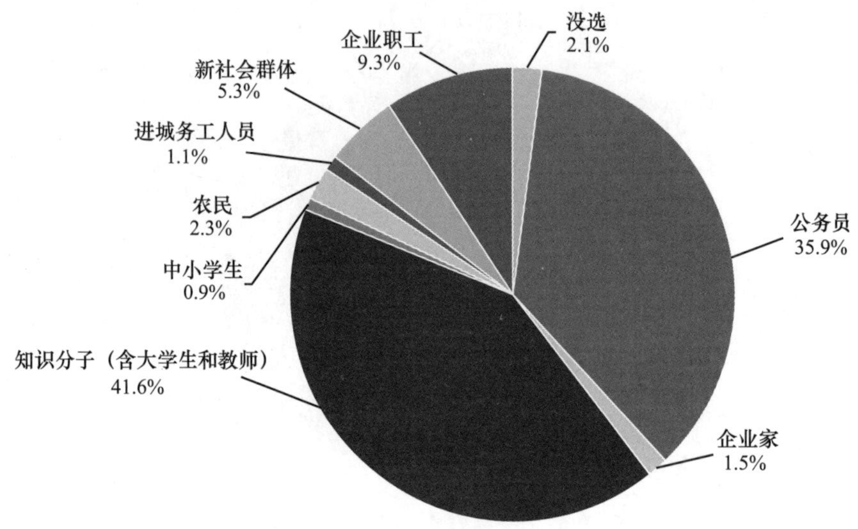

2013 年江苏：

变量	频数	百分比	有效百分比	累积百分比
办事人员	126	9.8%	9.8%	11.1%
服务人员	114	8.9%	8.9%	20.0%
做小生意	90	7.0%	7.0%	27.0%
流动小贩	4	0.3%	0.3%	27.3%
体力工人	79	6.2%	6.2%	33.5%
技术工人/维修人员/手工艺人	241	18.8%	18.8%	52.3%
单位领导/公司领导	18	1.4%	1.4%	53.7%
企业管理人员	49	3.8%	3.8%	57.5%
教师、医生、科研/技术/工程人员	116	9.1%	9.1%	66.6%
文化、艺术、体育从业人员	4	0.3%	0.3%	66.9%
政府公务人员	21	1.6%	1.6%	68.5%
军人/警察	6	0.5%	0.5%	69.0%
农民/牧民	197	15.4%	15.4%	84.4%
无业/失业/下岗	167	13.0%	13.0%	97.4%
学生	22	1.7%	1.7%	99.1%
自由职业者	11	0.9%	0.9%	100.0%
缺失	16	1.2%	1.2%	1.2%
总计	1281	100.0%	100.0%	

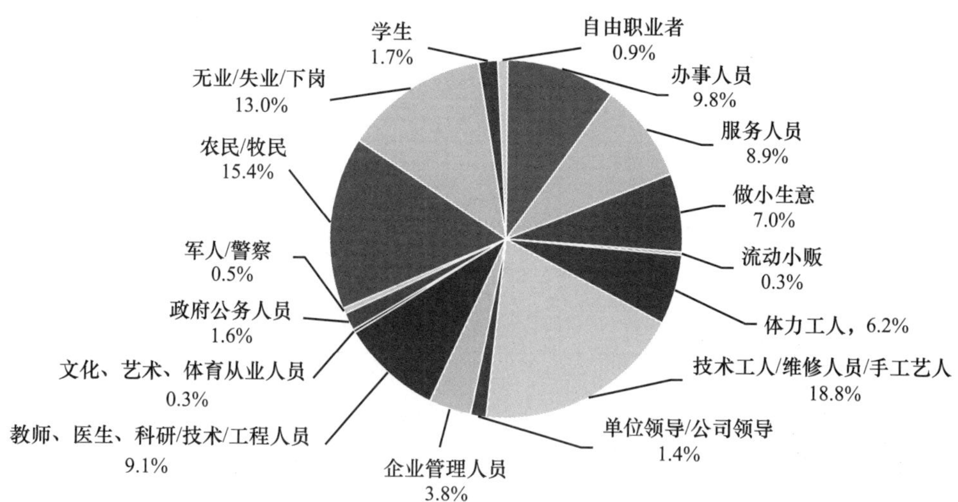

5. 您的月平均收入是

2007 年江苏：

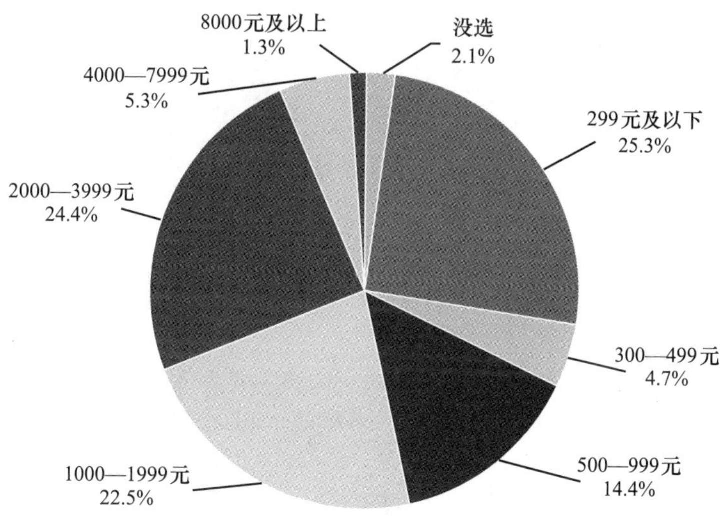

2013 年江苏：

	频数	百分比	有效百分比	累积百分比
无收入	224	17. 5%	17. 5%	18. 5%
1—999 元	105	8. 2%	8. 2%	26. 7%
1000—1999 元	268	20. 9%	20. 9%	47. 6%
2000—3999 元	418	32. 6%	32. 6%	80. 2%
4000—5999 元	171	13. 3%	13. 3%	93. 6%

续表

	频数	百分比	有效百分比	累积百分比
6000—8999 元	47	3.7%	3.7%	97.3%
9000—12999 元	22	1.7%	1.7%	99.0%
13000—20000 元	6	0.5%	0.5%	99.5%
20000 元以上	7	0.5%	0.5%	100.0%
缺失	13	1.0%		
总计	1281	100.0%	100.0%	

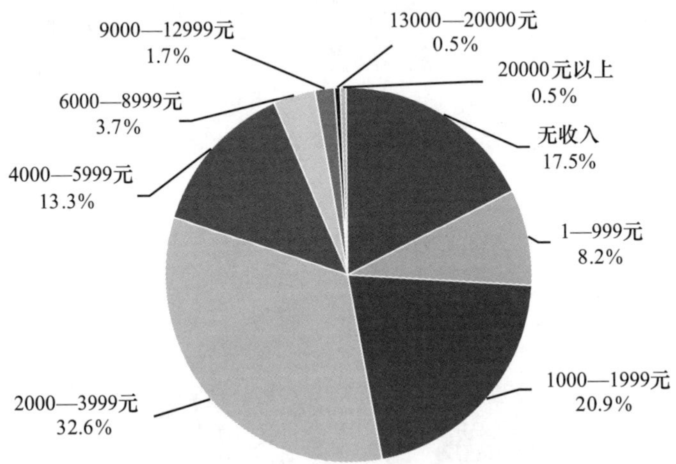

6. 您的宗教信仰是

2007 年江苏：

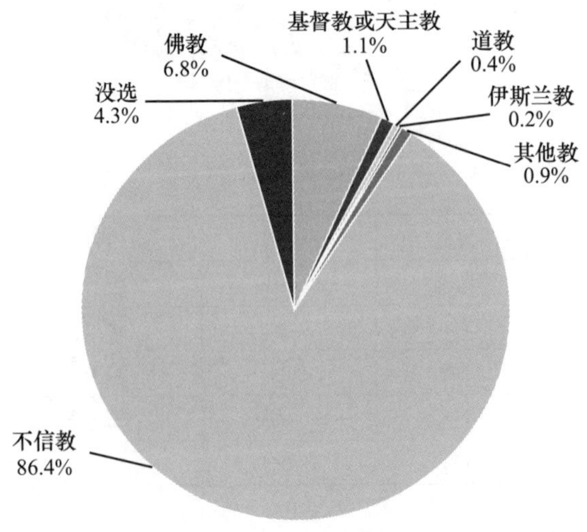

2013 年江苏：

变量	频数	有效百分比	累积百分比
不信仰宗教	1152	92.7%	92.7%
信仰宗教	91	7.3%	100.0%
总计	1243	100.0%	100.0%

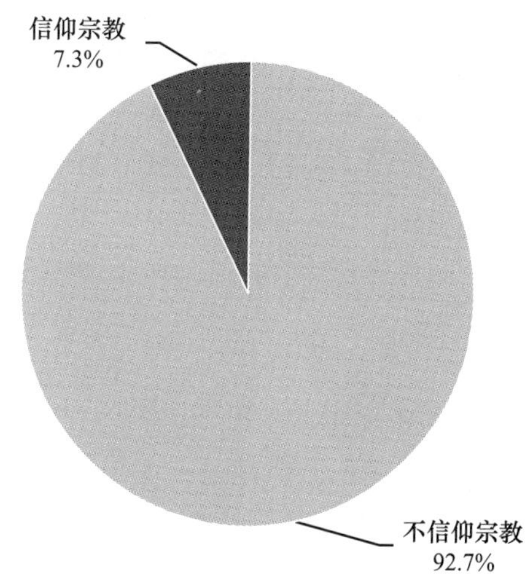

第二部分　调研信息

7. 在下列伦理关系中，您最重视哪些关系

2007 年江苏：

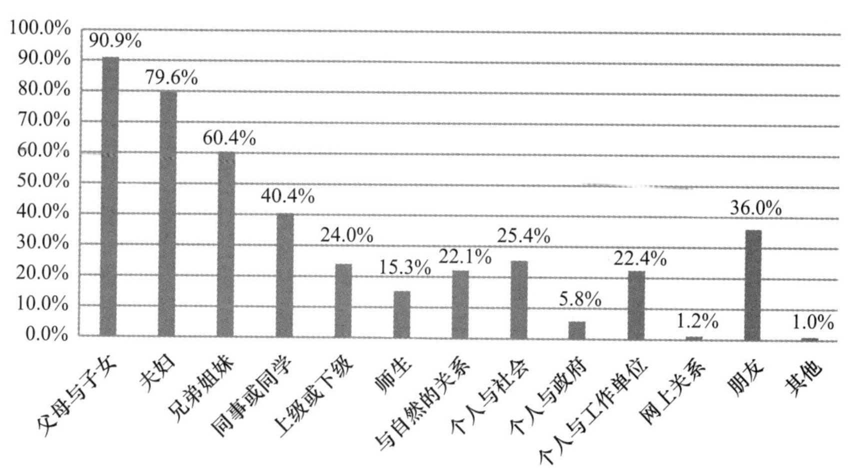

2013 年江苏：

	第一重要		第二重要		第三重要		第四重要		第五重要		总得分
	频数	加权得分	频数	加权得分	频数	加权得分	频数	加权得分	频数	加权得分	
父母与子女	792	3960	336	1344	76	228	26	52	9	9	5593
夫妇	296	1480	651	2604	130	390	62	124	25	25	4623
兄弟姐妹	6	30	109	436	742	2226	118	236	62	62	2990
个人与国家	74	370	35	140	47	141	102	204	130	130	985
朋友	8	40	10	40	56	168	236	472	190	190	910
同事或同学	2	10	12	48	66	198	237	474	170	170	900
个人与社会	22	110	54	216	47	141	119	238	187	187	892
上级或下级	4	20	18	72	20	60	99	198	127	127	477
个人与自身的关系（身心和谐）	41	205	8	32	16	48	37	74	80	80	439
个人与工作单位	7	35	9	36	21	63	68	136	104	104	374
人与自然的关系	15	75	12	48	18	54	48	96	51	51	324
师生	1	5	6	24	11	33	56	112	57	57	231
通过网络建立的关系			1	4			2	4	2	2	10

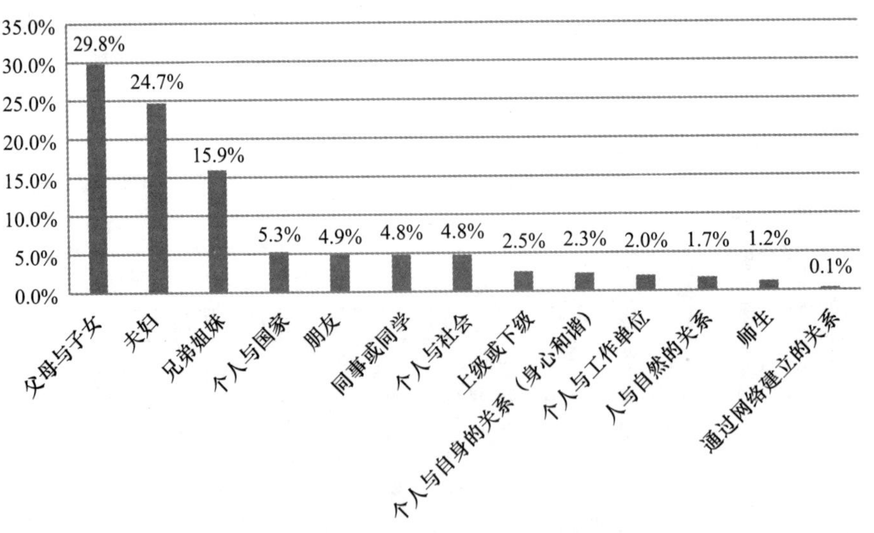

8. 您认为哪一种伦理关系对社会秩序和个人生活最具根本性意义

2007 年江苏：

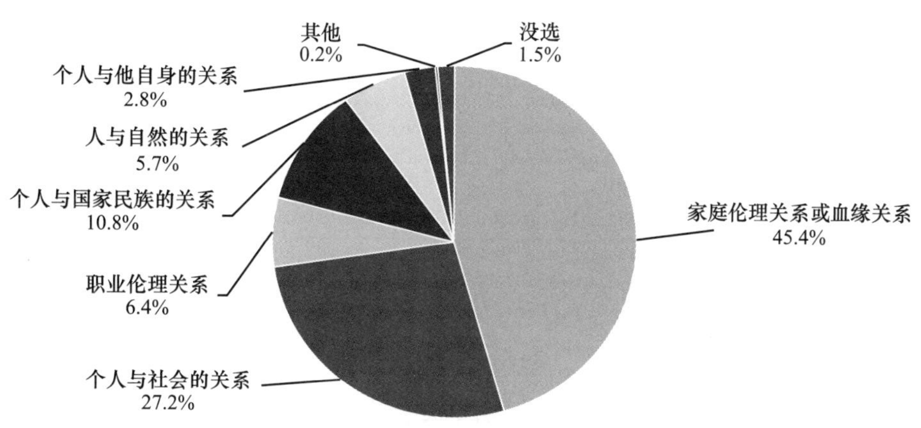

2013 年江苏：

变量	频数	有效百分比	累积百分比
家庭伦理关系或血缘关系	343	27.5%	27.5%
个人与社会的关系	463	37.2%	64.7%
职业伦理关系	36	2.9%	67.6%
个人与国家民族的关系	310	24.9%	92.5%
人与自然的关系	41	3.3%	95.7%
个人与他自身的关系	53	4.3%	100.0%
总计	1246	100.0%	

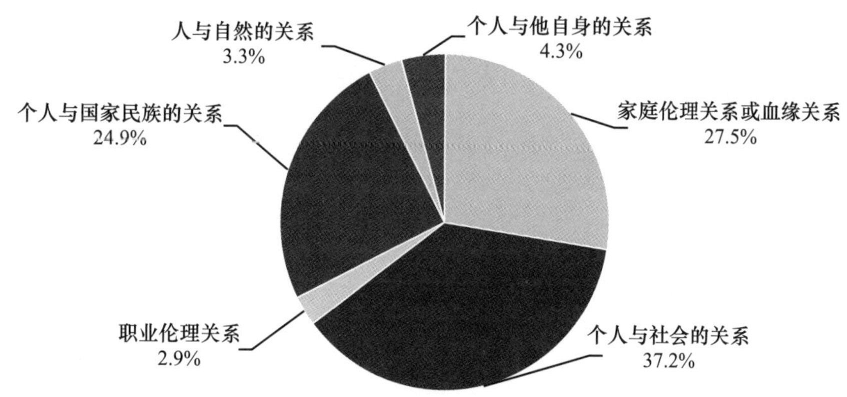

	频数	有效百分比	累积百分比
家庭伦理关系或血缘关系	847	67.4%	67.4%
个人与社会的关系	151	12.0%	79.5%
职业伦理关系	39	3.1%	82.6%
个人与国家民族的关系	108	8.6%	91.2%
人与自然的关系	27	2.1%	93.3%
个人与他自身的关系	84	6.7%	100.0%
总计	1256	100.0%	

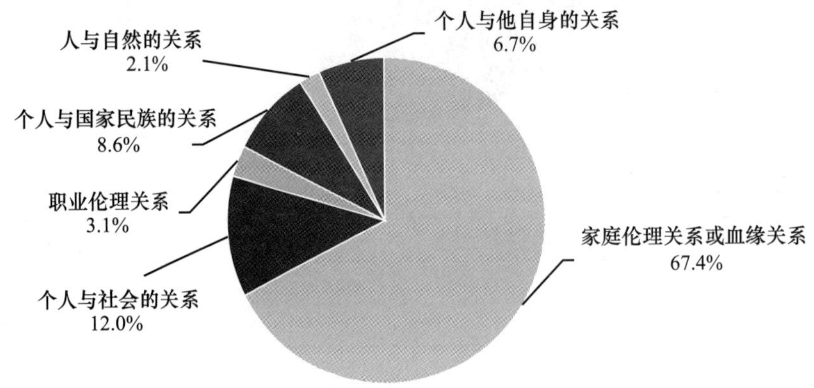

9. 您认为当今中国社会最基本的伦理冲突是

2007 年江苏：

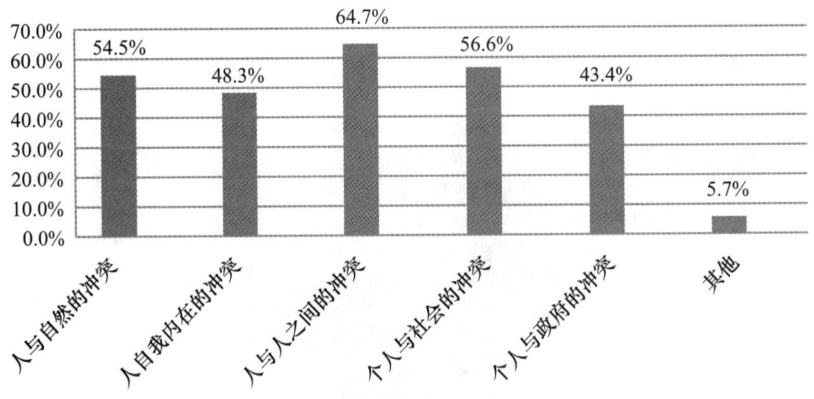

2013 年江苏：

	第一位		第二位		第三位		第四位		第五位		总得分
	频数	加权得分	频数	加权得分	频数	加权得分	频数	加权得分	频数	加权得分	
人与人之间的冲突	509	2545	295	1180	214	642	107	214	37	37	4618
个人与社会的冲突	146	730	364	1456	307	921	235	470	75	75	3652
个人与政府的冲突	184	920	190	760	254	762	254	508	250	250	3200
人自我内在的冲突	154	770	203	812	182	546	246	492	330	330	2950
人与自然的冲突	199	995	102	408	173	519	266	532	396	396	2850
其他	2	10	1	4	3	9	3	6	17	17	46

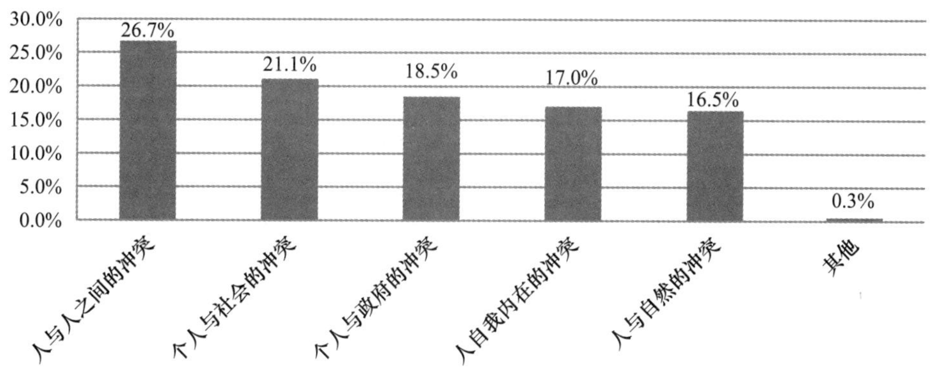

10. 您认为当今中国社会最重要也是最需要的德性是

2007 年江苏：

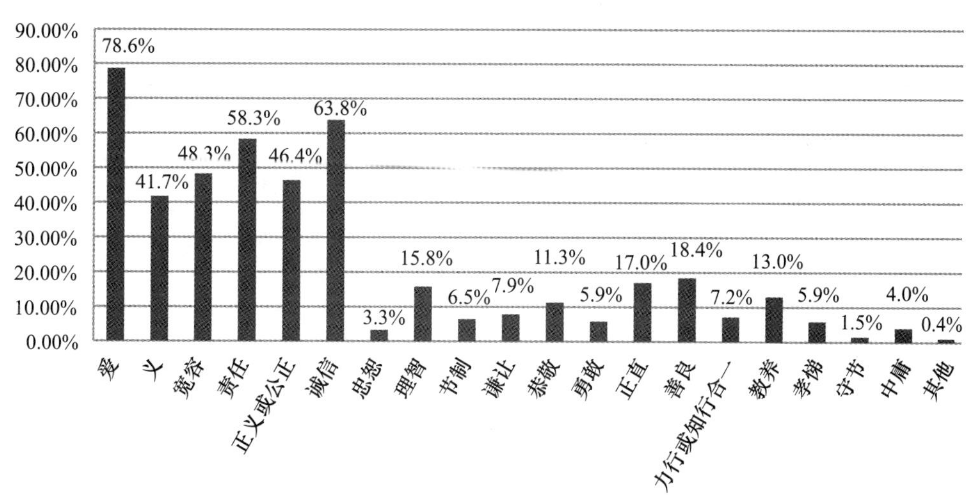

2013 年江苏：

	第一位		第二位		第三位		第四位		第五位		总得分
	频数	加权得分	频数	加权得分	频数	加权得分	频数	加权得分	频数	加权得分	
爱（仁爱、博爱、友爱）	493	2465	106	424	62	186	46	92	59	59	3226
责任	177	885	195	780	175	525	152	304	92	92	2586
诚信	103	515	123	492	201	603	143	286	135	135	2031
正义或公正	152	760	128	512	124	372	102	204	88	88	1936
宽容	75	375	139	556	216	648	124	248	90	90	1917
义（道义、义务）	40	200	218	872	61	183	41	82	28	28	1365
善良	41	205	78	312	90	270	119	238	120	120	1145
正直	39	195	51	204	50	150	102	204	88	88	841
教养	25	125	41	164	53	159	83	166	84	84	698
孝悌	51	255	45	180	32	96	50	100	61	61	692
谦让	17	85	39	156	51	153	60	120	63	63	577
理智	8	40	26	104	40	120	46	92	65	65	421
敬业	3	15	14	56	14	42	41	82	81	81	276
勇敢	4	20	6	24	27	81	46	92	58	58	275
忠恕	8	40	13	52	12	36	17	34	14	14	176
节制	3	15	5	20	11	33	18	36	25	25	129
恭敬	3	15	9	36	7	21	16	32	18	18	122
气节	4	20	6	24	6	18	10	20	24	24	106
力行或知行合一	4	20	1	4	4	12	8	16	24	24	76
中庸	2	10	2	8	2	6	4	8	9	9	41

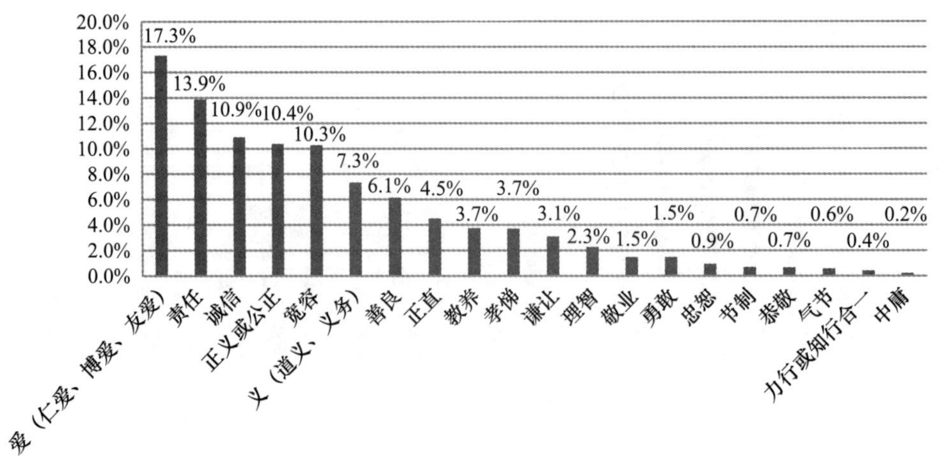

11. 目前中国社会两性之间的性开放日益发展，它对社会风尚的影响

2007 年江苏：

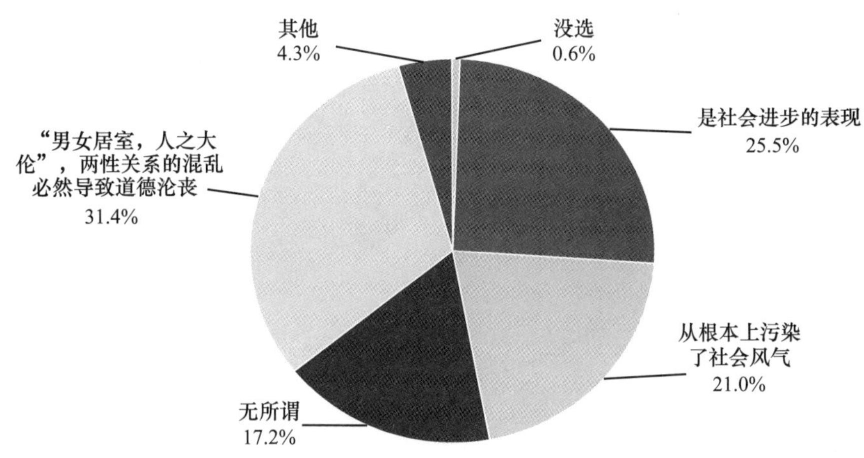

2013 年江苏：

变量	频数	有效百分比	累积百分比
是社会进步的表现	131	10.3%	10.3%
从根本上污染了社会风气	397	31.2%	41.5%
个人选择，无所谓好坏	227	17.9%	59.4%
两性关系混乱必然导致道德沦丧	516	40.6%	100.0%
总计	1271	100.0%	

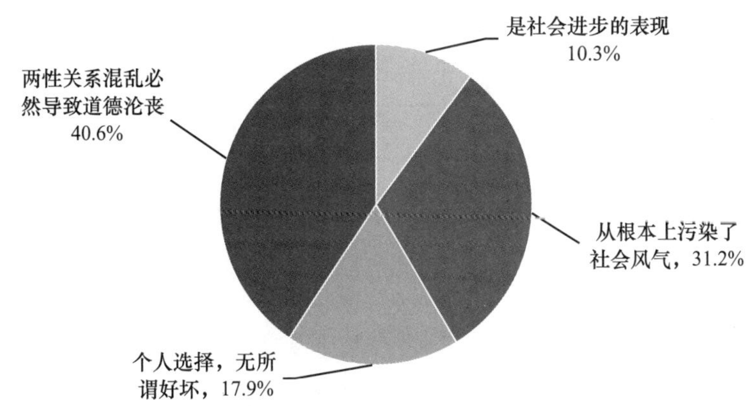

12. 当前中国社会中个体道德素质存在的主要问题是

2007 年江苏：

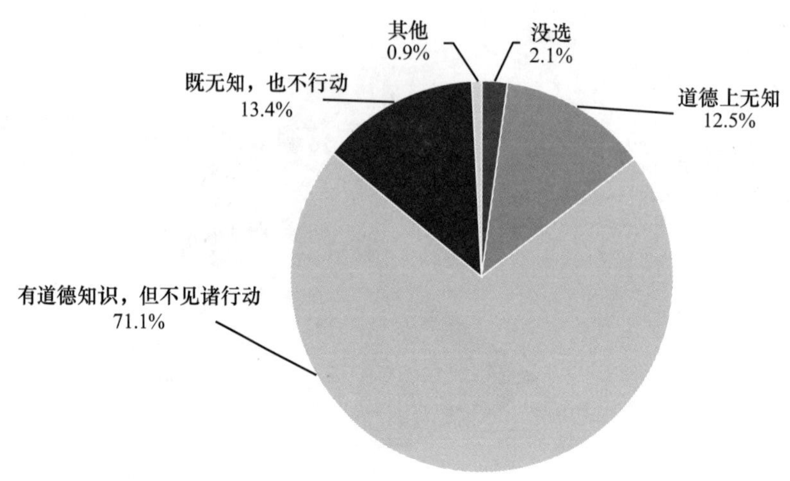

2013 年江苏：

变量	频数	有效百分比	累积百分比
道德上无知	169	13.4%	13.4%
有道德知识，但不见诸行动	928	73.7%	87.1%
既无知，也不行动	135	10.7%	97.9%
其他	27	2.1%	100.0%
总计	1259	100.0%	

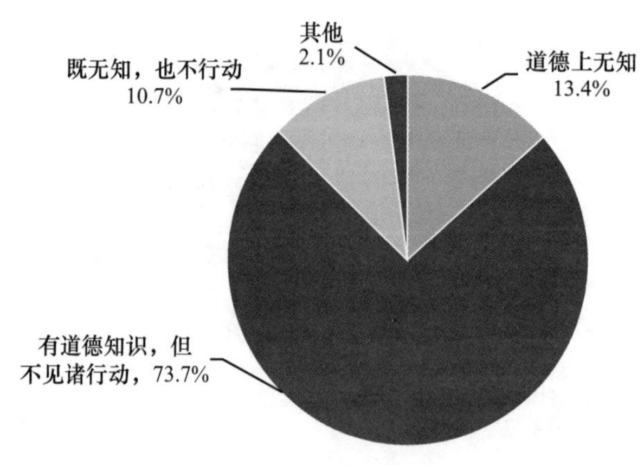

13. 如果遭遇利益冲突，如名誉、利益受他人侵害，您首先的行为反应是

2007 年江苏：

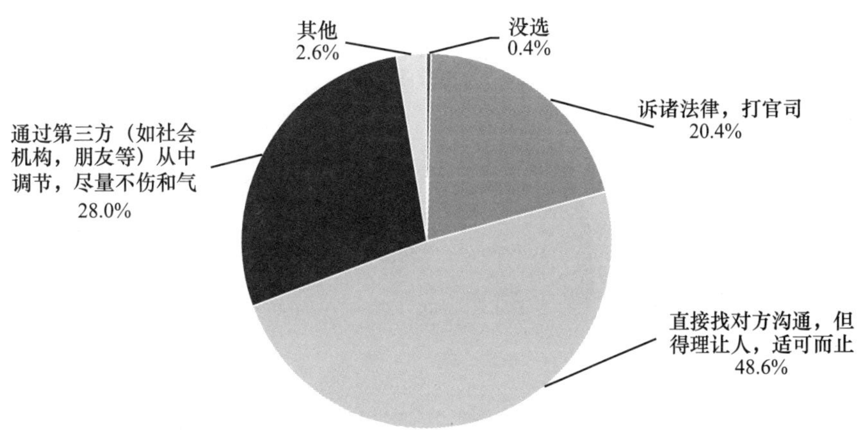

2013 年江苏：

	家庭成员之间	朋友之间	同事之间	商业伙伴之间
诉诸法律，打官司	0.6%	2.6%	2.2%	50.0%
直接找对方沟通，但得礼让人，适可而止	58.3%	49.8%	46.2%	24.6%
通过第三方从中调解，尽量不伤和气	9.6%	29.1%	27.8%	15.9%
能忍则忍	31.5%	18.5%	23.9%	9.5%
总计	100.0%	100.0%	100.0%	100.0%

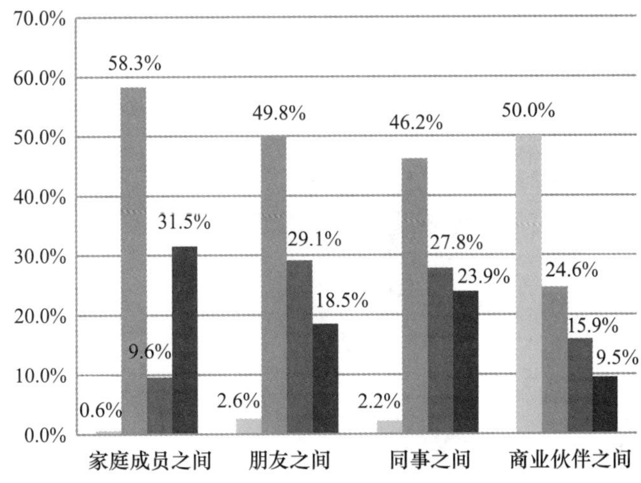

14. 您认为对现代中国社会伦理关系和道德风尚造成最大影响的因素

2007 年江苏：

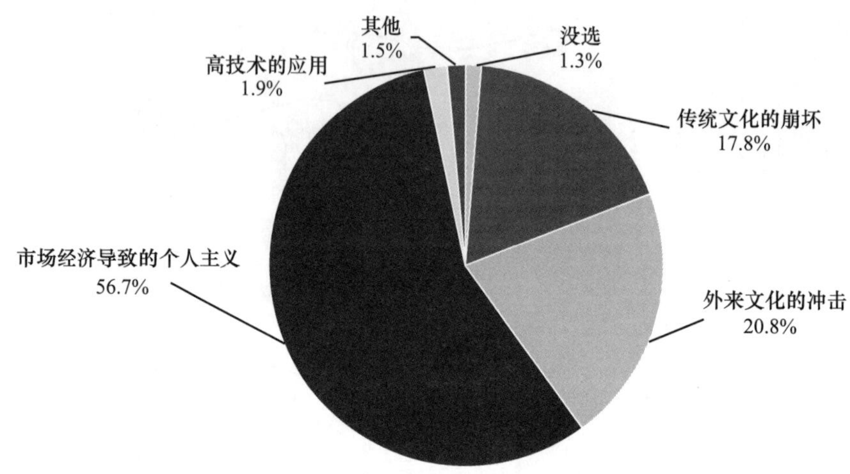

2013 年江苏：

变量	频数	有效百分比	累积百分比
传统文化的崩坏	325	26.6%	26.6%
外来文化的冲击	162	13.3%	39.9%
市场经济导致的个人主义	534	43.7%	83.6%
计算机网络技术的发展	149	12.2%	95.8%
其他	51	4.2%	99.9%
总计	1221	100.0%	

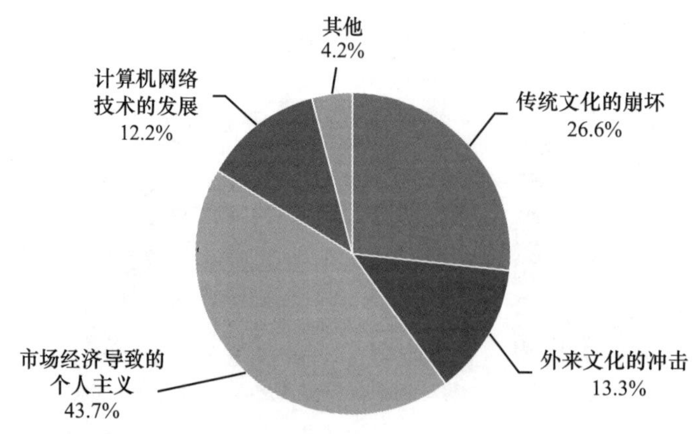

15. 您认为在自己的成长中得到最大伦理教益和道德训练的场所是

2007 年江苏：

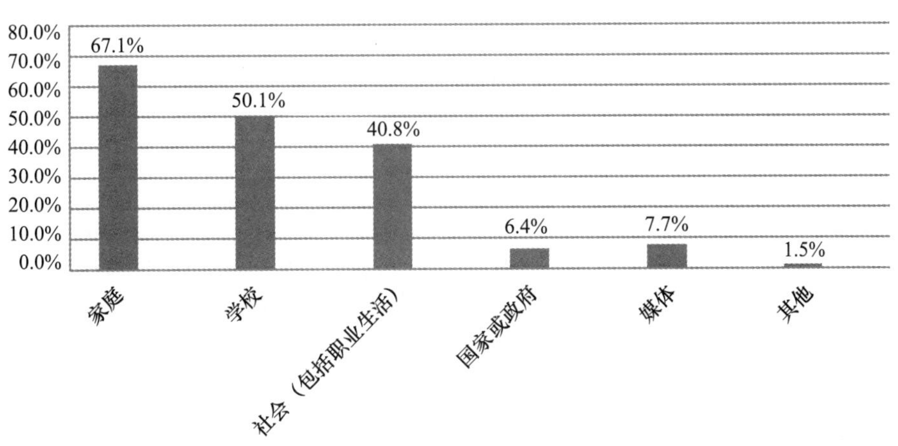

2013 年江苏：

变量	频数	有效百分比	累积百分比
家庭	496	39.0%	39.0%
学校	335	26.4%	65.4%
社会（包括职业生活）	319	25.1%	90.5%
国家或政府	76	6.0%	96.5%
媒体	21	1.7%	98.1%
其他	24	1.9%	100.0%
总计	1271	100.0%	

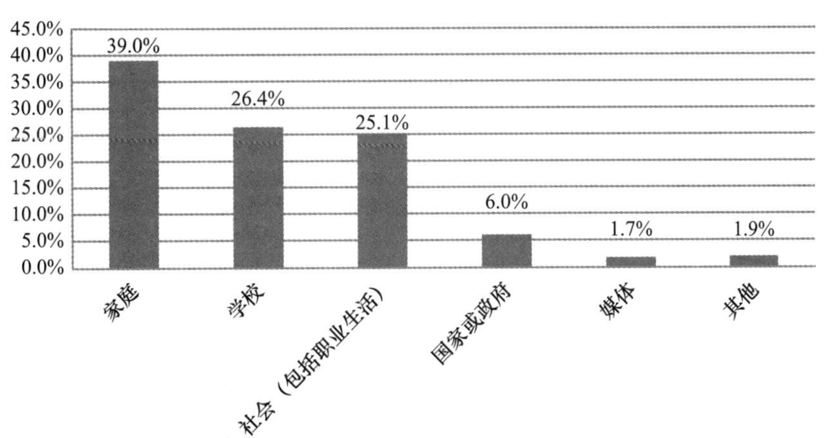

16. 您认为哪种因素应当对当今不良道德风尚负主要责任

2007 年江苏：

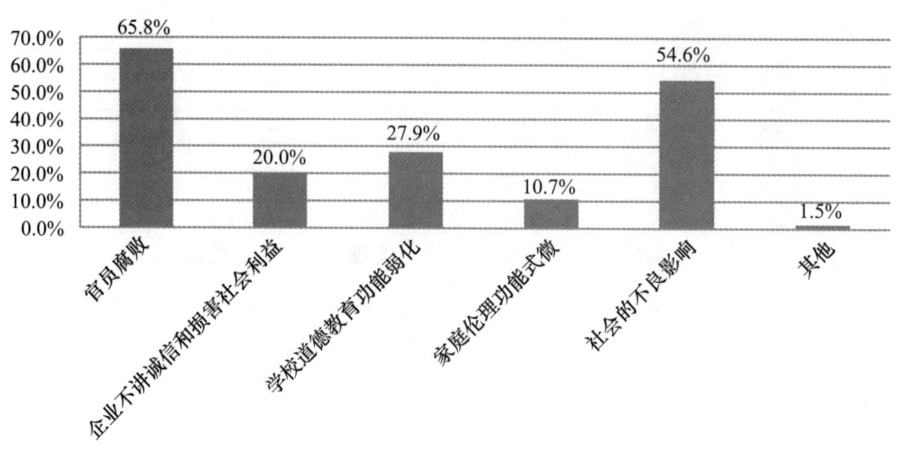

2013 年江苏：

变量	频数	有效百分比	累积百分比
官员腐败	525	41.9%	41.9%
企业不讲诚信和损害社会利益	83	6.6%	48.5%
学校道德教育功能弱化	99	7.9%	56.4%
家庭伦理功能弱化	77	6.2%	62.6%
社会的不良影响	468	37.4%	100.0%
总计	1252	100.0%	

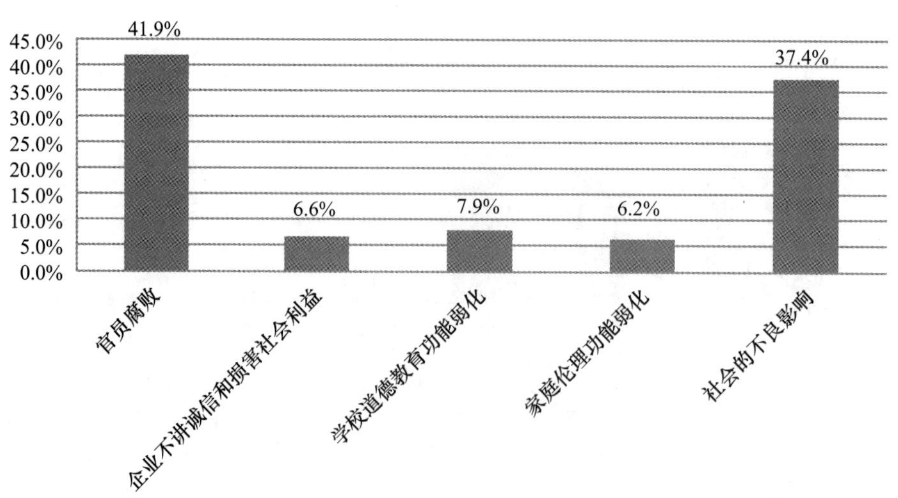

17. 您认为我们的政府在制定政策和决策时充分考虑到伦理道德方面的要求(如保护、社会公平、利益均衡、关怀弱势群体，以及大多数人利益和感受)了吗

2007 年江苏：

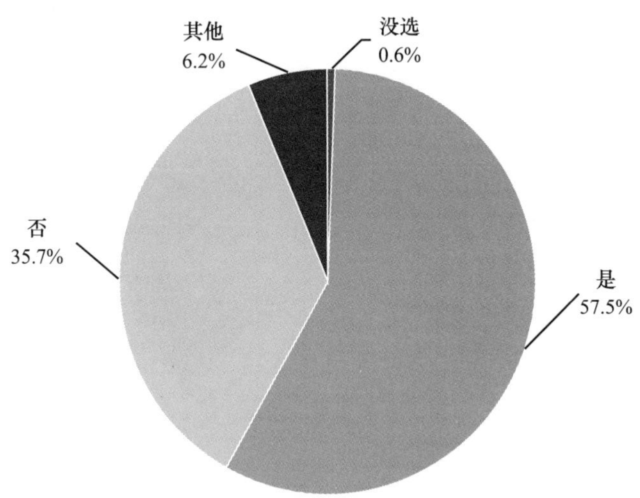

2013 年江苏：

变量	频数	有效百分比	累积百分比
是	712	57.3%	57.3%
否	530	42.7%	100.0%
总计	1242	100.0%	

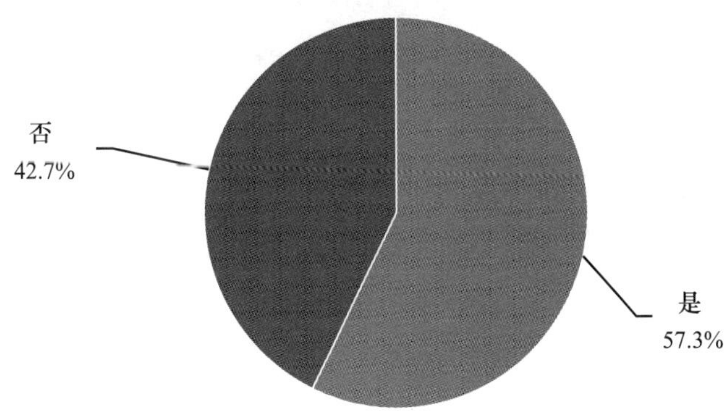

18. 如果您所在的单位有一项举措可以提高集体福利并使您个人得到利益，但会造成环境污染或社会公害，您会劝阻或举报吗

2007 年江苏：

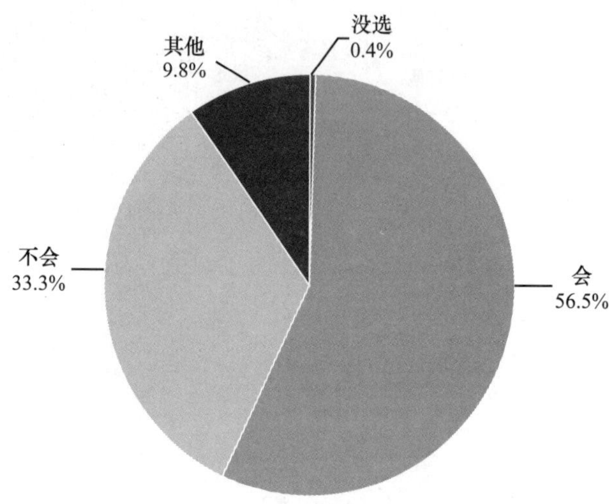

2013 年江苏：

变量	频数	有效百分比	累积百分比
会	767	61.2%	61.2%
不会	487	38.8%	100.0%
总计	1254	100.0%	

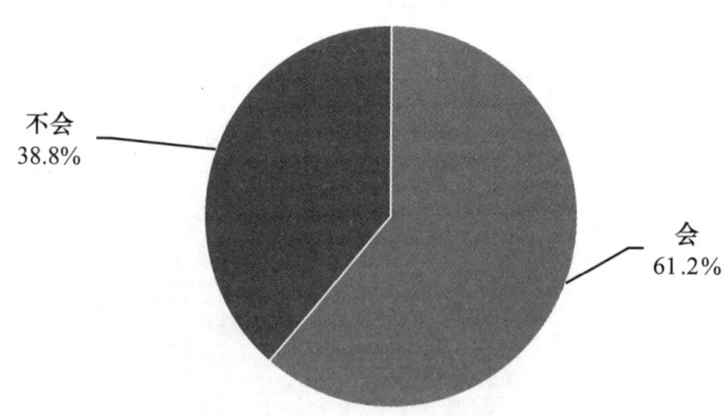

19. 您判断某个行为是否道德的主要依据是

2007 年江苏：

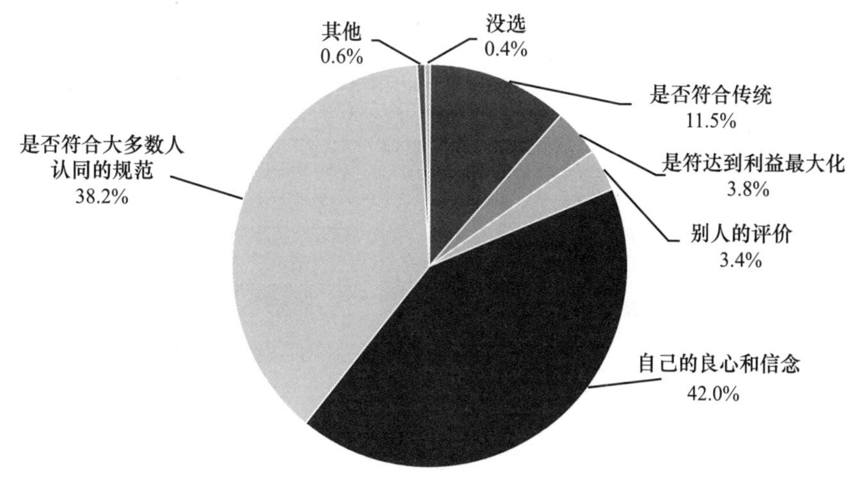

2013 年江苏：

变量	频数	有效百分比	累积百分比
传统	153	12. 1%	12. 1%
风俗习惯	76	6. 0%	18. 1%
大多数人认同的道德规范	416	33. 0%	51. 1%
当事人共同利益和意志	42	3. 3%	54. 4%
自己的良心	566	44. 8%	99. 3%
自己的利益	9	0. 7%	100. 0%
总计	1262	100. 0%	

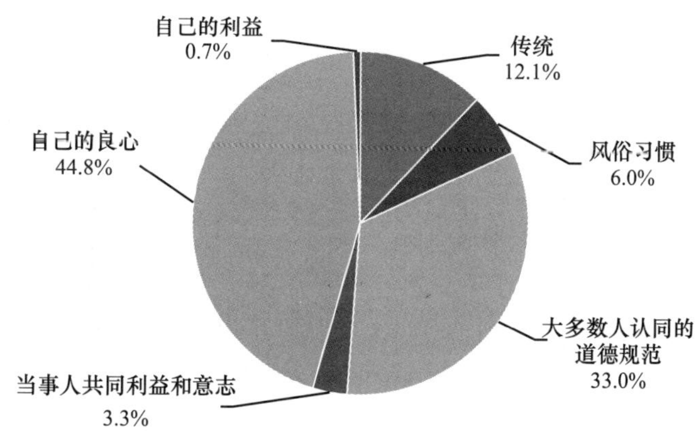

20. 对形成我国当前各种新型伦理关系和道德观念，哪些因素起主要作用

2007 年江苏：

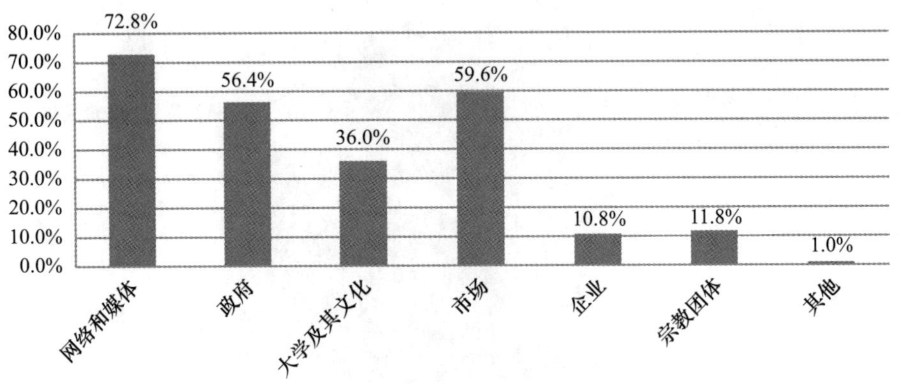

2013 年江苏：

	第一位		第二位		第三位		总得分
	频数	加权得分	频数	加权得分	频数	加权得分	
网络和媒体	501	1503	216	432	143	143	2078
政府	393	1179	317	634	169	169	1982
大学及其文化	92	276	181	362	188	188	826
市场	105	315	208	416	251	251	982
企业	15	45	72	144	114	114	303
社会团体	92	276	165	330	250	250	856
其他	8	24	7	14	14	14	52

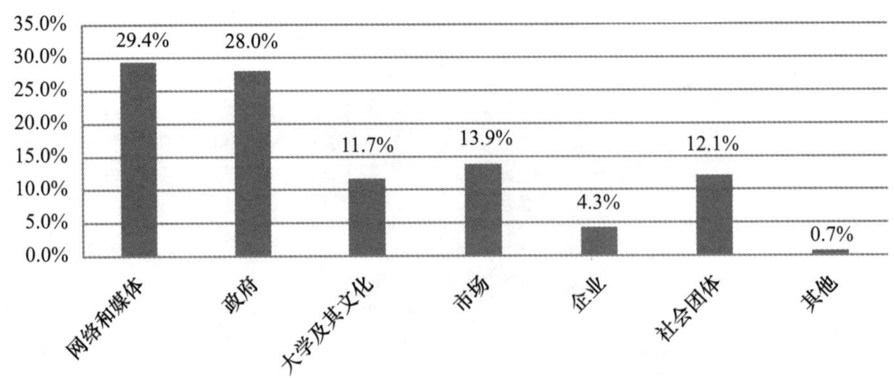

21. 一些政府机关，通过各种途径让本单位的干部子女在很好的幼儿园、小学、中学读书，您认为这种行为是

2007 年江苏：

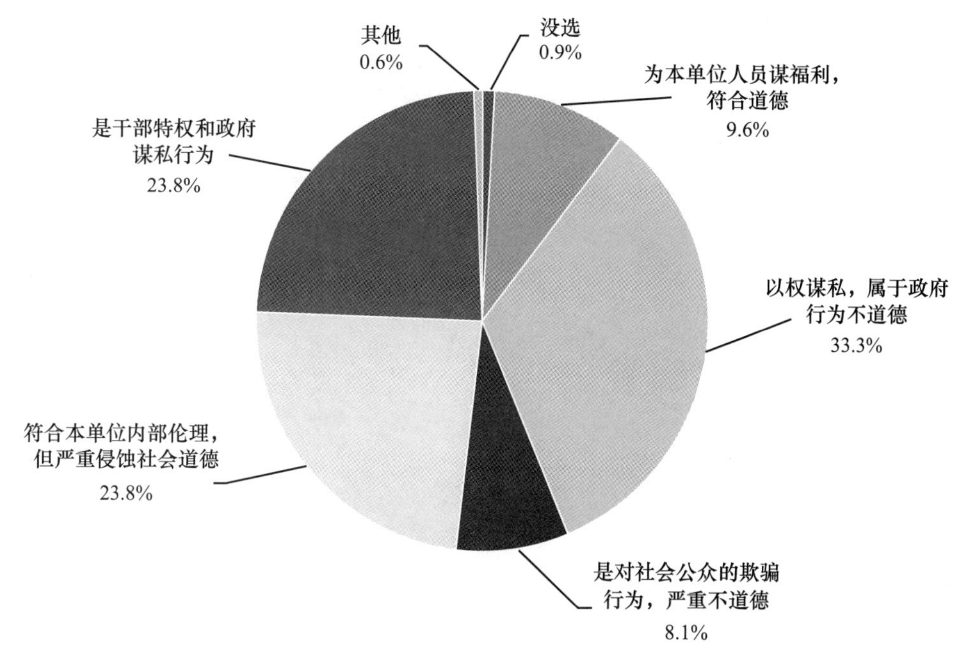

2013 年江苏：

变量	频数	有效百分比	累积百分比
为本单位人员谋福利，符合道德	63	5.0%	5.0%
以权谋私，不道德	677	53.3%	58.3%
是对社会公众的欺骗，严重不道德	251	19.8%	78.1%
符合本单位员工利益和内部伦理，但严重侵蚀社会道德	185	14.6%	92.7%
无所谓道德不道德	93	7.3%	100.0%
总计	1269	100.0%	

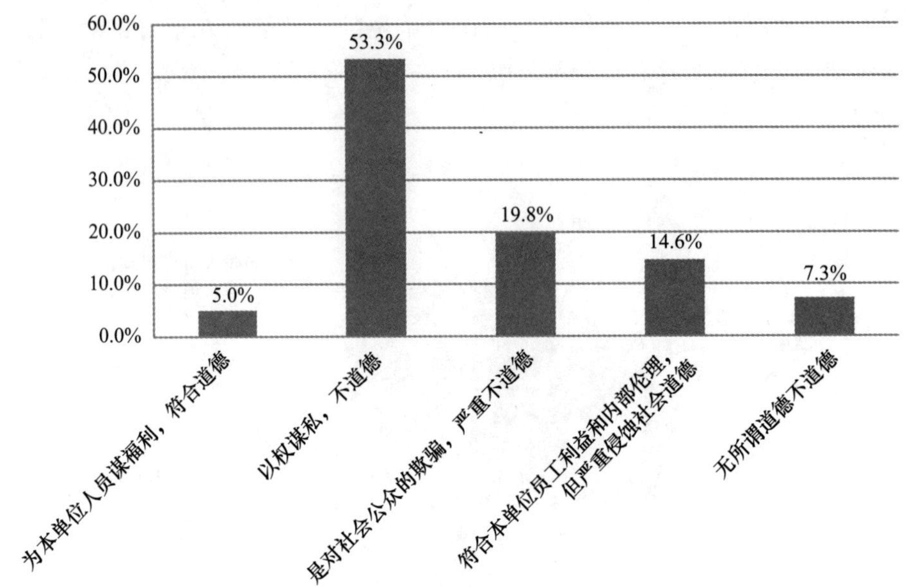
60.0%
50.0%
40.0%
30.0%
20.0%
10.0%
0.0%
53.3%
19.8%
14.6%
7.3%
5.0%
为本单位人员谋福利，符合道德
以权谋私，不道德
是对社会公众的欺骗，严重不道德
符合本单位员工利益和内部伦理，但严重侵蚀社会道德
无所谓道德不道德

江苏省 2013 年与 2016 年伦理道德发展比较数据库

第一部分　基本信息

1. 性别

	2013 年	2016 年
男	46.4%	47.5%
女	53.6%	52.5%
总计	100.0%	100.0%

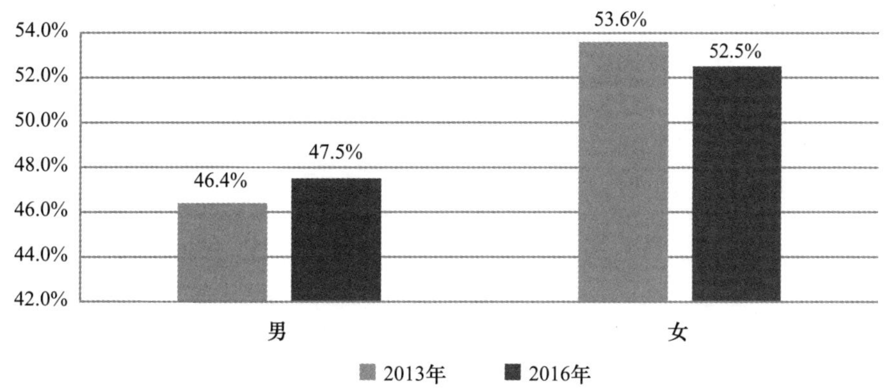

2. 年龄

	2013 年	2016 年
18 岁以下		0.2%
18—25 岁	8.4%	7.5%
26—35 岁	14.1%	13.2%
36　50 岁	31.0%	31.9%
51 岁及以上	46.4%	47.1%
总计	100.0%	100.0%

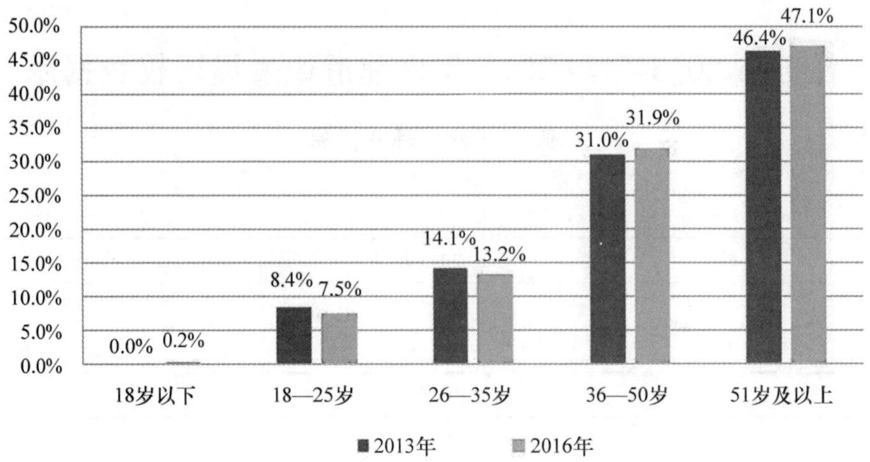

3. 婚姻状况

	2013 年	2016 年
未婚	9. 7%	9. 0%
已婚	86. 4%	87. 7%
离婚	1. 3%	1. 1%
丧偶	2. 7%	2. 2%
总计	100. 0%	100. 0%

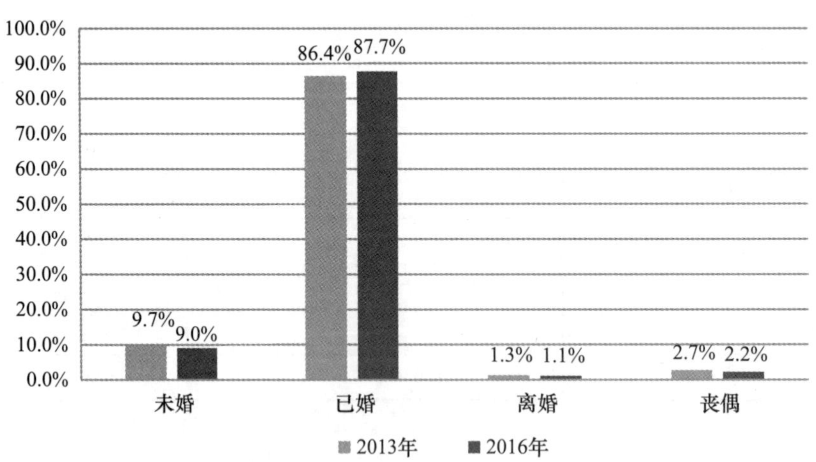

4. 民族

	2013 年	2016 年
汉族	99.2%	99.4%
少数民族	0.8%	0.6%
总计	100.0%	100.0%

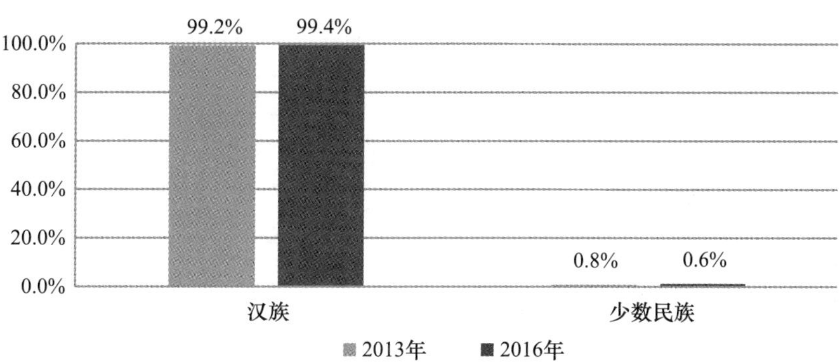

5. 是否信仰宗教

	2013 年	2016 年
不信教	89.9%	90.8%
信仰宗教	10.1%	9.2%
总计	100.0%	100.0%

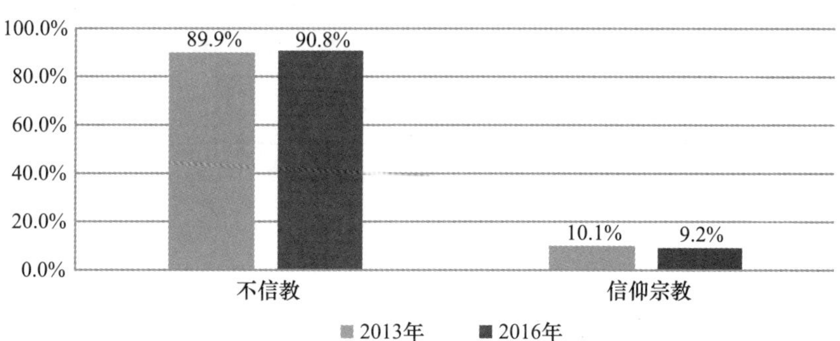

6. 受教育程度

	2013 年	2016 年
初中及以下	52.3%	58.0%
高中	24.7%	22.1%
大专	13.0%	10.1%
本科	8.8%	9.3%
研究生及以上	1.2%	0.5%
总计	100.0%	100.0%

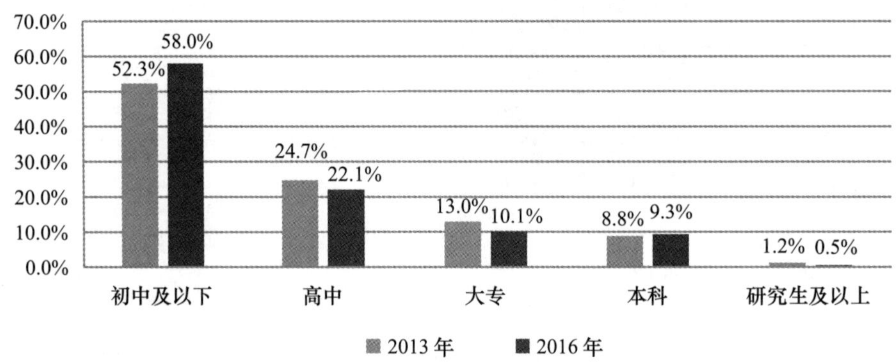

7. 政治面貌

	2013 年	2016 年
共产党员	13.4%	17.1%
民主党派	0.2%	0.1%
共青团员	8.1%	8.8%
群众	78.3%	73.9%
总计	100.0%	100.0%

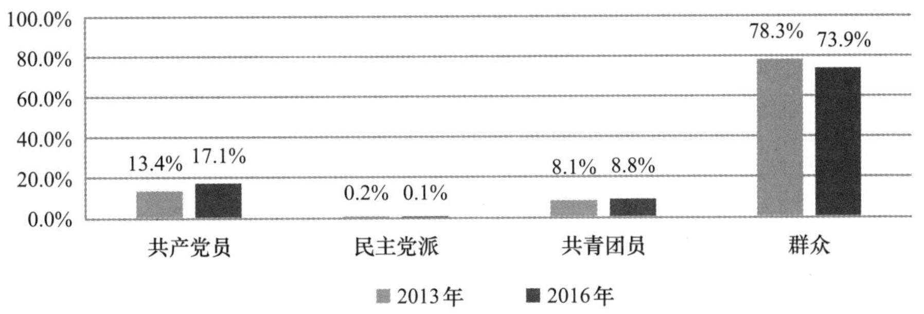

8. 户口

	2013 年	2016 年
农业户口	43.0%	59.6%
非农业户口	57.0%	40.4%
总计	100.0%	100.0%

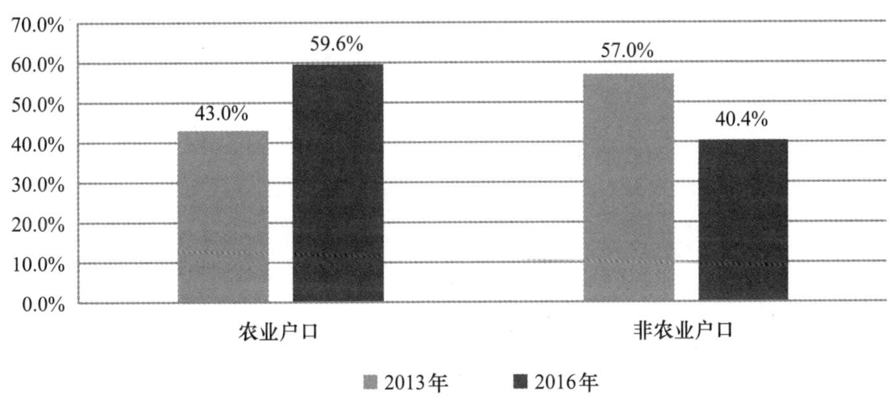

9. 职业

2013 年江苏：

	频数	有效百分比	累积百分比
办事人员	126	10.0%	10.0%
服务人员	114	9.0%	19.0%
做小生意	90	7.1%	26.1%
流动小贩	4	0.3%	26.4%
体力工人	79	6.2%	32.6%
技术工人/维修人员/手工艺人	241	19.1%	51.7%
单位领导/公司领导	18	1.4%	53.1%
企业管理人员	49	3.9%	57.0%
教师、医生、科研/技术/工程人员	116	9.2%	66.2%
文化、艺术、体育从业人员	4	0.3%	66.5%
政府公务人员	21	1.7%	68.1%
军人/警察	6	0.5%	68.6%
农民/牧民	197	15.6%	84.2%
无业/失业/下岗	167	13.2%	97.4%
学生	22	1.7%	99.1%
自由职业者	11	0.9%	100.0%
总计	1265	100.0%	

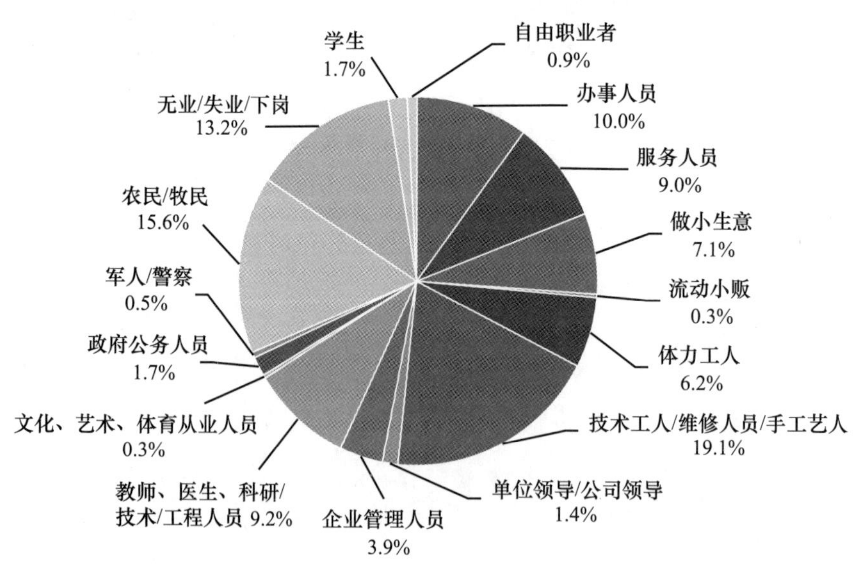

2016 年江苏：

	频数	有效百分比	累积百分比
办事人员（如办公室普通职员、业务人员）	782	12.4%	12.4%
服务人员（如营业员、保安、收银员等）	365	5.8%	18.2%
做小生意（如卖菜、开小餐馆等）	507	8.0%	26.2%
流动小贩	18	0.3%	26.5%
体力工人（勤杂工、搬运工等）	336	5.3%	31.8%
技术工人/维修人员/手工艺人	800	12.7%	44.5%
企业领导/公司老板	50	0.8%	45.3%
企业中层管理人员	149	2.4%	47.7%
教师、医生、科研/技术/工程人员	247	3.9%	51.6%
事业单位领导	55	0.9%	52.5%
文化、艺术、体育从业人员	25	0.4%	52.9%
普通公务员	62	1.0%	53.9%
机关干部（科级及以上）	57	0.9%	54.8%
军人/警察	26	0.4%	55.2%
农民/牧民	1654	26.2%	81.4%
无业/失业/下岗	1173	18.6%	100.0%
总计	6306	100.0%	

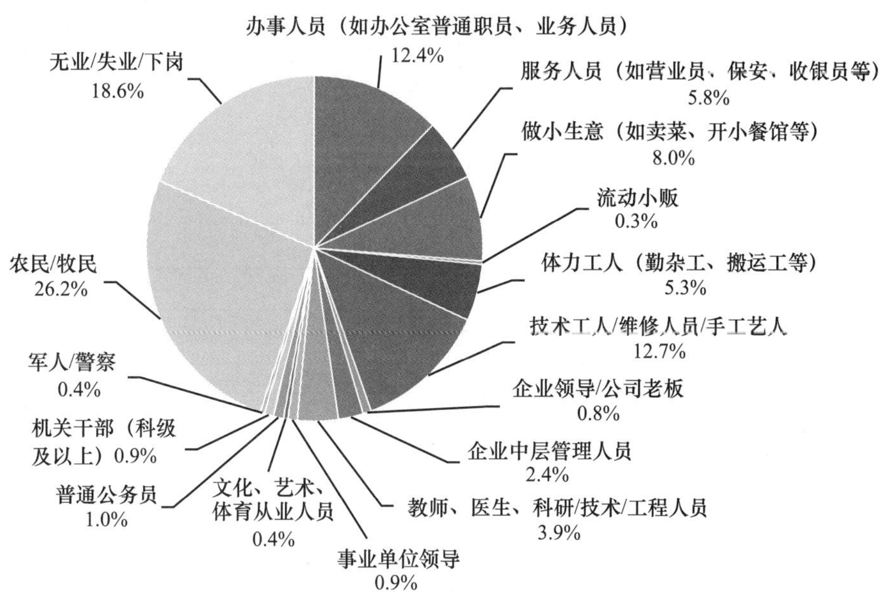

10. 单位类型

	2013 年	2016 年
党政机关	2.0%	3.7%
事业单位	9.8%	7.7%
国有企业	16.9%	7.8%
私营企业	17.0%	14.7%
外商独资或中外合资企业	2.4%	1.3%
民间团体	1.4%	2.5%
自雇/个体户	14.7%	22.5%
军队	0.2%	0.2%
其他	35.5%	39.7%
总计	100.0%	100.0%

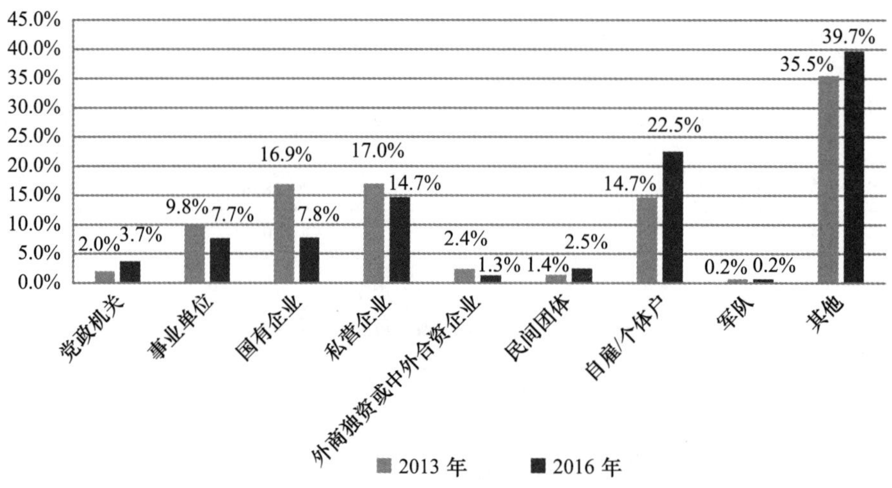

11. 月平均收入

	2013 年	2016 年
无收入	17.7%	19.6%
1—999 元	8.3%	12.3%
1000—1999 元	21.1%	18.8%
2000—3999 元	33.0%	31.8%
4000—5999 元	13.5%	11.2%
6000—8999 元	3.7%	3.8%
9000—12999 元	1.7%	1.5%
13000—20000 元	0.5%	0.5%

续表

	2013 年	2016 年
20000 元以上	0.6%	0.5%
总计	100.0%	100.0%

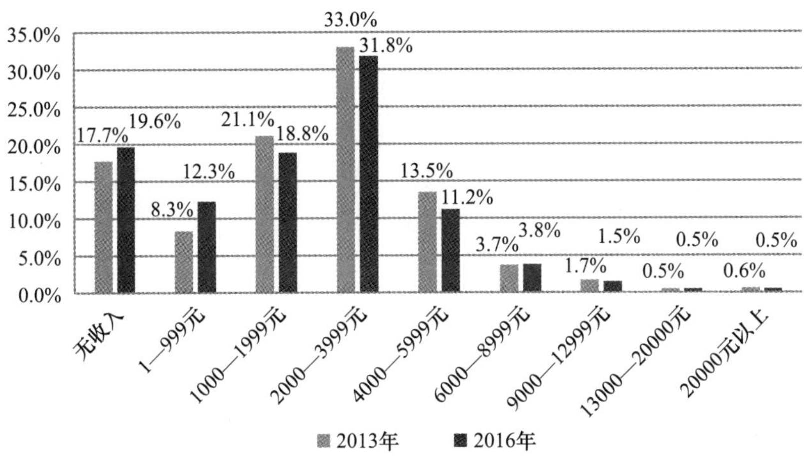

12. 家庭年收入

	2013 年	2016 年
少于 1000 元	1.6%	2.5%
1000—1999 元	1.5%	0.9%
2000—3999 元	3.3%	3.1%
4000—6999 元	4.5%	3.8%
7000—9999 元	2.9%	1.95%
1 万—1.9999 万元	12.1%	11.1%
2 万—3.9999 万元	19.0%	22.5%
4 万—5.9999 万元	18.5%	20.9%
6 万—7.9999 万元	12.1%	11.4%
8 万—9.9999 万元	9.7%	9.2%
10 万—19.9999 万元	11.2%	9.8%
20 万—29.9999 万元	2.8%	2.2%
30 万—49.9999 万元	0.7%	0.7%
50 万—99.9999 万元	0.2%	0.2%
100 万元以上	0.0%	0.0%
总计	100.0%	100.0%

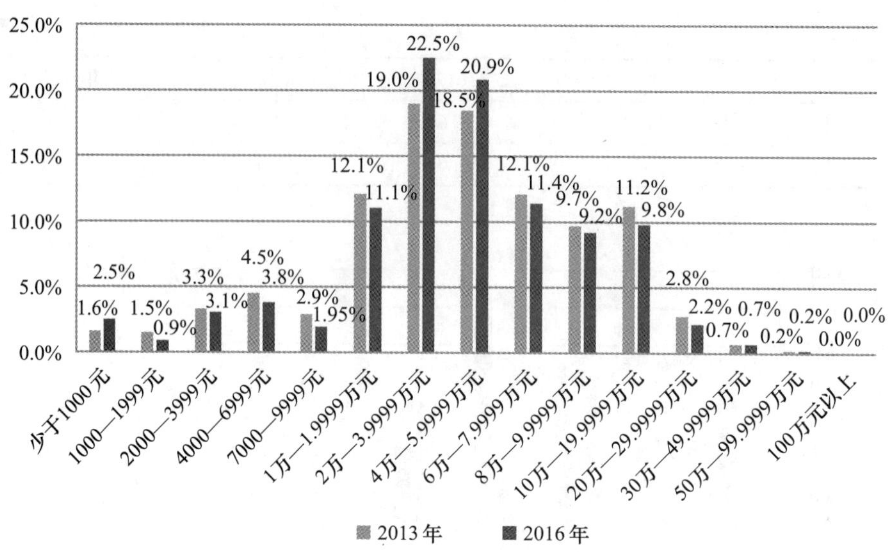

第二部分　调研信息

1. 您认为我国目前人与人之间的关系主要受什么影响

2013 年江苏：

	频数	有效百分比	累积百分比
完全受利益影响	121	9.6%	9.6%
主要受利益影响	820	65.3%	75.0%
主要受情感影响	288	22.9%	97.9%
完全受情感影响	26	2.1%	100.0%
总计	1255	100.0%	

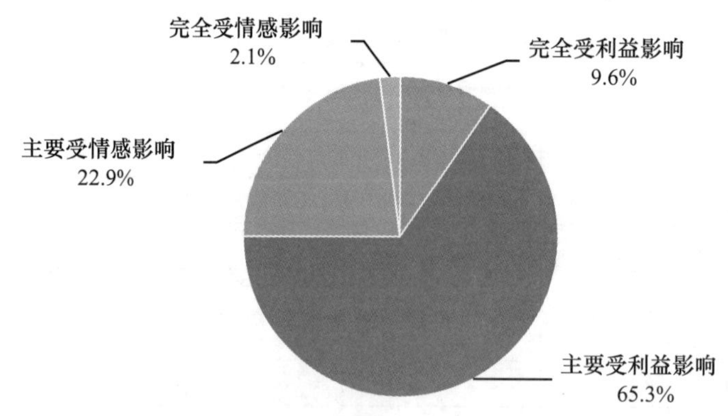

2016 年江苏：

	频数	有效百分比	累积百分比
完全受利益影响	666	10.6%	10.6%
主要受利益影响	2411	38.2%	48.8%
主要受情感影响	1422	22.6%	71.4%
完全受情感影响	201	3.2%	74.6%
受个人价值观影响	791	12.5%	87.1%
受共同价值观影响	813	12.9%	100.0%
总计	6304	100.0%	

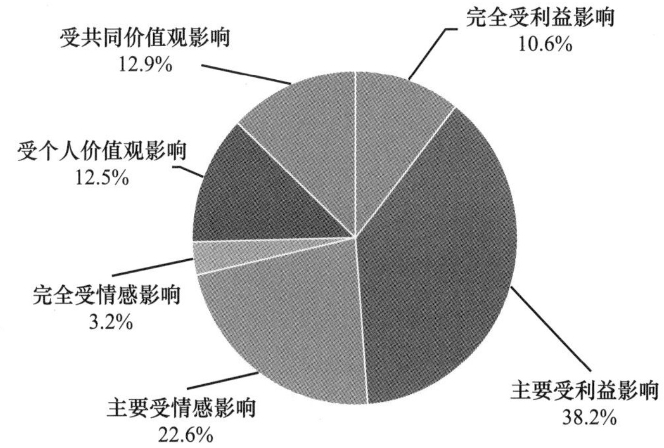

2. 请问您是否同意以下说法：
（1 = 完全同意，2 = 比较同意，3 = 不太同意，4 = 完全不同意）

	2013 年平均值	2016 年平均值
当前大多数人都是以集体利益为重	2.56	2.28
现在我国大多数人是见利忘义的	2.44	2.70
我们的社会中道德能够很好地约束人们的行为	2.23	1.96
当前大多数人奉行的是个人至上	2.19	2.40
现有的规范和习俗能够很好地调节人与人的关系	2.19	1.98
现在社会中好人有好报，恶人终归会受到惩罚	2.03	1.61
当前的社会是个金钱至上的社会	1.96	2.23
当前大多数人都是家庭利益至上	1.86	1.90

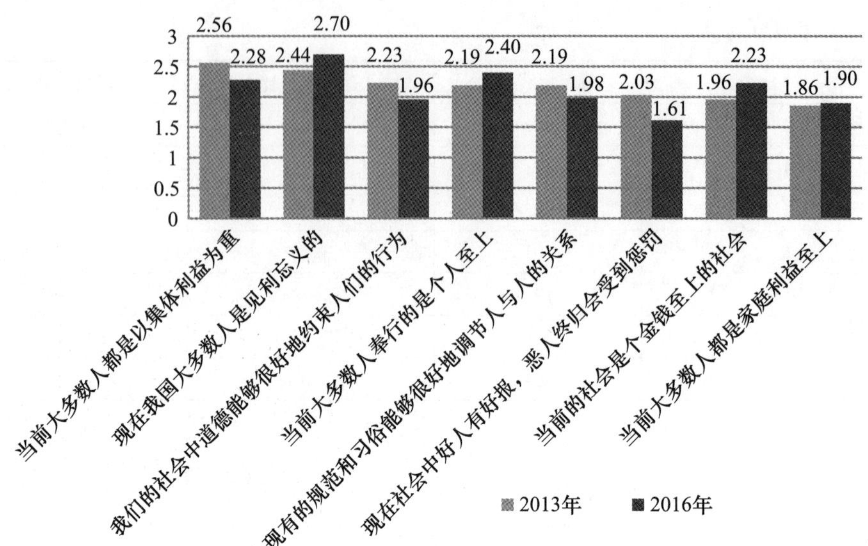

3. 您认为当前我国社会道德生活中最重要的元素是什么

2013 年江苏：

	频数	有效百分比	累积百分比
意识形态中所提倡的社会主义道德	363	29.5%	29.5%
中国传统道德	575	46.8%	76.3%
西方文化影响而形成的道德	34	2.8%	79.1%
市场经济中形成的道德	243	19.8%	98.9%
其他	14	1.1%	100.0%
总计	1229	100.0%	

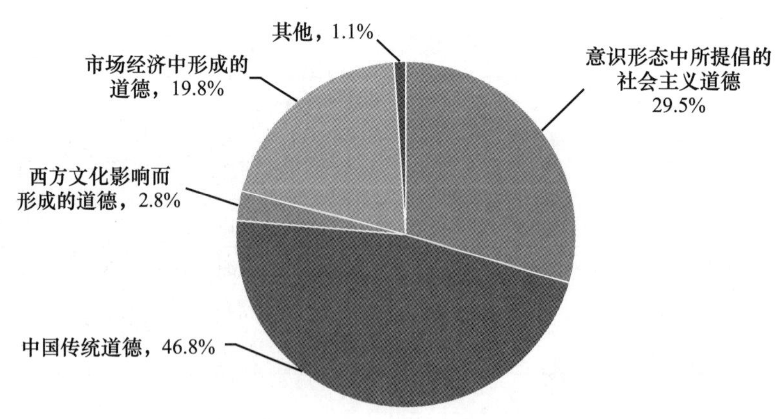

2016 年江苏：

	最重要	第二重要	第三重要
意识形态中所提倡的社会主义道德	26.6%	44.5%	21.5%
中国传统道德	58.6%	28.4%	9.5%
西方文化影响而形成的道德	3.7%	7.3%	20.1%
市场经济中形成的道德	10.9%	19.6%	48.2%
其他	0.2%	0.2%	0.7%
总计	100.0%	100.0%	100.0%

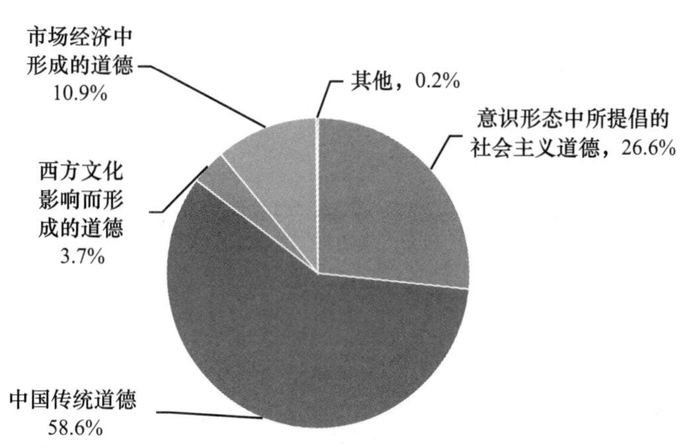

第二重要

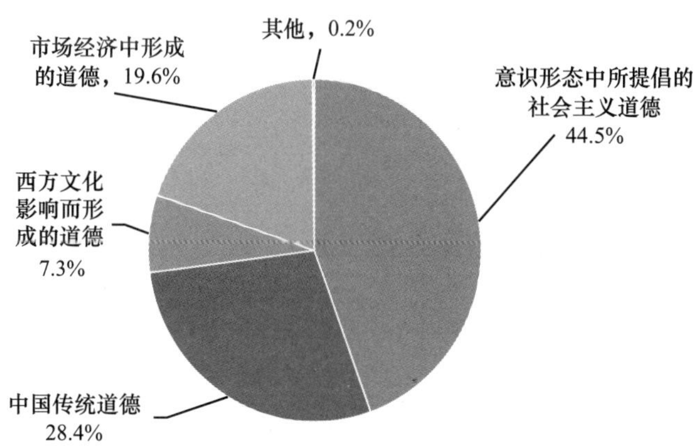

第三重要

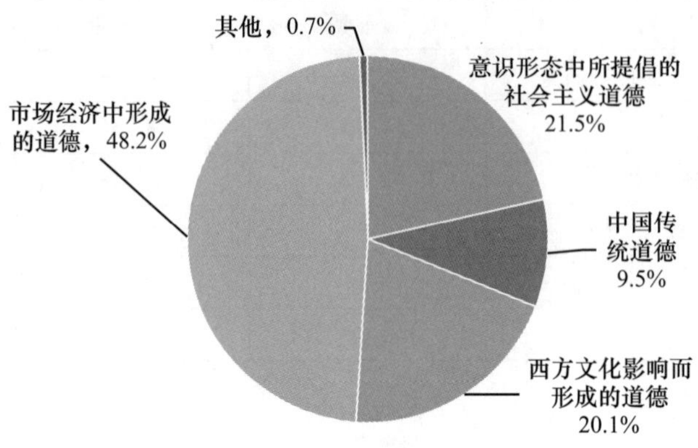

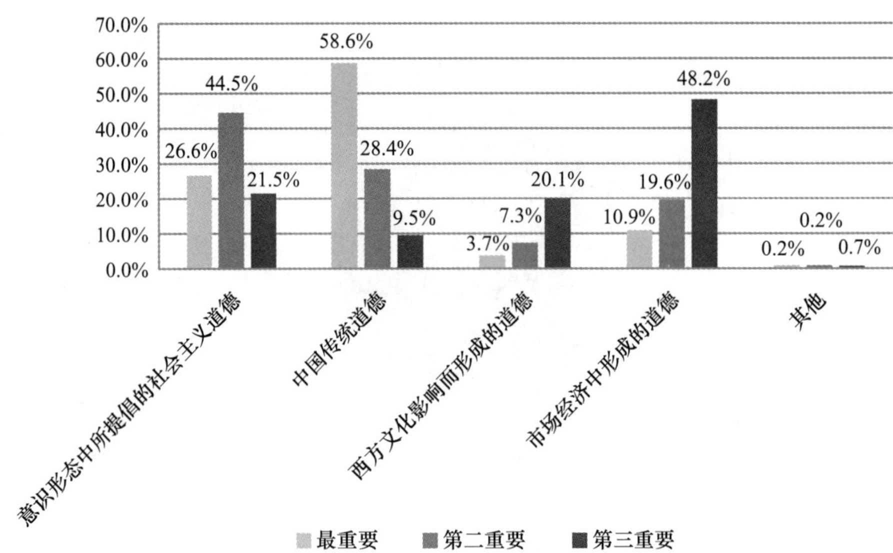

4. 对伦理关系和道德生活，您最向往或怀念的是

	2013 年	2016 年
传统社会的伦理和道德（如仁义礼智信）	37.8%	45.5%
战争年代为理想而献身的革命精神	13.5%	17.9%
新中国成立后到“文化大革命”前的大公无私的集体主义精神	19.2%	12.2%
追求个人利益的市场经济下的道德	5.1%	5.8%
自由、平等、博爱的西方道德	24.3%	18.6%
总计	100.0%	100.0%

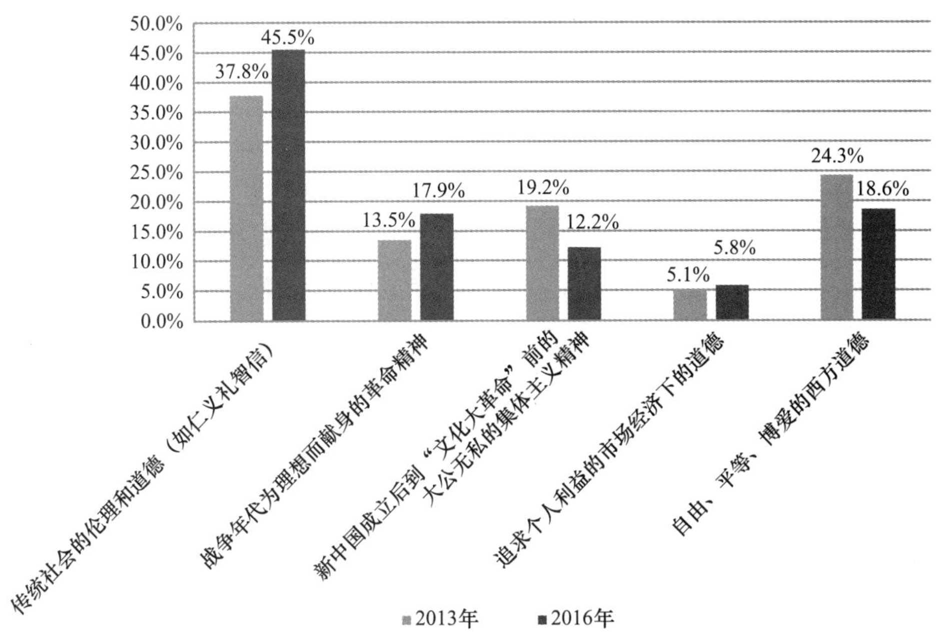

5. 您认为目前我国社会成员之间的收入差距

	2013 年	2016 年
合理，可以接受	9.6%	20.5%
不合理，但可以接受	37.9%	39.8%
不合理，不能接受	39.3%	27.3%
说不清	13.2%	12.3%
总计	100.0%	100.0%

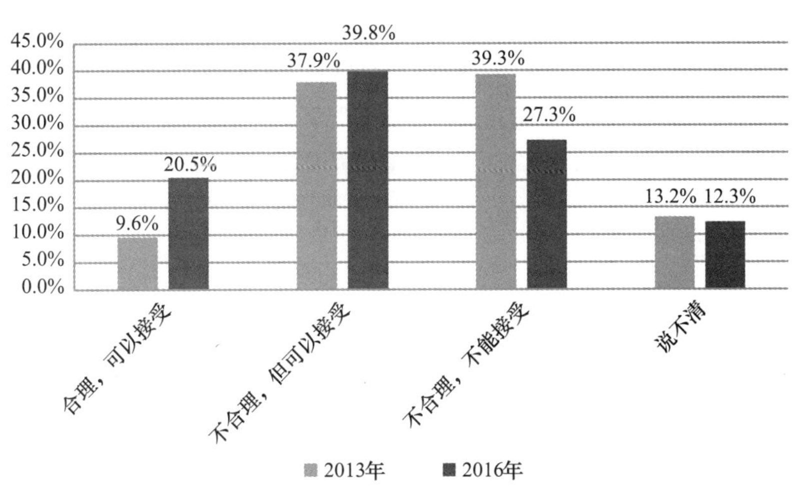

6. 跟三年前相比，您觉得自己的社会经济地位

2013 年江苏：

与三年前相比，您的生活水平有什么变化

	频数	百分比	累积百分比
上升很多	399	31.2%	31.2%
略有上升	637	49.9%	81.1%
没有变化	171	13.4%	94.5%
略有下降	51	4.0%	98.5%
下降很多	19	1.5%	100.0%
总计	1277	100.0%	

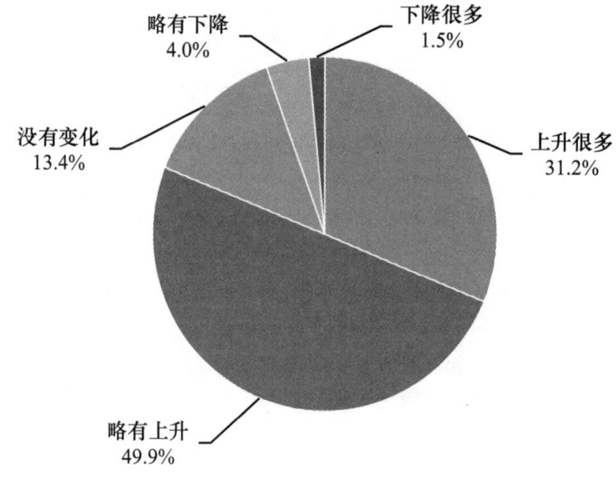

2016 年江苏：

与三年前相比，您觉得自己的社会经济地位

	频数	有效百分比	累积百分比
上升了	2398	37.9%	37.9%
差不多	2847	45.0%	82.8%
下降了	633	10.0%	92.8%
不好说/说不清	453	7.2%	100.0%
总计	6331	100.0%	

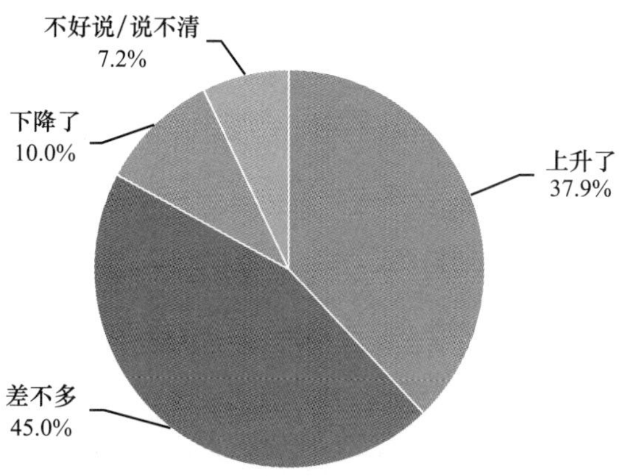

7. 您是否同意以下关于家庭和婚姻的一些说法

（1 = 完全不同意，2 = 不太同意，3 = 比较同意，4 = 完全同意）

	2013 年平均值	2016 年平均值
是否离婚应该从家庭整体（包括子女）考虑	3.22	3.31
婚姻是社会的事，应当兼顾社会评价和社会后果	2.64	2.87
是否离婚主要考虑自己的感受和利益	2.13	2.19

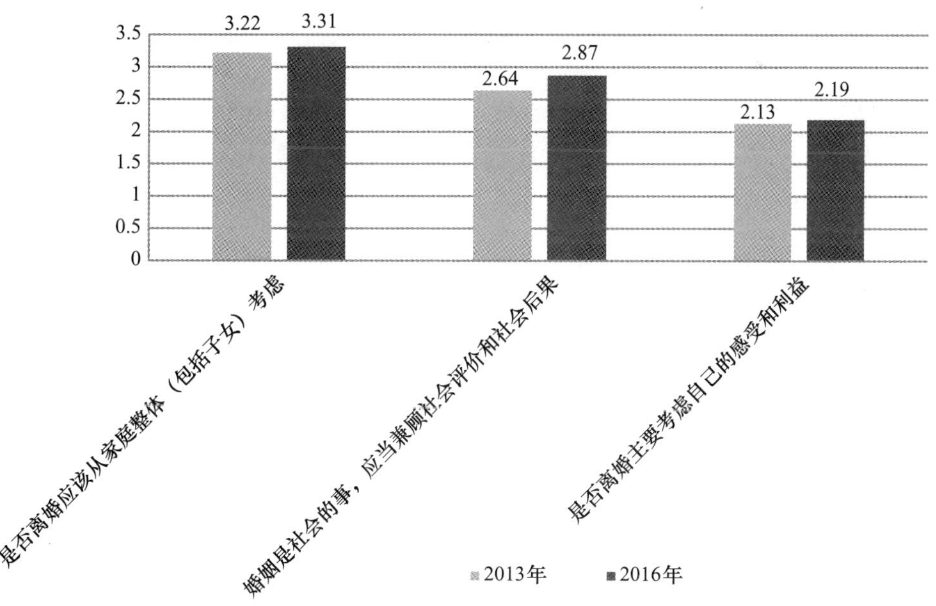

8. 您认为当今中国社会最基本的伦理冲突是（排序）

2013 年江苏：

	第一位		第二位		第三位		第四位		第五位		总得分
	频数	加权得分	频数	加权得分	频数	加权得分	频数	加权得分	频数	加权得分	
人与人之间的冲突	509	2545	295	1180	214	642	107	214	37	37	4618
个人与社会的冲突	146	730	364	1456	307	921	235	470	75	75	3652
个人与政府的冲突	184	920	190	760	254	762	254	508	250	250	3200
人自我内在的冲突	154	770	203	812	182	546	246	492	330	330	2950
人与自然的冲突	199	995	102	408	173	519	266	532	396	396	2850
其他	2	10	1	4	3	9	3	6	17	17	46

（加权规则：第一重要的频数 ×5，第二重要的频数 ×4，第三重要的频数 ×3，第四重要的频数 ×2，第五重要的频数 ×1）

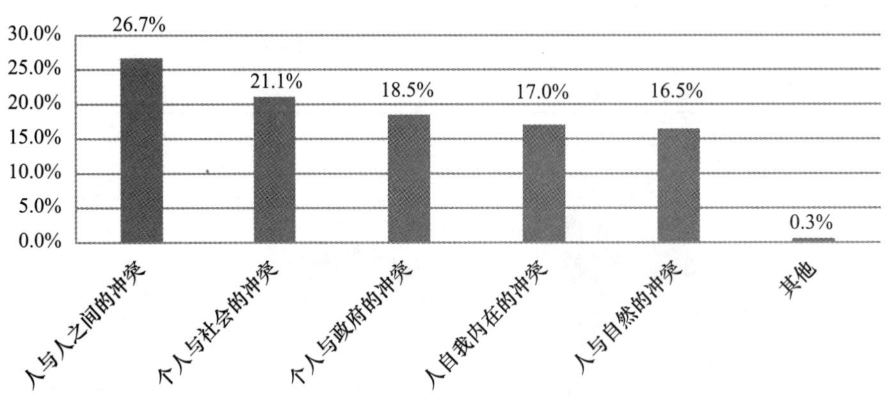

2016 年江苏：

	第一重要		第二重要		第三重要		总分
	频数	加权得分	频数	加权得分	频数	加权得分	
人与人之间的冲突	2650	7950	1495	2990	1091	1091	12031
个人与社会的冲突	946	2838	1739	3478	1509	1509	7825
人与自然的冲突	1459	4377	990	1980	1268	1268	7625
人自我内在的冲突	532	1596	1153	2306	1158	1158	5060
个人与政府的冲突	560	1680	692	1384	963	963	4027
其他	20	60	7	14	55	55	129

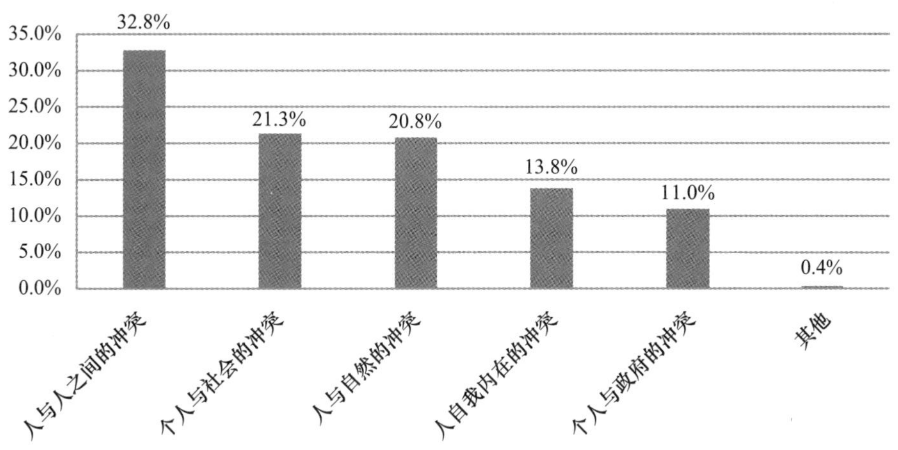

9. 您认为造成环境污染的最主要原因是

	2013 年	2016 年
企业唯利是图，造成环境污染	35.0%	34.0%
政府缺乏生态意识，政策失当	34.0%	24.9%
个人缺乏环保意识	13.2%	17.3%
当代人自私自利，不顾未来和子孙利益	17.9%	23.9%
总计	100.0%	100.0%

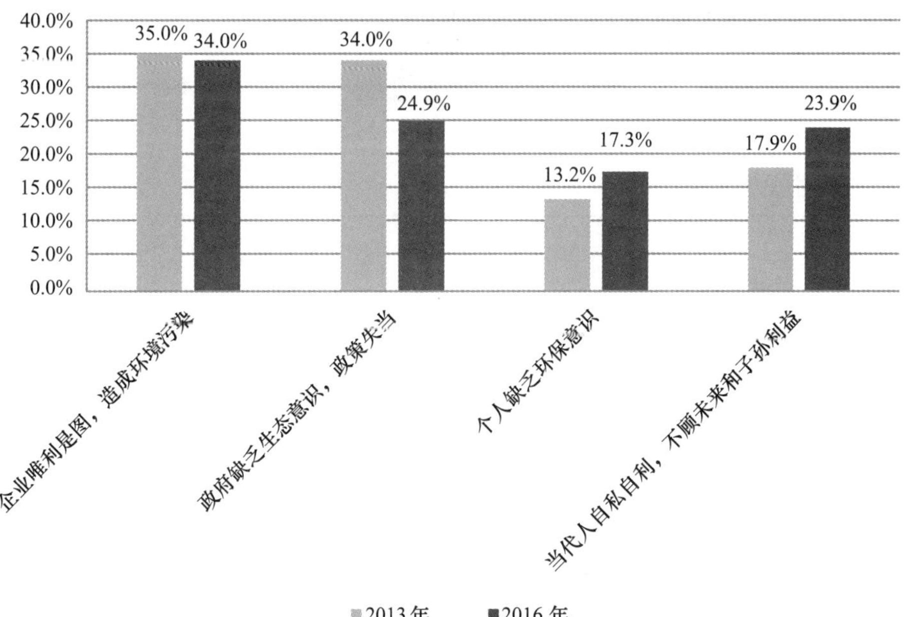

10. 您认为哪一种关系对社会秩序最具有根本性意义

2013 年江苏：

对社会秩序最具根本意义的是

	频数	有效百分比	累积百分比
家庭伦理关系或血缘关系	343	27.5%	27.5%
个人与社会的关系	463	37.2%	64.7%
职业伦理关系	36	2.9%	67.6%
个人与国家民族的关系	310	24.9%	92.5%
人与自然的关系	41	3.3%	95.7%
个人与他自身的关系	53	4.3%	100.0%
总计	1246	100.0%	

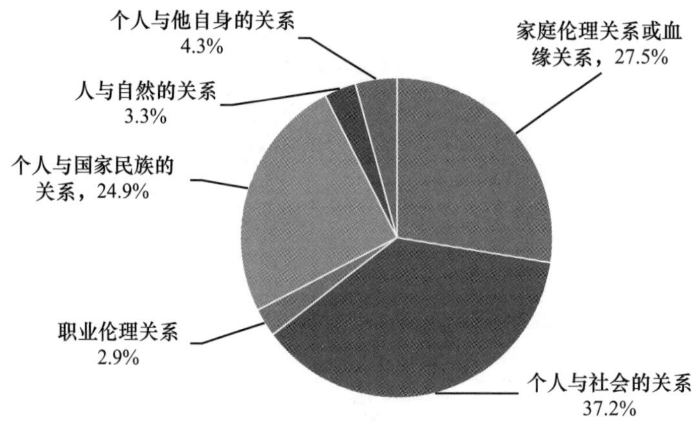

对个人生活最具根本意义的是

	频数	有效百分比	累积百分比
家庭伦理关系或血缘关系	847	67.4%	67.4%
个人与社会的关系	151	12.0%	79.5%
职业伦理关系	39	3.1%	82.6%
个人与国家民族的关系	108	8.6%	91.2%
人与自然的关系	27	2.1%	93.3%
个人与他自身的关系	84	6.7%	100.0%
总计	1256	100.0%	

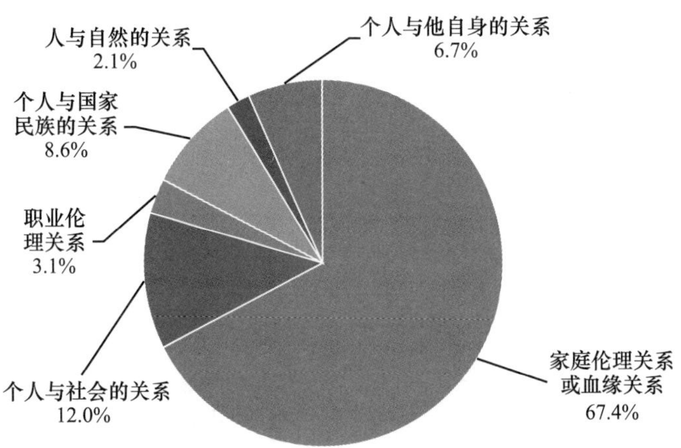

2016 年江苏：

对社会秩序最具根本性意义的关系是

	频数	有效百分比	累积百分比
家庭伦理关系或血缘关系	2516	40.3%	40.3%
个人与社会的关系	1763	28.2%	68.5%
职业伦理关系	168	2.7%	71.2%
个人与国家民族的关系	1395	22.3%	93.5%
人与自然的关系	209	3.3%	96.9%
个人与他自身的关系	194	3.1%	100.0%
总计	6245	100.0%	

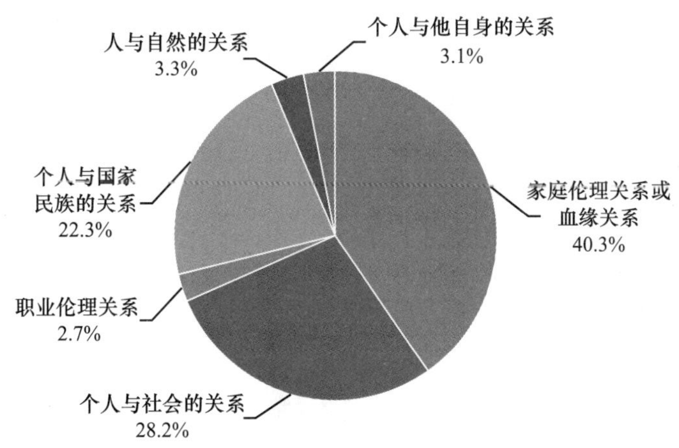

11. 对于个人而言，您认为家庭、社会和国家三者的重要性程度如何

2013 年江苏：

	最重要		第二重要		第三重要		总分
	频数	加权得分	频数	加权得分	频数	加权得分	
国家	652	1956	346	692	264	264	2912
社会	34	102	607	1214	621	621	1937
家庭	580	1740	310	620	377	377	2737

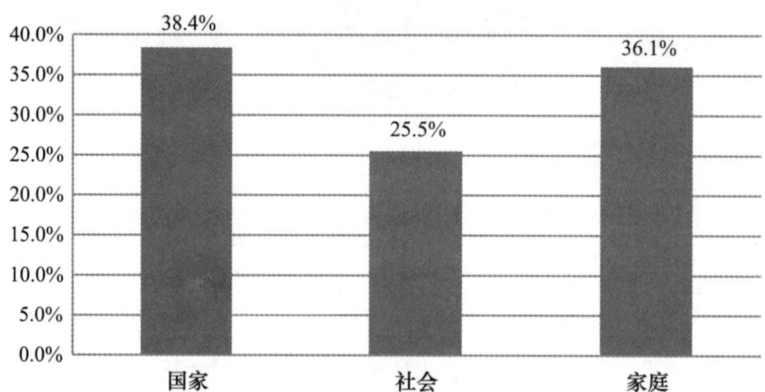

2016 年江苏：

	最重要		第二重要		第三重要		总分
	频数	加权得分	频数	加权得分	频数	加权得分	
国家	4115	12345	1333	2666	843	843	15854
社会	209	627	3388	6776	2700	2700	10103
家庭	2010	6030	1579	3158	2710	2710	11898

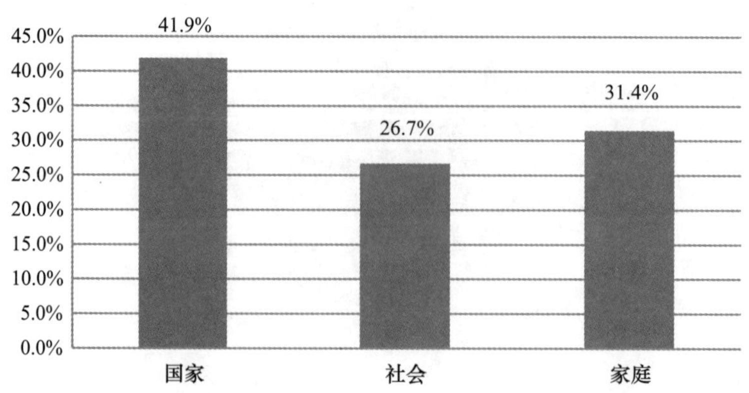

12. 在您的下列关系中，您认为哪些关系重要（排序）

2013 年江苏：

	第一重要		第二重要		第三重要		第四重要		第五重要		总分
	频数	加权得分	频数	加权得分	频数	加权得分	频数	加权得分	频数	加权得分	
父母与子女	792	3960	336	1344	76	228	26	52	9	9	5593
夫妇	296	1480	651	2604	130	390	62	124	25	25	4623
兄弟姐妹	6	30	109	436	742	2226	118	236	62	62	2990
同事或同学	2	10	12	48	66	198	237	474	170	170	900
上级或下级	4	20	18	72	20	60	99	198	127	127	477
师生	1	5	6	24	11	33	56	112	57	57	231
与自然的关系	15	75	12	48	18	54	48	96	51	51	324
个人与社会	22	110	54	216	47	141	119	238	187	187	892
个人与国家	74	370	35	140	47	141	102	204	130	130	985
个人与工作单位	7	35	9	36	21	63	68	136	104	104	374
通过网络建立的关系		1	4			2	4	2	2	10	
朋友	8	40	10	40	56	168	236	472	190	190	910
个人与自身的关系（身心和谐）	41	205	8	32	16	48	37	74	80	80	439

（加权的规则：第一重要的频数 ×5，第二重要的频数 ×4，第三重要的频数 ×3，第四重要的频数 ×2，第五重要的频数 ×1）

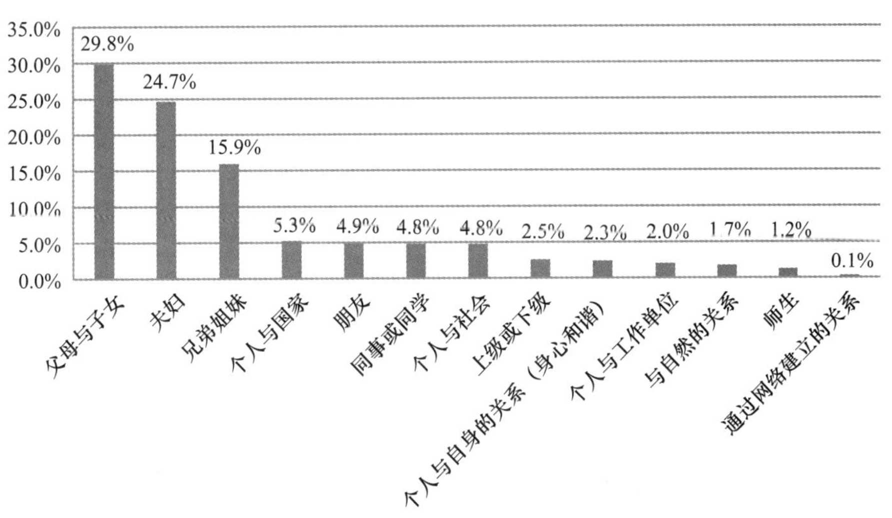

2016 年江苏：

	第一重要		第二重要		第三重要		第四重要		第五重要		总分
	频数	加权得分	频数	加权得分	频数	加权得分	频数	加权得分	频数	加权得分	
父母与子女	3955	19775	1515	6060	391	1173	226	452	83	83	27543
夫妇	1149	5745	3208	12832	714	2142	282	564	199	199	21482
兄弟姐妹	47	235	538	2152	3535	10605	600	1200	350	350	14542
同事或同学	43	215	73	292	248	744	1188	2376	788	788	4415
上级或下级	27	135	81	324	129	387	360	720	512	512	2078
师生	10	50	23	92	69	207	248	496	247	247	1092
与自然的关系	53	265	80	320	147	441	271	542	362	362	1930
个人与社会	100	500	398	1592	283	849	628	1256	959	959	5156
个人与国家	799	3995	228	912	331	993	692	1384	784	784	8068
个人与工作单位	50	250	65	260	118	354	336	672	352	352	1888
通过网络建立的关系			4	16	9	27	17	34	35	35	112
朋友	12	60	60	240	235	705	1253	2506	1129	1129	4640
个人与自身的关系（身心和谐）	87	435	46	184	90	270	161	322	438	438	1649

（加权规则：第一重要的频数 ×5，第二重要的频数 ×4，第三重要的频数 ×3，第四重要的频数 ×2，第五重要的频数 ×1）

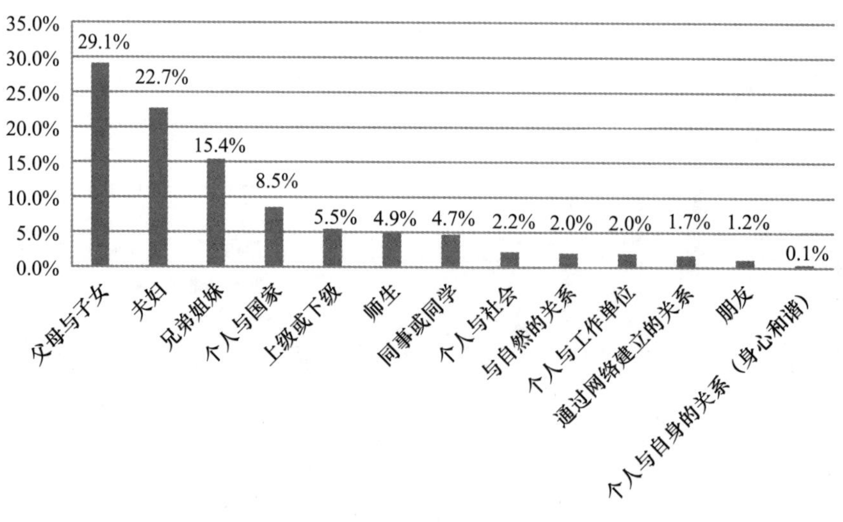

13. 当前中国社会中个体道德素质存在的主要问题是

	2013 年	2016 年
道德上无知	13. 4%	14. 6%
有道德知识，但不见诸行动	73. 7%	76. 5%
既无知，也不行动	10. 7%	7. 1%
其他	2. 1%	1. 8%
总计	100. 0%	100. 0%

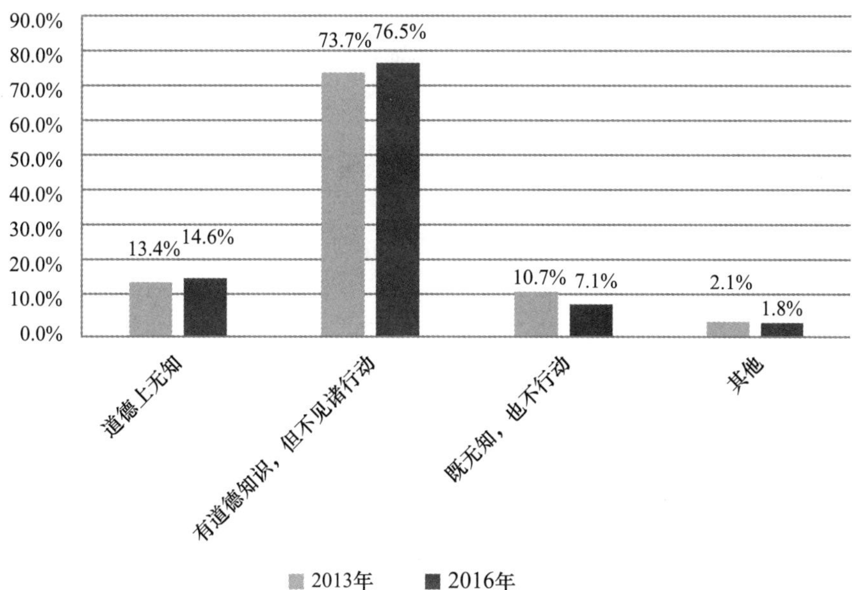

14. 您认为对社会生活而言，个体德性（即个人的道德品质）和社会公正哪个更重要

	2013 年	2016 年
个体德性最重要	10. 8%	17. 4%
社会公正最重要	35. 9%	32. 4%
二者应当统一，但二者矛盾时应先追求个体德性	15. 1%	18. 9%
二者应当统一，但二者矛盾时应先追求社会公正	38. 2%	31. 2%
总计	100. 0%	100. 0%

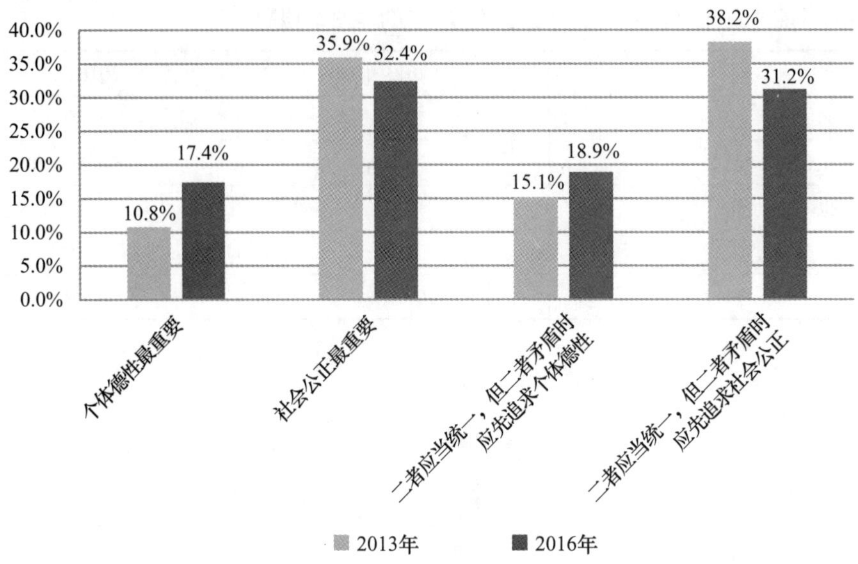

15. 您根据什么来判断某种行为是否符合伦理或道德

2013 年江苏：

	频数	有效百分比	累积百分比
传统	153	12.1%	12.1%
风俗习惯	76	6.0%	18.1%
大多数人认同的道德规范	416	33.0%	51.1%
当事人共同利益和意志	42	3.3%	54.4%
自己的良心	566	44.8%	99.3%
自己利益	9	0.7%	100.0%
总计	1262	100.0%	

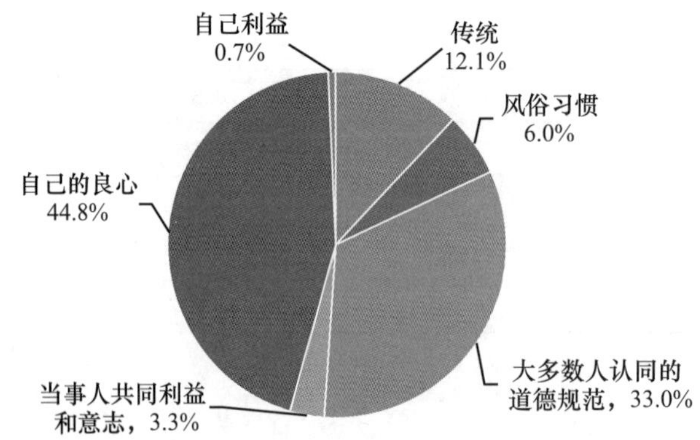

2016 年江苏：

	频数	有效百分比	累积百分比
传统	1083	17.1%	17.1%
风俗习惯	604	9.5%	26.6%
大多数人认同的道德规范	1536	24.2%	50.8%
大多当事人共同利益和意志	233	3.7%	54.5%
自己的良心	1981	31.2%	85.7%
自己的利益	42	0.7%	86.4%
意识形态要求	150	2.4%	88.8%
己立立人，立达达人；己所不欲，勿施于人	713	11.2%	100.0%
总计	6342	100.0%	

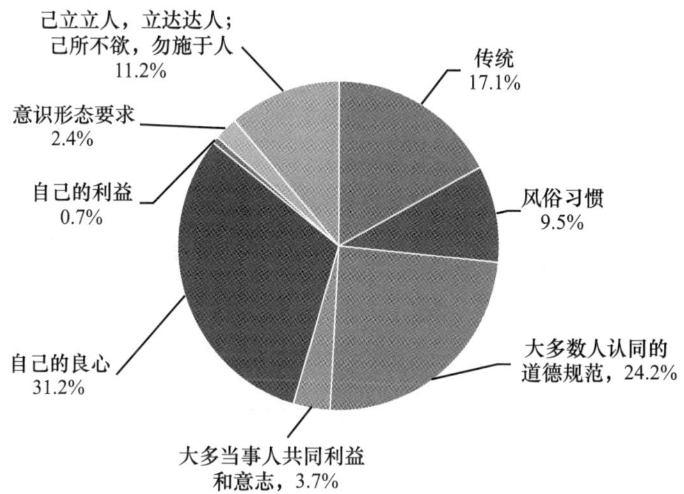

16. 当遭遇人与人之间的利益冲突时，你首选的办法是

2013 年江苏：

	家庭成员之间	朋友之间	同事之间	商业伙伴之间
诉诸法律，打官司	0.6%	2.6%	2.2%	50.0%
直接找对方沟通但得理让人，适可而止	58.3%	49.8%	46.2%	24.6%
通过第三方从中调解，尽量不伤和气	9.6%	29.1%	27.8%	15.9%
能忍则忍	31.5%	18.5%	23.9%	9.5%
总计	100.0%	100.0%	100.0%	100.0%

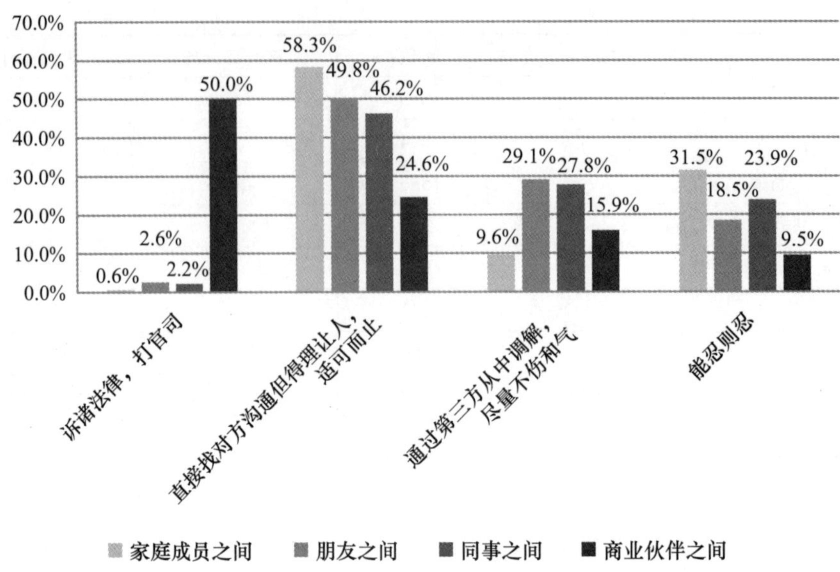

2016 年江苏：

	频数	有效百分比	累积百分比
诉讼法律，打官司	557	8.8%	8.8%
主动与对方沟通，适可而止	3436	54.3%	63.1%
找第三方帮助沟通调节，尽量不伤和气	1668	26.3%	89.4%
能忍则忍	671	10.6%	100.0%
总计	6332	100.0%	

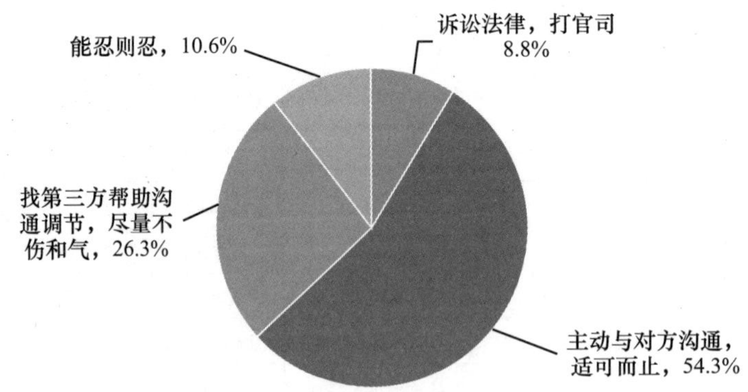

17. 您对当前中国社会下列群体的道德状况是否满意
(1 = 非常不满意，2 = 比较不满意，3 = 比较满意，4 = 非常满意)

	2013 年平均值	2016 年平均值
对农民的道德满意度	3. 1	3. 5
对工人的道德满意度	3. 0	3. 4
对教师的道德满意度	2. 9	3. 4
对专家学者的道德满意度	2. 9	3. 3
对青少年的道德满意度	2. 8	3. 2
对医生的道德满意度	2. 8	3. 3
对商人的道德满意度	2. 5	3. 0
对企业家的道德满意度	2. 5	3. 0
对演艺娱乐界的道德满意度	2. 3	2. 8
对政府官员的道德满意度	2. 3	3. 0

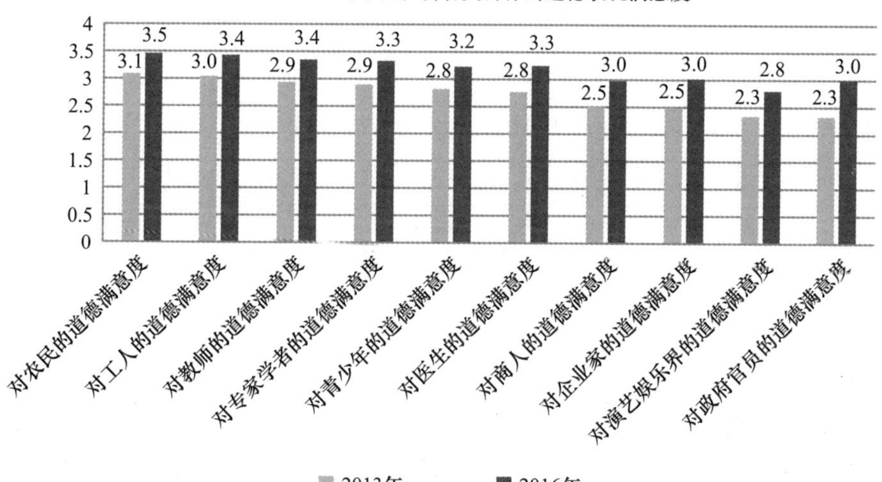

18. 您觉得大多数人都是可以相信的吗

	2013 年	2016 年
大多数人都可以相信	21. 6%	29. 1%
一部分人可以相信	17. 0%	22. 5%
一般	27. 7%	30. 1%
大多数人都不可信	18. 1%	10. 8%

续表

	2013 年	2016 年
对其他人都应小心防备	15.7%	7.5%
总计	100.0%	100.0%

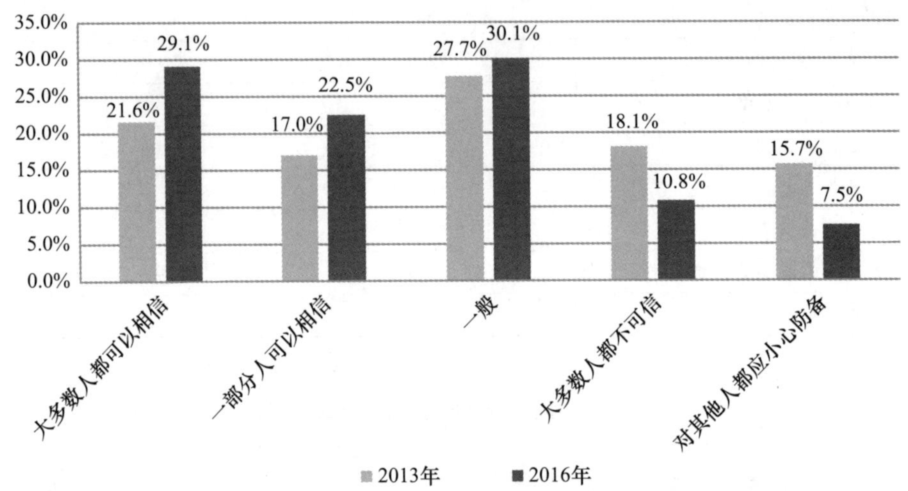

19. 人与人之间相处，信任是基础。您对下面这些人群信任程度如何（1 = 根本不信任，2 = 不太信任，3 = 比较信任，4 = 完全信任）

	2013 年平均值	2016 年平均值
你的家人	3.9	3.9
警察	3.0	3.3
住在你周围的人	3.0	3.2
法官	3.0	3.2
医生	2.9	3.1
政府	2.9	
本地政府		3.1
中央政府		3.4
村领导/所在城市领导	2.7	3.0
外国人	2.2	1.8
市场上的商人/买卖人	2.1	2.4

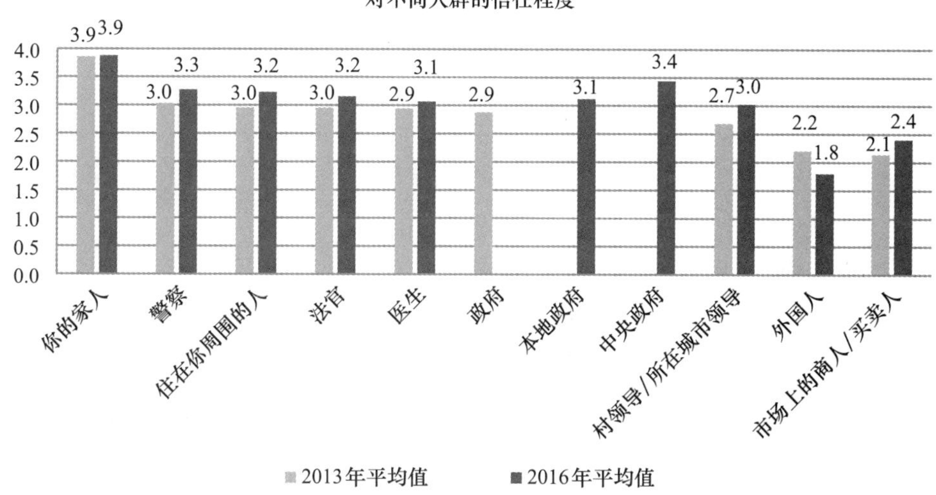

20. 您认为对当前我国伦理关系和道德风尚造成最大负面影响的因素是 2013 年江苏：

	频数	有效百分比	累积百分比
传统文化的崩坏	325	26.6%	26.6%
外来文化的冲击	162	13.3%	39.9%
市场经济导致的个人主义	534	43.7%	83.6%
计算机网络技术的发展	149	12.2%	95.8%
其他	51	4.2%	100.0%
总计	1221	100.0%	

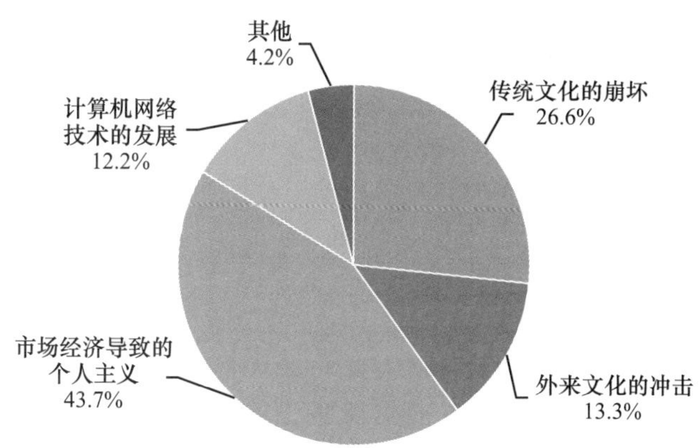

2016 年江苏：

	频数	有效百分比	累积百分比
传统文化的崩坏	1487	23.6%	23.6%
外来文化的冲击	592	9.4%	33.0%
市场经济导致的个人主义	1452	23.0%	56.0%
弱势群体自己不努力跟上网络技术的发展	418	6.6%	62.7%
分配不公，两极分化	1185	18.8%	81.5%
以权谋私，官员腐败	1167	18.5%	100.0%
总计	6301	100.0%	

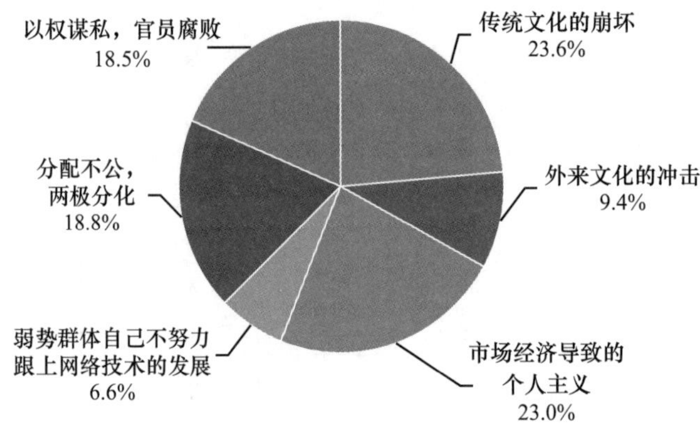

21. 请认真阅读下面的每一道题目，结合自己的情况进行选择。

	2013 年平均值	2016 年平均值
A 自己会经常关心比自己不幸的人	2.9	3.0
B 在做决定前，会试着从每个人的立场去考虑问题	3.0	3.1
C 当看到有人被利用时，有点想要保护他们	3.0	3.0
D 有时会试图站在他人的角度，以更好地理解朋友	3.1	3.1
E 相信任何问题都有两面性，会试图从两个方面加以考虑	3.2	3.1
F 当对某人很不耐烦的时候，通常会暂时站在他/她的位置上	2.7	2.9
G 当在读一个有趣的故事或者一部电影的时候，会想象如果这些事情发生在自己身上，会是怎样的感受	2.8	2.7
H 当看到有人发生意外而急需帮助的时候，自己紧张得几乎精神崩溃	2.3	2.3

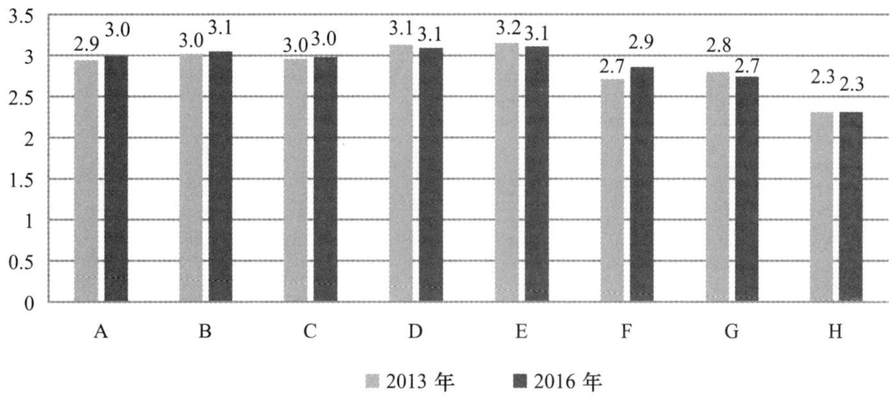

22. 您认为当今中国社会最重要和最需要的德性是（排序题）

2013 年江苏：

	第一重要		第二重要		第三重要		第四重要		第五重要		总分
	频数	加权得分	频数	加权得分	频数	加权得分	频数	加权得分	频数	加权得分	
爱（仁爱、博爱、友爱）	493	2465	106	424	62	186	46	92	59	59	3226
义（道义、义务）	40	200	218	872	61	183	41	82	28	28	1365
宽容	75	375	139	556	216	648	124	248	90	90	1917
责任	177	885	195	780	175	525	152	304	92	92	2586
正义或公正	152	760	128	512	124	372	102	204	88	88	1936
诚信	103	515	123	492	201	603	143	286	135	135	2031
忠恕	8	40	13	52	12	36	17	34	14	14	176
理智	8	40	26	104	40	120	46	92	65	65	421
节制	3	15	5	20	11	33	18	36	25	25	129
谦让	17	85	39	156	51	153	60	120	63	63	577
恭敬	3	15	9	36	7	21	16	32	18	18	122
勇敢	4	20	6	24	27	81	46	92	58	58	275
正直	39	195	51	204	50	150	102	204	88	88	841
善良	41	205	78	312	90	270	119	238	120	120	1145
力行或知行合一	4	20	1	4	4	12	8	16	24	24	76
教养	25	125	41	164	53	159	83	166	84	84	698
孝悌	51	255	45	180	32	96	50	100	61	61	692
气节	4	20	6	24	6	18	10	20	24	24	106

续表

	第一重要		第二重要		第三重要		第四重要		第五重要		总分
	频数	加权得分	频数	加权得分	频数	加权得分	频数	加权得分	频数	加权得分	
中庸	2	10	2	8	2	6	4	8	9	9	41
敬业	3	15	14	56	14	42	41	82	81	81	276

（加权规则：第一重要的频数×5，第二重要的频数×4，第三重要的频数×3，第四重要的频数×2，第五重要的频数×1）

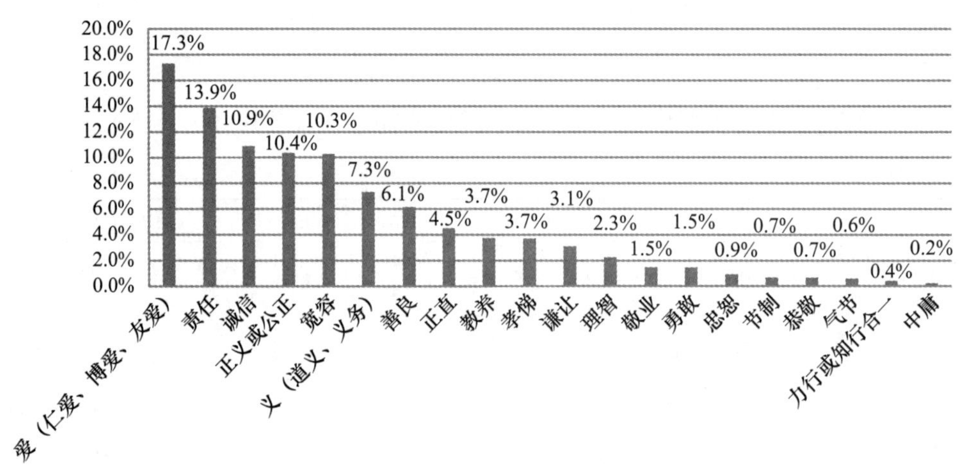

2016年江苏：

	第一重要		第二重要		第三重要		总分
	频数	加权得分	频数	加权得分	频数	加权得分	
爱（仁爱、博爱、友爱）	2514	7542	638	1276	480	480	9298
义（道义、义务）	285	855	1096	2192	358	358	3405
宽容	251	753	417	834	960	960	2547
责任	948	2844	985	1970	684	684	5498
正义或公正	761	2283	760	1520	593	593	4396
诚信	559	1677	838	1676	1215	1215	4568
忠恕	65	195	76	152	63	63	410
理智	59	177	167	334	153	153	664
节制	12	36	23	46	55	55	137
谦让	76	228	130	260	119	119	607
恭敬	33	99	46	92	36	36	227

续表

	第一重要		第二重要		第三重要		总分
	频数	加权得分	频数	加权得分	频数	加权得分	
勇敢	27	81	50	100	123	123	304
正直	144	432	202	404	208	208	1044
善良	241	723	443	886	507	507	2116
力行或知行合一	9	27	16	32	70	70	129
教养	97	291	150	300	215	215	806
孝悌	200	600	186	372	218	218	1190
气节	9	27	11	22	39	39	88
中庸	6	18	7	14	9	9	41
敬业	41	123	89	178	216	216	517

（加权规则：第一重要的频数 ×5，第二重要的频数 ×4，第三重要的频数 ×3，第四重要的频数 ×2，第五重要的频数 ×1）

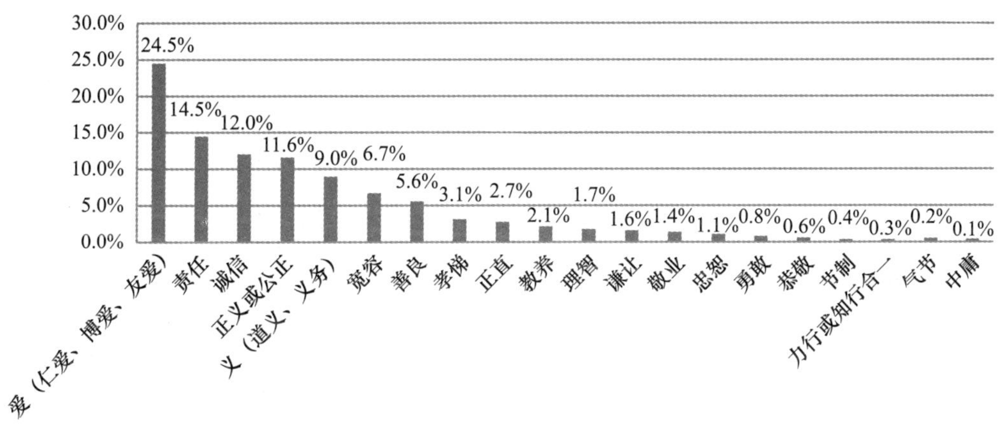

23. 您认为在自己的成长中得到道德训练的最重要场所或机构是

	2013 年	2016 年
家庭	39. 0%	42. 5%
学校	26. 4%	23. 8%
社会（包括职业生活）	25. 1%	26. 0%
国家或政府	6. 0%	5. 9%
媒体	1. 7%	1. 1%
其他	1. 9%	0. 8%
总计	100. 0%	100. 0%

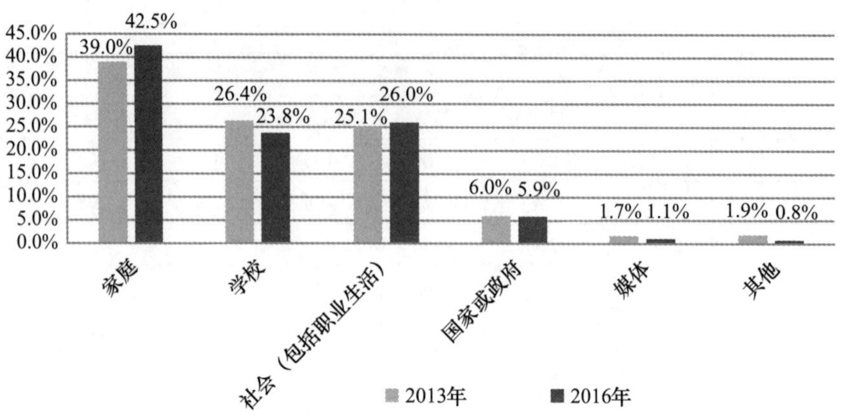

24. 您的思想行为受什么人影响最大？（排三项）

2013 年江苏：

	第一重要		第二重要		第三重要		总分
	频数	加权得分	频数	加权得分	频数	加权得分	
政府官员	152	456	98	196	178	178	830
企业家	24	72	56	112	45	45	229
演艺明星、体育明星	5	15	21	42	58	58	115
教师	143	429	505	1010	170	170	1609
知识精英	35	105	67	134	146	146	385
自由撰稿人	2	6	4	8	22	22	36
农民	14	42	66	132	125	125	299
工人	16	48	41	82	93	93	223
先哲先贤	81	243	92	184	155	155	582
父母	757	2271	205	410	94	94	2775

（加权规则：第一重要的频数×3，第二重要的频数×2，第三重要的频数×1）

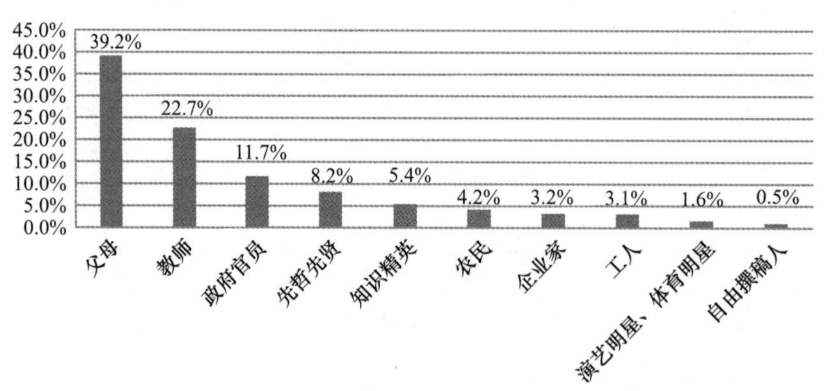

2016 年江苏：

	第一重要		第二重要		第三重要		总分
	频数	加权得分	频数	加权得分	频数	加权得分	
政府官员	909	2727	715	1430	993	993	5150
企业家	106	318	336	672	307	307	1297
演艺明星、体育明星	29	87	86	172	225	225	484
教师	772	2316	2440	4880	930	930	8126
知识精英	149	447	351	702	773	773	1922
自由撰稿人	15	45	44	88	140	140	273
农民	179	537	544	1088	735	735	2360
工人	61	183	261	522	561	561	1266
先哲先贤	235	705	504	1008	888	888	2601
父母	3860	11580	974	1948	652	652	14180

（加权规则：第一重要的频数 ×3，第二重要的频数 ×2，第三重要的频数 ×1）

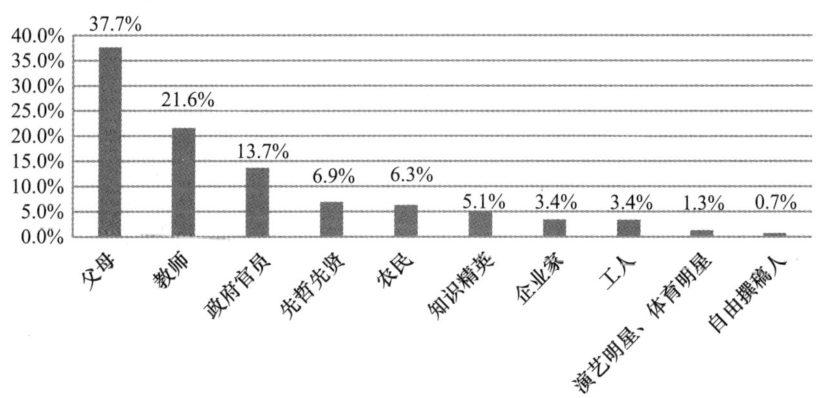

25. 对形成我国当前各种新型伦理关系和道德观念，哪些因素影响最大（排三项）

2013 年江苏：

	第一重要		第二重要		第三重要		总分
	频数	加权得分	频数	加权得分	频数	加权得分	
网络和媒体	501	1503	216	432	143	143	2078
政府	393	1179	317	634	169	169	1982
大学及其文化	92	276	181	362	188	188	826
市场	105	315	208	416	251	251	982

续表

	第一重要		第二重要		第三重要		总分
	频数	加权得分	频数	加权得分	频数	加权得分	
企业	15	45	72	144	114	114	303
社会团体	92	276	165	330	250	250	856
其他	8	24	7	14	14	14	52

（加权规则：第一重要的频数×3，第二重要的频数×2，第三重要的频数×1）

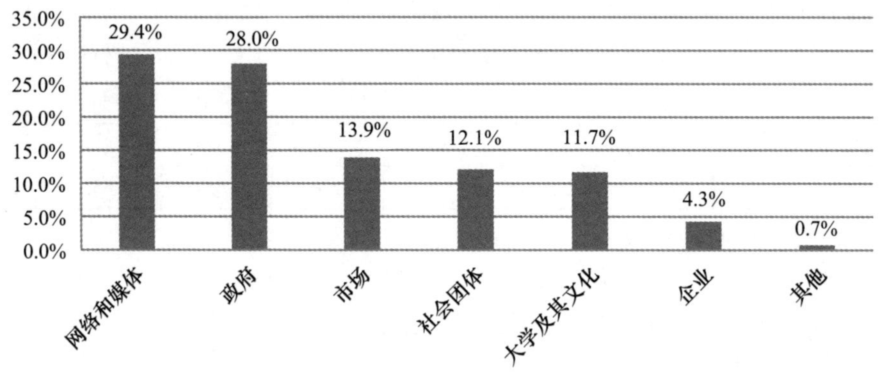

2016 年江苏：

	第一重要		第二重要		第三重要		总分
	频数	加权得分	频数	加权得分	频数	加权得分	
网络和媒体	2407	7221	1113	2226	654	654	10101
政府	2192	6576	1843	3686	755	755	11017
大学及其文化	374	1122	628	1256	1037	1037	3415
市场	493	1479	1047	2094	1184	1184	4757
企业	105	315	409	818	434	434	1567
社会团体	358	1074	633	1266	1137	1137	3477
知识精英	158	474	295	590	538	538	1602
国外价值观与生活方式	132	396	217	434	376	376	1206
其他	21	63	13	26	52	52	141

（加权规则：第一重要的频数×3，第二重要的频数×2，第三重要的频数×1）

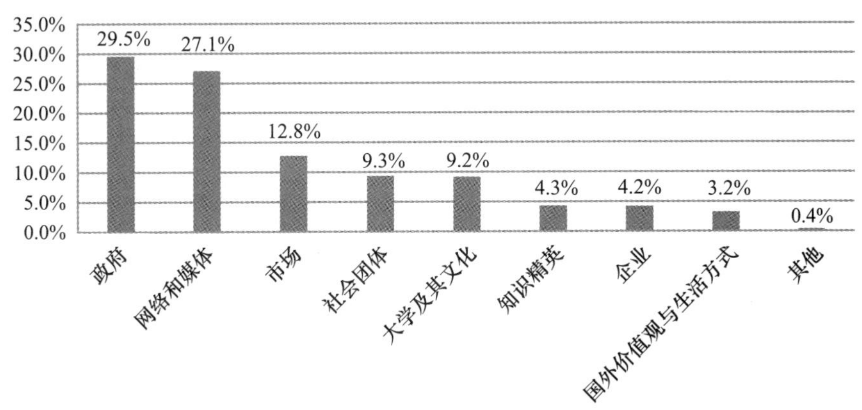

26. 您认为哪种因素应当对当今不良道德风尚负主要责任

2013 年江苏：

	频数	有效百分比	累积百分比
官员腐败	525	41.9%	41.9%
企业不讲诚信和损害社会利益	83	6.6%	48.6%
学校道德教育功能弱化	99	7.9%	56.5%
家庭伦理功能弱化	77	6.2%	62.6%
社会的不良影响	468	37.4%	100.0%
总计	1252	100.0%	

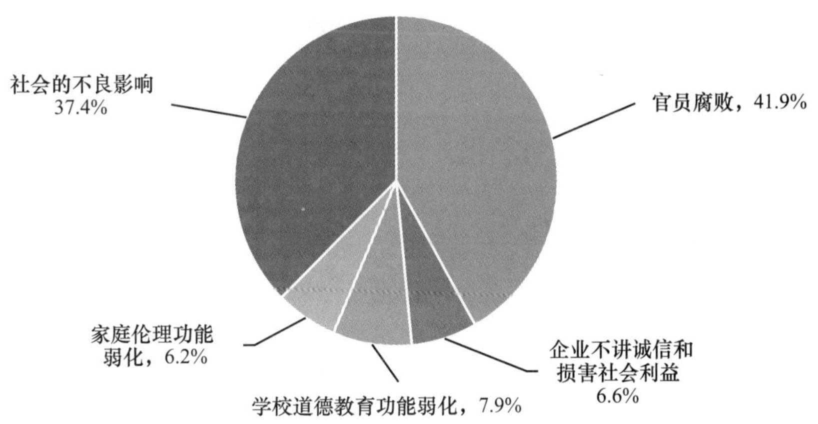

2016 年江苏：

	频数	有效百分比	累积百分比
以权谋私，官员腐败	2832	44.8%	44.8%
企业不讲诚信和损害社会利益	715	11.3%	56.1%
大学及其文化学校道德教育功能弱化	477	7.5%	63.7%
家庭伦理功能弱化	244	3.9%	67.6%
个人缺乏道德自觉	1202	19.0%	86.6%
分配不公，两极分化	848	13.4%	100.0%
总计	6318	100.0%	

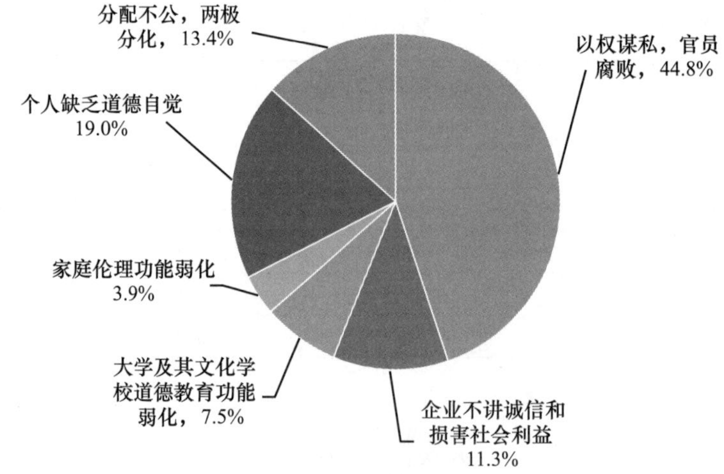

27. 您认为政府在制定政策和决策时充分考虑到伦理道德方面的要求了吗（如社会公平、利益均衡、关怀弱势群体，以及大多数人利益和感受）

2013 年江苏：

	频数	有效百分比	累积百分比
是	712	57.3%	57.3%
否	530	42.7%	100.0%
总计	1242	100.0%	

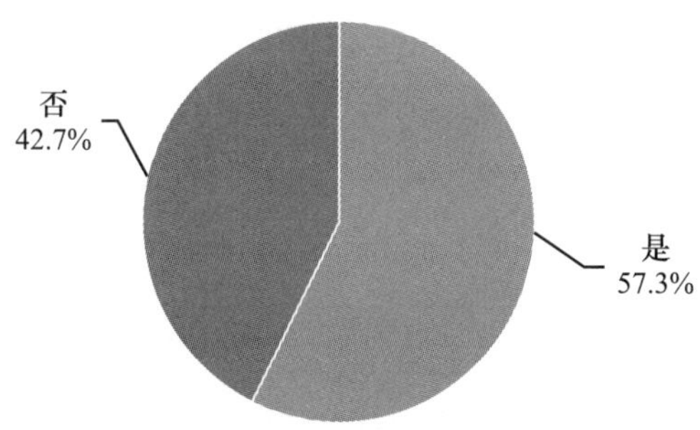

2016 年江苏：

	频数	有效百分比	累积百分比
有考虑	2411	38.1%	38.1%
有考虑，但不够	3535	55.8%	93.9%
没有考虑	385	6.1%	100.0%
总计	6331	100.0%	

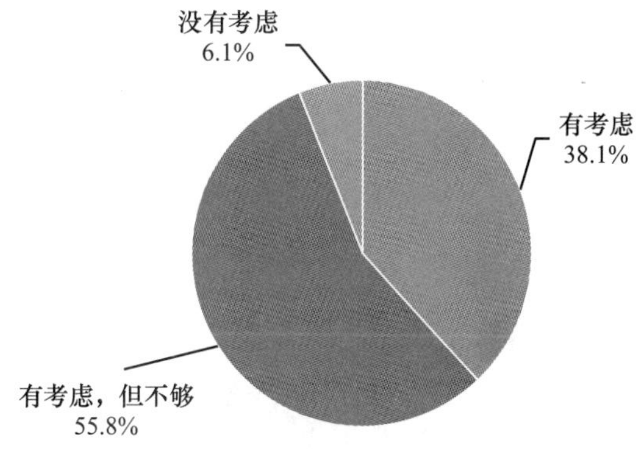

28. 您认为解决当前我国的公民道德和社会风尚问题，最关键的是

2013 年江苏：

	频数	有效百分比	累积百分比
加强法制	457	36.7%	36.7%
弘扬已有的优秀道德传统	263	21.1%	57.9%
建设新的伦理道德的核心价值	133	10.7%	68.6%
惩治官员腐败	211	17.0%	85.5%
解决分配不公问题	145	11.7%	97.2%
其他	35	2.8%	100.0%
总计	1244	100.0%	

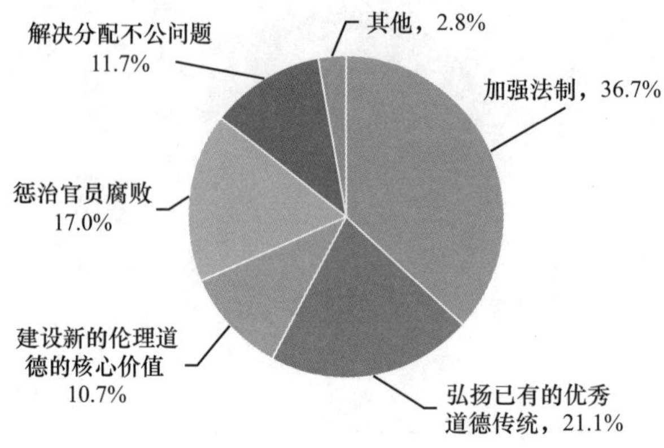

2016 年江苏：

	频数	有效百分比	累积百分比
加强法制	2061	32.6%	32.6%
弘扬优秀道德传统	1405	22.2%	54.9%
建设伦理道德的核心价值	515	8.2%	63.0%
惩治官员腐败	775	12.3%	75.3%
解决分配不公问题	554	8.8%	84.0%
提高个人道德素质	1008	16.0%	100.0%
总计	6318	100.0%	

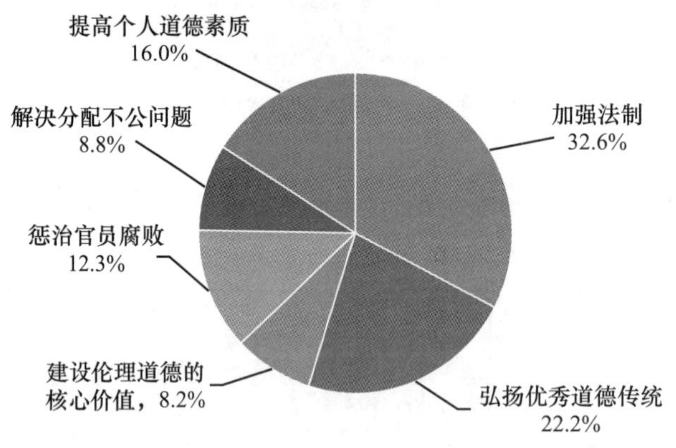

29. 一些政府机关、企事业单位和大中小学，利用权力让本单位的职工子女在入学、招工中提供特殊政策，您认为这种行为道德吗

	2013 年	2016 年
为本单位人员谋福利，符合道德	5.0%	6.7%
以权谋私，不道德	53.3%	57.3%
是对社会公众的欺骗，严重不道德	19.8%	20.6%
符合本单位员工利益和内部伦理，但严重侵蚀社会道德	14.6%	11.2%
无所谓道德不道德	7.3%	4.2%
总计	100.0%	100.0%

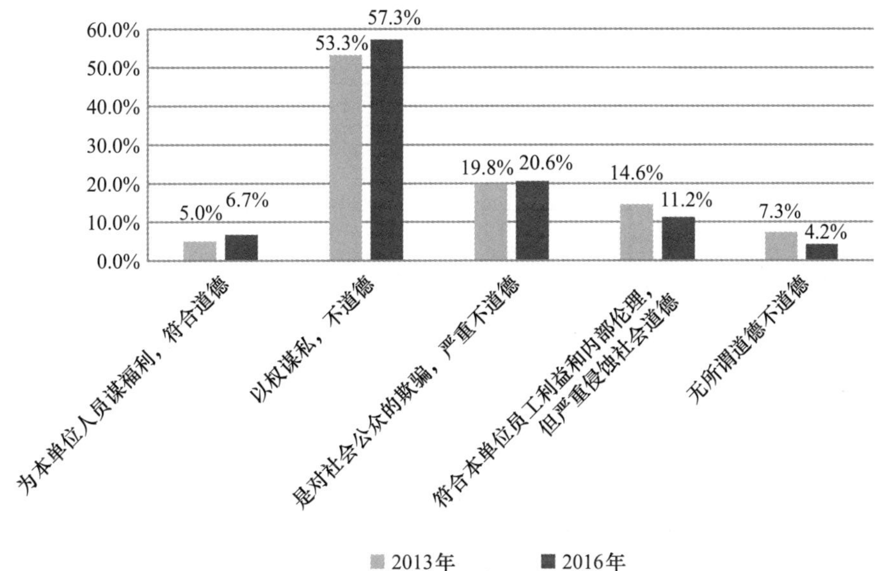

30. 主流媒体的报道和朋友圈或国外媒体的消息不一致时，您会相信哪一个

2013 年江苏：

	频数	有效百分比	累积百分比
主流媒体	693	54.8%	54.8%
国外报道	100	7.9%	62.7%
谁都不相信，自己判断	311	24.6%	87.3%
说不清	161	12.7%	100.0%
总计	1265	100.0%	

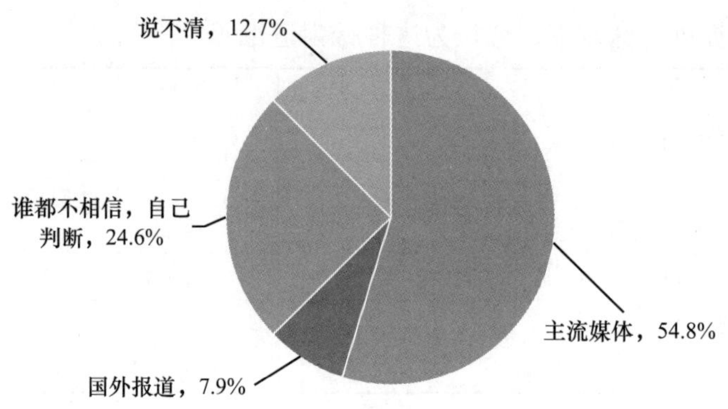

2016 年江苏：

	频数	有效百分比	累积百分比
主流媒体	3326	52.7%	52.7%
朋友圈/亲朋圈子	688	10.9%	63.7%
国外报道	93	1.5%	65.1%
都不相信	679	10.8%	75.9%
自己比较判断应该相信哪个	1476	23.4%	99.3%
其他	44	0.7%	100.0%
总计	6306	100.0%	

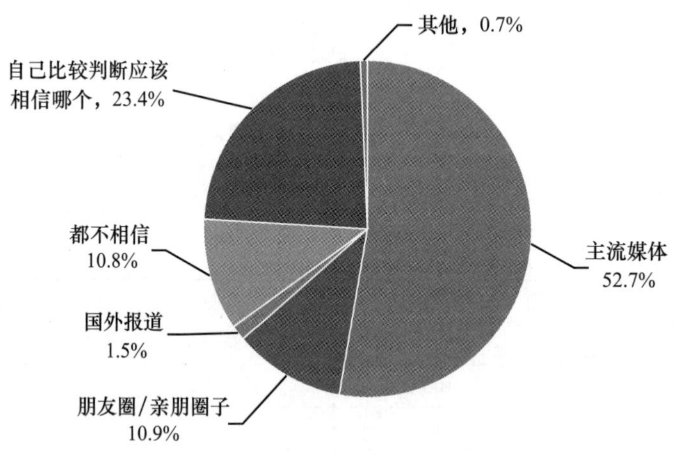

31. 下列哪些因素可能影响人际关系紧张（多选）

2013 年江苏：

	频数	有效百分比
A 社会资源缺乏，引发恶性竞争，造成人际关系紧张	520	40. 6%
B 相关部门过度宣扬竞争意识造成人际关系紧张	260	20. 3%
C 社会财富分配不公，贫富差距过大，造成人际关系紧张	909	71. 0%
D 个人主义盛行，造成人际关系紧张	486	37. 9%
E 缺乏爱心，人际关系紧张	578	45. 1%
F 缺乏宽容，人际关系紧张	672	52. 5%
G 缺乏相互理解和沟通的意识和能力，人际关系紧张	684	53. 4%
H 制度安排不公正，机会不平等，造成人际关系紧张	650	50. 7%
I 一切诉诸利益或法律，人际关系缺乏伦理调节的机制和能力	302	23. 6%

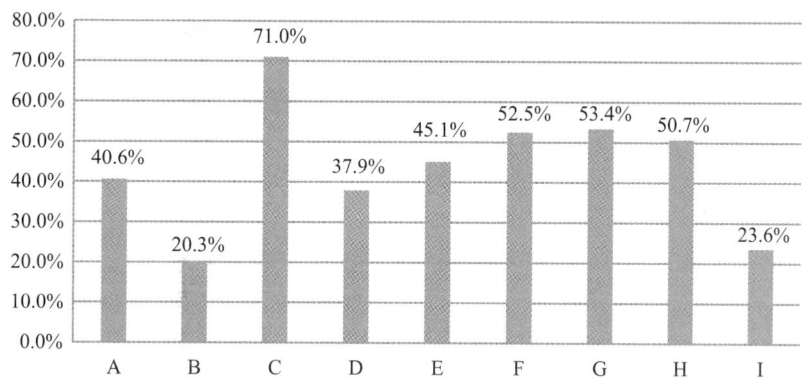

2016 年江苏：

	频数	有效百分比
A 社会资源缺乏，引发恶性竞争	1797	28. 3%
B 过度宣扬竞争意识	909	14. 3%
C 社会财富分配不公，贫富差距过大	2941	46. 3%
D 个人主义盛行	1458	23. 0%
E 缺乏爱心	1876	29. 6%
F 缺乏宽容	1704	26. 8%
G 缺乏相互理解和沟通的意识和能力	1570	24. 7%

续表

	频数	有效百分比
H 制度安排不公正，机会不平等	1740	27.4%
I 以权谋私，官员腐败	2425	38.2%
J 缺乏道德信用	1736	27.5%
K 人与人、人与社会之间缺乏信任	2329	36.7%
L 传统伦理瓦解，社会缺乏统一的价值观	775	12.2%
M 一切诉诸利益或法律，人际关系缺乏伦理调节的机制和能力	443	7.0%

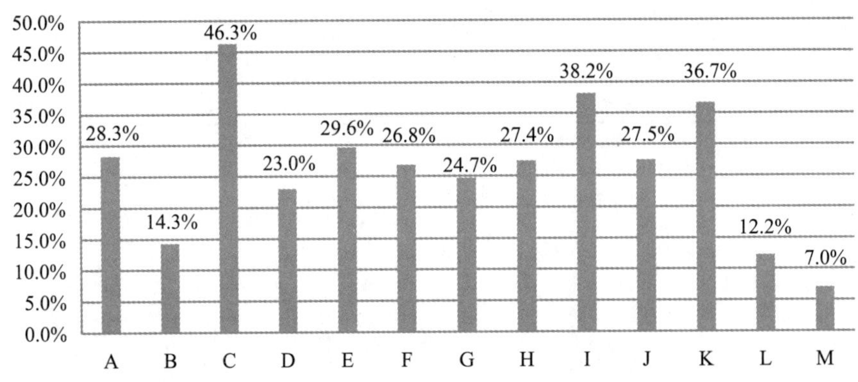

江苏省2007年、2013年、2016年伦理道德发展比较数据库

第一部分　基本信息

1. 性别

	2007年	2013年	2016年
男	59.2%	46.4%	47.5%
女	40.8%	53.6%	52.5%
总计	100.0%	100.0%	100.0%

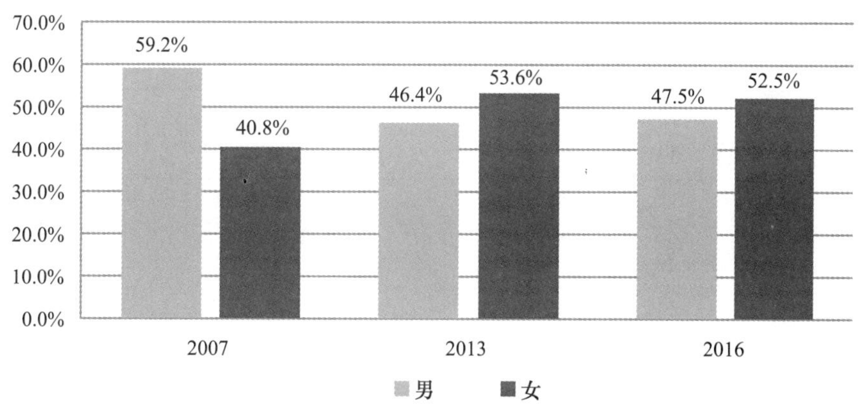

2. 年龄

	2007年	2013年	2016年
18岁以下	0.4%	0.0%	0.2%
18—25岁	30.6%	8.4%	7.5%
26—35岁	24.0%	14.1%	13.2%
36—50岁	34.6%	31.0%	31.9%
51岁及以上	10.2%	46.4%	47.1%
总计	100.0%	100.0%	100.0%

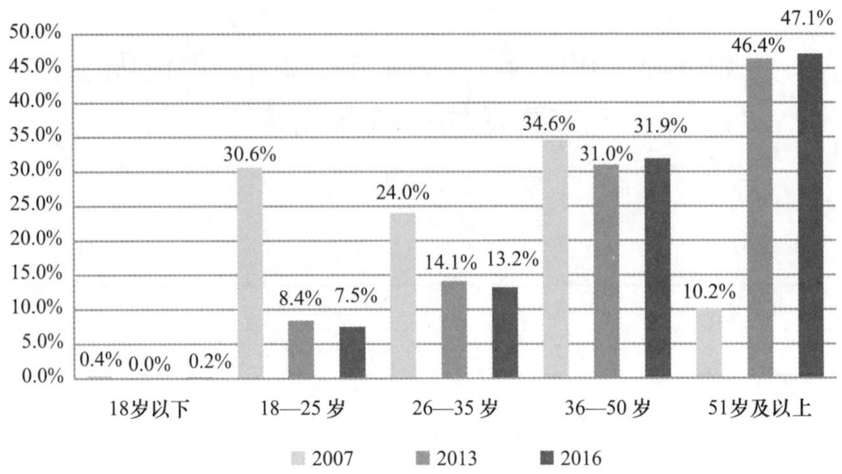

3. 受教育程度

	2007年	2013年	2016年
初中及以下	0.6%	52.3%	58.0%
高中	6.4%	24.7%	22.1%
大专	18.5%	13.0%	10.1%
本科	51.2%	8.8%	9.3%
研究生及以上	23.4%	1.2%	0.5%
总计	100.0%	100.0%	100.0%

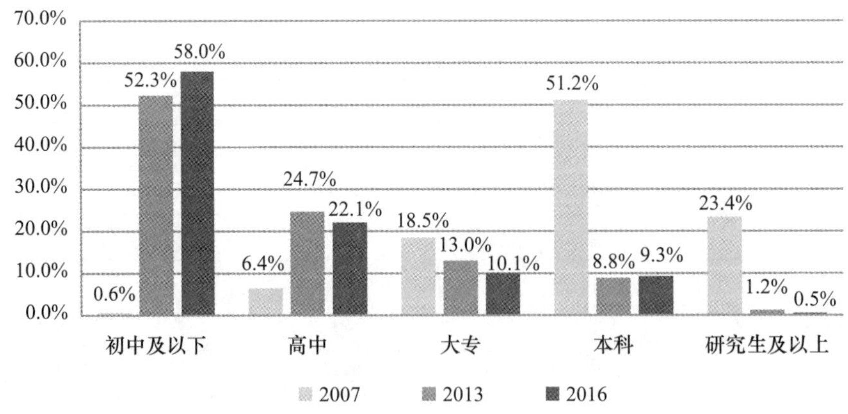

4. 职业

2007 年江苏：

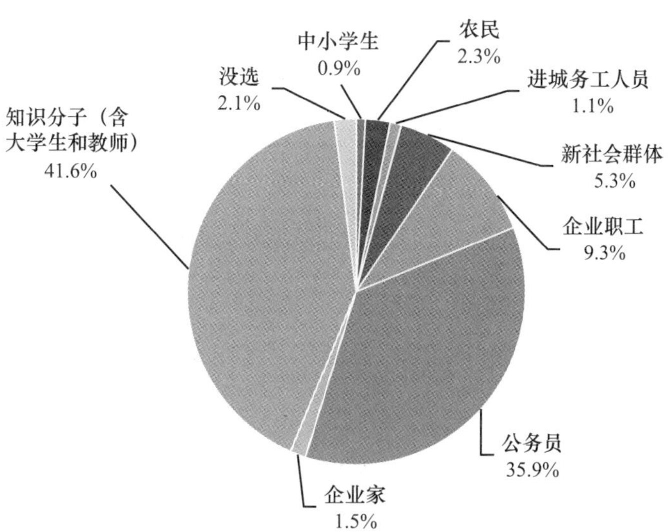

2013 年江苏：

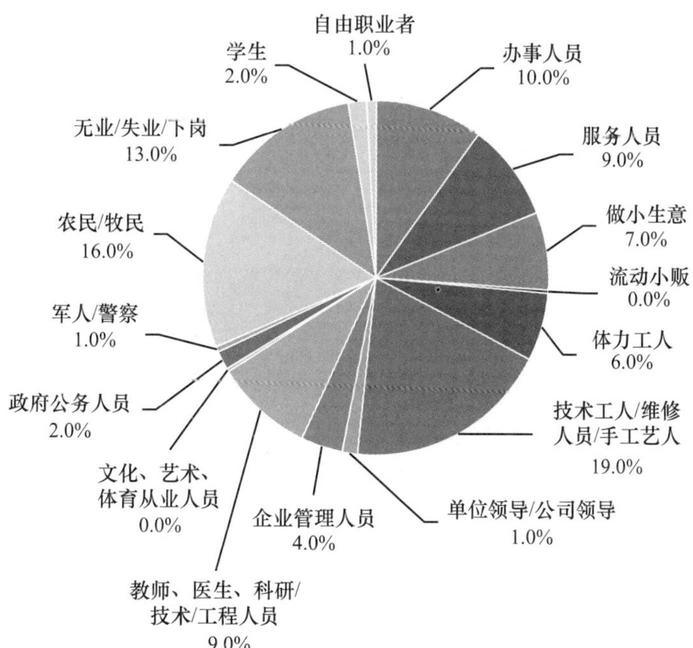

2016 年江苏：

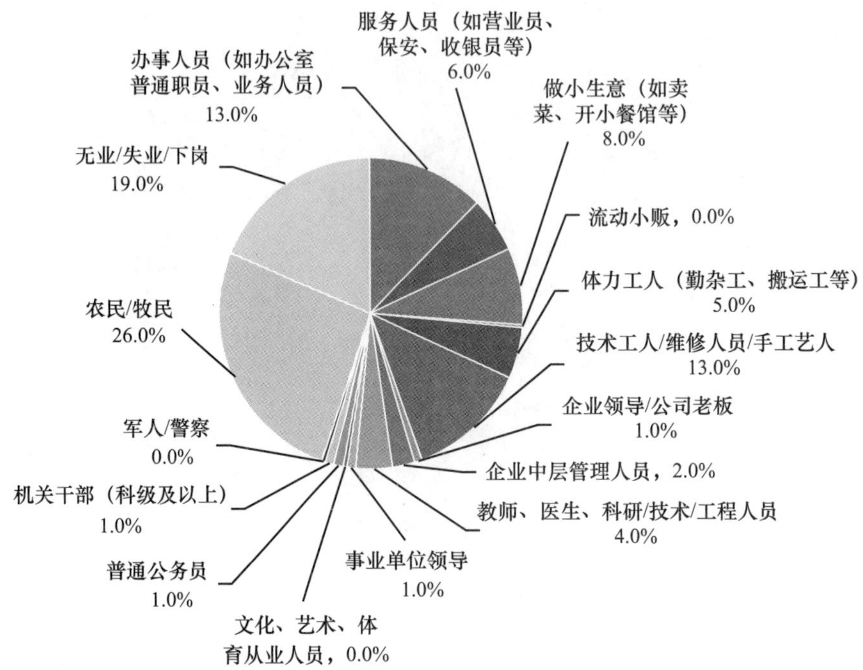

5. 月均收入

2007 年江苏：

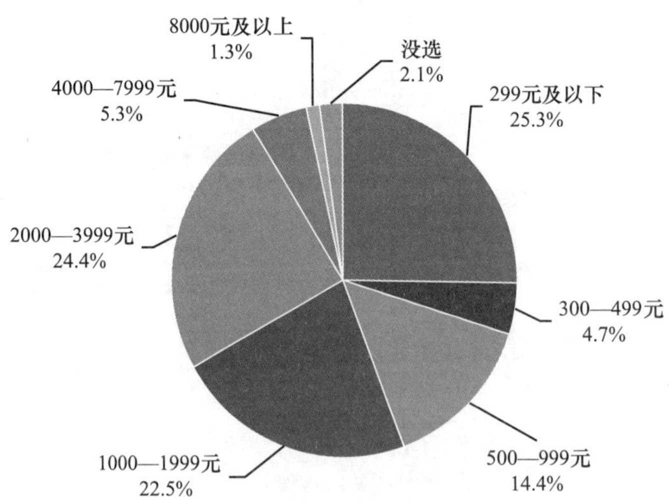

2013 年与 2016 年江苏:

	2013 年	2016 年
无收入	17.7%	19.6%
1—999 元	8.3%	12.3%
1000—1999 元	21.1%	18.8%
2000—3999 元	33.0%	31.8%
4000—5999 元	13.5%	11.2%
6000—8999 元	3.7%	3.8%
9000—12999 元	1.7%	1.5%
13000—20000 元	0.5%	0.5%
20000 元以上	0.6%	0.5%
总计	100.0%	100.0%

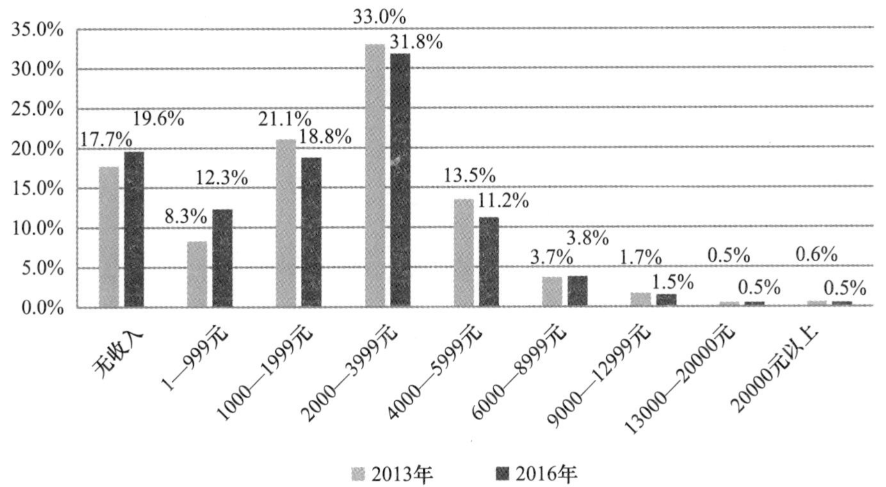

6. 宗教信仰

2007 年、2013 年与 2016 年江苏:

	2007 年	2013 年	2016 年
不信教	86.4%	89.9%	90.8%
信仰宗教	13.6%	10.1%	9.2%
总计	100.0%	100.0%	100.0%

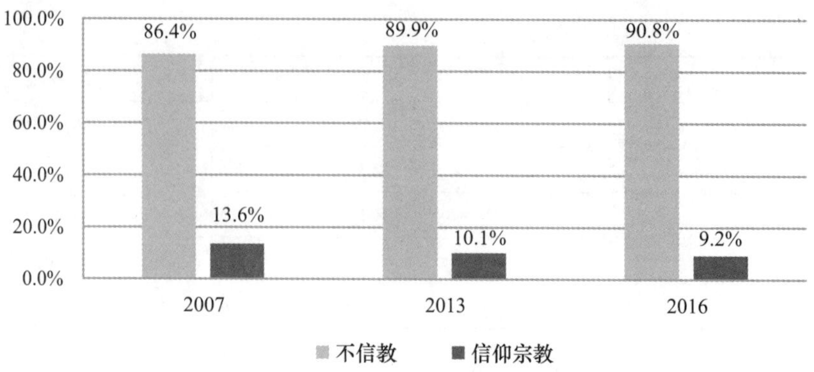

第二部分 调研信息

1. 在下列伦理关系中，您最重视哪些关系

2007 年江苏：

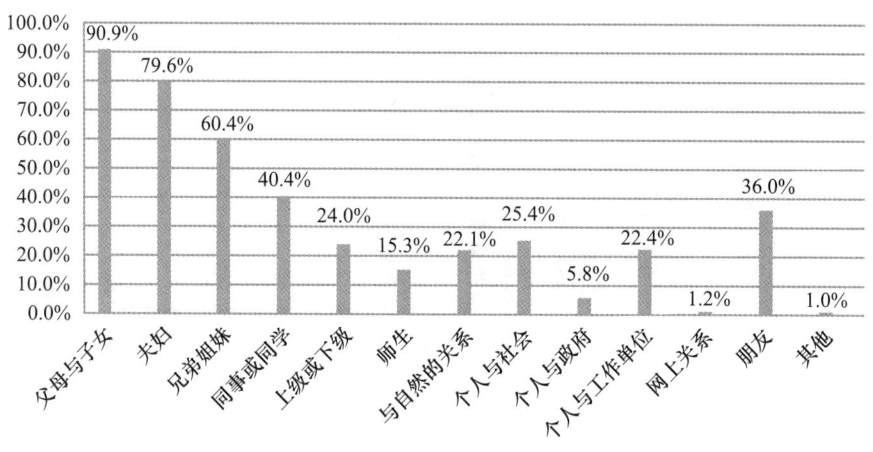

2013 年江苏：

	第一重要		第二重要		第三重要		第四重要		第五重要		总分
	频数	加权得分	频数	加权得分	频数	加权得分	频数	加权得分	频数	加权得分	
父母与子女	792	3960	336	1344	76	228	26	52	9	9	5593
夫妇	296	1480	651	2604	130	390	62	124	25	25	4623
兄弟姐妹	6	30	109	436	742	2226	118	236	62	62	2990
同事或同学	2	10	12	48	66	198	237	474	170	170	900
上级或下级	4	20	18	72	20	60	99	198	127	127	477

续表

	第一重要		第二重要		第三重要		第四重要		第五重要		总分
	频数	加权得分	频数	加权得分	频数	加权得分	频数	加权得分	频数	加权得分	
师生	1	5	6	24	11	33	56	112	57	57	231
人与自然的关系	15	75	12	48	18	54	48	96	51	51	324
个人与社会	22	110	54	216	47	141	119	238	187	187	892
个人与国家	74	370	35	140	47	141	102	204	130	130	985
个人与工作单位	7	35	9	36	21	63	68	136	104	104	374
通过网络建立的关系		1	4			2	4	2	2	10	
朋友	8	40	10	40	56	168	236	472	190	190	910
个人与自身的关系（身心和谐）	41	205	8	32	16	48	37	74	80	80	439

（加权的规则：第一重要的频数×5，第二重要的频数×4，第三重要的频数×3，第四重要的频数×2，第五重要的频数×1）

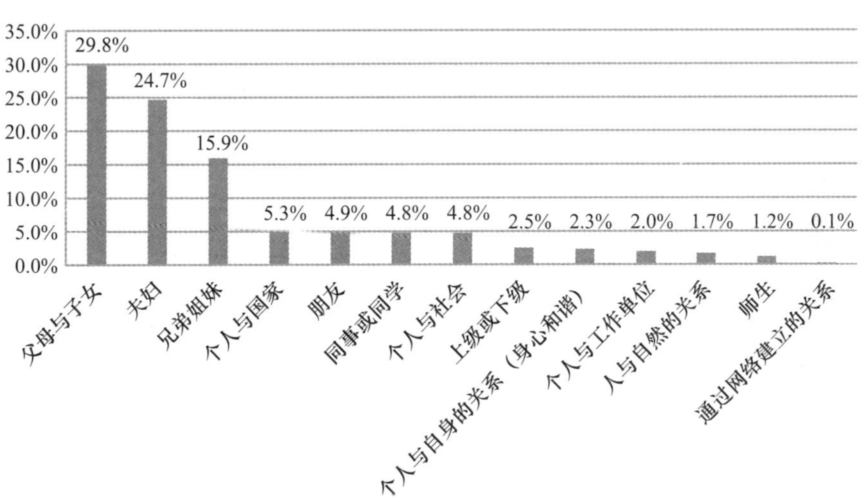

2016 年江苏：

	第一重要		第二重要		第三重要		第四重要		第五重要		总分
	频数	加权得分	频数	加权得分	频数	加权得分	频数	加权得分	频数	加权得分	
父母与子女	3955	19775	1515	6060	391	1173	226	452	83	83	27543
夫妇	1149	5745	3208	12832	714	2142	282	564	199	199	21482

续表

	第一重要		第二重要		第三重要		第四重要		第五重要		总分
	频数	加权得分	频数	加权得分	频数	加权得分	频数	加权得分	频数	加权得分	
兄弟姐妹	47	235	538	2152	3535	10605	600	1200	350	350	14542
同事或同学	43	215	73	292	248	744	1188	2376	788	788	4415
上级或下级	27	135	81	324	129	387	360	720	512	512	2078
师生	10	50	23	92	69	207	248	496	247	247	1092
人与自然的关系	53	265	80	320	147	441	271	542	362	362	1930
个人与社会	100	500	398	1592	283	849	628	1256	959	959	5156
个人与国家	799	3995	228	912	331	993	692	1384	784	784	8068
个人与工作单位	50	250	65	260	118	354	336	672	352	352	1888
通过网络建立的关系			4	16	9	27	17	34	35	35	112
朋友	12	60	60	240	235	705	1253	2506	1129	1129	4640
个人与自身的关系（身心和谐）	87	435	46	184	90	270	161	322	438	438	1649

（加权规则：第一重要的频数 ×5，第二重要的频数 ×4，第三重要的频数 ×3，第四重要的频数 ×2，第五重要的频数 ×1）

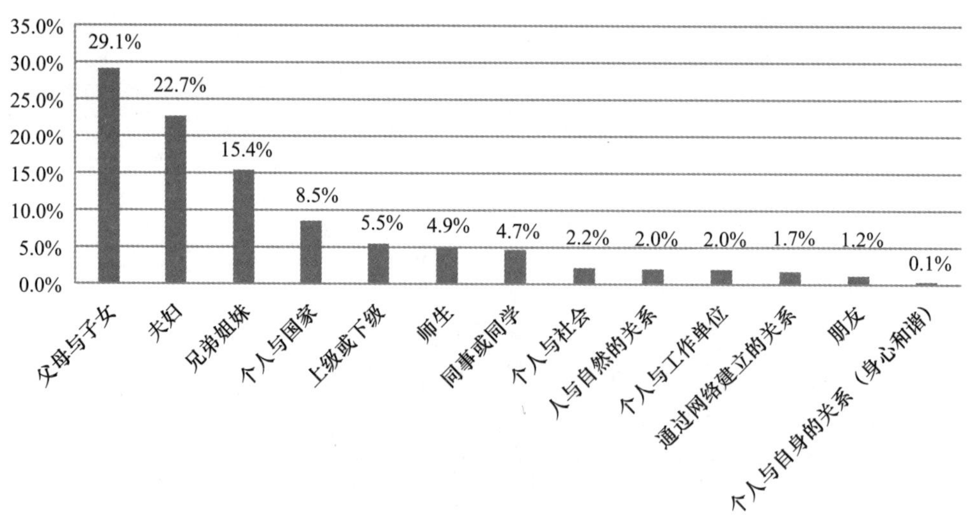

2. 您认为哪一种伦理关系对社会秩序和个人生活最具根本性意义

2007 年江苏：

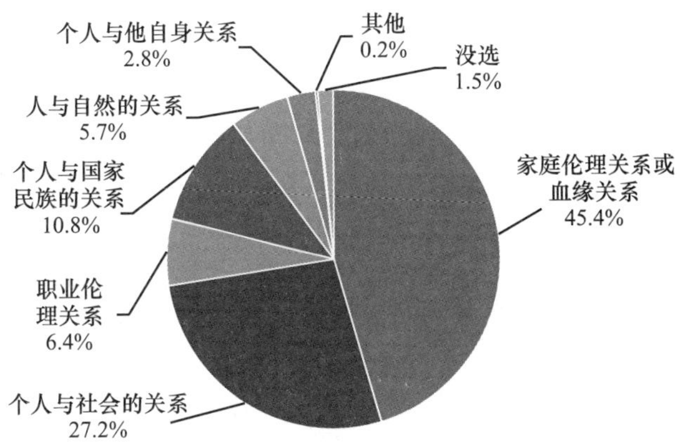

2013 年江苏：

对社会秩序最具根本意义的关系是

	频数	有效百分比	累积百分比
家庭伦理关系或血缘关系	343	27.5%	27.5%
个人与社会的关系	463	37.2%	64.7%
职业伦理关系	36	2.9%	67.6%
个人与国家民族的关系	310	24.9%	92.5%
人与自然的关系	41	3.3%	95.7%
个人与他自身的关系	53	4.3%	100.0%
总计	1246	100.0%	

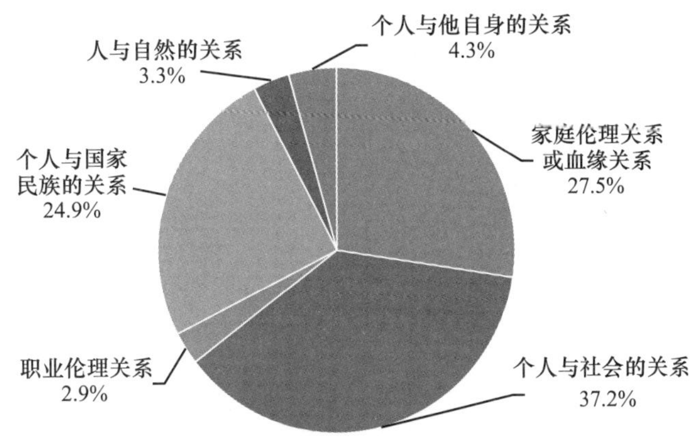

对个人生活最具根本意义的关系是

	频数	有效百分比	累积百分比
家庭伦理关系或血缘关系	847	67.4%	67.4%
个人与社会的关系	151	12.0%	79.5%
职业伦理关系	39	3.1%	82.6%
个人与国家民族的关系	108	8.6%	91.2%
人与自然的关系	27	2.1%	93.3%
个人与他自身的关系	84	6.7%	100.0%
总计	1256	100.0%	

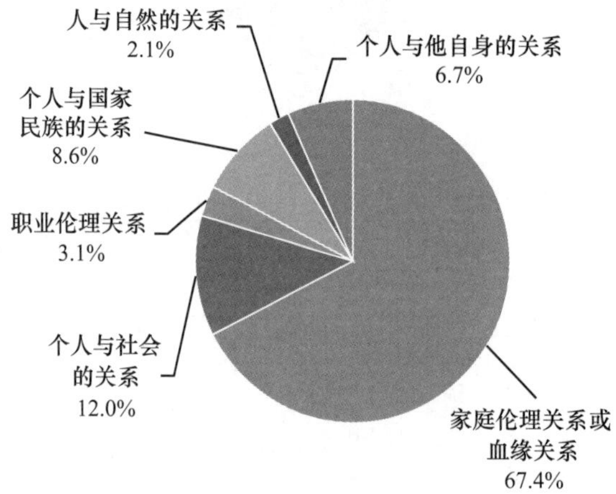

2016 年江苏：

	频数	有效百分比	累积百分比
家庭伦理关系或血缘关系	2516	40.3%	40.3%
个人与社会的关系	1763	28.2%	68.5%
职业伦理关系	168	2.7%	71.2%
个人与国家民族的关系	1395	22.3%	93.5%
人与自然的关系	209	3.3%	96.9%
个人与他自身的关系	194	3.1%	100.0%
总计	6245	100.0%	

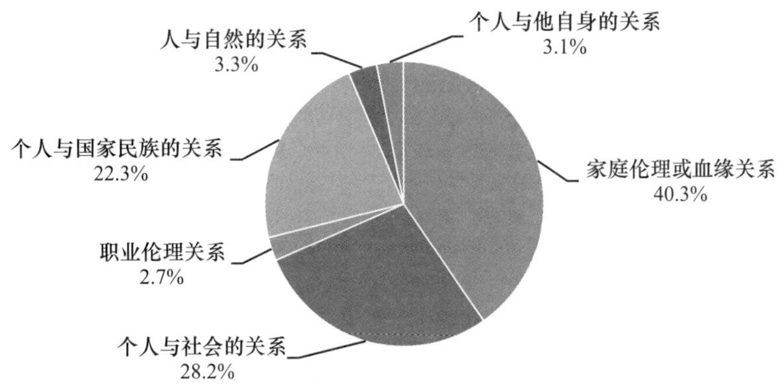

3. 您认为当今中国社会最基本的伦理冲突是

2007 年江苏：

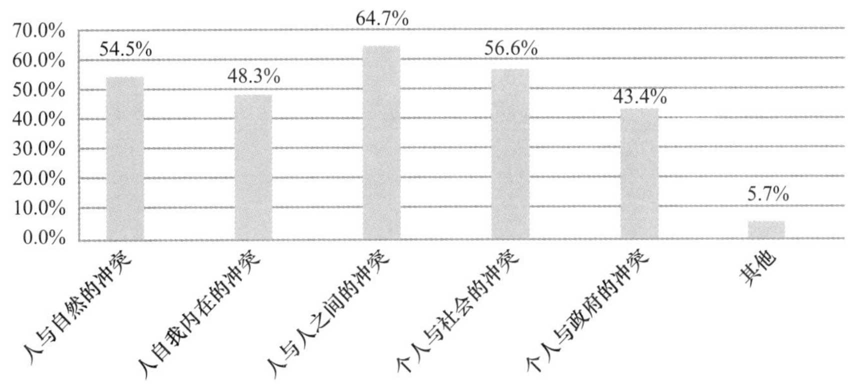

2013 年江苏：

	第一位		第二位		第三位		第四位		第五位		总得分
	频数	加权得分	频数	加权得分	频数	加权得分	频数	加权得分	频数	加权得分	
人与人之间的冲突	509	2545	295	1180	214	642	107	214	37	37	4618
个人与社会的冲突	146	730	364	1456	307	921	235	470	75	75	3652
个人与政府的冲突	184	920	190	760	254	762	254	508	250	250	3200
人自我内在的冲突	154	770	203	812	182	546	246	492	330	330	2950
人与自然的冲突	199	995	102	408	173	519	266	532	396	396	2850
其他	2	10	1	4	3	9	3	6	17	17	46

（加权规则：第一重要的频数 ×5，第二重要的频数 ×4，第三重要的频数 ×3，第四重要的频数 ×2，第五重要的频数 ×1）

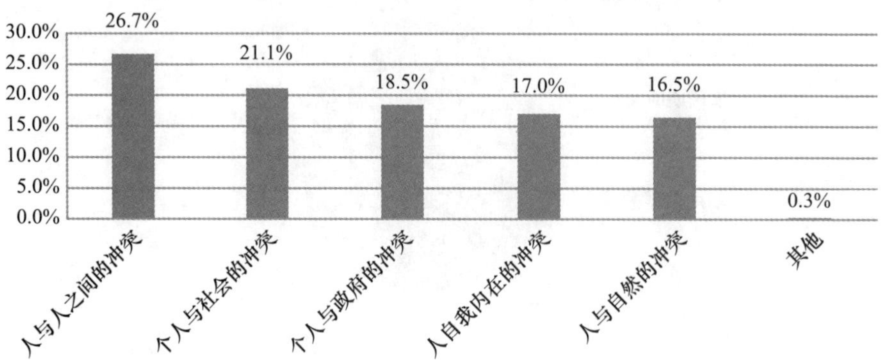

2016 年江苏：

	第一重要		第二重要		第三重要		总分
	频数	加权得分	频数	加权得分	频数	加权得分	
人与人之间的冲突	2650	7950	1495	2990	1091	1091	12031
个人与社会的冲突	946	2838	1739	3478	1509	1509	7825
人与自然的冲突	1459	4377	990	1980	1268	1268	7625
人自我内在的冲突	532	1596	1153	2306	1158	1158	5060
个人与政府的冲突	560	1680	692	1384	963	963	4027
其他	20	60	7	14	55	55	129

（加权规则：第一重要的频数 ×3，第二重要的频数 ×2，第三重要的频数 ×1）

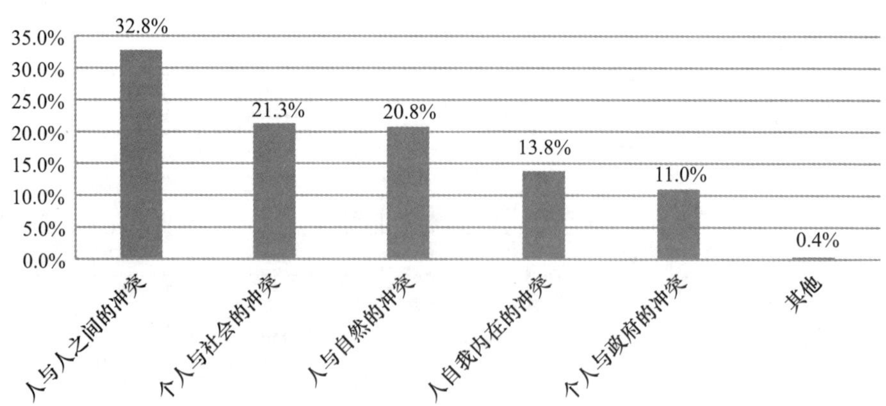

4. 您认为当今中国社会最重要也是最需要的德性是

2007 年江苏:

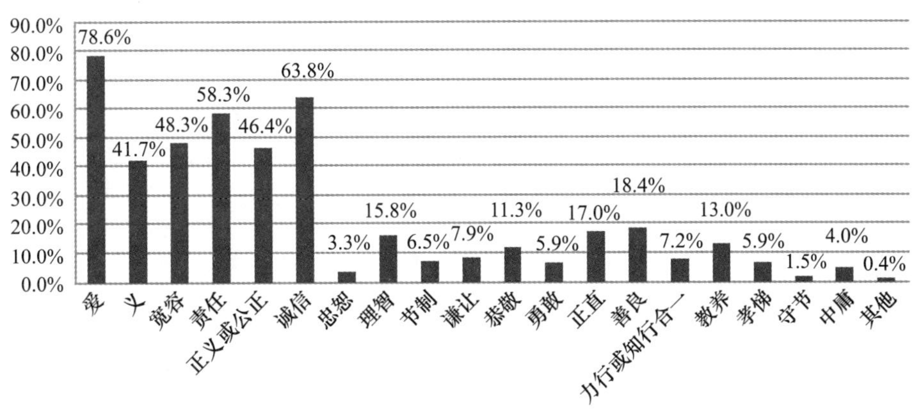

2013 年江苏:

	第一重要		第二重要		第三重要		第四重要		第五重要		总分
	频数	加权得分	频数	加权得分	频数	加权得分	频数	加权得分	频数	加权得分	
爱(仁爱、博爱、友爱)	493	2465	106	424	62	186	46	92	59	59	3226
义(道义、义务)	40	200	218	872	61	183	41	82	28	28	1365
宽容	75	375	139	556	216	648	124	248	90	90	1917
责任	177	885	195	780	175	525	152	304	92	92	2586
正义或公正	152	760	128	512	124	372	102	204	88	88	1936
诚信	103	515	123	492	201	603	143	286	135	135	2031
忠恕	8	40	13	52	12	36	17	34	14	14	176
理智	8	40	26	104	40	120	46	92	65	65	421
节制	3	15	5	20	11	33	18	36	25	25	129
谦让	17	85	39	156	51	153	60	120	63	63	577
恭敬	3	15	9	36	7	21	16	32	18	18	122
勇敢	4	20	6	24	27	81	46	92	58	58	275
正直	39	195	51	204	50	150	102	204	88	88	841
善良	41	205	78	312	90	270	119	238	120	120	1145
力行或知行合一	4	20	1	4	4	12	8	16	24	24	76
教养	25	125	41	164	53	159	83	166	84	84	698
孝悌	51	255	45	180	32	96	50	100	61	61	692

续表

	第一重要		第二重要		第三重要		第四重要		第五重要		总分
	频数	加权得分	频数	加权得分	频数	加权得分	频数	加权得分	频数	加权得分	
气节	4	20	6	24	6	18	10	20	24	24	106
中庸	2	10	2	8	2	6	4	8	9	9	41
敬业	3	15	14	56	14	42	41	82	81	81	276

（加权规则：第一重要的频数 ×5，第二重要的频数 ×4，第三重要的频数 ×3，第四重要的频数 ×2，第五重要的频数 ×1）

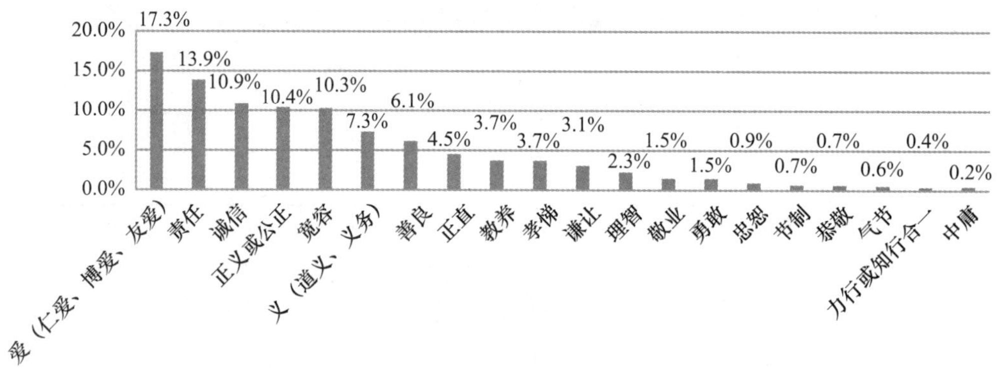

2016 年江苏：

	第一重要		第二重要		第三重要		总分
	频数	加权得分	频数	加权得分	频数	加权得分	
爱（仁爱、博爱、友爱）	2514	7542	638	1276	480	480	9298
义（道义、义务）	285	855	1096	2192	358	358	3405
宽容	251	753	417	834	960	960	2547
责任	948	2844	985	1970	684	684	5498
正义或公正	761	2283	760	1520	593	593	4396
诚信	559	1677	838	1676	1215	1215	4568
忠恕	65	195	76	152	63	63	410
理智	59	177	167	334	153	153	664
节制	12	36	23	46	55	55	137
谦让	76	228	130	260	119	119	607
恭敬	33	99	46	92	36	36	227

续表

	第一重要		第二重要		第三重要		总分
	频数	加权得分	频数	加权得分	频数	加权得分	
勇敢	27	81	50	100	123	123	304
正直	144	432	202	404	208	208	1044
善良	241	723	443	886	507	507	2116
力行或知行合一	9	27	16	32	70	70	129
教养	97	291	150	300	215	215	806
孝悌	200	600	186	372	218	218	1190
气节	9	27	11	22	39	39	88
中庸	6	18	7	14	9	9	41
敬业	41	123	89	178	216	216	517

（加权规则：第一重要的频数 ×5，第二重要的频数 ×4，第三重要的频数 ×3，第四重要的频数 ×2，第五重要的频数 ×1）

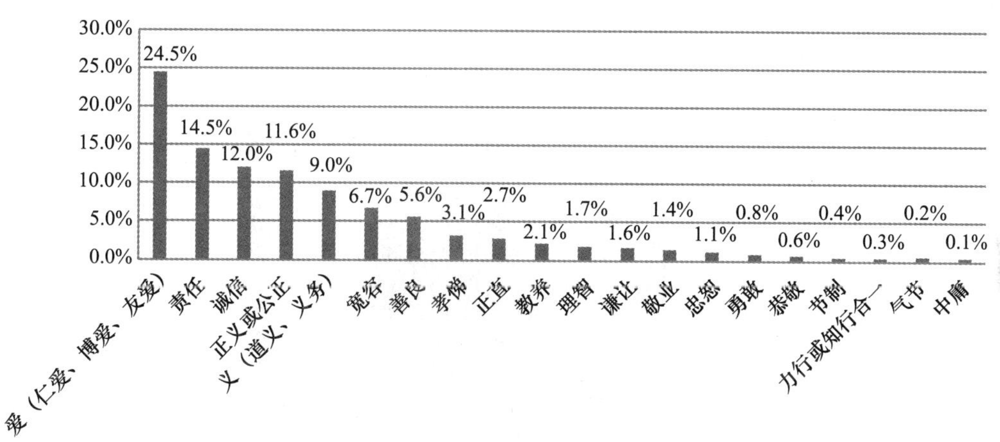

5. 当前中国社会中个体道德素质存在的主要问题是

	2007 年	2013 年	2016 年
道德上无知	12.8%	13.4%	14.6%
有道德知识，但不见诸行动	72.7%	73.7%	76.5%
既无知，也不行动	13.7%	10.7%	7.1%
其他	0.9%	2.1%	1.8%
总计	100.0%	100.0%	100.0%

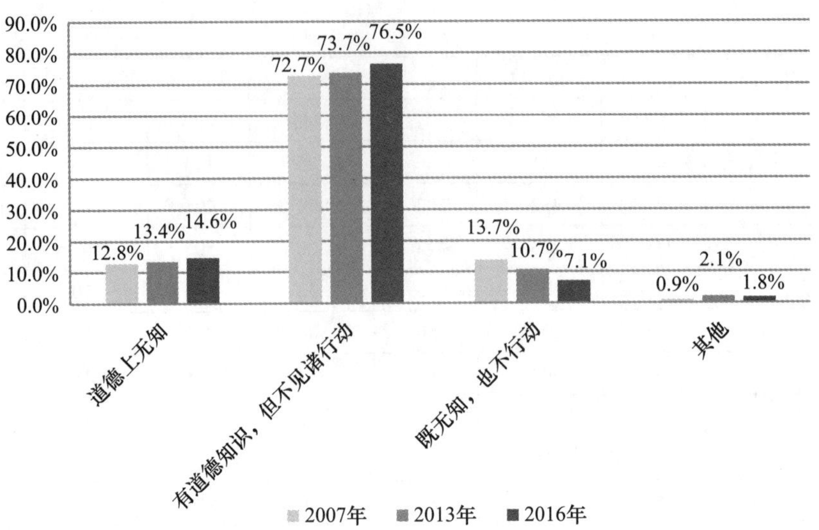

6. 如果遭遇利益冲突，如名誉、利益受他人侵害，您首先的行为反应是

2007 年江苏：

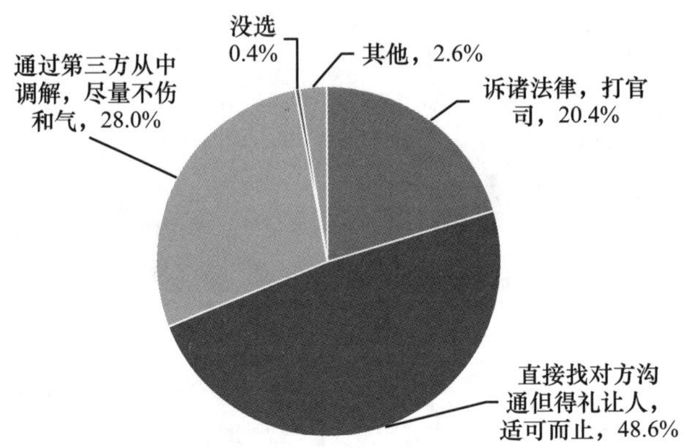

2013 年江苏：

如果您与下列人员发生重大利益冲突，您会首先选择哪种途径来解决

	家庭成员之间	朋友之间	同事之间	商业伙伴之间
诉诸法律，打官司	0.6%	2.6%	2.2%	50.0%
直接找对方沟通但得理让人，适可而止	58.3%	49.8%	46.2%	24.6%
通过第三方从中调解，尽量不伤和气	9.6%	29.1%	27.8%	15.9%
能忍则忍	31.5%	18.5%	23.9%	9.5%
总计	100.0%	100.0%	100.0%	100.0%

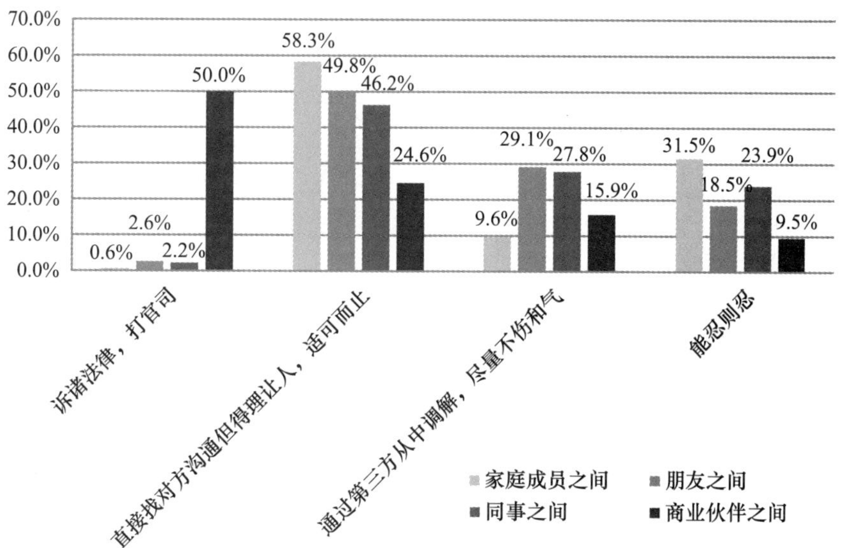

2016 年江苏：

当遇到人与人之间的利益冲突时，你首选的办法是

	频数	有效百分比	累积百分比
诉诸法律，打官司	557	8.8%	8.8%
主动与对方沟通，适可而止	3436	54.3%	63.1%
找第三方帮助沟通调解，尽量不伤和气	1668	26.3%	89.4%
能忍则忍	671	10.6%	100.0%
总计	6332	100.0%	

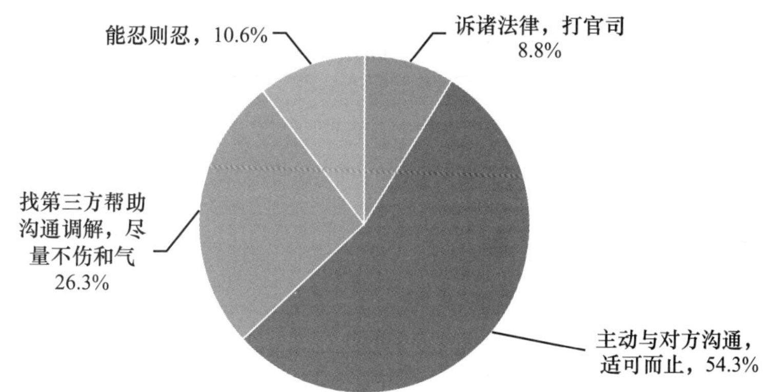

7. 您认为对现代中国社会伦理关系和道德风尚造成最大影响的因素

2007 年与 2013 年江苏：

	2007 年	2013 年
传统文化的崩坏	17.8%	26.6%
外来文化的冲击	20.8%	13.3%
市场经济导致的个人主义	56.7%	43.7%
计算机网络技术的发展	1.9%	12.2%
没选	1.3%	
其他	1.5%	4.2%
总计	100.0%	100.0%

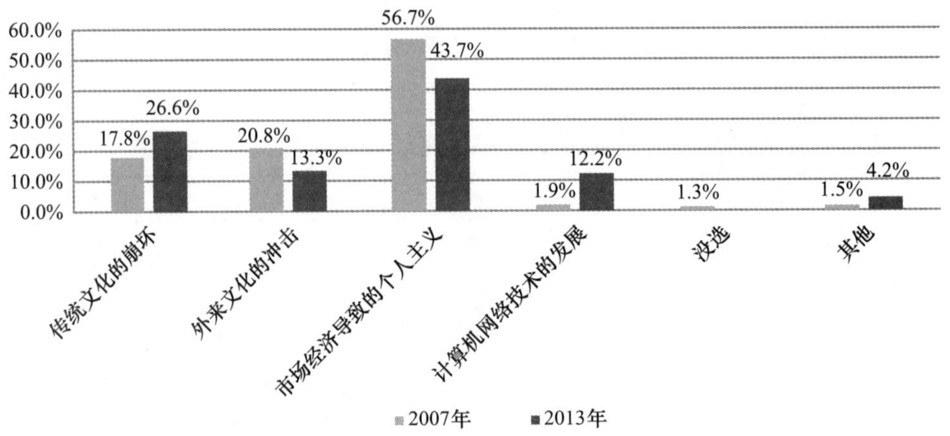

2016 年江苏：

您认为对当前我国伦理关系和道德风尚造成最大负面影响的因素是

	频数	有效百分比	累积百分比
传统文化的崩坏	1487	23.6%	23.6%
外来文化的冲击	592	9.4%	33.0%
市场经济导致的个人主义	1452	23.0%	56.0%
网络技术的发展	418	6.6%	62.7%
分配不公，两极分化	1185	18.8%	81.5%
以权谋私，官员腐败	1167	18.5%	100.0
总计	6301	100.0%	

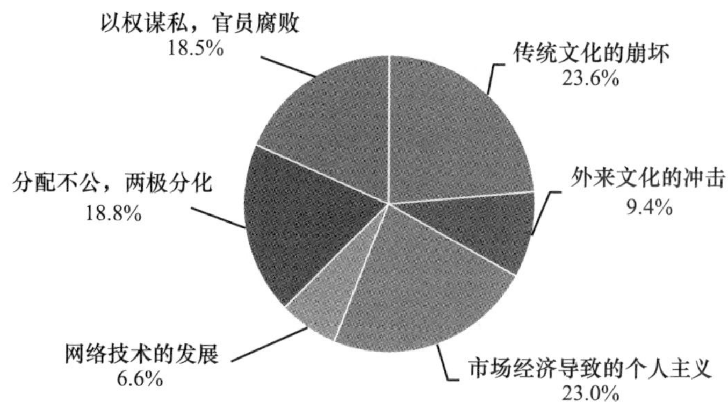

8. 您认为在自己的成长中得到最大伦理教益和道德训练的场所是

2007 年江苏（多选）：

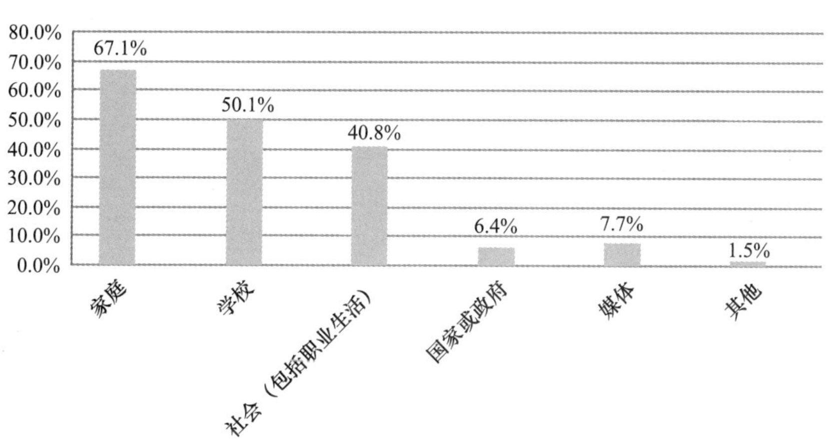

2013 年与 2016 年江苏：

	2013 年	2016 年
家庭	39.0%	42.5%
学校	26.4%	23.8%
社会（包括职业生活）	25.1%	26.0%
国家或政府	6.0%	5.9%
媒体	1.7%	1.1%
其他	1.9%	0.8%
总计	100.0%	100.0%

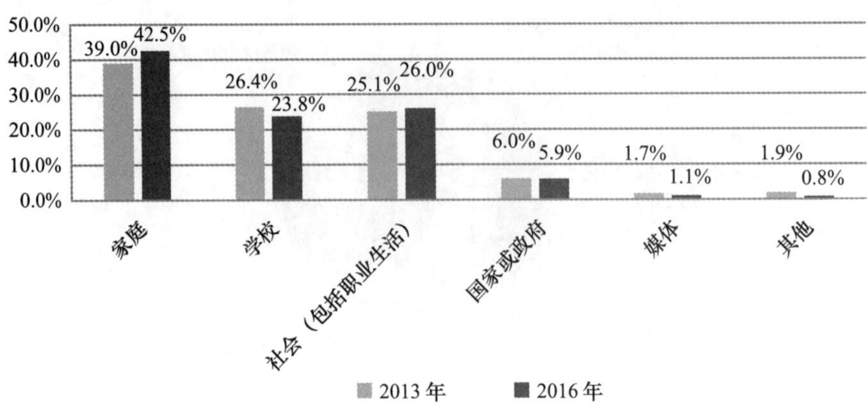

9. 您认为哪种因素应当对当今不良道德风尚负主要责任

2007 年江苏：

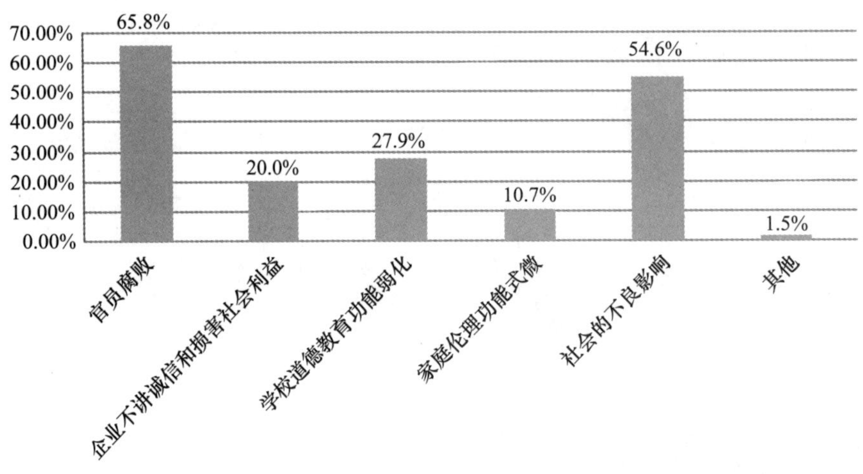

2013 年江苏：

	频数	有效百分比	累积百分比
官员腐败	525	41.9%	41.9%
企业不讲诚信和损害社会利益	83	6.6%	48.6%
学校道德教育功能弱化	99	7.9%	56.5%
家庭伦理功能弱化	77	6.2%	62.6%
社会的不良影响	468	37.4%	100.0%
总计	1252	100.0%	

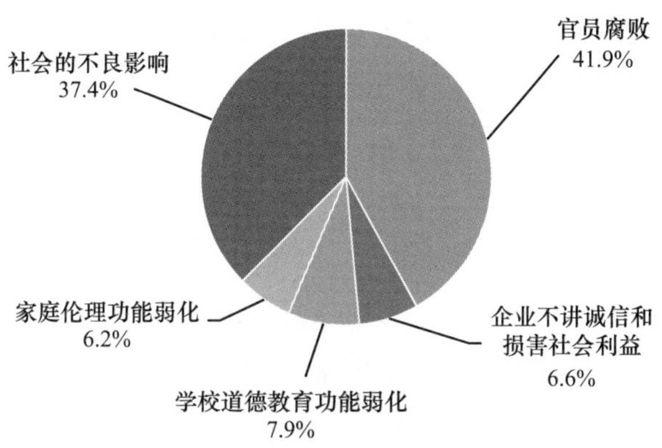

2016 年江苏：

	频数	有效百分比	累积百分比
以权谋私，官员腐败	2832	44.8%	44.8%
企业不讲诚信和损害社会利益	715	11.3%	56.1%
大学及其文化学校道德教育功能弱化	477	7.5%	63.7%
家庭伦理功能弱化	244	3.9%	67.6%
个人缺乏道德自觉	1202	19.0%	86.6%
分配不公，两极分化	848	13.4%	100.0%
总计	6318	100.0%	

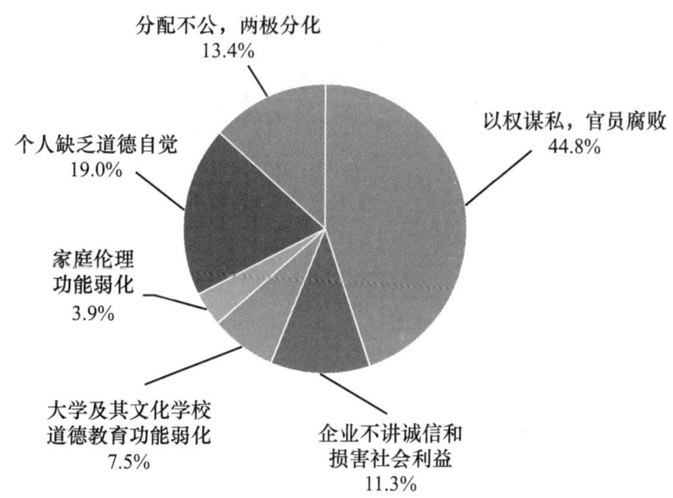

10. 您认为我们政府在制定政策和决策时充分考虑到伦理道德方面的要求（如保护、社会公平、利益均衡、关怀弱势群体，以及大多数人利益和感受）吗

2007 年江苏：

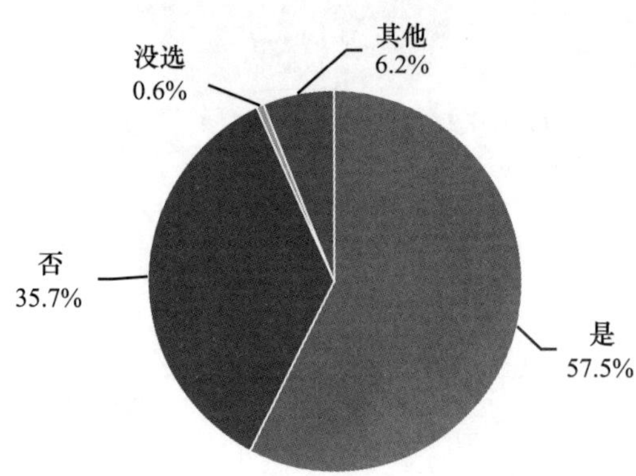

2013 年江苏：

	频数	有效百分比	累积百分比
是	712	57.3%	57.3%
否	530	42.7%	100.0%
总计	1242	100.0%	

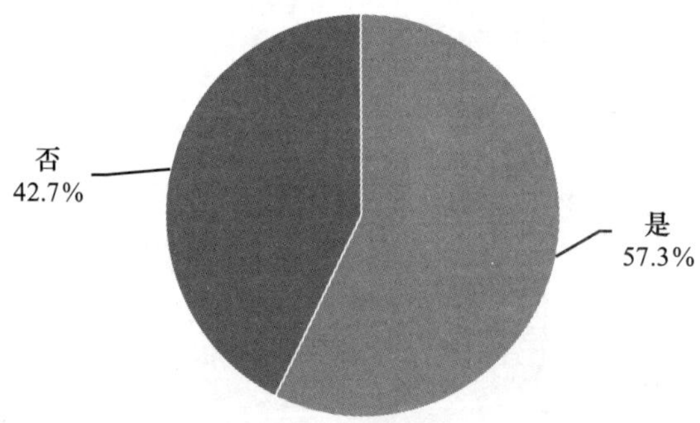

2016 年江苏：

	频数	有效百分比	累积百分比
有考虑	2411	38.1%	38.1%
有考虑，但不够	3535	55.8%	93.9%
没有考虑	385	6.1%	100.0%
总计	6331	100.0%	

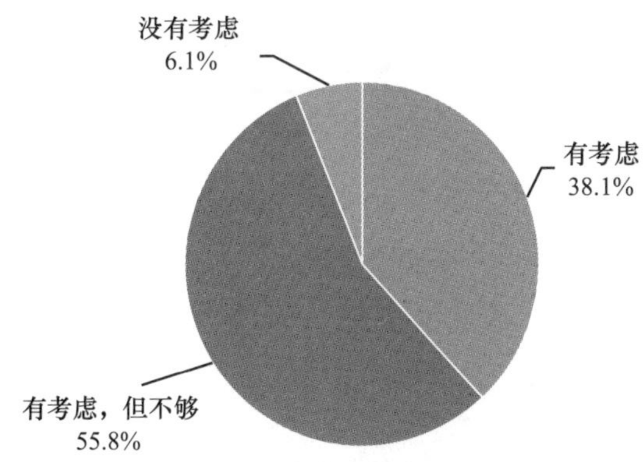

11. 您判断某个行为是否道德的主要依据是

2007 年江苏：

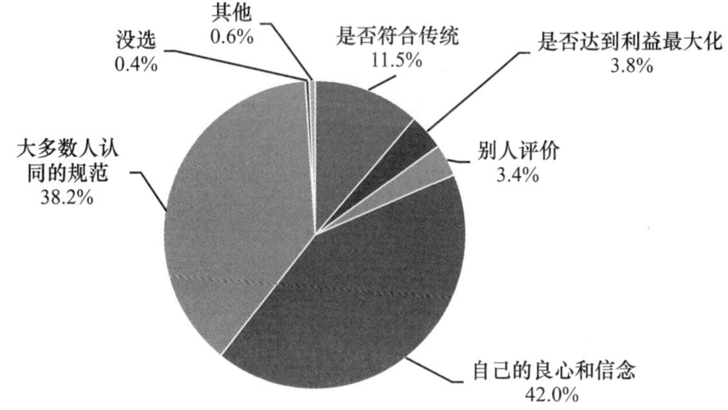

2013 年江苏：

	频数	有效百分比	累积百分比
传统	153	12.1%	12.1%
风俗习惯	76	6.0%	18.1%
大多数人认同的道德规范	416	33.0%	51.1%
当事人共同利益和意志	42	3.3%	54.4%
自己的良心	566	44.8%	99.3%
自己的利益	9	0.7%	100.0%
总计	1262	100.0%	

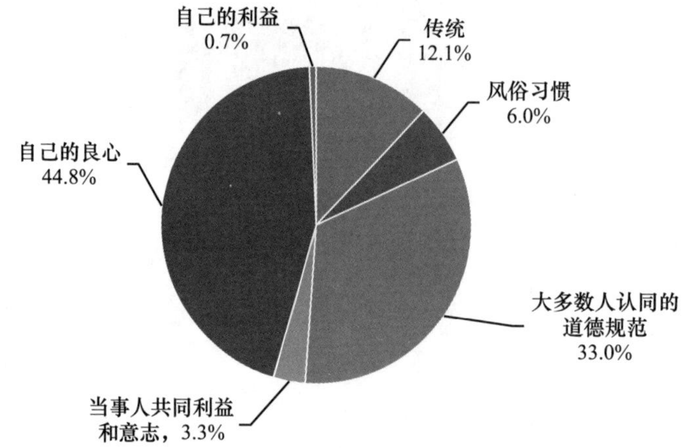

2016 年江苏：

	频数	有效百分比	累积百分比
传统	1083	17.1%	17.1%
风俗习惯	604	9.5%	26.6%
大多数人认同的道德规范	1536	24.2%	50.8%
大多当事人共同利益和意志	233	3.7%	54.5%
自己的良心	1981	31.2%	85.7%
自己的利益	42	0.7%	86.4%
意识形态要求	150	2.4%	88.8%
己立立人，立达达人；己所不欲，勿施于人	713	11.2%	100.0%
总计	6342	100.0%	

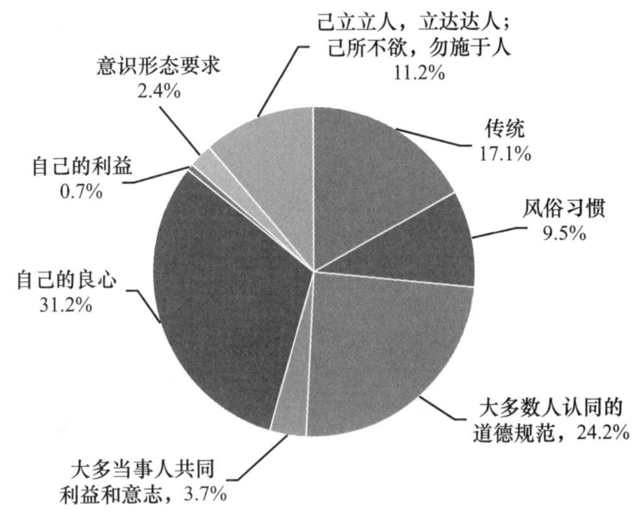

12. 对形成我国当前各种新型伦理关系和道德观念，哪些因素起主要作用

2007 年江苏：

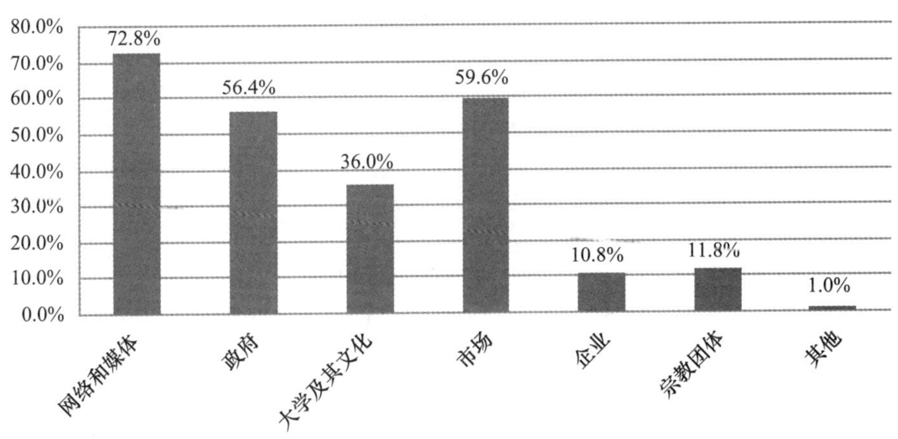

2013 年江苏：

	第一重要		第二重要		第三重要		总分
	频数	加权得分	频数	加权得分	频数	加权得分	
网络和媒体	501	1503	216	432	143	143	2078
政府	393	1179	317	634	169	169	1982
大学及其文化	92	276	181	362	188	188	826
市场	105	315	208	416	251	251	982
企业	15	45	72	144	114	114	303

续表

	第一重要		第二重要		第三重要		总分
	频数	加权得分	频数	加权得分	频数	加权得分	
社会团体	92	276	165	330	250	250	856
其他	8	24	7	14	14	14	52

（加权规则：第一重要的频数×3，第二重要的频数×2，第三重要的频数×1）

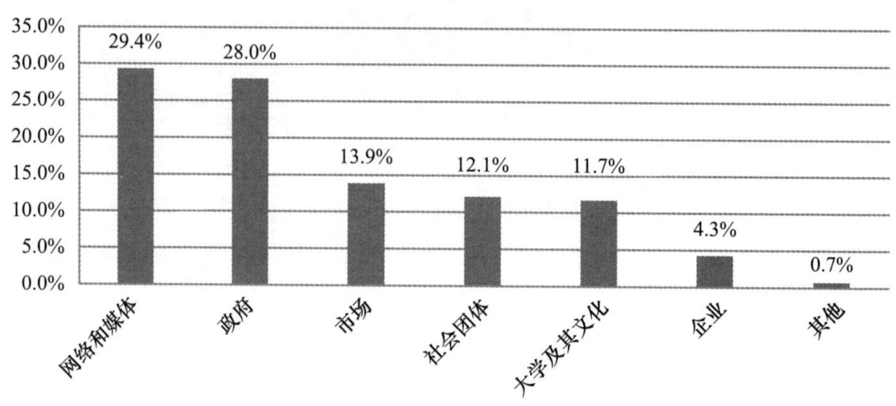

2016 年江苏：

	第一重要		第二重要		第三重要		总分
	频数	加权得分	频数	加权得分	频数	加权得分	
网络和媒体	2407	7221	1113	2226	654	654	10101
政府	2192	6576	1843	3686	755	755	11017
大学及其文化	374	1122	628	1256	1037	1037	3415
市场	493	1479	1047	2094	1184	1184	4757
企业	105	315	409	818	434	434	1567
社会团体	358	1074	633	1266	1137	1137	3477
知识精英	158	474	295	590	538	538	1602
国外价值观与生活方式	132	396	217	434	376	376	1206
其他	21	63	13	26	52	52	141

（加权规则：第一重要的频数×3，第二重要的频数×2，第三重要的频数×1）

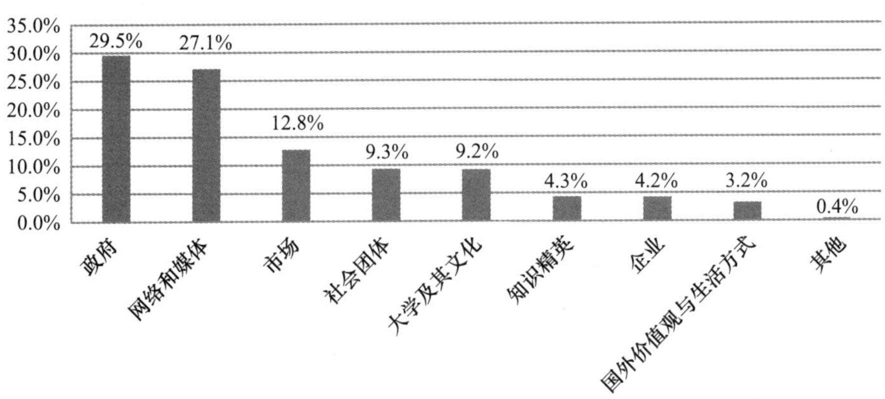

13. 一些政府机关，通过各种途径让本单位的干部子女在很好的幼儿园、小学、中学读书，您认为这种行为是

	2007 年	2013 年	2016 年
为本单位人员谋福利，符合道德	9.7%	5.0%	6.7%
以权谋私，不道德	33.8%	53.3%	57.3%
是对社会公众的欺骗，严重不道德	8.2%	19.8%	20.6%
符合本单位员工利益和内部伦理，但严重侵蚀社会道德	24.1%	14.6%	11.2%
无所谓道德不道德	24.1%	7.3%	4.2%
总计	101.5%	100.0%	100.0%

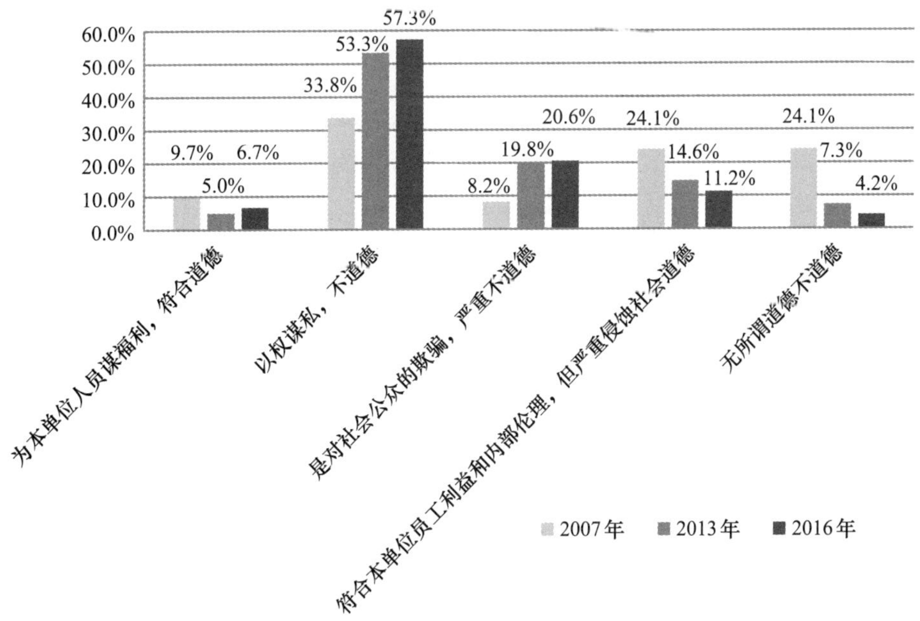

江苏省2007年、2013年、2016年、2017年伦理道德发展比较数据库

第一部分　基本信息

1. 性别

	2007年	2013年	2016年	2017年
男	59.2%	46.4%	47.5%	52.2%
女	40.8%	53.6%	52.5%	47.8%
总计	100.0%	100.0%	100.0%	100.0%

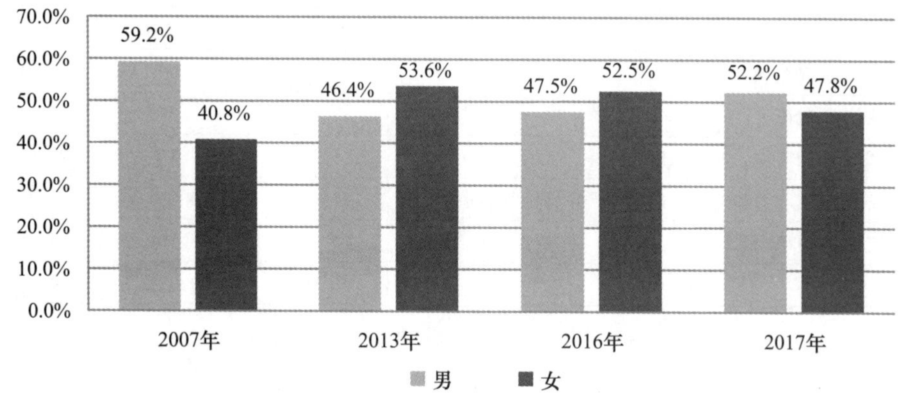

2. 年龄

	2007年	2013年	2016年	2017年
18岁以下	0.4%		0.2%	
18—25岁	30.6%	8.4%	7.5%	12.7%
26—35岁	24.0%	14.1%	13.2%	20.0%
36—50岁	34.6%	31.0%	31.9%	31.5%
51岁及以上	10.2%	46.4%	47.1%	35.7%
总计	100.0%	100.0%	100.0%	100.0%

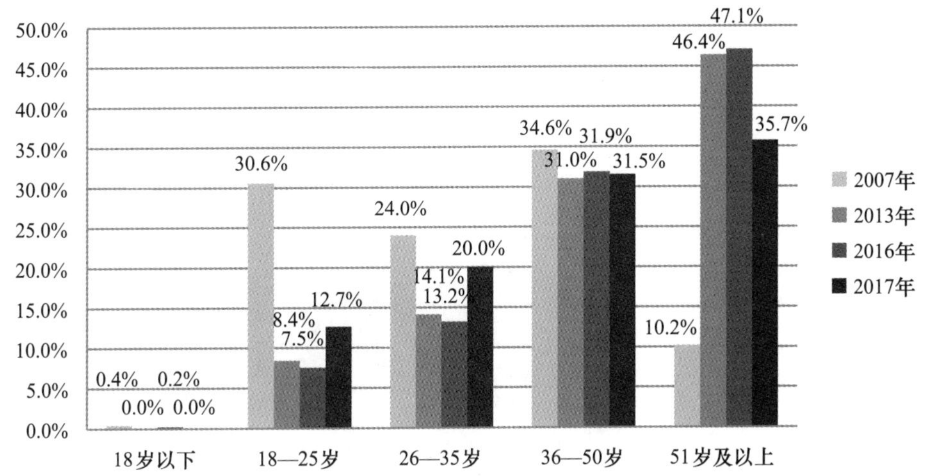

3. 受教育程度

	2007 年	2013 年	2016 年	2017 年
初中及以下	0. 6%	52. 3%	58. 0%	60. 0%
高中	6. 4%	24. 7%	22. 1%	24. 2%
大专	18. 5%	13. 0%	10. 1%	7. 0%
本科	51. 2%	8. 8%	9. 3%	7. 6%
研究生及以上	23. 4%	1. 2%	0. 5%	1. 2%
总计	100. 0%	100. 0%	100. 0%	100. 0%

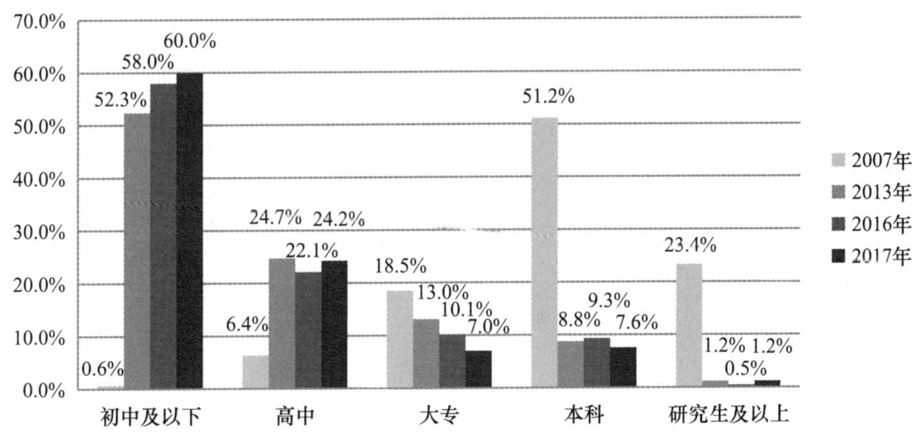

4. 职业

2007 年江苏：

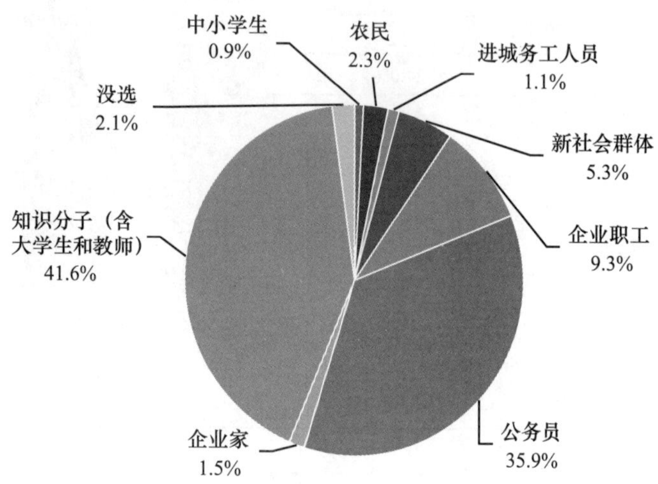

2013 年江苏：

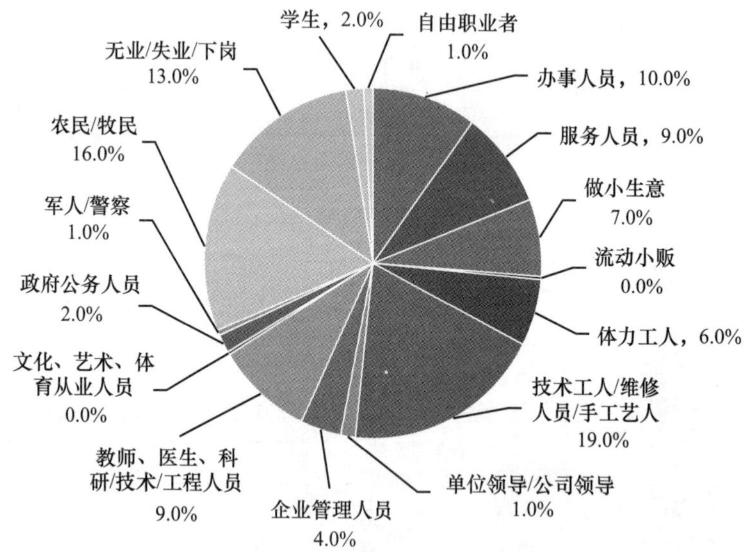

2016 年江苏：

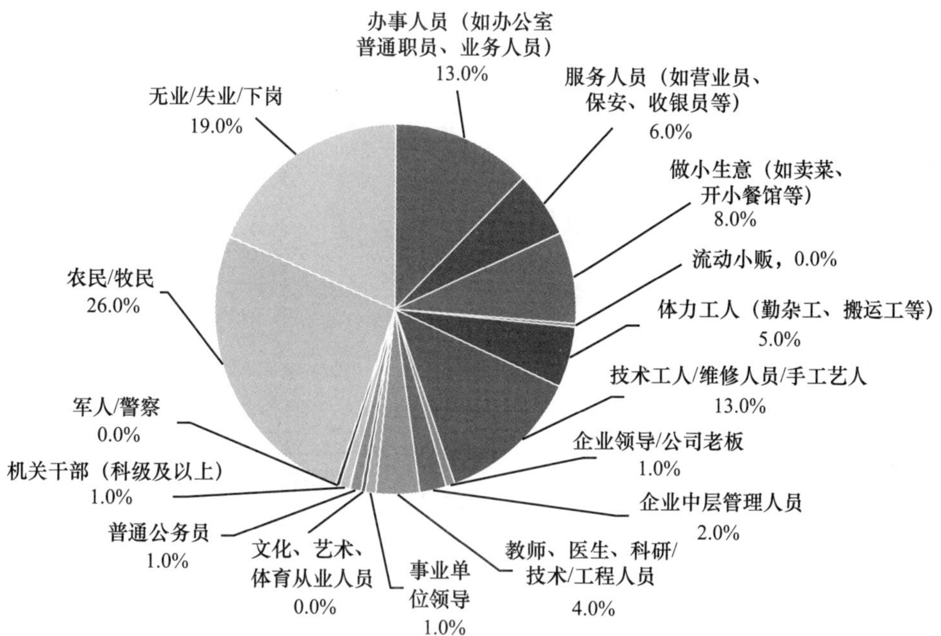

2017 年江苏：

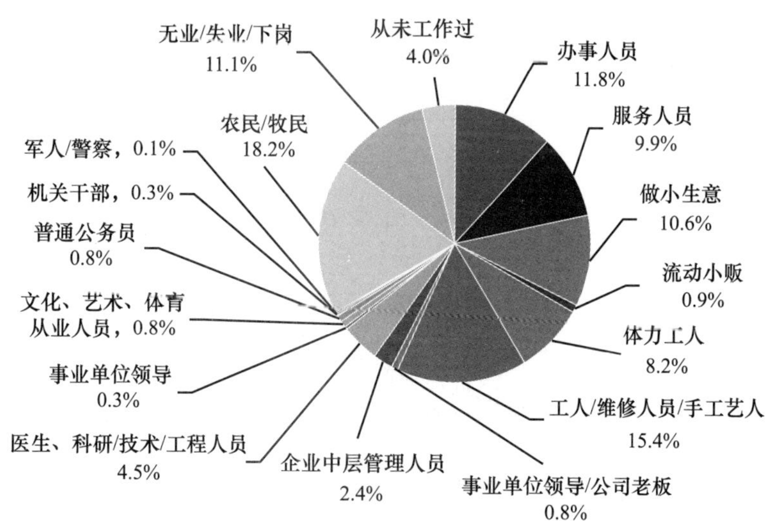

5. 月均收入

2007 年江苏：

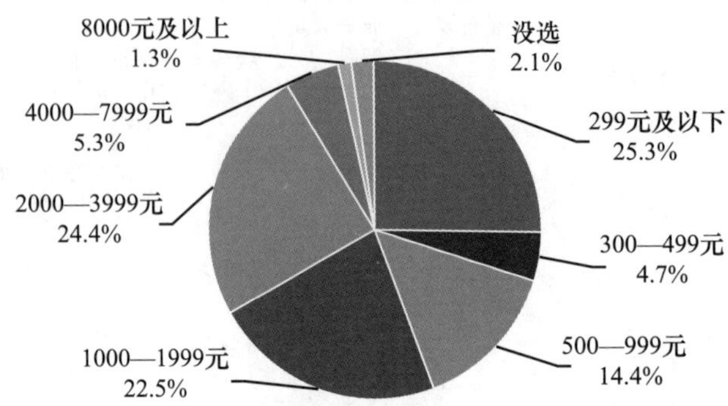

2013 年、2016 年、2017 年江苏：

	2013 年	2016 年	2017 年
无收入	17.7%	19.6%	15.1%
1—999 元	8.3%	12.3%	9.5%
1000—1999 元	21.1%	18.8%	13.4%
2000—3999 元	33.0%	31.8%	35.5%
4000—5999 元	13.5%	11.2%	18.8%
6000—8999 元	3.7%	3.8%	4.8%
9000—12999 元	1.7%	1.5%	1.9%
13000—20000 元	0.5%	0.5%	0.6%
20000 元以上	0.6%	0.5%	0.5%
总计	100.0%	100.0%	100.0%

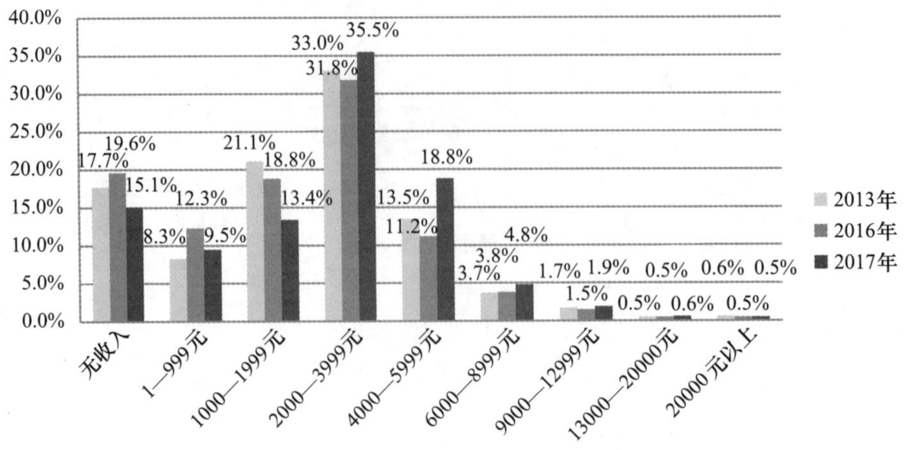

6. 宗教信仰

2007 年江苏:

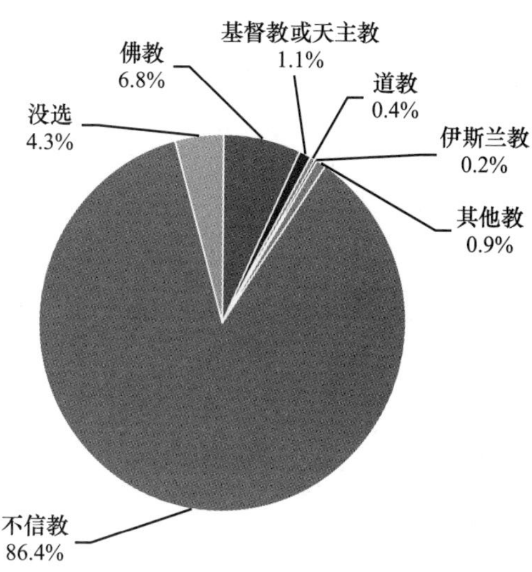

2007 年、2013 年、2016 年、2017 年江苏:

	2007 年	2013 年	2016 年	2017 年
不信教	86. 4%	89. 9%	90. 8%	91. 5%
信仰宗教	13. 6%	10. 1%	9. 2%	8. 5%
总计	100. 0%	100. 0%	100. 0%	100. 0%

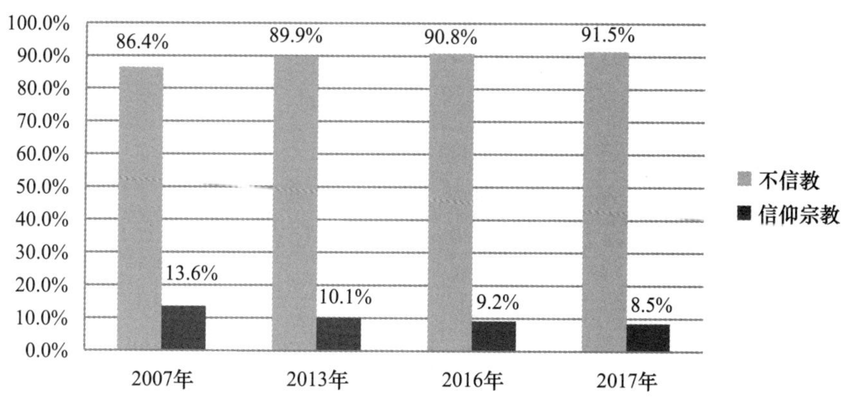

第二部分　调研信息

1. 在下列伦理关系中，您最重视哪些关系

2007 年江苏：

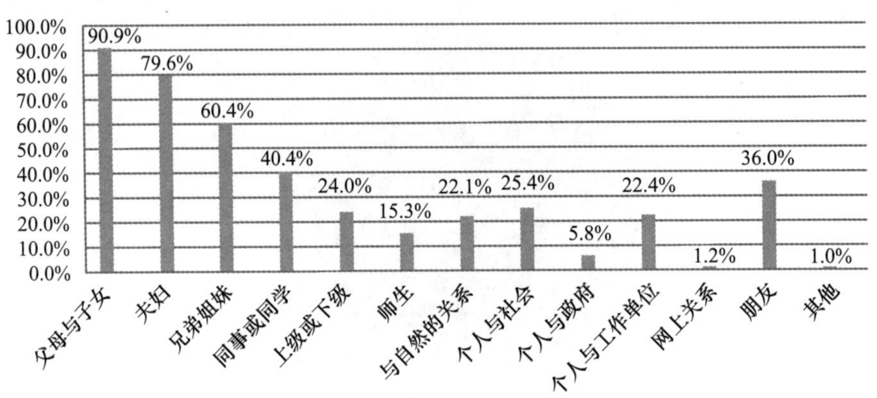

2013 年江苏：

	第一重要		第二重要		第三重要		第四重要		第五重要		总分
	频数	加权得分	频数	加权得分	频数	加权得分	频数	加权得分	频数	加权得分	
父母与子女	792	3960	336	1344	76	228	26	52	9	9	5593
夫妇	296	1480	651	2604	130	390	62	124	25	25	4623
兄弟姐妹	6	30	109	436	742	2226	118	236	62	62	2990
同事或同学	2	10	12	48	66	198	237	474	170	170	900
上级或下级	4	20	18	72	20	60	99	198	127	127	477
师生	1	5	6	24	11	33	56	112	57	57	231
人与自然的关系	15	75	12	48	18	54	48	96	51	51	324
个人与社会	22	110	54	216	47	141	119	238	187	187	892
个人与国家	74	370	35	140	47	141	102	204	130	130	985
个人与工作单位	7	35	9	36	21	63	68	136	104	104	374
通过网络建立的关系		1	4			2	4	2	2	10	
朋友	8	40	10	40	56	168	236	472	190	190	910
个人与自身的关系（身心和谐）	41	205	8	32	16	48	37	74	80	80	439

（加权的规则：第一重要的频数×5，第二重要的频数×4，第三重要的频数×3，第四重要的频数×2，第五重要的频数×1）

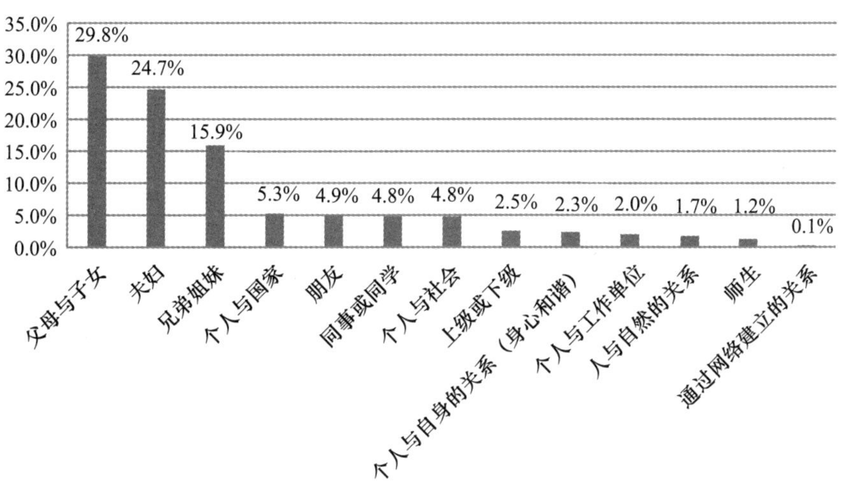

2016 年江苏：

	第一重要		第二重要		第三重要		第四重要		第五重要		总分
	频数	加权得分	频数	加权得分	频数	加权得分	频数	加权得分	频数	加权得分	
父母与子女	3955	19775	1515	6060	391	1173	226	452	83	83	27543
夫妇	1149	5745	3208	12832	714	2142	282	564	199	199	21482
兄弟姐妹	47	235	538	2152	3535	10605	600	1200	350	350	14542
同事或同学	43	215	73	292	248	744	1188	2376	788	788	4415
上级或下级	27	135	81	324	129	387	360	720	512	512	2078
师生	10	50	23	92	69	207	248	496	247	247	1092
人与自然的关系	53	265	80	320	147	441	271	542	362	362	1930
个人与社会	100	500	398	1592	283	849	628	1256	959	959	5156
个人与国家	799	3995	228	912	331	993	692	1384	784	784	8068
个人与工作单位	50	250	65	260	118	354	336	672	352	352	1888
通过网络建立的关系			4	16	9	27	17	34	35	35	112
朋友	12	60	60	240	235	705	1253	2506	1129	1129	4640
个人与自身的关系（身心和谐）	87	435	46	184	90	270	161	322	438	438	1649

（加权规则：第一重要的频数 ×5，第二重要的频数 ×4，第三重要的频数 ×3，第四重要的频数 ×2，第五重要的频数 ×1）

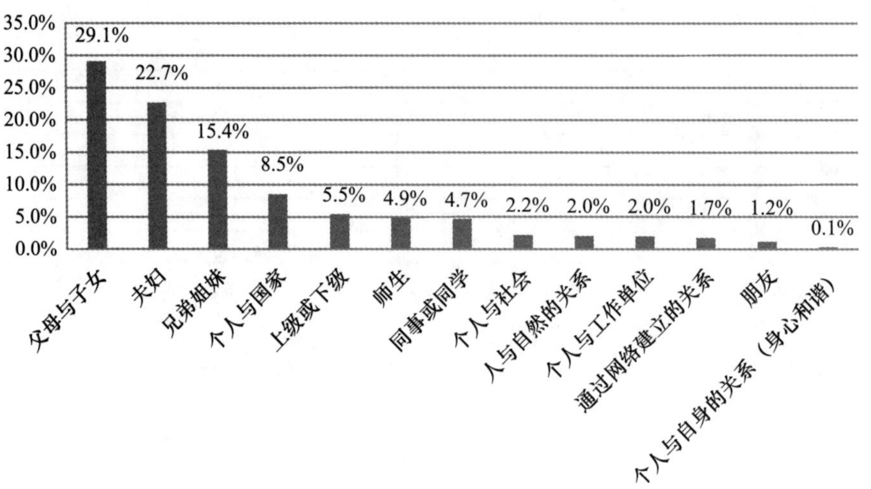

2017 年江苏：

	第一重要		第二重要		第三重要		第四重要		第五重要		总分
	频数	加权得分	频数	加权得分	频数	加权得分	频数	加权得分	频数	加权得分	
父母与子女	2903	14515	1000	4000	185	555	94	188	37	37	19295
夫妇	858	4290	2229	8916	547	1641	158	316	85	85	15248
兄弟姐妹	20	100	519	2076	2272	6816	582	1164	216	216	10372
个人与国家	332	1660	113	452	269	807	420	840	618	618	4377
朋友	23	115	71	284	256	768	911	1822	821	821	3810
同事或同学	25	125	99	396	285	855	887	1774	609	609	3759
个人与社会	98	490	131	524	170	510	470	940	675	675	3139
个人与工作单位	26	130	50	200	94	282	249	498	308	308	1418
上级或下级	15	75	57	228	84	252	162	324	295	295	1174
人与自然的关系	20	100	50	200	90	270	141	282	163	163	1015
个人与自身的关系（身心和谐）	33	165	26	104	41	123	73	146	174	174	712
师生	1	5	8	32	40	120	131	262	191	191	610
通过网络建立的各种“群”的关系	7	35	3	12	8	24	28	56	67	67	194
其他					5	15	9	18	12	12	45

（加权规则：第一重要的频数 ×5，第二重要的频数 ×4，第三重要的频数 ×3，第四重要的频数 ×2，第五重要的频数 ×1）

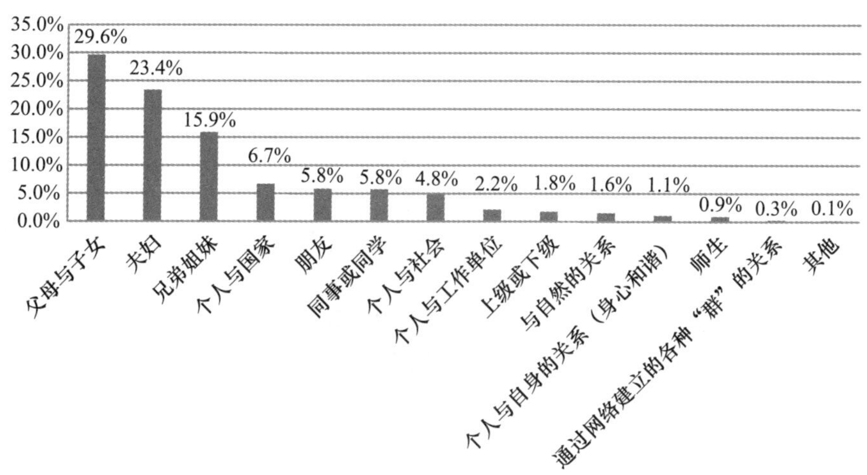

2. 您认为哪一种伦理关系对社会秩序和个人生活最具根本性意义

2007 年江苏：

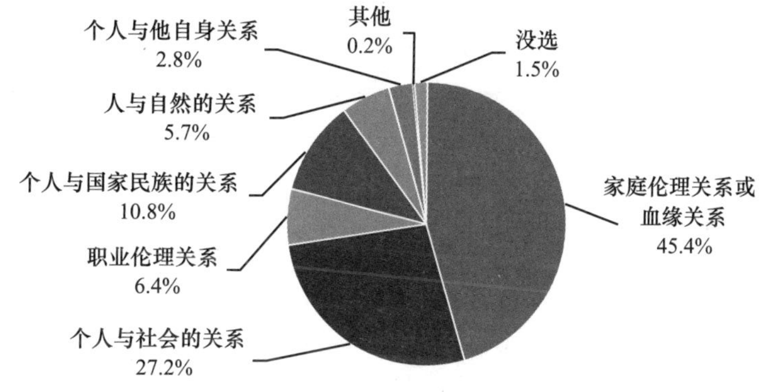

2013 年江苏：

对社会秩序最具根本意义的关系是

	频次	有效百分比	累积百分比
家庭伦理关系或血缘关系	343	27.5%	27.5%
个人与社会的关系	463	37.2%	64.7%
职业伦理关系	36	2.9%	67.6%
个人与国家民族的关系	310	24.9%	92.5%
人与自然的关系	41	3.3%	95.7%
个人与他自身的关系	53	4.3%	100.0%
总计	1246	100.0%	

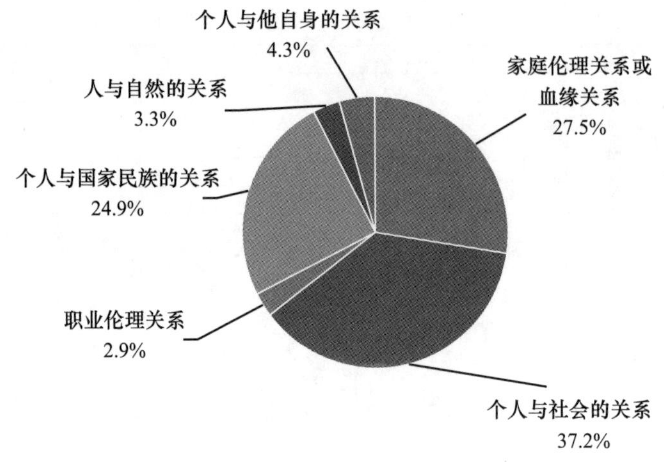

对个人生活最具根本意义的关系是

	频次	有效百分比	累积百分比
家庭伦理关系或血缘关系	847	67.4%	67.4%
个人与社会的关系	151	12.0%	79.5%
职业伦理关系	39	3.1%	82.6%
个人与国家民族的关系	108	8.6%	91.2%
人与自然的关系	27	2.1%	93.3%
个人与他自身的关系	84	6.7%	100.0%
总计	1256	100.0%	

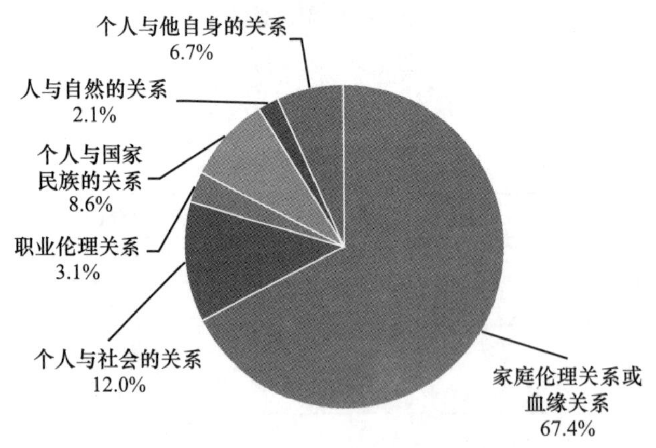

2016 年江苏：

	频次	有效百分比	累积百分比
家庭伦理关系或血缘关系	2516	40.3%	40.3%
个人与社会的关系	1763	28.2%	68.5%
职业伦理关系	168	2.7%	71.2%
个人与国家民族的关系	1395	22.3%	93.5%
人与自然的关系	209	3.3%	96.9%
个人与他自身的关系	194	3.1%	100.0%
总计	6245	99.9%	

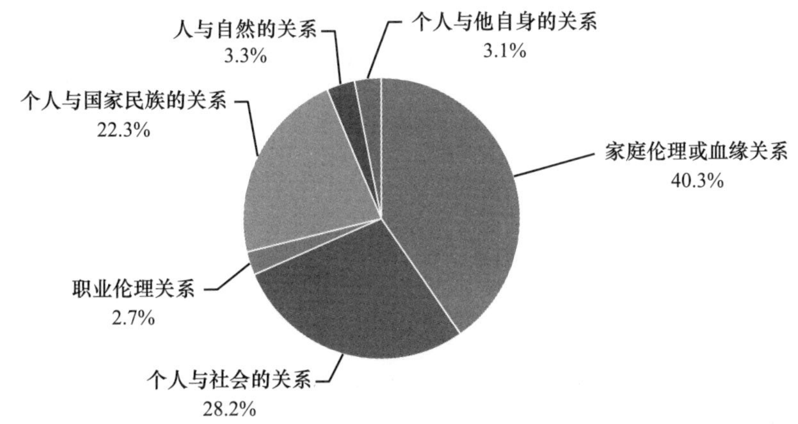

2017 年江苏：

对社会秩序最具根本性意义的关系是

	频数	百分比	有效百分比	累积百分比
家庭关系或血缘关系	1186	27.2%	27.6%	27.6%
个人与社会的关系	1801	41.3%	41.8%	69.4%
职业关系	145	3.3%	3.4%	72.8%
个人与国家民族的关系	927	21.3%	21.5%	94.3%
人与自然的关系	72	1.7%	1.7%	96.0%
个人与自身的关系	173	4.0%	4.0%	100.0%
总计	4304	98.7%	100.0%	

注：2017 年江苏数据此题没有计入缺失项，故百分比不是 100%（下同）。

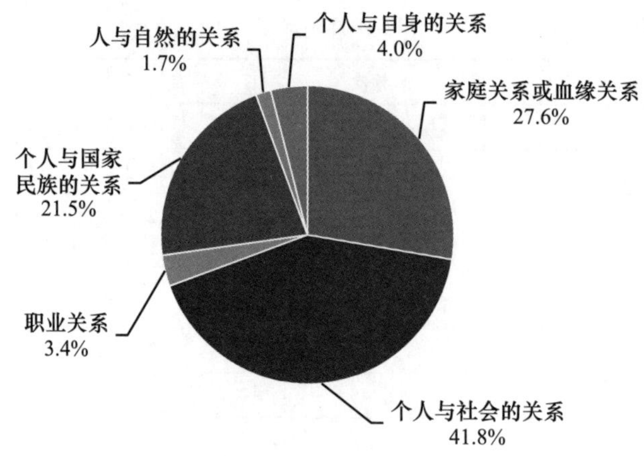

对个人生活最具根本性意义的关系是

	频数	百分比	有效百分比	累积百分比
家庭关系或血缘关系	2597	59.5%	60.0%	60.0%
个人与社会的关系	695	15.9%	16.1%	76.1%
职业关系	205	4.7%	4.7%	80.8%
个人与国家民族的关系	485	11.1%	11.2%	92.0%
人与自然的关系	68	1.6%	1.6%	93.6%
个人与自身的关系	278	6.4%	6.4%	100.0%
总计	4328	99.2%	100.0%	

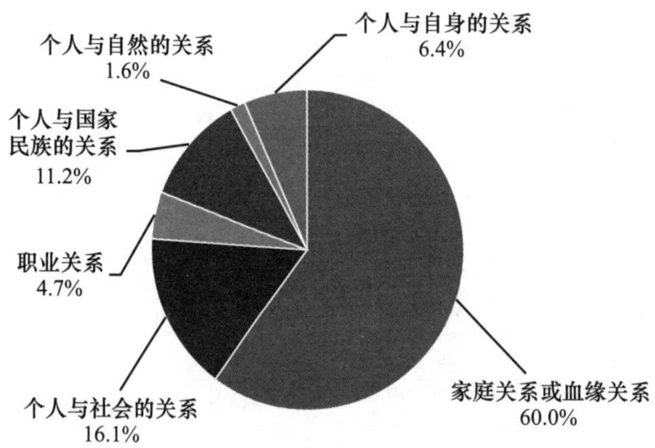

3. 您认为当今中国社会最基本的伦理冲突是

2007 年江苏：

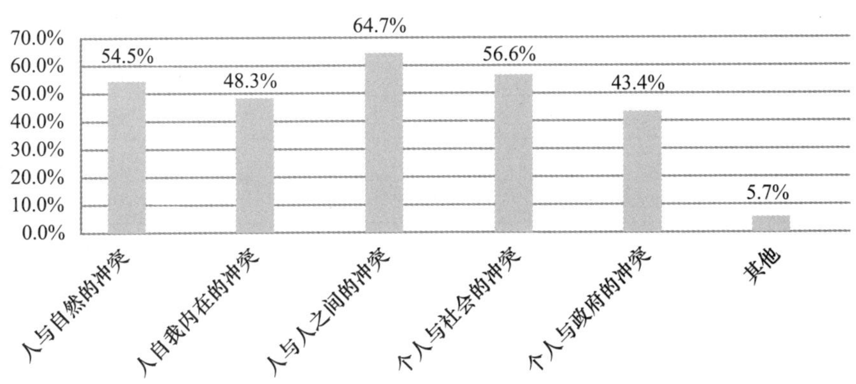

2013 年江苏：

	第一位		第二位		第三位		第四位		第五位		总得分
	频数	加权得分	频数	加权得分	频数	加权得分	频数	加权得分	频数	加权得分	
人与人之间的冲突	509	2545	295	1180	214	642	107	214	37	37	4618
个人与社会的冲突	146	730	364	1456	307	921	235	470	75	75	3652
个人与政府的冲突	184	920	190	760	254	762	254	508	250	250	3200
人自我内在的冲突	154	770	203	812	182	546	246	492	330	330	2950
人与自然的冲突	199	995	102	408	173	519	266	532	396	396	2850
其他	2	10	1	4	3	9	3	6	17	17	46

（加权规则：第一重要的频数 ×5，第二重要的频数 ×4，第三重要的频数 ×3，第四重要的频数 ×2，第五重要的频数 ×1）

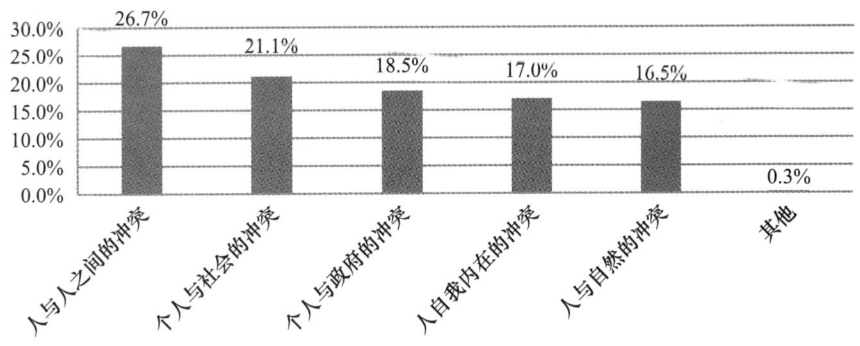

2016 年江苏：

	第一重要		第二重要		第三重要		总分
	频数	加权得分	频数	加权得分	频数	加权得分	
人与人之间的冲突	2650	7950	1495	2990	1091	1091	12031
个人与社会的冲突	946	2838	1739	3478	1509	1509	7825
人与自然的冲突	1459	4377	990	1980	1268	1268	7625
人自我内在的冲突	532	1596	1153	2306	1158	1158	5060
个人与政府的冲突	560	1680	692	1384	963	963	4027
其他	20	60	7	14	55	55	129

（加权规则：第一重要的频数 ×3，第二重要的频数 ×2，第三重要的频数 ×1）

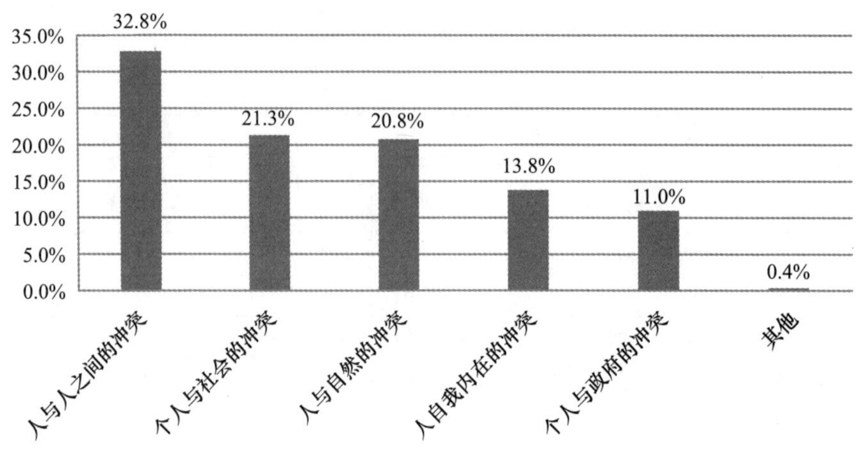

2017 年江苏：

	频数	百分比
人与自然的冲突	723	17.1%
人与自身的冲突	1019	24.1%
人与人之间的冲突	2647	62.5%
个人与社会的冲突	1931	45.6%
个人与政府的冲突	479	11.3%

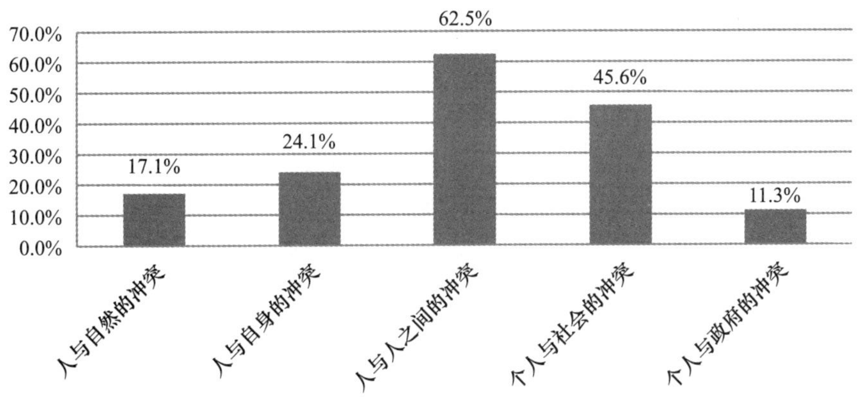

4. 您认为当今中国社会最重要也是最需要的德性是

2007 年江苏：

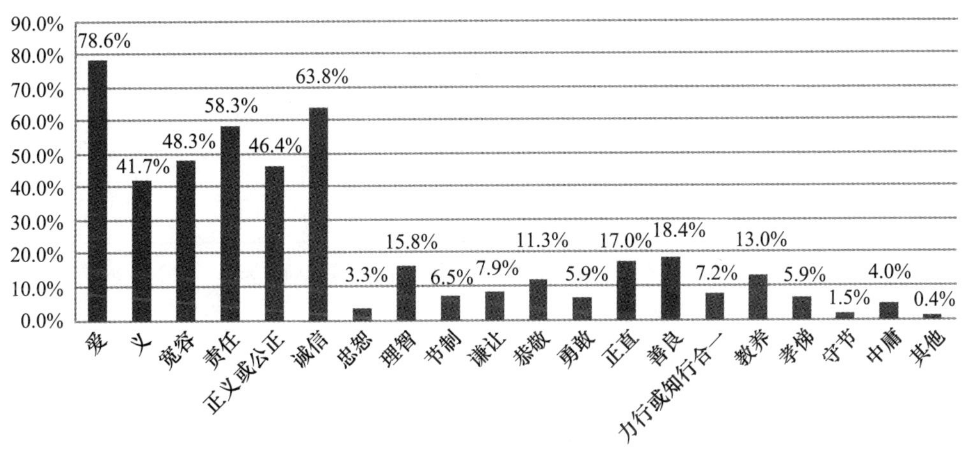

2013 年江苏：

	第一重要		第二重要		第三重要		第四重要		第五重要		总分
	频数	加权得分	频数	加权得分	频数	加权得分	频数	加权得分	频数	加权得分	
爱（仁爱、博爱、友爱）.	493	2465	106	424	62	186	46	92	59	59	3226
义（道义、义务）	40	200	218	872	61	183	41	82	28	28	1365
宽容	75	375	139	556	216	648	124	248	90	90	1917
责任	177	885	195	780	175	525	152	304	92	92	2586
正义或公正	152	760	128	512	124	372	102	204	88	88	1936

续表

	第一重要		第二重要		第三重要		第四重要		第五重要		总分
	频数	加权得分	频数	加权得分	频数	加权得分	频数	加权得分	频数	加权得分	
诚信	103	515	123	492	201	603	143	286	135	135	2031
忠恕	8	40	13	52	12	36	17	34	14	14	176
理智	8	40	26	104	40	120	46	92	65	65	421
节制	3	15	5	20	11	33	18	36	25	25	129
谦让	17	85	39	156	51	153	60	120	63	63	577
恭敬	3	15	9	36	7	21	16	32	18	18	122
勇敢	4	20	6	24	27	81	46	92	58	58	275
正直	39	195	51	204	50	150	102	204	88	88	841
善良	41	205	78	312	90	270	119	238	120	120	1145
力行或知行合一	4	20	1	4	4	12	8	16	24	24	76
教养	25	125	41	164	53	159	83	166	84	84	698
孝悌	51	255	45	180	32	96	50	100	61	61	692
气节	4	20	6	24	6	18	10	20	24	24	106
中庸	2	10	2	8	2	6	4	8	9	9	41
敬业	3	15	14	56	14	42	41	82	81	81	276

（加权规则：第一重要的频数 ×5，第二重要的频数 ×4，第三重要的频数 ×3，第四重要的频数 ×2，第五重要的频数 ×1）

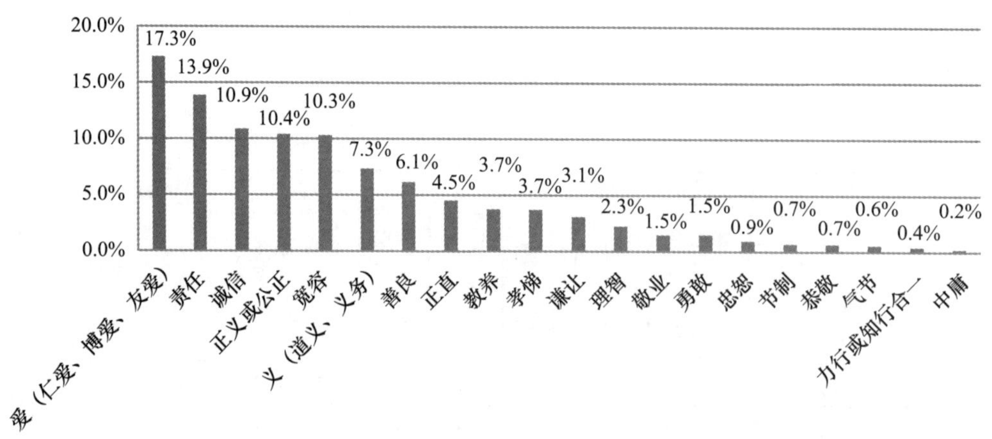

2016 年江苏：

	第一重要		第二重要		第三重要		总分
	频数	加权得分	频数	加权得分	频数	加权得分	
爱（仁爱、博爱、友爱）	2514	7542	638	1276	480	480	9298
义（道义、义务）	285	855	1096	2192	358	358	3405
宽容	251	753	417	834	960	960	2547
责任	948	2844	985	1970	684	684	5498
正义或公正	761	2283	760	1520	593	593	4396
诚信	559	1677	838	1676	1215	1215	4568
忠恕	65	195	76	152	63	63	410
理智	59	177	167	334	153	153	664
节制	12	36	23	46	55	55	137
谦让	76	228	130	260	119	119	607
恭敬	33	99	46	92	36	36	227
勇敢	27	81	50	100	123	123	304
正直	144	432	202	404	208	208	1044
善良	241	723	443	886	507	507	2116
力行或知行合一	9	27	16	32	70	70	129
教养	97	291	150	300	215	215	806
孝悌	200	600	186	372	218	218	1190
气节	9	27	11	22	39	39	88
中庸	6	18	7	14	9	9	41
敬业	41	123	89	178	216	216	517

（加权规则：第一重要的频数 ×5，第二重要的频数 ×4，第三重要的频数 ×3，第四重要的频数 ×2，第五重要的频数 ×1）

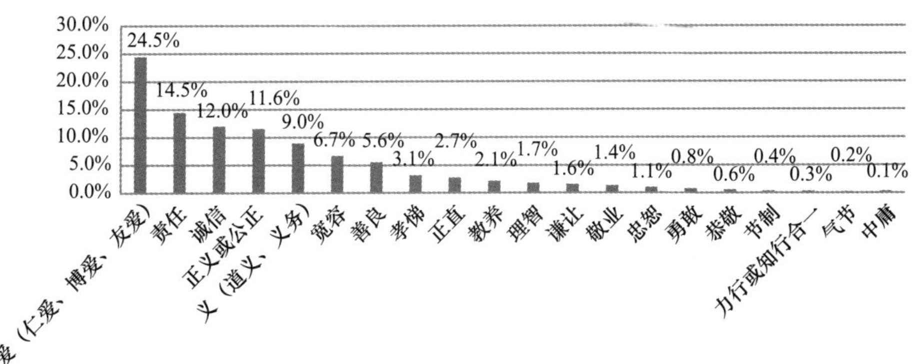

2017 年江苏：

	第一重要		第二重要		第三重要		第四重要		第五重要		总分
	频数	加权得分	频数	加权得分	频数	加权得分	频数	加权得分	频数	加权得分	
诚信	745	3725	725	2900	480	1440	447	894	392	392	9351
爱（仁爱、博爱、友爱）	1086	5430	477	1908	319	957	246	492	327	327	9114
公正	639	3195	563	2252	335	1005	367	734	431	431	7617
责任	239	1195	355	1420	588	1764	833	1666	331	331	6376
孝敬	542	2710	363	1452	289	867	378	756	468	468	6253
善良	288	1440	367	1468	305	915	544	1088	594	594	5505
宽容	167	835	276	1104	772	2316	359	718	182	182	5155
义（道义、义务）	159	795	555	2220	293	879	229	458	331	331	4683
正直	134	670	121	484	248	744	207	414	263	263	2575
谦让	126	630	128	512	99	297	191	382	221	221	2042
忠恕（将心比心）	77	385	106	424	141	423	102	204	174	174	1610
勇敢	64	320	89	356	131	393	86	172	150	150	1391
节制	40	200	117	468	84	252	118	236	106	106	1262
理智	20	100	55	220	163	489	133	266	150	150	1225
敬业	20	100	49	196	89	267	82	164	188	188	915
其他	3	15	1	4							19

（加权规则：第一重要的频数 ×5，第二重要的频数 ×4，第三重要的频数 ×3，第四重要的频数 ×2，第五重要的频数 ×1）

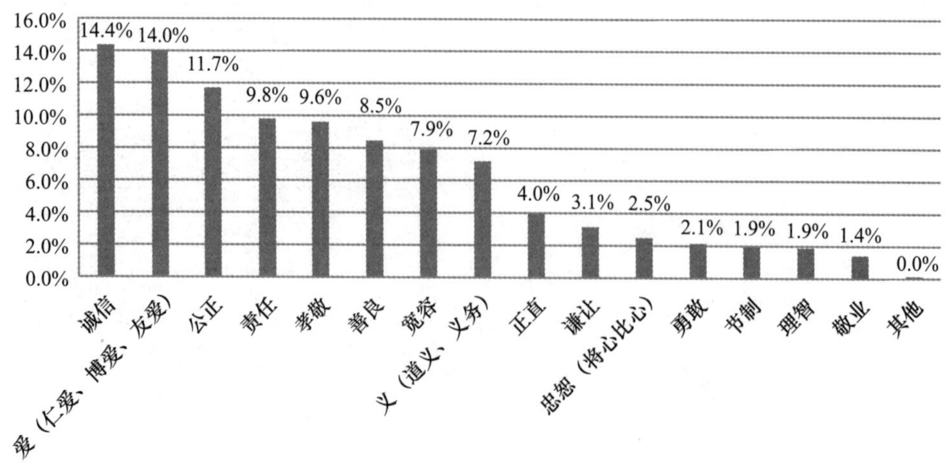

5. 当前中国社会中个体道德素质存在的主要问题是

	2007 年	2013 年	2016 年	2017 年
道德上无知	12.8%	13.4%	14.6%	9.6%
有道德知识，但不见诸行动	72.7%	73.7%	76.5%	79.7%
既无知，也不行动	13.7%	10.7%	7.1%	10.5%
其他	0.9%	2.1%	1.8%	0.3%
总计	100.0%	100.0%	100.0%	100.0%

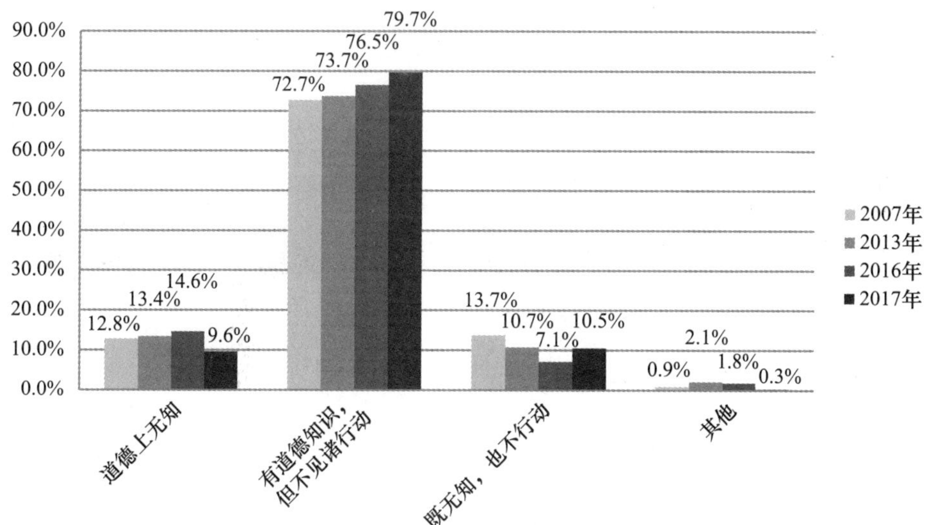

6. 如果遭遇利益冲突，如名誉、利益受他人侵害，您首先的行为反应是

2007 年江苏：

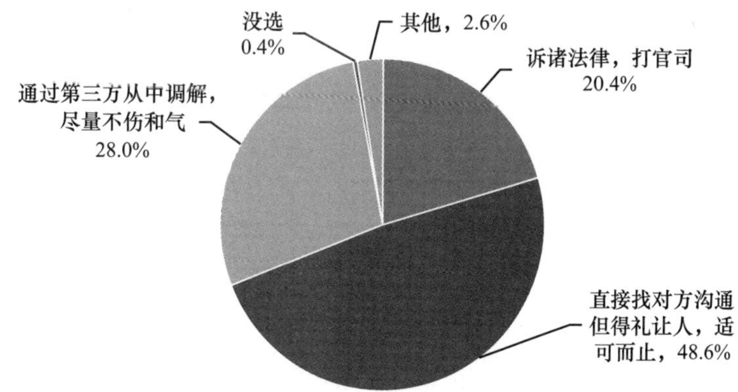

2013 年江苏：

	家庭成员之间	朋友之间	同事之间	商业伙伴之间
诉诸法律，打官司	0.6%	2.6%	2.2%	50.0%
直接找对方沟通但得礼让人，适可而止	58.3%	49.8%	46.2%	24.6%
通过第三方从中调解，尽量不伤和气	9.6%	29.1%	27.8%	15.9%
能忍则忍	31.5%	18.5%	23.9%	9.5%
总计	100.0%	100.0%	100.0%	100.0%

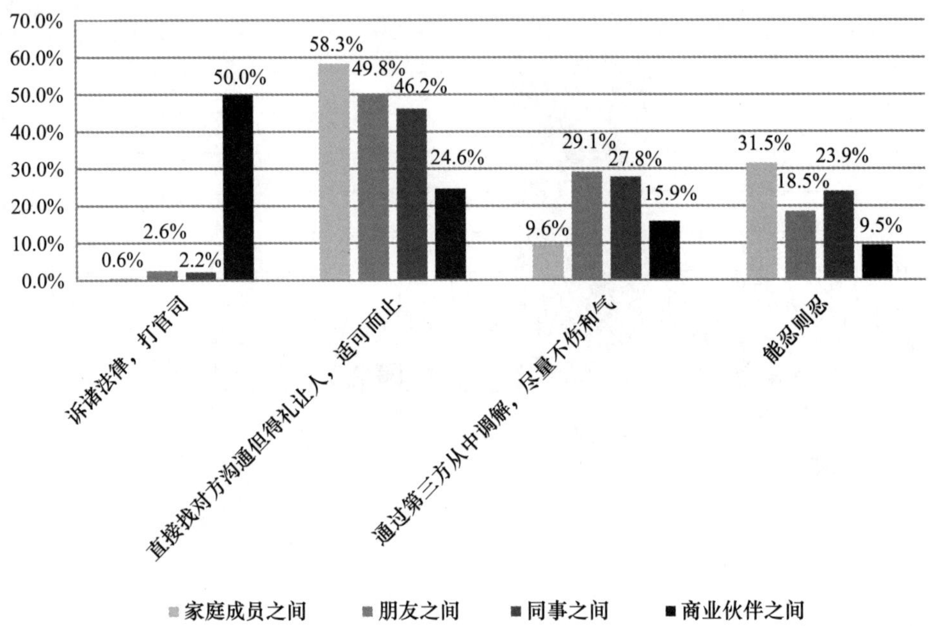

2016 年江苏：

	频数	有效百分比	累积百分比
诉讼法律，打官司	557	8.8%	8.8%
主动与对方沟通，适可而止	3436	54.3%	63.1%
找第三方帮助沟通调节，尽量不伤和气	1668	26.3%	89.4%
能忍则忍	671	10.6%	100.0%
总计	6332	100.0%	

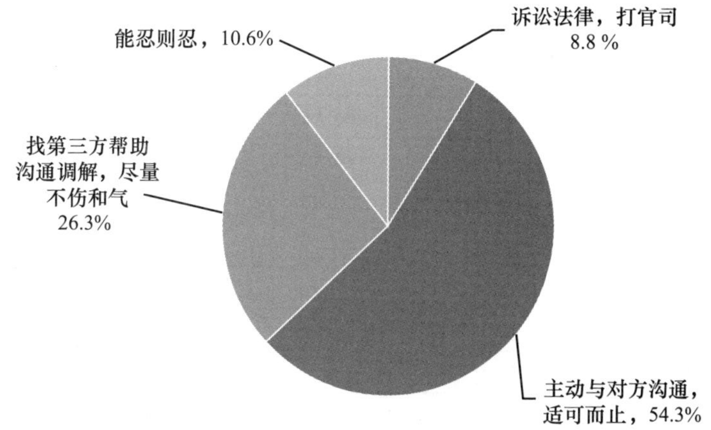

2017 年江苏：

	家庭成员	朋友	同事	商业伙伴
诉诸法律，打官司	1.0%	2.3%	4.1%	40.5%
直接找对方沟通但得理让人，适可而止	53.5%	53.8%	53.6%	26.7%
通过第三方（如社会机构，朋友等）从中调解，尽量不伤和气	9.9%	22.0%	29.3%	27.4%
能忍则忍	35.6%	22.0%	13.1%	5.3%
总计	100.0%	100.0%	100.0%	100.0%

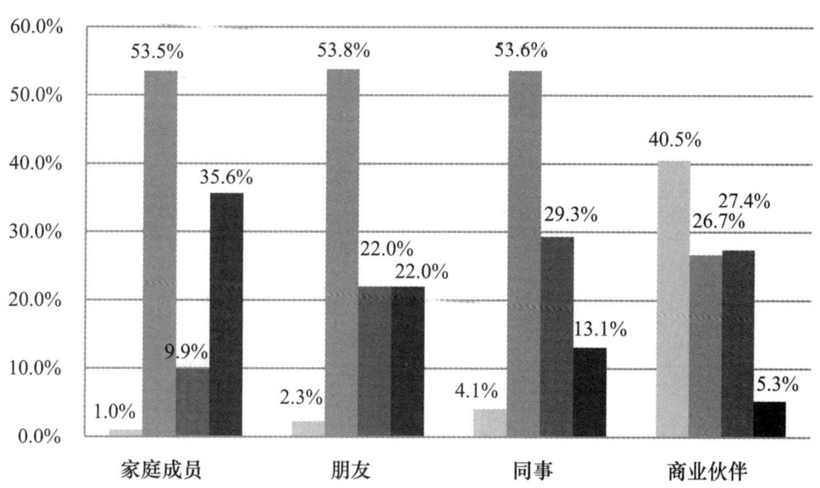

7. 您认为对现代中国社会伦理关系和道德风尚造成最大影响的因素

2007 年与 2013 年江苏：

	2007 年	2013 年
传统文化的崩坏	17.8%	26.6%
外来文化的冲击	20.8%	13.3%
市场经济导致的个人主义	56.7%	43.7%
计算机网络技术的发展	1.9%	12.2%
其他	1.5%	4.2%
总计	98.7%	100.0%

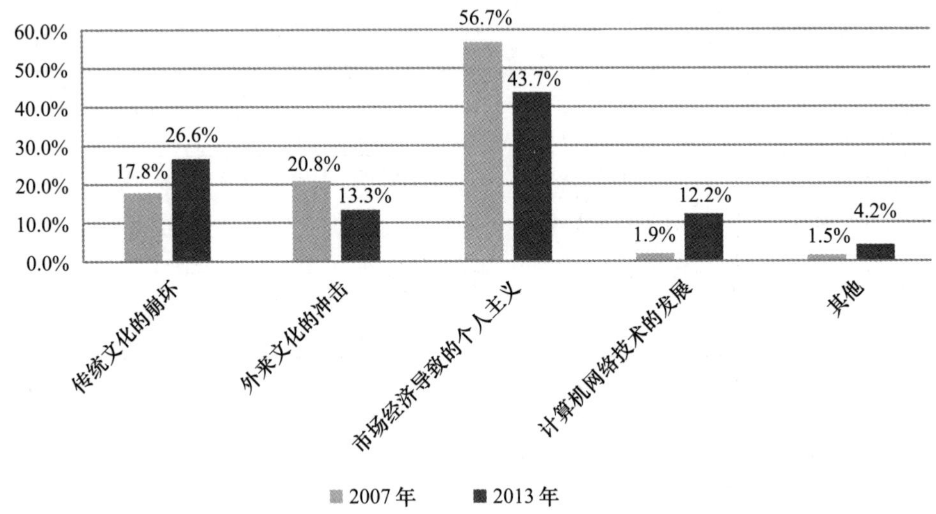

2016 年江苏：

	频数	有效百分比	累积百分比
传统文化的崩坏	1487	23.6%	23.6%
外来文化的冲击	592	9.4%	33.0%
市场经济导致的个人主义	1452	23.0%	56.0%
网络技术的发展	418	6.6%	62.7%
分配不公，两极分化	1185	18.8%	81.5%
权谋私，官员腐败	1167	18.5%	100.0%
总计	6301	100.0%	

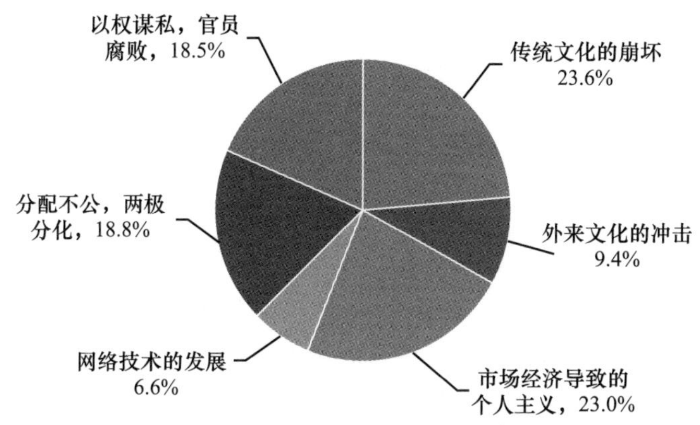

2017 年江苏：

	频数	百分比
传统文化的崩坏	1557	20. 2%
外来文化的冲击	1472	19. 1%
市场经济导致的个人主义	1103	14. 3%
网络技术的发展	914	11. 9%
分配不公，两极分化	1540	20. 0%
以权谋私，官员腐败	1105	14. 4%
其他	9	0. 1%
总计	7700	100. 0%

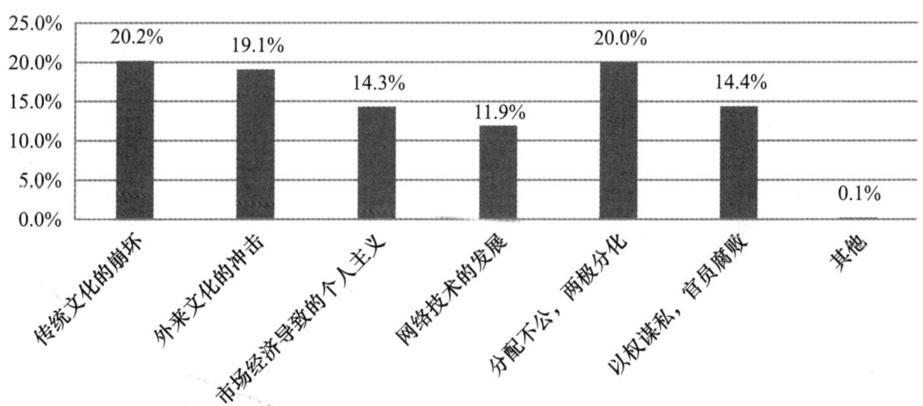

8. 您认为在自己的成长中得到最大伦理教益和道德训练的场所是2007年江苏（多选）：

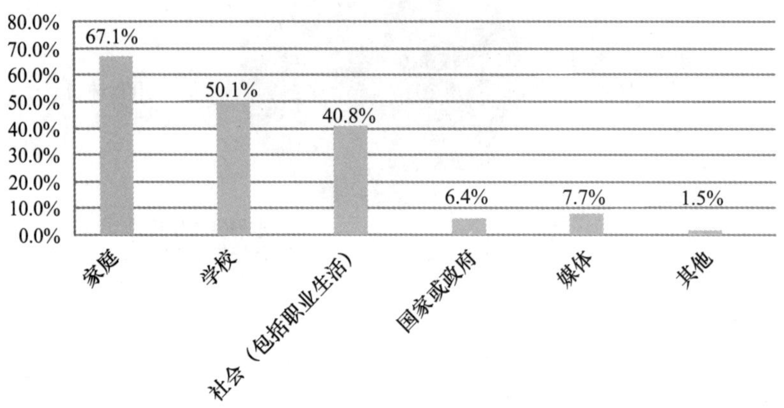

2013年、2016年、2017年江苏：

	2013年	2016年	2017年
家庭	39.0%	42.5%	34.2%
学校	26.4%	23.8%	23.5%
社会（包括职业生活）	25.1%	26.0%	31.1%
国家或政府	6.0%	5.9%	6.7%
媒体	1.7%	1.1%	1.7%
其他	1.9%	0.8%	2.7%
总计	100.0%	100.0%	100.0%

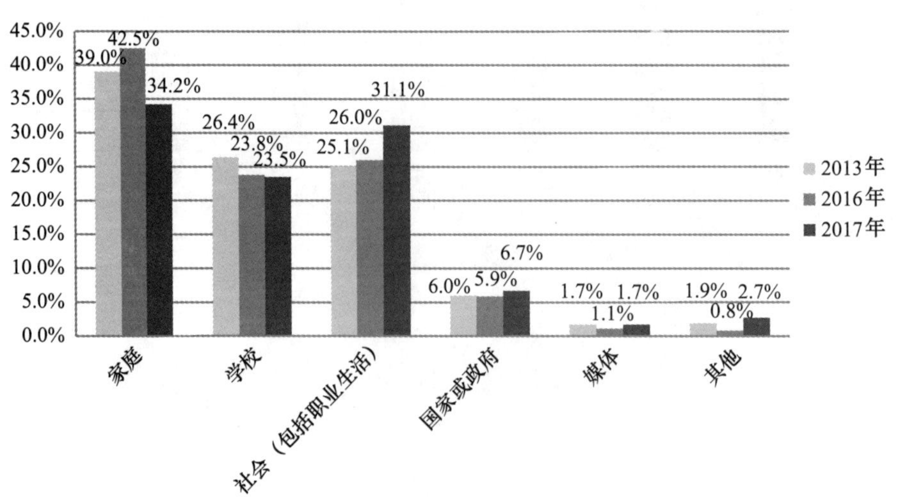

9. 您认为哪种因素应当对当今不良道德风尚负主要责任

2007 年江苏：

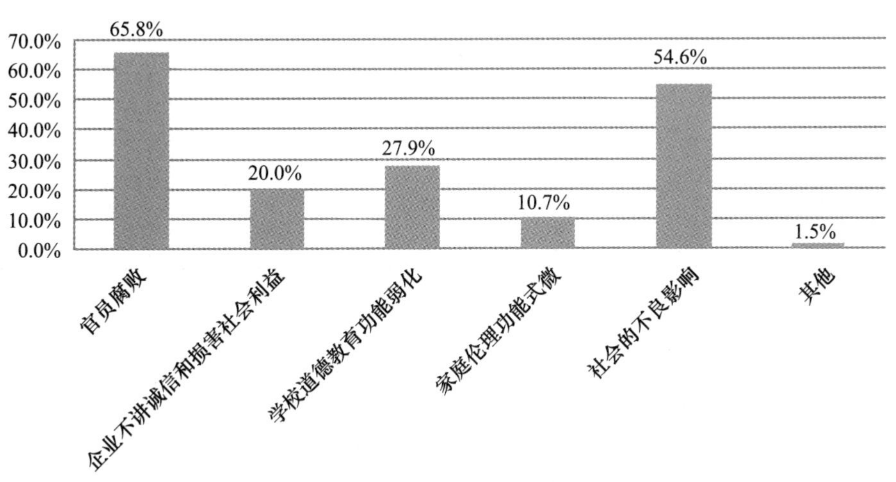

2013 年江苏：

	频次	有效百分比	累积百分比
官员腐败	525	41.9%	41.9%
企业不讲诚信和损害社会利益	83	6.6%	48.6%
学校道德教育功能弱化	99	7.9%	56.5%
家庭伦理功能弱化	77	6.2%	62.6%
社会的不良影响	468	37.4%	100.0%
总计	1252	100.0%	

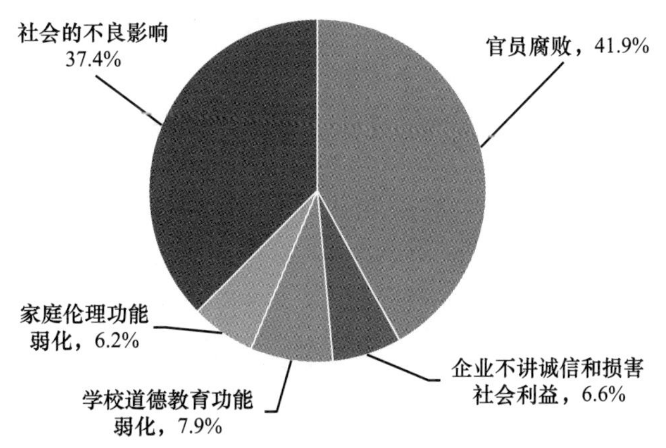

2016 年江苏：

	频数	有效百分比	累积百分比
以权谋私，官员腐败	2832	44.8%	44.8%
企业不讲诚信和损害社会利益	715	11.3%	56.1%
大学及其文化学校道德教育功能弱化	477	7.5%	63.7%
家庭伦理功能弱化	244	3.9%	67.6%
个人缺乏道德自觉	1202	19.0%	86.6%
分配不公，两极分化	848	13.4%	100.0%
总计	6318	100.0%	

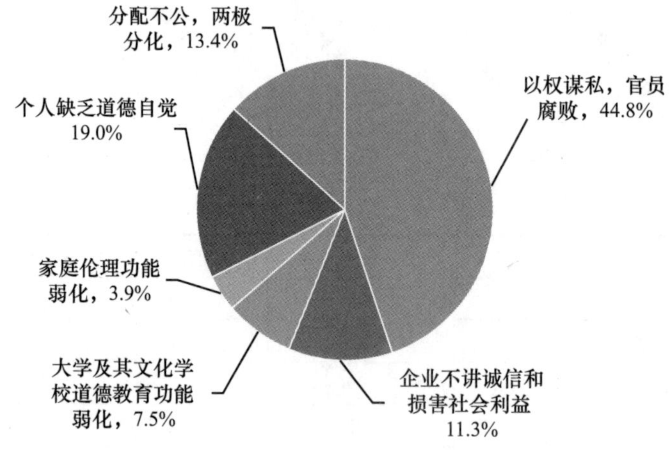

2017 年江苏：

	频数	百分比
以权谋私，官员腐败	2502	59.9%
企业不讲诚信和损害社会利益	1584	37.9%
学校道德教育功能弱化	1040	24.9%
家庭伦理功能弱化	724	17.3%
个人缺乏道德自觉	1975	47.3%
分配不公，两极分化	1443	34.6%
社会的不良影响	1701	40.7%

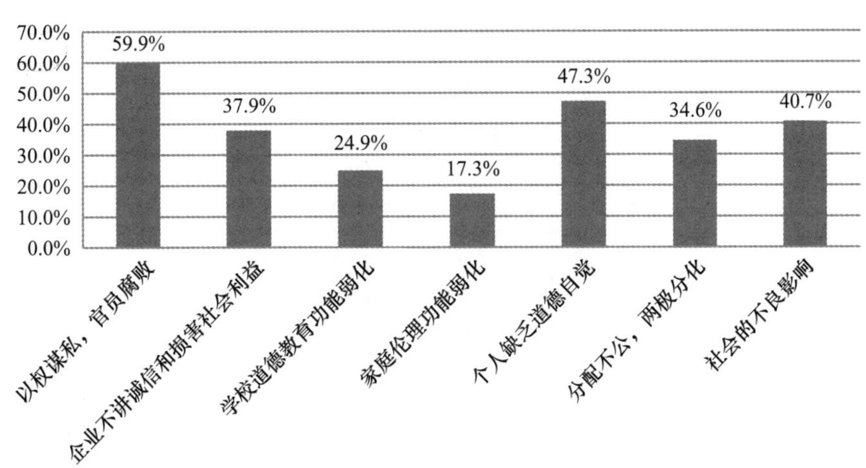

10. 您认为我们的政府在制定政策和决策时充分考虑到伦理道德方面的要求（如保护、社会公平、利益均衡、关怀弱势群体，以及大多数人利益和感受）吗

2007 年江苏：

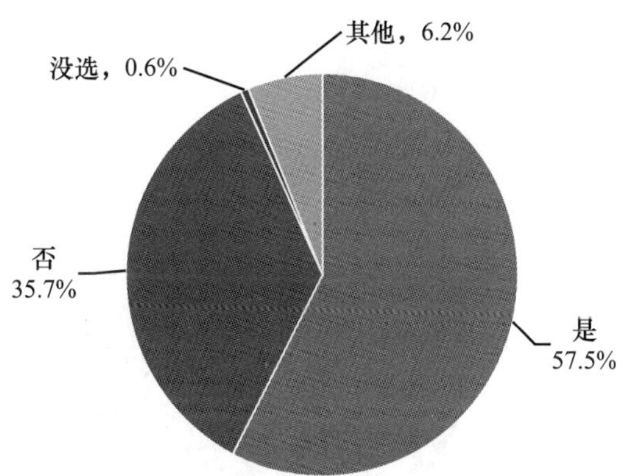

2013 年江苏：

	频次	有效百分比	累积百分比
是	712	57.3%	57.3%
否	530	42.7%	100.0%
总计	1242	100.0%	

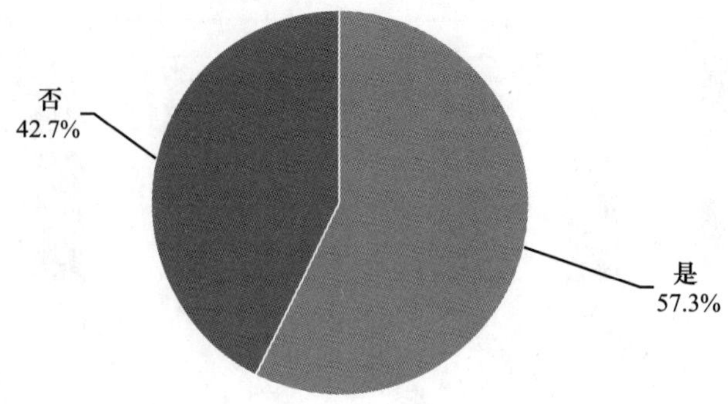

2016 年江苏：

	频数	有效百分比	累积百分比
有考虑	2411	38.1%	38.1%
有考虑，但不够	3535	55.8%	93.9%
没有考虑	385	6.1%	100.0%
总计	6331	100.0%	

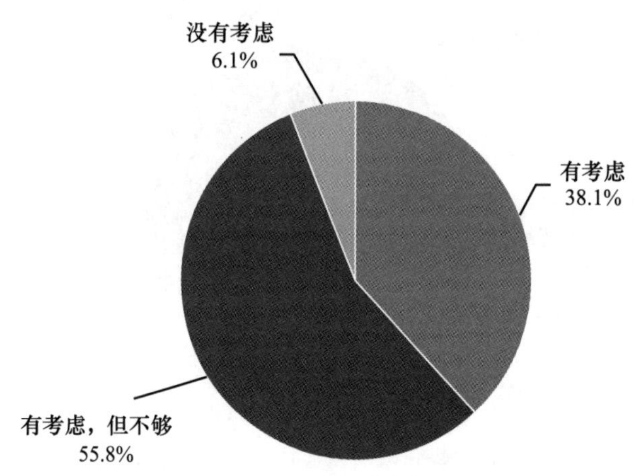

2017 年江苏：

	频数	百分比	有效百分比	累积百分比
有考虑，能够从日常生活中感受到	1407	32.3%	32.8%	32.8%
有考虑，能够从政策文件中体会到	1285	29.5%	30.0%	62.8%
只是口头上说说，没有实质性行动	1219	27.9%	28.4%	91.2%
没有考虑，政策制度都是从自己的政绩和富人的利益着想	364	8.3%	8.5%	99.7%

续表

	频数	百分比	有效百分比	累积百分比
其他	14	0.3%	0.3%	100.0%
总计	4289	98.3%	100.0%	

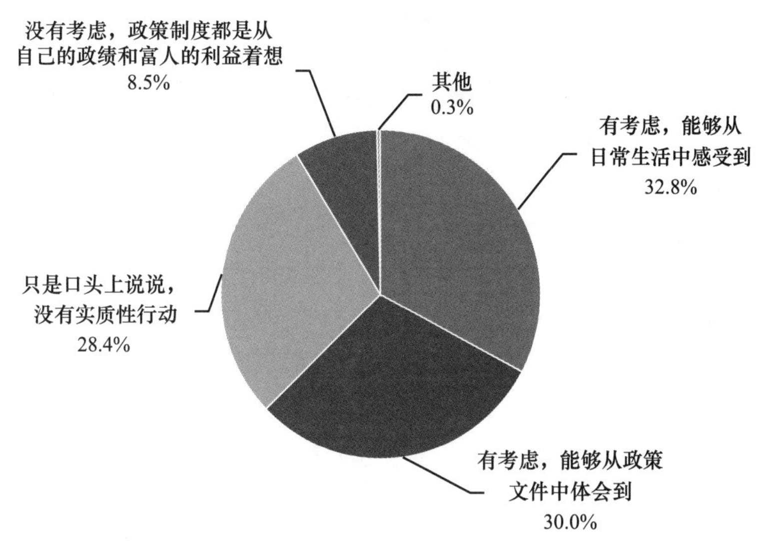

11. 您判断某个行为是否道德的主要依据是

2013 年江苏：

	频次	有效百分比	累积百分比
传统	153	12.1%	12.1%
风俗习惯	76	6.0%	18.1%
大多数人认同的道德规范	416	33.0%	51.1%
当事人共同利益和意志	42	3.3%	54.4%
自己的良心	566	44.8%	99.3%
自己利益	9	0.7%	100.0%
总计	1262	100.0%	

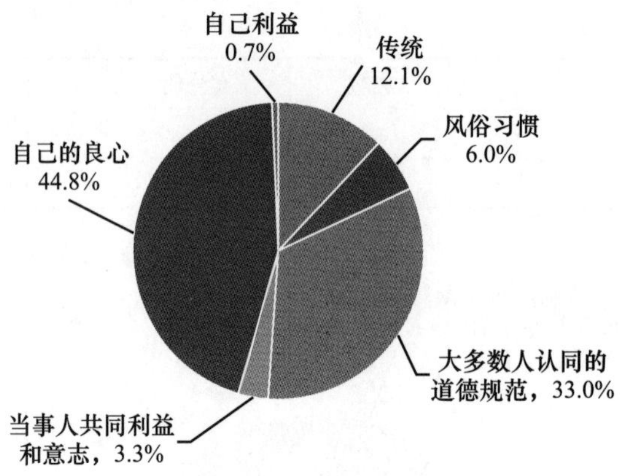

2016 年江苏：

	频次	有效百分比	累积百分比
传统	1083	17.1%	17.1%
风俗习惯	604	9.5%	26.6%
大多数人认同的道德规范	1536	24.2%	50.8%
大多当事人共同利益和意志	233	3.7%	54.5%
自己的良心	1981	31.2%	85.7%
自己的利益	42	0.7%	86.4%
意识形态要求	150	2.4%	88.8%
己立立人，立达达人；己所不欲，勿施于人	713	11.2%	100.0%
总计	6342	100.0%	

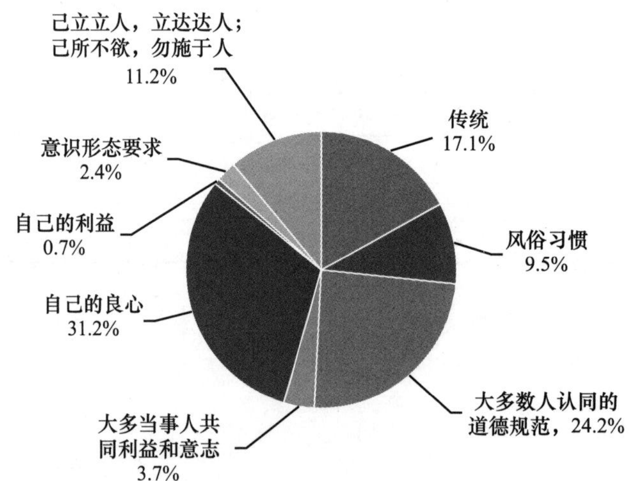

2017 年江苏：

	频数	百分比
自己的良心	3116	72.7%
大多数人持有的观点	1659	38.7%
公众人士和权威人物的观点	305	7.1%
国外媒体的观点	215	5.0%
自己的利益	621	14.5%
他人的评价	282	6.6%
社会后果	601	14.0%
大多数人认可的道德规范	798	18.6%
先贤教导	232	5.4%
“朋友圈” 的观点	102	2.4%

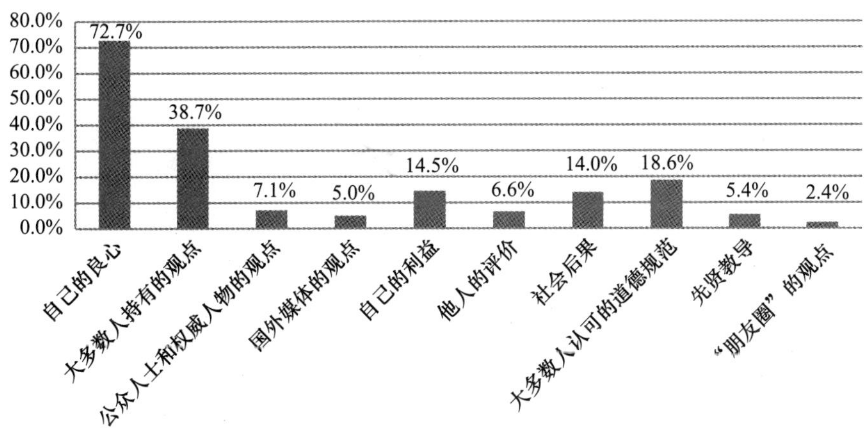

12. 对形成我国当前各种新型伦理关系和道德观念，哪些因素起主要作用

2007 年江苏：

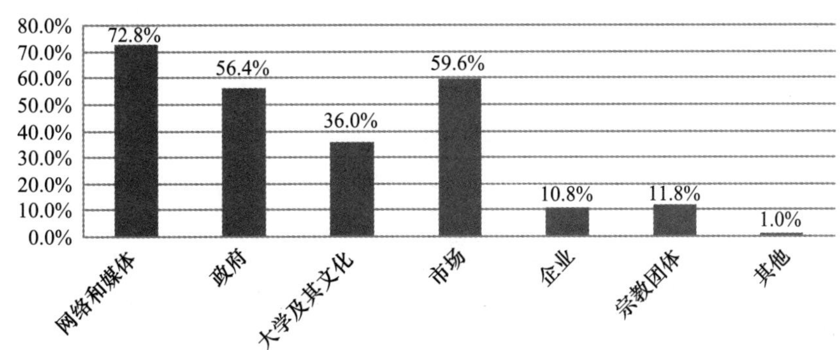

2013 年江苏：

	第一重要		第二重要		第三重要		总分
	频数	加权得分	频数	加权得分	频数	加权得分	
网络和媒体	501	1503	216	432	143	143	2078
政府	393	1179	317	634	169	169	1982
大学及其文化	92	276	181	362	188	188	826
市场	105	315	208	416	251	251	982
企业	15	45	72	144	114	114	303
社会团体	92	276	165	330	250	250	856
其他	8	24	7	14	14	14	52

（加权规则：第一重要的频数 ×3，第二重要的频数 ×2，第三重要的频数 ×1）

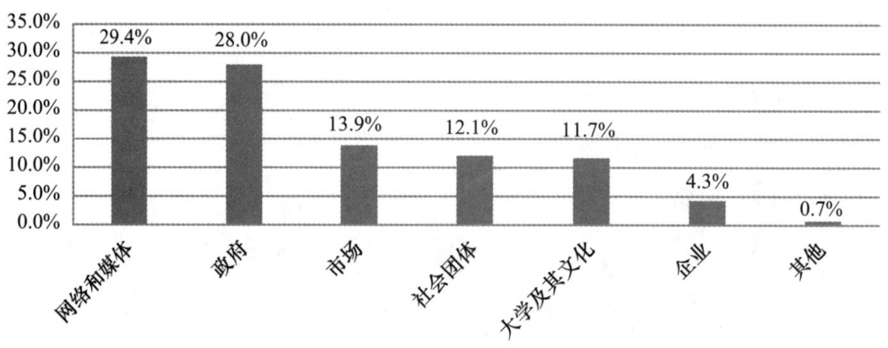

2016 年江苏：

	第一重要		第二重要		第三重要		总分
	频数	加权得分	频数	加权得分	频数	加权得分	
网络和媒体	2407	7221	1113	2226	654	654	10101
政府	2192	6576	1843	3686	755	755	11017
大学及其文化	374	1122	628	1256	1037	1037	3415
市场	493	1479	1047	2094	1184	1184	4757
企业	105	315	409	818	434	434	1567
社会团体	358	1074	633	1266	1137	1137	3477
知识精英	158	474	295	590	538	538	1602
国外价值观与生活方式	132	396	217	434	376	376	1206
其他	21	63	13	26	52	52	141

（加权规则：第一重要的频数 ×3，第二重要的频数 ×2，第三重要的频数 ×1）

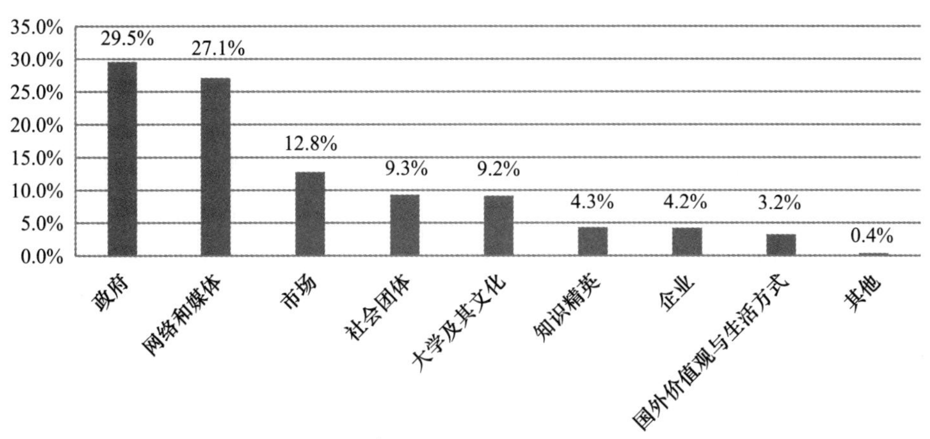

2017 年江苏:

	频数	百分比
网络和媒体	2300	57.7%
政府	2459	61.7%
大学及其文化	863	21.7%
市场	1552	38.9%
企业	950	23.8%
社会团体	851	21.4%

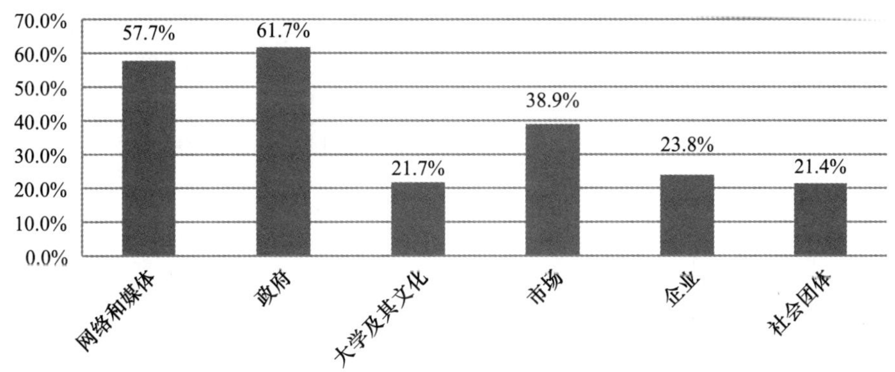

13. 一些政府机关，通过各种途径让本单位的干部子女在很好的幼儿园、小学、中学读书，您认为这种行为是

	2007 年	2013 年	2016 年	2017 年
为本单位人员谋福利，符合道德	9.7%	5.0%	6.7%	12.9%
以权谋私，不道德	33.8%	53.3%	57.3%	46.0%
是对社会公众的欺骗，严重不道德	8.2%	19.8%	20.6%	27.0%
符合本单位员工利益和内部伦理，但严重侵蚀社会道德	24.1%	14.6%	11.2%	7.4%
无所谓道德不道德	24.1%	7.3%	4.2%	6.7%
总计	101.5%	100.0%	100.0%	100.0%

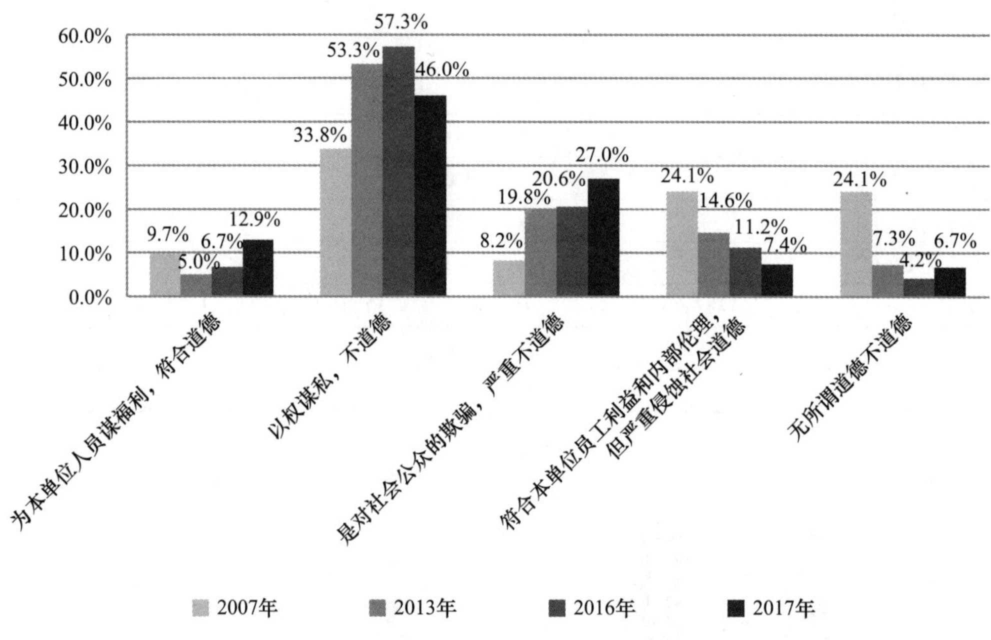

第三章　江苏省与全国伦理道德发展比较数据库（2013、2017）

2013年江苏省与全国伦理道德发展比较数据库

1. 您对当前我国社会的道德状况的总体满意程度是

基础数据

全国：

D1 您对当前我国社会的道德状况的总体满意程度是

		频数	百分比	有效百分比	累积百分比
有效	非常满意	117	1.0%	2.1%	2.1%
	比较满意	1895	16.6%	33.7%	35.7%
	一般	2337	20.4%	41.5%	77.2%
	比较不满意	1069	9.3%	19.0%	96.2%
	非常不满意	212	1.9%	3.8%	100.0%
	总计	5630	49.2%	100.0%	

社会道德满意程度分类

		频数	百分比	有效百分比	累积百分比
有效	满意	2012	17.6%	35.7%	35.7%
	不满意	3618	31.6%	64.3%	100.0%
	总计	5630	49.2%	100.0%	

江苏：

C1 对当前我国社会道德状况的总体评价

		频数	百分比	有效百分比	累积百分比
有效	非常满意	88	6.9%	6.9%	6.9%
	比较满意	755	58.9%	59.2%	66.1%
	比较不满意	338	26.4%	26.5%	92.6%
	非常不满意	94	7.3%	7.4%	100.0%
	总计	1275	99.5%	100.0%	

社会道德满意程度分类

		频数	百分比	有效百分比	累积百分比
有效	满意	843	65.8%	66.1%	66.1%
	不满意	432	33.7%	33.9%	100.0%
	总计	1275	99.5%	100.0%	

比较数据

您对当前我国社会的道德状况的总体满意程度是

	全国	江苏
满意	35.7%	66.1%
不满意	64.3%	33.9%

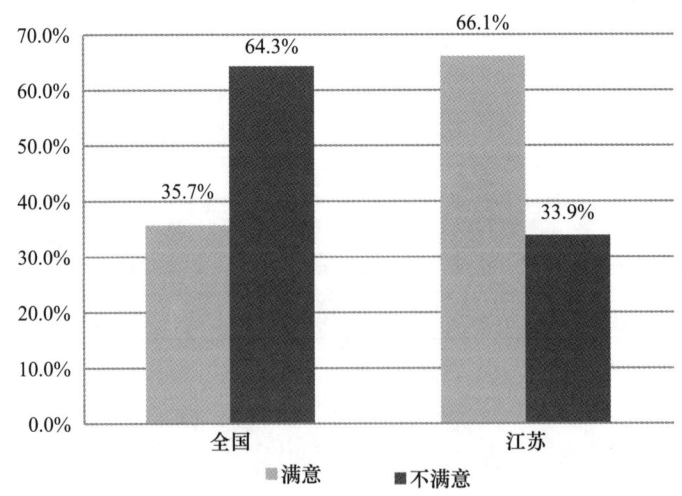

2. 您对当前我国社会的人际关系的总体满意程度是

基础数据

全国：

D2 您对当前我国社会的人际关系的总体满意程度是

		频数	百分比	有效百分比	累积百分比
有效	非常满意	129	1.1%	2.3%	2.3%
	比较满意	1974	17.3%	35.1%	37.4%
	一般	2528	22.1%	45.0%	82.4%
	比较不满意	868	7.6%	15.5%	97.9%
	非常不满意	118	1.0%	2.1%	100.0%
	总计	5617	49.1%	100.0%	

人际关系满意程度分类

		频数	百分比	有效百分比	累积百分比
有效	满意	2103	18.4%	37.4%	37.4%
	不满意	3514	30.7%	62.6%	100.0%
	总计	5617	49.1%	100.0%	

江苏：

C3 对当前我国社会人与人关系的总体评价

		频数	百分比	有效百分比	累积百分比
有效	非常满意	82	6.4%	6.4%	6.4%
	比较满意	803	62.7%	63.1%	69.5%
	比较不满意	318	24.8%	25.0%	94.5%
	非常不满意	70	5.5%	5.5%	100.0%
	总计	1273	99.4%	100.0%	

人际关系评价分类

		频数	百分比	有效百分比	累积百分比
有效	满意	885	69.1%	69.5%	69.5%
	不满意	388	30.3%	30.5%	100.0%
	总计	1273	99.4%	100.0%	

比较数据

您对当前我国社会的人际关系的总体满意程度是

	全国	江苏
满意	37.4%	69.5%
不满意	62.6%	30.5%

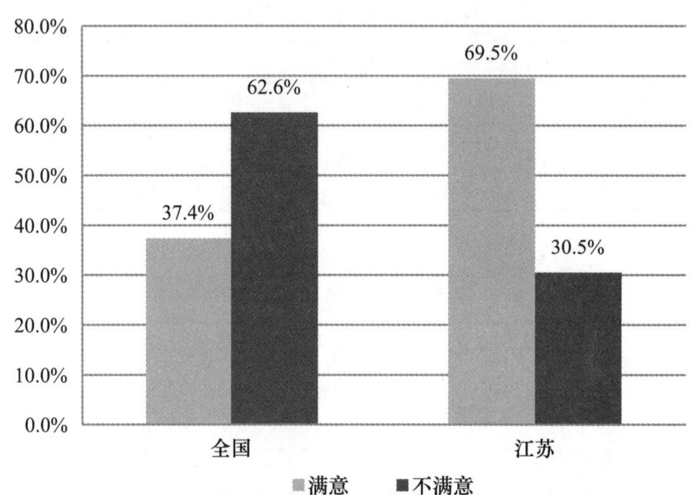

3. 您认为当前中国社会个人道德素质的主要问题是

基础数据

全国：

D3 您认为当前中国社会个人道德素质的主要问题是

		频数	百分比	有效百分比	累积百分比
有效	道德上无知	660	11.6%	12.3%	12.3%
	有道德知识，但不见诸行动	3577	63.1%	66.7%	79.0%
	既道德上无知，也不见道德行动	925	16.3%	17.2%	96.3%
	其他	201	3.5%	3.7%	100.0%
	总计	5363	94.5%	100.0%	

江苏：

C17 当前中国社会个人道德素质的主要问题

	频数	百分比	有效百分比	累积百分比
道德上无知	169	13.2%	13.4%	13.4%
有道德知识，但不见诸行动	928	72.4%	73.7%	87.1%
既无知，也不行动	135	10.5%	10.7%	97.9%
其他	27	2.1%	2.1%	100%
缺失	22	1.7%		
总计	1281	100%	100%	

比较数据

您认为当前中国社会个人道德素质的主要问题是

	全国	江苏
道德上无知	12.3%	13.4%
有道德知识，但不见诸行动	66.7%	73.7%
既无知，也不行动	17.2%	10.7%
其他	3.7%	2.1%

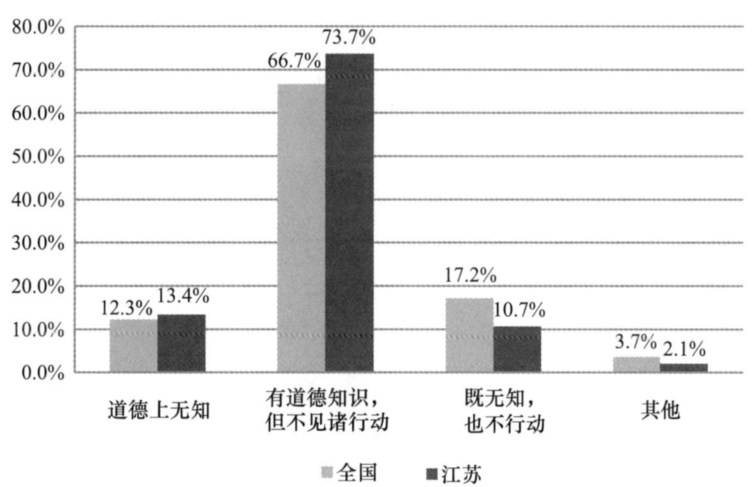

4. 下列哪个因素可能影响人际关系紧张

基础数据

全国：

D4 下列哪个因素最可能影响人际关系紧张

		频数	百分比	有效百分比	累积百分比
有效	社会资源缺乏，引发恶性竞争	483	4.2%	8.9%	8.9%
	过度宣扬竞争意识	276	2.4%	5.1%	14.0%
	社会财富分配不公，贫富差距过大	2410	21.1%	44.6%	58.6%
	个人主义盛行	482	4.2%	8.9%	67.6%
	缺乏爱心	355	3.1%	6.6%	74.1%
	缺乏宽容	321	2.8%	5.9%	80.1%
	缺乏相互理解和沟通的意识和能力	583	5.1%	10.8%	90.9%
	制度安排不公正，机会不平等	333	2.9%	6.2%	97.0%
	一切诉诸利益或法律，人际关系缺乏伦理调节的机制和能力	79	0.7%	1.5%	98.5%
	其他	82	0.7%	1.5%	100.0%
	总计	5404	47.2%	100.0%	

江苏：

C13. 下列哪些因素可能影响人际关系紧张（多选）

		频数	百分比	个案数的百分比
有效	社会资源缺乏，引发恶性竞争，造成人际关系紧张	520	10.3%	41.2%
	相关部门过度宣扬竞争意识造成人际关系紧张	260	5.1%	20.6%
	社会财富分配不公，贫富差距过大，造成人际关系紧张	909	18.0%	72.1%
	个人主义盛行，造成人际关系紧张	486	9.6%	38.5%
	缺乏爱心，人际关系紧张	578	11.4%	45.8%
	缺乏宽容，人际关系紧张	672	13.3%	53.3%
	缺乏相互理解和沟通的意识和能力，人际关系紧张	684	13.5%	54.2%
	制度安排不公正，机会不平等，造成人际关系紧张	650	12.8%	51.5%
	一切诉诸利益或法律，人际关系缺乏伦理调节的机制和能力	302	6.0%	23.9%
	总计	5061	100	401.1

比较数据

注：此题全国卷中为单选题，江苏卷中为多选题，对选项结果从高到低进行排序，结果如下：

下列哪个因素可能影响人际关系紧张

全国		江苏	
社会财富分配不公，贫富差距过大	44.6%	社会财富分配不公，贫富差距过大	72.1%
缺乏相互理解和沟通的意识和能力	10.8%	缺乏相互理解和沟通的意识和能力	54.2%
社会资源缺乏，引发恶性竞争	8.9%	缺乏宽容	53.3%
个人主义盛行	8.9%	制度安排不公正，机会不平等	51.5%
缺乏爱心	6.6%	缺乏爱心	45.8%
制度安排不公正，机会不平等	6.2%	社会资源缺乏，引发恶性竞争	41.2%
缺乏宽容	5.9%	个人主义盛行	38.5%
相关部门过度宣扬竞争意识	5.1%	一切诉诸利益或法律，人际关系缺乏伦理调节的机制和能力	23.9%
一切诉诸利益或法律，人际关系缺乏伦理调节的机制和能力	1.5%	相关部门过度宣扬竞争意识	20.6%

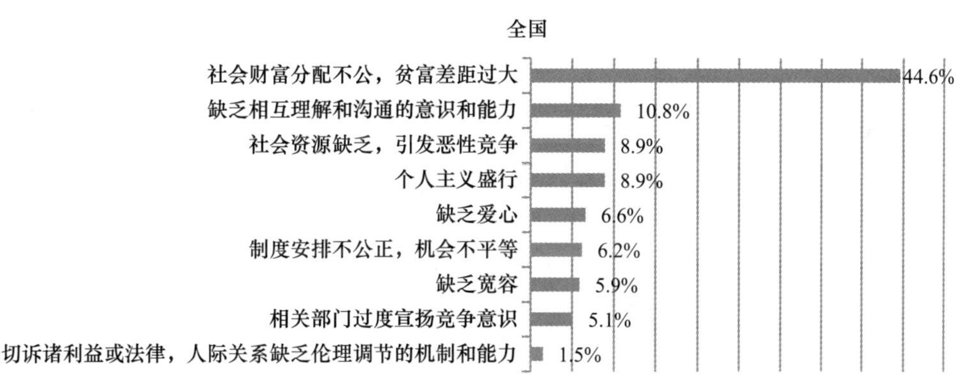

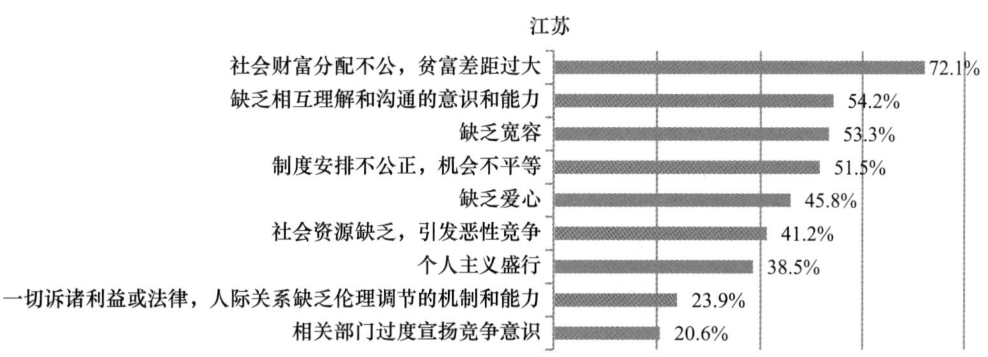

5. 当前有些人身心不和谐，如忧郁、精神分裂、自杀等，您认为造成这种情况的最主要原因是什么

基础数据

全国：

D5 当前有些人身心不和谐，如忧郁，精神分裂，自杀等，您认为造成这种情况的最主要原因是什么

		频数	百分比	有效百分比	累积百分比
有效	欲望过多过大，不能知足常乐	897	15.8%	16.7%	16.7%
	社会保障体系不健全，对自己和未来没有把握	674	11.9%	12.5%	29.2%
	竞争激烈，工作压力过大，身心疲惫	1760	31.1%	32.7%	61.9%
	人与人之间缺乏信任感，人际关系紧张	610	10.8%	11.3%	73.2%
	有烦恼很难找到人倾诉和排解	308	5.4%	5.7%	78.9%
	个人的文化底蕴和文化积累不够，缺乏自我理解和自我调节能力	483	8.5%	9.0%	87.9%
	现代人缺乏安顿自己、化解内心矛盾的能力	189	3.3%	3.5%	91.4%
	缺乏道德公正，没有道德的人总是占便宜	155	2.7%	2.9%	94.3%
	缺乏理想和信念支持，精神没有寄托和归宿	179	3.2%	3.3%	97.6%
	其他	128	2.3%	2.4%	100.0%
	总计	5383	95.0%	100.0%	

江苏：

C14 造成身心不和谐的主要原因有（多选）

		频数	百分比	个案百分比
有效	欲望过多过大，不能知足常乐，造成身心不和谐	672	11.8%	53.3%
	社会保障体系不健全，对自己和未来没有把握，造成身心不和谐	502	8.9%	39.8%
	竞争激烈，工作压力过大，身心疲惫	908	16%	72.1%
	人与人之间缺乏信任感，人际关系紧张	536	9.5%	42.5%
	有烦恼很难找到人倾诉和排解，造成身心不和谐	542	9.6%	43%
	个人的文化底蕴和文化积累不够，缺乏自我理解和自我调节能力	475	8.4%	37.7%
	现代人缺乏安顿自己、化解内心矛盾的能力	451	8%	35.8%
	缺乏理想和信念支持，精神没有寄托和归宿			33.5%
	缺乏道德公正，没有道德的人总是占便宜			22.8%

比较数据

注：此题全国卷中为单选题，江苏卷中为多选题，对选项结果从高到低进行排序。

下列哪个因素可能影响人际关系紧张

全国		江苏	
竞争激烈，工作压力过大，身心疲惫	32.7%	竞争激烈，工作压力过大，身心疲惫	72.1%
欲望过多过大，不能知足常乐	16.7%	欲望过多过大，不能知足常乐	53.3%
社会保障体系不健全，对自己和未来没有把握	12.5%	有烦恼很难找到人倾诉和排解	43.0%
人与人之间缺乏信任感，人际关系紧张	11.3%	人与人之间缺乏信任感，人际关系紧张	42.5%
个人的文化底蕴和文化积累不够，缺乏自我理解和自我调节能力	9%	社会保障体系不健全，对自己和未来没有把握	39.8%
有烦恼很难找到人倾诉和排解	5.7%	个人的文化底蕴和文化积累不够，缺乏自我理解和自我调节能力	37.7%
现代人缺乏安顿自己、化解内心矛盾的能力	3.5%	现代人缺乏安顿自己、化解内心矛盾的能力	35.8%
缺乏理想和信念支持，精神没有寄托和归宿	3.3%	缺乏理想和信念支持，精神没有寄托和归宿	33.5%
缺乏道德公正，没有道德的人总是占便宜	2.9%	缺乏道德公正，没有道德的人总是占便宜	22.8%

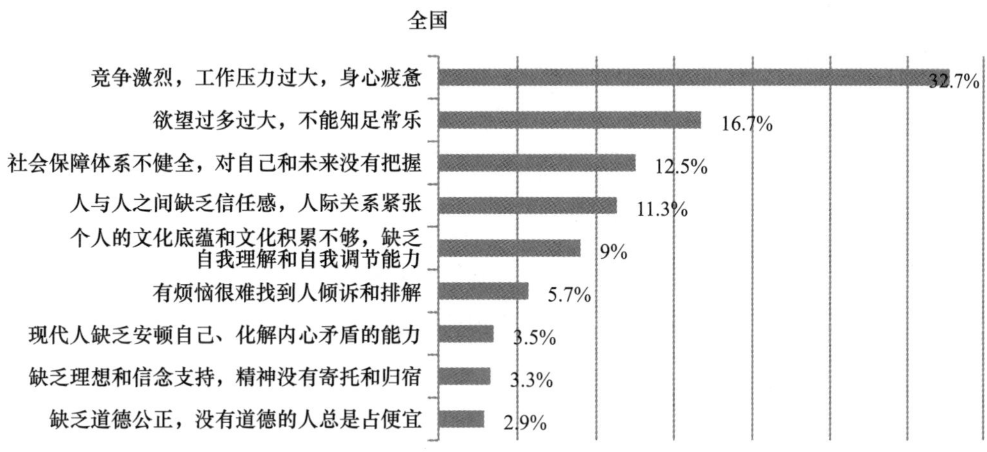

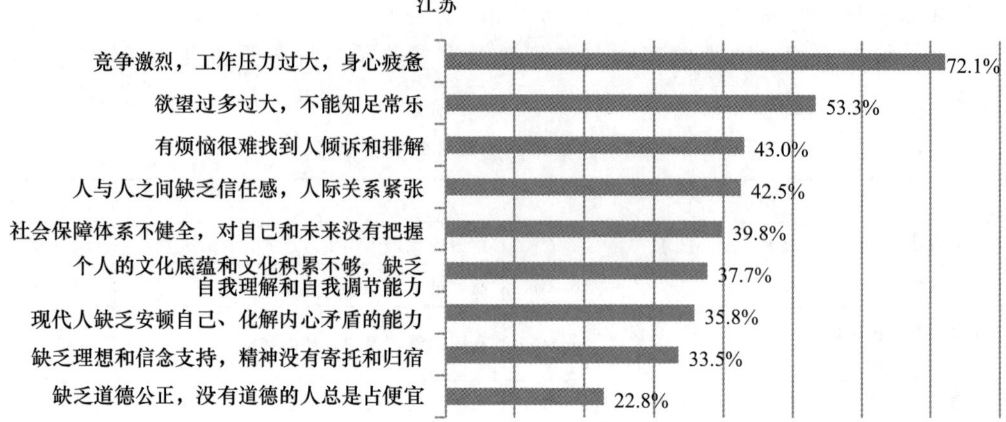

6. 您觉得政府推动或倡导的下列活动，效果如何

基础数据

全国：

D7 您觉得政府推动或倡导的下列活动效果如何

	频数	平均值
文明城市创建	5631	2.54
学雷锋活动	5632	2.76
典型人物的宣传（感动中国，中国好人）	5634	2.79
志愿服务的倡导和推广	5625	2.48
反腐倡廉的举措	5626	2.35
《公民道德建设实施纲要》的推进	5623	1.82
有效频数（成列）	5591	

江苏：

C20 您觉得政府推动或倡导的下列活动效果如何

	频数	平均值	转换为5分制后的平均数
文明城市创建	1148	2.79	3.4875
学雷锋活动	1240	2.76	3.45
典型人物的宣传（感动中国、中国好人、道德楷模等）	1160	2.89	3.6125
志愿服务倡导和推广	1139	3.00	3.75
反腐倡廉的举措	1149	2.68	3.35
《公民道德建设实施纲要》的推进	776	2.78	3.475
有效频数（成列）	700		

比较数据

政府推动或倡导的下列活动效果的有效程度

	平均值	
	全国	江苏
文明城市创建	2.5	3.2
学雷锋活动	2.8	3.5
典型人物的宣传（感动中国、中国好人、道德楷模等）	2.8	3.5
志愿服务的倡导和推广	2.5	3.1
反腐倡廉的举措	2.4	2.9
《公民道德建设实施纲要》的推进	1.8	2.3

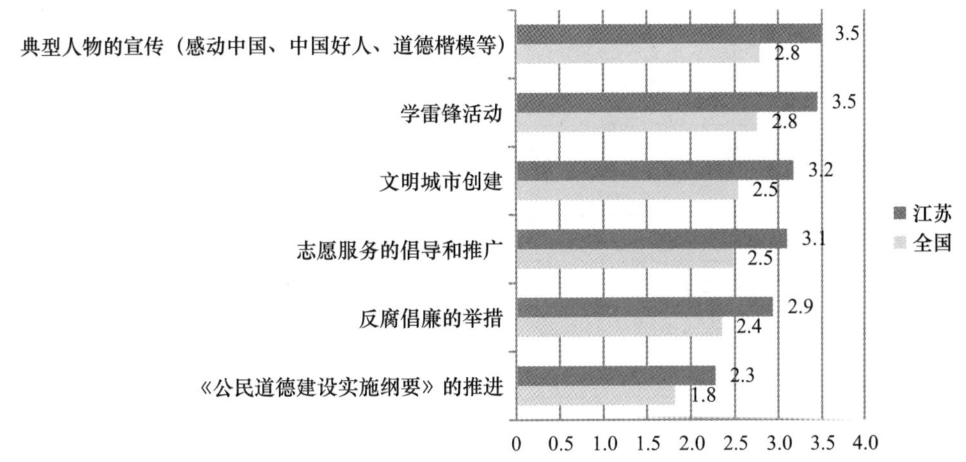

7. 您认为当前社会下列状况的严重程度如何

基础数据

全国：

D8 您认为当前社会下列状况的严重程度如何

	频数	平均值
坑蒙拐骗	5644	3.47
人际关系冷漠，见危不救	5629	3.32
诚信缺乏，社会信用低	5615	3.43
公共场所缺乏公德，如大声喧哗、不排队、随地吐痰等	5611	3.43
自私自利，损人利己，物欲横流	5611	3.38

续表

	频数	平均值
缺乏公正心和正义感	5592	3.27
缺乏羞耻感	5577	3.15
干部贪污受贿，以权谋利	5575	3.93
生活奢侈，铺张浪费	5612	3.44
奉行功利主义，互相算计	5558	3.30
企业损害社会利益，如污染环境、以虚假广告误导公众等	5548	3.49
娱乐界以丑闻、绯闻炒作，污染社会风气	5373	3.31
媒体缺乏社会责任，炒作新闻	5409	3.26
社会财富分配不公，贫富悬殊过大	5594	3.89
教师不尽职	5599	2.90
医生不守职业道德	5624	3.07
偷盗	5648	3.23
公众人物用知名度攫取财富	5395	3.15
不爱国	5579	2.52
两性关系过度开放导致婚姻不稳定	5506	3.19
年轻人缺乏责任感，不孝敬父母	5635	3.04
父母和子女代沟问题严重，难以沟通	5630	3.05
老无所养，缺乏安全感	5637	3.08
有效频数（成列）	5116	

江苏：

C28 您认为当前社会下列状况的严重程度如何

	频数	平均值	转换为5分制后的平均数
坑蒙拐骗	1274	2.93	3.6625
人际关系冷漠，见危不救	1274	2.76	3.45
诚信缺乏，社会信用度低	1265	2.78	3.475
公共场所缺乏公德，如大声喧哗、不排队、随地吐痰	1272	2.80	3.5
自私自利，损人利己，物欲横流	1274	2.75	3.4375
缺乏公正心和正义感	1268	2.65	3.3125
缺乏羞耻感	1270	2.57	3.2125

续表

	频数	平均值	转换为5分制后的平均数
干部贪污受贿，以权谋利	1255	3.17	3.9625
生活奢侈，铺张浪费	1263	2.79	3.4875
奉行功利主义，相互算计	1264	2.65	3.3125
企业损害社会利益，如污染环境、以虚假广告误导公众等	1261	2.96	3.7
娱乐界以丑闻、绯闻炒作，污染社会风气	1169	2.82	3.525
媒体缺乏社会责任，炒作新闻	1184	2.70	3.375
社会财富分配不公，贫富悬殊过大	1267	3.17	3.9625
教师不尽职	1263	2.32	2.9
医生不守职业道德	1266	2.42	3.025
公众人物用知名度攫取财富	1199	2.71	3.3875
不爱国	1258	1.99	2.4875
两性关系过度开放导致婚姻不稳定	1262	2.78	3.475
年轻人缺乏责任感，不孝敬父母	1267	2.48	3.1
父母和子女代沟问题严重，难以沟通	1274	2.39	2.9875
父母过度干涉子女的工作和生活	1270	2.19	2.7375
老无所养，缺乏安全感	1270	2.42	3.025
有效频数（成列）	1050		

比较数据

当前社会下列状况的严重程度

	平均值			平均值	
	全国	江苏		全国	江苏
坑蒙拐骗	3.5	3.7	媒体缺乏社会责任，炒作新闻	3.3	3.4
人际关系冷漠，见危不救	3.3	3.5	社会财富分配不公，贫富悬殊过大	3.9	4.0
诚信缺乏，社会信用度低	3.4	3.5	教师不尽职	2.9	2.9
在公共场所缺乏公德，如大声喧哗、不排队、随地吐痰	3.4	3.5	医生不守职业道德	3.1	3.0
自私自利，损人利己，物欲横流	3.4	3.4	公众人物用知名度攫取财富	3.2	3.4
缺乏公正心和正义感	3.3	3.3	不爱国	3.2	2.5
缺乏羞耻感	3.2	3.2	两性关系过度开放导致婚姻不稳定	2.5	3.5
干部贪污受贿，以权谋利	3.9	4.0	年轻人缺乏责任感，不孝敬父母	3.2	3.1

续表

	平均值			平均值	
	全国	江苏		全国	江苏
生活奢侈，铺张浪费	3.4	3.5	父母和子女代沟问题严重，难以沟通	3.0	3.0
奉行功利主义，相互算计	3.3	3.3	父母过度干涉子女的工作和生活	3.1	2.7
企业损害社会利益，如污染环境、以虚假广告误导公众等	3.5	3.7	老无所养，缺乏安全感	3.1	3.0
娱乐界以丑闻、绯闻炒作，污染社会风气	3.3	3.5			

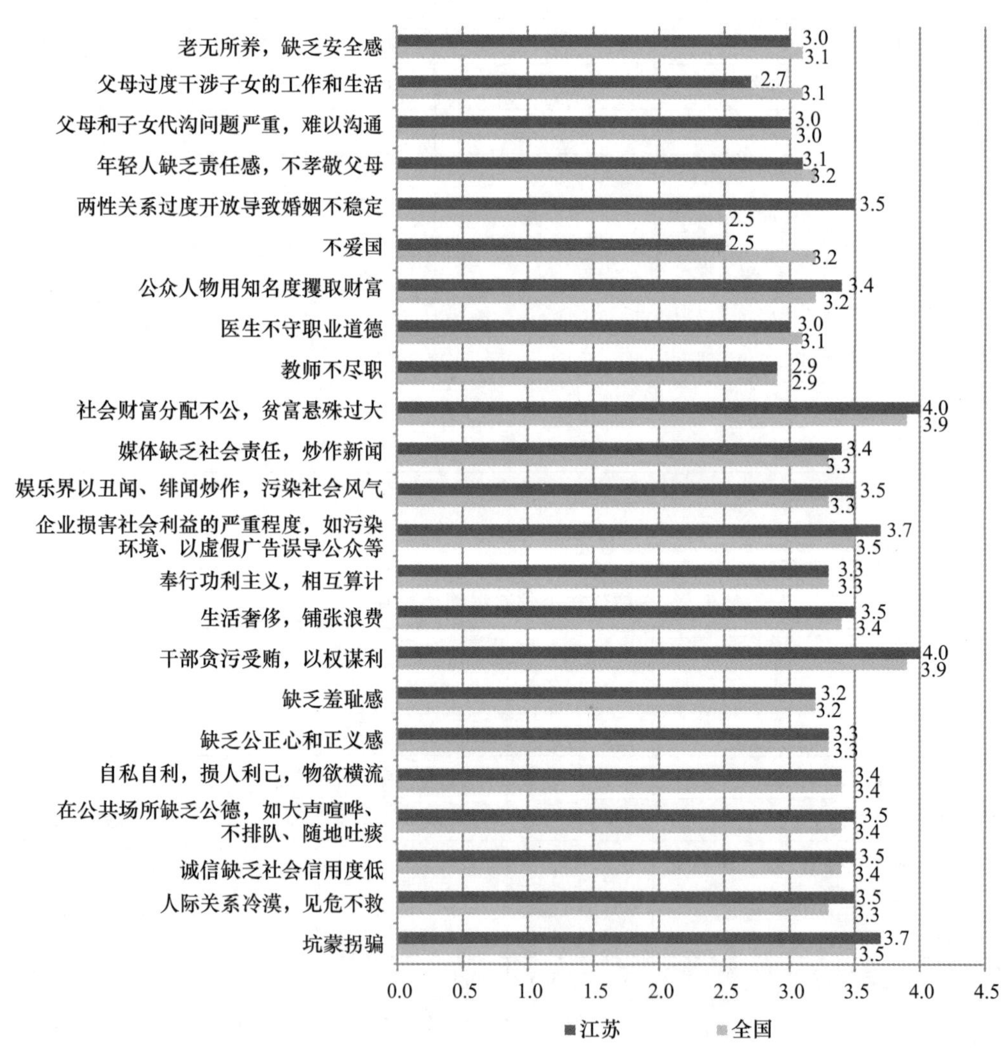

8. 在下列关系中，您认为哪些关系最重要

基础数据

全国：

	第一重要（频数）	第一重要得分	第二重要（频数）	第二重要得分	第三重要（频数）	第三重要得分	总得分
父母与子女	3458	10374	1505	3010	270	270	13654
夫妻	1423	4269	2621	5242	495	495	10006
兄弟姐妹	41	123	447	894	2420	2420	3437
个人与社会	183	549	266	532	473	473	1554
个人与国家	191	573	154	308	273	273	1154
朋友	42	126	156	312	592	592	1030
个人与自身的关系	84	252	65	130	202	202	584
人与自然的关系	66	198	94	188	150	150	536
个人与工作单位	30	90	84	168	203	203	461
上级与下级	47	141	75	150	149	149	440
同事或同学	25	75	68	136	222	222	433
师生	14	42	48	96	85	85	223
通过网络建立的关系	8	24	11	22	13	13	59
其他	6	18	3	6	14	14	38

注：第一重要得分 = 第一重要频数 ×3，第二重要得分 = 第二重要频数 ×2，第三重要得分 = 第三重要频数 ×1，总得分 = 第一重要得分 + 第二重要得分 + 第三重要得分。

江苏：

C22. 在下列关系中，您认为哪些关系重要（排序）

	第一重要（频数）	第一重要得分	第二重要（频数）	第二重要得分	第三重要（频数）	第三重要得分	第四重要（频数）	第四重要得分	第五重要（频数）	第五重要得分	总得分
父母与子女	792	3960	336	1344	76	228	26	52	9	9	5593
夫妇	296	1480	651	2604	130	390	62	124	25	25	4623
兄弟姐妹	6	30	109	436	742	2226	118	236	62	62	2990
个人与国家	74	370	35	140	47	141	102	204	130	130	985
朋友	8	40	10	40	56	168	236	472	190	190	910
同事或同学	2	10	12	48	66	198	237	474	170	170	900

续表

	第一重要（频数）	第一重要得分	第二重要（频数）	第二重要得分	第三重要（频数）	第三重要得分	第四重要（频数）	第四重要得分	第五重要（频数）	第五重要得分	总得分
个人与社会	22	110	54	216	47	141	119	238	187	187	892
上级或下级	4	20	18	72	20	60	99	198	127	127	477
个人与自身的关系（身心和谐）	41	205	8	32	16	48	37	74	80	80	439
个人与工作单位	7	35	9	36	21	63	68	136	104	104	374
与自然的关系	15	75	12	48	18	54	48	96	51	51	324
师生	1	5	6	24	11	33	56	112	57	57	231
通过网络建立的关系			1	4			2	4	2	2	10

注：第一重要得分 = 第一重要频数 ×5，第二重要得分 = 第二重要频数 ×4，第三重要得分 = 第三重要频数 ×3，第四重要得分 = 第四重要频数 ×2，第五重要得分 = 第五重要频数 ×1，总得分 = 第一重要得分 + 第二重要得分 + 第三重要得分 + 第四重要得分 + 第五重要得分。

比较数据 ：

按照重要性排序：

全国	江苏
父母与子女	父母与子女
夫妻	夫妻
兄弟姐妹	兄弟姐妹
个人与社会	个人与国家
个人与国家	朋友
朋友	同事或同学
个人与自身的关系	个人与社会
人与自然的关系	上级或下级
个人与工作单位	个人与自身的关系
上级与下级	个人与工作单位
同事或同学	与自然的关系
师生	师生
通过网络建立的关系	通过网络建立的关系

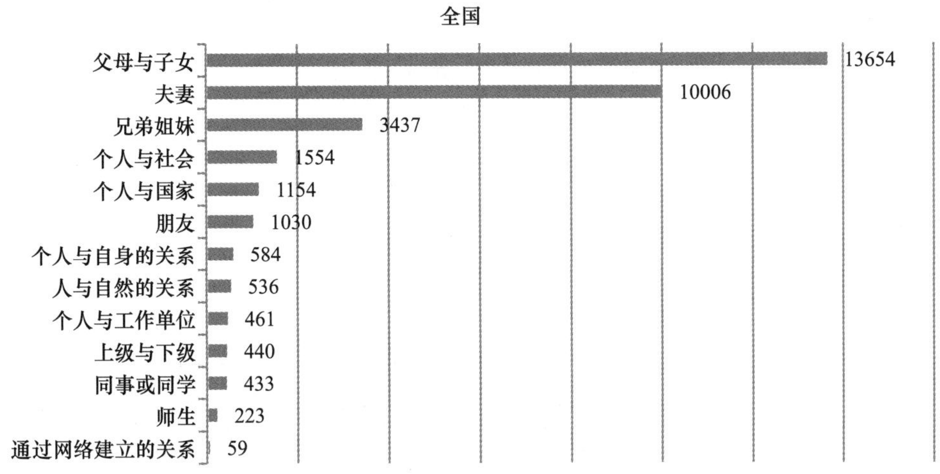

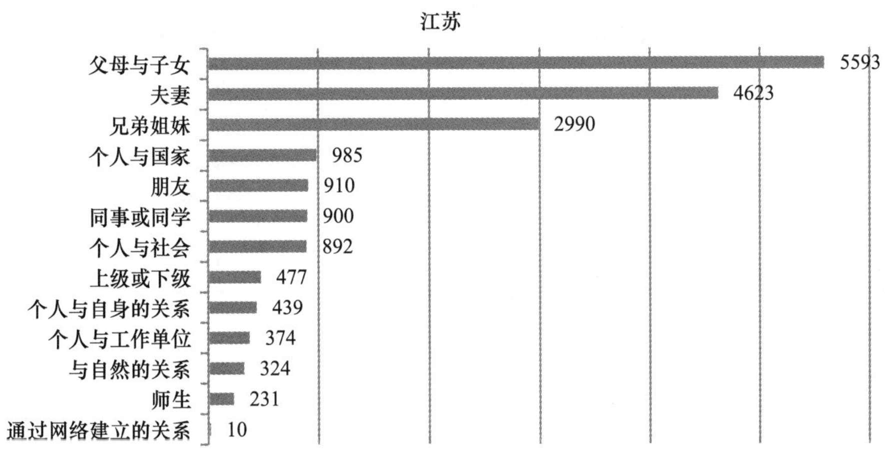

9. 现在社会上有些人不守道德反而讨了便宜，您会不会为了得到好处而效仿？

基础数据

全国：

D10 现在社会上有些人不守道德反而占了便宜，您会不会为了得到好处而效仿

		频数	百分比	有效百分比	累积百分比
有效	从来不这么做	4077	72.0%	73.1%	73.1%
	通常不这么做，关键时刻会这么做	758	13.4%	13.6%	86.7%
	经常这么做	75	1.3%	1.3%	88.0%
	说不清	669	11.8%	12.0%	100.0%
	总计	5579	98.5%	100.0%	

江苏：

C25 是否会为了得到好处而仿效他人不守道德

		频数	百分比	有效百分比	累积百分比
有效	从来不这么做	975	76.1%	76.1%	76.1%
	通常不这么做，关键时刻会这么做	182	14.2%	14.2%	90.3%
	经常这么做	10	0.8%	0.8%	91.1%
	说不清	114	8.9%	8.9%	100.0%
	总计	1281	100.0%	100.0%	

比较数据

现在社会上有些人不守道德反而讨了便宜，您会不会为了得到好处而效仿

	全国	江苏
从来不这么做	73.1%	76.1%
通常不这么做，关键时刻会这么做	13.6%	14.2%
经常这么做	1.3%	0.8%
说不清	12.0%	8.9%

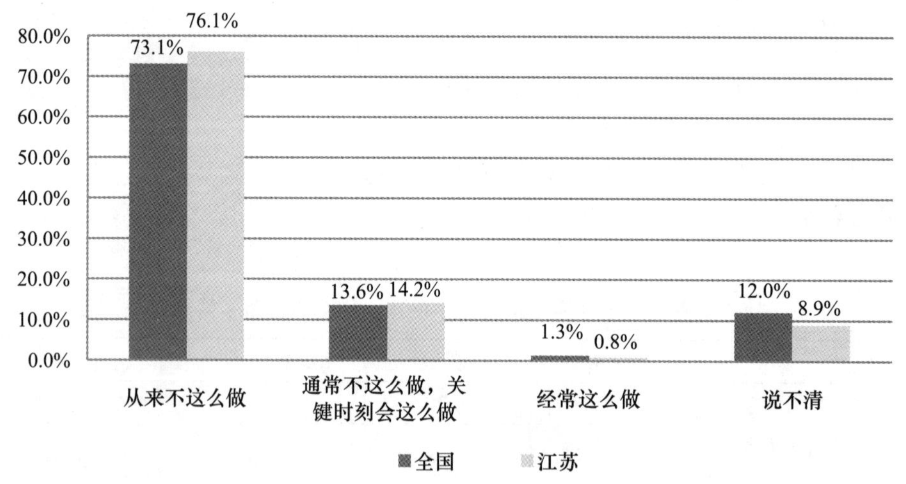

10. 如果您与下列人员发生重大利益冲突，您会首先选择哪种途径来解决

基础数据

全国：

D11 如果您与下列人员发生重大利益冲突，您会首先选择哪种途径来解决

	家庭成员之间	朋友之间	同事之间	商业伙伴之间
诉诸法律，打官司	0.6%	1.2%	2.7%	34.8%
直接找对方沟通但得礼让人，适可而止	55.7%	51.5%	47.5%	29.8%
通过第三方从中调解，尽量不伤和气	8.9%	24.2%	29.7%	25.6%
能忍则忍	34.8%	23.1%	20.1%	9.8%
总计	100%	100%	100%	100%

江苏：

C30 如果您与下列人员发生重大利益冲突，您会首先选择哪种途径来解决

	家庭成员之间	朋友之间	同事之间	商业伙伴之间
诉诸法律，打官司	0.6%	2.6%	2.2%	50.0%
直接找对方沟通但得礼让人，适可而止	58.3%	49.8%	46.2%	24.6%
通过第三方从中调解，尽量不伤和气	9.6%	29.1%	27.8%	15.9%
能忍则忍	31.5%	18.5%	23.9%	9.5%
总计	100%	100%	100%	100%

比较数据

	家庭成员之间		朋友之间		同事之间		商业伙伴之间	
	全国	江苏	全国	江苏	全国	江苏	全国	江苏
诉诸法律，打官司	0.6%	0.6%	1.2%	2.6%	2.7%	2.2%	34.8%	50.0%
直接找对方沟通但得礼让人，适可而止	55.7%	58.3%	51.5%	49.8%	47.5%	46.2%	29.8%	24.6%
通过第三方从中调解，尽量不伤和气	8.9%	9.6%	24.2%	29.1%	29.7%	27.8%	25.6%	15.9%
能忍则忍	34.8%	31.5%	23.1%	18.5%	20.1%	23.9%	9.8%	9.5%
总计	100%	100%	100%	100%	100%	100%	100%	100%

全国

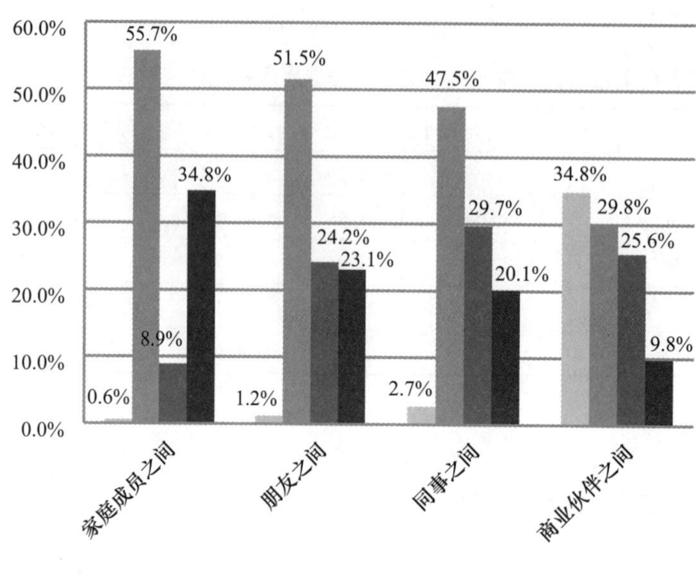
60.0%
50.0%
40.0%
30.0%
20.0%
10.0%
0.0%
0.6%
55.7%
8.9%
34.8%
1.2%
51.5%
24.2%
23.1%
2.7%
47.5%
29.7%
20.1%
34.8%
29.8%
25.6%
9.8%
家庭成员之间
朋友之间
同事之间
商业伙伴之间
诉诸法律，打官司
直接找对方沟通但得礼让人，适可而止
通过第三方从中调解，尽量不伤和气
能忍则忍

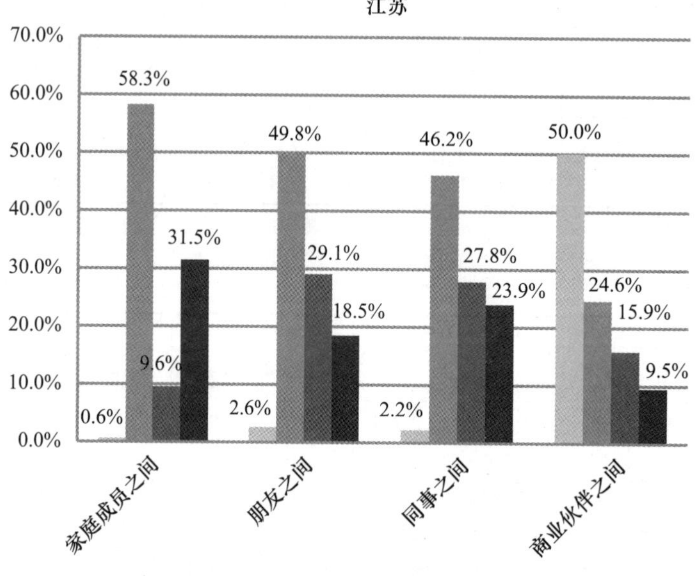
江苏
70.0%
60.0%
50.0%
40.0%
30.0%
20.0%
10.0%
0.0%
0.6%
58.3%
9.6%
31.5%
2.6%
49.8%
29.1%
18.5%
2.2%
46.2%
27.8%
23.9%
50.0%
24.6%
15.9%
9.5%
家庭成员之间
朋友之间
同事之间
商业伙伴之间
诉诸法律，打官司
直接找对方沟通但得礼让人，适可而止
通过第三方从中调解，尽量不伤和气
能忍则忍

11. 一些政府机关和大中小学，利用权力让本单位的职工子女在很好的学校读书，或降分录取，您认为这种行为道德吗

基础数据

全国：

D12 一些政府机关和大中小学，利用权力让本单位的职工子女在很好的学校读书，或降分录取，您认为这种行为道德吗

		频数	百分比	有效百分比	累积百分比
有效	为本单位人员谋福利，符合道德	207	3.7%	3.7%	3.7%
	以权谋私，不道德	3419	60.3%	61.1%	64.8%
	是对社会公众的欺骗，严重不道德	1105	19.5%	19.8%	84.6%
	符合本单位员工利益和内部伦理，但严重侵蚀社会道德	396	7.0%	7.1%	91.7%
	无所谓道德不道德	467	8.2%	8.3%	100.0%
	总计	5594	98.7%	100.0%	
缺失	拒绝回答	8	0.1%		
	不知道	63	1.1%		
	不适用	1	0.0%		
	总计	72	1.2%		
总计		5666	100.0%		

江苏：

B13 政府机关及大中小学利用权力让本单位的职工子女在更好的学校读书或降分录取的行为是否道德

		频数	百分比	有效百分比	累积百分比
有效	为本单位人员谋福利，符合道德	63	4.9%	5.0%	5.0%
	以权谋私，不道德	677	52.8%	53.3%	58.3%
	是对社会公众的欺骗，严重不道德	251	19.6%	19.8%	78.1%
	符合本单位员工利益和内部伦理，但严重侵蚀社会道德	185	14.4%	14.6%	92.7%
	无所谓道德不道德	93	7.3%	7.3%	100.0%
	总计	1269	99.0%	100.0%	

比较数据

一些政府机关和大中小学，利用权力让本单位的职工子女在很好的学校读书，或降分录取，您认为这种行为道德吗

	全国	江苏
为本单位人员谋福利，符合道德	3.7%	5.0%
以权谋私，不道德	61.1%	53.3%
是对社会公众的欺骗，严重不道德	19.8%	19.8%
符合本单位员工利益和内部伦理，但严重侵蚀社会道德	7.1%	14.6%
无所谓道德不道德	8.3%	7.3%

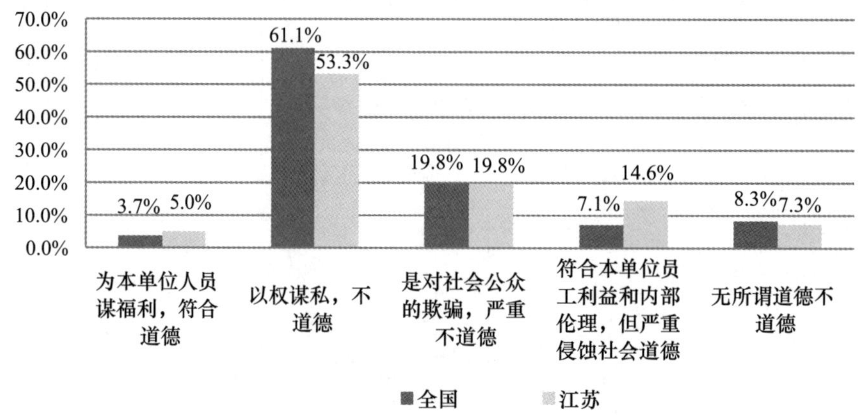

12. 如果您所在的单位有一项举措可以提高集体福利并使您个人得到利益，但会造成环境污染或社会公害，您会举报吗

基础数据

全国：

D13 如果您所在的单位有一项举措可以提高集体福利并使您个人得到利益，但会造成环境污染或社会公害，您会举报吗

		频数	百分比	有效百分比	累积百分比
有效	会	3104	54.8%	56.3%	56.3%
	不会	2410	42.5%	43.7%	100.0%
	总计	5514	97.3%	100.0%	

江苏：

B10 如果您所在的单位有一项举措可以提高集体福利并使您个人得到利益，但会造成环境污染或社会公害，您会举报吗

	频数	百分比	累积百分比
会	767	59.9%	61.2%
不会	487	38.5%	100%
总计	1254	97.9%	

比较数据

如果您所在的单位有一项举措可以提高集体福利并使您个人得到利益，但会造成环境污染或社会公害，您会举报吗

	全国	江苏
会	56.3%	61.2%
不会	43.7%	38.5%

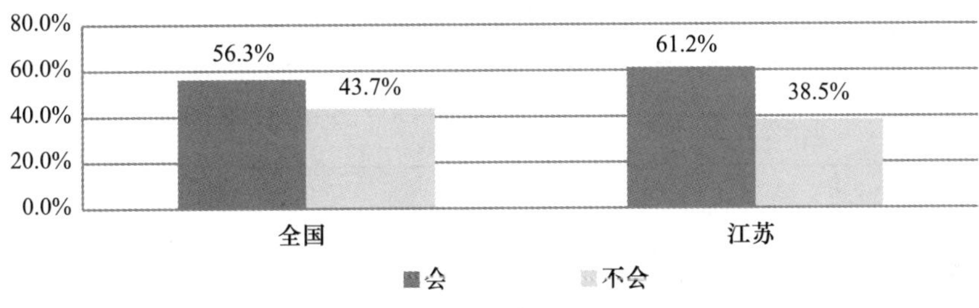

13. 您认为对当前我国伦理关系和道德风尚造成最大负面影响的因素是

基础数据

全国：

D14 您认为对当前我国伦理关系和道德风尚造成最大负面影响的因素是

		频数	百分比	有效百分比	累积百分比
有效	传统文化的崩坏	1876	33.1%	35.6%	35.6%
	外来文化的冲击	1213	21.4%	23.0%	58.6%
	市场经济导致的个人主义	1597	28.2%	30.3%	89.0%
	计算机网络技术的发展	422	7.4%	8.0%	97.0%
	其他	159	2.8%	3.0%	100.0%
	总计	5267	92.9%	100.0%	

江苏：

C31 您认为对当前我国伦理关系和道德风尚造成最大负面影响的因素是

变量	频数	百分比	有效百分比	累积百分比
传统文化的崩坏	325	25.4%	26.6%	26.6%
外来文化的冲击	162	12.6%	13.3%	39.9%
市场经济导致的个人主义	534	41.7%	43.7%	83.6%
计算机网络技术的发展	149	11.6%	12.2%	95.8%
其他	51	4.0%	4.2%	100%
总计	1221	95.3%	100%	

比较数据

您认为对当前我国伦理关系和道德风尚造成最大负面影响的因素是

	全国	江苏
传统文化的崩坏	35.6%	26.6%
外来文化的冲击	23.0%	13.3%
市场经济导致的个人主义	30.3%	43.7%
计算机网络技术的发展	8.0%	12.2%
其他	3.0%	4.2%

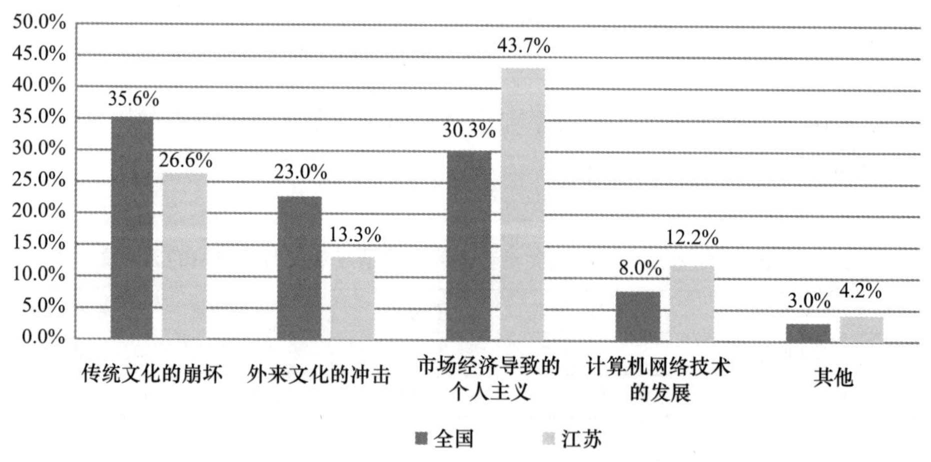

14. 从网络中获得的信息（文字、图片、视频等）对您的思想行为影响如何

基础数据

全国：

D15 从网络中获得的信息（文字，图片，视频等）对您的思想行为影响如何

		频数	百分比	有效百分比	累积百分比
有效	有影响	2703	47.7%	48.3%	48.3%
	没影响	230	4.1%	4.1%	52.4%
	不适用，因为不上网	2666	47.1%	47.6%	100.0%
	总计	5599	98.9%	100.0%	

江苏：

C27 从网络中获得的信息（文字、图片、视频等）对您的思想行为影响如何

	频数	百分比	累积百分比
影响很大	56	4.4%	4.4%
有一些影响	381	29.7%	34.4%
不太影响	230	18.0%	52.4%
完全没有影响	60	4.7%	57.2%
不适用，因为不上网	545	42.5%	100%
总计	1272	99.3%	

比较数据

从网络中获得的信息（文字，图片，视频等）对您的思想行为影响如何

	全国	江苏
有影响	48.3%	34.4%
没影响	4.1%	22.8%
不适用，因为不上网	47.6%	42.8%

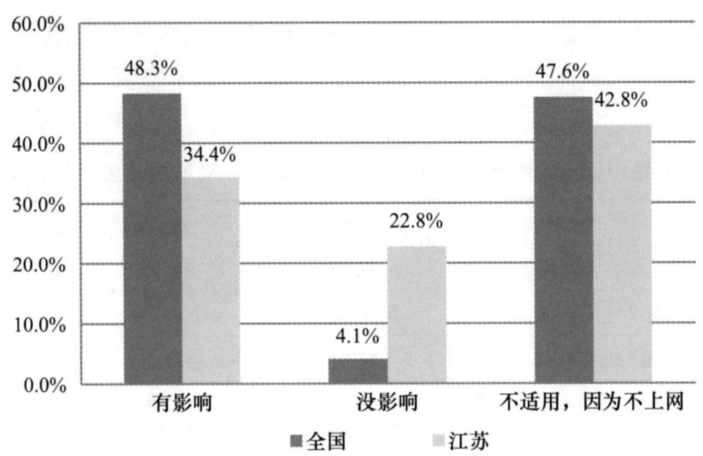

15. 您认为在自己的成长中得到道德训练的最重要场所或机构是

基础数据

全国：

D16 您认为在自己的成长中得到道德训练的最重要场所或机构是

		频数	百分比	有效百分比	累积百分比
有效	家庭	2841	50.1%	50.7%	50.7%
	学校	998	17.6%	17.8%	68.5%
	社会	1415	25.0%	25.2%	93.7%
	国家或政府	198	3.5%	3.5%	97.2%
	媒体	97	1.7%	1.7%	98.9%
	其他	59	1.0%	1.1%	100.0%
	总计	5608	98.9%	100.0%	

江苏：

C32 您认为在自己的成长中得到道德训练的最重要场所或机构是

	频数	百分比	有效百分比	累积百分比
家庭	496	38.7%	39.0%	39%
学校	335	26.2%	26.4%	65.4%
社会（包括职业生活）	319	24.9%	25.1%	90.5%
国家或政府	76	5.9%	6.0%	96.5%
媒体	21	1.6%	1.6%	98.1%

续表

	频数	百分比	有效百分比	累积百分比
其他	24	1.9%	1.9%	100%
总计	1271	99.2%	100.0%	

比较数据

您认为在自己的成长中得到道德训练的最重要场所或机构是

	全国	江苏
家庭	50.7%	39.0%
学校	17.8%	26.4%
社会	25.2%	25.1%
国家或政府	3.5%	6.0%
媒体	1.7%	1.6%
其他	1.1%	1.9%

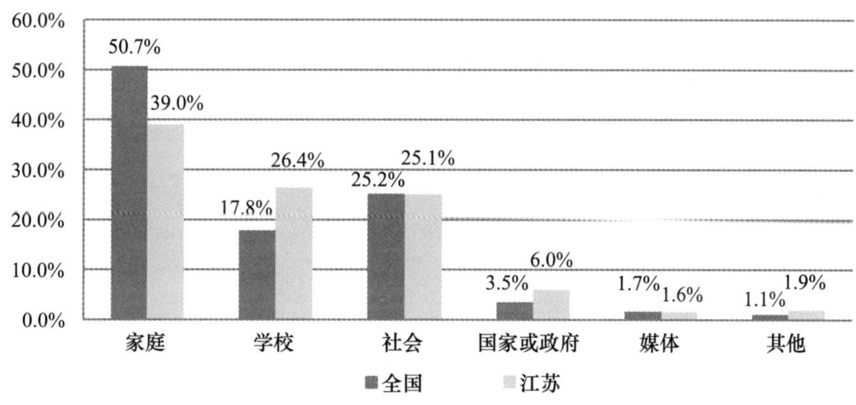

16. 你对下列群体的伦理道德状况的满意度如何

基础数据

全国：

D17 你对下列群体的伦理道德状况的满意度如何

	频数	平均值
政府官员	5606	2.53
企业家	5545	2.94

续表

	频数	平均值
演艺娱乐界明星	5412	2.83
教师	5618	3.46
青少年	5619	3.27
农民	5626	3.61
商人	5586	2.82
工人	5572	3.46
专家学者	5505	3.39
医生	5602	3.19
有效频数（成列）	5334	

江苏：

C33 你对下列群体的伦理道德状况的满意度如何

	频数	平均值	转换为5分制后的平均数
政府官员	1257	2.33	2.9125
企业家	1238	2.49	3.1125
演艺娱乐界	1174	2.34	2.925
教师	1268	2.94	3.675
青少年	1264	2.82	3.525
弱势群体	1240	2.84	3.55
自由职业者	1224	2.78	3.475
农民	1264	3.09	3.8625
商人	1264	2.51	3.1375
工人	1262	3.04	3.8
专家学者	1229	2.90	3.625
医生	1276	2.77	3.4625
有效频数（成列）	1090		

比较数据

	平均值	
	全国	江苏
政府官员	2.5	2.9
企业家	2.9	3.1

续表

	平均值	
	全国	江苏
演艺娱乐界明星	2.8	2.9
教师	3.5	3.7
青少年	3.3	3.5
农民	3.6	3.9
商人	2.8	3.1
工人	3.5	3.8
专家学者	3.4	3.6
医生	3.2	3.5

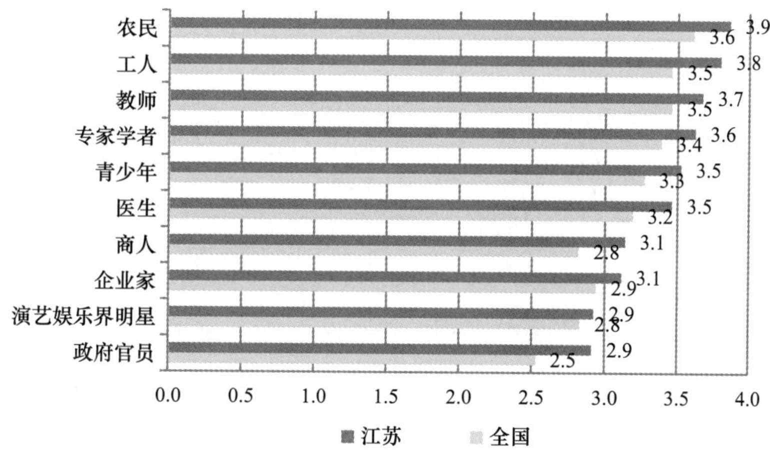

17. 您觉得当前我国政府官员道德问题最严重的是

基础数据

全国：

D18 您觉得当前我国政府官员道德问题最严重的是

		频数	百分比	有效百分比	累积百分比
有效	贪污	2389	42.2%	43.1%	43.1%
	以权谋私	1374	24.2%	24.8%	67.9%
	受贿	438	7.7%	7.9%	75.8%
	生活作风腐败	478	8.4%	8.6%	84.4%
	官僚主义	174	3.1%	3.1%	87.6%

续表

		频数	百分比	有效百分比	累积百分比
有效	平庸，不作为	218	3.8%	3.9%	91.5%
	政绩工程，折腾百姓	237	4.2%	4.3%	95.8%
	铺张浪费	91	1.6%	1.6%	97.4%
	拉帮结派	42	0.7%	0.8%	98.2%
	其他	100	1.8%	1.8%	100.0%
	总计	5541	97.7%	99.9%	

江苏：

C36 您觉得当前我国政府官员道德问题最严重的是

	频数	百分比	有效百分比	累积百分比
贪污	441	34.4%	35.2%	35.2%
以权谋私	398	31.1%	31.8%	67%
受贿	82	6.4%	6.5%	73.5%
生活作风腐败	76	5.9%	6.1%	79.6%
官僚主义	44	3.4%	3.5%	83.1%
平庸、不作为	43	3.4%	3.4%	86.5%
政绩工程，折腾百姓	75	5.9%	6.0%	92.5%
铺张浪费	27	2.1%	2.2%	94.7%
拉帮结派	30	2.3%	2.3%	97%
其他	37	2.9%	3.0%	100%
总计	1253	97.8%	100.0%	

比较数据

您觉得当前我国政府官员道德问题最严重的是

	全国	江苏
贪污	43.1%	35.2%
以权谋私	24.8%	31.8%
受贿	7.9%	6.5%
生活作风腐败	8.6%	6.1%
官僚主义	3.1%	3.5%
平庸，不作为	3.9%	3.4%
政绩工程，折腾百姓	4.3%	6.0%

续表

	全国	江苏
铺张浪费	1.6%	2.2%
拉帮结派	0.8%	2.3%
其他	1.8%	3.0%

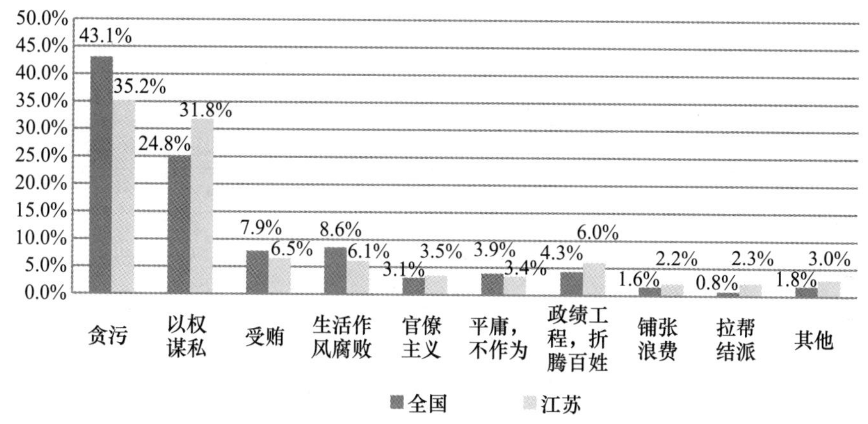

18. 您的思想行为受什么人影响最大

基础数据

全国：

D19 您的思想行为受什么人影响最大

	第一人（频数）	第一人得分	第二人（频数）	第二人得分	第三大（频数）	第三大得分	总得分
父母	3755	11265	808	1616	375	375	13256
教师	599	1797	2211	4422	839	839	7058
农民	167	501	723	1446	749	749	2696
政府官员	454	1362	276	552	634	634	2548
先哲先贤	174	522	450	900	699	699	2121
知识精英	136	408	307	614	827	827	1849
工人	66	198	230	460	500	500	1158
企业家	125	375	231	462	252	252	1089
自由职业者	36	108	90	180	226	226	514
演艺明星、体育明星	38	114	71	142	138	138	394

注：第一大得分 = 第一大频数 ×3，第二大得分 = 第二大频数 ×2，第三大得分 = 第三大频数 ×1，总得分 = 第一大得分 + 第二大得分 + 第三大得分。

江苏：

C37 您的思想行为受什么人影响最大

	第一大（频数）	第一大得分	第二大（频数）	第二大得分	第三大（频数）	第三大得分	总得分
父母	757	2271	205	410	94	94	2775
教师	143	429	505	1010	170	170	1609
政府官员	152	456	98	196	178	178	830
先哲先贤	81	243	92	184	155	155	582
知识精英	35	105	67	134	146	146	385
农民	14	42	66	132	125	125	299
企业家	24	72	56	112	45	45	229
工人	16	48	41	82	93	93	223
演艺明星、体育明星	5	15	21	42	58	58	115
自由职业者	2	6	4	8	22	22	36

注：第一大得分 = 第一大频数 ×3，第二大得分 = 第二大频数 ×2，第三大得分 = 第三大频数 ×1，总得分 = 第一大得分 + 第二大得分 + 第三大得分。

比较数据

按影响程度由大到小排序：

全国	江苏
父母	父母
教师	教师
农民	政府官员
政府官员	先哲先贤
先哲先贤	知识精英
知识精英	农民
工人	企业家
企业家	工人
自由职业者	演艺明星、体育明星
演艺明星、体育明星	自由职业者

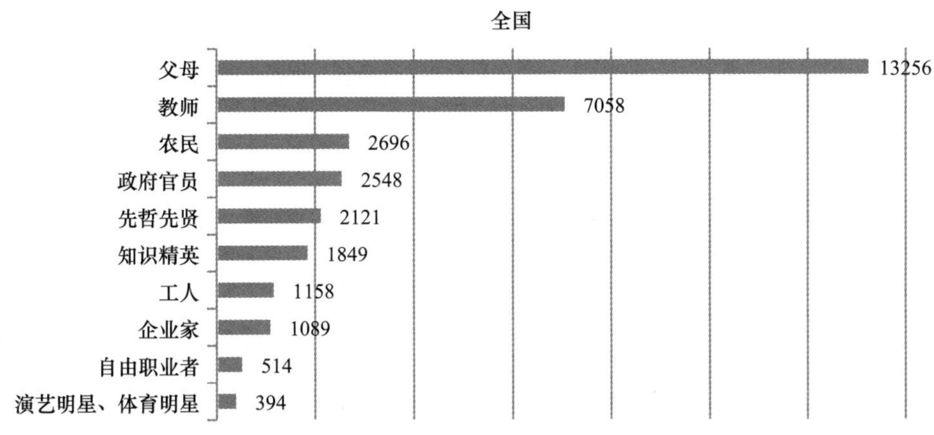

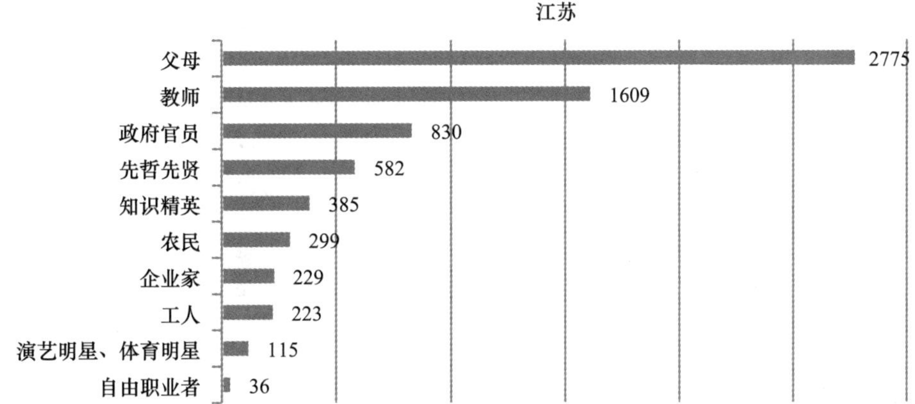

19. 您认为目前我国社会成员之间的收入差距如何

基础数据

全国：

D20 您认为目前我国社会成员之间的收入差距如何

		频数	百分比	有效百分比	累积百分比
有效	合理，可以接受	785	13.9%	13.9%	13.9%
	不合理，但可以接受	2548	45.0%	45.0%	58.9%
	不合理，不能接受	1670	29.5%	29.5%	88.4%
	说不清	657	11.6%	11.6%	100.0%
	总计	5660	100.0%	100.0%	

江苏：

B14 您认为目前我国社会成员之间的收入差距如何

	频数	百分比	有效百分比	累积百分比
合理，可以接受	122	9.5%	9.6%	9.6%
不合理，但可以接受	480	37.5%	37.9%	47.5%
不合理，不能接受	498	38.9%	39.3%	86.8%
说不清	168	13.1%	13.2%	100%
总计	1268	99.0%	100.0%	

比较数据

您认为目前我国社会成员之间的收入差距如何

	全国	江苏
合理，可以接受	13.9%	9.6%
不合理，但可以接受	45.0%	37.9%
不合理，不能接受	29.5%	39.3%
说不清	11.6%	13.2%

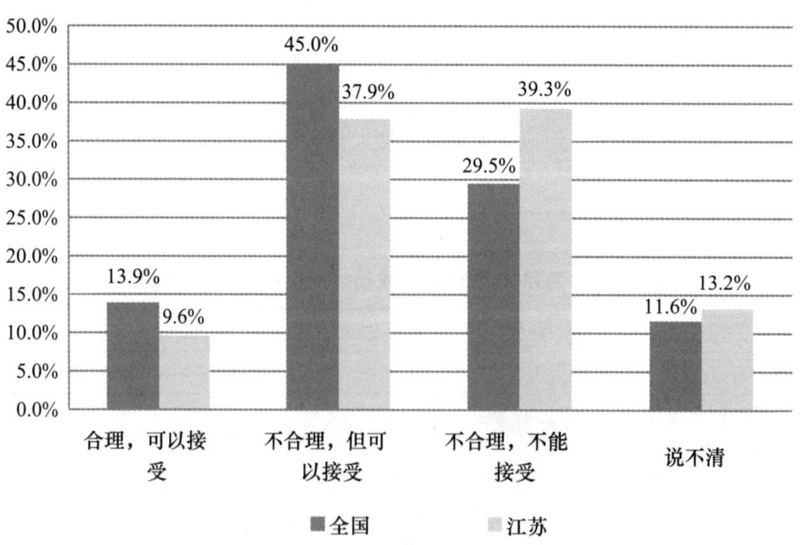

20. 如果国外报道与主流媒体宣传内容不一致，您倾向于相信

基础数据

全国：

D21 如果国外报道与主流媒体宣传内容不一致，您倾向于相信

		频数	百分比	有效百分比	累积百分比
有效	主流媒体	2275	40.2%	40.3%	40.3%
	国外报道	355	6.3%	6.3%	46.6%
	谁都不相信，自己判断	1437	25.4%	25.5%	72.1%
	说不清	1576	27.8%	27.9%	100.0%
	总计	5643	99.7%	100.0%	

江苏：

C40 若国外报道与主流媒体宣传内容不一致，您更倾向于相信哪方

	频数	百分比	有效百分比	累积百分比
主流媒体	693	54.1%	54.8%	54.8%
国外报道	100	7.8%	7.9%	62.7%
谁都不相信，自己判断	311	24.3%	24.6%	87.3%
说不清	161	12.6%	12.7%	100%
总计	1265	98.8%	100.0%	

比较数据

如果国外报道与主流媒体宣传内容不一致，您倾向于相信

	全国	江苏
主流媒体	40.3%	54.8%
国外报道	6.3%	7.9%
谁都不相信，自己判断	25.5%	24.6%
说不清	28.0%	12.7%

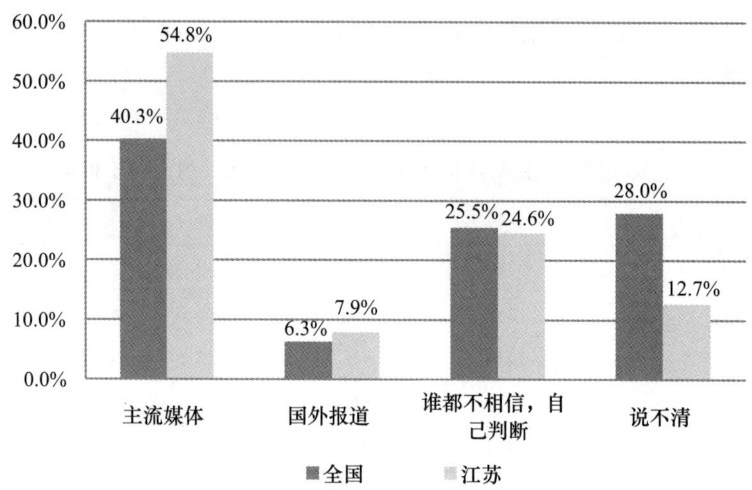

21. 您认为当前我国社会道德生活中最重要的元素是

基础数据

全国：

D22 您认为当前我国社会道德生活中最重要的元素是

		频数	百分比	有效百分比	累积百分比
有效	意识形态中所提倡的社会主义道德	973	17.2%	18.1%	18.1%
	中国传统道德	3507	61.9%	65.1%	83.1%
	西方文化影响而形成的道德	223%	3.9%	4.1%	87.3%
	市场经济中形成的道德	599	10.6%	11.1%	98.4%
	其他	88	1.6%	1.6%	100.0%
	总计	5390	95.2%	100.0%	

江苏：

C43 您认为当前我国社会道德生活中最重要的元素是

	频数	百分比	有效百分比	累积百分比
意识形态中所提倡的社会主义道德	363	28.3%	29.5%	29.5%
中国传统道德	575	44.9%	46.8%	76.3%
西方文化影响而形成的道德	34	2.7%	2.8%	79.1%
市场经济中形成的道德	243	19.0%	19.8%	98.9%
其他	14	1.1%	1.1%	100%
总计	1229	95.9%	100.0%	

比较数据

您认为当前我国社会道德生活中最重要的元素是

	全国	江苏
意识形态中所提倡的社会主义道德	18.1%	29.5%
中国传统道德	65.1%	46.8%
西方文化影响而形成的道德	4.1%	2.8%
市场经济中形成的道德	11.1%	19.8%
其他	1.6%	1.1%

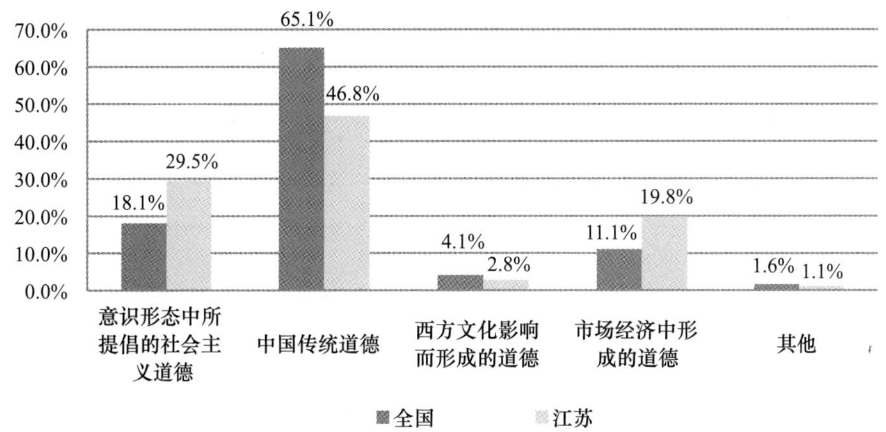

22. 假设您的上司或老板是外国人，如果他侮辱了中国，但抗争会产生不利于自己的后果，您会选择

基础数据

全国：

D23 假设您的上司或老板是外国人，如果他侮辱了中国，但抗争会产生不利于自己的后果，您会选择

		频数	百分比	有效百分比	累积百分比
有效	当面抗议	3156	55.7%	57.9%	57.9%
	保持沉默	1080	19.1%	19.8%	77.7%
	暗地里报复	147	2.6%	2.7%	80.4%
	以屈求伸，背后骂几句就行了	504	8.9%	9.2%	89.7%
	无所谓	562	9.9%	10.3%	100.0%
	总计	5449	96.2%	100.0%	

江苏：

C45 假如您的上司或老板是外国人，他侮辱了中国，
但抗争会产生不利于自己的后果，您会选择

变量	频数	百分比	有效百分比	累积百分比
当面抗议	954	74.5%	76.1%	76.1%
保持沉默	299	23.3%	23.9%	100%
总计	1253	97.8%	100.0%	

比较数据

假设您的上司或老板是外国人，如果他侮辱了中国，
但抗争会产生不利于自己的后果，您会选择

	全国	江苏
当面抗议	74.5%	76.1%
保持沉默	25.5%	23.9%

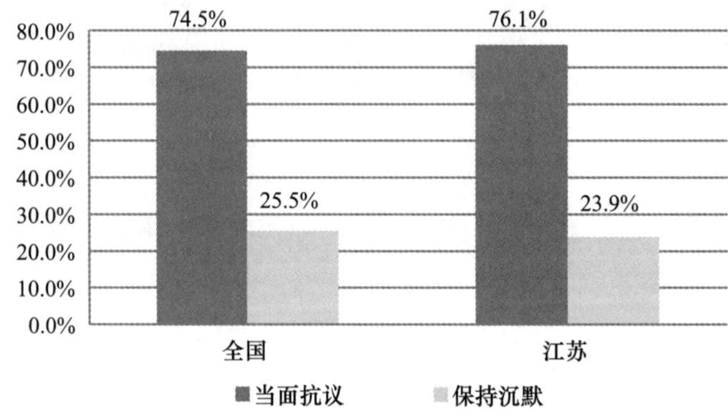

23. 您认为哪一种伦理关系对社会秩序和个人生活最具根本性意义

基础数据

全国：

D24 您认为哪一种伦理关系对社会秩序和个人生活最具根本性意义

		频数	百分比	有效百分比	累积百分比
有效	家庭伦理关系或血缘关系	3553	62.7%	64.4%	64.4%
	个人与社会的关系	1063	18.8%	19.3%	83.7%
	职业伦理关系	165	2.9%	3.0%	86.7%

续表

		频数	百分比	有效百分比	累积百分比
有效	个人与国家民族的关系	438	7.7%	7.9%	94.6%
	个人与自然的关系	99	1.7%	1.8%	96.4%
	个人与他自身的关系	158	2.8%	2.9%	99.3%
	其他	39	0.7%	0.7%	100.0%
	总计	5515	97.3%	100.0%	

江苏：

C23 您认为哪一种关系对社会秩序最具根本性意义

变量	频数	百分比	有效百分比	累积百分比
家庭伦理关系或血缘关系	343	26.8%	27.5%	27.5%
个人与社会的关系	463	36.1%	37.2%	64.7%
职业伦理关系	36	2.8%	2.9%	67.6%
个人与国家民族的关系	310	24.2%	24.9%	92.5%
人与自然的关系	41	3.2%	3.2%	95.7%
个人与他自身的关系	53	4.1%	4.3%	100%
总计	1246	97.2%	100.0%	

C24 您认为哪一种关系对个人生活最具根本性意义

变量	频数	百分比	有效百分比	累积百分比
家庭伦理关系或血缘关系	276	21.5%	67.4%	67.4%
个人与社会的关系	151	11.8%	12.1%	79.5%
职业伦理关系	39	3.0%	3.1%	82.6%
个人与国家民族的关系	108	8.4%	8.6%	91.2%
人与自然的关系	27	2.1%	2.1%	93.3%
个人与他自身的关系	84	6.6%	6.7%	100%
总计	409	31.9%		

比较数据

	全国	江苏（社会秩序）	江苏（个人生活）
家庭伦理关系或血缘关系	64.4%	27.5%	67.4%
个人与社会的关系	19.3%	37.2%	12.1%

续表

	全国	江苏（社会秩序）	江苏（个人生活）
职业伦理关系	3.0%	2.9%	3.1%
个人与国家民族的关系	7.9%	24.9%	8.6%
个人与自然的关系	1.8%	3.2%	2.1%
个人与他自身的关系	2.9%	4.3%	6.7%

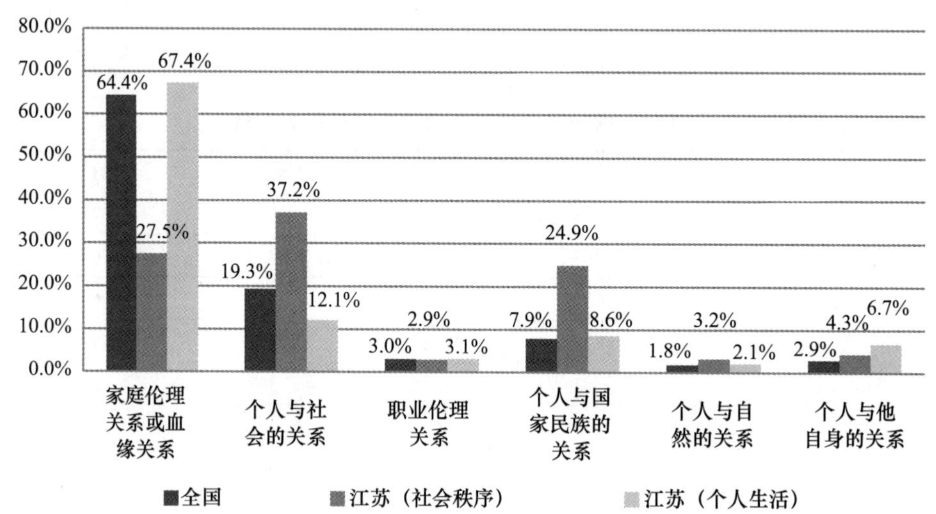

2017 年江苏省与全国伦理道德发展比较数据库

受访对象的性别

	全国	江苏
女性	53. 2%	52. 2%
男性	46. 8%	47. 8%
总计	100. 0%	100. 0%

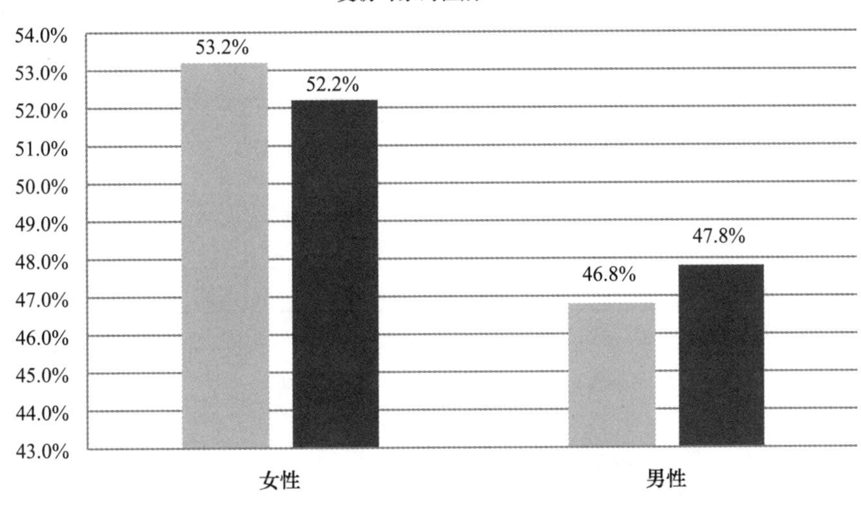

A1 年龄

	全国	江苏
18 岁以下	1. 9%	1. 3%
18—25 岁	10. 8%	10. 2%
26—35 岁	20. 0%	19. 9%
36—50 岁	31. 5%	32. 3%
51 岁以上	35. 7%	36. 0%
总计	99. 9%	99. 7%

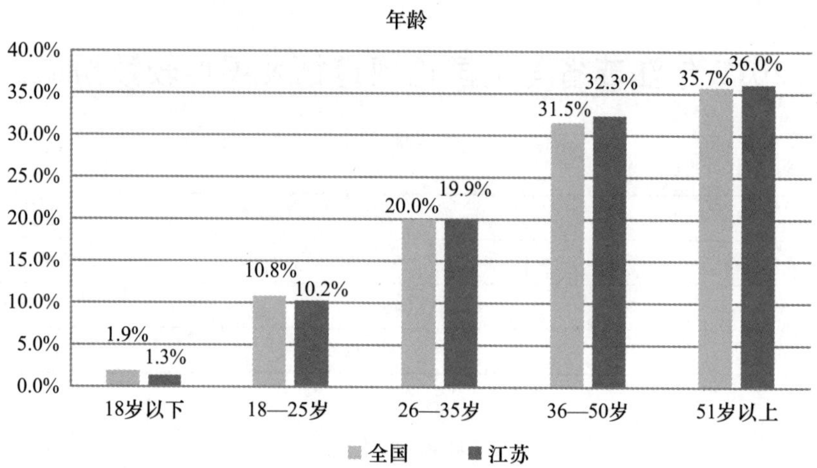

A2 您是在农村、小城镇，还是城市长大的

	全国	江苏
农村	72.0%	71.1%
小城镇	12.1%	9.4%
城市	15.9%	19.5%
总计	100.0%	100.0%

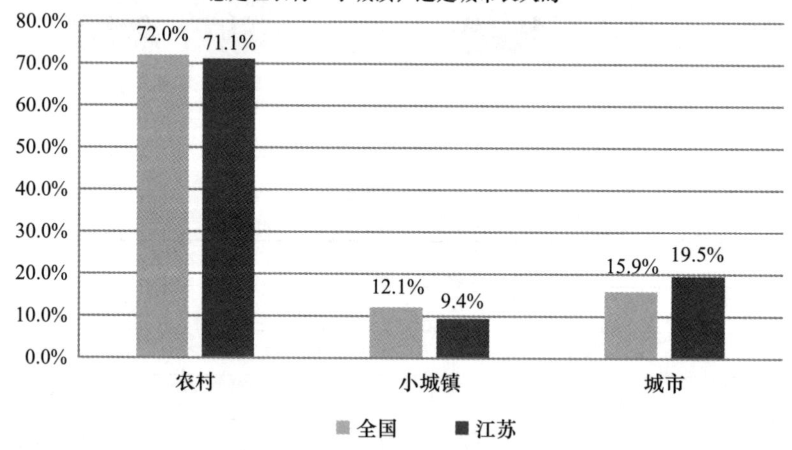

A3 您上过多少年学

	全国	江苏
	3.6%	3.4%
1 年	0.6%	0.5%

续表

	全国	江苏
2 年	1.9%	1.5%
3 年	2.3%	2.3%
4 年	1.9%	2.7%
5 年	7.5%	8.1%
6 年	10.8%	4.1%
7 年	1.3%	2.8%
8 年	6.4%	13.3%
9 年	23.4%	17.3%
10 年	1.9%	1.5%
11 年	2.7%	4.9%
12 年	18.7%	16.1%
13 年	1.5%	1.7%
14 年	2.1%	2.8%
15 年	5.9%	7.6%
16 年	5.3%	7.3%
17 年	0.8%	0.9%
18 年	0.7%	0.6%
19 年	0.4%	0.7%
20 年	0.1%	
21 年	0.1%	
总计	100.0%	100.0%

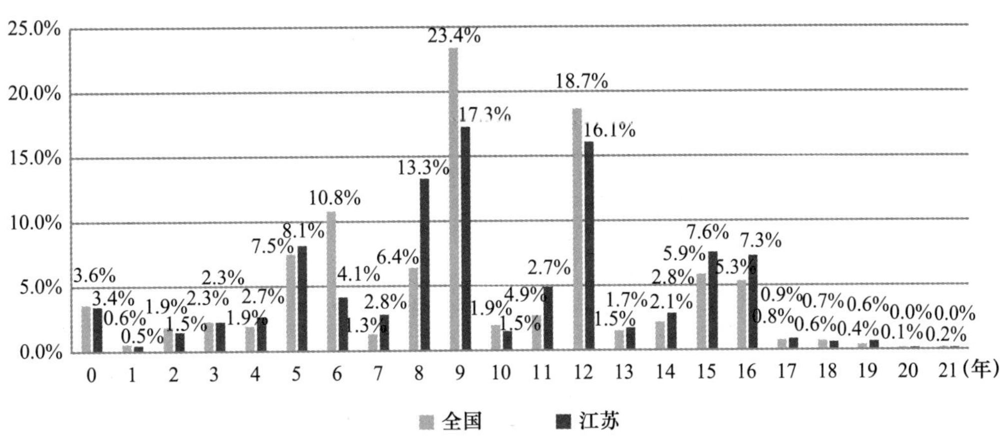

A4 您的最高学历是什么

	全国	江苏
小学以下	8.6%	5.9%
小学	20.1%	16.8%
初中	31.2%	32.5%
高中	19.5%	18.1%
职高/中专	4.7%	6.7%
大专	7.0%	8.7%
大学	7.6%	10.8%
硕士	0.8%	0.5%
博士	0.4%	0.1%
总计	99.9%	100.1%

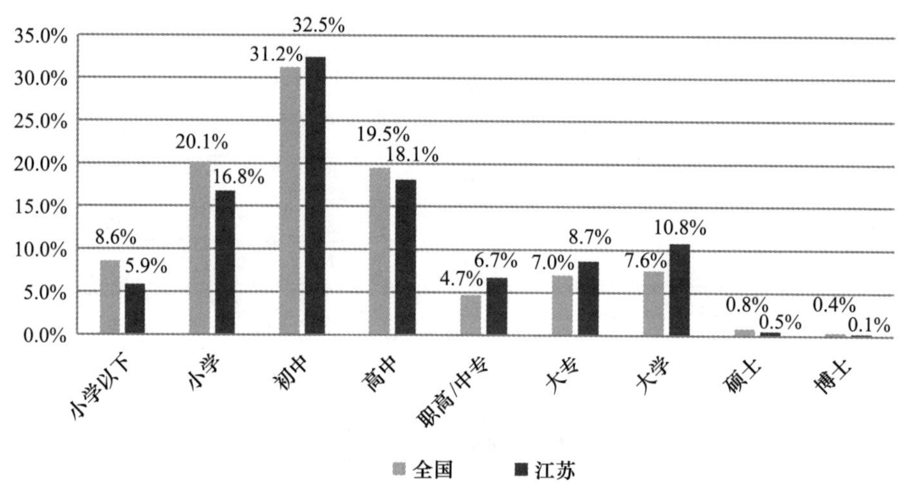

A5 您现在的户口属于下列哪一种

	全国	江苏
本市农业户口	59.9%	51.8%
本市非农户口	31.7%	39.0%
外地农业户口	6.3%	7.4%
外地非农户口	2.0%	1.9%
总计	99.9%	100.1%

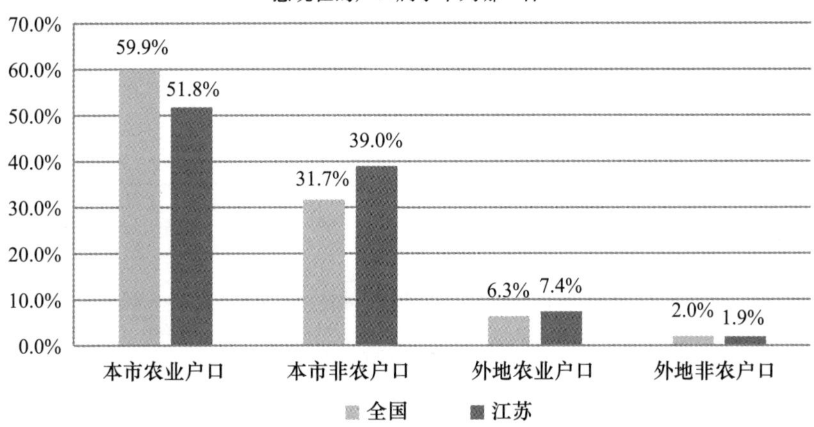

A6 您的户口本上是现在住的地址吗

	全国	江苏
是	85.1%	90.3%
否	14.8%	9.7%
总计	99.9%	100.0%

您的户口本上是现在住的地址吗

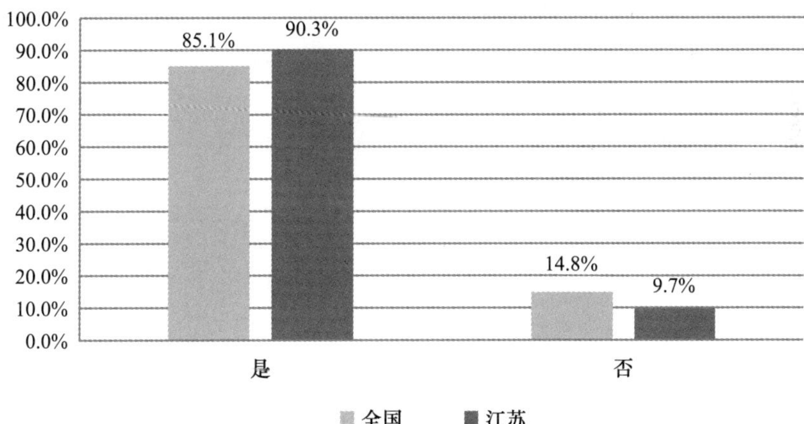

A7 您的户口所在地和现在的住址相比较，符合下列哪一种情况

	全国	江苏
与现住址不同省/自治区/直辖市	25.0%	34.2%
与现住址同省/自治区/直辖市，不同地级市	13.7%	12.3%
与现住址同省/自治区/直辖市，同地级市，不同市辖区/县	16.5%	8.7%

续表

	全国	江苏
与现住址同省/自治区/直辖市，同地级市，同市辖区/县，不同乡镇/街道	37.7%	30.4%
与现住址同街道/乡镇	7.1%	14.4%
总计	100.0%	100.0%

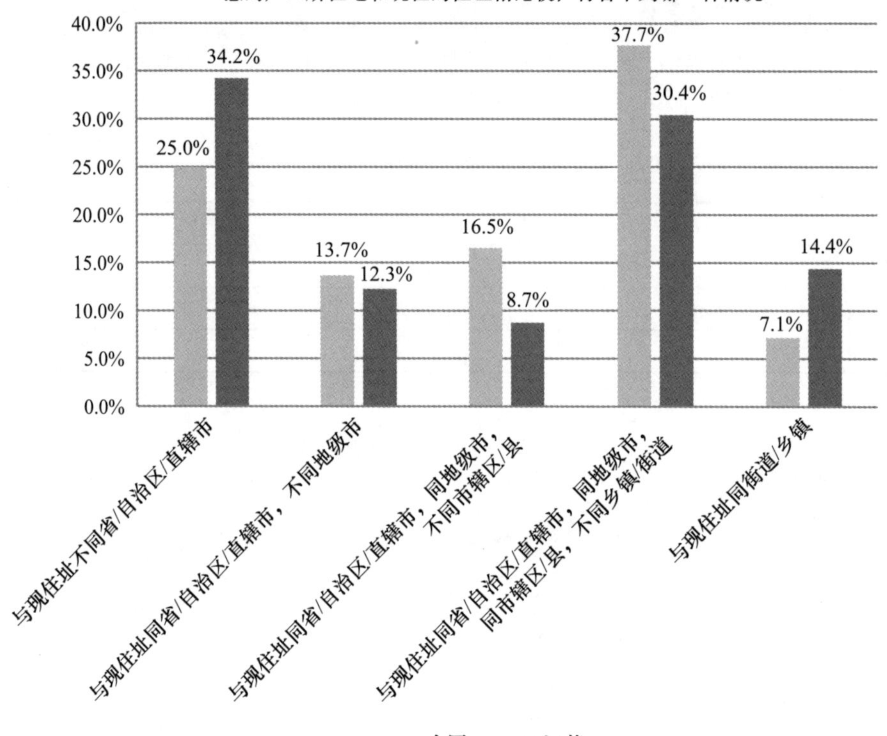

A8 您的民族是

	全国	江苏
汉族	93.1%	99.2%
蒙古族	0.9%	0.4%
满族	0.4%	0.1%
回族	1.8%	0.1%
藏族	0.3%	0.1%
壮族	0.97%	

续表

	全国	江苏
彝族	0.3%	
侗族	1.3%	
布依族	0.7%	
其他	0.2%	
总计	100.0%	99.9%

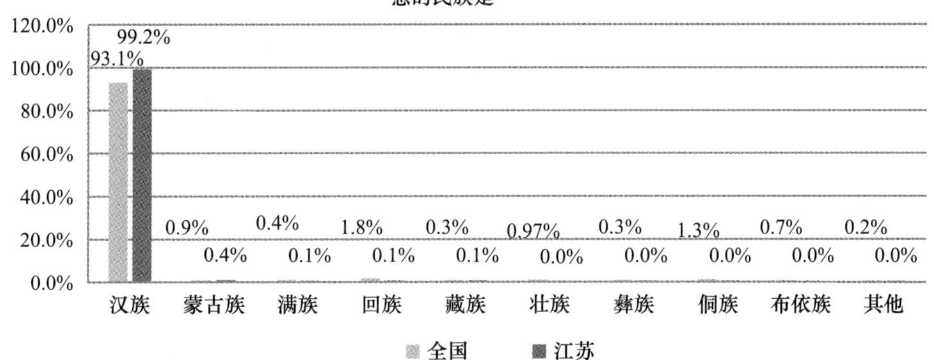

A9 您有宗教信仰吗

	全国	江苏
有	8.5%	8.5%
没有	91.5%	91.5%
总计	100.0%	100.0%

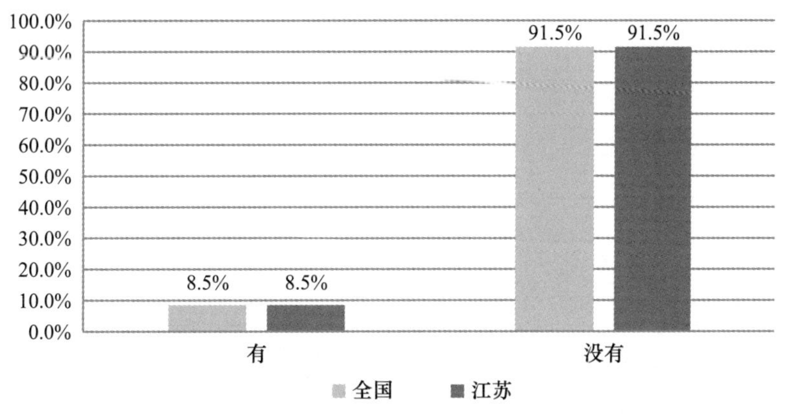

A9a 您信仰什么宗教

	全国	江苏
佛教	47.7%	49.0%
道教	4.1%	3.1%
伊斯兰教	18.8%	0.3%
民间信仰	4.0%	2.8%
天主教	8.9%	11.8%
基督教	15.1%	33.0%
其他（请说明）	1.2%	
总计	100.0%	100.0%

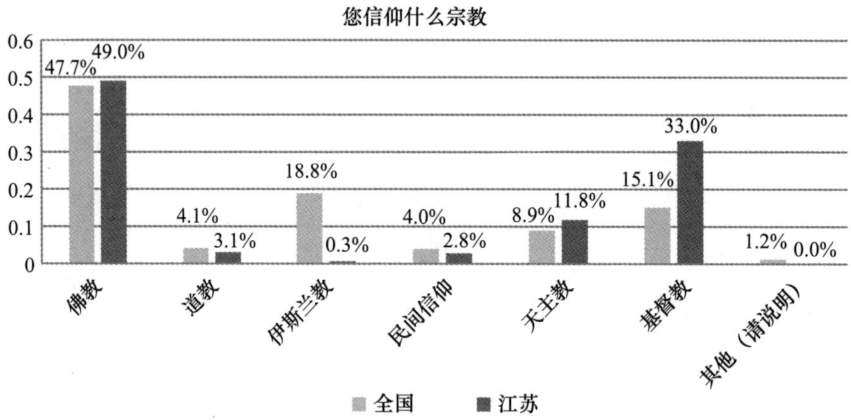

A10 您目前的具体职业是

	全国	江苏
办事人员（如办公室普通职员、业务人员）	8.4%	11.8%
服务人员（如营业员、保安、收银员等）	9.0%	9.9%
做小生意（如卖菜、开小餐馆等）	11.2%	10.6%
流动小贩	1.1%	0.9%
体力工人（勤杂工、搬运工等）	7.2%	8.2%
技术工人/维修人员/手工艺人	10.8%	15.4%
企业领导/公司老板	0.4%	0.8%
企业中层管理人员	1.4%	2.3%
教师、医生、科研/技术/工程人员	4.5%	4.5%
事业单位领导	0.5%	0.3%
文化、艺术、体育从业人员	0.5%	0.8%

续表

	全国	江苏
普通公务员	1.0%	0.8%
机关干部（科级及以上）	0.3%	0.3%
军人/警察	0.2%	0.1%
农民/牧民	28.4%	18.2%
无业/失业/下岗	9.4%	11.1%
从未工作过	5.9%	4.0%
总计	100.0%	100.0%

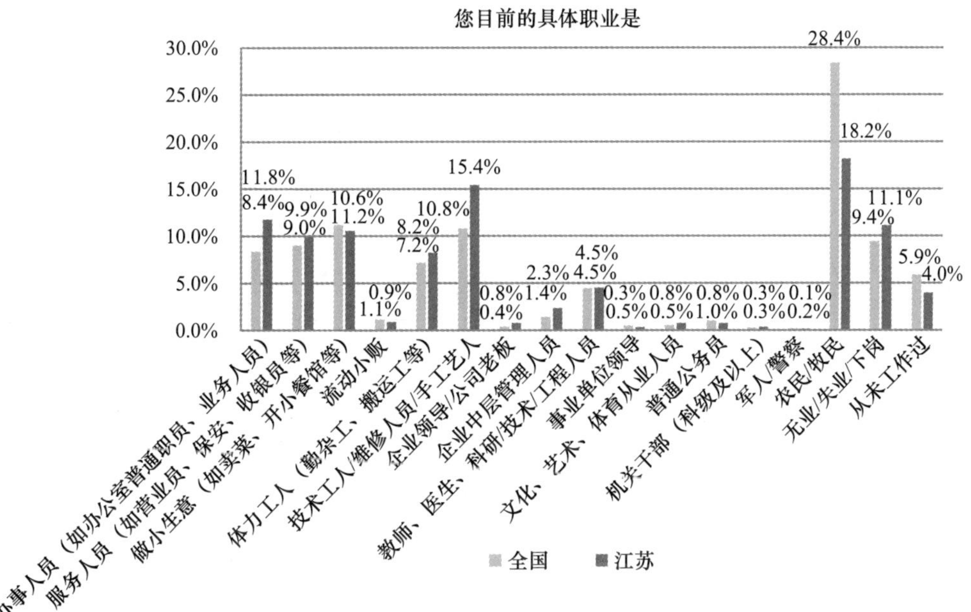

注：条形图中，一组数据中，位于上方的为江苏数据，下方的为全国数据。

B1a 过去一年，您对纸质报纸的使用情况是

	全国	江苏
从不	65.7%	55.2%
很少	21.8%	28.6%
有时	8.4%	9.9%
经常	2.7%	4.7%
非常频繁	0.4%	1.4%
总计	100.0%	99.8%

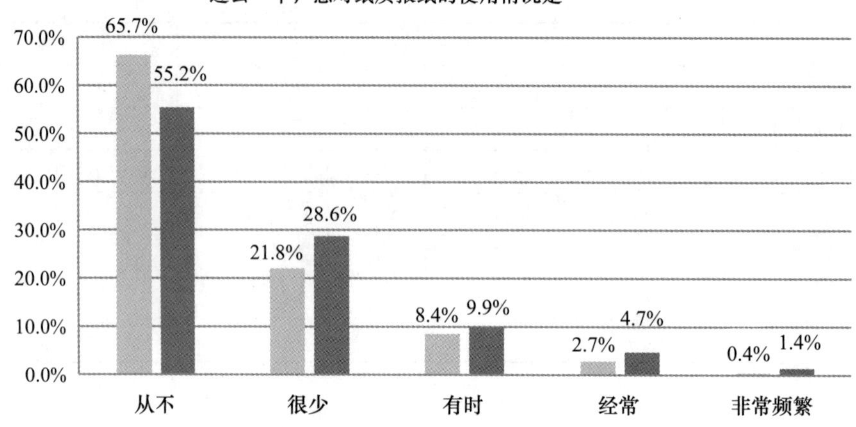

B1b 过去一年，您对纸质杂志的使用情况是

	全国	江苏
从不	69. 8%	61. 5%
很少	19. 8%	25. 0%
有时	8. 0%	9. 6%
经常	2. 2%	3. 2%
非常频繁	0. 2%	0. 7%
总计	100. 0%	100. 0%

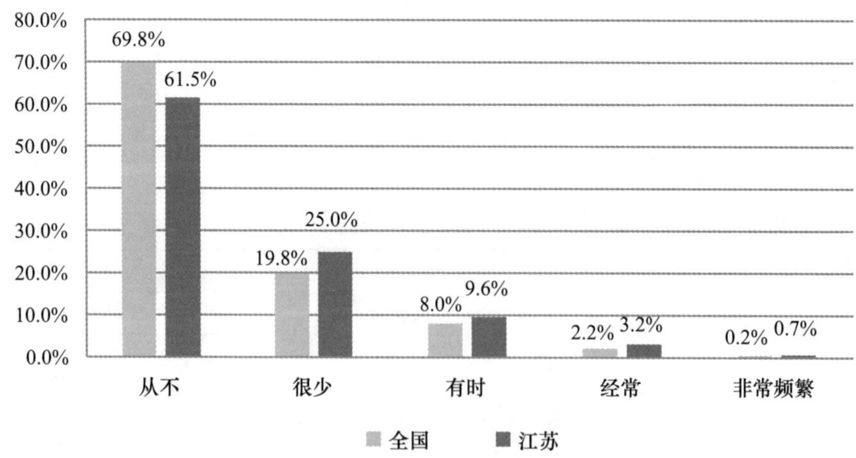

B1c 过去一年，您对广播的使用情况是

	全国	江苏
从不	63.3%	62.5%
很少	21.1%	22.0%
有时	11.2%	9.7%
经常	4.0%	4.7%
非常频繁	0.5%	1.1%
总计	100.0%	100.0%

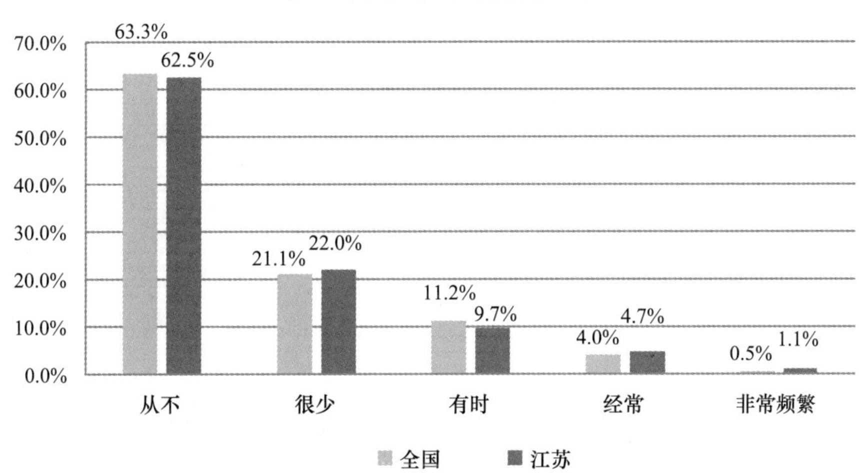

B1d 过去一年，您对电视的使用情况是

	全国	江苏
从不	2.7%	1.5%
很少	11.9%	7.2%
有时	25.5%	22.7%
经常	41.6%	48.4%
非常频繁	18.4%	20.2%
总计	100.0%	100.0%

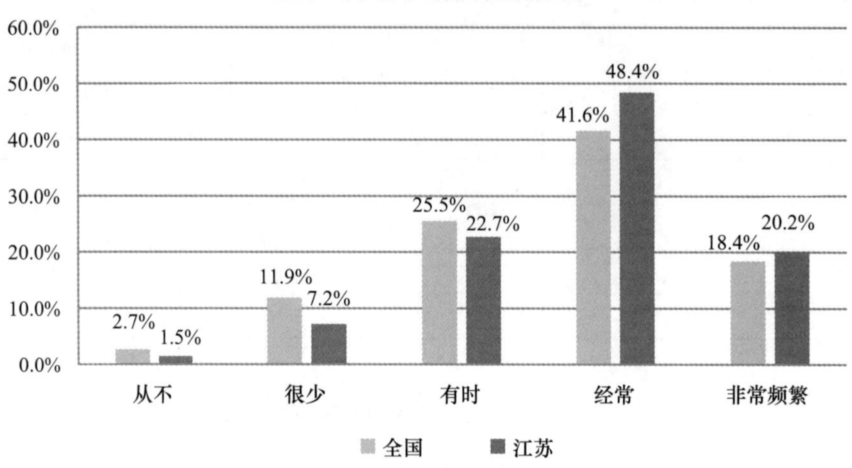

B1e 过去一年，您对各种政府网站的使用情况是

	全国	江苏
从不	69.7%	64.5%
很少	16.6%	20.4%
有时	8.4%	8.8%
经常	4.3%	5.4%
非常频繁	1.0%	0.9%
总计	100.0%	100.0%

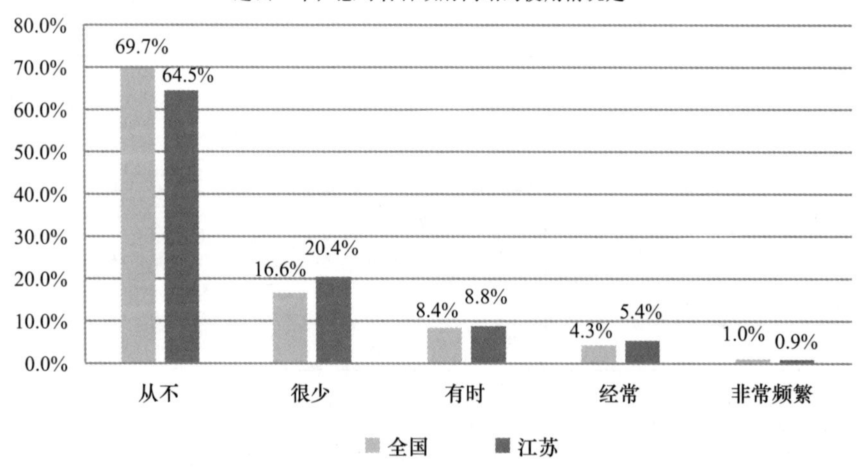

B1f 过去一年，您对社交媒体（微博、微信、博客、播客等）的使用情况是

	全国	江苏
从不	30.8%	28.8%
很少	8.2%	5.8%
有时	14.8%	14.0%
经常	29.8%	28.7%
非常频繁	16.4%	22.6%
总计	100.0%	100.0%

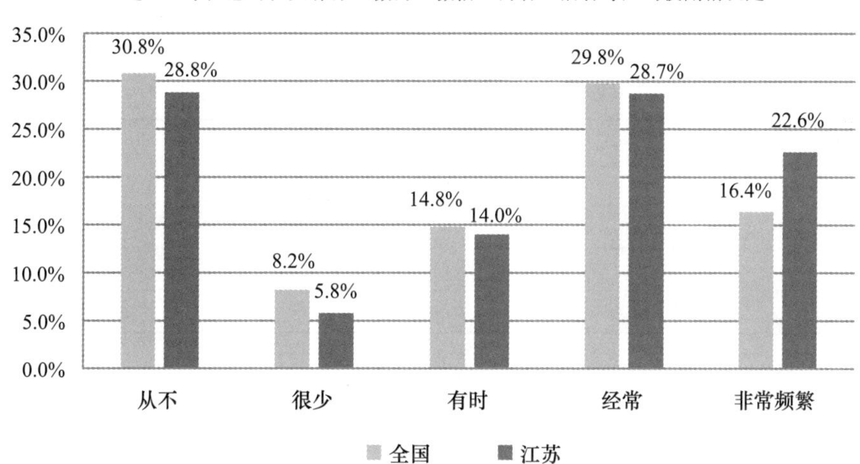

B1g 过去一年，您对新媒体（如数字报纸、移动电视等）的使用情况是

	全国	江苏
从不	55.8%	48.4%
很少	17.4%	14.0%
有时	12.3%	13.7%
经常	9.7%	15.0%
非常频繁	4.7%	9.0%
总计	100.0%	100.0%

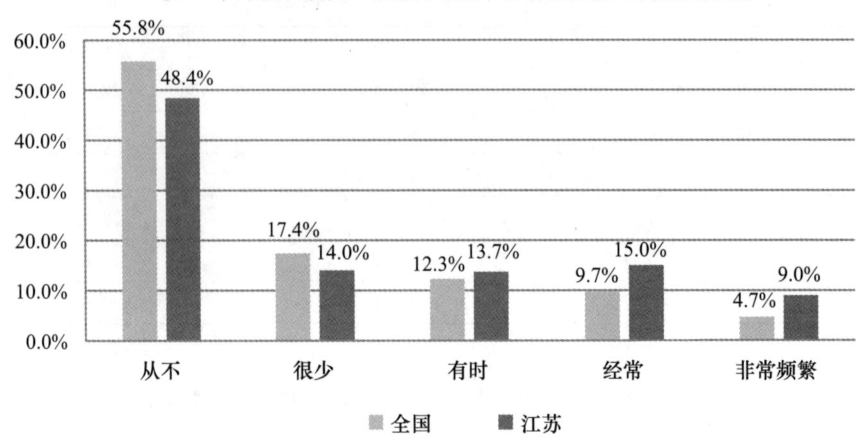

B2 跟五年前相比，您觉得自己的社会经济地位有什么变化

	全国	江苏
上升了	48.9%	57.7%
差不多	44.3%	37.3%
下降了	6.8%	4.9%
总计	100.0%	100.0%

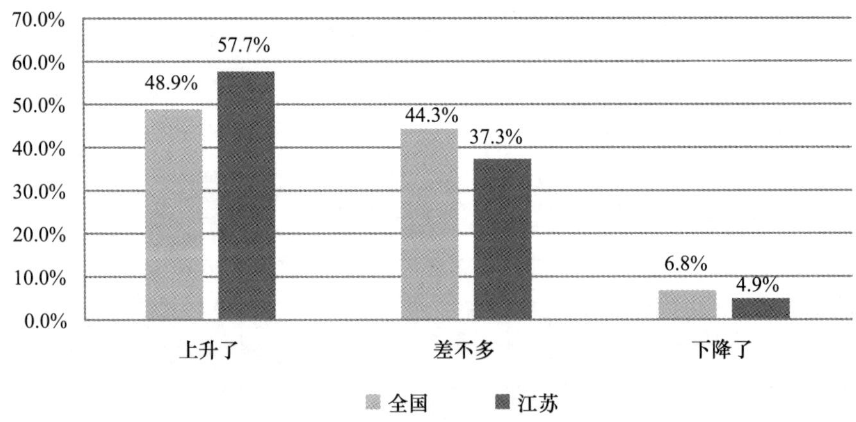

B3 您感觉在未来的五年中，您的生活水平将会有什么变化

	全国	江苏
上升很多	18.4%	22.1%
略有上升	64.1%	57.9%
没有变化	14.3%	17.0%
略有下降	2.4%	2.4%
下降很多	0.8%	0.6%
总计	100.0%	100.0%

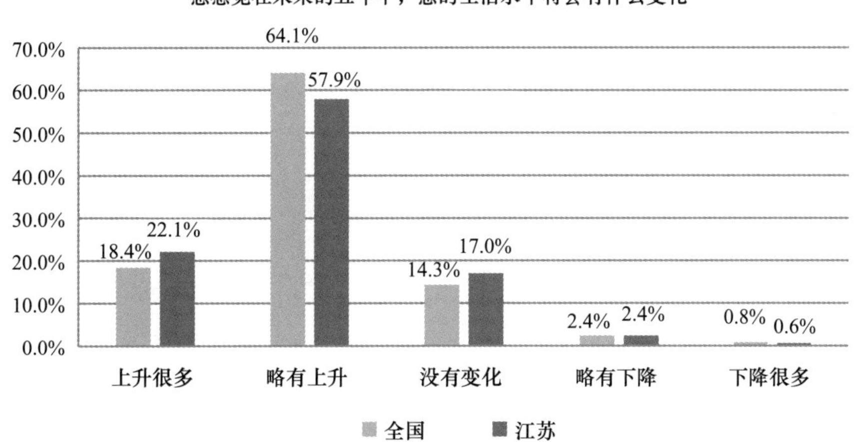

B4 总的来说，您觉得目前的生活幸福吗

	全国	江苏
非常不幸福	1.3%	0.6%
不太幸福	4.9%	3.5%
谈不上幸福不幸福	20.3%	18.8%
比较幸福	61.2%	64.0%
非常幸福	12.3%	13.1%
总计	100.0%	100.0%

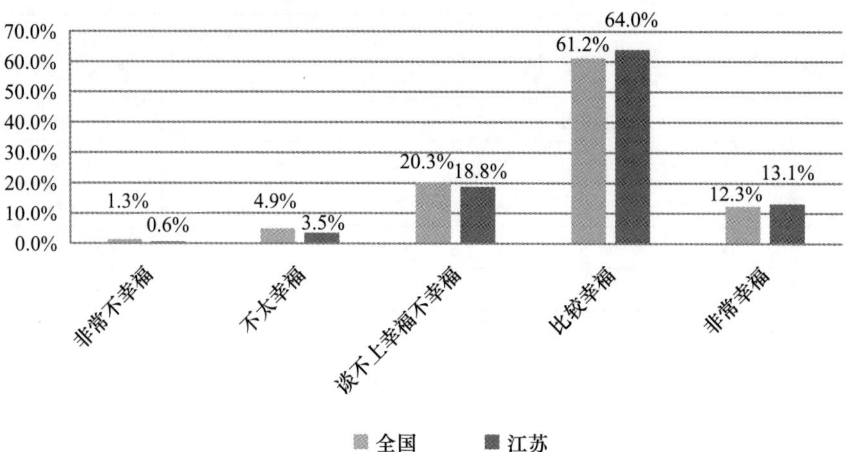

B5 您对自己目前的生活状态满意吗

	全国	江苏
非常满意	12.5%	11.3%
比较满意	72.7%	76.4%
不太满意	13.9%	12.1%
非常不满意	0.9%	0.3%
总计	100.0%	100.0%

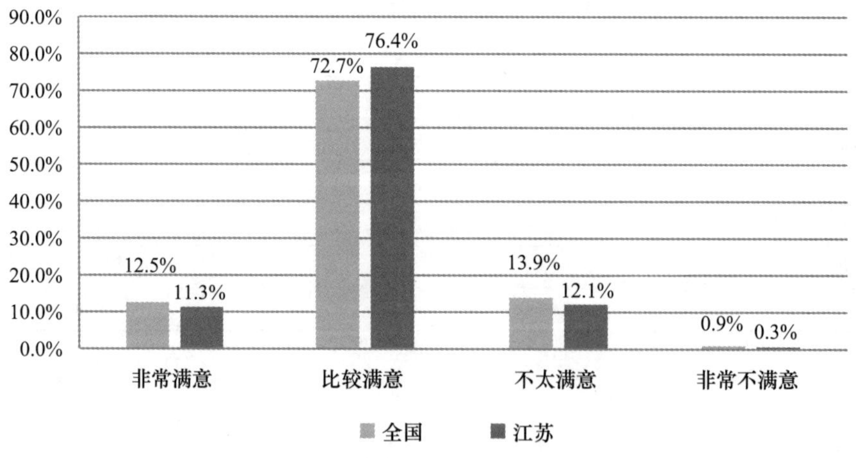

B6 社会上发生的一些事情，您一般是从什么渠道最先知道

	全国	江苏
电视	64.6%	62.7%
报纸	3.2%	4.3%
电台广播	2.1%	2.2%
微博微信等网络社交媒介	37.3%	41.3%
网络	27.3%	30.3%
和朋友亲友同事交谈	25.9%	34.6%
单位传达	0.9%	1.3%

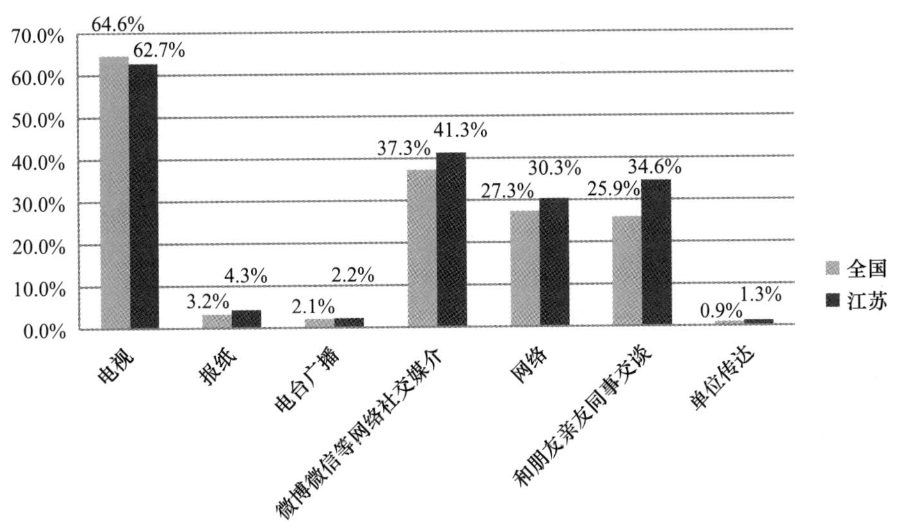

B7 从网络中获得的信息对您的思想行为有多大程度的影响

	全国	江苏
影响很大	22.2%	21.7%
有一些影响	53.6%	55.7%
影响很小	18.9%	18.2%
完全没有影响	5.3%	4.4%
总计	100.0%	100.0%

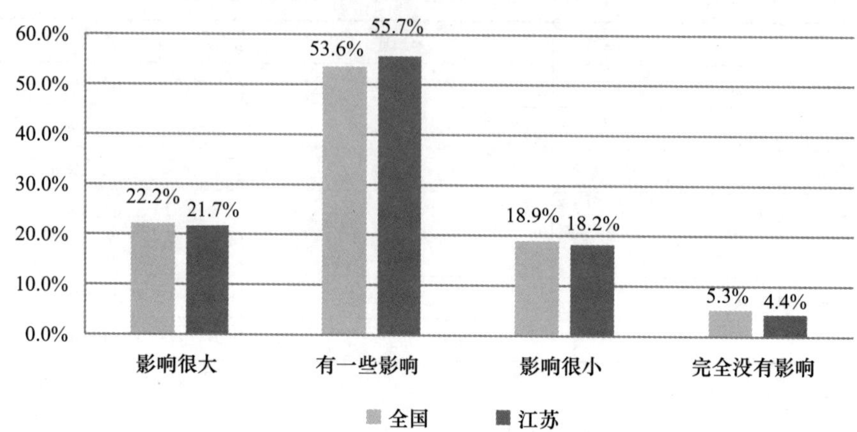

B8 您认为中国梦和您个人、家庭追求美好生活有多大程度的关系

	全国	江苏
关系很大	35.5%	35.7%
关系不大	36.9%	38.6%
根本没有关系	9.1%	8.5%
不清楚什么是中国梦	18.4%	17.2%
总计	100.0%	100.0%

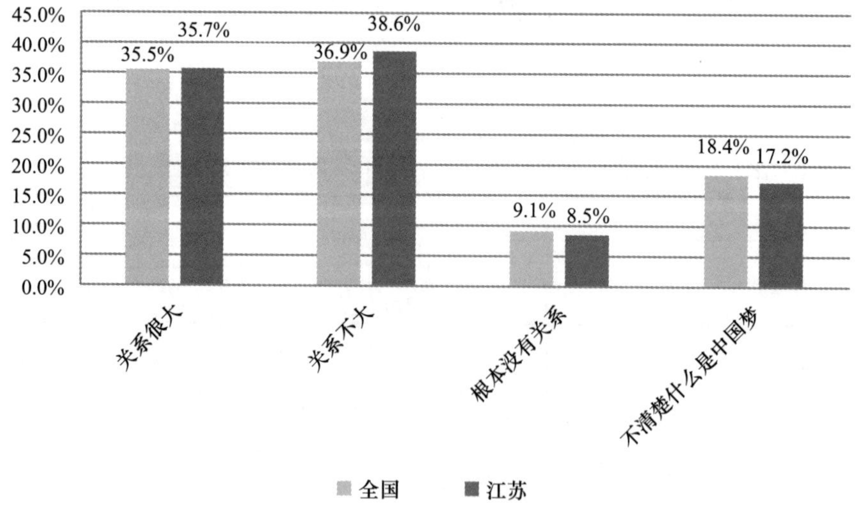

B9 您对当前我国社会道德状况的总体满意度是

	全国	江苏
非常满意	6.9%	4.8%
比较满意	66.7%	68.7%
不太满意	23.7%	24.5%
非常不满意	2.6%	2.0%
总计	100.0%	100.0%

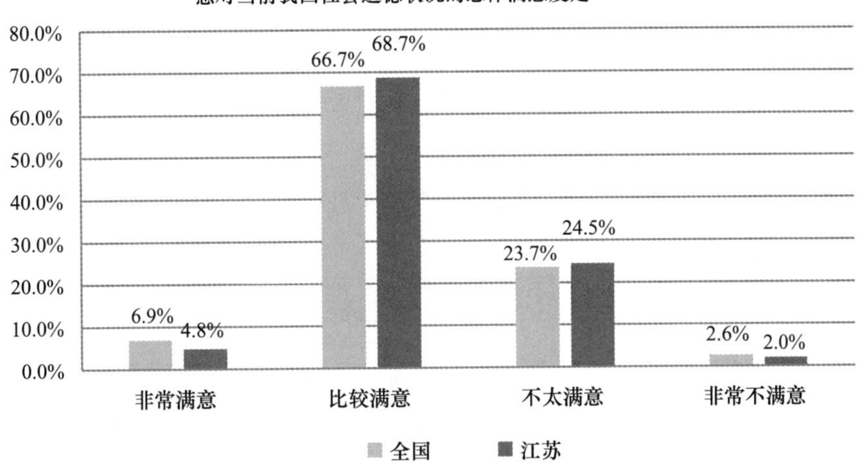

B10 您对当前我国社会人与人之间的关系的总体满意度是

	全国	江苏
非常满意	6.0%	4.9%
比较满意	67.8%	69.3%
不太满意	24.3%	24.1%
非常不满意	1.8%	1.7%
总计	100.0%	100.0%

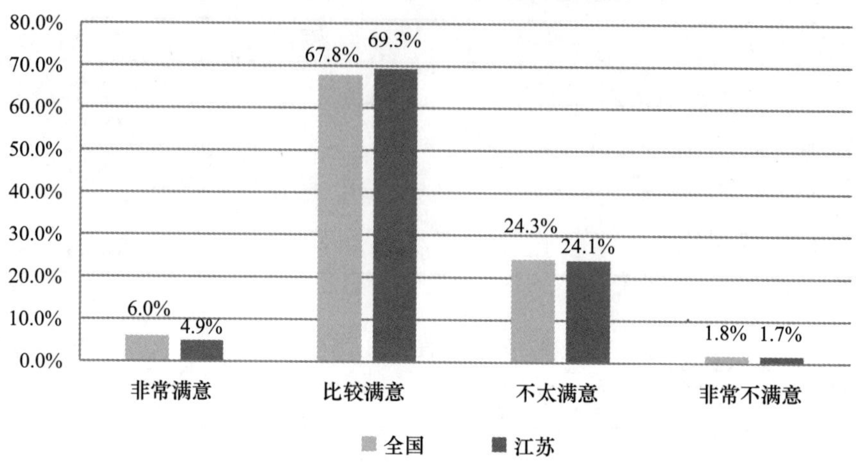

B11 您对自己的道德状况的满意度是

	全国	江苏
非常满意	15. 3%	16. 2%
比较满意	77. 6%	78. 0%
不太满意	6. 5%	5. 4%
非常不满意	0. 6%	0. 4%
总计	100. 0%	100. 0%

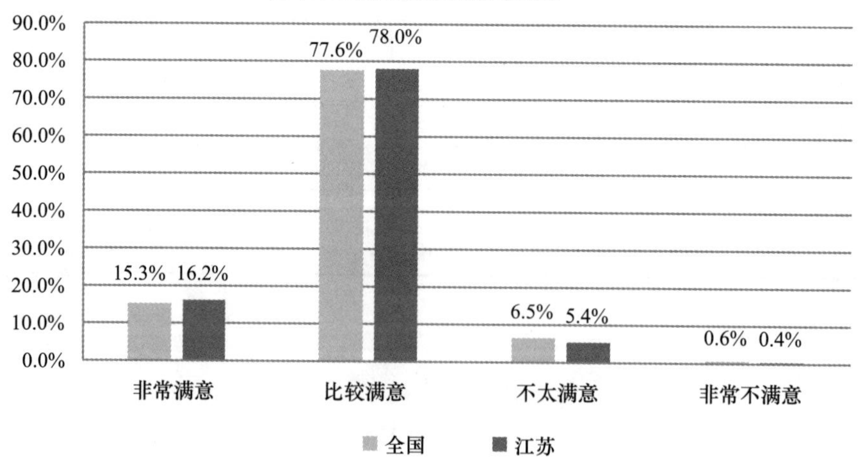

B12 您觉得今后中国社会的道德状况会变成什么样

	全国	江苏
越来越差	5.6%	5.6%
不变	10.8%	9.7%
越来越好	71.4%	75.0%
不知道	12.2%	9.7%
总计	100.0%	100.0%

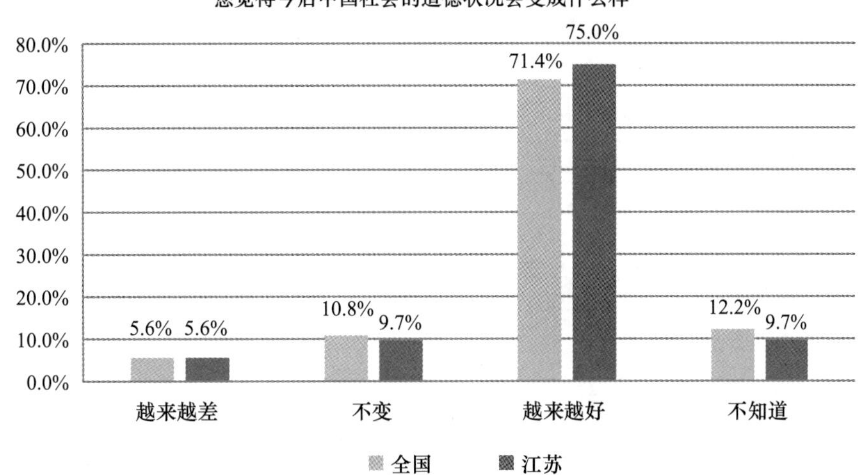

B13 您认为我国目前人与人之间的关系受什么影响

	全国	江苏
利益	64.3%	66.0%
情感	47.5%	47.6%
国家倡导的主流价值观	21.8%	26.6%
中国传统价值观	25.9%	27.6%
西方价值观	3.5%	3.6%

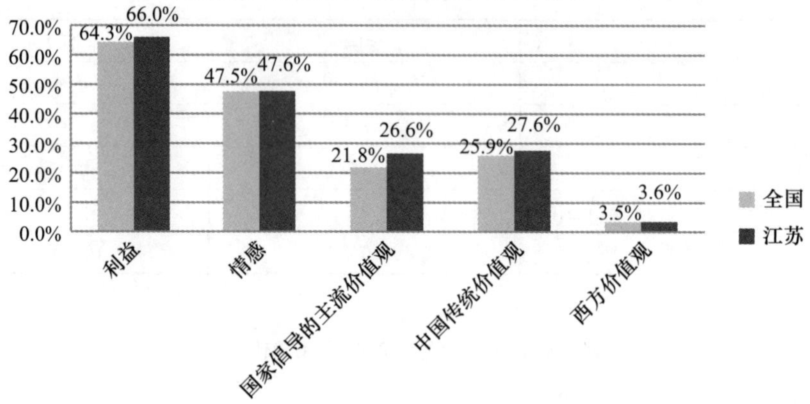

B14 对中国社会，您最担忧的问题是

	全国	江苏
腐败不能根治	39.5%	41.8%
生态环境恶化	38.6%	39.5%
分配不公，两极分化	18.3%	31.3%
老无所养，未来没有把握	27.2%	25.0%
生活水平下降	22.4%	15.1%
道德滑坡，社会风气恶化	15.8%	20.1%
人际关系紧张	14.2%	10.8%

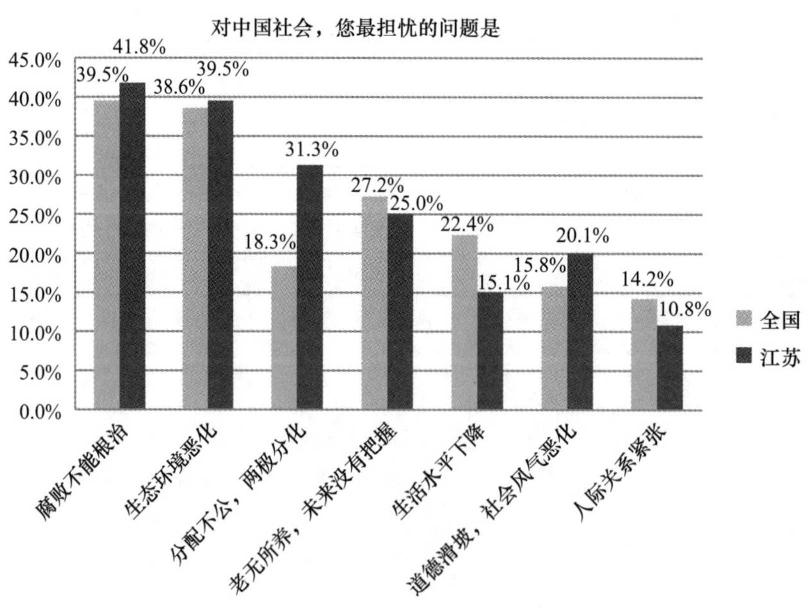

B15 对伦理关系和道德生活，您最向往的是

	全国	江苏
传统社会的伦理和道德（如仁义礼智信）	60.1%	57.4%
战争年代为理想而献身的革命精神（如革命烈士无私献身精神）	15.5%	19.8%
新中国成立后到“文化大革命”前的大公无私的集体主义精神	9.8%	8.8%
追求个人利益的市场经济下的道德	10.0%	8.7%
西方道德（如个人主义，实用主义，功利主义）	2.6%	3.7%
其他	2.1%	1.7%
总计	100.0%	100.0%

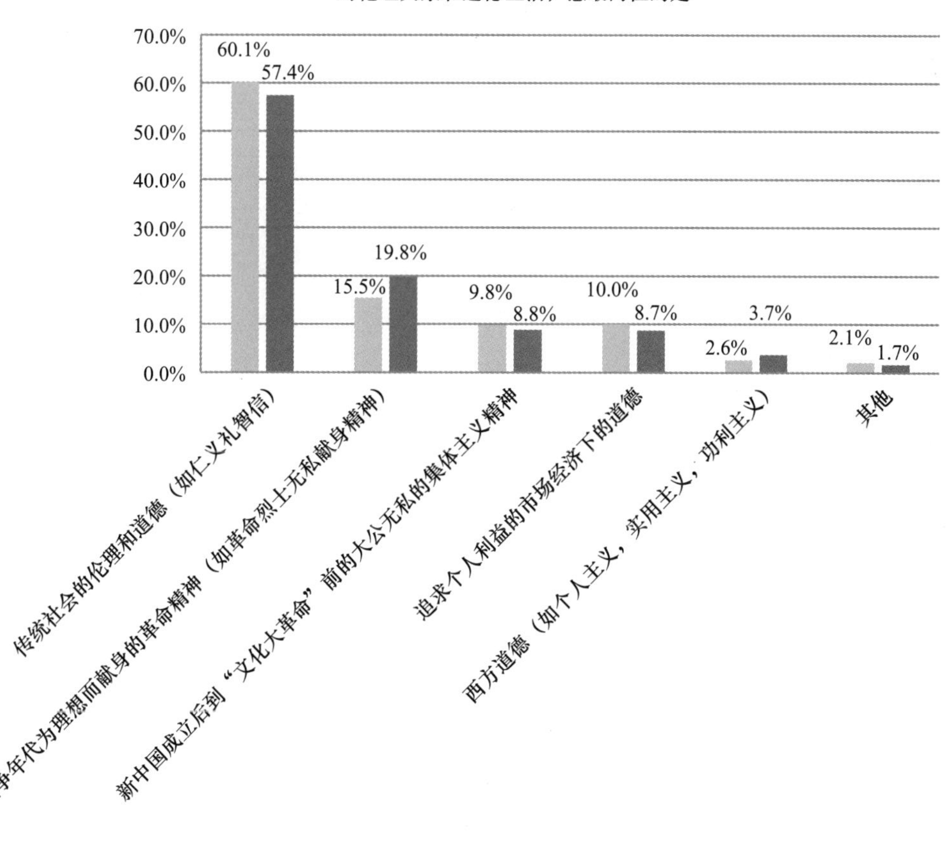

B16 您认为当前我国社会道德生活中最重要的内容是什么

江苏

	最重要		第二重要		第三重要		总分
	频数	加权得分	频数	加权得分	频数	加权得分	
意识形态中所提倡的社会主义道德	2188	6564	1210	2420	577	577	9561
中国传统道德	1402	4206	1742	3484	902	902	8592
西方文化影响而形成的道德	500	1500	870	1740	1968	1968	5208
市场经济中形成的道德	235	705	426	852	710	710	2267

（加权规则：第一重要的频数 ×3，第二重要的频数 ×2，第三重要的频数 ×1）

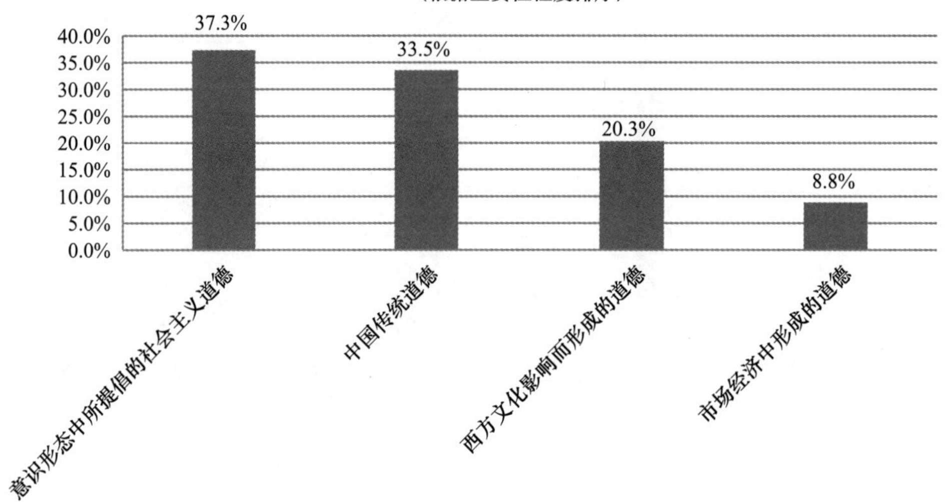

全国

	第一重要		第二重要		第三重要		总分
	频数	加权频数	频数	加权频数	频数	加权频数	
中国传统道德	4212	12636	2352	4704	1204	1204	18544
意识形态中所提倡的社会主义道德	1978	5934	3290	6580	2140	2140	14654
市场经济中形成的道德	1465	4395	1630	3260	3303	3303	10958
西方文化影响而形成的道德	690	2070	712	1424	1137	1137	4631
其他	8	24	6	12	2	2	38

（加权规则：第一重要的频数 ×3，第二重要的频数 ×2，第三重要的频数 ×1）

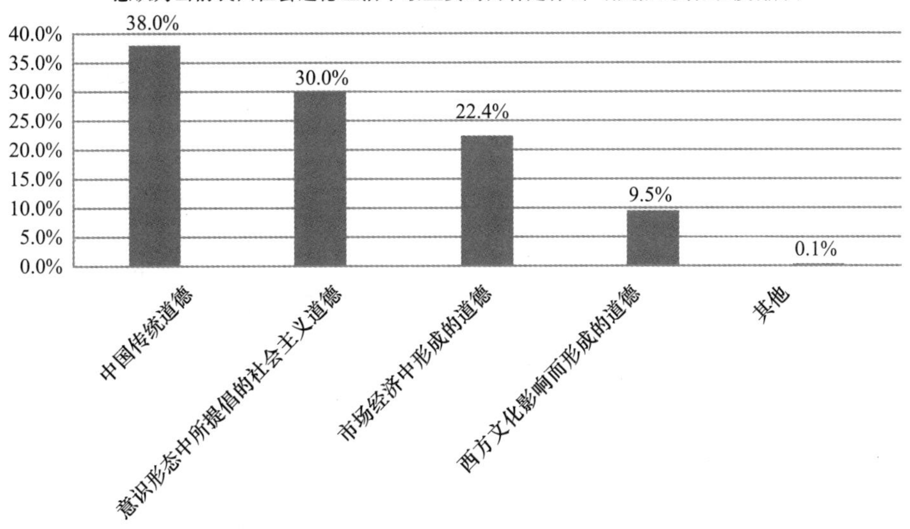

B17 您认为目前我国社会中伦理道德对人际关系的调节能力如何

	全国	江苏
良好	18.2%	18.8%
一般	58.4%	64.4%
很差	10.8%	8.6%
几乎没有，一切都听从利益支配	12.6%	8.2%
总计	100.0%	100.0%

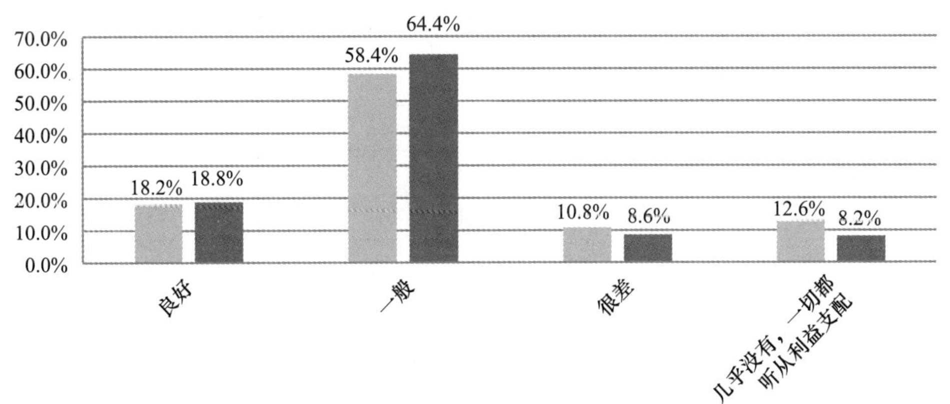

B18 您认为目前我国社会中伦理道德对个人行为的约束能力如何

	全国	江苏
良好	17.0%	18.7%
一般	58.0%	63.4%
很差	13.2%	10.3%
几乎没有，一切都听从利益支配	11.8%	7.7%
总计	100.0%	100.0%

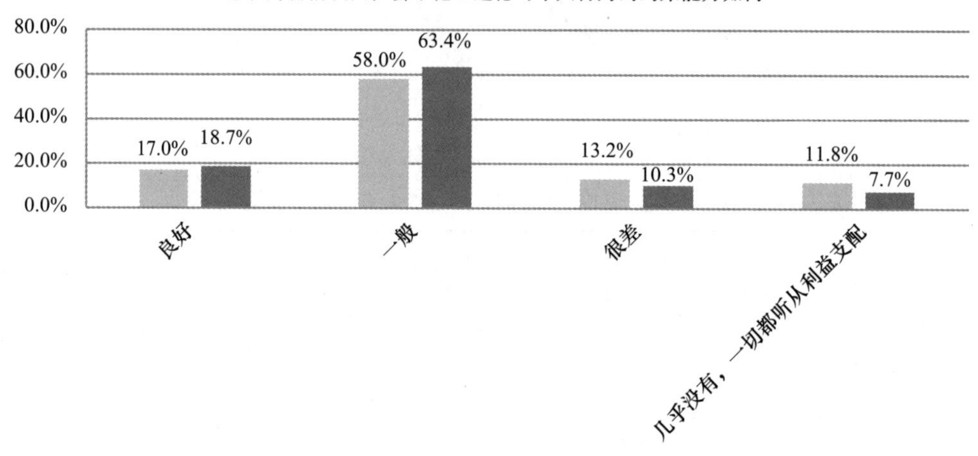

B19 您认为当今中国社会最基本的伦理冲突是

	全国	江苏
人与自然的冲突	22.4%	17.1%
人与自身的冲突	31.2%	24.1%
人与人之间的冲突	46.3%	62.5%
个人与社会的冲突	30.9%	45.6%
个人与政府的冲突	7.5%	11.3%

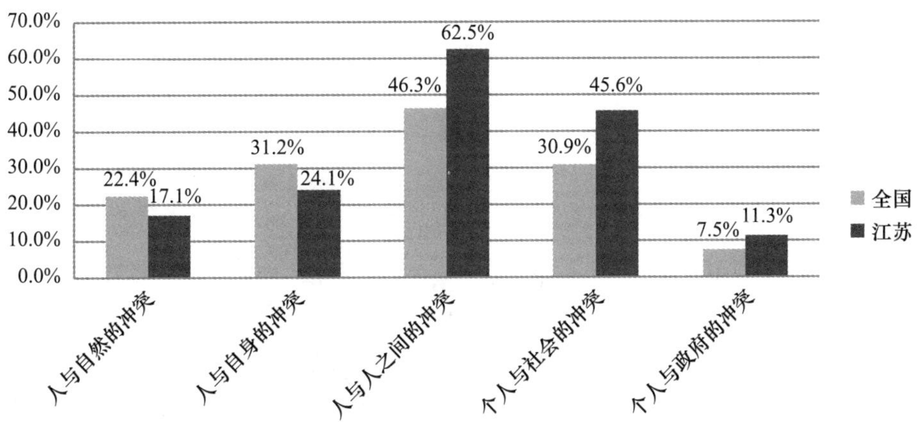

B20 在下列关系中，您认为哪些关系对您来说最重要

江苏

	第一重要		第二重要		第三重要		第四重要		第五重要		总分
	频数	加权得分	频数	加权得分	频数	加权得分	频数	加权得分	频数	加权得分	
父母与子女	2903	14515	1000	4000	185	555	94	188	37	37	19295
夫妇	858	4290	2229	8916	547	1641	158	316	85	85	15248
兄弟姐妹	20	100	519	2076	2272	6816	582	1164	216	216	10372
个人与国家	332	1660	113	452	269	807	420	840	618	618	4377
朋友	23	115	71	284	256	768	911	1822	821	821	3810
同事或同学	25	125	99	396	285	855	887	1774	609	609	3759
个人与社会	98	490	131	524	170	510	470	940	675	675	3139
个人与工作单位	26	130	50	200	94	282	249	498	308	308	1418
上级或下级	15	75	57	228	84	252	162	324	295	295	1174
与自然的关系	20	100	50	200	90	270	141	282	163	163	1015
个人与自身的关系（身心和谐）	33	165	26	104	41	123	73	146	174	174	712
师生	1	5	8	32	40	120	131	262	191	191	610
通过网络建立的各种“群”的关系	7	35	3	12	8	24	28	56	67	67	194
其他					5	15	9	18	12	12	45

（加权规则：第一重要的频数×5，第二重要的频数×4，第三重要的频数×3，第四重要的频数×2，第五重要的频数×1）

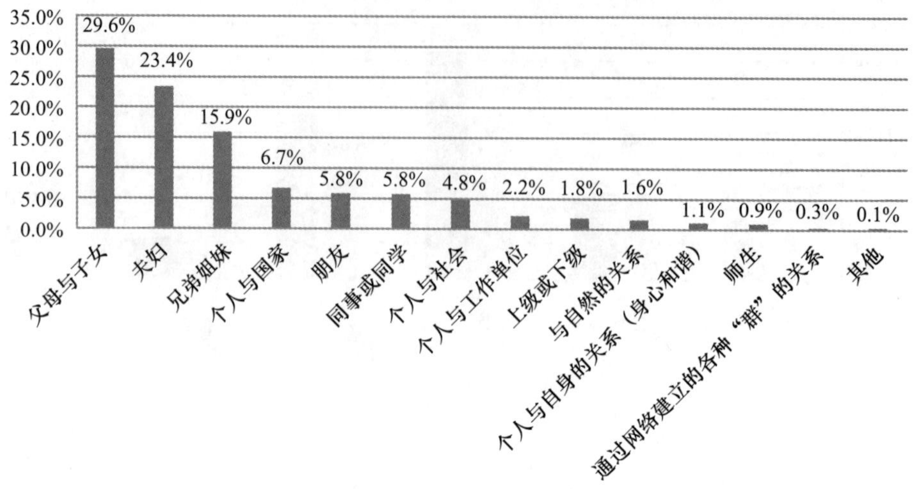

全国

	第一重要		第二重要		第三重要		第四重要		第五重要		总分
	频数	加权得分	频数	加权得分	频数	加权得分	频数	加权得分	频数	加权得分	
父母与子女	5903	29515	2060	8240	286	858	114	228	57	57	38898
夫妇	1849	9245	4435	17740	742	2226	332	664	139	139	30014
兄弟姐妹	117	585	1031	4124	4642	13926	478	956	269	269	19860
同事或同学	200	1000	361	1444	713	2139	1595	3190	976	976	8749
朋友	37	185	99	396	378	1134	1984	3968	1850	1850	7533
个人与社会	85	425	109	436	388	1164	985	1970	1226	1226	5221
个人与国家	163	815	104	416	305	915	496	992	918	918	4056
个人与工作单位	96	480	115	460	191	573	736	1472	772	772	3757
与自然的关系	87	435	141	564	301	903	625	1250	453	453	3605
上级或下级	88	440	112	448	347	1041	458	916	513	513	3358
师生	13	65	72	288	215	645	435	870	551	551	2419
个人与自身的关系（身心和谐）	101	505	44	176	134	402	247	494	470	470	2047
通过网络建立的各种“群”的关系	6	30	8	32	25	75	68	136	229	229	502
其他	3	15	4	16	2	6	3	6	14	14	57

（加权规则：第一重要的频数 ×5，第二重要的频数 ×4，第三重要的频数 ×3，第四重要的频数 ×2，第五重要的频数 ×1）

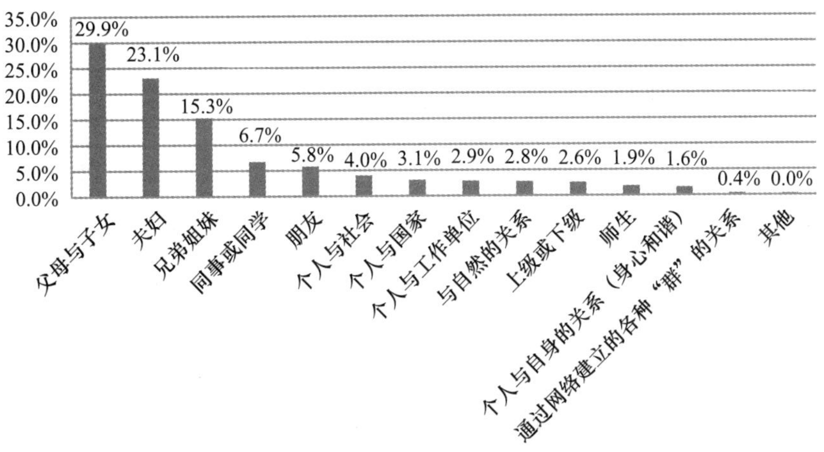

B21 您认为哪一种关系对社会秩序最具根本性意义

	全国	江苏
家庭关系或血缘关系	32.6%	27.6%
个人与社会的关系	46.7%	41.8%
职业关系	4.6%	3.4%
个人与国家民族的关系	10.4%	21.5%
人与自然的关系	2.0%	1.7%
个人与自身的关系	3.7%	4.0%
总计	100.0%	100.0%

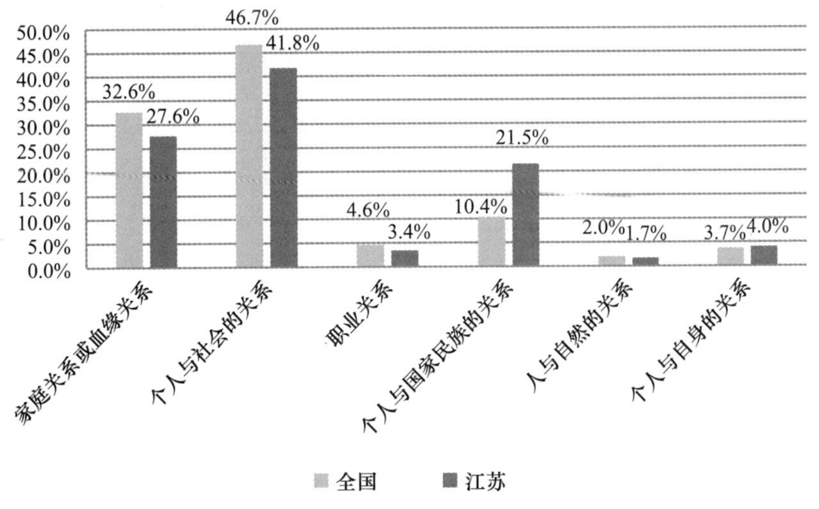

B22 您认为哪一种关系对个人生活最具根本性意义

	全国	江苏
家庭关系或血缘关系	54.3%	60.0%
个人与社会的关系	19.8%	16.1%
职业关系	12.6%	4.7%
个人与国家民族的关系	4.9%	11.2%
人与自然的关系	1.9%	1.6%
个人与自身的关系	6.5%	6.4%
总计	100.0%	100.0%

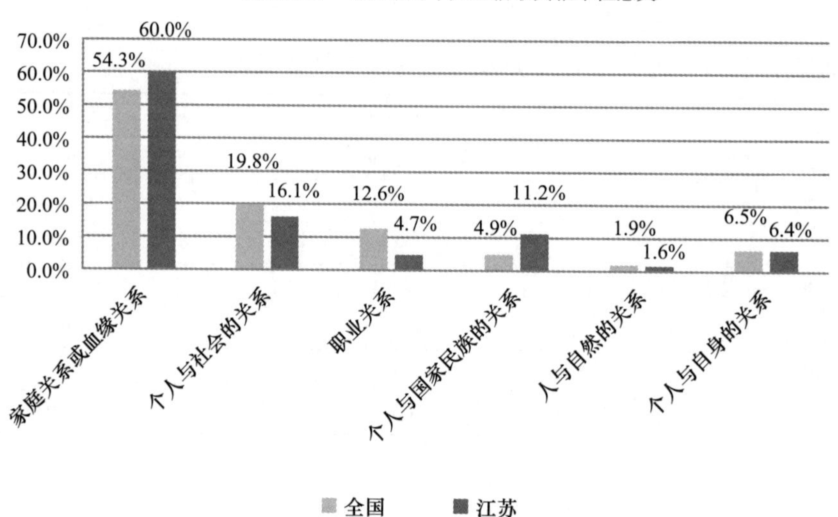

B23 对于个人而言，您认为家庭、社会和国家三者的重要性程度如何

江苏

	第一位		第二位		总分
	频数	加权得分	频数	加权得分	
国家	2279	4558	1544	1544	6102
社会	133	266	919	919	1185
家庭	1941	3882	1864	1864	5746

（加权规则：第一重要的频数×2，第二重要的频数×1）

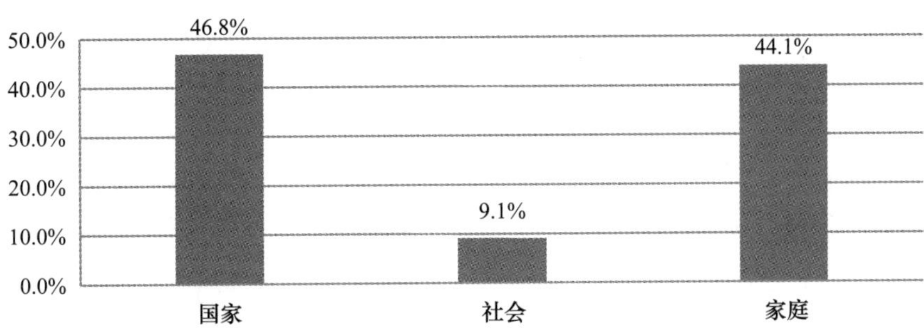

全国

	第一位		第二位		总分
	频数	加权得分	频数	加权得分	
国家	4002	8004	2926	2926	10930
社会	506	1012	2174	2174	3186
家庭	4213	8426	3602	3602	12028

（加权规则：第一重要的频数 ×2，第二重要的频数 ×1）

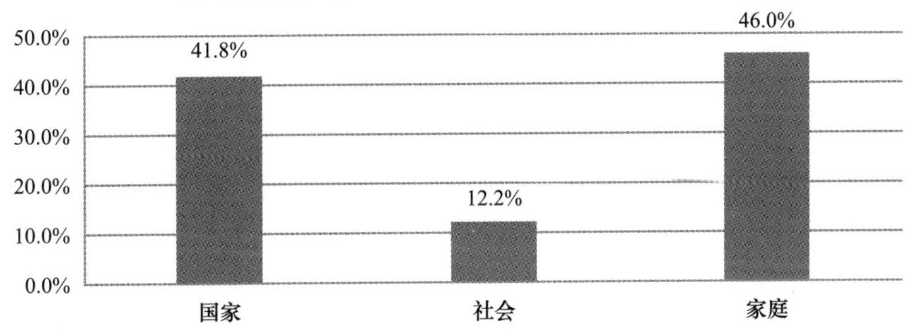

B24a1 信息技术、网络技术的发展对伦理道德的影响

	全国	江苏
消极影响	15.7%	14.8%
没有影响	29.5%	22.5%
积极影响	54.8%	62.8%
总计	100.0%	100.0%

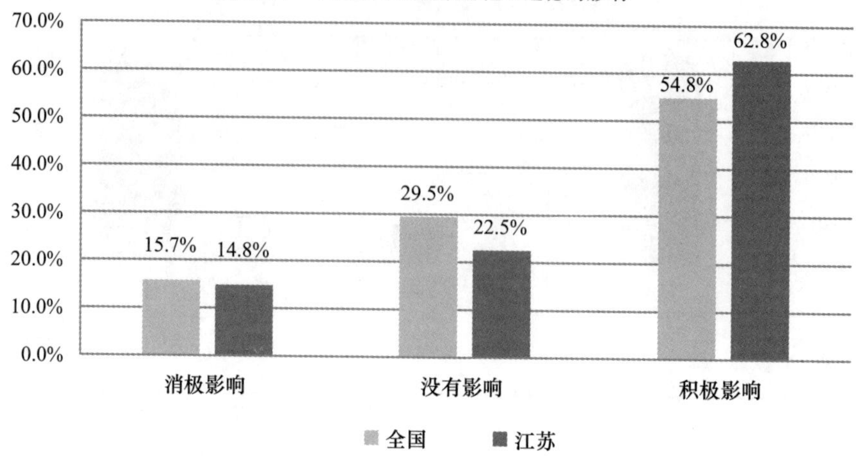

B24a2 市场经济对我国伦理道德的影响

	全国	江苏
消极影响	15.2%	16.8%
没有影响	25.5%	21.6%
积极影响	59.4%	61.6%
总计	100.0%	100.0%

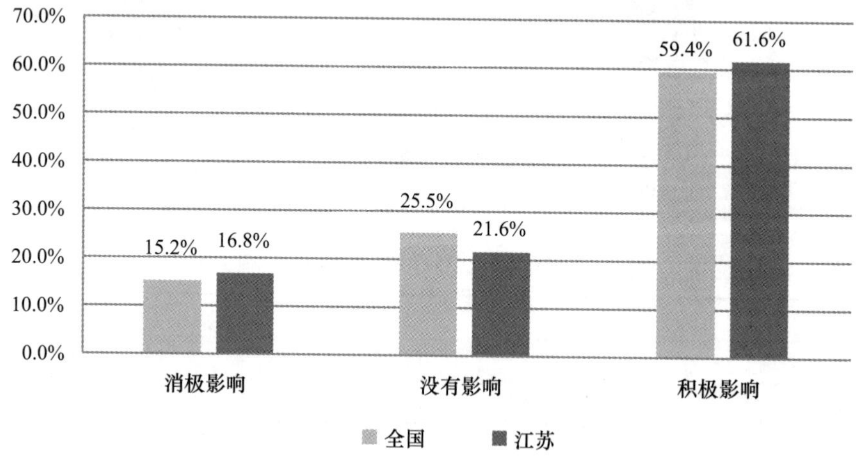

B24a3 西方文化对我国伦理道德的影响

	全国	江苏
消极影响	21.9%	21.2%
没有影响	33.5%	28.8%
积极影响	44.6%	50.0%
总计	100.0%	100.0%

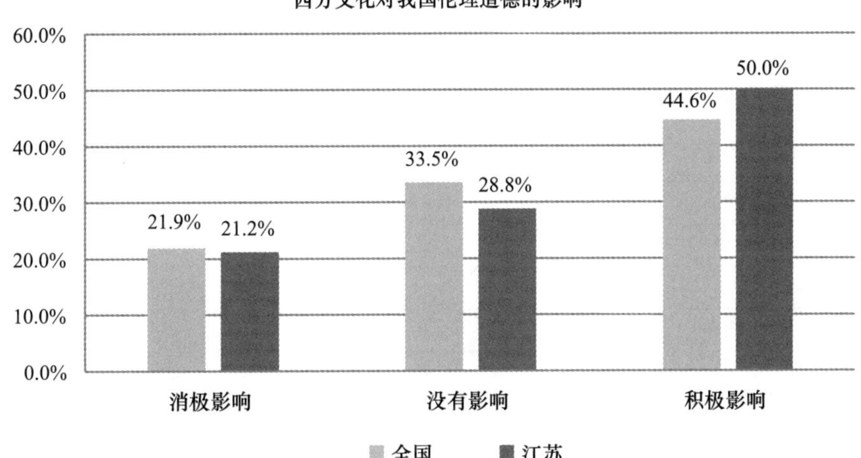

B25 如果国外报道与国家主流媒体的宣传内容不一致，您倾向于相信

	全国	江苏
主流媒体	68.5%	70.2%
国外报道	4.1%	2.8%
谁都不相信，自己判断	27.3%	27.0%
总计	100.0%	100.0%

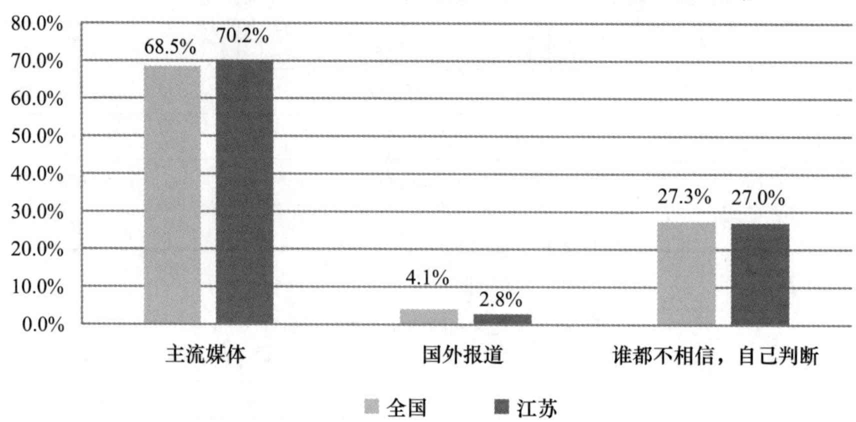

B26 如果朋友圈的消息与国家主流媒体的报道不一致，您会相信哪一个

	全国	江苏
主流媒体	59.6%	62.3%
朋友圈/亲朋圈子	9.2%	10.9%
都不相信，自己比较判断	30.4%	26.4%
其他	0.8%	0.5%
总计	100.0%	100.0%

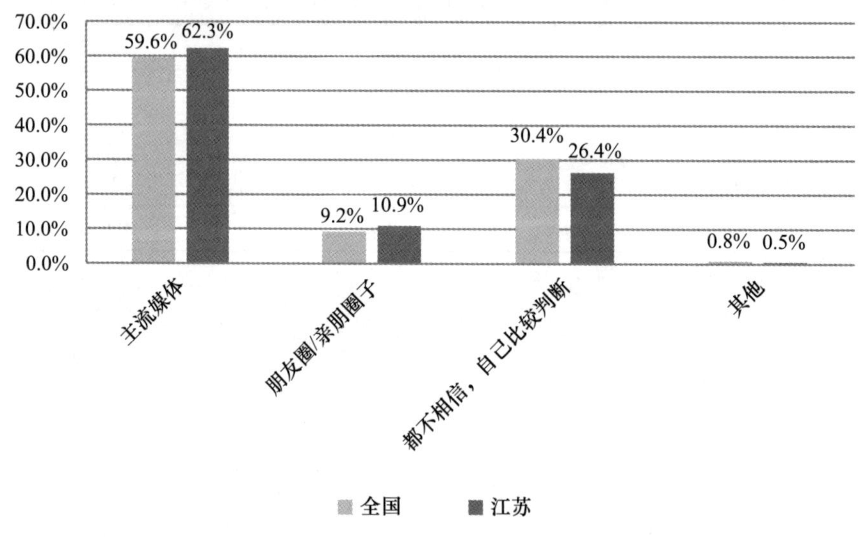

C1 您认为当前中国社会个人道德素质的主要问题是

	全国	江苏
道德上无知	13.2%	9.6%
有道德知识，但不见诸行动	69.4%	79.7%
既有道德上无知，也不见道德行动	16.7%	10.5%
其他	0.8%	0.3%
总计	100.0%	100.0%

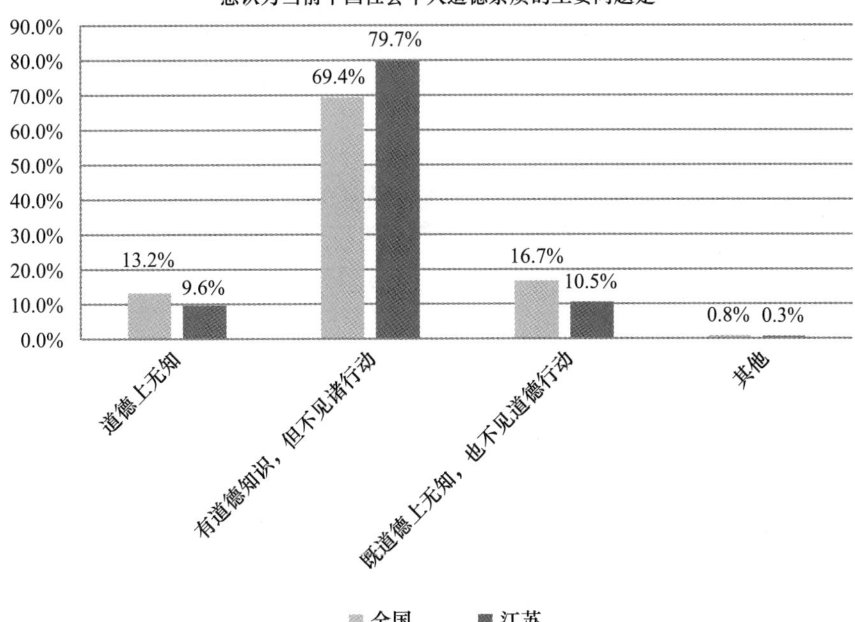

C2 您根据什么来判断某种行为是否符合伦理或道德

	全国	江苏
传统道德观念	51.3%	59.1%
风俗习惯	47.9%	33.7%
大多数人认同的道德规范	35.4%	46.9%
当事人共同利益和意志	18.3%	18.7%
自己的良心	57.1%	62.9%
意识形态的要求	8.5%	12.2%

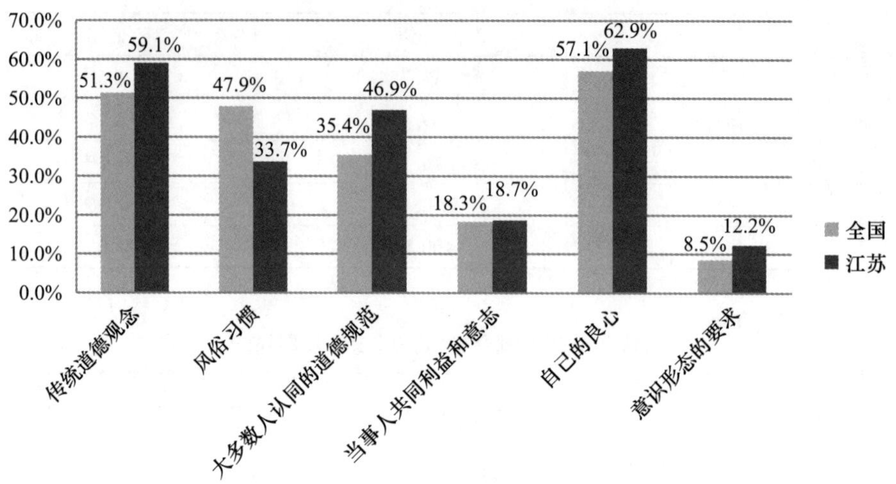

C3a1 请结合自己的情况进行选择：我会经常关心比我不幸的人

	全国	江苏
完全不符合	3.0%	3.3%
有点符合	30.6%	21.0%
一般	33.2%	33.9%
比较符合	28.5%	32.7%
完全符合	4.7%	9.2%
总计	100.0%	100.0%

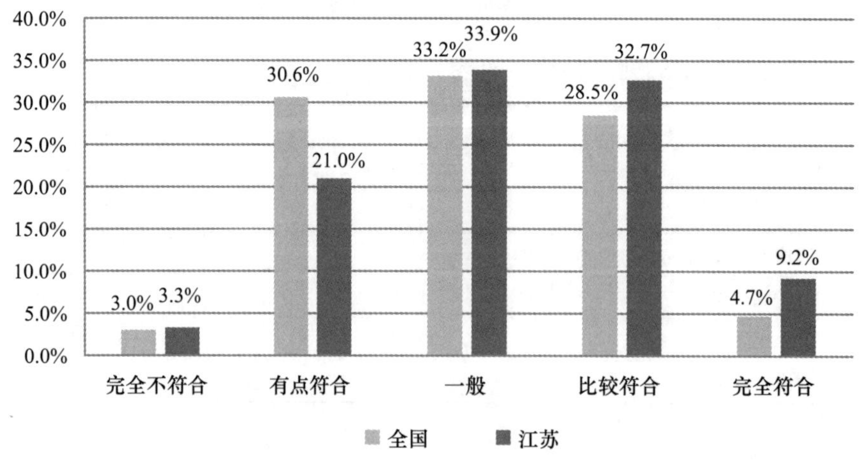

C3a2 请结合自己的情况进行选择：我时常会同情他人的难处

	全国	江苏
完全不符合	2.0%	2.1%
有点符合	28.9%	20.4%
一般	34.3%	32.3%
比较符合	26.9%	36.8%
完全符合	7.9%	8.3%
总计	100.0%	100.0%

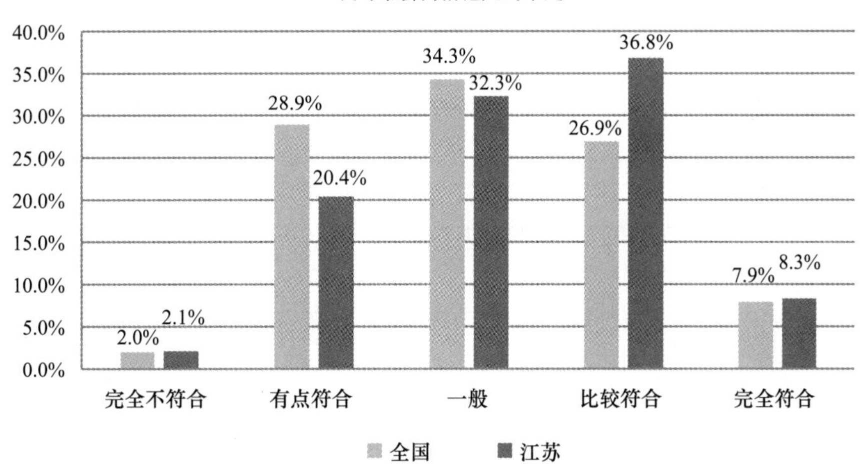

C3a3 请结合自己的情况进行选择：在做决定前，我会试着从每个人的立场去考虑问题

	全国	江苏
完全不符合	3.0%	3.3%
有点符合	24.8%	19.7%
一般	38.5%	36.3%
比较符合	26.9%	32.1%
完全符合	6.9%	8.6%
总计	100.0%	100.0%

在做决定前，我会试着从每个人的立场去考虑问题

45.0%
40.0%
35.0%
30.0%
25.0%
20.0%
15.0%
10.0%
5.0%
0.0%
3.0% 3.3%
24.8% 19.7%
38.5% 36.3%
26.9% 32.1%
6.9% 8.6%
完全不符合 有点符合 一般 比较符合 完全符合
全国 江苏

C3a4 请结合自己的情况进行选择：当我看到有人被利用时，时常想要保护他们

	全国	江苏
完全不符合	5.2%	4.4%
有点符合	25.4%	21.8%
一般	38.2%	37.5%
比较符合	25.0%	30.2%
完全符合	6.3%	6.1%
总计	100.0%	100.0%

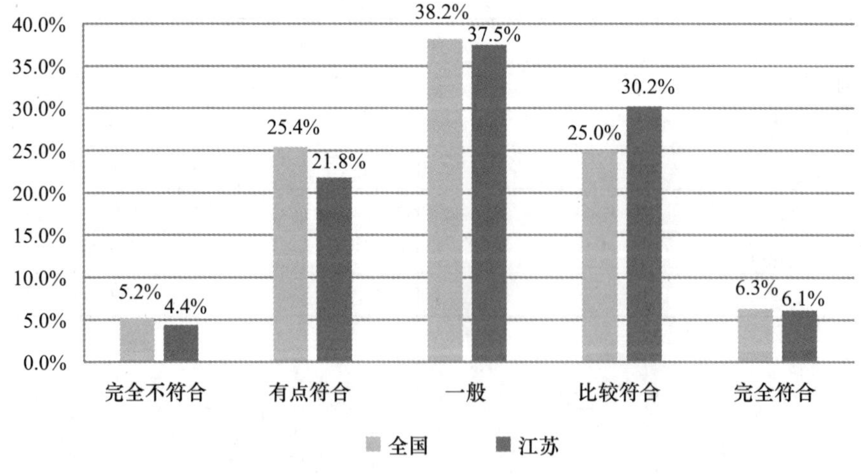

C3a5 请结合自己的情况进行选择：我有时会试图站在他人的角度，以更好地理解我的朋友

	全国	江苏
完全不符合	3.5%	2.7%
有点符合	23.9%	19.4%
一般	35.1%	32.2%
比较符合	30.0%	36.0%
完全符合	7.5%	9.7%
总计	100.0%	100.0%

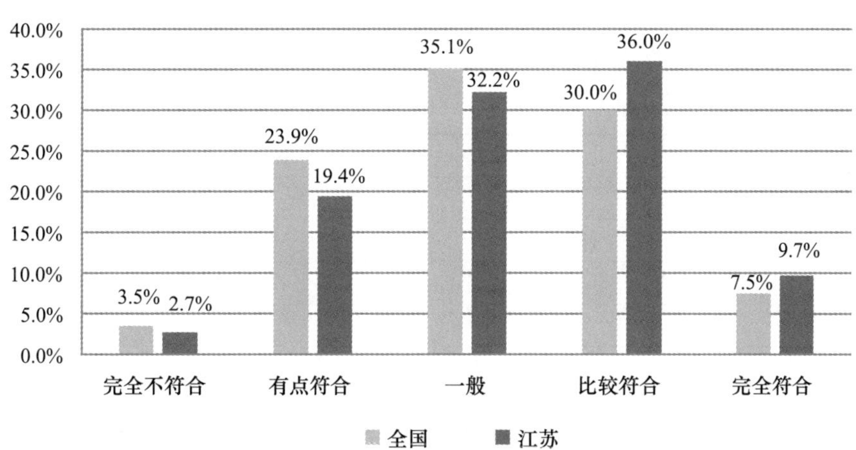

C3a6 请结合自己的情况进行选择：他人的不幸通常不会给我带来很大的不安

	全国	江苏
完全不符合	14.0%	12.2%
有点符合	27.7%	21.3%
一般	33.9%	35.7%
比较符合	19.9%	25.3%
完全符合	4.5%	5.5%
总计	100.0%	100.0%

他人的不幸通常不会给我带来很大的不安

40.0%
35.0%
30.0%
25.0%
20.0%
15.0%
10.0%
5.0%
0.0%
14.0% 12.2%
27.7% 21.3%
33.9% 35.7%
19.9% 25.3%
4.5% 5.5%
完全不符合 有点符合 一般 比较符合 完全符合
全国 江苏

C3a7 请结合自己的情况进行选择：在观看电视剧或电影之后，我会感觉到自己仿佛成了其中的一个角色

	全国	江苏
完全不符合	15.8%	18.8%
有点符合	23.8%	20.5%
一般	34.5%	31.5%
比较符合	21.4%	22.7%
完全符合	4.6%	6.4%
总计	100.0%	100.0%

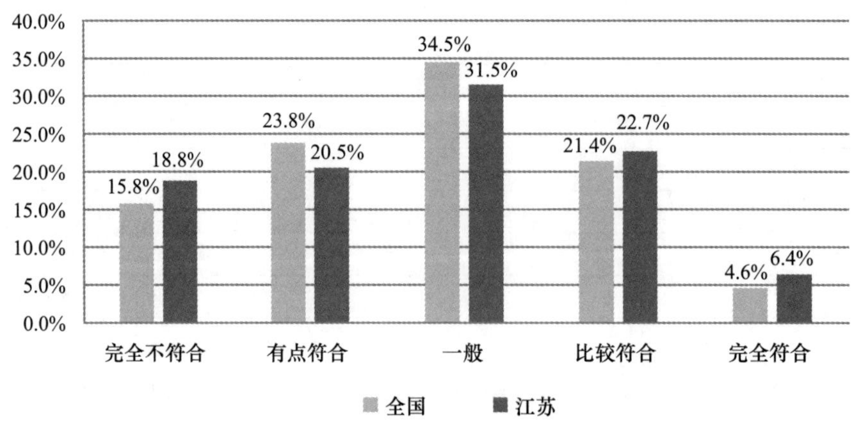

C3a8 请结合自己的情况进行选择：当我对某人很不耐烦的时候，我通常会暂时站在他/她的位置上

	全国	江苏
完全不符合	10.7%	8.5%
有点符合	28.7%	23.7%
一般	34.2%	36.1%
比较符合	20.9%	25.9%
完全符合	5.5%	5.8%
总计	100.0%	100.0%

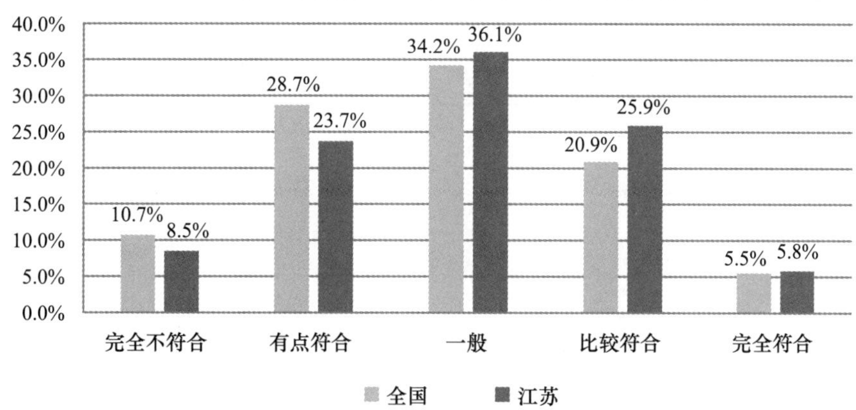

C3a9 请结合自己的情况进行选择：读故事会想象如果这些事情发生在自己身上，我会是怎样的感受

	全国	江苏
完全不符合	12.9%	13.9%
有点符合	24.7%	20.0%
一般	33.7%	33.2%
比较符合	22.7%	26.0%
完全符合	6.1%	6.9%
总计	100.0%	100.0%

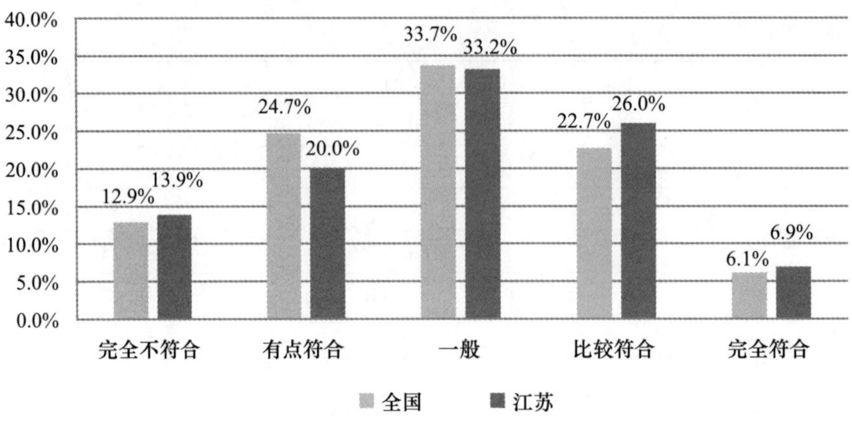

C3a10 请结合自己的情况进行选择：在批评他人之前，我会尝试想象一下如果我处于那个位置会是什么感受

	全国	江苏
完全不符合	7.6%	3.7%
有点符合	27.2%	19.1%
一般	34.2%	36.6%
比较符合	24.5%	33.3%
完全符合	6.5%	7.4%
总计	100.0%	100.0%

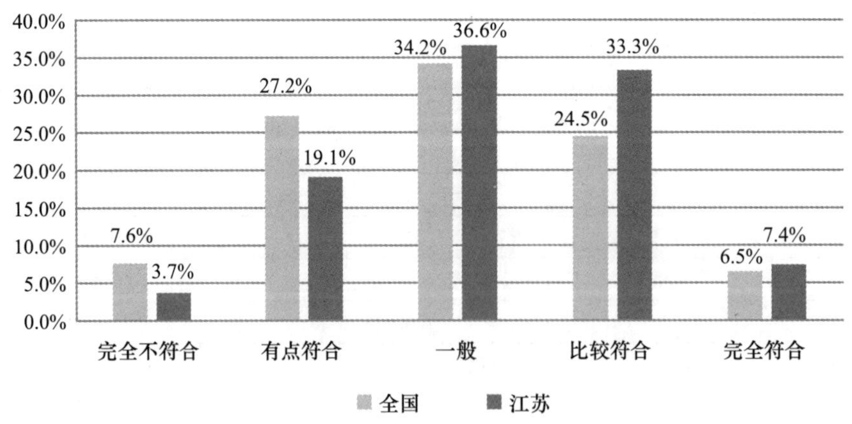

C4 您认为当今中国社会最重要和最需要的德性是

江苏

	第一重要		第二重要		第三重要		第四重要		第五重要		总分
	频数	加权得分	频数	加权得分	频数	加权得分	频数	加权得分	频数	加权得分	
诚信	745	3725	725	2900	480	1440	447	894	392	392	9351
爱（仁爱、博爱、友爱）	1086	5430	477	1908	319	957	246	492	327	327	9114
公正	639	3195	563	2252	335	1005	367	734	431	431	7617
责任	239	1195	355	1420	588	1764	833	1666	331	331	6376
孝敬	542	2710	363	1452	289	867	378	756	468	468	6253
善良	288	1440	367	1468	305	915	544	1088	594	594	5505
宽容	167	835	276	1104	772	2316	359	718	182	182	5155
义（道义、义务）	159	795	555	2220	293	879	229	458	331	331	4683
正直	134	670	121	484	248	744	207	414	263	263	2575
谦让	126	630	128	512	99	297	191	382	221	221	2042
忠恕（将心比心）	77	385	106	424	141	423	102	204	174	174	1610
勇敢	64	320	89	356	131	393	86	172	150	150	1391
节制	40	200	117	468	84	252	118	236	106	106	1262
理智	20	100	55	220	163	489	133	266	150	150	1225
敬业	20	100	49	196	89	267	82	164	188	188	915
其他	3	15	1	4							19

（加权规则：第一重要的频数×5，第二重要的频数×4，第三重要的频数×3，第四重要的频数×2，第五重要的频数×1）

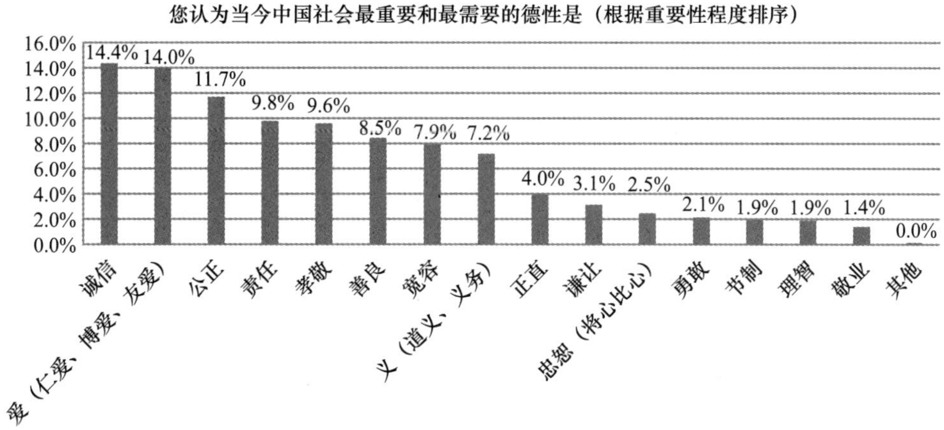

您认为当今中国社会最重要和最需要的德性是（根据重要性程度排序）

全国

	第一重要		第二重要		第三重要		第四重要		第五重要		总分
	频数	加权得分	频数	加权得分	频数	加权得分	频数	加权得分	频数	加权得分	
爱（仁爱、博爱、友爱）	2515	12575	945	3780	527	1581	415	830	427	427	19193
诚信	943	4715	1378	5512	1200	3600	1033	2066	944	944	16837
责任	765	3825	975	3900	1363	4089	1262	2524	668	668	15006
公正	1098	5490	1038	4152	780	2340	901	1802	694	694	14478
孝敬	1407	7035	723	2892	540	1620	764	1528	1173	1173	14248
宽容	378	1890	814	3256	1393	4179	671	1342	446	446	11113
善良	500	2500	559	2236	498	1494	962	1924	856	856	9010
义（道义、义务）	342	1710	1008	4032	405	1215	362	724	386	386	8067
忠恕（将心比心）	173	865	348	1392	448	1344	302	604	383	383	4588
谦让	198	990	196	784	297	891	461	922	556	556	4143
正直	104	520	196	784	408	1224	453	906	677	677	4111
节制	142	710	202	808	204	612	326	652	287	287	3069
理智	60	300	102	408	330	990	338	676	389	389	2763
勇敢	55	275	115	460	162	486	249	498	297	297	2016
敬业	33	165	102	408	129	387	160	320	436	436	1716
其他	10		1								

（加权规则：第一重要的频数×5，第二重要的频数×4，第三重要的频数×3，第四重要的频数×2，第五重要的频数×1）

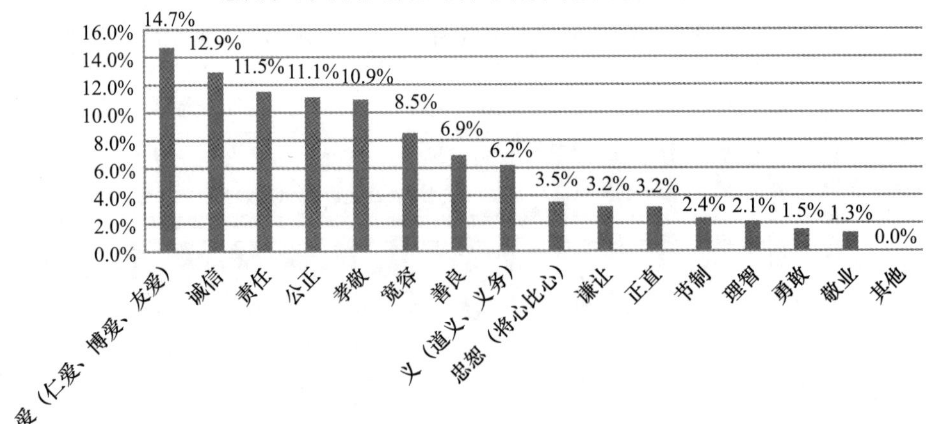

C5 一个制药厂做药品销售时，出资50万元请您向公众介绍自己服药后的良好效果，您过去服用这药时并没有效果，但也没有发现很大的副作用，您将如何决定

	全国	江苏
接受邀请，心安理得	11.3%	12.1%
接受邀请，心里不安，但这笔巨款很有吸引力	19.5%	14.0%
拒绝，这是虚假广告欺骗大众	68.8%	73.6%
其他	0.4%	0.3%
总计	100.0%	100.0%

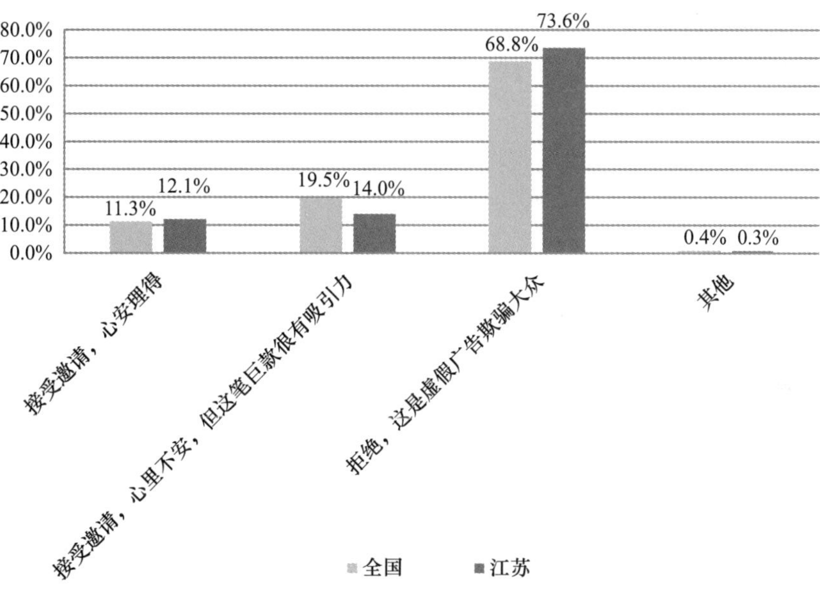

C6 您正在申请一个重要的职位，如果具有两次以上在敬老院做义工的经历（不需要出具证据），将可能优先获得这个职位，您将如何决定

	全国	江苏
如实填报，没做过义工，今后多参加这类活动	73.2%	76.2%
填报参加过两次义工，这机会太重要了，反正不需要出具证据	15.0%	14.6%
先填报，交表之后去做两次义工	11.5%	8.9%
其他	0.4%	0.3%
总计	100.0%	100.0%

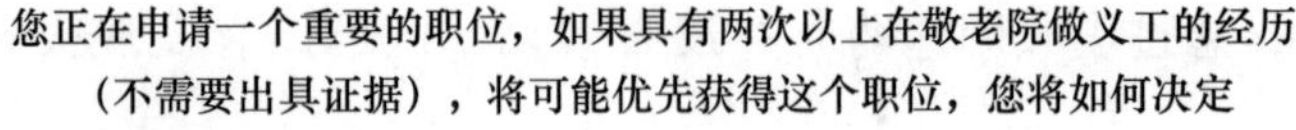

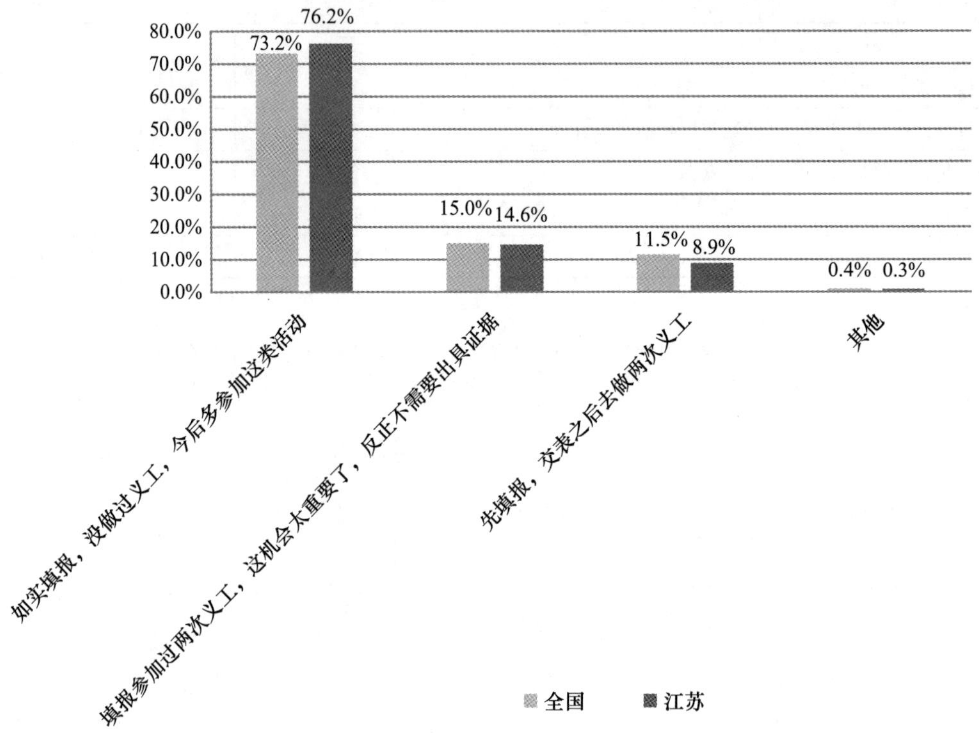

C7 如果您全权代表本单位与另一单位进行项目谈判，对方要求您给予1000万元的优惠，事成之后将您正在寻找工作的女儿安排到这一单位并且获得较好职位，您将如何决定

	全国	江苏
拒绝，不能以公谋私	77.9%	76.8%
接受，女儿前途重要，并且我有权决定	21.1%	22.6%
其他	1.0%	0.6%
总计	100.0%	100.0%

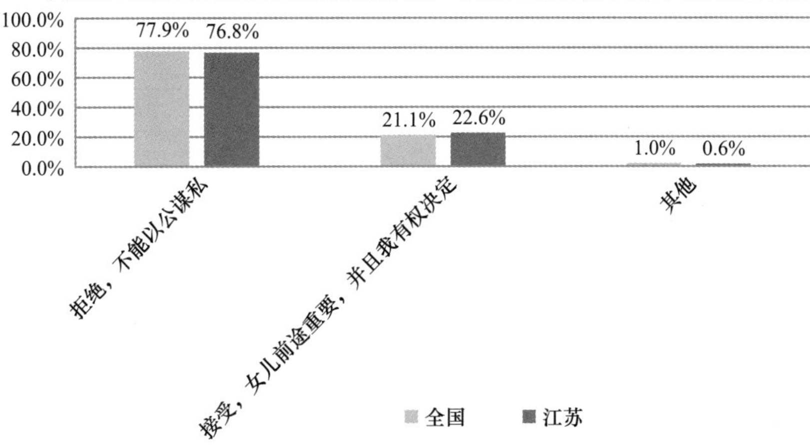

C8 现在社会上有些人不守道德反而讨了便宜，您会不会仿效

	全国	江苏
从来不这么做	51. 7%	53. 7%
通常不这么做，关键时刻会这么做	24. 9%	26. 8%
经常这么做	1. 0%	0. 9%
相信善有善报，恶有恶报，终将会善恶报应	22. 3%	18. 5%
其他	0. 2%	0. 1%
总计	100. 0%	100. 0%

现在社会上有些人不守道德反而讨了便宜，您会不会仿效

60.0%
50.0%
40.0%
30.0%
20.0%
10.0%
0.0%
51.7% 53.7%
24.9% 26.8%
1.0% 0.9%
22.3% 18.5%
0.2% 0.1%
从来不这么做
通常不这么做，关键时刻会这么做
经常这么做
相信善有善报，恶有恶报，终将会善恶报应
其他
全国　江苏

C9a1 下列说法您是否认同：目前大多数人将职业当作谋生的手段，缺乏责任感和奉献精神

	全国	江苏
完全不同意	5.0%	3.4%
不太同意	28.0%	30.4%
比较同意	55.5%	54.9%
完全同意	11.5%	11.4%
总计	100.0%	100.0%

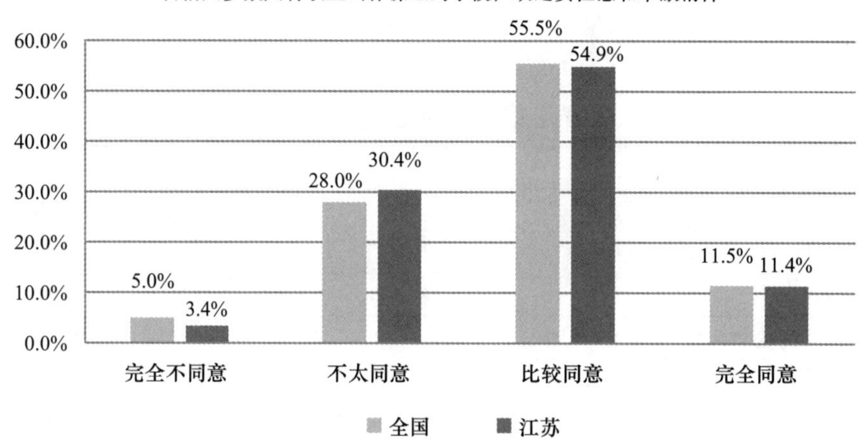

C9a2 下列说法您是否认同：企业老板剥削员工，利益关系不公正

	全国	江苏
完全不同意	6.2%	5.3%
不太同意	34.4%	33.0%
比较同意	50.2%	51.4%
完全同意	9.2%	10.4%
总计	100.0%	100.0%

C9a3 下列说法您是否认同：老板和员工、上级和下级相互勾结，共同对社会不负责任

	全国	江苏
完全不同意	9.8%	6.9%
不太同意	43.6%	41.3%
比较同意	38.5%	42.1%
完全同意	8.0%	9.7%
总计	100.0%	100.0%

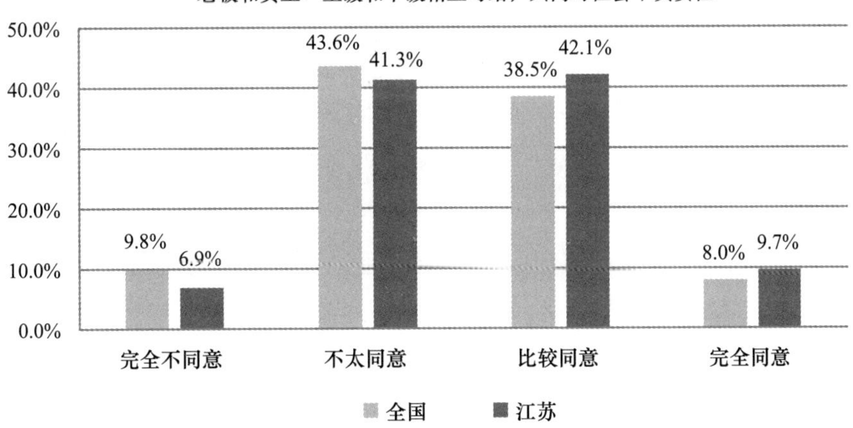

C9a4 下列说法您是否认同：是否离婚主要考虑自己的感受和利益

	全国	江苏
完全不同意	21.0%	24.7%
不太同意	44.7%	52.3%
比较同意	27.5%	19.9%
完全同意	6.8%	3.1%
总计	100.0%	100.0%

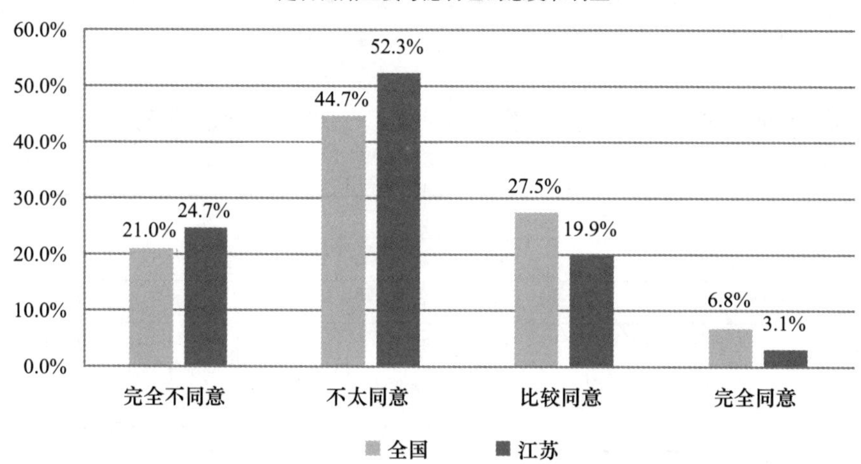

C9a5 下列说法您是否认同：是否离婚应该从家庭整体（包括子女）考虑

	全国	江苏
完全不同意	1.8%	1.0%
不太同意	12.9%	5.8%
比较同意	54.4%	56.7%
完全同意	30.9%	36.4%
总计	100.0%	100.0%

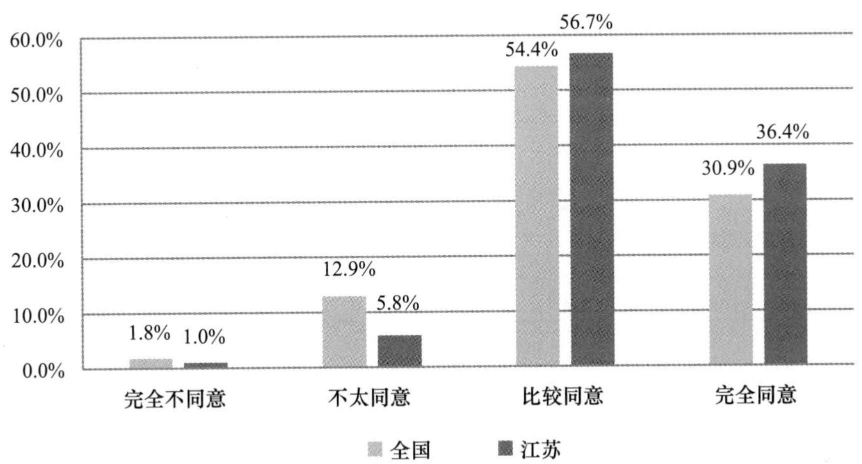

C9a6 下列说法您是否认同：婚姻是社会的事，应当兼顾社会评价和社会后果

	全国	江苏
完全不同意	5. 5%	5. 0%
不太同意	27. 1%	21. 4%
比较同意	52. 1%	52. 7%
完全同意	15. 2%	20. 8%
总计	100. 0%	100. 0%

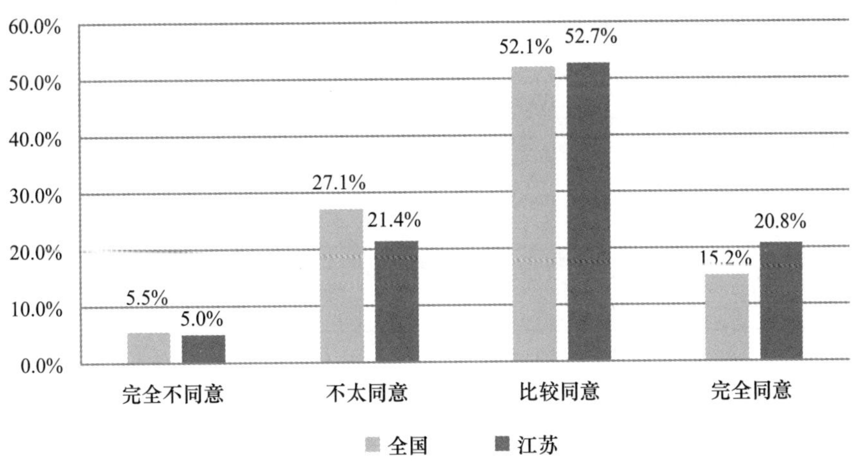

C9a7 下列说法您是否认同：婚姻应当是自由的，如果有更满意或更合适的人就与现在的配偶离婚

	全国	江苏
完全不同意	36.5%	45.8%
不太同意	41.4%	45.5%
比较同意	19.2%	7.4%
完全同意	2.9%	1.3%
总计	100.0%	100.0%

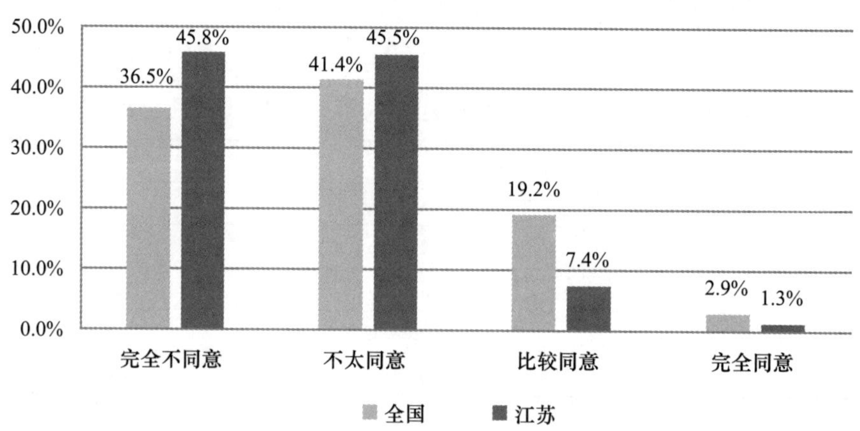

C9a8 下列说法您是否认同：婚姻意味着责任，要考虑给对方造成什么后果，不能轻率地选择离婚

	全国	江苏
完全不同意	1.4%	1.1%
不太同意	10.5%	3.2%
比较同意	53.2%	50.0%
完全同意	34.9%	45.7%
总计	100.0%	100.0%

婚姻意味着责任，要考虑给对方造成什么后果，不能轻率地选择离婚

60.0%
50.0%
40.0%
30.0%
20.0%
10.0%
0.0%
1.4% 1.1%
10.5% 3.2%
53.2% 50.0%
34.9% 45.7%
完全不同意
不太同意
比较同意
完全同意
全国
江苏

C9a9 下列说法您是否认同：遇到困难的时候，兄弟姊妹通常都会给予力所能及的帮助

	全国	江苏
完全不同意	1.1%	0.6%
不太同意	8.8%	4.7%
比较同意	49.3%	53.8%
完全同意	40.8%	40.9%
总计	100.0%	100.0%

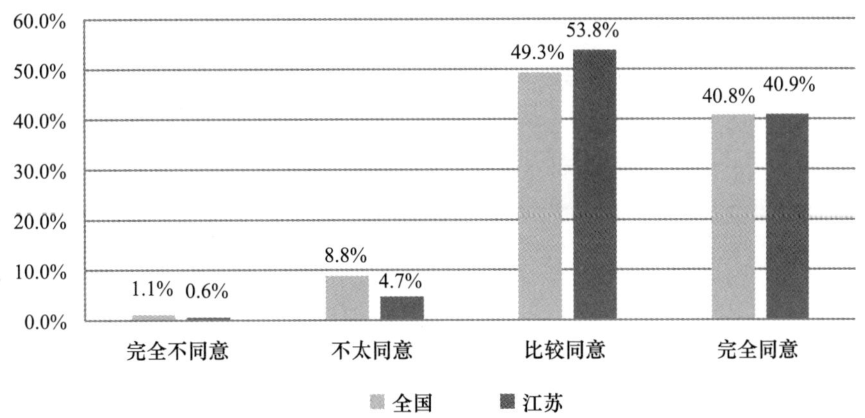

C9a10 下列说法您是否认同：无论父母对自己如何，都应当尽赡养义务

	全国	江苏
完全不同意	1.2%	0.6%
不太同意	6.8%	3.5%
比较同意	37.5%	41.7%
完全同意	54.5%	54.2%
总计	100.0%	100.0%

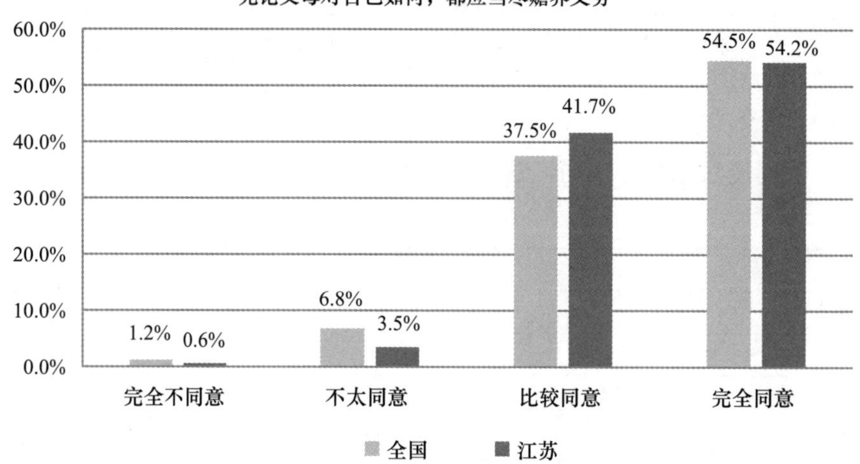

C9a11 下列说法您是否认同：为了家庭利益可以一定程度上牺牲国家利益

	全国	江苏
完全不同意	19.6%	17.3%
不太同意	51.4%	50.4%
比较同意	23.4%	25.9%
完全同意	5.6%	6.3%
总计	100.0%	100.0%

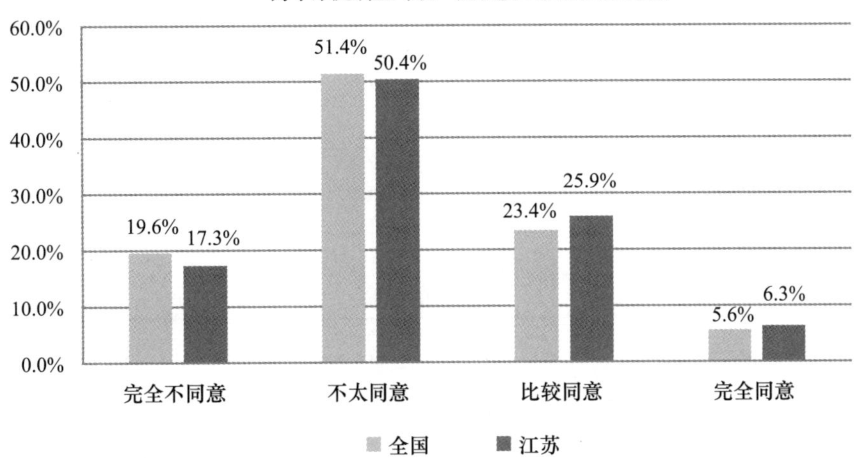

C9a12 下列说法您是否认同：为了国家利益可以一定程度上牺牲家庭利益

	全国	江苏
完全不同意	9.9%	5.3%
不太同意	30.0%	25.4%
比较同意	44.1%	50.6%
完全同意	16.0%	18.7%
总计	100.0%	100.0%

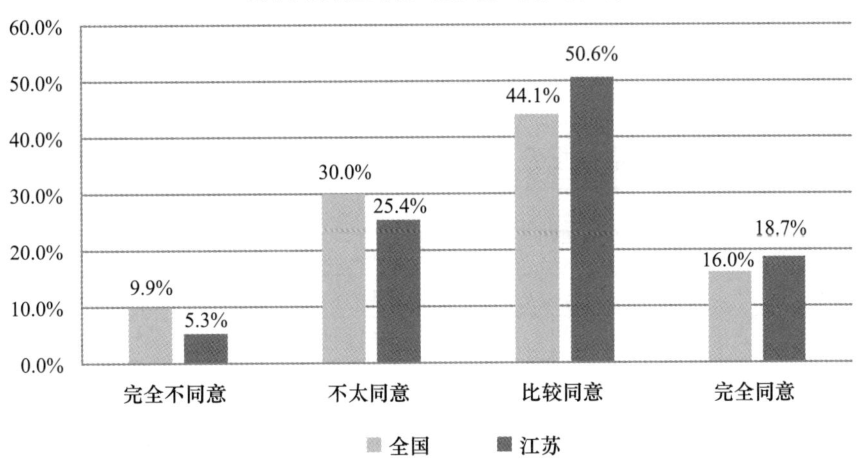

C10 假设您的上司或老板是外国人，他侮辱了中国，但抗争会产生不利于自己的后果，您会选择

	全国	江苏
当面抗议	62.9%	66.3%
保持沉默	19.9%	18.7%
暗地里报复	2.3%	2.5%
以屈求伸，背后骂几句就行了	9.4%	8.8%
无所谓	5.5%	3.7%
总计	100.0%	100.0%

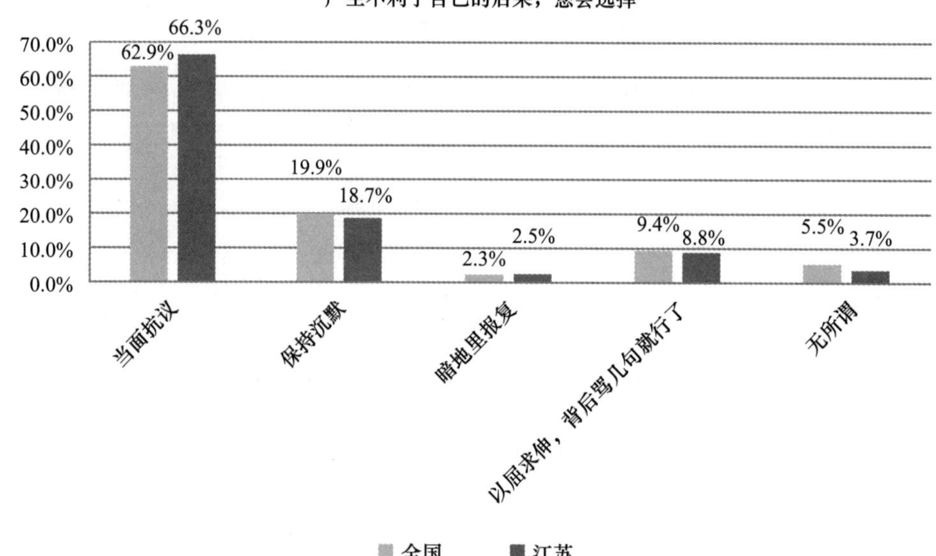

C11 如果条件允许的话，您希望您的孩子生活在国内，还是到国外定居

	全国	江苏
还是在国内生活好	47.5%	58.8%
到国外定居	12.3%	9.5%
走一步看一步	14.1%	11.2%
没考虑过	26.1%	20.4%
总计	100.0%	100.0%

如果条件允许的话，您希望您的孩子生活在国内，还是到国外定居

70.0%
60.0%
50.0%
40.0%
30.0%
20.0%
10.0%
0.0%
还是在国内生活好 47.5% 58.8%
到国外定居 12.3% 9.5%
走一步看一步 14.1% 11.2%
没考虑过 26.1% 20.4%
全国　江苏

C12a1 您常常在人与人之间体验到自己身上有一种“伦理感”的存在吗

	全国	江苏
没有，只感受到自己实实在在的生活	23.8%	20.1%
偶尔有，但主要是因为那种情况下我的利益与它高度一致	34.4%	31.0%
偶尔有，是在受某种作品或生活情境的影响之后	21.6%	21.2%
时常有，它是一种内在的信念	20.2%	27.8%
总计	100.0%	100.0%

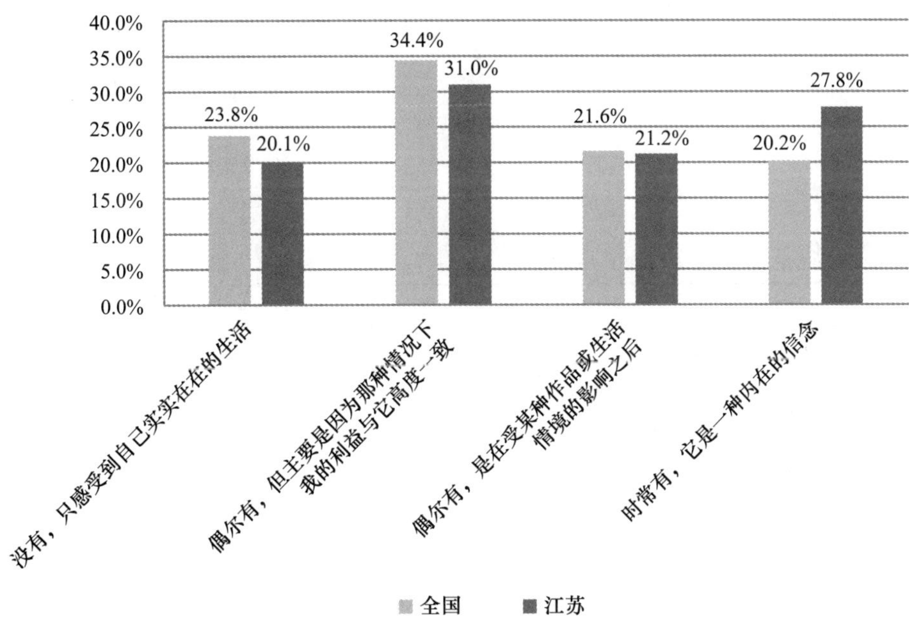

C12a2 您常常在家庭体验到自己身上有一种“伦理感”的存在吗

	全国	江苏
没有，只感受到自己实实在在的生活	19.0%	17.4%
偶尔有，但主要是因为那种情况下我的利益与它高度一致	22.8%	16.6%
偶尔有，是在受某种作品或生活情境的影响之后	21.8%	16.1%
时常有，它是一种内在的信念	36.4%	49.8%
总计	100.0%	100.0%

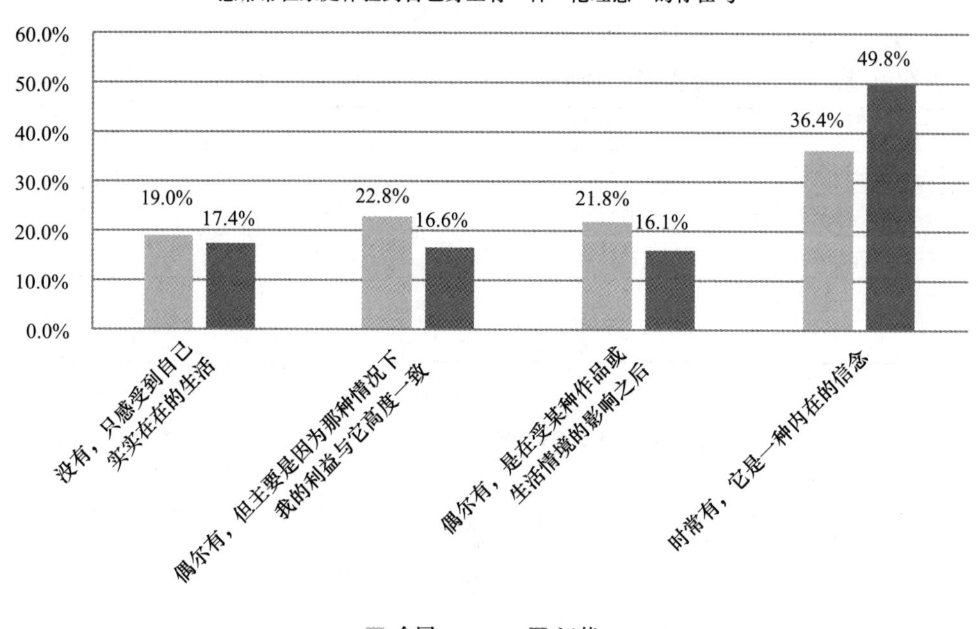

C12a3 您常常在单位体验到自己身上有一种“伦理感”的存在吗

	全国	江苏
没有，只感受到自己实实在在的生活	26.3%	21.3%
偶尔有，但主要是因为那种情况下我的利益与它高度一致	33.9%	32.4%
偶尔有，是在受某种作品或生活情境的影响之后	27.2%	27.8%
时常有，它是一种内在的信念	12.5%	18.5%
总计	100.0%	100.0%

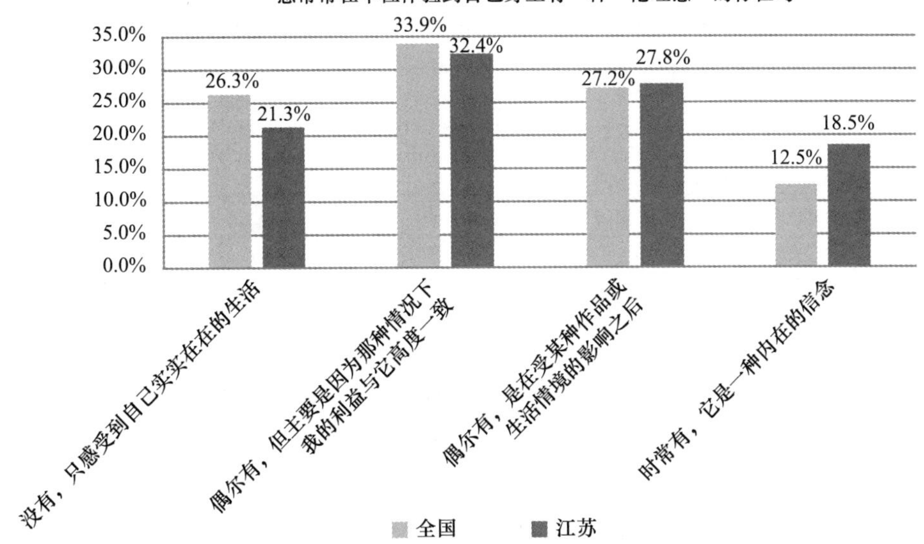

C12a4 您常常在社区、城市体验到自己身上有一种“伦理感”的存在吗

	全国	江苏
没有，只感受到自己实实在在的生活	31.7%	22.4%
偶尔有，但主要是因为那种情况下我的利益与它高度一致	29.0%	28.4%
偶尔有，是在受某种作品或生活情境的影响之后	24.5%	28.7%
时常有，它是一种内在的信念	14.7%	20.5%
总计	100.0%	100.0%

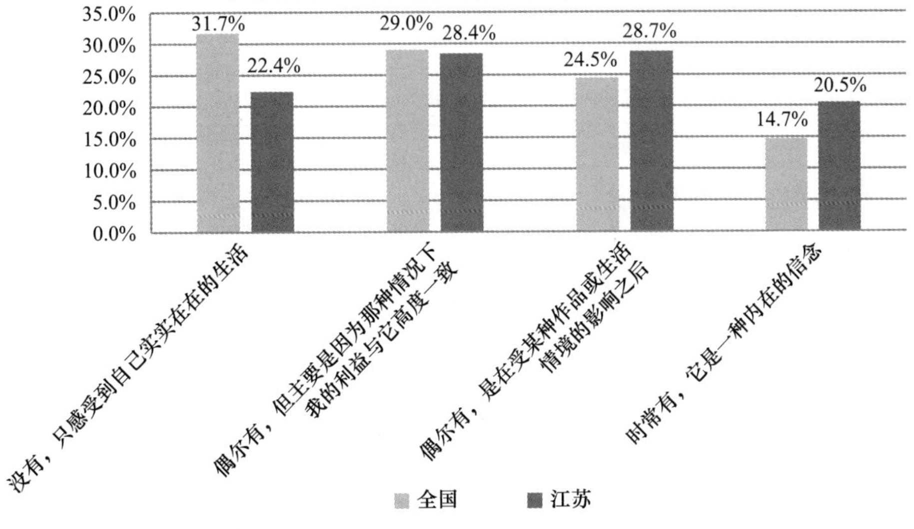

C13 您常常体验到自己身上有一种“道德感”的存在和满足吗

	全国	江苏
没有，只是凭自己的感觉和利益办事	27.0%	14.0%
在有监督的环境中或有别人在场时有，其他环境中没有	13.9%	13.4%
经常有，问心无愧、不做亏心事最重要	33.8%	51.1%
没有特别的感觉，但从来不做不道德的事	24.9%	21.4%
其他	0.3%	0.1%
总计	100.0%	100.0%

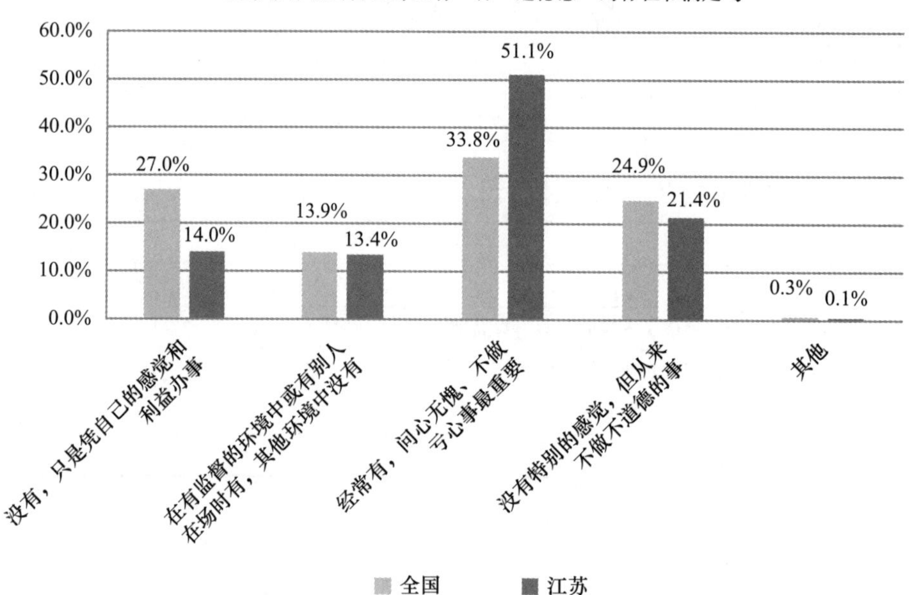

C14 您认为国家对于个人存在的意义是

	全国	江苏
国家离我们很遥远，个人最重要	24.0%	20.7%
国家最重要，是我们的安身之地，国家富强个人才能过得好	75.7%	79.1%
其他	0.3%	0.3%
总计	100.0%	100.0%

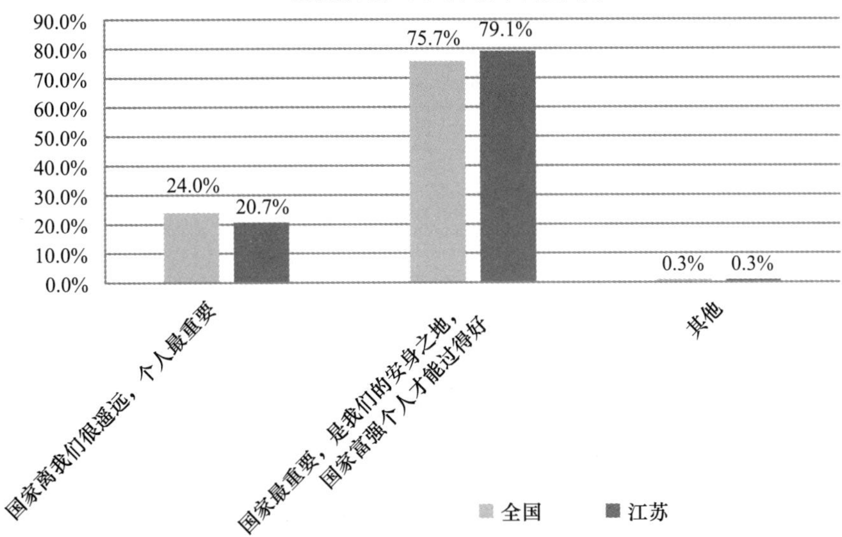

C15 您认为对社会生活而言，个体德性和社会公正哪个更重要

	全国	江苏
个体德性最重要	18. 0%	14. 8%
社会公正最重要	31. 0%	32. 2%
二者应当统一，但二者矛盾时应先追求个体德性	28. 1%	26. 2%
二者应当统一，但二者矛盾时应先追求社会公正	23. 0%	26. 8%
总计	100. 0%	100. 0%

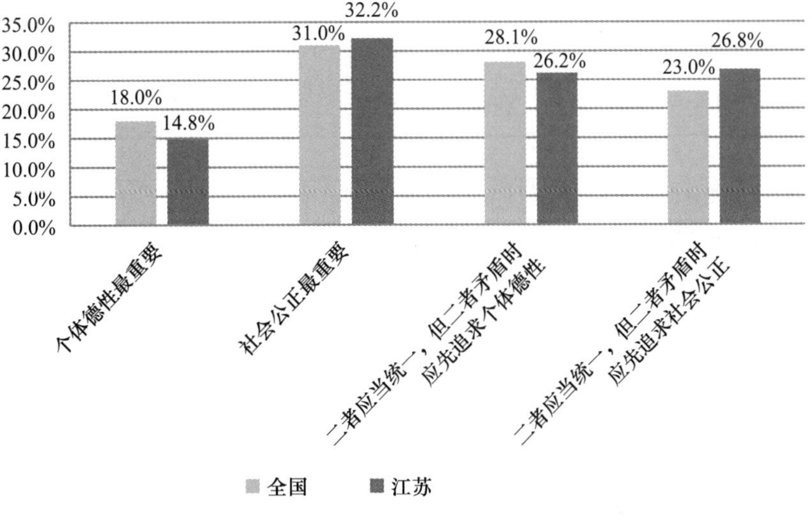

C16 在公共生活中，个人之所以要遵守道德，是因为

	全国	江苏
遵守道德有利于自身利益的实现	22.6%	20.7%
个人是社会的一分子，应当遵守道德	41.4%	39.2%
遵守道德社会才能有序和美好	27.2%	35.6%
不遵守道德会被别人议论或谴责	8.6%	4.4%
其他	0.2%	0.1%
总计	100.0%	100.0%

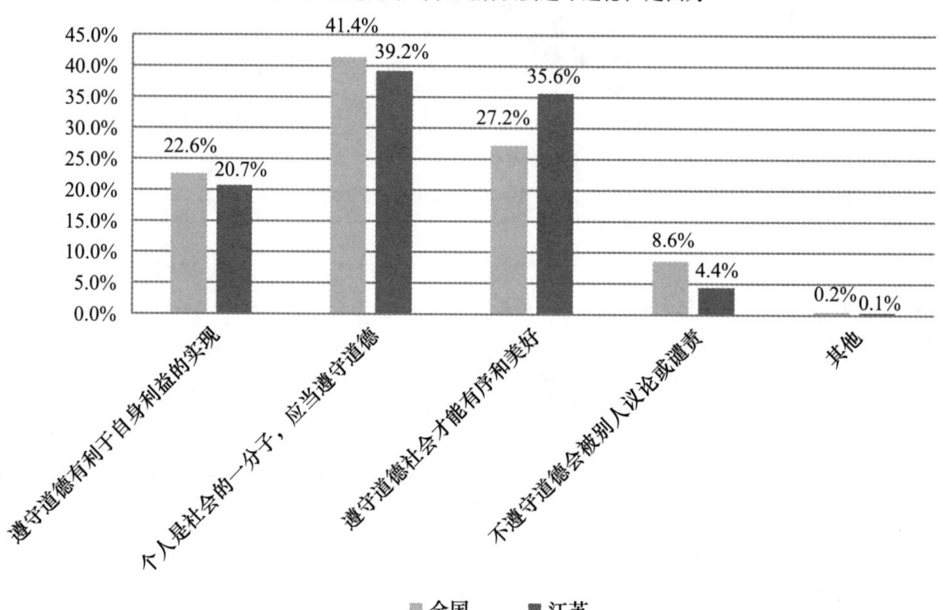

C17 关于职业劳动的说法，您最认同的是

	全国	江苏
职业劳动是个人和家庭谋生的手段	55.0%	54.0%
职业劳动是为社会创造财富	25.3%	24.5%
职业劳动是个人兴趣和价值实现的方式	19.4%	21.2%
其他	0.3%	0.3%
总计	100.0%	100.0%

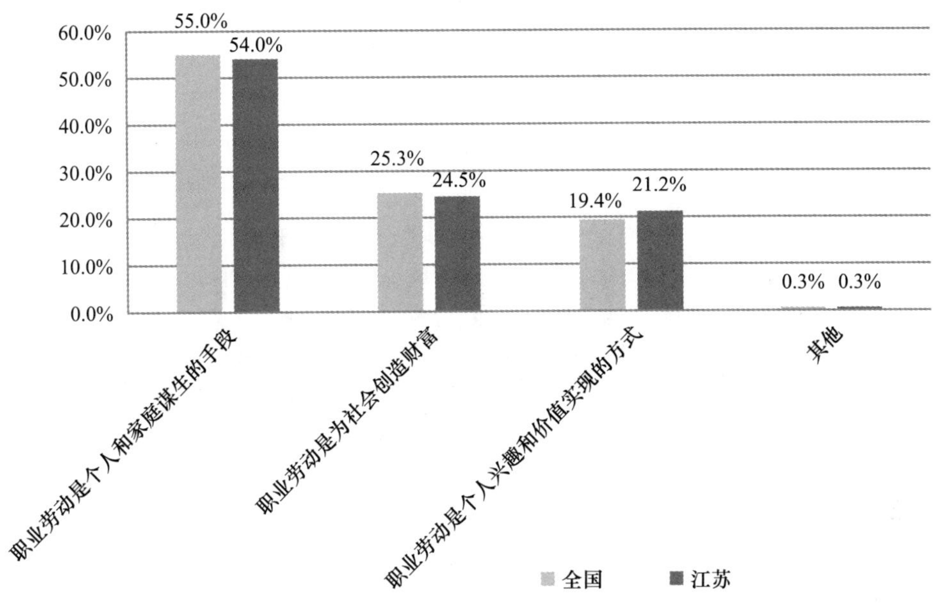

C18a 忧郁、自杀原因是

	全国	江苏
欲望过多过大，不能知足常乐	34.1%	30.9%
对自己和未来没有把握	29.7%	29.2%
竞争激烈，工作压力过大，身心疲惫	44.3%	50.5%
人与人之间缺乏信任感，人际关系紧张	33.7%	37.9%
有烦恼很难找到人倾诉和排解	28.1%	24.4%
缺乏自我理解和自我调节能力	24.7%	24.1%
现代人缺乏安顿自己、化解内心矛盾的能力	24.1%	25.8%
缺乏道德公正，没有道德的人总是占便宜	13.9%	23.5%
缺乏理想和信念支持，精神没有寄托和归宿	18.4%	22.5%
生活压力大	39.2%	56%
生活孤独无聊		
其他	0.4%	0.6%

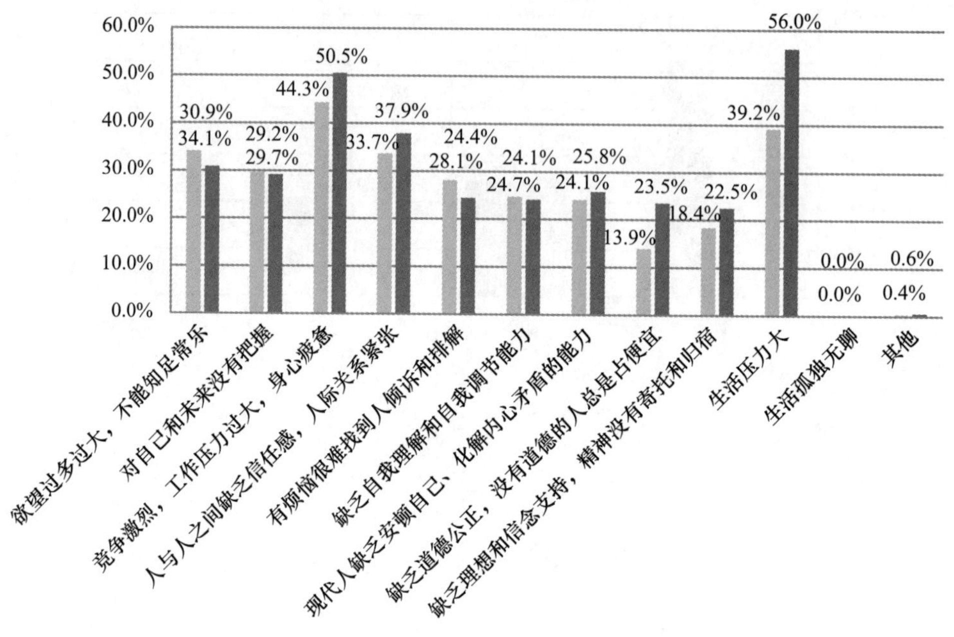

注：条形图数据标签中，位于上方的为江苏数据，下方的为全国数据。

C19a1 如果您与家庭成员之间发生重大利益冲突，您会

	全国	江苏
诉诸法律，打官司	1.2%	1.0%
直接找对方沟通但得理让人，适可而止	51.7%	53.5%
通过第三方（如社会机构，朋友等）从中调解，尽量不伤和气	13.8%	9.9%
能忍则忍	33.3%	35.6%
总计	100.0%	100.0%

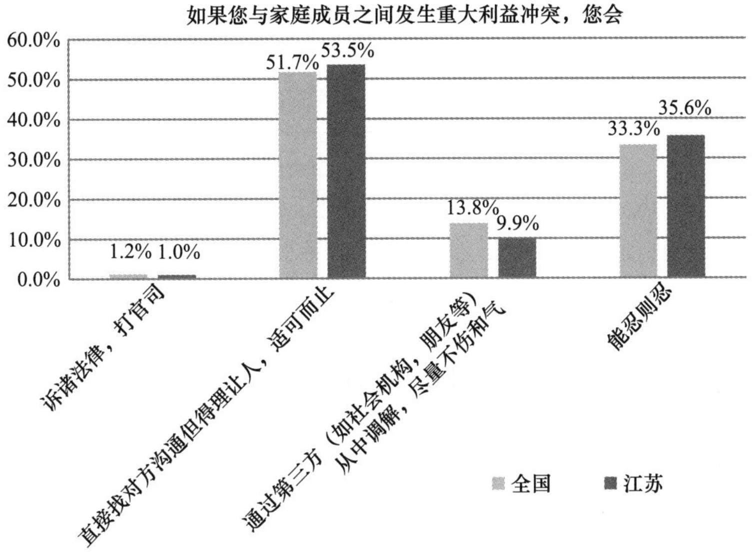

C19a2 如果您与朋友之间发生重大利益冲突，您会

	全国	江苏
诉诸法律，打官司	1.9%	2.3%
直接找对方沟通但得理让人，适可而止	48.5%	53.8%
通过第三方（如社会机构，朋友等）从中调解，尽量不伤和气	29.1%	22.0%
能忍则忍	20.5%	22.0%
总计	100.0%	100.0%

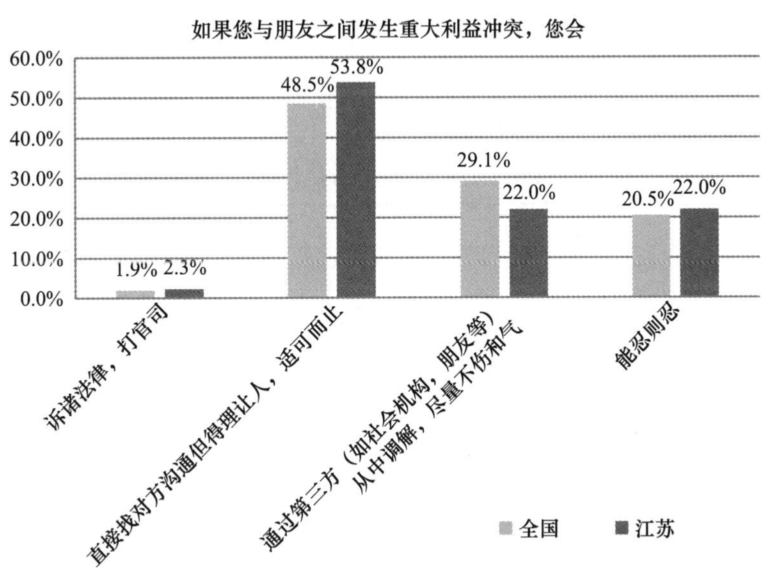

C19a3 如果您与同事之间发生重大利益冲突，您会

	全国	江苏
诉诸法律，打官司	3.4%	4.1%
直接找对方沟通但得理让人，适可而止	43.5%	53.6%
通过第三方（如社会机构，朋友等）从中调解，尽量不伤和气	39.4%	29.3%
能忍则忍	13.7%	13.1%
总计	100.0%	100.0%

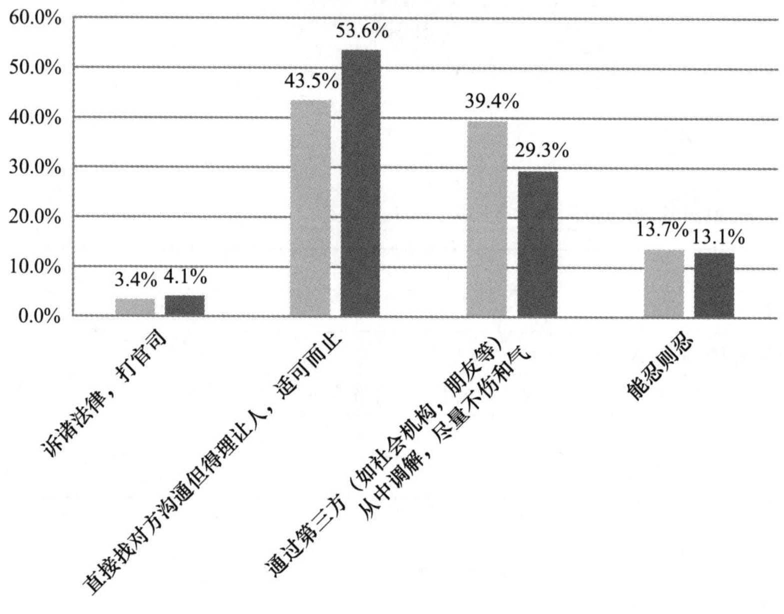

C19a4 如果您与商业伙伴之间发生重大利益冲突，您会

	全国	江苏
诉诸法律，打官司	31.0%	40.5%
直接找对方沟通但得理让人，适可而止	27.3%	26.7%
通过第三方（如社会机构，朋友等）从中调解，尽量不伤和气	31.6%	27.4%
能忍则忍	10.1%	5.3%
总计	100.0%	100.0%

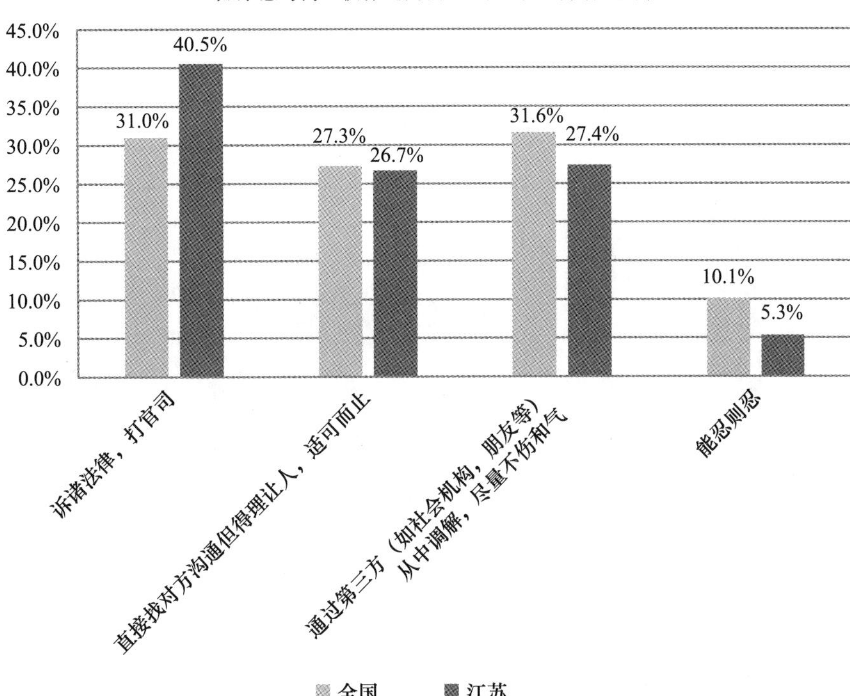

C20 您认为在自己的成长中得到道德训练的最重要场所或机构是

	全国	江苏
家庭	33.8%	34.2%
学校	26.2%	23.5%
社会（如工作单位、社区等）	33.3%	31.1%
国家或政府	3.2%	6.7%
媒体	1.1%	1.7%
其他	2.4%	2.7%
总计	100.0%	100.0%

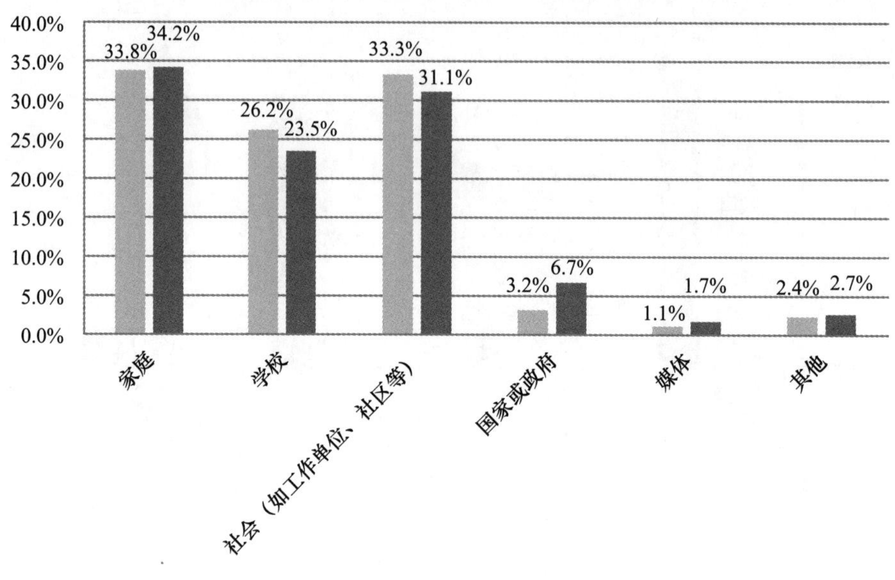

C21 您的思想行为受什么人影响最大（多选）

	全国	江苏
政府官员	20.7%	24.9%
企业家	16.6%	20.6%
演艺名星	3.6%	7.5%
教师	45.7%	45.4%
知识精英	12.0%	16.1%
公众人物	14.7%	26.6%
农民	10.6%	7.4%
工人	2.6%	3.2%
先哲先贤	15.5%	14.2%
父母	73.3%	69.2%
网络大V	3.1%	3.4%
宗教人士	1.5%	0.8%

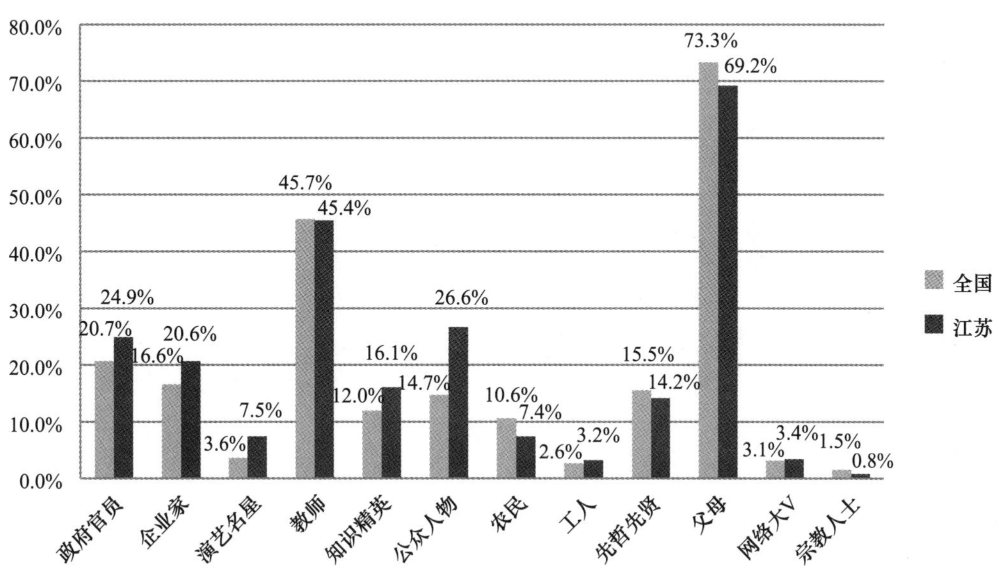

C22 影响您道德判断和道德选择的最主要的因素是（多选）

	全国	江苏
自己的良心	68.7%	72.7%
大多数人持有的观点	37.0%	38.7%
公众人士和权威人物的观点	8.0%	7.1%
国外媒体的观点	4.0%	5.0%
自己的利益	15.0%	14.5%
他人的评价	7.4%	6.6%
社会后果	15.6%	14.0%
大多数人认可的道德规范	15.3%	18.6%
先贤教导	4.7%	5.4%
“朋友圈”的观点	0.8%	2.4%

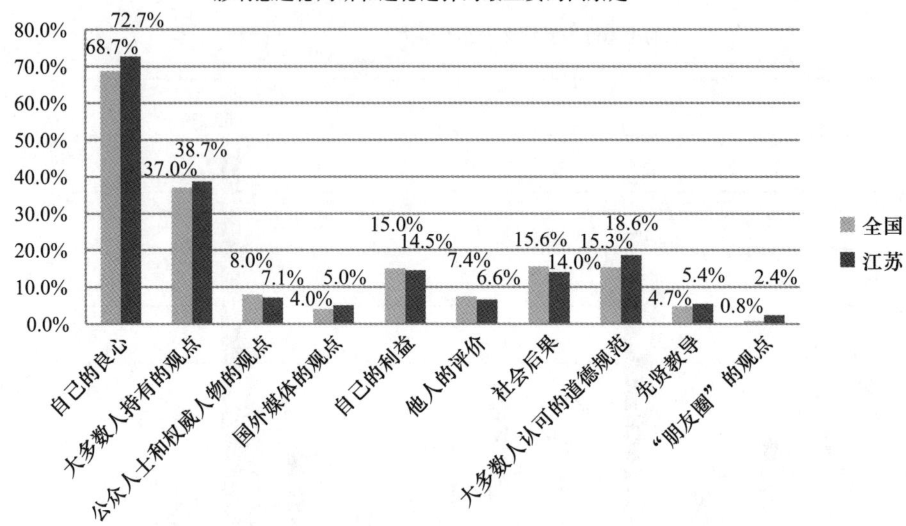

C23 现在经常有一些网民在网络上曝光别人的隐私，您怎么看待这种行为

	全国	江苏
这是违法行为，应该制止	36.4%	43.6%
这是不道德行为，应该进行谴责	44.3%	44.2%
这是社会监督的重要途径，不必完全禁止，但需要规范和引导	17.1%	10.7%
这是网民的自由，别人不应该干涉	2.1%	1.6%
总计	100.0%	100.0%

现在经常有一些网民在网络上曝光别人的隐私，您怎么看待这种行为

C24a1 您最近两年是否参加过志愿者活动

	全国	江苏
是	15.6%	17.9%
否	84.4%	82.1%
总计	100.0%	100.0%

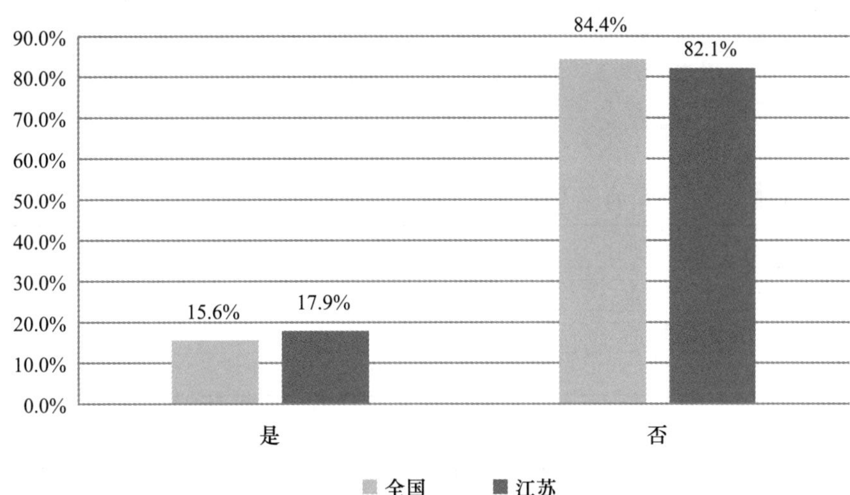

C24b1 您参加志愿者活动的频率

	全国	江苏
从来没有	84.4%	82.1%
参加过一两次	7.8%	8.7%
偶尔参加一次	6.0%	6.8%
经常参加	1.8%	2.4%
总计	100.0%	100.0%

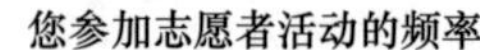

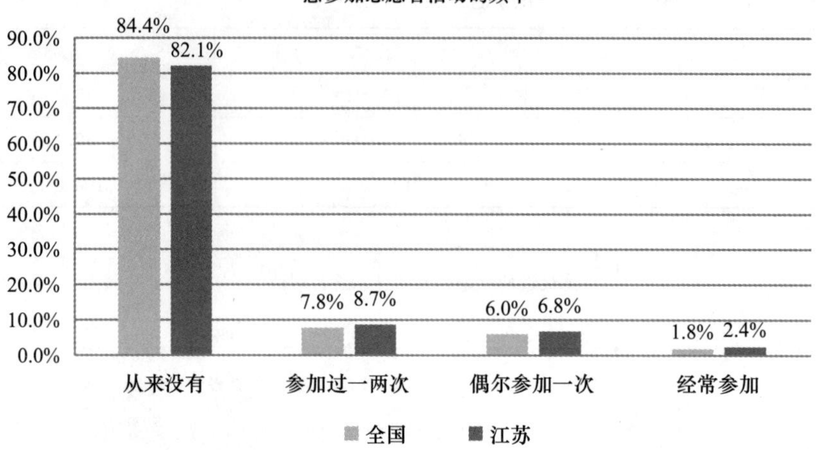

C24a2 您最近两年是否参加过无偿献血活动

	全国	江苏
是	14.0%	11.9%
否	86.0%	88.1%
总计	100.0%	100.0%

您最近两年是否参加过无偿献血活动

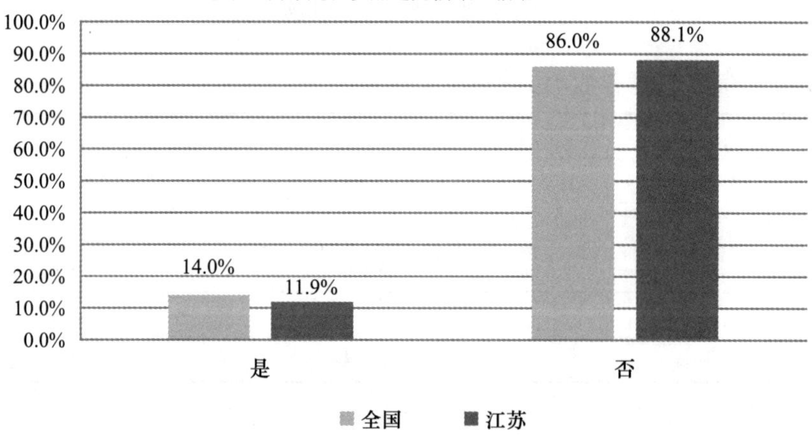

C24b2 您参加无偿献血的频率

	全国	江苏
从来没有	86.0%	88.1%
参加过一两次	7.5%	5.8%

续表

	全国	江苏
偶尔参加一次	5.6%	5.1%
经常参加	0.9%	1.0%
总计	100.0%	100.0%

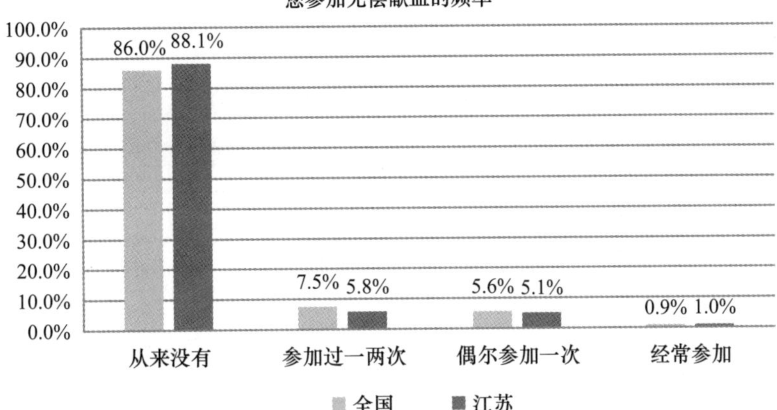

C24a3 您最近两年是否参加过捐款、捐物

	全国	江苏
是	34.9%	42.9%
否	65.1%	57.1%
总计	100.0%	100.0%

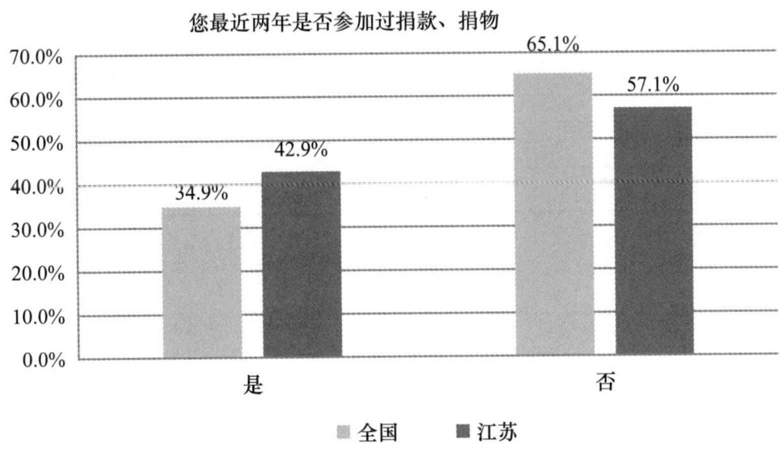

C24b3 您参加捐款、捐物的频率

	全国	江苏
从来没有	65.1%	57.1%
参加过一两次	14.6%	19.4%
偶尔参加一次	15.4%	15.9%
经常参加	4.9%	7.5%
总计	100.0%	100.0%

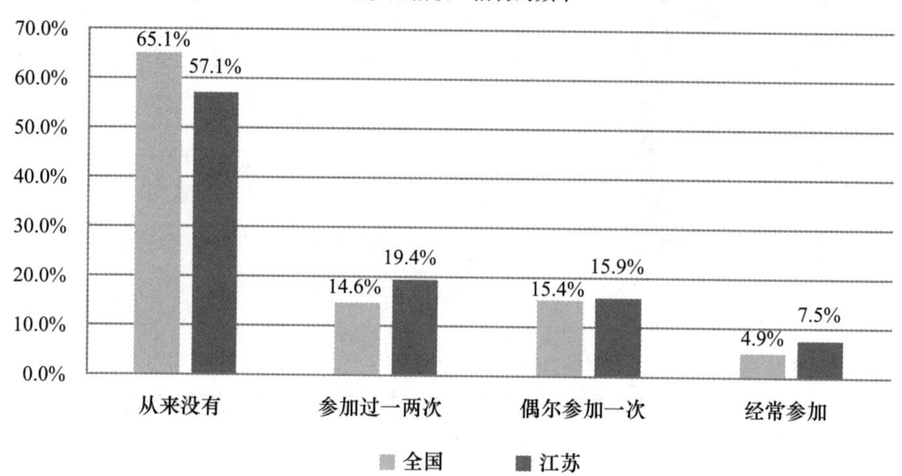

C25 目前中国社会的两性关系日益开放，它对社会风尚的影响是

	全国	江苏
是社会进步的表现	13.9%	11.1%
两性关系混乱必然导致道德沦丧、污染社会风气	50.9%	60.9%
个人选择，无所谓好坏	34.8%	27.8%
其他	0.4%	0.2%
总计	100.0%	100.0%

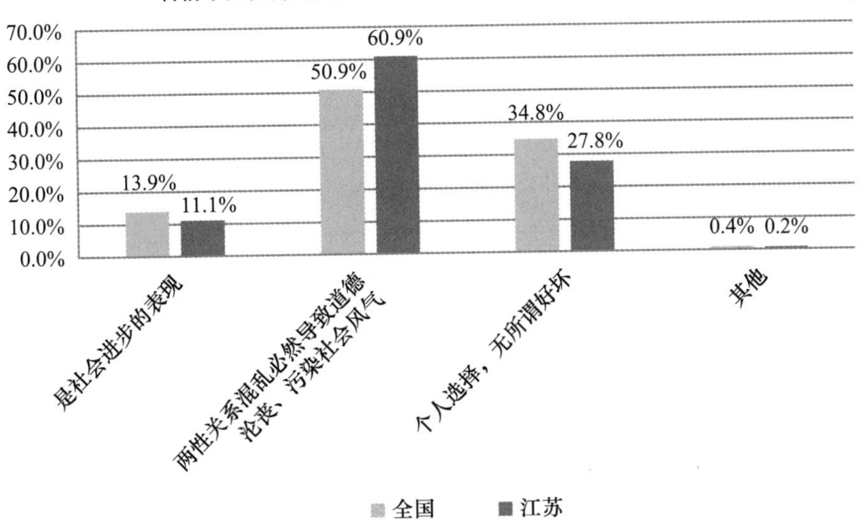

C26 您对一些重要事情所持的观点和看法与其他人一致的时候有多少

	全国	江苏
非常少	5.1%	2.1%
比较少	13.6%	10.3%
一般	42.3%	48.7%
比较多	33.5%	34.4%
非常多	5.4%	4.5%
总计	99.9%	100.0%

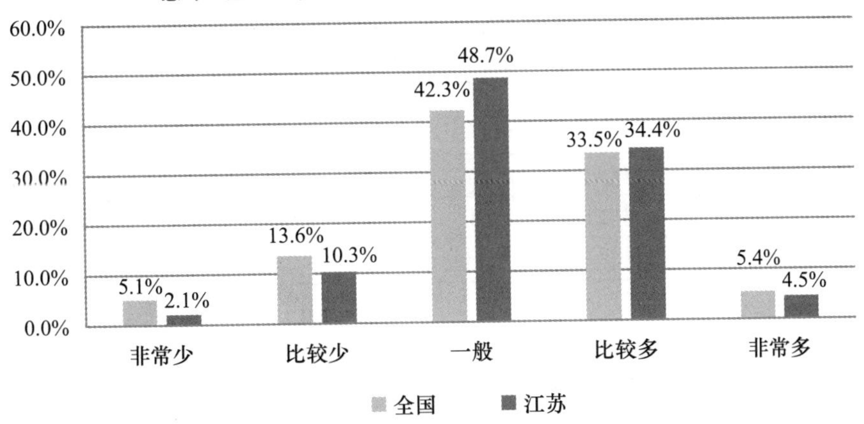

C27 您对待目前社会上一部分人的奢侈消费行为的态度是

	全国	江苏
钞票是他们自己的，他们愿意怎么花就怎么花	40.2%	31.3%
他们应该遵守勤俭的传统美德，适度消费	43.9%	56.1%
过度消费行为只要对别人无害，就不应干涉	15.8%	12.4%
其他	0.1%	0.2%
总计	100.0%	100.0%

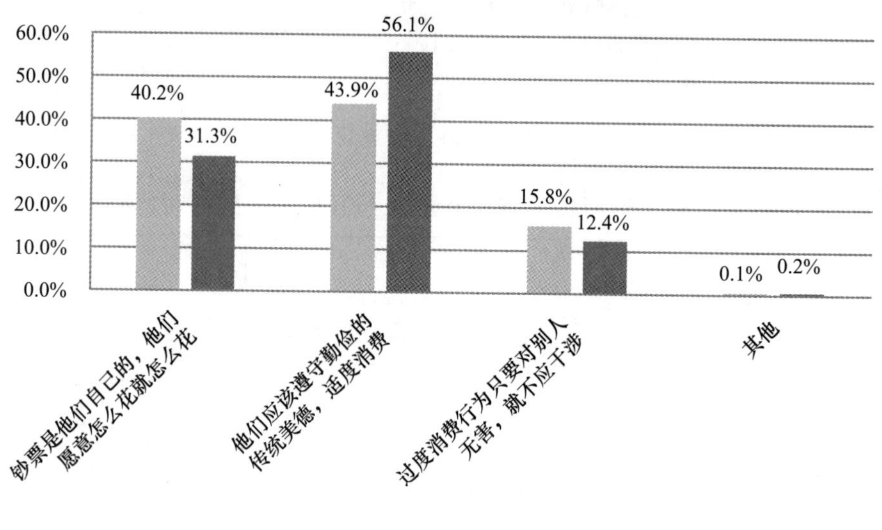

C28 孝敬、礼让、仁爱、节俭等优良传统，您认为现在还需要这些吗

	全国	江苏
这些好传统什么时候都不能丢	78.0%	84.0%
可有可无	9.0%	6.2%
已经过时，没必要讲这些	5.4%	2.6%
有些要，有些不要	7.6%	7.2%
总计	100.0%	100.0%

孝敬、礼让、仁爱、节俭等优良传统，您认为现在还需要这些吗

90.0%
80.0%
70.0%
60.0%
50.0%
40.0%
30.0%
20.0%
10.0%
0.0%

这些好传统什么时候都不能丢 78.0% 84.0%
可有可无 9.0% 6.2%
已经过时，没必要讲这些 5.4% 2.6%
有些要，有些不要 7.6% 7.2%

全国　江苏

C29 民族英雄和新时期的先进人物的精神还值得在全社会大力倡导吗

	全国	江苏
我很佩服他们，现在社会就缺这种精神，要加大宣传	59.6%	71.3%
以前知道一些，现在不太关注了	25.1%	21.4%
时过境迁，这些典型的影响力越来越小了，没太多人关心了	11.5%	5.5%
不知道，也不关心	3.8%	1.8%
总计	100.0%	100.0%

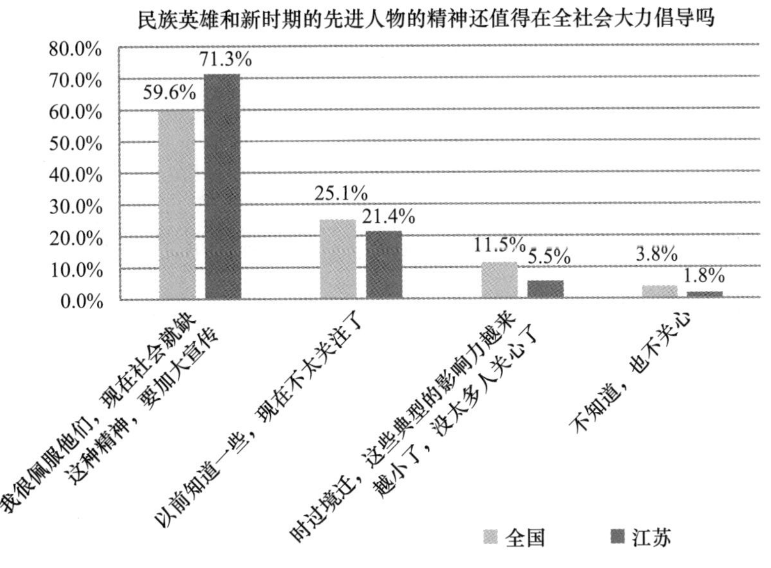

C30 当在公交车上遇到小偷正在偷乘客钱包时，您会选择以下哪种做法

	全国	江苏
马上冲上去制止	19.5%	22.5%
出于害怕，装作什么都没有看到	12.1%	6.4%
不敢直接与小偷对抗，但以适当方式悄悄提醒当事人或报警	60.9%	65.1%
只要偷的不是我，不用多管闲事，免得惹麻烦	6.9%	5.3%
其他	0.7%	0.7%
总计	100.0%	100.0%

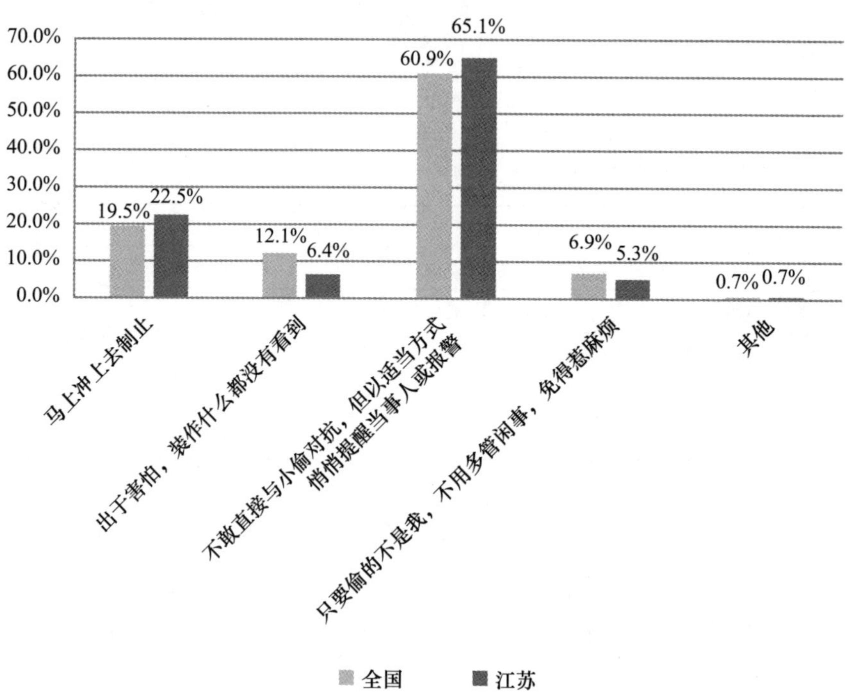

C31 小王知道做某件事是道德的但没去行动，哪种因素是他采取行动的最大障碍

	全国	江苏
采取行动会损害自己利益	16.2%	19.1%
采取行动也难以取得预期效果	24.1%	16.3%
大家都不做，我何必管闲事	17.2%	17.5%

续表

	全国	江苏
自身能力有限，心有余而力不足	30.0%	34.8%
即使我不做，相信还会有别人去做	7.8%	8.5%
明白就行，让别人去做吧	4.1%	3.2%
其他	0.6%	0.5%
总计	100.0%	100.0%

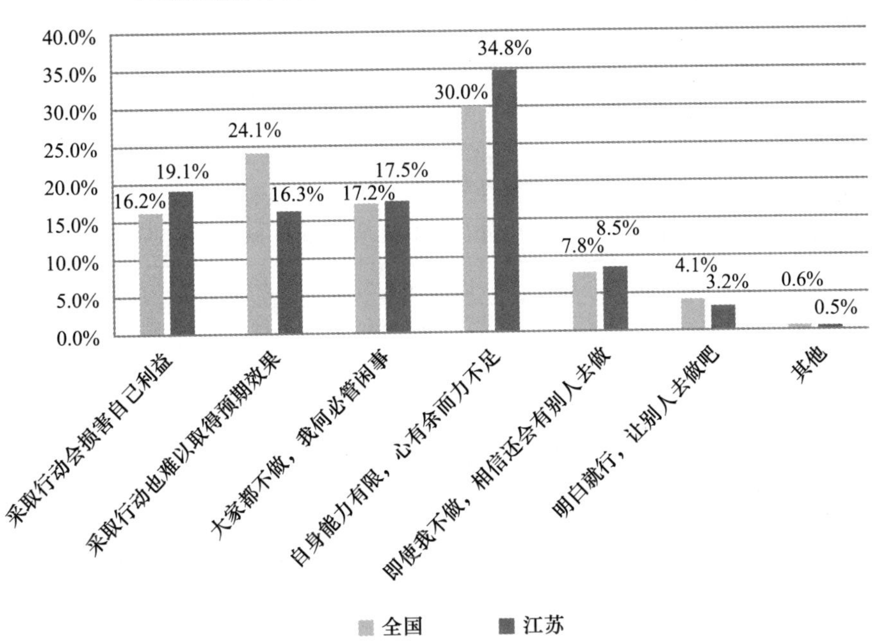

C32 当与他人发生分歧时，能否体谅宽容他人

	全国	江苏
不宽容，必须弄清是非曲直	10.6%	7.3%
偶尔	34.2%	26.6%
有时	39.3%	43.8%
经常	16.0%	22.3%
总计	100.0%	100.0%

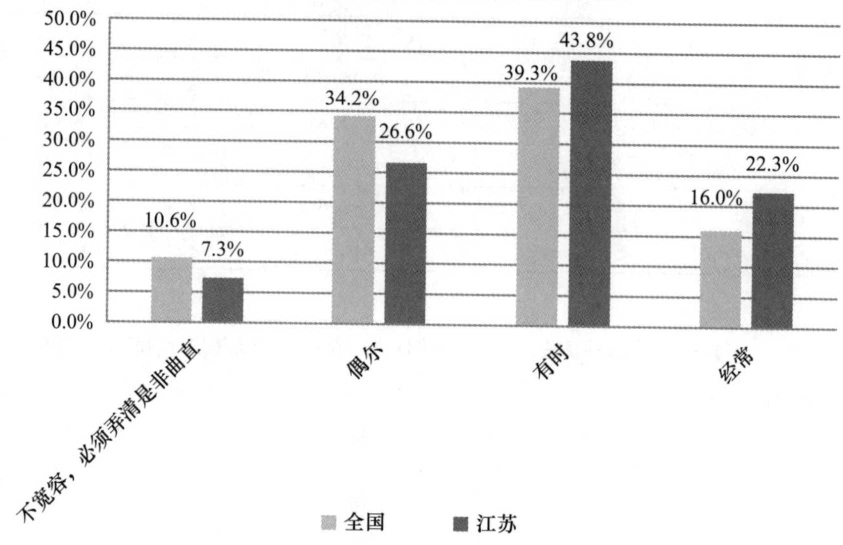

C33 您认为解决当前我国的公民道德和社会风尚问题，最关键的途径是

	全国	江苏
加强法制	34.0%	45.1%
弘扬优秀传统道德	49.8%	50.9%
建设伦理道德的核心价值	17.4%	16.9%
惩治官员腐败	23.2%	23.7%
解决分配不公问题	13.0%	13.3%
提高个人道德素质	30.3%	34.1%

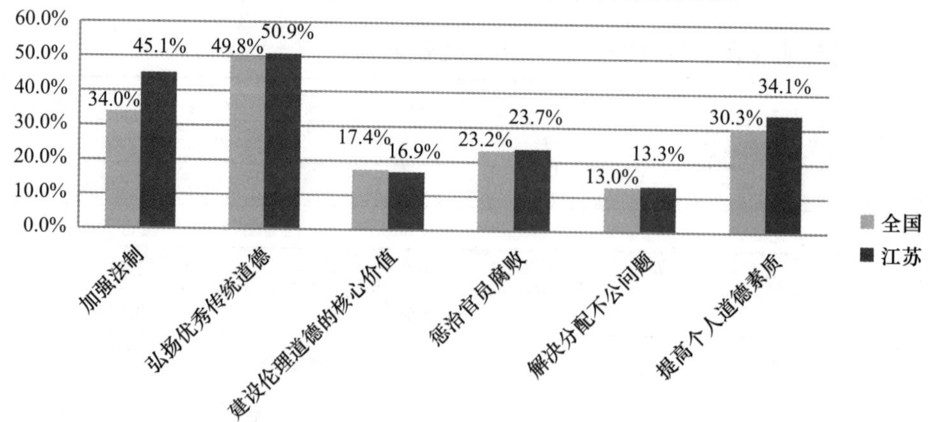

C34 您知道社会主义核心价值观吗？请您把它们选出来

	全国	江苏
文明	72.8%	82.7%
诚信	83.7%	89.5%
勇敢	35.0%	34.4%
爱国	75.8%	79.7%
创新	32.4%	29.9%
友善	51.7%	53.3%
勤劳	24.7%	20.4%

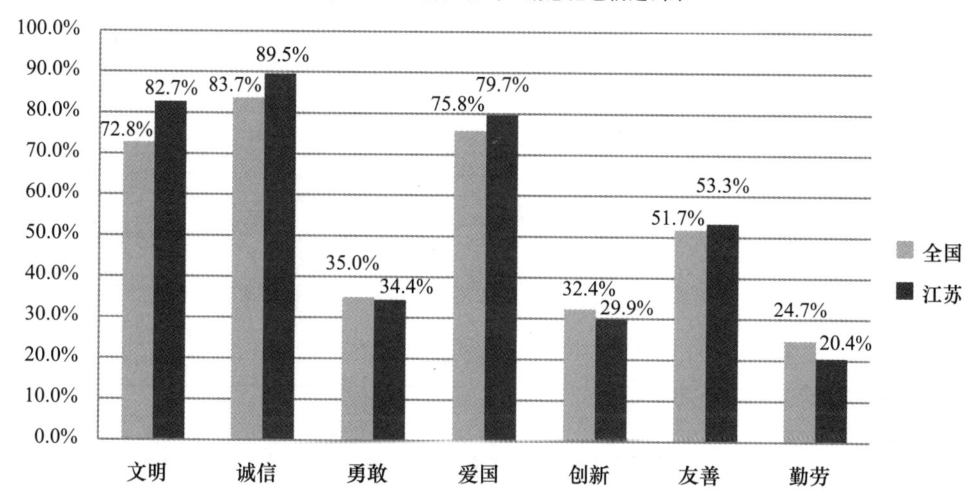

C35 您认为社会主义核心价值观与您的工作、生活有关系吗

	全国	江苏
对改变社会风气有好处，每个人都应该这样做人做事	85.0%	85.7%
与个人工作、生活没关系	15.0%	14.3%
总计	100.0%	100.0%

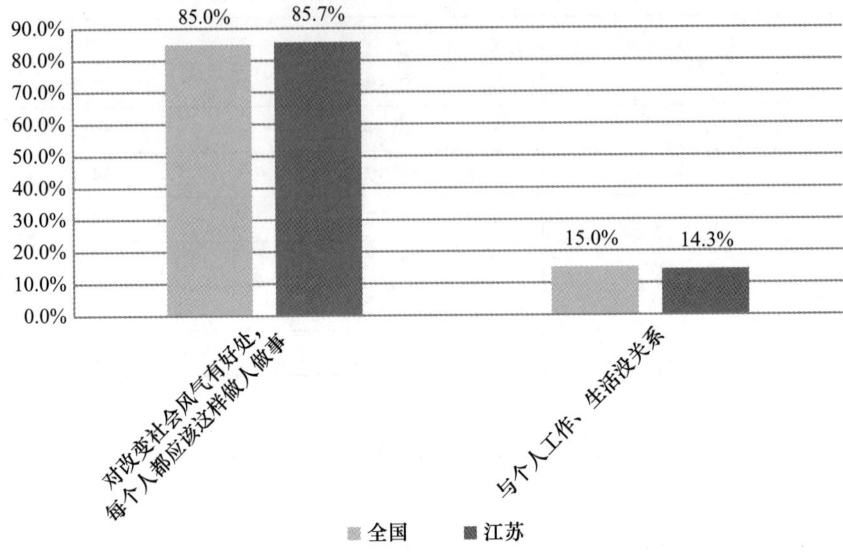

C36 在全社会特别是青少年中开展革命传统教育，您认为有没有这个必要

	全国	江苏
很有必要，什么时候都不能忘本	83.8%	90.3%
可有可无	9.7%	5.9%
没有必要，已经过时了	6.5%	3.8%
总计	100.0%	100.0%

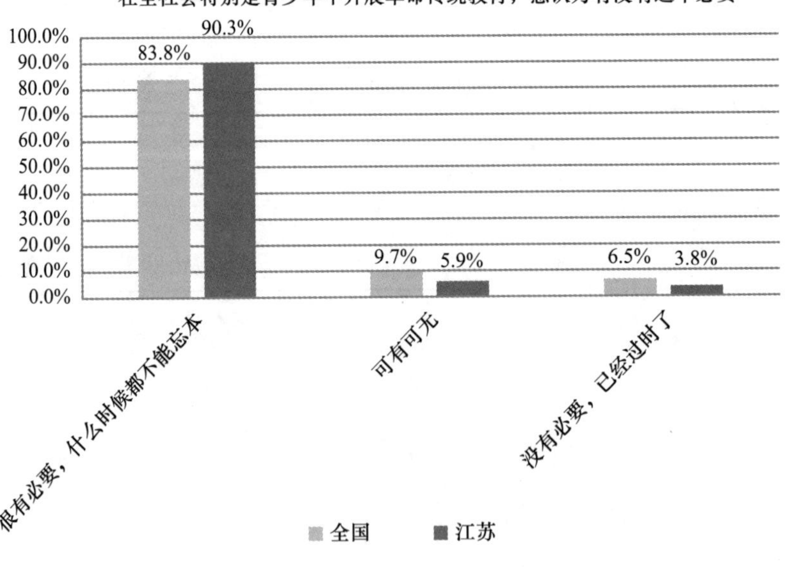

C37 当您途经一场所，正遇到升国旗仪式，看到国旗在国歌声中升起的时候，您会怎么做

	全国	江苏
原地站立，面向国旗行注目礼	33.3%	24.4%
停下来看一看	54.8%	64.5%
只当没看见，该干吗干吗	11.9%	11.1%
总计	100.0%	100.0%

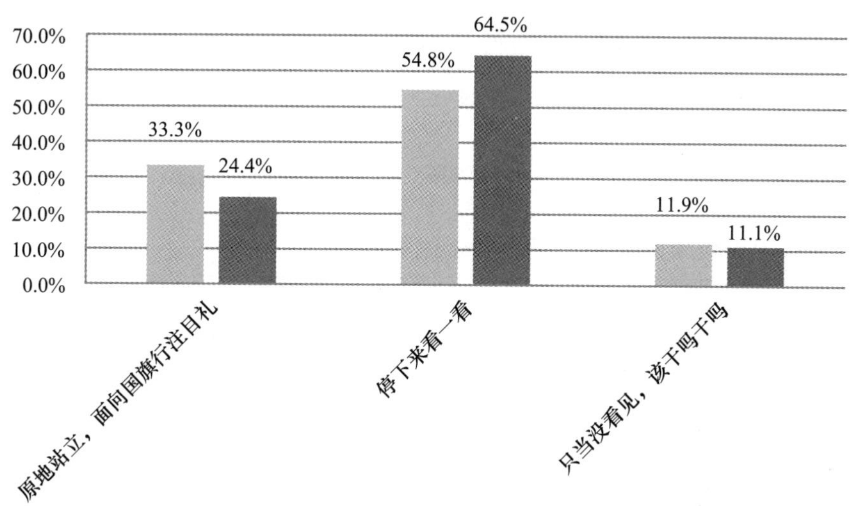

C38 今年您参加过纪念中国共产党成立96周年等主题教育活动吗

	全国	江苏
参加过，很受教育	14.8%	8.7%
听说过，但是没有参加过	57.2%	63.5%
这种活动基本都是形式大于内容	9.5%	10.2%
不关心这些	18.5%	17.5%
总计	100.0%	100.0%

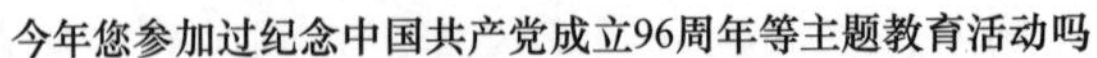

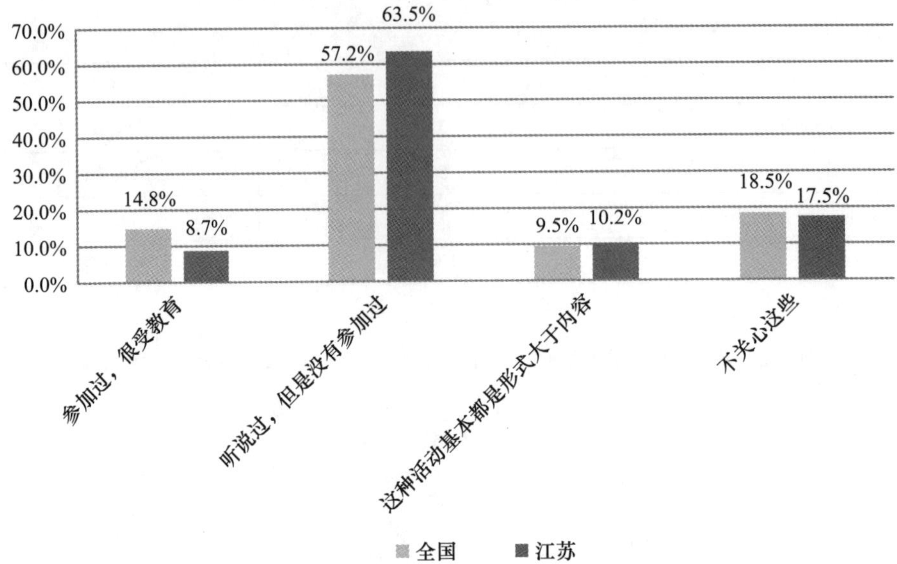

D1 您认为现代家庭关系中最令人担忧的问题是

	全国	江苏
只有一个孩子，对家庭的未来没把握	22.1%	25.0%
独生子女难以承担养老责任，老无所养	28.8%	34.3%
年轻人不愿结婚，或不愿生孩子，家族传承危机	15.6%	16.3%
婚姻不稳定，年轻人缺乏守护婚姻的意识和能力	24.3%	25.8%
子女尤其是独生子女缺乏责任感，孝道意识薄弱	18.5%	17.3%
代沟严重，父母与子女之间难以沟通	28.1%	23.1%
婆媳关系紧张	9.7%	6.3%
父母不民主，不能容忍差异	10.4%	7.3%
“啃老”现象严重	6.5%	11.5%
父母只培养孩子的知识和技能，忽视良好品德的养成	13.1%	12.5%
两性关系过度开放	2.9%	4.2%

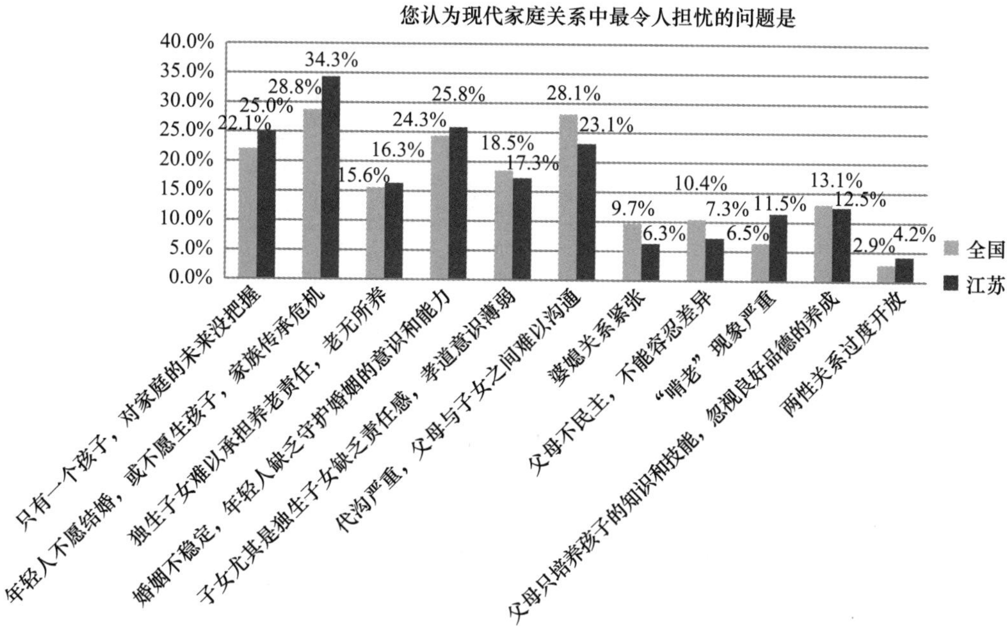

D2 您对家庭的感觉是

	全国	江苏
温馨幸福	19.9%	19.3%
比较幸福	68.4%	71.2%
不太幸福	4.8%	2.8%
一般，没感觉	6.2%	6.4%
很不幸福，希望逃离	0.4%	0.3%
其他	0.3%	0.1%
总计	100.0%	100.0%

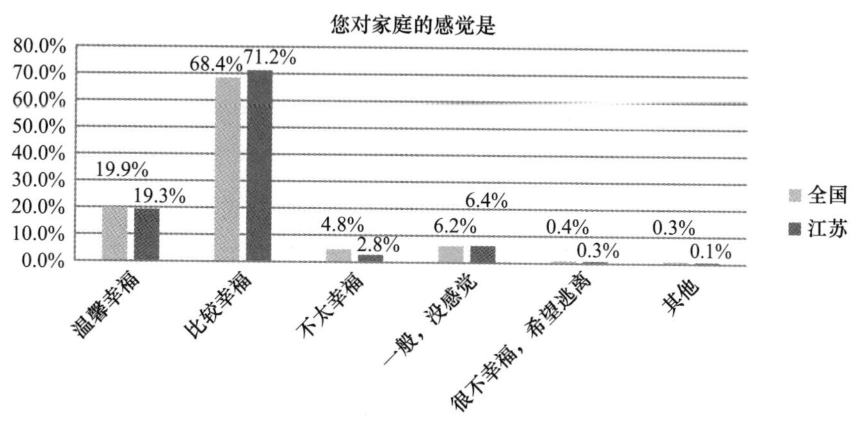

D3a1 您对不婚的态度是

	全国	江苏
完全赞同	0.9%	0.7%
比较赞同	6.3%	3.0%
中立	39.1%	41.9%
比较反对	33.8%	36.9%
强烈反对	19.8%	17.5%
总计	100.0%	100.0%

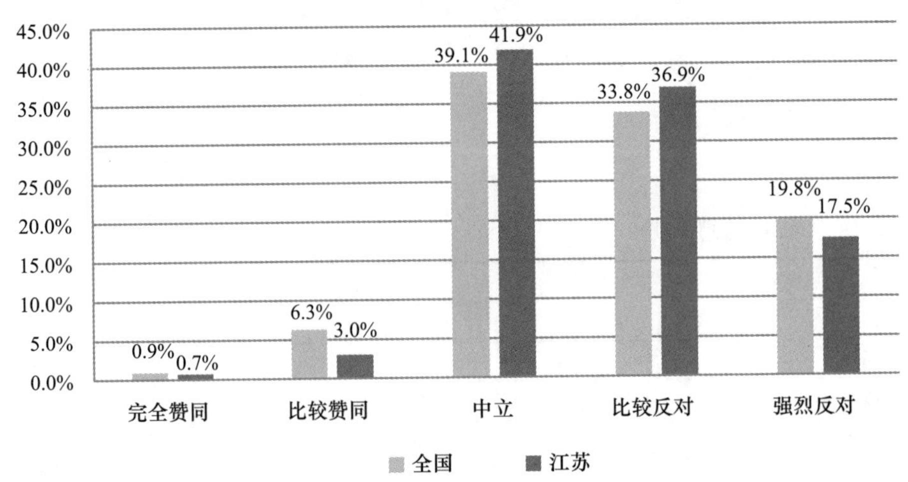

D3a2 您对试婚的态度是

	全国	江苏
完全赞同	0.6%	0.4%
比较赞同	8.6%	4.2%
中立	37.3%	37.5%
比较反对	32.5%	39.8%
强烈反对	21.0%	18.1%
总计	100.0%	100.0%

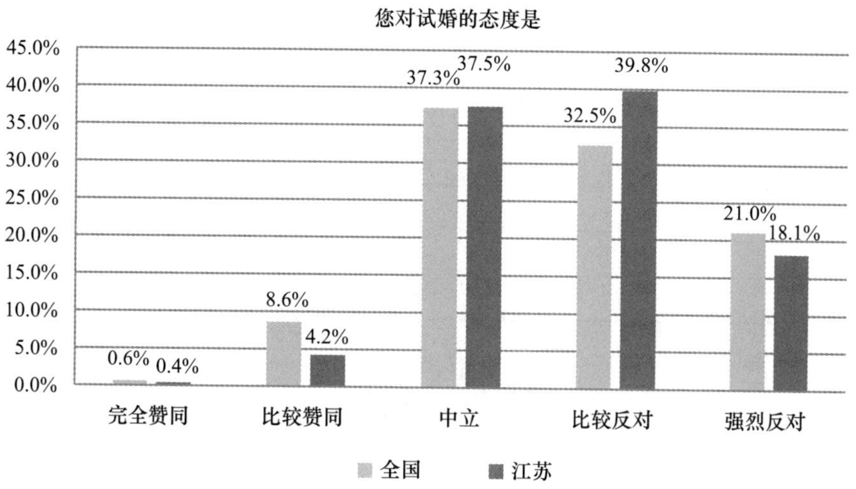

D3a3 您对同居的态度是

	全国	江苏
完全赞同	0. 8%	0. 8%
比较赞同	9. 1%	5. 3%
中立	41. 8%	47. 1%
比较反对	29. 1%	33. 2%
强烈反对	19. 2%	13. 5%
总计	100. 0%	100. 0%

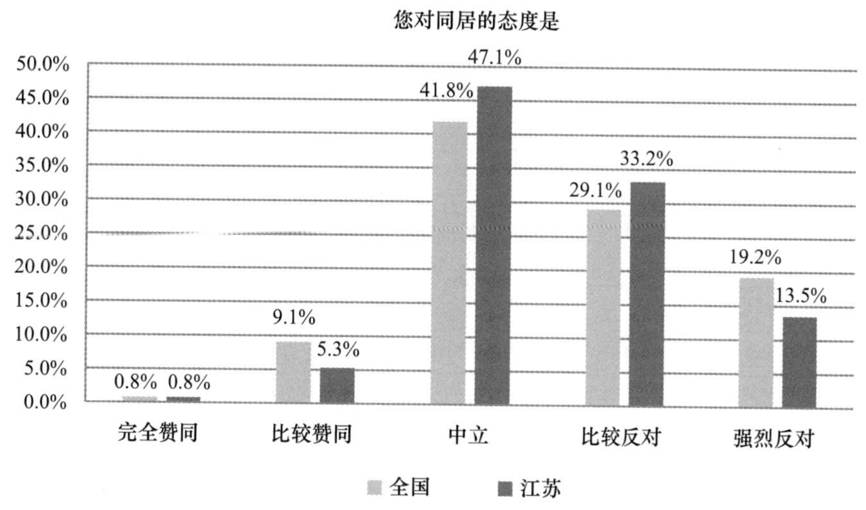

D3a4 您对同性恋的态度是

	全国	江苏
完全赞同	0.4%	0.6%
比较赞同	1.6%	1.1%
中立	16.9%	19.0%
比较反对	33.4%	38.2%
强烈反对	47.6%	41.1%
总计	100.0%	100.0%

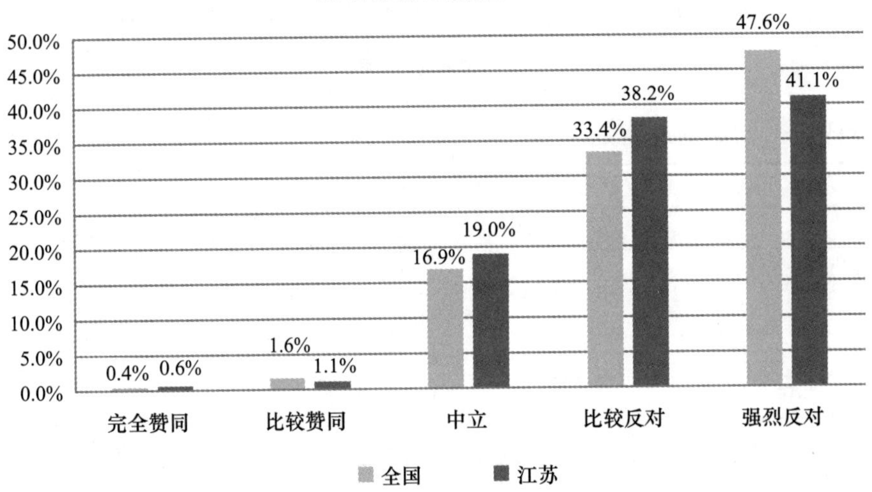

D3a5 您对婚外恋的态度是

	全国	江苏
完全赞同	0.2%	0.1%
比较赞同	0.7%	0.6%
中立	9.5%	7.0%
比较反对	29.9%	36.9%
强烈反对	59.7%	55.4%
总计	100.0%	100.0%

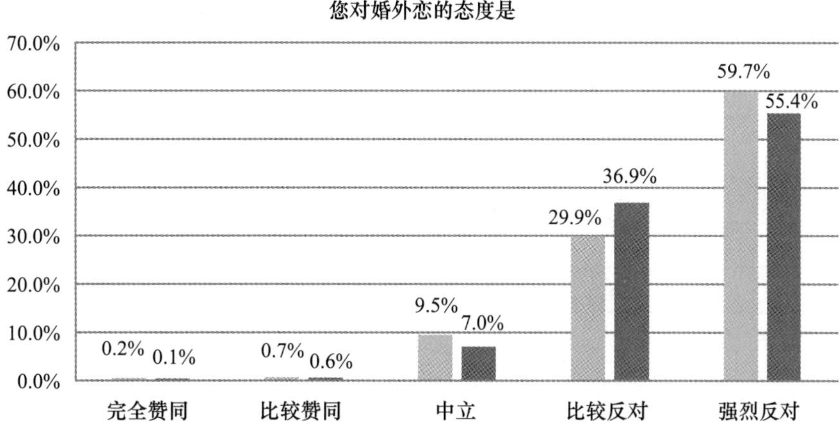

D3a6 您对丁克家庭的态度是

	全国	江苏
完全赞同	0.4%	0.6%
比较赞同	1.8%	1.5%
中立	27.0%	32.5%
比较反对	31.4%	36.1%
强烈反对	39.4%	29.4%
总计	100.0%	100.0%

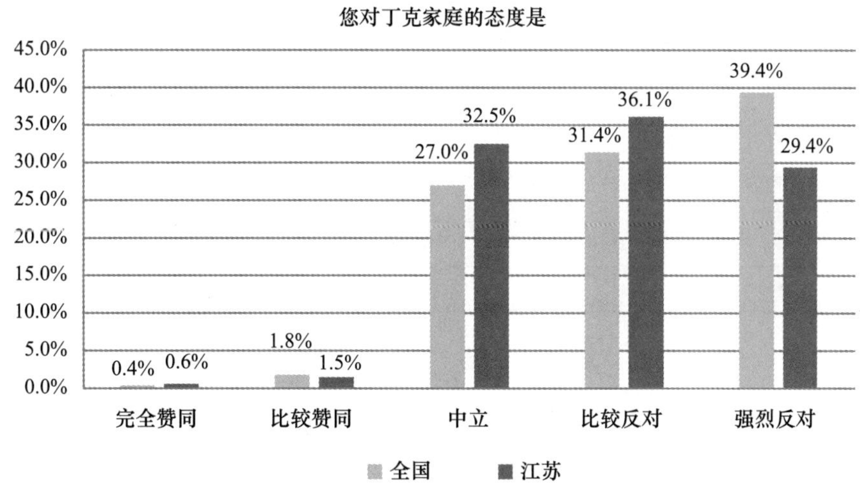

D3a7 您对代孕的态度是

	全国	江苏
完全赞同	0.3%	0.2%
比较赞同	1.4%	1.3%
中立	19.8%	26.8%
比较反对	32.3%	38.3%
强烈反对	46.2%	33.4%
总计	100.0%	100.0%

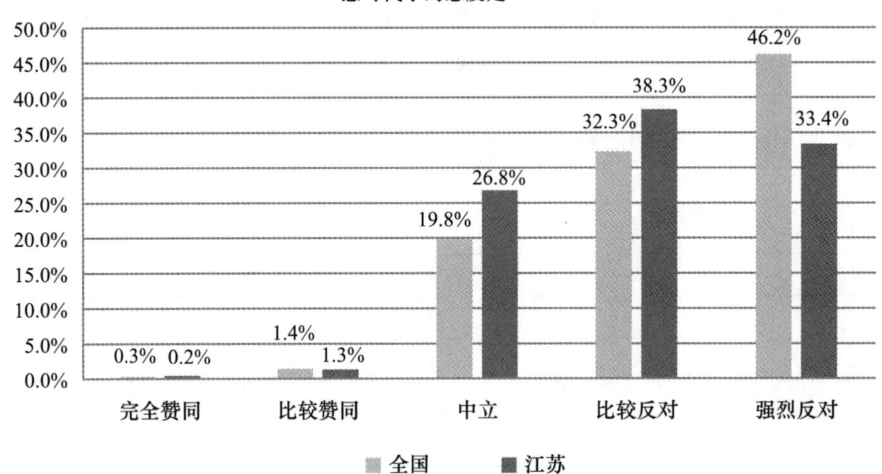

D4 您如何看待为了应对拆迁、征地、买房等而出现的“假离婚”现象

	全国	江苏
完全赞同	2.2%	1.1%
比较赞同	14.7%	9.4%
不太赞同	38.6%	45.7%
坚决反对	44.5%	43.8%
总计	100.0%	100.0%

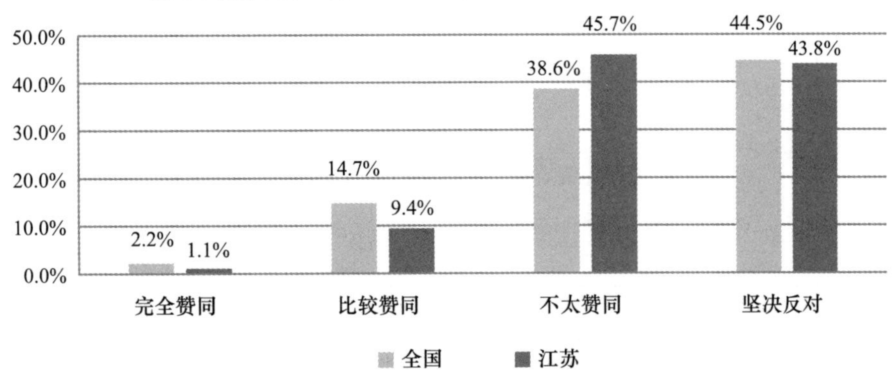

D5 如果夫妻中需要一方为对方或家庭做出牺牲，您的态度是

	全国	江苏
非常不愿意	3.0%	1.8%
不太愿意	20.4%	15.0%
比较愿意	52.7%	57.6%
愿意，时常这么做	23.9%	25.6%
总计	100.0%	100.0%

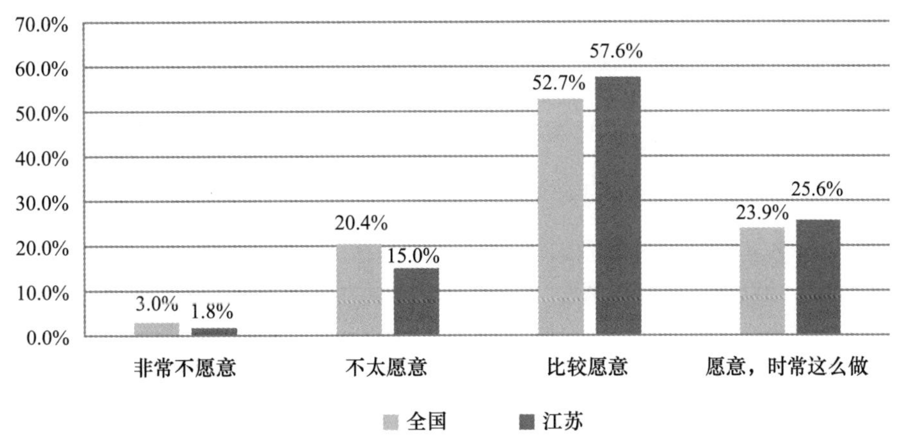

D6 在恋爱或婚姻中，您有为对方而改变自己的意识吗

	全国	江苏
有，经常这样做	33.9%	45.0%
有，但做起来有些困难	36.6%	34.2%
没想过这个问题	23.9%	16.8%
无须改变，只有找到愿为我改变的人才是真爱	5.4%	3.5%
其他	0.3%	0.6%
总计	100.0%	100.0%

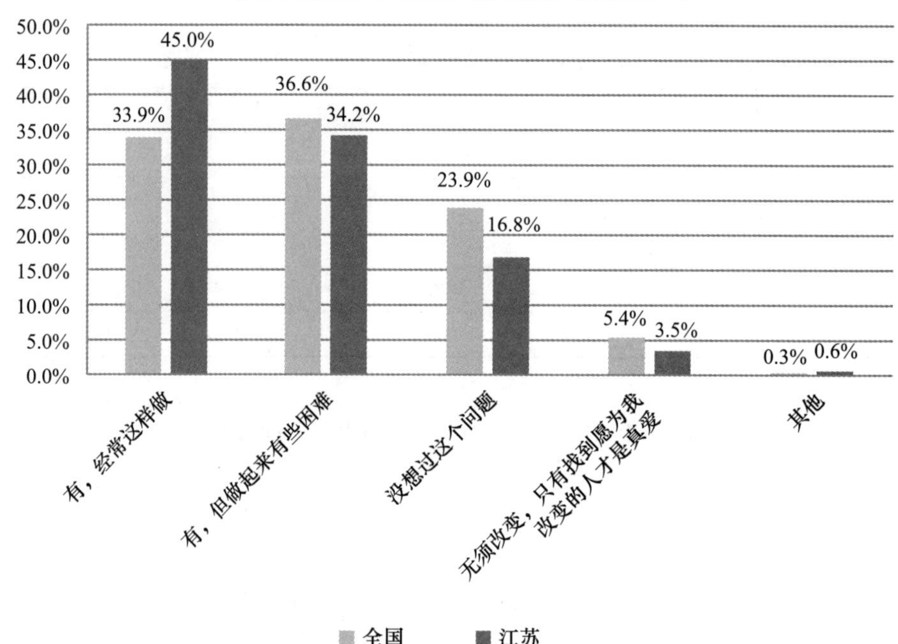

D7 在恋爱或婚姻中，你与对方相处的原则是

	全国	江苏
先对他/她好，然后希望他/她对我好	58.4%	68.9%
她对我好，我才对他/她好	19.7%	17.1%
她对我好就行了	15.2%	7.0%
我对他/她好，他/她对我不那么好	2.9%	2.1%
她对我不好，我没必要对他/她好	1.6%	1.2%

续表

	全国	江苏
其他	2.1%	3.7%
总计	100.0%	100.0%

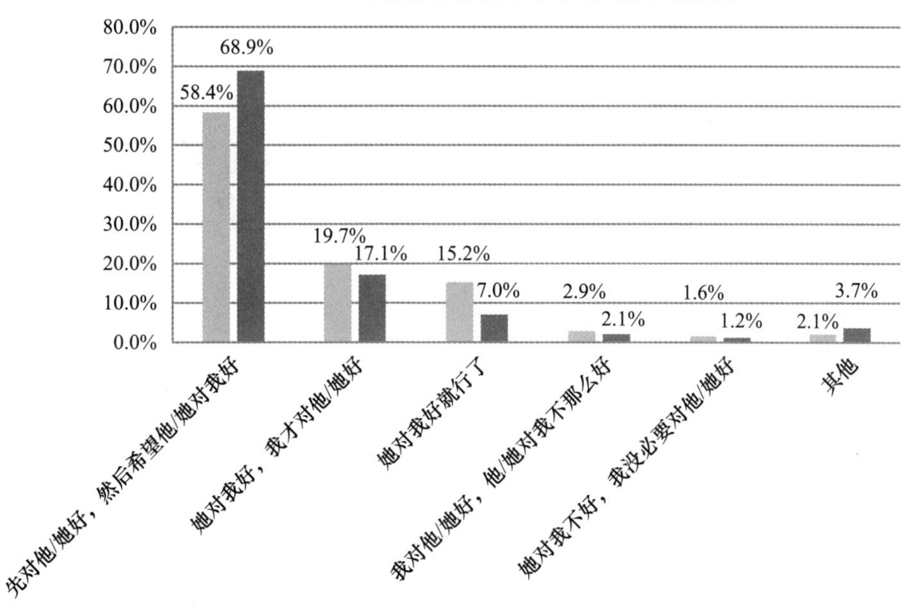

D8 你认为生育孩子是否是一种人生义务

	全国	江苏
是，如果大家都不生育，人种会灭绝	25.0%	27.2%
是，不生孩子家族延传会中断	40.2%	41.1%
不是，但没有孩子将老无所养也过于孤独	28.0%	23.0%
不是，自己觉得快乐就行，有孩子负担过重	5.9%	7.8%
其他	1.0%	0.9%
总计	100.0%	100.0%

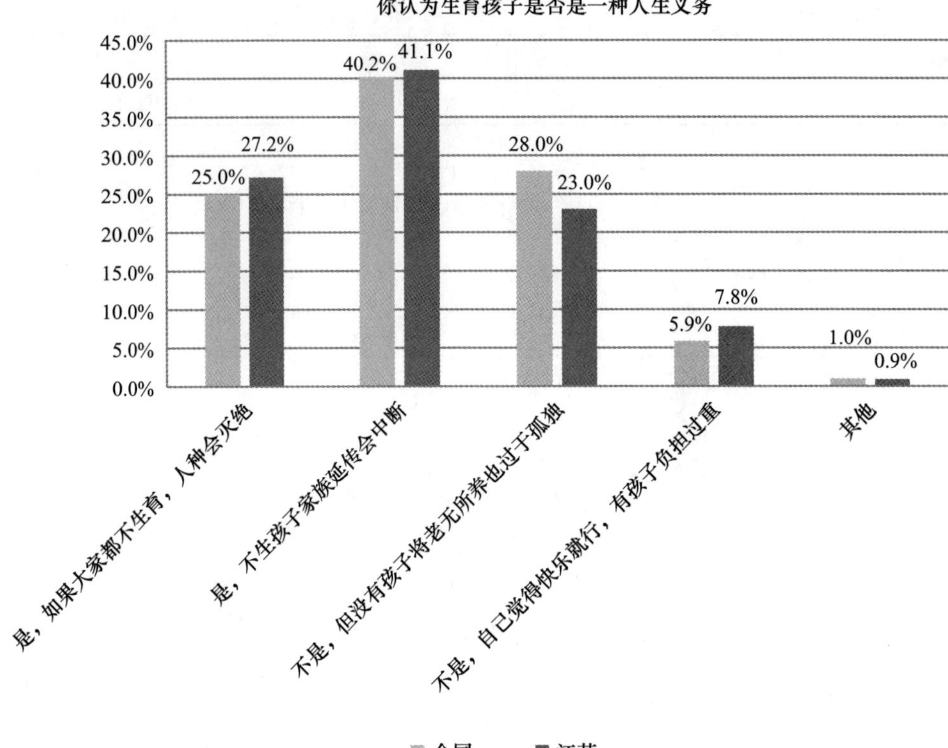

D9 如果孩子面临重大问题（婚姻、升学、就业等），您的态度是

	全国	江苏
全部包办，替他们做决定或搞定	5.8%	3.8%
积极建议，努力说服他们采纳	24.5%	26.6%
只提建议，让他们自己选择	40.2%	44.2%
不表态，免得子女将来埋怨	7.2%	6.8%
经常提出建议，但大多不起作用	4.3%	2.8%
孩子/孩子太小	17.7%	15.5%
其他	0.4%	0.3%
总计	100.0%	100.0%

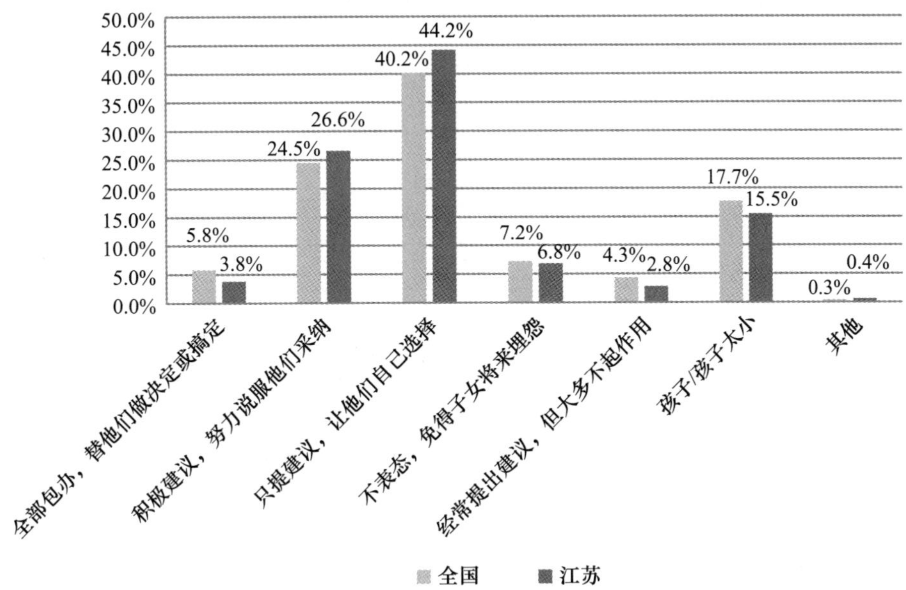

D10 您对子女所提出的有关人生发展方面的建议，是否经常被采纳

	全国	江苏
经常被采纳	19.8%	14.9%
较多被采纳	61.6%	62.8%
基本不采纳	16.8%	21.3%
从不被采纳并遭到嘲讽	1.7%	0.9%
总计	100.0%	100.0%

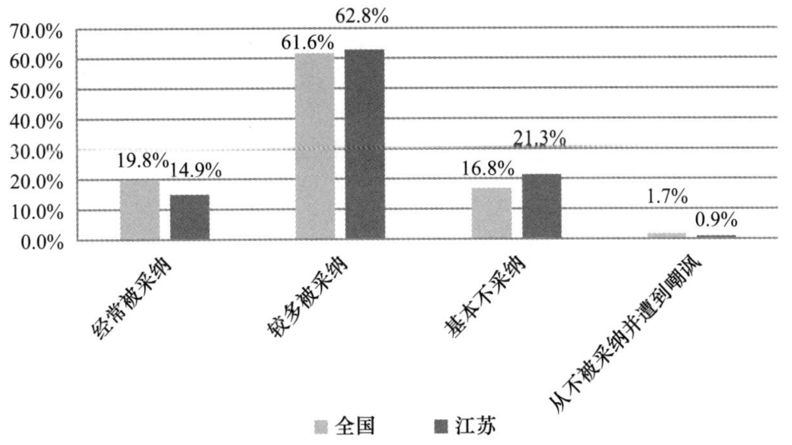

D11 您认为现在孩子价值观的形成受何种因素影响最大

	全国	江苏
父母	59.5%	61.9%
老师	60.4%	52.3%
同伴	27.1%	27.3%
网络，朋友圈	18.4%	21.7%
明星	1.7%	2.8%
道德模范	5.4%	10.7%
伟大人物	2.5%	7.6%

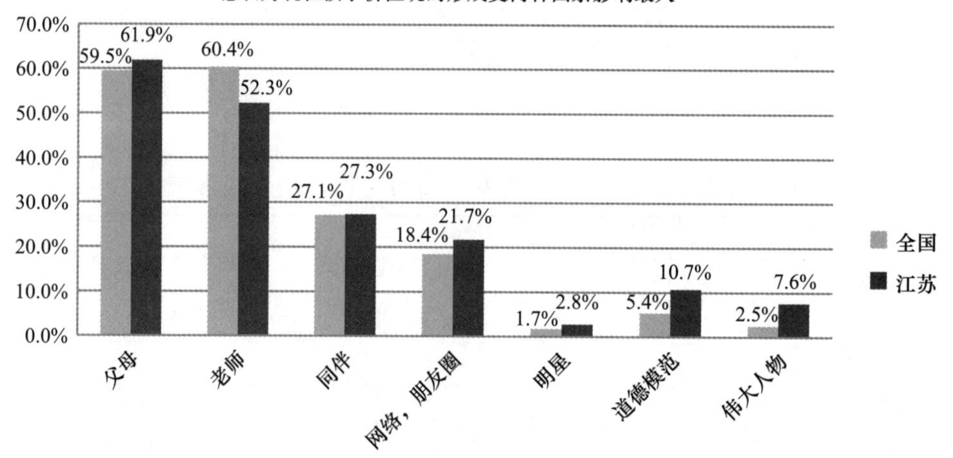

D12 您认为老人是否有义务帮子女带孩子

	全国	江苏
有，天经地义的	21.3%	20.5%
没有，老人帮助带孙辈，子女应感恩	41.1%	42.8%
没有义务，不过带孙辈也是天伦之乐，应该帮助带	33.2%	33.7%
没想过	4.3%	3.0%
总计	100.0%	100.0%

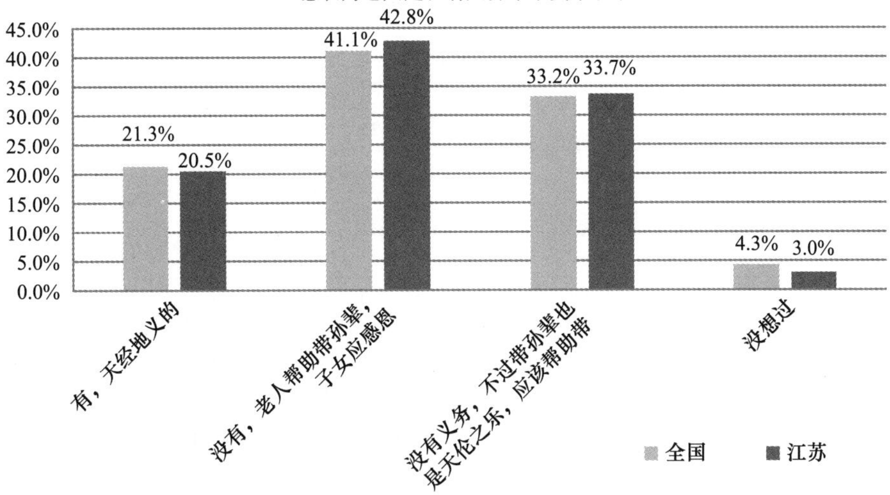

D13 您认为最理想的养老方式是哪种

	全国	江苏
敬老院、护理院等专业养老机构	13.4%	14.7%
与子女同住	53.3%	53.9%
自己单住，生活难以自理时找护工	14.3%	14.7%
与兄弟姐妹抱团养老	5.3%	5.2%
与志趣相投的人一起养老	12.5%	10.7%
其他	1.3%	0.9%
总计	100.0%	100.0%

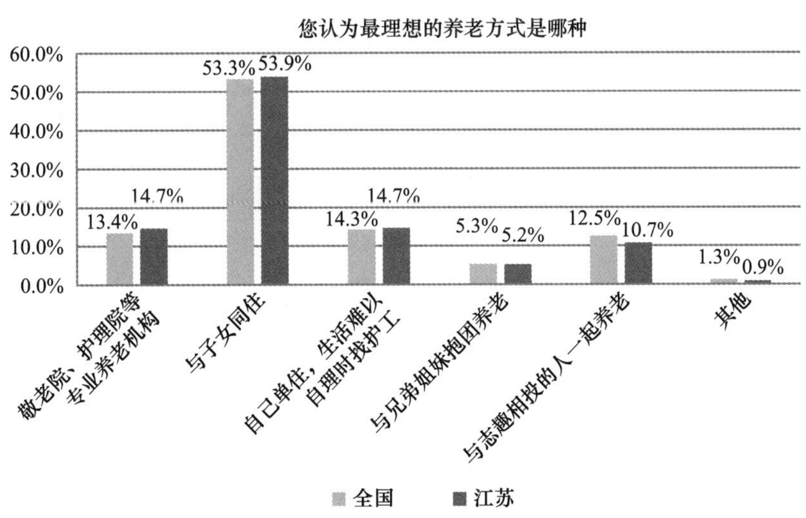

D14 当父母一方长期生活不能自理时，主要承担照顾工作的人应该是

	全国	江苏
子女照顾	47.2%	56.7%
父母中还有能力的另一方（老伴）	35.2%	28.1%
雇保姆，老伴协助	6.0%	4.4%
雇保姆，子女协助	7.9%	5.3%
送护理机构，家人经常探望	3.1%	5.2%
其他	0.6%	0.2%
总计	100.0%	100.0%

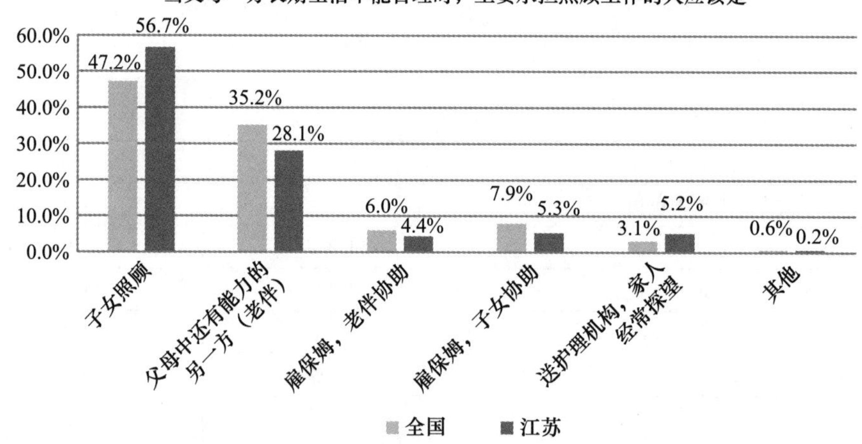

D15 在过去的十天里，您为父母做过以下哪些事情

	全国	江苏
看望	21.1%	22.5%
打电话	35.5%	34.0%
买东西	23.9%	29.5%
陪看病	4.3%	4.1%
生活照料	22.8%	27.5%
做家务	25.6%	32.3%
谈心聊天	21.6%	29.3%
给钱	9.2%	6.3%
外出游玩	2.4%	1.5%
无	8.8%	6.6%
父母已去世	18.7%	21.9%

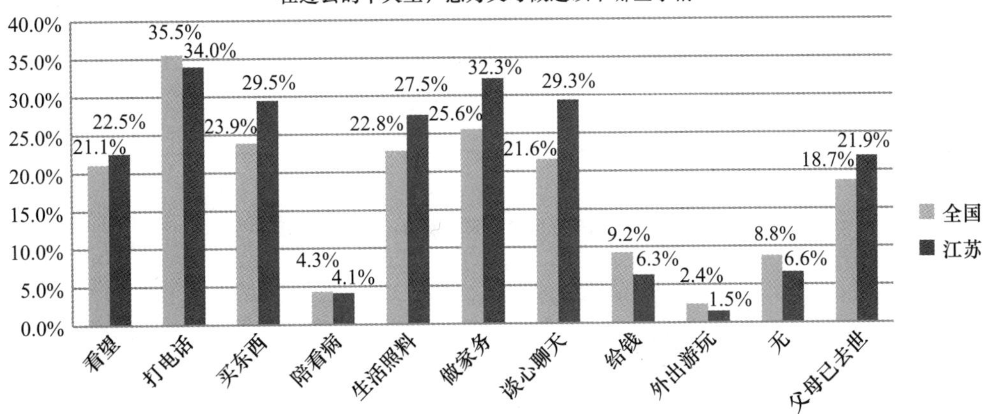

D16 您是否觉得孤独

	全国	江苏
经常	5.1%	3.4%
有时	24.0%	21.5%
不太觉得	33.5%	33.2%
不觉得	37.5%	41.9%
总计	100.0%	100.0%

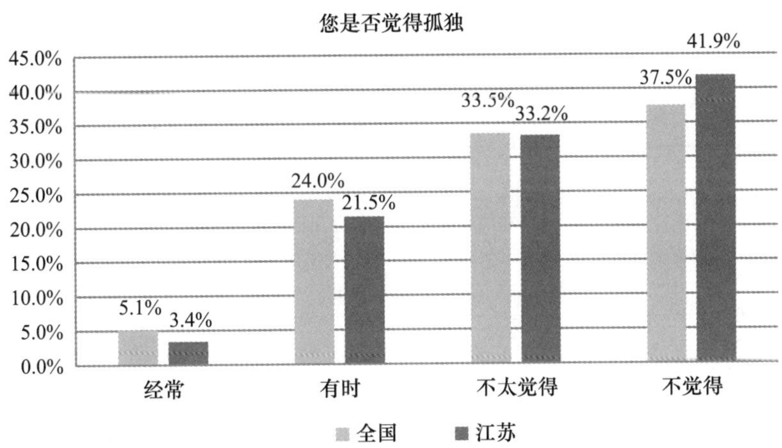

D17 现在开展的弘扬好家风好家训活动，您认为有意义吗

	全国	江苏
很有意义	71.1%	83.5%
可有可无	16.7%	9.9%

续表

	全国	江苏
没有必要	12.2%	6.7%
总计	100.0%	100.0%

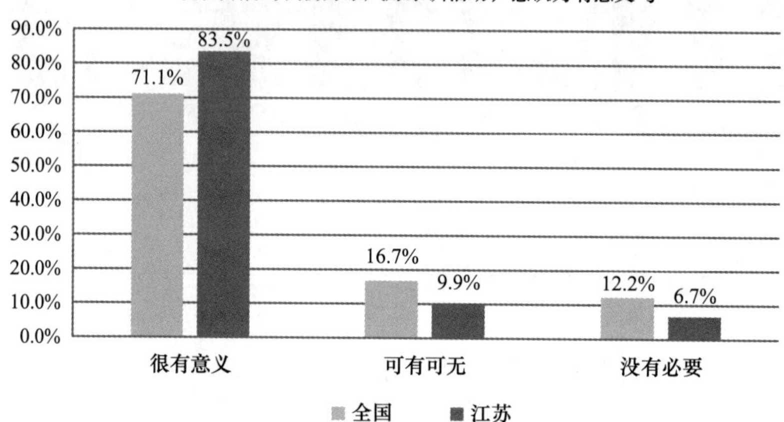

D18 您所在的地方发生过虐待儿童的事件吗

	全国	江苏
经常会发生	4.2%	0.9%
偶尔发生	16.9%	7.2%
没听说过	78.9%	91.8%
总计	100.0%	100.0%

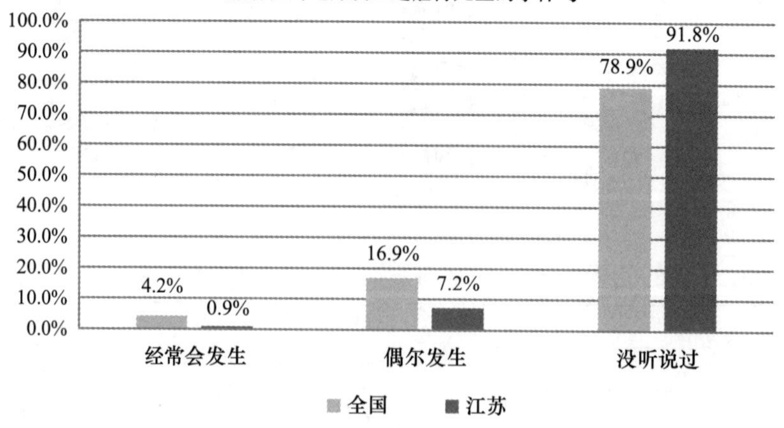

D19 在大街或社区里，看到行走或生活困难的老人，您经常的反应是

	全国	江苏
想到自己的（祖）父母或自己的未来，情不自禁地想帮助他	43.7%	41.4%
出于义务责任感，想帮助他	26.3%	27.9%
有同情感，但没有想帮助的冲动	25.2%	26.9%
没有感觉，习以为常	4.6%	3.6%
其他	0.2%	0.2%
总计	100.0%	100.0%

在大街或社区里，看到行走或生活困难的老人，您经常的反应是

50.0%
45.0%
40.0%
35.0%
30.0%
25.0%
20.0%
15.0%
10.0%
5.0%
0.0%

43.7% 41.4%
26.3% 27.9%
25.2% 26.9%
4.6% 3.6%
0.2% 0.2%

想到自己的（祖）父母或自己的未来，情不自禁地想帮助他
出于义务责任感，想帮助他
有同情感，但没有想帮助的冲动
没有感觉，习以为常
其他

全国　江苏

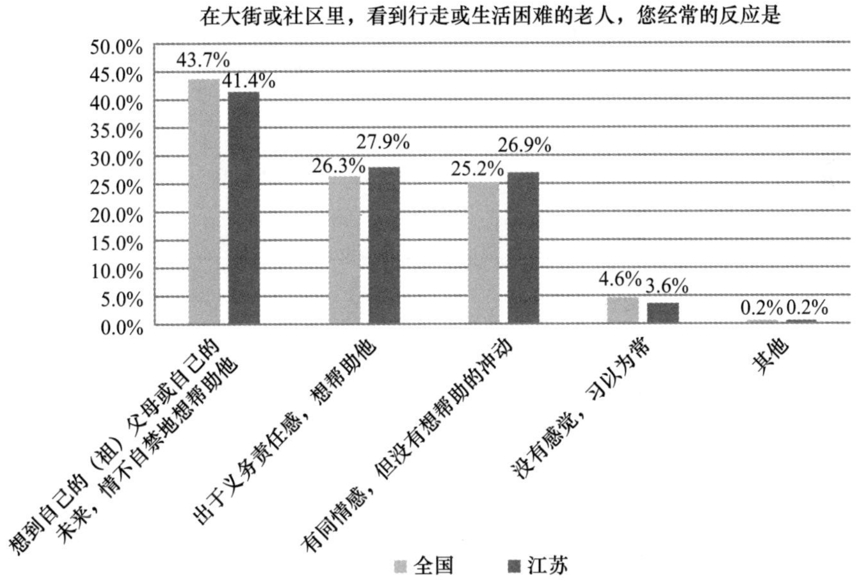

D20 如果您的父母或兄妹偷了别人的东西，警察正在查找，您的行为反应可能是

	全国	江苏
批评他，但不会告发	26.4%	19.3%
批评他，陪他送回原处或去承认错误	54.0%	62.4%
默认，因为他得到的东西正是家庭所急需	6.4%	4.6%
告发，因为出于正义感	5.0%	8.2%
告发，因为可能会连累自己	2.0%	1.4%
不管不问，由他自己决定	5.8%	3.9%
其他	0.4%	0.3%
总计	100.0%	100.0%

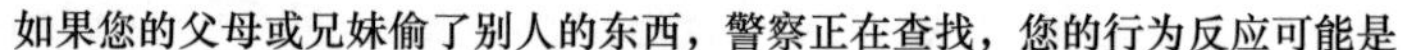

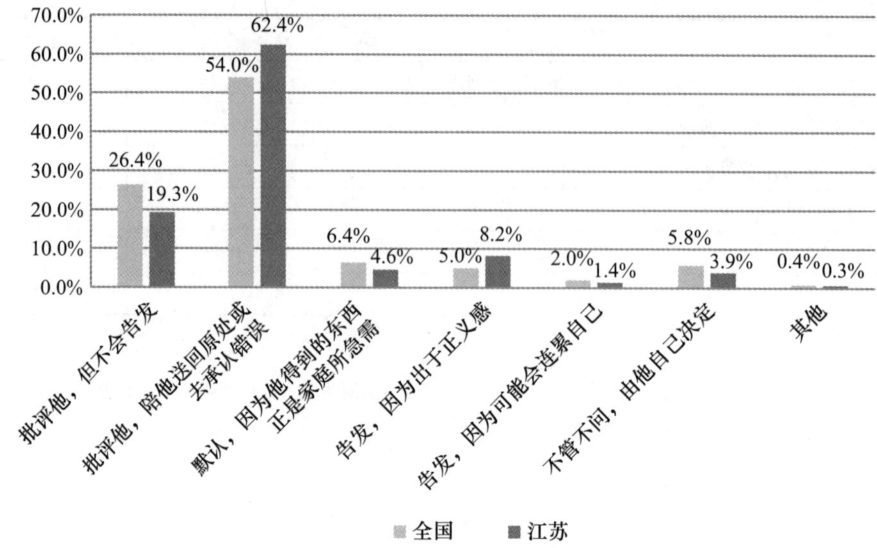

D21 当独生子女单独组成家庭后，父母和子女哪一种居住方式更好

	全国	江苏
单独居住	29.4%	30.3%
和父母同住	32.8%	29.8%
和父母及祖辈共同居住	8.7%	6.7%
和父母靠近居住	28.3%	32.7%
其他	0.7%	0.5%
总计	100.0%	100.0%

当独生子女单独组成家庭后，父母和子女哪一种居住方式更好

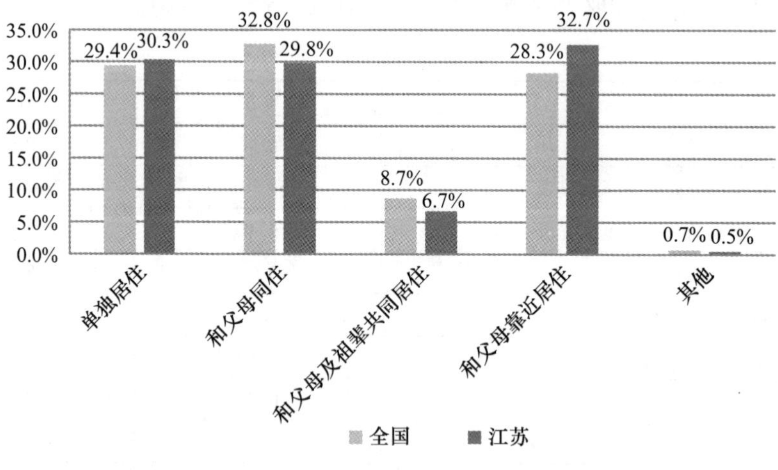

D22 您是否认为把老人送到养老院是不孝行为

	全国	江苏
是	19.1%	16.4%
相对而言，部分是	51.6%	45.3%
不是	28.9%	38.1%
其他	0.3%	0.3%
总计	100.0%	100.0%

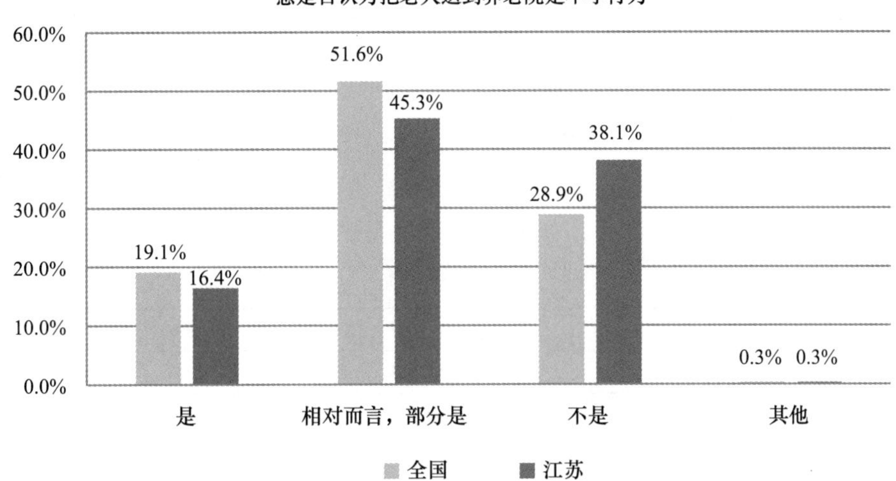

E1 您认为企业最重要的社会责任是什么

	全国	江苏
为企业和企业股东自身赚钱	14.2%	18.9%
通过依法纳税为国家积累财富	22.5%	21.0%
通过诚信经营提供质量可靠的产品，满足社会大众生活需求	56.6%	54.3%
为员工谋福利	6.4%	5.7%
其他	0.3%	0.1%
总计	100.0%	100.0%

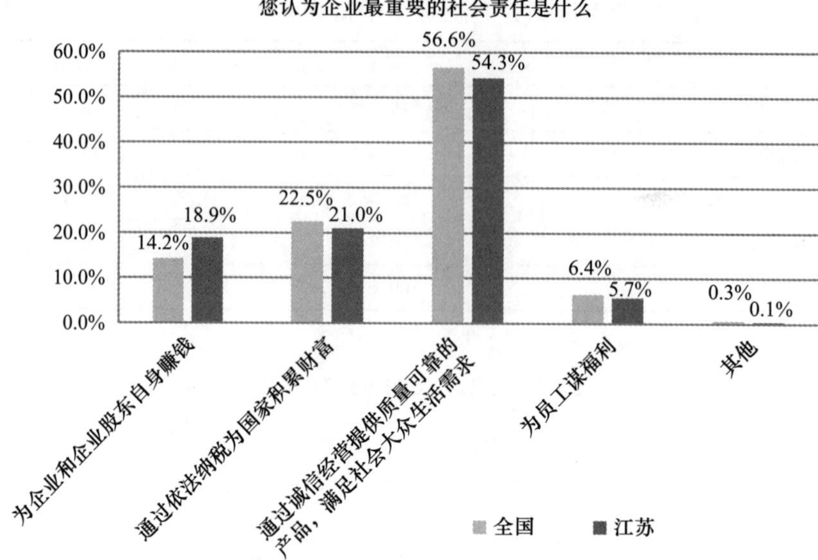

E2a 下列关于企业的说法，您的同意程度是：只要能为员工谋福利就是一个好单位

	全国	江苏
完全同意	14.9%	7.9%
比较同意	54.3%	48.4%
不太同意	27.7%	34.8%
完全不同意	3.1%	8.9%
总计	100.0%	100.0%

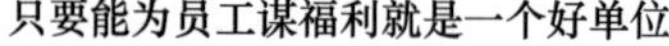

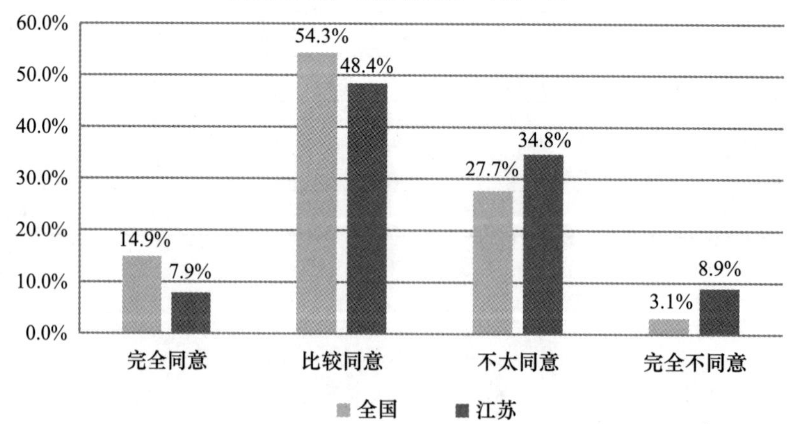

E2b 下列关于企业的说法，您的同意程度是：经济效益好坏是衡量企业成败的唯一标准

	全国	江苏
完全同意	10. 0%	3. 9%
比较同意	42. 4%	31. 0%
不太同意	41. 6%	53. 9%
完全不同意	6. 0%	11. 3%
总计	100. 0%	100. 0%

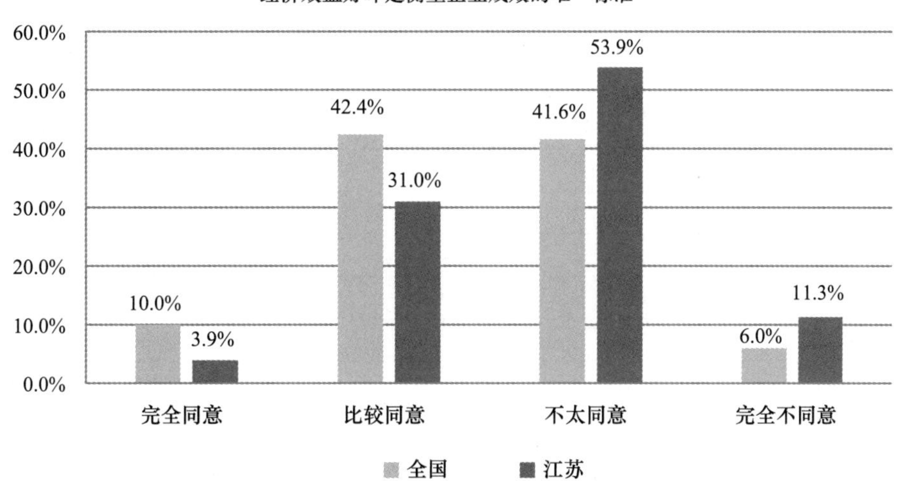

E2c 下列关于企业的说法，您的同意程度是：企业做慈善都是做做样子，其实还是为自己做广告

	全国	江苏
完全同意	6. 0%	4. 1%
比较同意	41. 1%	38. 8%
不太同意	46. 8%	47. 0%
完全不同意	6. 1%	10. 2%
总计	100. 0%	100. 0%

企业做慈善都是做做样子，其实还是为自己做广告

50.0%
45.0%
40.0%
35.0%
30.0%
25.0%
20.0%
15.0%
10.0%
5.0%
0.0%
6.0% 4.1%
41.1% 38.8%
46.8% 47.0%
6.1% 10.2%
完全同意 比较同意 不太同意 完全不同意
全国 江苏

E2d 下列关于企业的说法，您的同意程度是：企业和员工之间只是合同关系，效益好就好好干，效益不好就跳槽

	全国	江苏
完全同意	5.9%	2.9%
比较同意	30.6%	28.7%
不太同意	51.4%	51.1%
完全不同意	12.1%	17.3%
总计	100.0%	100.0%

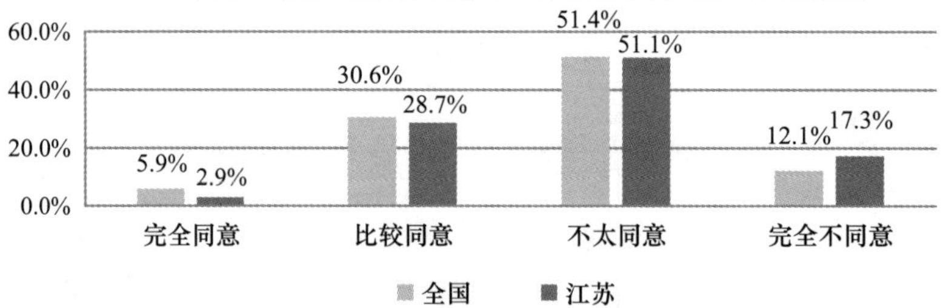

E2e 下列关于企业的说法，您的同意程度是：企业不需要对员工讲什么伦理关怀，员工表现好就发奖金，不好就辞退

	全国	江苏
完全同意	4.5%	2.2%
比较同意	23.8%	18.6%
不太同意	55.7%	56.6%

续表

	全国	江苏
完全不同意	16.1%	22.6%
总计	100.0%	100.0%

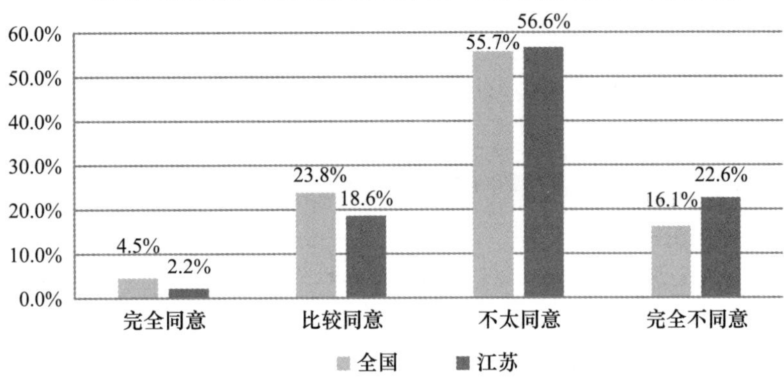

E2f 下列关于企业的说法，您的同意程度是：企业为了履行社会责任，应当放弃一些自身利益

	全国	江苏
完全同意	21.6%	22.6%
比较同意	50.9%	55.5%
不太同意	23.4%	17.6%
完全不同意	4.1%	4.3%
总计	100.0%	100.0%

企业为了履行社会责任，应当放弃一些自身利益

60.0%
50.0%
40.0%
30.0%
20.0%
10.0%
0.0%

21.6% 22.6% 50.9% 55.5% 23.4% 17.6% 4.1% 4.3%

完全同意　比较同意　不太同意　完全不同意

全国　江苏

E2g 下列关于企业的说法，您的同意程度是：讲信用、遵循道德规范的企业能够获得更好的利益

	全国	江苏
完全同意	25.6%	27.3%
比较同意	53.3%	57.1%
不太同意	18.0%	12.2%
完全不同意	3.2%	3.4%

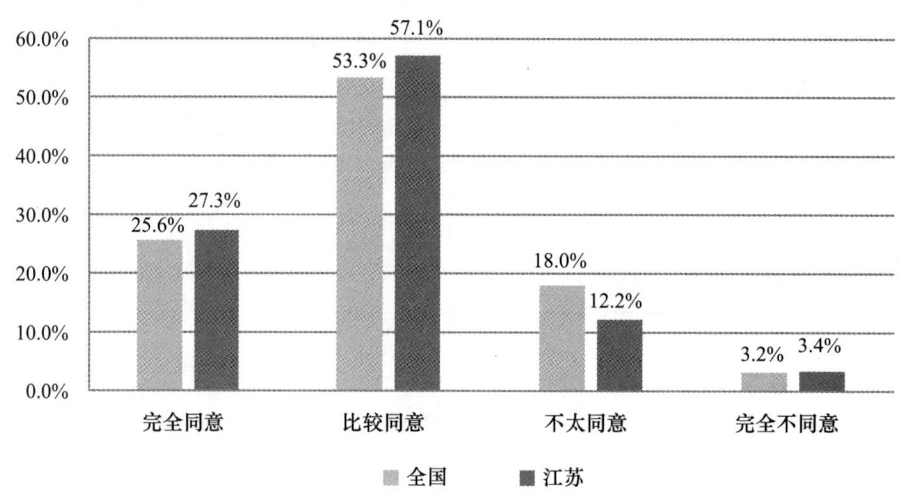

E2h 下列关于企业的说法，您的同意程度是：企业只是一台赚钱的机器，能赚钱就行，无所谓社会责任，声誉也不重要

	全国	江苏
完全同意	2.5%	1.2%
比较同意	16.7%	10.7%
不太同意	54.2%	64.2%
完全不同意	26.6%	24.0%

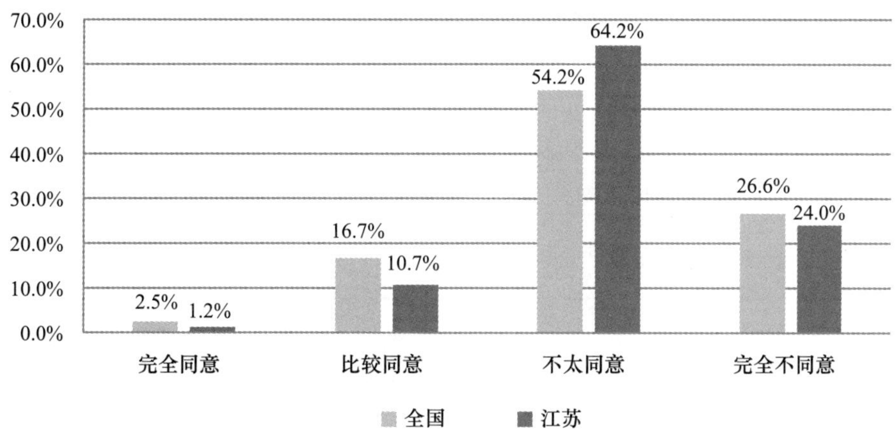

E2i 下列关于企业的说法，您的同意程度是：同样的产品，国企生产的比私企的更有保障

	全国	江苏
完全同意	7.8%	6.8%
比较同意	42.8%	39.8%
不太同意	40.2%	43.6%
完全不同意	9.2%	9.8%
总计	100.0%	100.0%

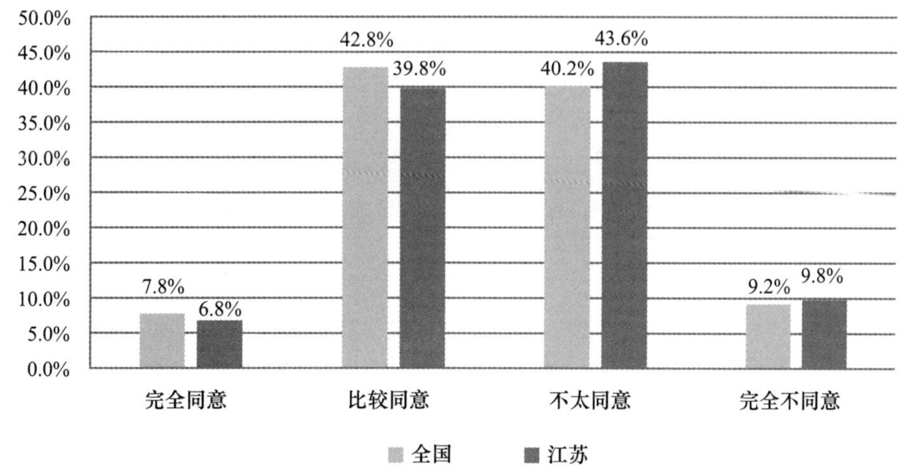

E3 下面哪种说法更符合或接近您的个人想法

	全国	江苏
个人和工作单位之间是聘用或雇佣关系，通过工资和付出劳动满足彼此需求	46.8%	43.0%
不只是利益关系，应当还有很多情感的联系，应当共命运	35.4%	37.6%
个人是单位的一分子，单位如同个人的另一个家	17.5%	19.3%
其他	0.3%	0.1%
总计	100.0%	100.0%

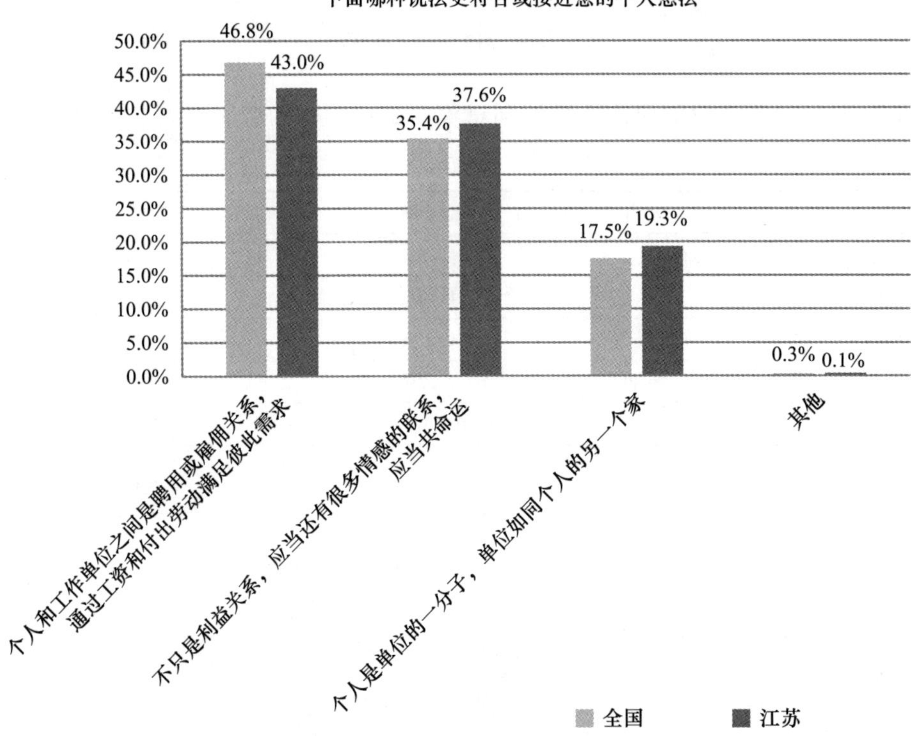

E4a 您对自己所在企业履行劳动安全保障的满意情况如何

	全国	江苏
非常不满意	3.2%	3.0%
不太满意	21.6%	25.5%
比较满意	68.8%	64.8%
非常满意	6.4%	6.7%
总计	100.0%	100.0%

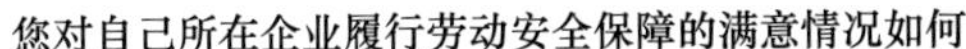

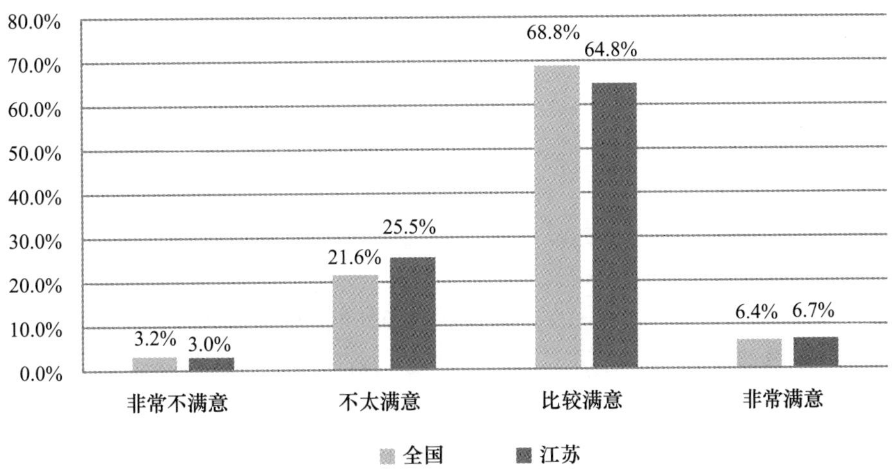

E4b 您对自己所在企业履行员工薪酬合理的满意情况如何

	全国	江苏
非常不满意	2. 5%	4. 0%
不太满意	25. 2%	32. 2%
比较满意	63. 2%	57. 3%
非常满意	9. 1%	6. 5%
总计	100. 0%	100. 0%

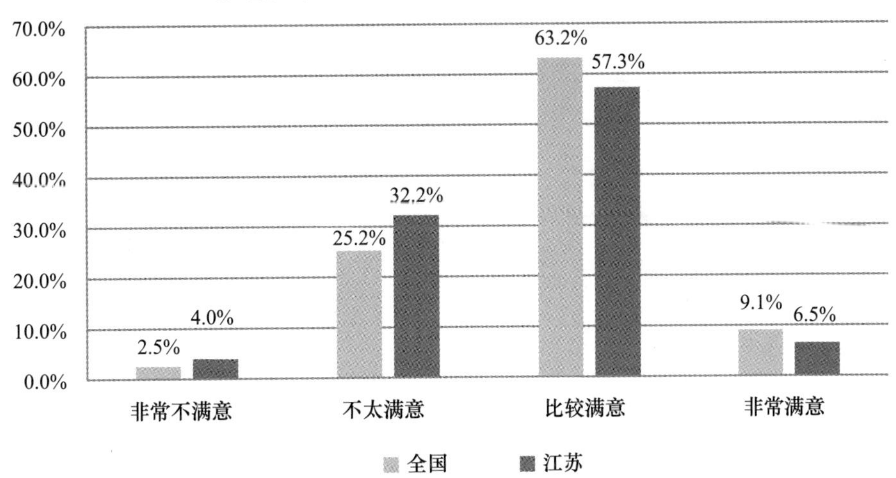

E4c 您对自己所在企业履行关心员工生活的满意情况如何

	全国	江苏
非常不满意	2.9%	3.8%
不太满意	25.3%	30.5%
比较满意	61.7%	57.0%
非常满意	10.1%	8.7%
总计	100.0%	100.0%

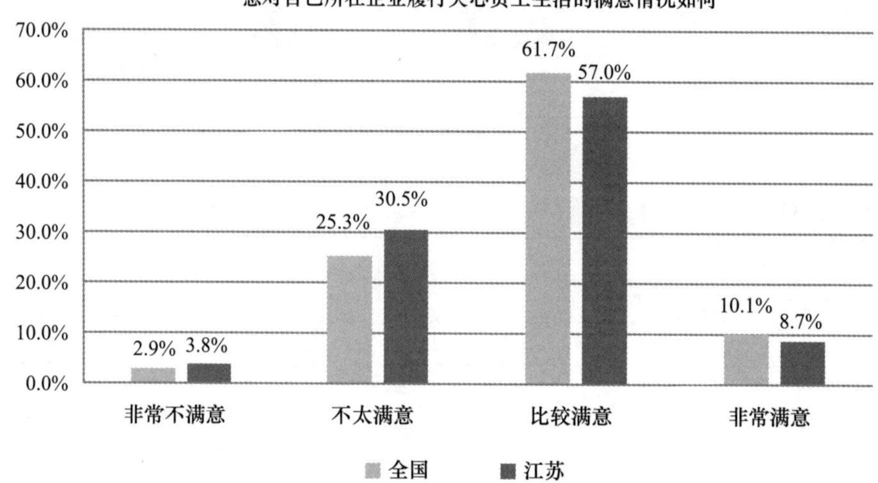

E4d 您对自己所在企业履行诚实守法经营的满意情况如何

	全国	江苏
非常不满意	1.7%	1.8%
不太满意	15.7%	16.9%
比较满意	73.2%	71.7%
非常满意	9.3%	9.5%
总计	100.0%	100.0%

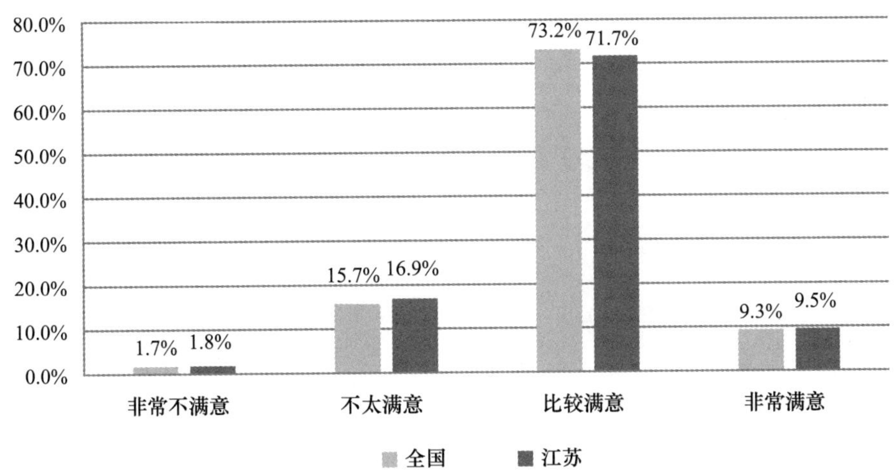

E4e 您对自己所在企业履行产品质量可靠的满意情况如何

	全国	江苏
非常不满意	1.2%	1.8%
不太满意	14.0%	16.4%
比较满意	73.1%	72.0%
非常满意	11.7%	9.9%
总计	100.0%	100.0%

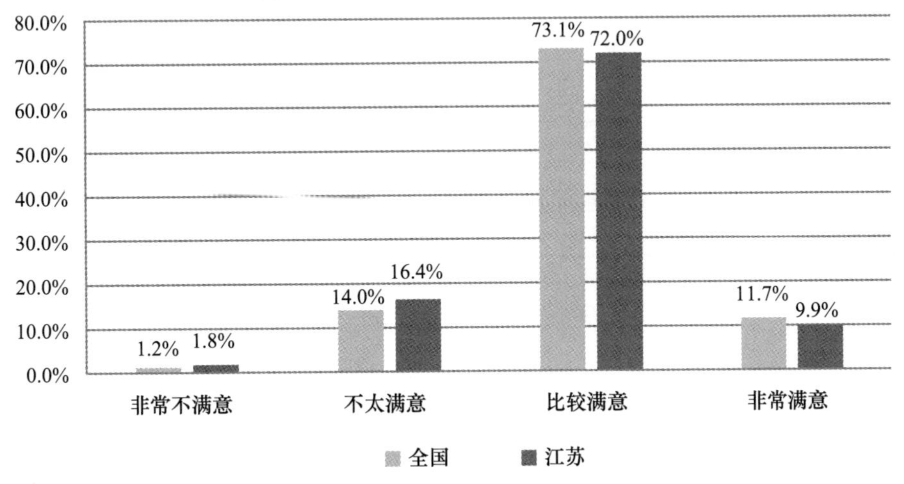

E4f 您对自己所在企业履行环境保护措施的满意情况如何

	全国	江苏
非常不满意	3.9%	2.9%
不太满意	24.2%	26.6%
比较满意	59.9%	60.1%
非常满意	12.1%	10.4%
总计	100.0%	100.0%

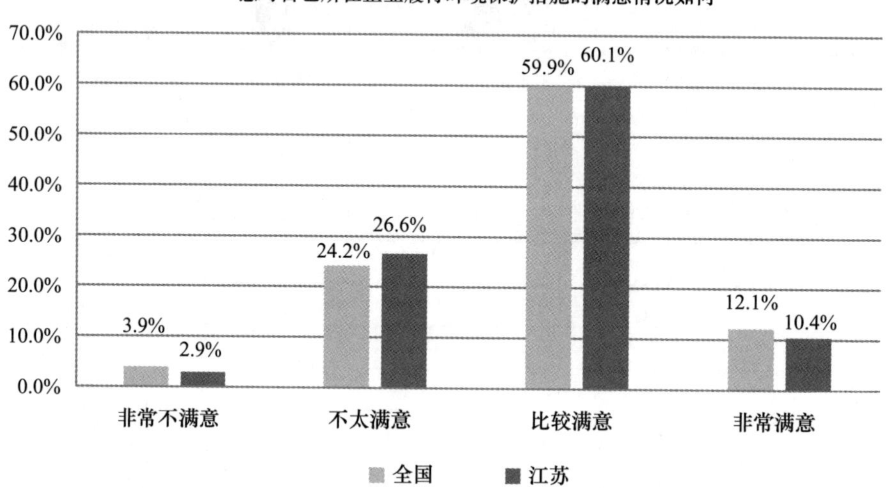

E4g 您对自己所在企业履行慈善公益事业的满意情况如何

	全国	江苏
非常不满意	3.4%	3.5%
不太满意	23.9%	25.0%
比较满意	61.7%	60.3%
非常满意	11.0%	11.2%
总计	100.0%	100.0%

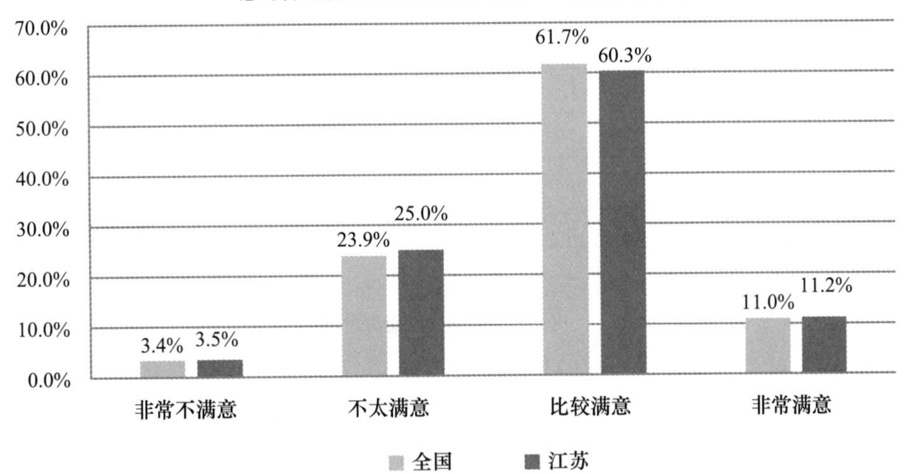

E5 您对本地的或自己熟悉的企业家的道德状况怎么评价

	全国	江苏
总体还不错	43.4%	54.2%
普遍比较差	19.8%	15.8%
和普通群众没有太大差别	36.8%	30.0%
总计	100.0%	100.0%

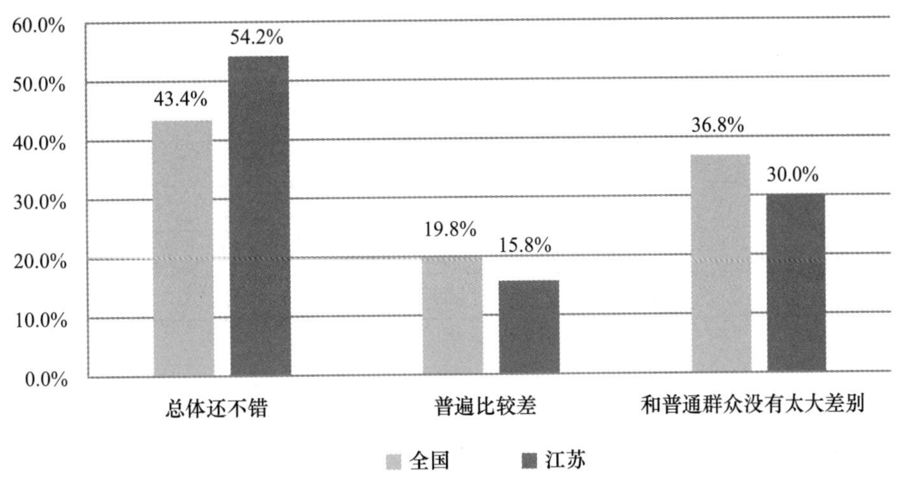

E6a 对公务员道德状况的满意度如何

	全国	江苏
非常满意	4.5%	3.8%
比较满意	66.8%	61.5%
不太满意	25.6%	30.0%
非常不满意	3.0%	4.7%
总计	100.0%	100.0%

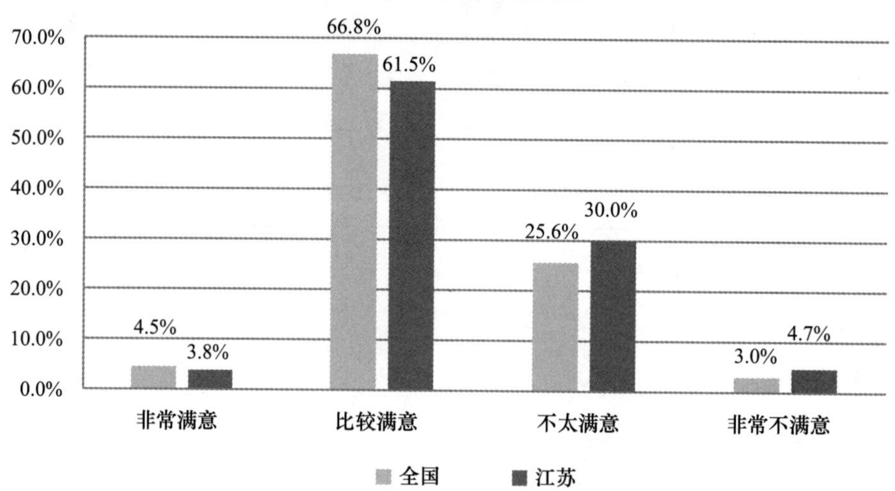

E6b 对医生道德状况的满意度如何

	全国	江苏
非常满意	6.3%	3.3%
比较满意	63.0%	62.7%
不太满意	27.0%	29.6%
非常不满意	3.7%	4.4%
总计	100.0%	100.0%

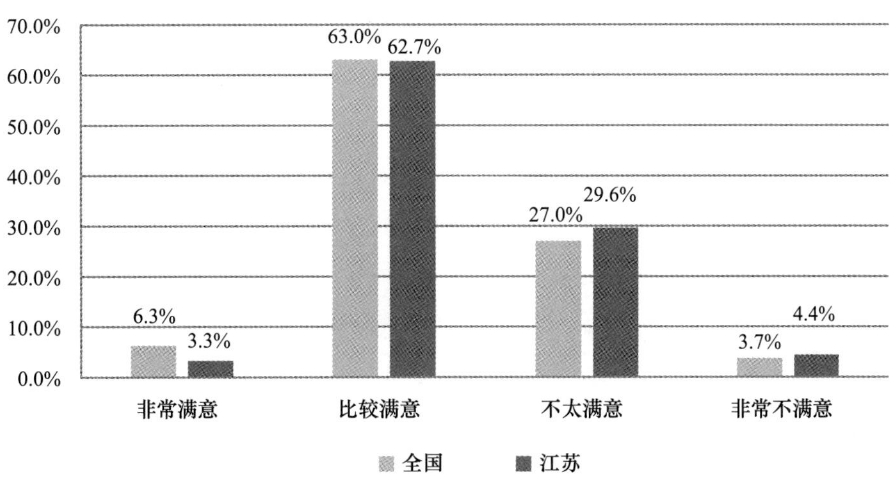

E6c 对教师道德状况的满意度如何

	全国	江苏
非常满意	9.7%	5.3%
比较满意	65.5%	66.8%
不太满意	21.1%	23.5%
非常不满意	3.7%	4.5%
总计	100.0%	100.0%

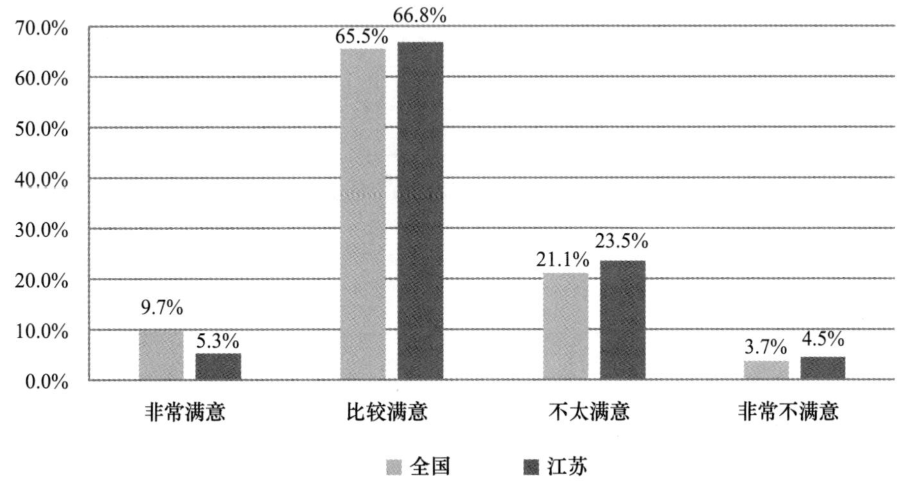

E6d 对个体工商户道德状况的满意度如何

	全国	江苏
非常满意	4.9%	2.9%
比较满意	62.2%	58.8%
不太满意	29.0%	30.8%
非常不满意	4.0%	7.5%
总计	100.0%	100.0%

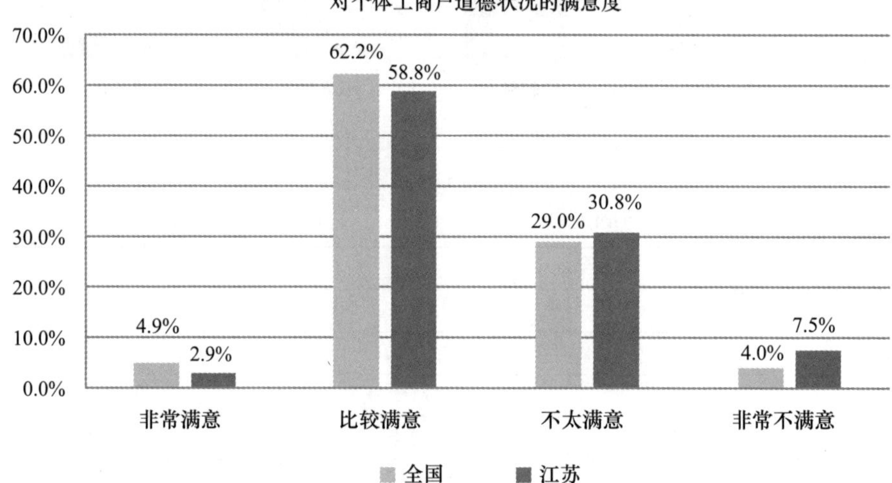

E7 怎么称呼周围那些经营企业或做生意发了财的人

	全国	江苏
企业家	9.6%	19.3%
老板	81.8%	94.2%
商人	20.1%	29.6%
生意人	23.1%	40.0%
土豪	6.8%	9.9%
暴发户	6.1%	9.8%
其他	0.8%	0.4%

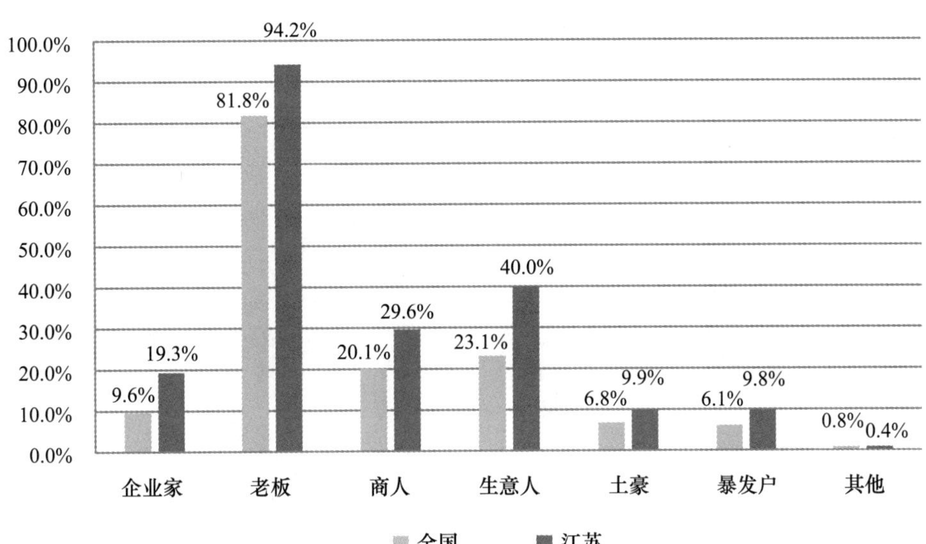

E8 如果您有一个不错的家庭企业，但儿子或女儿缺乏经营能力或经营兴趣，难以交班，您可能选择

	全国	江苏
养儿媳或女婿，交给她/他经营	32.4%	43.5%
交给儿媳和女婿有风险，离婚了怎么办，还是自己撑到有第三代接管	17.8%	12.1%
找一个懂经营的职业经理人，我们家庭成员做董事长	34.5%	35.9%
做一天是一天，最后将钞票留给子孙，但外人不可靠，不能交给外人	13.4%	8.1%
其他	1.9%	0.5%
总计	100.0%	100.0%

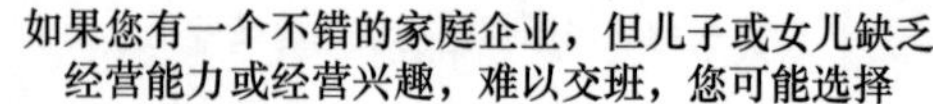

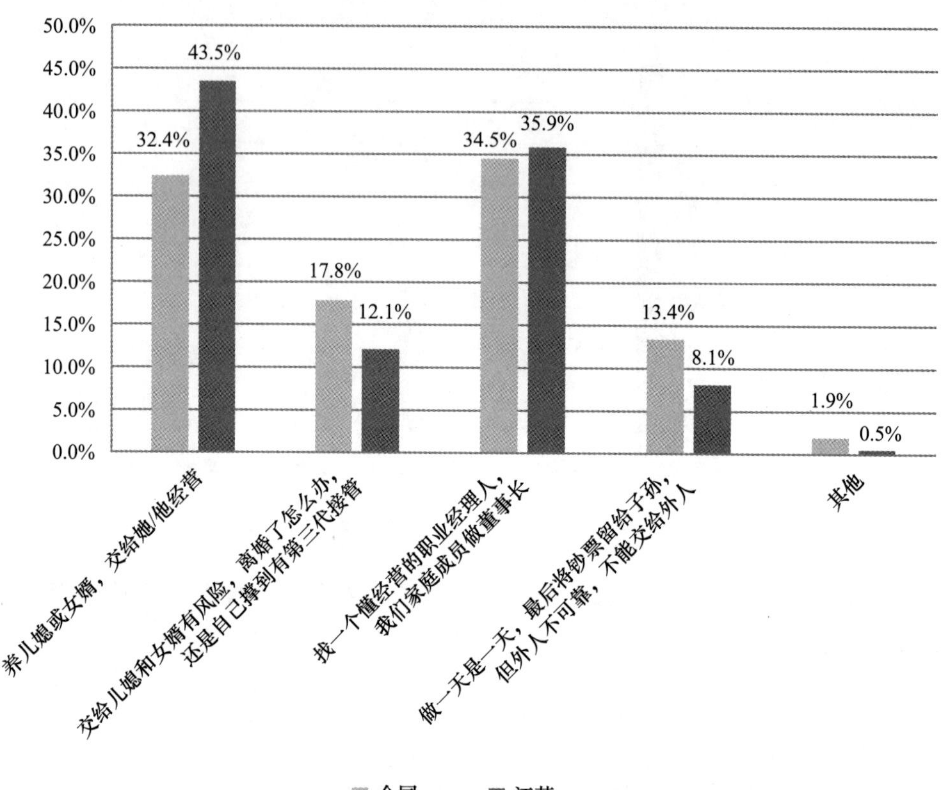

E9 在市场上购买食品、衣物、家用电器等商品时，您觉得有安全感吗

	全国	江苏
有安全感，相信产品质量	25.0%	26.6%
没安全感，不相信他们的标签，常担心质量问题影响自己的健康	22.7%	19.1%
没安全感，担心在价格上被欺骗，要货比三家	21.4%	17.2%
一般还可以，相信大商店的产品，不相信小商店和地摊货	30.7%	36.9%
其他	0.3%	0.1%
总计	100.0%	100.0%

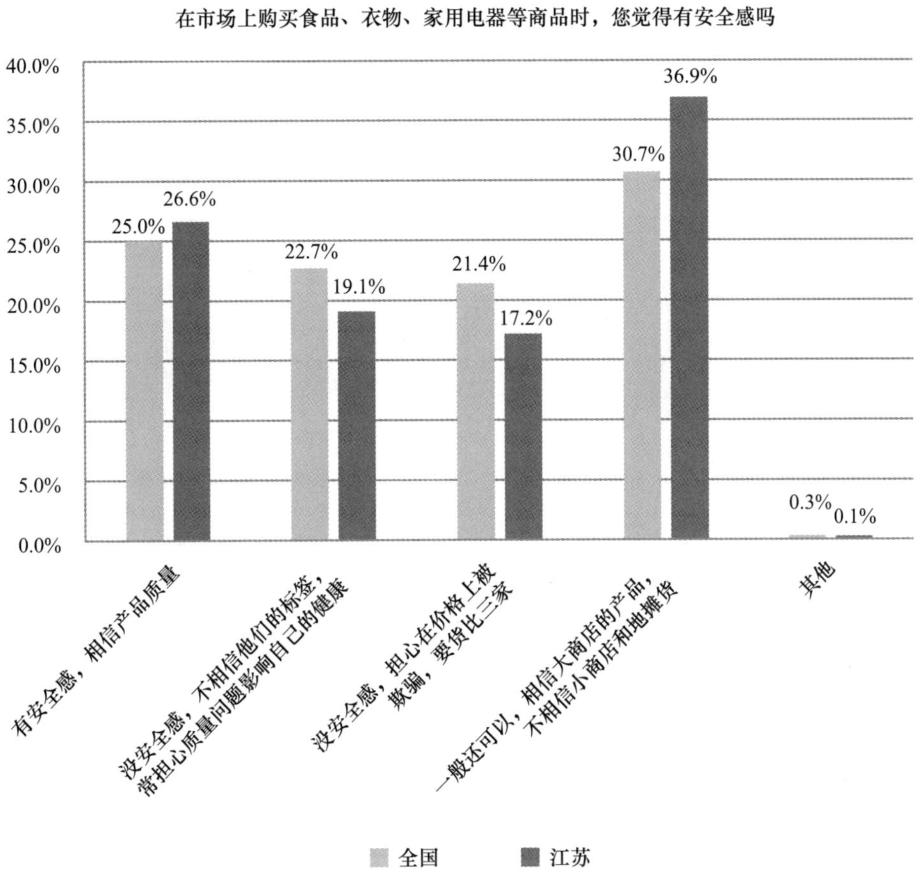

在市场上购买食品、衣物、家用电器等商品时，您觉得有安全感吗

40.0%
35.0%
30.0%
25.0%
20.0%
15.0%
10.0%
5.0%
0.0%

25.0% 26.6%
22.7% 19.1%
21.4% 17.2%
30.7% 36.9%
0.3% 0.1%

有安全感，相信产品质量
没安全感，不相信他们的标签，常担心质量问题影响自己的健康
没安全感，担心在价格上被欺骗，要货比三家
一般还可以，相信大商店的产品，不相信小商店和地摊货
其他

■全国　■江苏

E10 您怎么看待电视、报纸和其他主流媒体上的广告

	全国	江苏
相信，因为是明星们推荐	15.0%	8.4%
将信将疑，眼见为真	47.2%	51.9%
不相信，是企业和那些明星联合起来忽悠大众	26.7%	28.7%
讨厌，既欺骗大众，又占用公共媒体资源	10.4%	10.8%
其他	0.7%	0.3%
总计	100.0%	100.0%

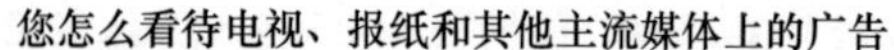

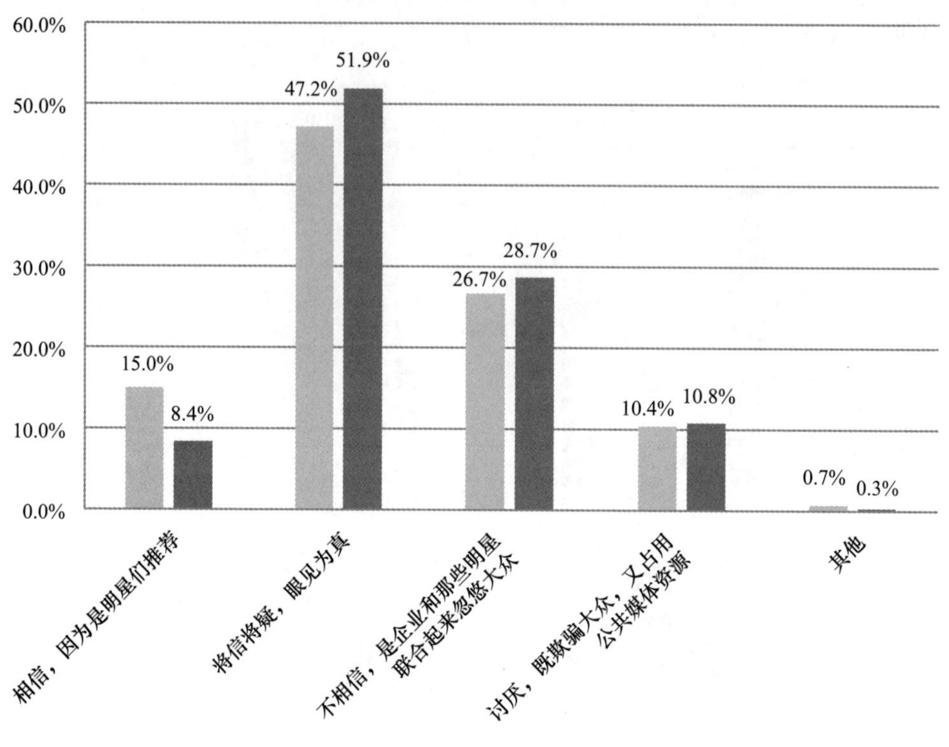

E11 您怎么看待现在一些企业做公益和慈善

	全国	江苏
是做善事，把赚的公众的钱还给社会	26.5%	22.4%
是在作秀，为自己树牌坊	17.8%	17.0%
是做广告，把弱势群体当作宣传自己的工具	24.1%	25.4%
做总比不做好，随他去吧	31.1%	34.9%
其他	0.6%	0.3%
总计	100.0%	100.0%

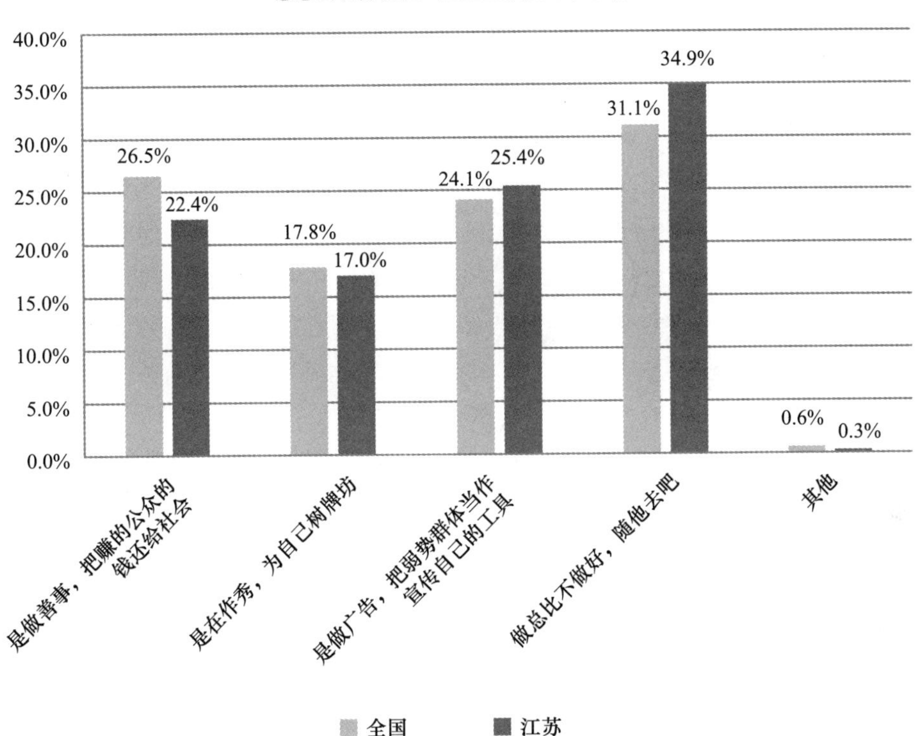

E12 一些政府机关、企事业单位和大中小学，利用权力让本单位的职工子女在入学、招工中提供特殊政策，您认为这种行为道德吗

	全国	江苏
为本单位人员谋福利，符合道德	16.5%	12.9%
以权谋私，不道德	35.3%	46.0%
是对社会公众的不公平，严重不道德	30.9%	27.0%
符合本单位员工利益，但严重侵蚀社会道德	10.7%	7.4%
无所谓道德不道德	6.6%	6.7%
总计	100.0%	100.0%

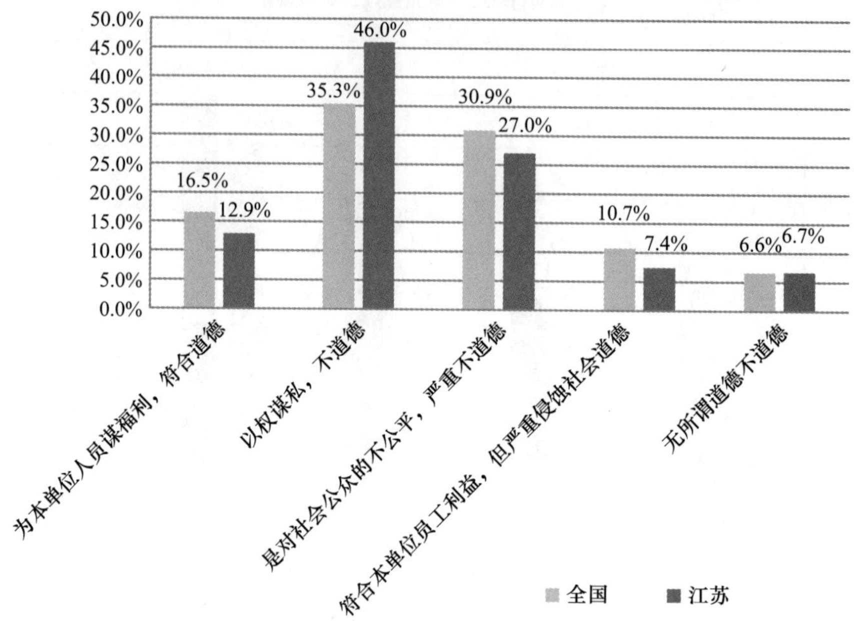

E13 如果您所在的单位有一项举措可以提高集体福利并使您个人得到利益，但会造成环境污染或社会公害，您会举报吗

	全国	江苏
会	65.4%	75.9%
不会	34.6%	24.1%
总计	100.0%	100.0%

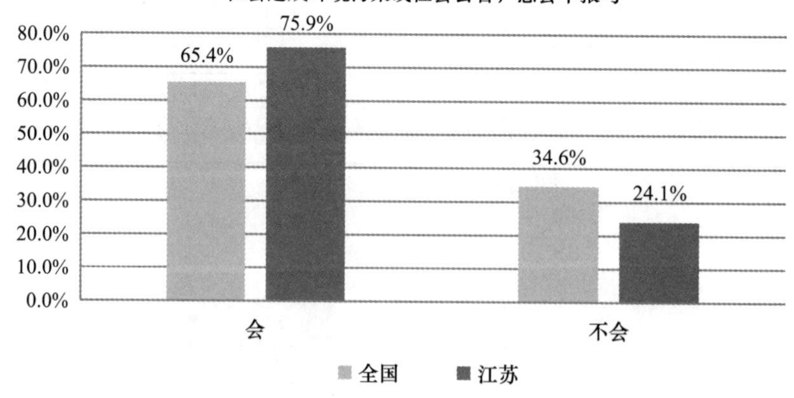

E14 您认为您所工作的单位同事之间是何种关系

	全国	江苏
平等合作关系	58.2%	73.5%
利益竞争关系	25.2%	15.5%
彼此没有关系	14.1%	7.9%
其他	2.5%	3.1%
总计	100.0%	100.0%

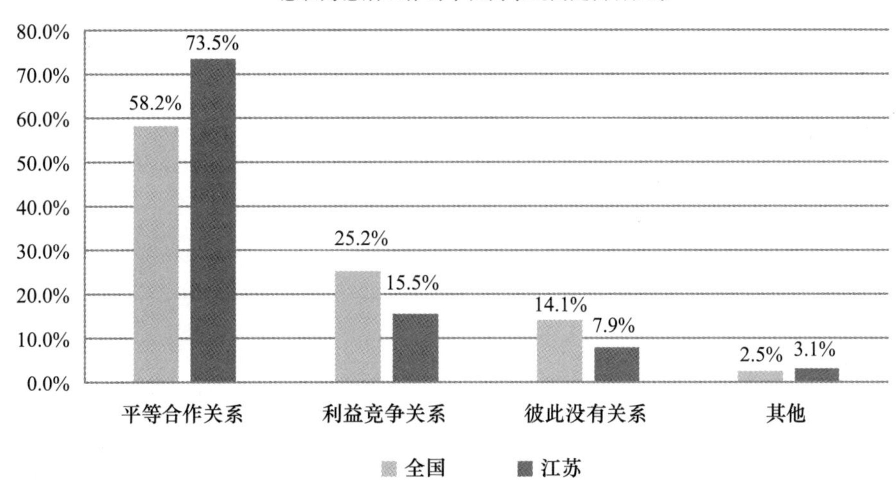

E15 为了单位组织的利益，你的单位是否会默认员工做违背道德的事情

	全国	江苏
常常	5.5%	3.0%
较多	14.8%	7.9%
一般	24.5%	25.5%
较少	26.6%	24.8%
从来没有	28.6%	38.7%
总计	100.0%	100.0%

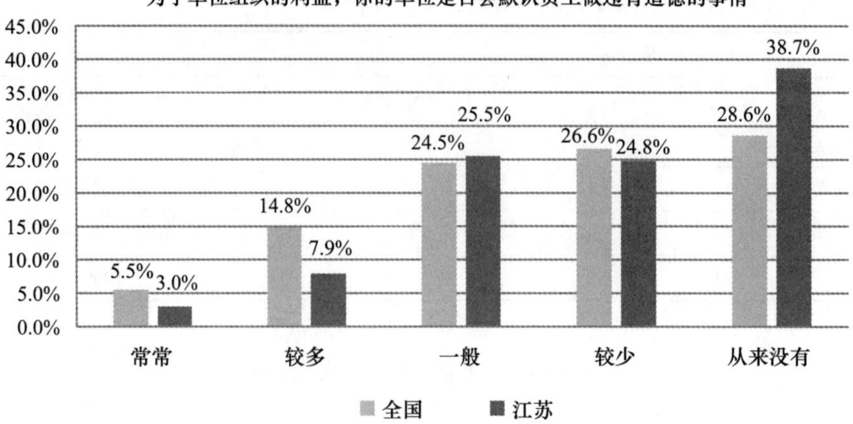

E16 您所工作的单位是否存在如下现象

	全国	江苏
给领导干部送礼讨好	30.8%	38.7%
背后互相告恶状	22.4%	26.9%
拉帮结派	18.5%	20.3%
为谋私利找关系走后门	27.7%	40.4%
奖惩制度不公平	18.8%	19%
领导干部滥用职权	20.8%	26.3%
都不存在	33.7%	36.1%

您所工作的单位是否存在如下现象

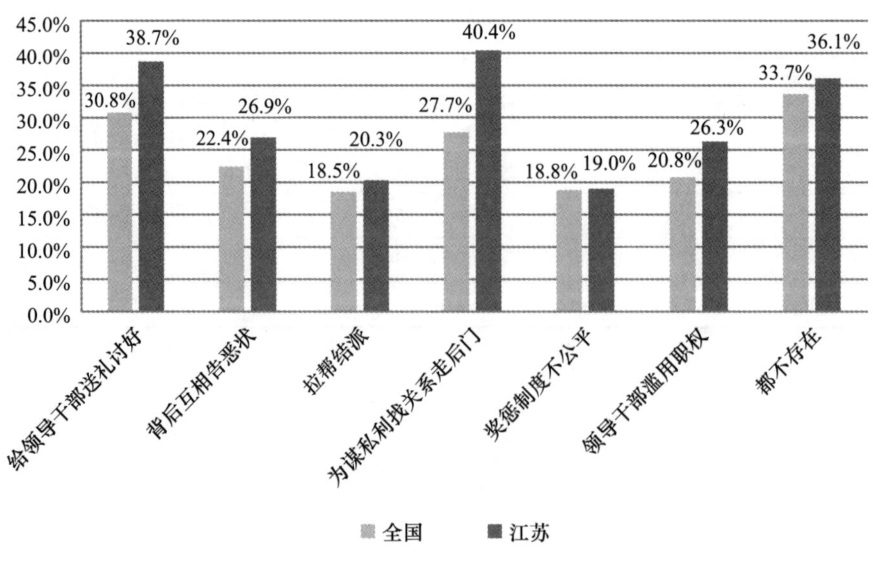

E17a 您对只有国企才应该履行社会责任的同意程度是

	全国	江苏
完全同意	3. 3%	2. 3%
比较同意	30. 2%	15. 1%
不太同意	52. 1%	61. 5%
完全不同意	14. 5%	21. 1%
总计	100. 0%	100. 0%

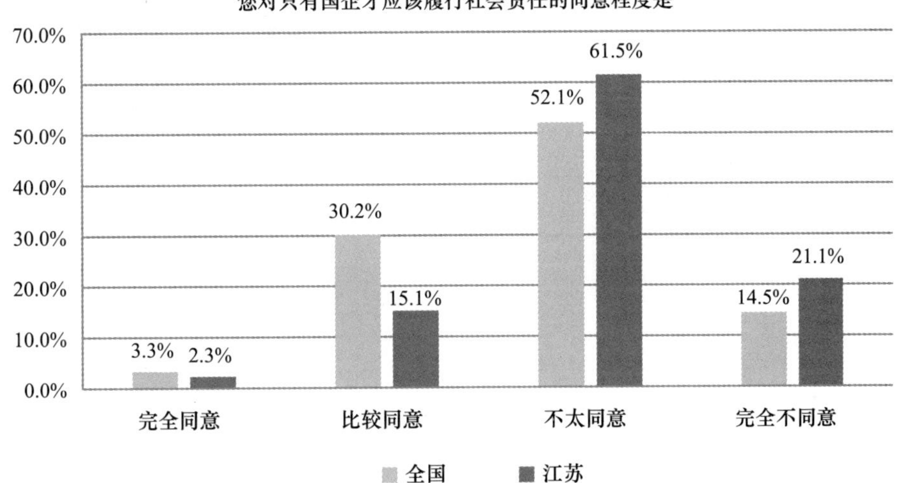

E17b 您对只有大企业才应该履行社会责任的同意程度是

	全国	江苏
完全同意	3. 1%	2. 2%
比较同意	28. 7%	14. 7%
不太同意	50. 6%	60. 9%
完全不同意	17. 6%	22. 3%
总计	100. 0%	100. 0%

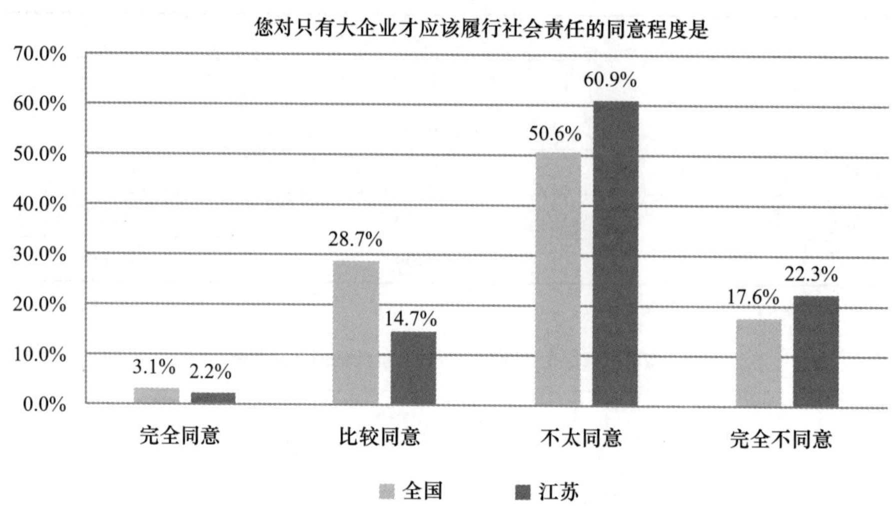

E17c 您对只有盈利多的企业才需要履行社会责任的同意程度是

	全国	江苏
完全同意	4.1%	2.3%
比较同意	27.5%	15.4%
不太同意	52.1%	57.9%
完全不同意	16.3%	24.4%
总计	100.0%	100.0%

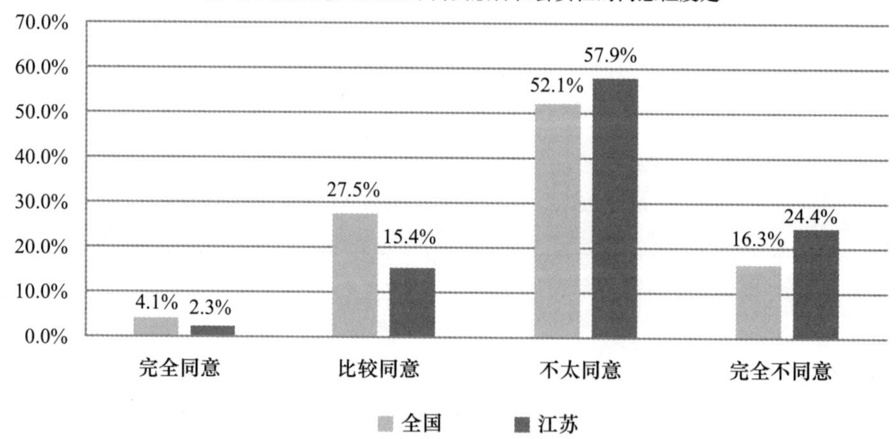

E17d 您对污染类企业要履行更多的社会责任的同意程度是

	全国	江苏
完全同意	26.5%	25.9%
比较同意	41.4%	46.0%
不太同意	23.4%	20.1%
完全不同意	8.7%	8.0%
总计	100.0%	100.0%

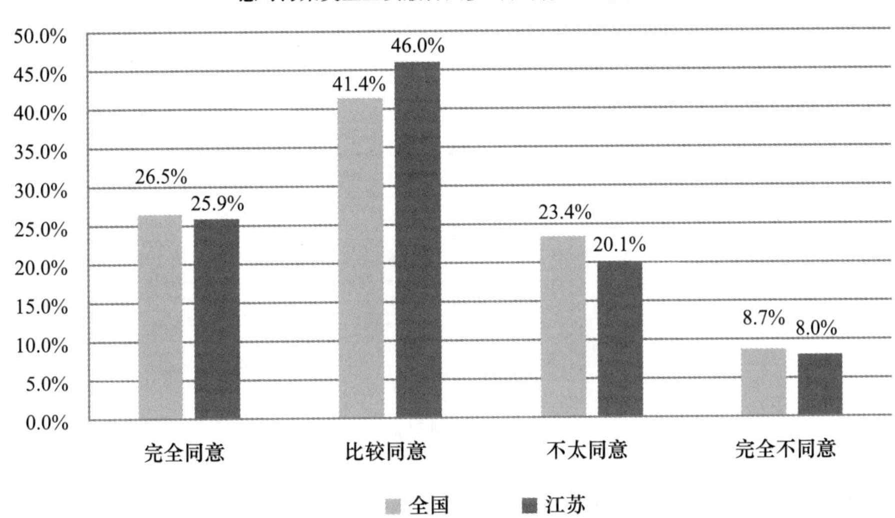

E17e 您对小企业只要管好自己就行了，不要履行社会责任的同意程度是

	全国	江苏
完全同意	2.7%	1.3%
比较同意	19.3%	10.6%
不太同意	55.6%	60.5%
完全不同意	22.5%	27.6%
总计	100.0%	100.0%

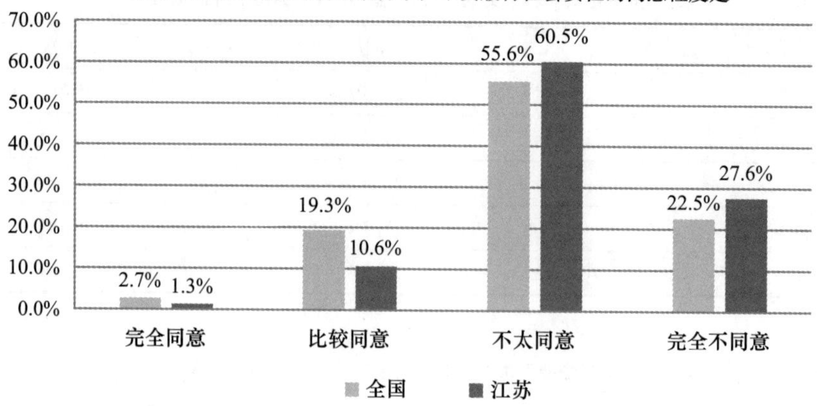

E18a 您觉得下列哪类单位最讲道德

	全国	江苏
国有（控股）企业	18.4%	22.0%
民营企业	4.8%	2.2%
私营企业	2.5%	2.0%
外资企业	6.4%	9.2%
学校	43.8%	38.3%
医院	4.9%	3.0%
政府机关	14.4%	20.7%
民间组织	4.9%	2.6%
总计	100.0%	100.0%

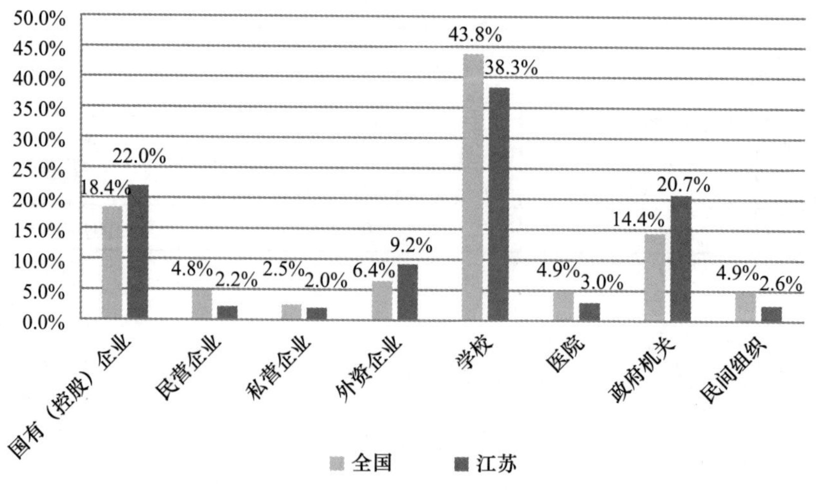

E18b 您觉得下列哪类单位道德水平最差

	全国	江苏
国有(控股)企业	5.5%	3.4%
民营企业	11.6%	13.0%
私营企业	30.0%	36.8%
外资企业	3.8%	3.3%
学校	3.4%	2.8%
医院	18.3%	21.6%
政府机关	15.3%	8.8%
民间组织	12.3%	10.3%
总计	100.0%	100.0%

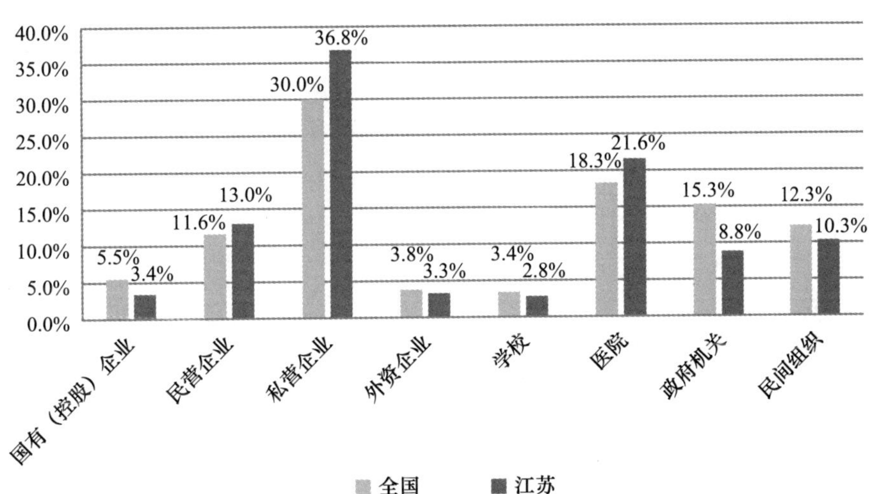

E19a 以下关于学校的说法,您的同意程度是:学校越来越以营利为目的

	全国	江苏
完全同意	7.2%	11.8%
比较同意	42.4%	45.6%
不太同意	41.2%	35.3%
完全不同意	9.2%	7.3%
总计	100.0%	100.0%

学校越来越以营利为目的

50.0%
45.0%
40.0%
35.0%
30.0%
25.0%
20.0%
15.0%
10.0%
5.0%
0.0%
7.2%
11.8%
42.4%
45.6%
41.2%
35.3%
9.2%
7.3%
完全同意
比较同意
不太同意
完全不同意
全国
江苏

E19b 以下关于学校的说法，您的同意程度是：学校主要传授知识和技能，培养道德不重要

	全国	江苏
完全同意	1.2%	0.9%
比较同意	12.7%	8.1%
不太同意	58.9%	55.5%
完全不同意	27.1%	35.5%
总计	100.0%	100.0%

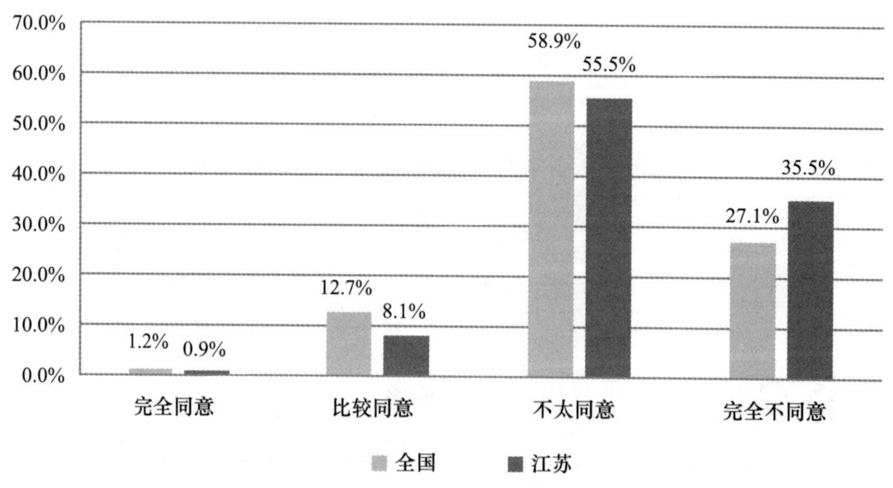

E19c 以下关于学校的说法，您的同意程度是：学校升学率高比素质教育更重要

	全国	江苏
完全同意	2.2%	1.7%
比较同意	13.0%	9.4%
不太同意	58.3%	53.7%
完全不同意	26.5%	35.2%
总计	100.0%	100.0%

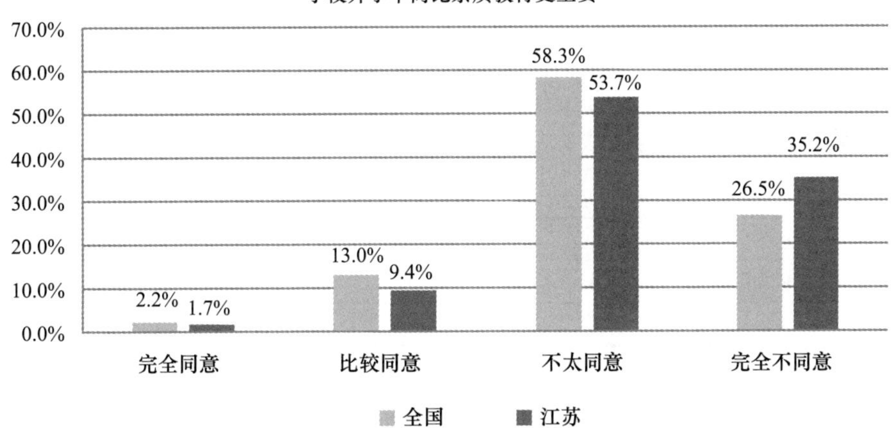

E19d 以下关于学校的说法，您的同意程度是：青少年儿童行为不端，主要是学校没教好

	全国	江苏
完全同意	1.7%	1.3%
比较同意	14.4%	10.0%
不太同意	59.1%	58.0%
完全不同意	24.8%	30.7%
总计	100.0%	100.0%

青少年儿童行为不端，主要是学校没教好

70.0%
60.0%
50.0%
40.0%
30.0%
20.0%
10.0%
0.0%
1.7% 1.3%
14.4% 10.0%
59.1% 58.0%
24.8% 30.7%
完全同意 比较同意 不太同意 完全不同意
全国 江苏

E19e 以下关于学校的说法，您的同意程度是：要想孩子培养得好，就要多给老师送礼

	全国	江苏
完全同意	2.0%	1.4%
比较同意	12.5%	5.6%
不太同意	47.4%	44.6%
完全不同意	38.1%	48.4%
总计	100.0%	100.0%

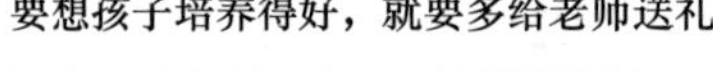

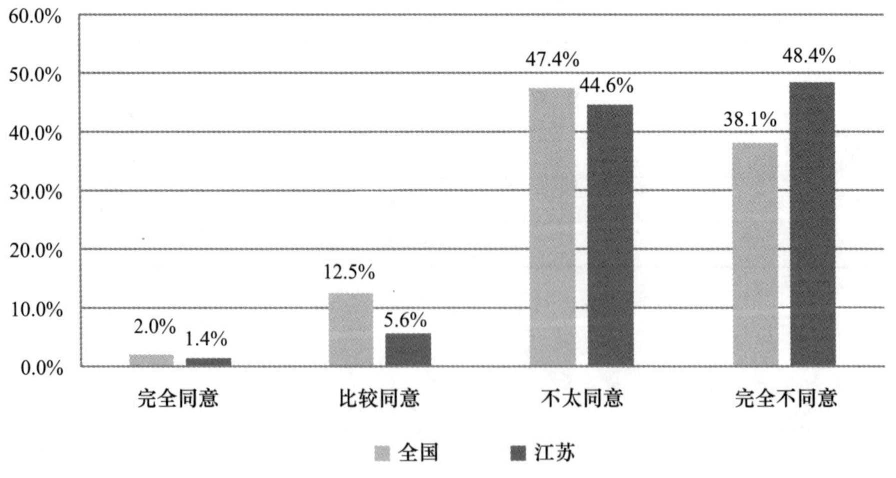

E20 您所在单位当员工或村民受到不应该的对待时，员工或村民有没有申诉的机会

	全国	江苏
有	64.7%	76.8%
没有	35.3%	23.2%
总计	100.0%	100.0%

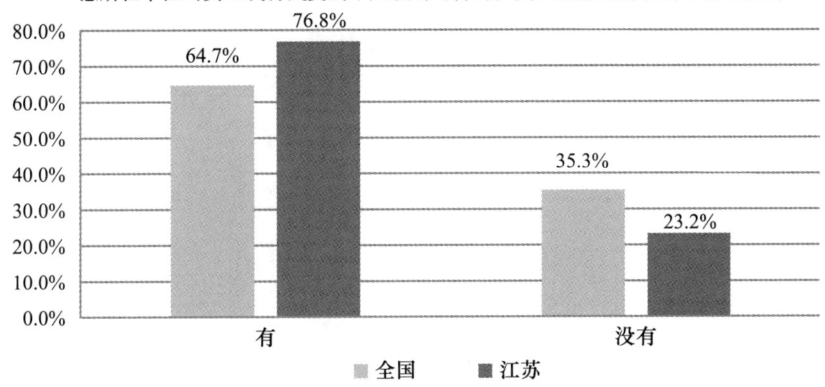

E21 您所在单位当员工或村民受到不应该的对待时，员工或村民有没有申诉的地方或渠道

	全国	江苏
有	67.0%	78.1%
没有	33.0%	21.9%
总计	100.0%	100.0%

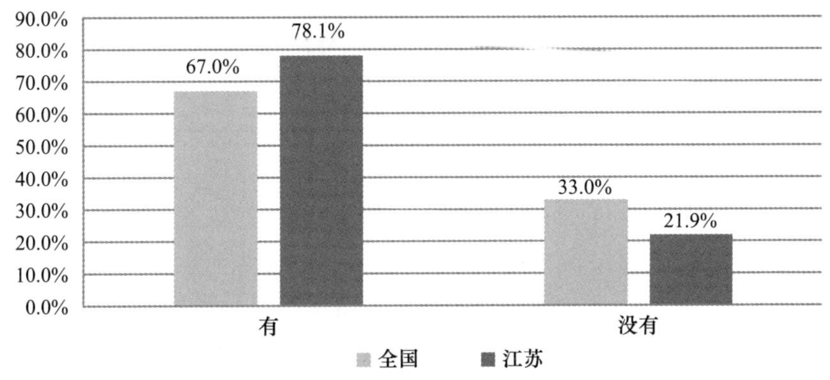

E22 您所在单位当员工或村民受到不应该的对待时，有没有人进行过申诉

	全国	江苏
全部会申诉	4.1%	2.5%
大部分会申诉	20.1%	21.2%
小部分会申诉	55.4%	55.8%
无人申诉	20.5%	20.5%
总计	100.0%	100.0%

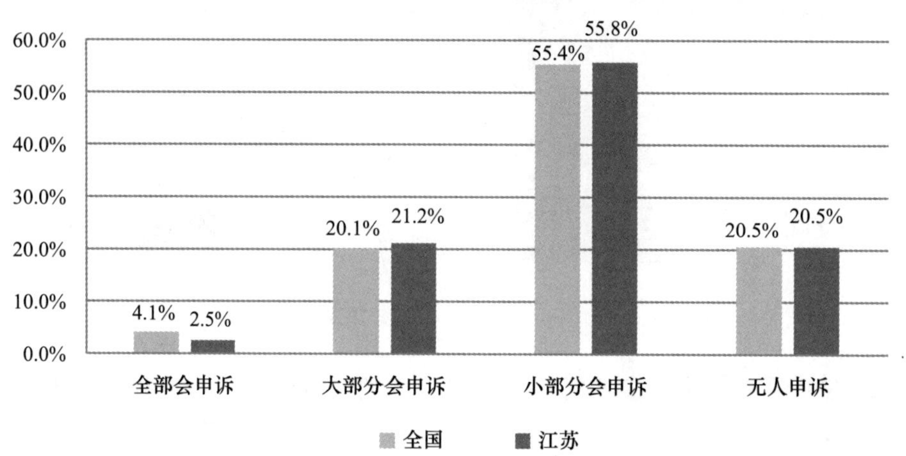

E23 您所在单位在多大程度上认真对待员工或村民的申诉

	全国	江苏
完全不认真	10.5%	6.3%
不太认真	21.7%	19.8%
一般	34.0%	38.0%
比较认真	29.5%	30.9%
非常认真	4.3%	5.1%
总计	100.0%	100.0%

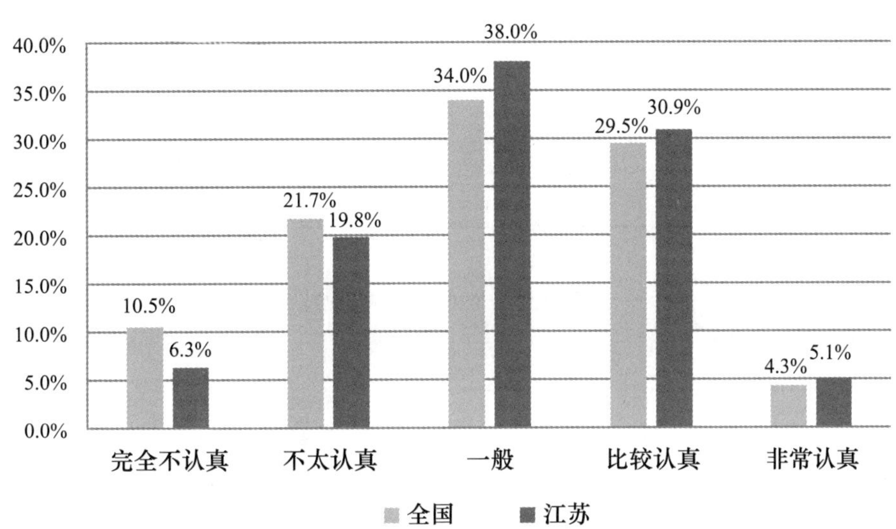

E24 您所在单位是否有道德方面的教育或活动

	全国	江苏
有	4.1%	10.8%
没有	42.0%	35.6%
不知道	53.9%	53.6%
总计	100.0%	100.0%

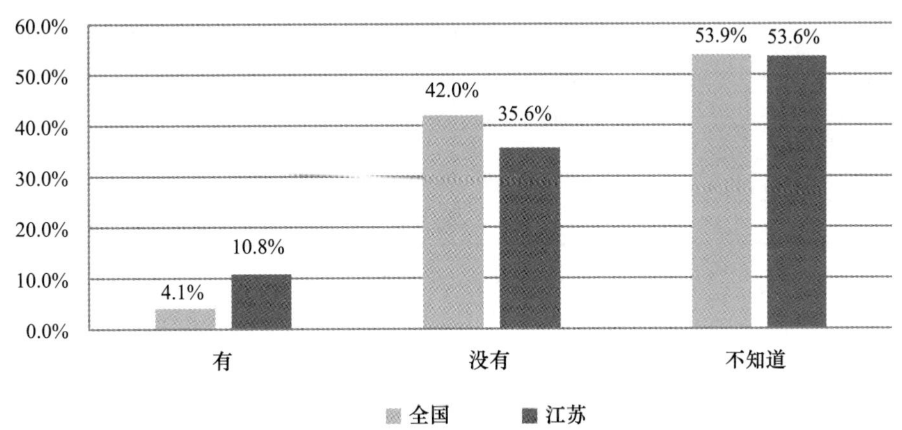

E25a 对当地企业道德状况的满意度是

	全国	江苏
非常不满意	2.2%	2.4%
不太满意	22.3%	25.7%
比较满意	73.2%	69.4%
非常满意	2.3%	2.5%
总计	100.0%	100.0%

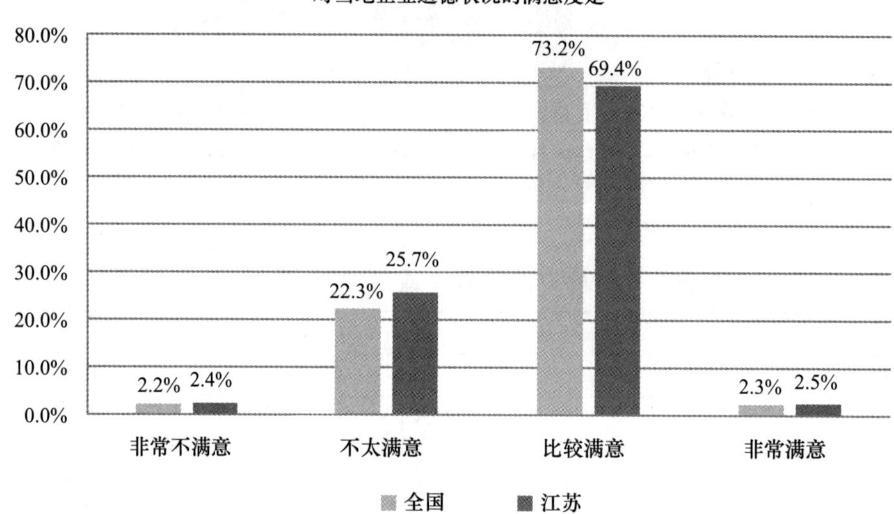

E25b 对当地医院道德状况的满意度是

	全国	江苏
非常不满意	3.4%	4.3%
不太满意	25.5%	28.4%
比较满意	65.5%	63.2%
非常满意	5.6%	4.0%
总计	100.0%	100.0%

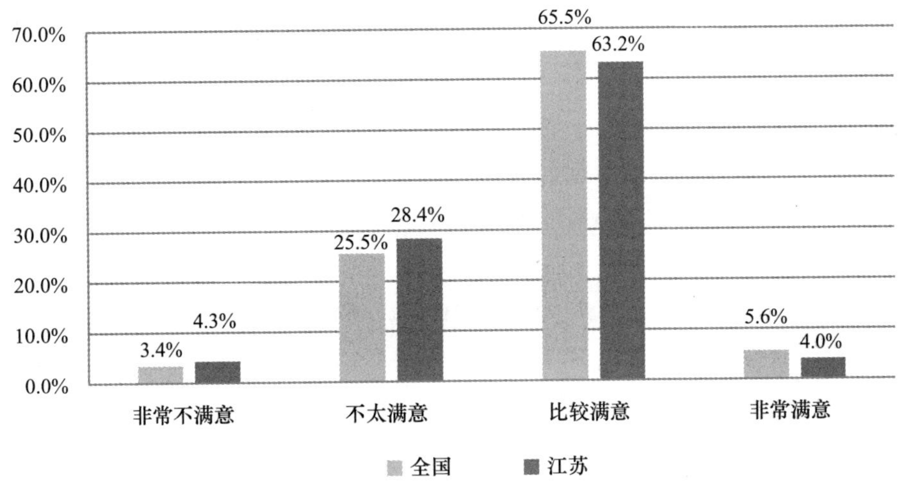

E25c 对当地政府道德状况的满意度是

	全国	江苏
非常不满意	3.7%	4.1%
不太满意	24.5%	25.4%
比较满意	64.7%	64.6%
非常满意	7.2%	5.9%
总计	100.0%	100.0%

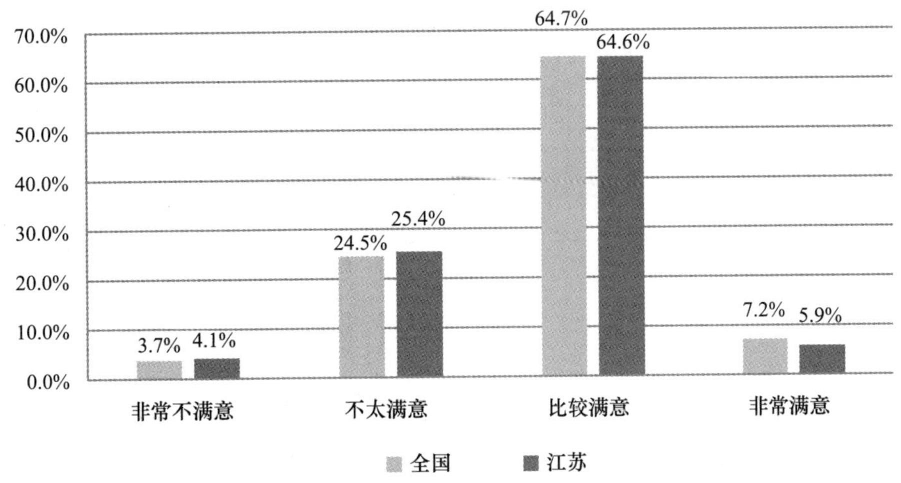

E25d 对当地学校的道德状况的满意度是

	全国	江苏
非常不满意	1.4%	2.8%
不太满意	16.3%	19.2%
比较满意	71.5%	69.4%
非常满意	10.8%	8.6%
总计	100.0%	100.0%

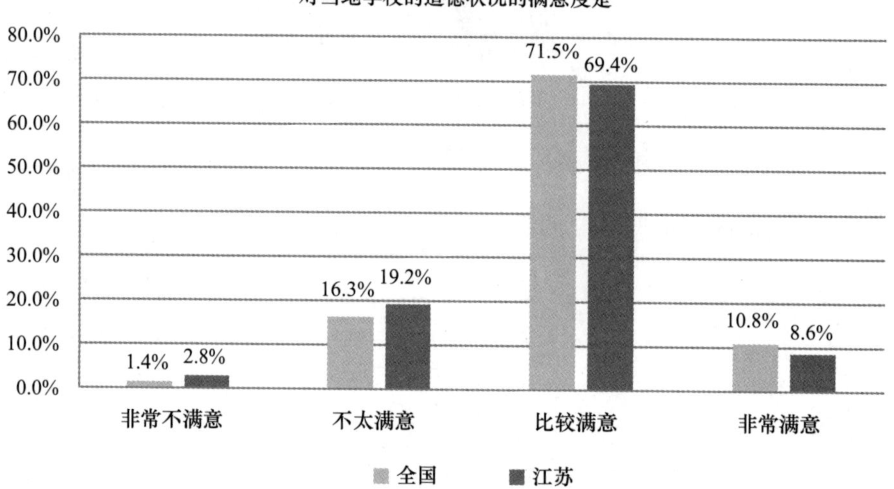

E25e 对当地的 NGO 组织（如红十字会等）的满意度是

	全国	江苏
非常不满意	2.2%	2.1%
不太满意	17.1%	18.3%
比较满意	68.1%	69.2%
非常满意	12.6%	10.5%
总计	100.0%	100.0%

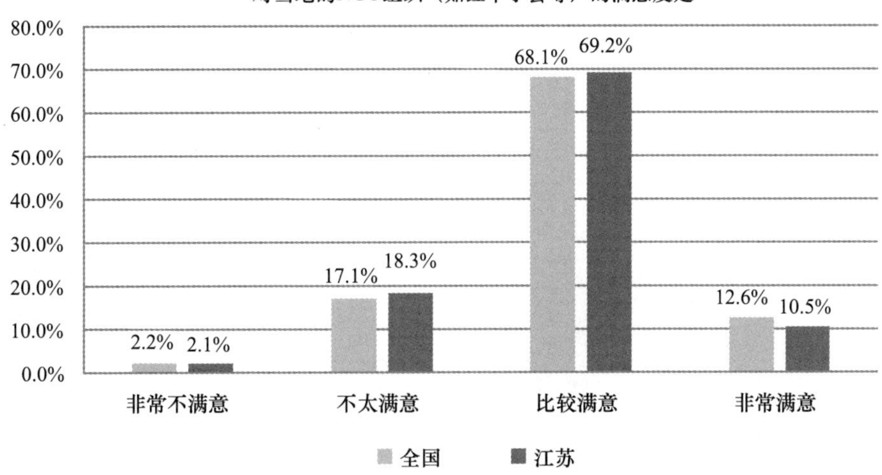

F1a1 您认为随地吐痰是否关乎道德

	全国	江苏
有关	91.2%	93.6%
无关	8.8%	6.4%
总计	100.0%	100.0%

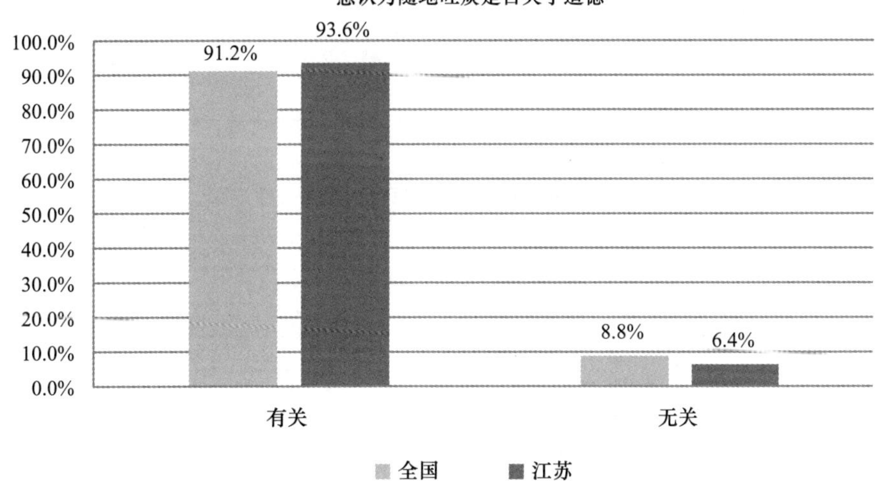

F1a2 您认为插队是否关乎道德

	全国	江苏
有关	91.1%	94.1%

续表

	全国	江苏
无关	8.9%	5.9%
总计	100.0%	100.0%

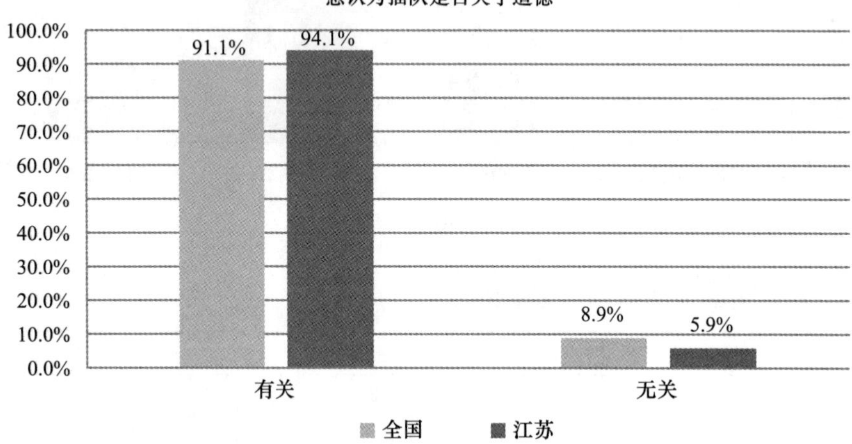

F1a3 您认为公交或地铁上大声打电话是否关乎道德

	全国	江苏
有关	87.2%	90.8%
无关	12.8%	9.2%
总计	100.0%	100.0%

您认为公交或地铁上大声打电话是否关乎道德

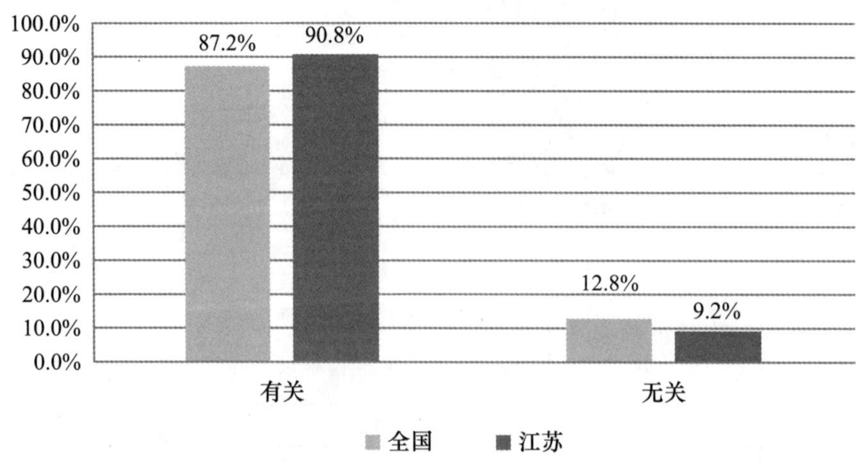

F1a4 您认为餐馆里说话声音很大是否关乎道德

	全国	江苏
有关	85.8%	90.0%
无关	14.2%	10.0%
总计	100.0%	100.0%

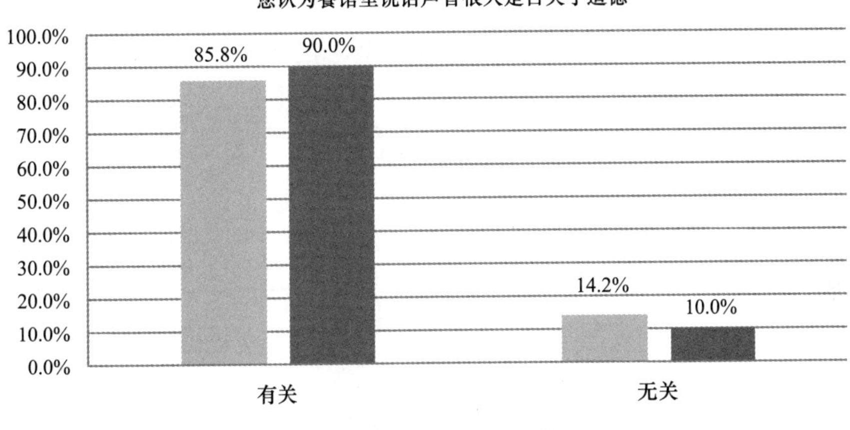

F1a5 您认为在公共场所的椅子或沙发上躺着睡觉是否关乎道德

	全国	江苏
有关	88.1%	91.1%
无关	11.9%	8.9%
总计	100.0%	100.0%

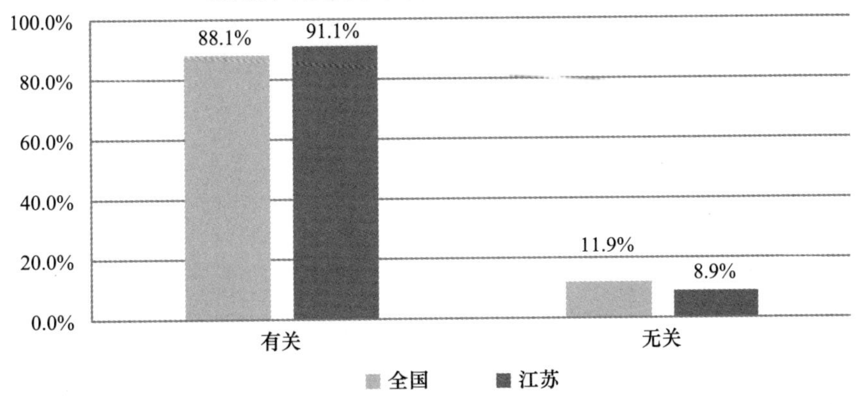

F1b1 您本人是否做出过随地吐痰的行为

	全国	江苏
经常做	2.8%	3.3%
偶尔做	37.3%	33.5%
从来不做	59.9%	63.2%
总计	100.0%	100.0%

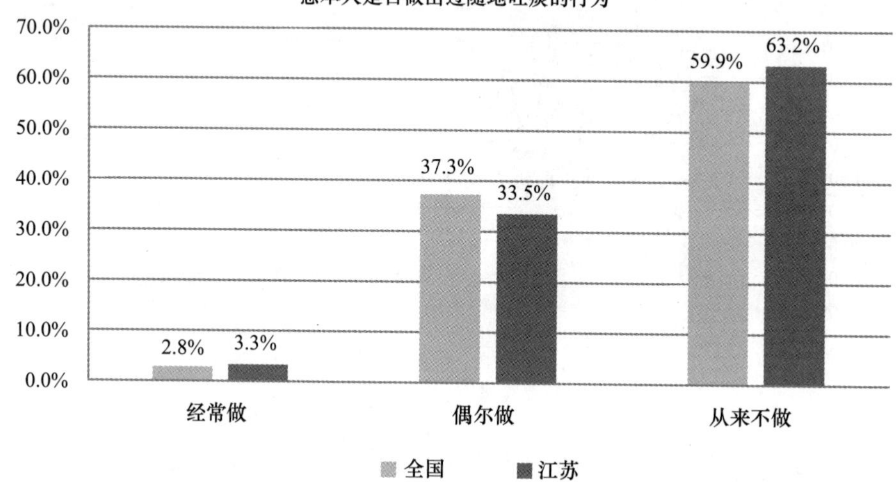

F1b2 您本人是否做出过插队的行为

	全国	江苏
经常做	2.2%	0.8%
偶尔做	28.4%	15.8%
从来不做	69.4%	83.3%
总计	100.0%	100.0%

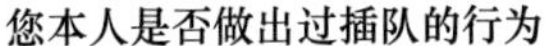

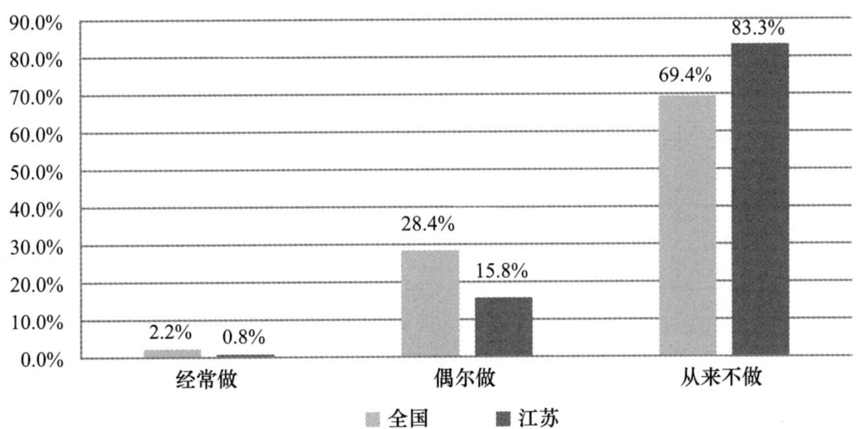

F1b3 您本人是否做出过在公交或地铁上大声打电话的行为

	全国	江苏
经常做	2.8%	1.1%
偶尔做	27.8%	19.2%
从来不做	69.5%	79.7%
总计	100.0%	100.0%

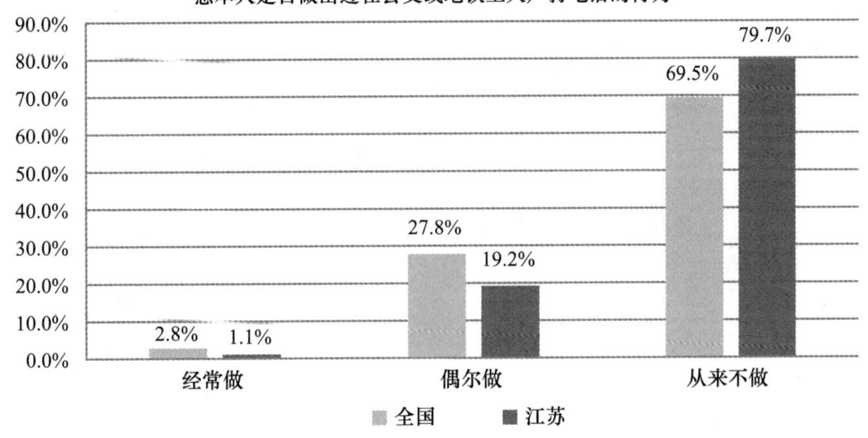

F1b4 您本人是否做出过在餐馆里说话声音很大的行为

	全国	江苏
经常做	2.9%	1.3%
偶尔做	26.1%	19.8%

续表

	全国	江苏
从来不做	71.0%	78.9%
总计	100.0%	100.0%

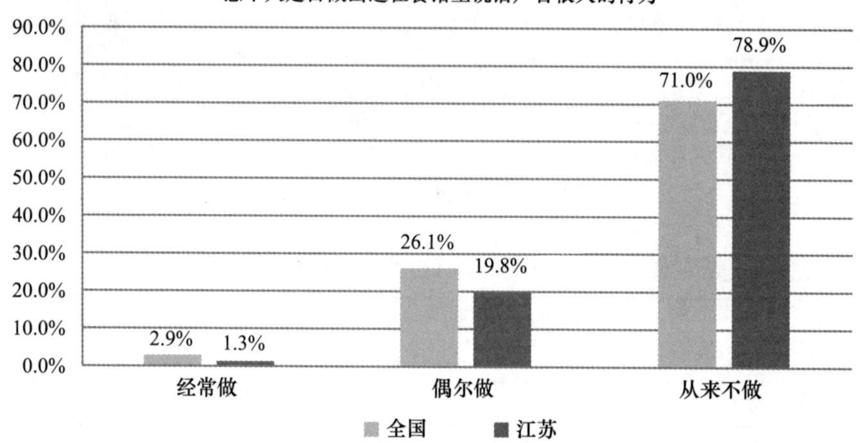

F1b5 您本人是否做出过在公共场所的椅子或沙发上躺着睡觉的行为

	全国	江苏
经常做	2.6%	1.0%
偶尔做	13.3%	8.4%
从来不做	84.0%	90.6%
总计	100.0%	100.0%

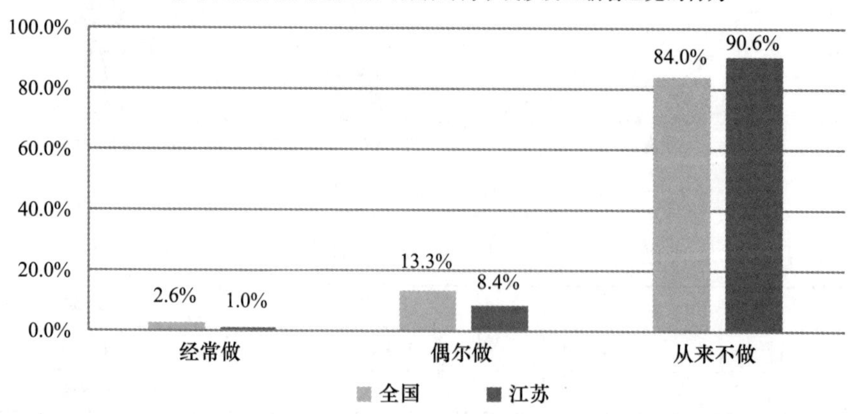

F2 入夜后，很多中老年朋友在广场上伴着录音机的音乐跳舞，产生噪声。有人向政府或物管投诉，要求阻止。对这件事您怎么看

	全国	江苏
在广场上跳舞是居民的自由，不应干预	22.5%	7.9%
跳舞如果破坏了别人的清静，就应该停止	22.3%	20.4%
中老年人没地方活动，即便跳舞构成干扰，也应尽量容忍和理解	21.5%	21.2%
请跳舞者降低音量，大家相互妥协	32.4%	50.0%
其他（请说明）	1.4%	0.5%
总计	100.0%	100.0%

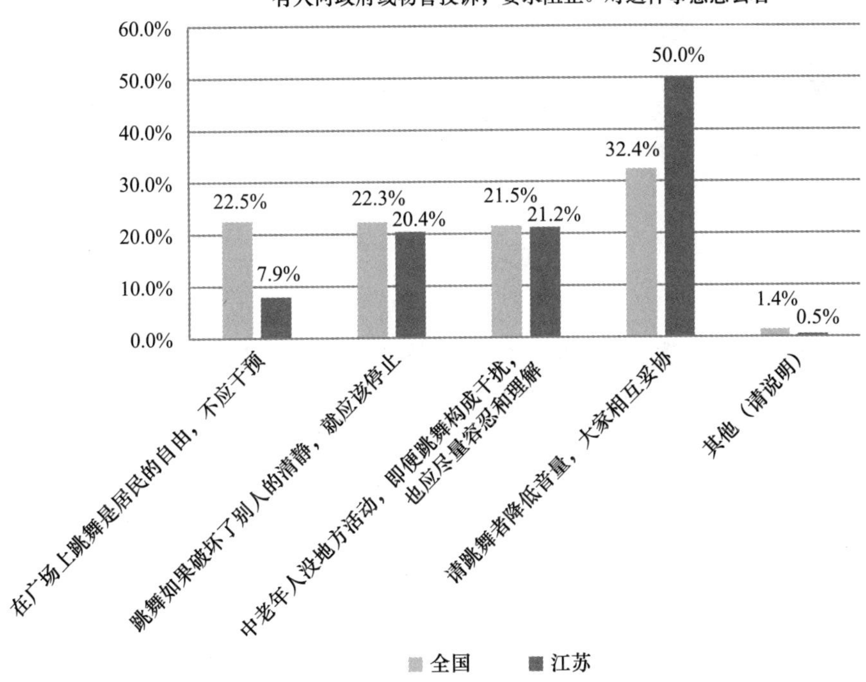

F3a 社会上经常发生一些因个人认为自身受到不公正待遇而导致的社会泄愤事件，比如厦门公交爆炸案、徐州幼儿园爆炸案。对下列说法，您的同意程度如何：这是暴徒行为，无论何种情况下，都不应该采取暴力手段

	全国	江苏
完全同意	40.3%	37.5%
比较同意	50.4%	52.3%

续表

	全国	江苏
不太同意	7.7%	5.8%
完全不同意	1.5%	4.4%
总计	100.0%	100.0%

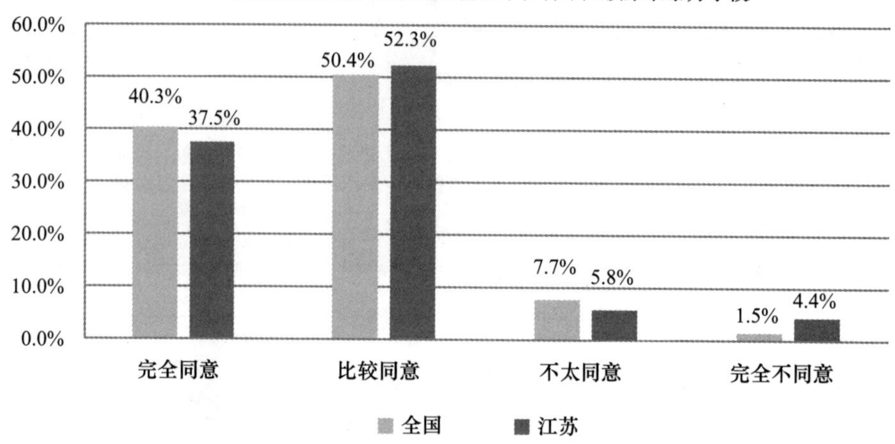

F3b 社会上经常发生一些因个人认为自身受到不公正待遇而导致的社会泄愤事件，比如厦门公交爆炸案、徐州幼儿园爆炸案。对下列说法，您的同意程度如何：其他社会成员在需要的时候没有及时给予帮助，因此我们每个人都有责任

	全国	江苏
完全同意	15.4%	16.3%
比较同意	49.3%	57.0%
不太同意	29.9%	23.3%
完全不同意	5.4%	3.4%
总计	100.0%	100.0%

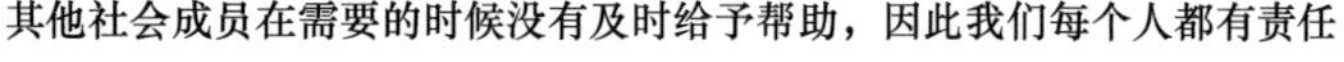

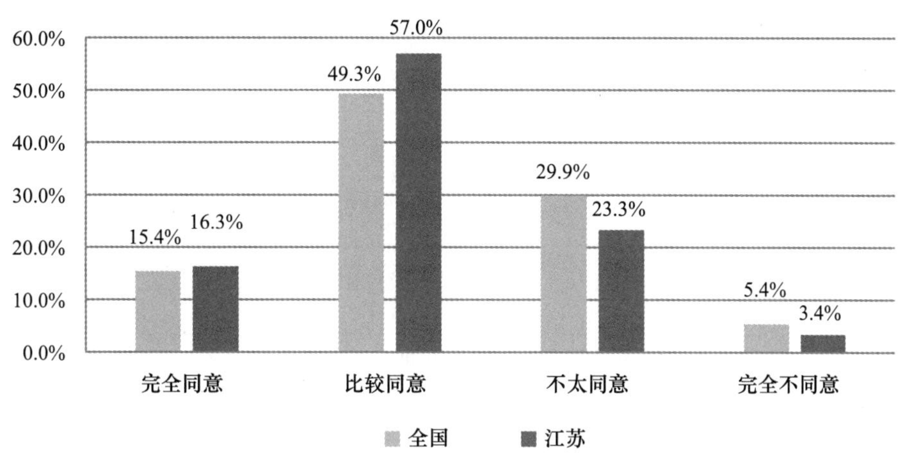

F3c 社会上经常发生一些因个人认为自身受到不公正待遇而导致的社会泄愤事件，比如厦门公交爆炸案、徐州幼儿园爆炸案。对下列说法，您的同意程度如何：他们的遭遇值得同情，但应该去报复那些给予他们不公待遇的人，而不是伤及无辜

	全国	江苏
完全同意	11.9%	9.9%
比较同意	33.9%	33.3%
不太同意	36.0%	40.8%
完全不同意	18.2%	16.1%
总计	100.0%	100.0%

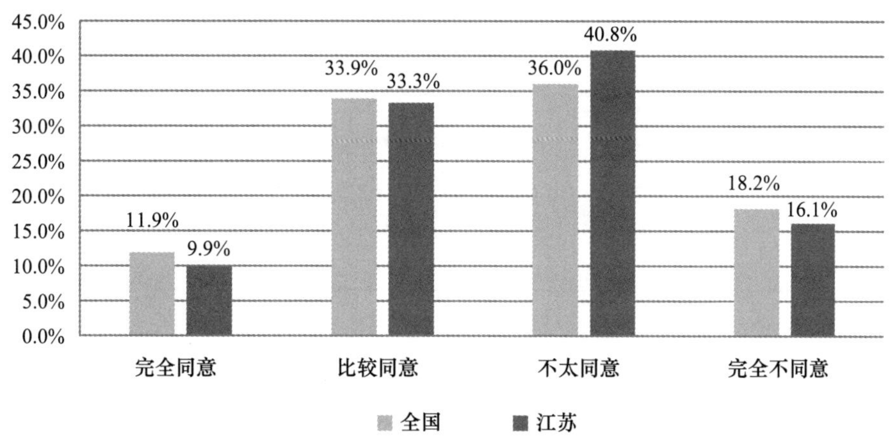

F3d 社会上经常发生一些因个人认为自身受到不公正待遇而导致的社会泄愤事件，比如厦门公交爆炸案、徐州幼儿园爆炸案。对下列说法，您的同意程度如何：受到不公平待遇，应该充分相信政府，积极寻求相关部门的帮助

	全国	江苏
完全同意	25.2%	24.6%
比较同意	55.2%	63.5%
不太同意	16.0%	10.2%
完全不同意	3.7%	1.7%
总计	100.0%	100.0%

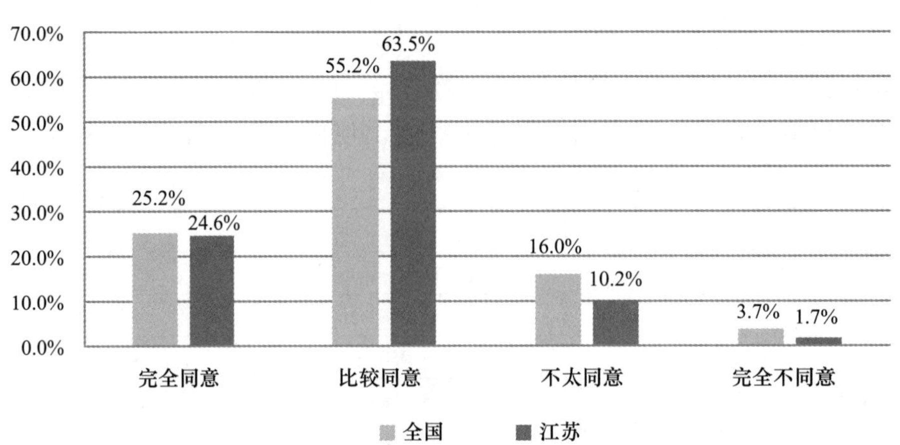

F4 总的来说，您认为当今的社会公不公平

	全国	江苏
完全不公平	5.9%	4.9%
比较不公平	29.3%	29.5%
说不上公平但也不能说不公平	38.0%	36.2%
比较公平	24.7%	28.1%
非常公平	2.1%	1.2%
总计	100.0%	100.0%

总的来说，您认为当今的社会公不公平

40.0%
35.0%
30.0%
25.0%
20.0%
15.0%
10.0%
5.0%
0.0%

5.9% 4.9% 29.3% 29.5% 38.0% 36.2% 24.7% 28.1% 2.1% 1.2%

完全不公平
比较不公平
说不上公平但也不能说不公平
比较公平
非常公平

全国 江苏

F5 和前几年相比，您认为目前我国社会的分配不公、两极分化现象

	全国	江苏
有较大改善	33.5%	30.7%
没什么变化	53.0%	44.1%
更加恶化	13.5%	25.3%
总计	100.0%	100.0%

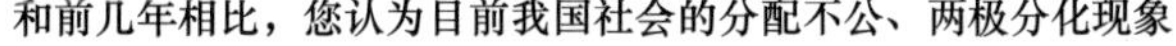

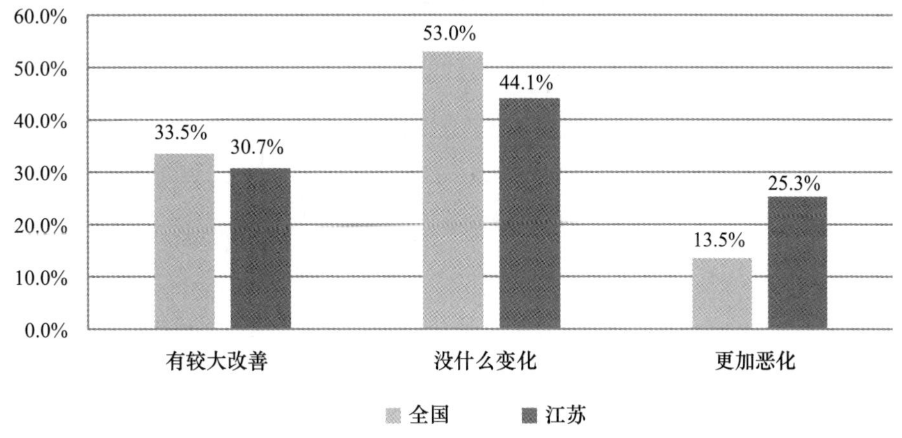

F6 您认为目前我国社会成员之间的收入差距

	全国	江苏
合理，可以接受	17.3%	13.5%
不合理，但可以接受	60.3%	56.1%
不合理，不能接受	22.3%	30.3%
总计	100.0%	100.0%

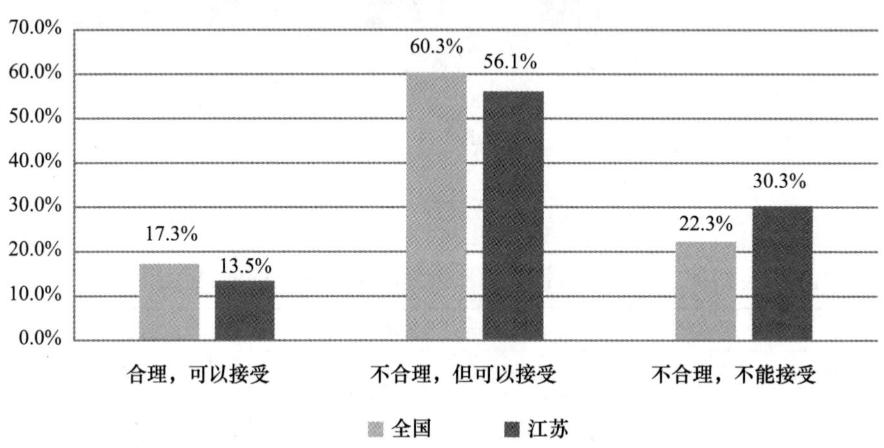

F7a 请问您是否同意当前的社会是人人为自己

	全国	江苏
完全同意	11.2%	15.0%
比较同意	57.9%	58.1%
不太同意	29.2%	24.6%
完全不同意	1.6%	2.3%
总计	100.0%	100.0%

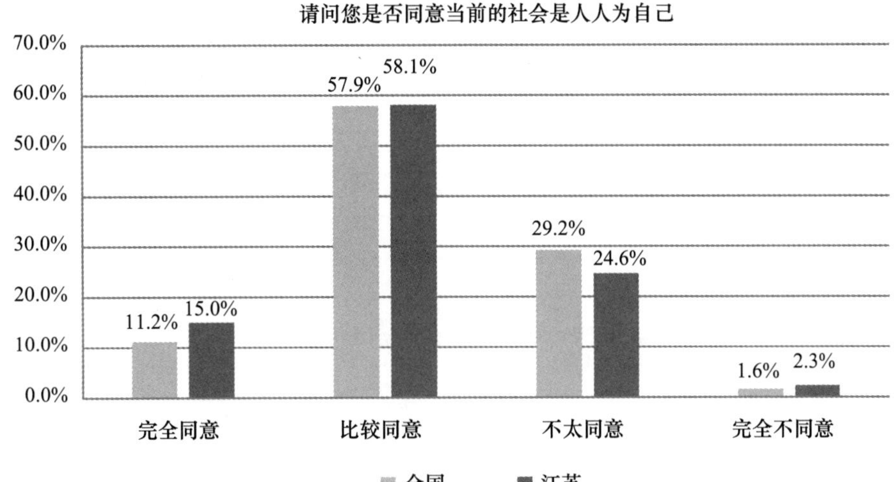

F7b 请问您是否同意现在社会的大多数人是见利忘义的

	全国	江苏
完全同意	7.7%	11.3%
比较同意	50.3%	47.5%
不太同意	38.3%	37.6%
完全不同意	3.7%	3.6%
总计	100.0%	100.0%

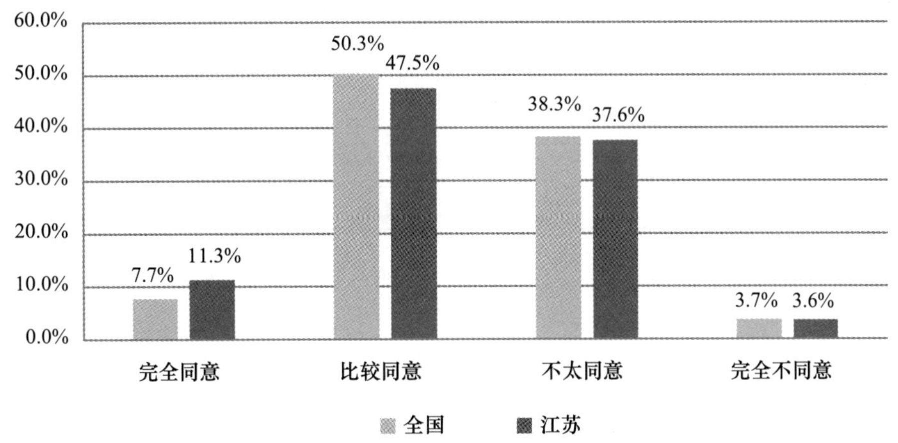

F7c 请问您是否同意现在社会是一个物欲横流的社会

	全国	江苏
完全同意	7.5%	14.4%
比较同意	47.5%	48.8%
不太同意	39.6%	33.0%
完全不同意	5.4%	3.8%
总计	100.0%	100.0%

请问您是否同意现在社会是一个物欲横流的社会

60.0%
50.0%
40.0%
30.0%
20.0%
10.0%
0.0%
7.5% 14.4%
47.5% 48.8%
39.6% 33.0%
5.4% 3.8%
完全同意 比较同意 不太同意 完全不同意
全国 江苏

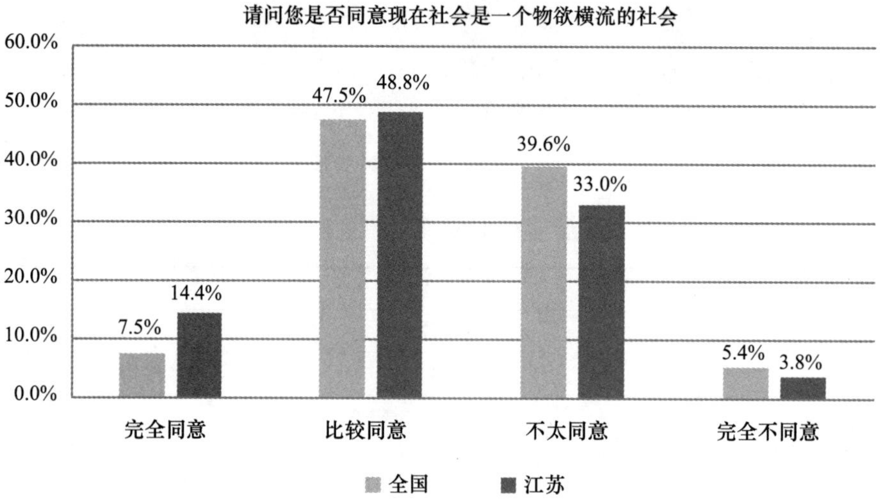

F7d 请问您是否同意当前大多数人都是以集体利益为重

	全国	江苏
完全同意	5.8%	5.3%
比较同意	37.3%	36.6%
不太同意	51.5%	52.6%
完全不同意	5.4%	5.4%
总计	100.0%	100.0%

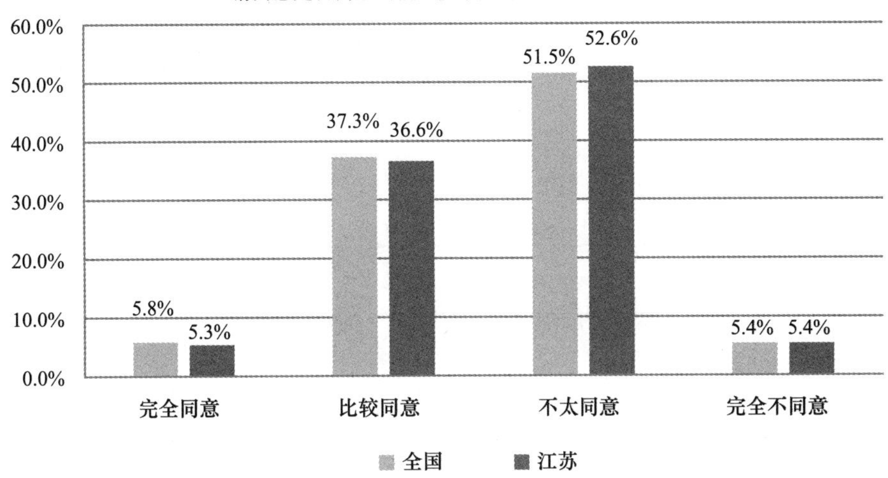

F7e 请问您是否同意当前大多数人都是家庭利益至上

	全国	江苏
完全同意	17.2%	17.2%
比较同意	55.4%	63.0%
不太同意	24.2%	17.5%
完全不同意	3.2%	2.3%
总计	100.0%	100.0%

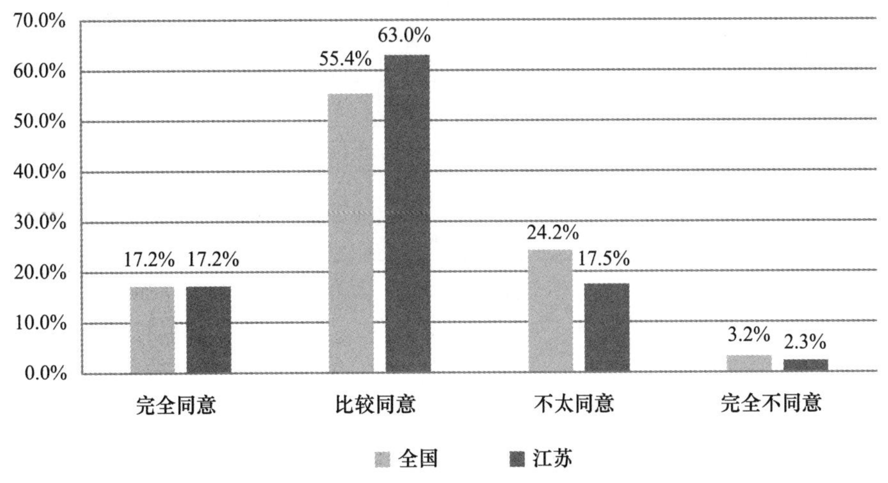

F7f 请问您是否同意当前的社会是个金钱至上的社会

	全国	江苏
完全同意	14.2%	19.8%
比较同意	49.9%	51.2%
不太同意	31.4%	26.0%
完全不同意	4.5%	2.9%
总计	100.0%	100.0%

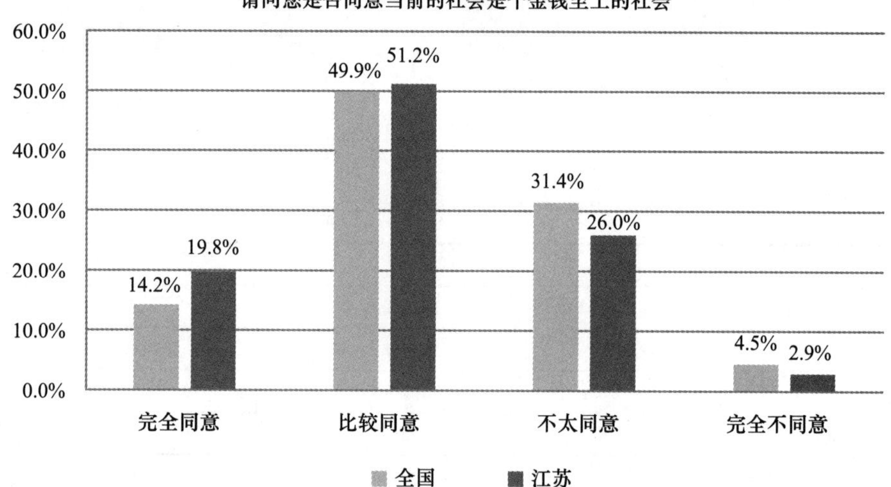

F7g 请问您是否同意现在社会守道德的人大都吃亏，不守道德的人占便宜

	全国	江苏
完全同意	8.3%	9.0%
比较同意	42.2%	43.4%
不太同意	44.2%	42.6%
完全不同意	5.3%	5.0%
总计	100.0%	100.0%

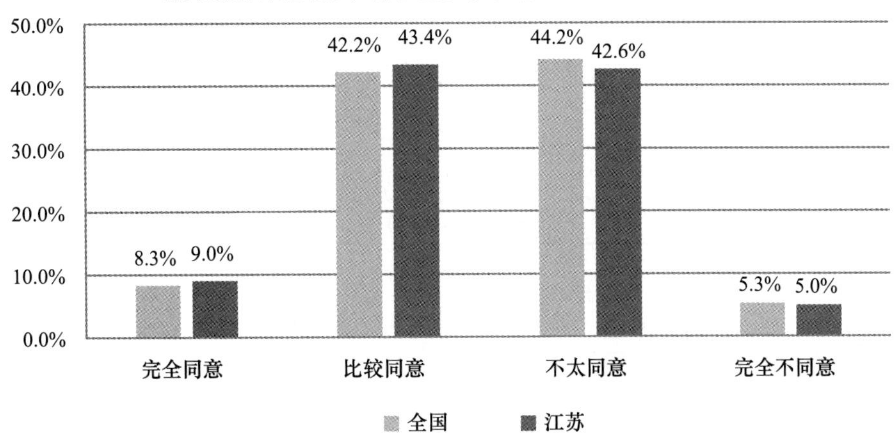

F7h 请问您是否同意现在社会中好人有好报，恶人终归会受到惩罚

	全国	江苏
完全同意	15.2%	17.6%
比较同意	50.7%	54.3%
不太同意	30.5%	24.5%
完全不同意	3.6%	3.5%
总计	100.0%	100.0%

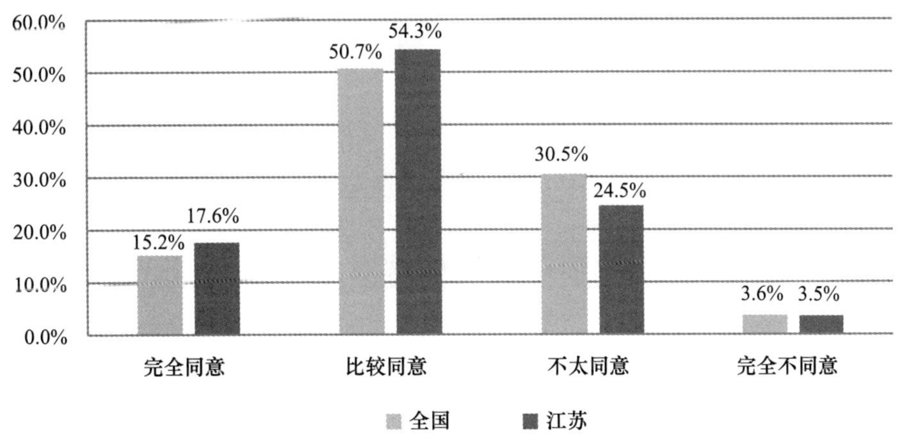

F7i 请问您是否同意人们的生活水平越高，就越幸福

	全国	江苏
完全同意	17.4%	18.9%
比较同意	44.6%	51.1%
不太同意	33.9%	27.3%
完全不同意	4.0%	2.8%
总计	100.0%	100.0%

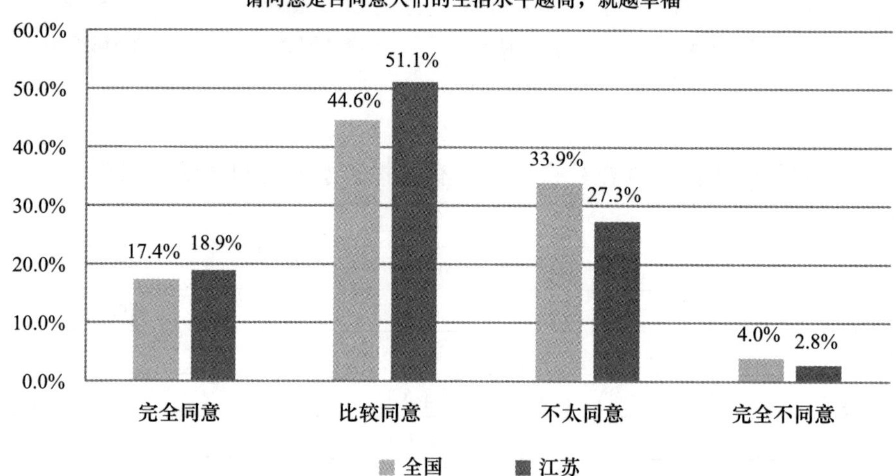

F7j 请问您是否同意我们的社会中道德能够很好地约束人们的行为

	全国	江苏
完全同意	6.5%	11.2%
比较同意	48.8%	53.9%
不太同意	39.8%	32.1%
完全不同意	4.9%	2.9%
总计	100.0%	100.0%

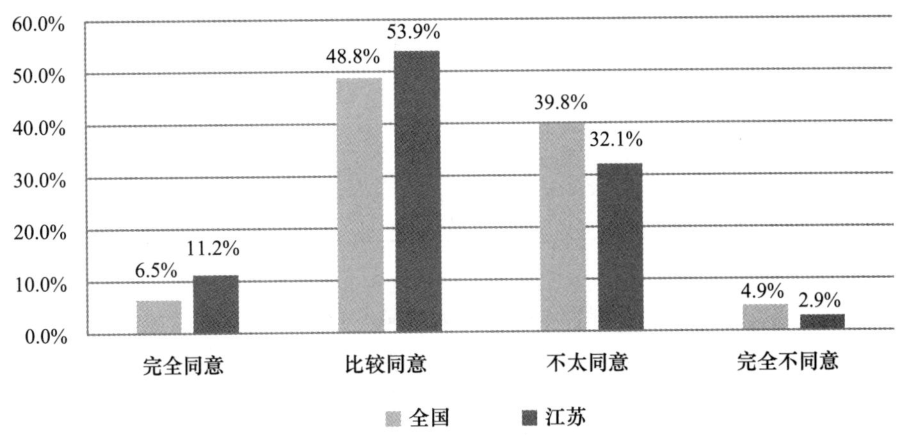

F7k 请问您是否同意现有的规范和习俗能够很好地调节人与人的关系

	全国	江苏
完全同意	6.2%	9.0%
比较同意	51.2%	55.8%
不太同意	37.5%	31.7%
完全不同意	5.1%	3.4%
总计	100.0%	100.0%

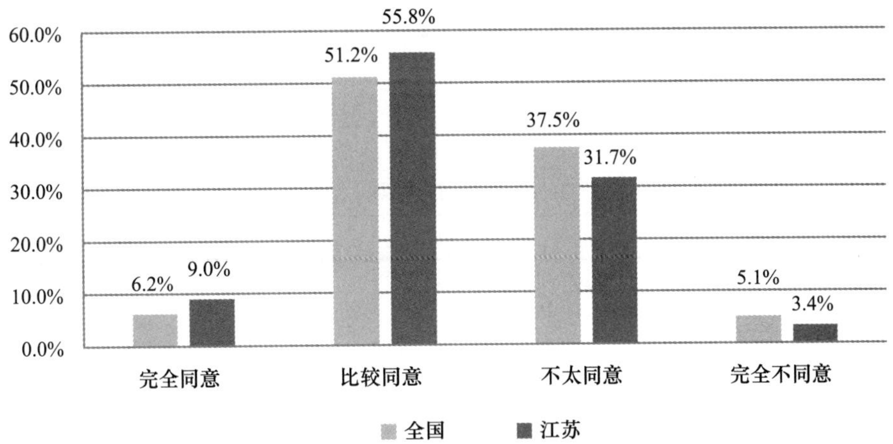

F71 请问您是否同意现在社会大多数人都有荣辱感

	全国	江苏
完全同意	8.0%	6.6%
比较同意	54.3%	56.4%
不太同意	32.7%	32.8%
完全不同意	5.0%	4.2%
总计	100.0%	100.0%

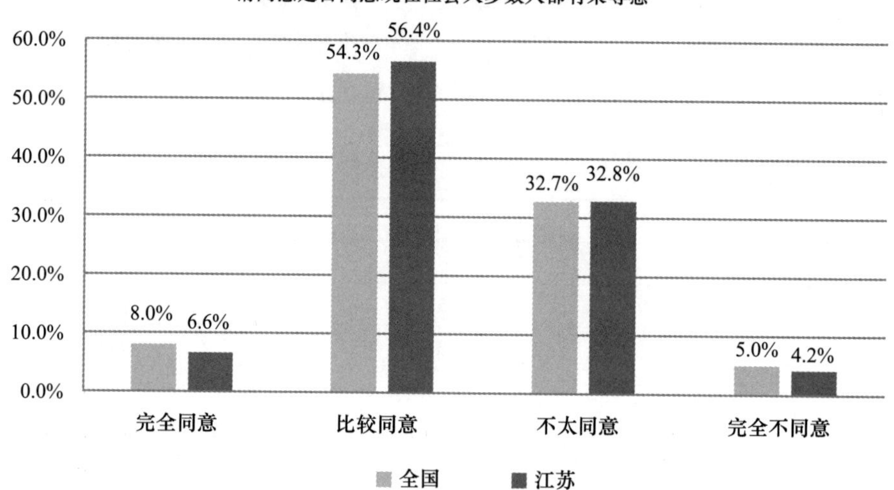

F8 您听说过或参加过道德讲堂吗

	全国	江苏
参加过	9.7%	7.3%
听说过，但没参加过	34.9%	43.7%
没听说过	55.4%	49.0%
总计	100.0%	100.0%

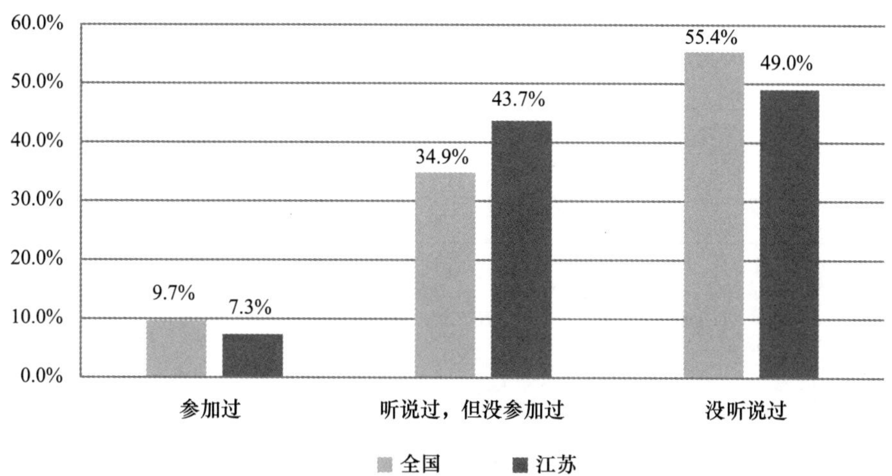

F9 如果您参加过道德讲堂，您觉得开展这样的活动有意义吗

	全国	江苏
很有意义	77.6%	94.3%
可有可无	17.1%	5.1%
没有必要	5.4%	0.6%
总计	100.0%	100.0%

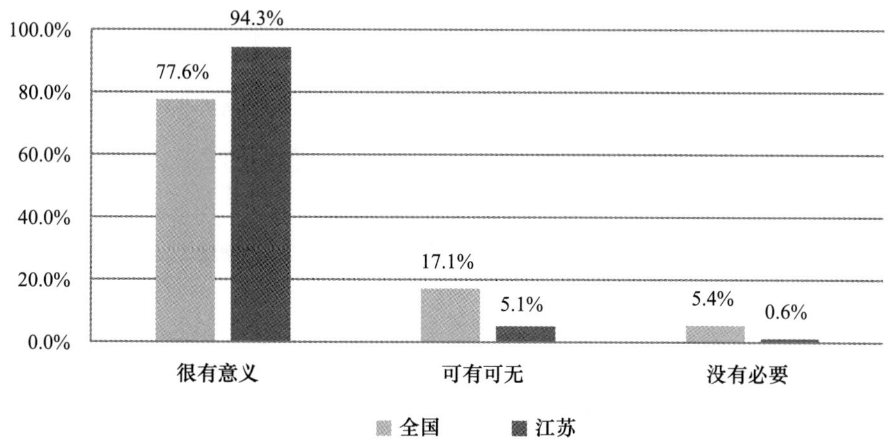

F10 您对您生活的地方（您所在的社区）社会公德状况满意吗

	全国	江苏
非常满意	4.9%	6.7%
比较满意	63.2%	74.1%
不太满意	27.2%	17.7%
非常不满意	4.6%	1.6%
总计	100.0%	100.0%

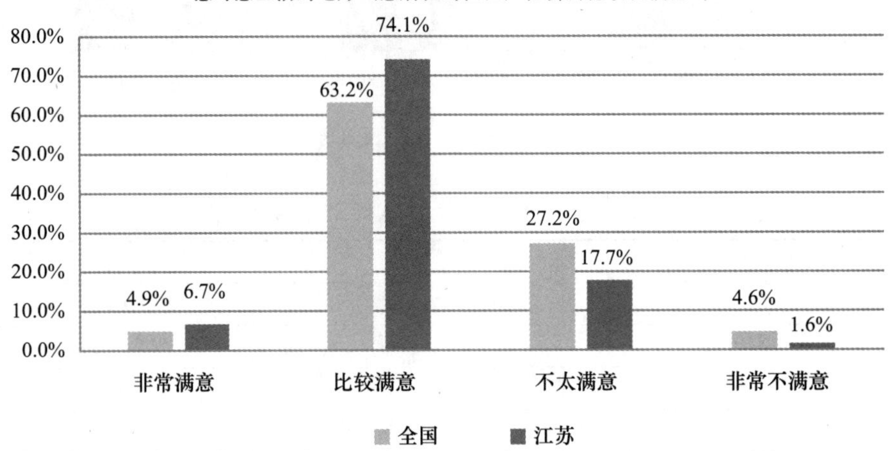

F11a 当前社会坑蒙拐骗现象的严重程度如何

	全国	江苏
非常不严重	7.8%	6.8%
比较不严重	44.1%	40.6%
比较严重	40.3%	39.8%
非常严重	7.8%	12.8%
总计	100.0%	100.0%

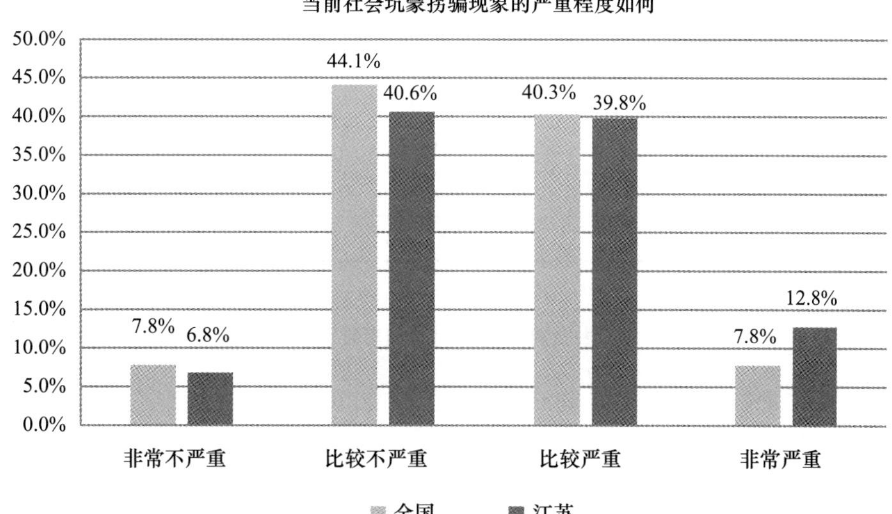

F11b 当前社会人际关系冷漠，见危不救的严重程度如何

	全国	江苏
非常不严重	9.3%	4.7%
比较不严重	44.2%	43.8%
比较严重	41.0%	42.6%
非常严重	5.6%	8.9%
总计	100.0%	100.0%

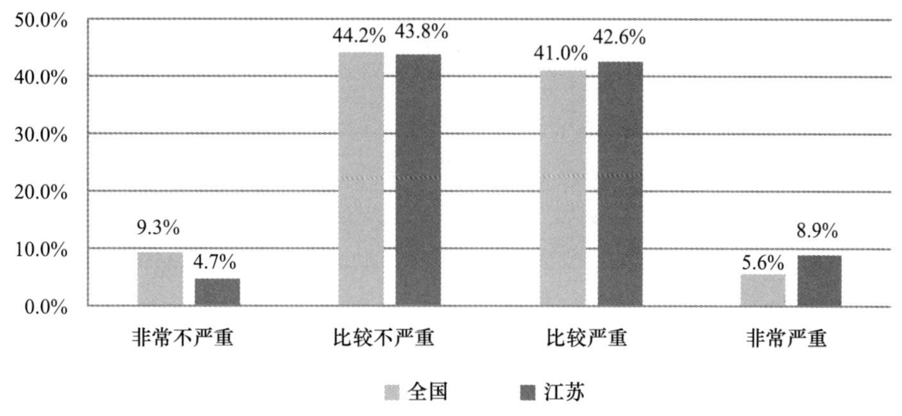

F11c 当前社会诚信缺乏，不讲信用的严重程度如何

	全国	江苏
非常不严重	9.2%	4.8%
比较不严重	42.2%	42.3%
比较严重	41.7%	43.0%
非常严重	6.9%	9.9%
总计	100.0%	100.0%

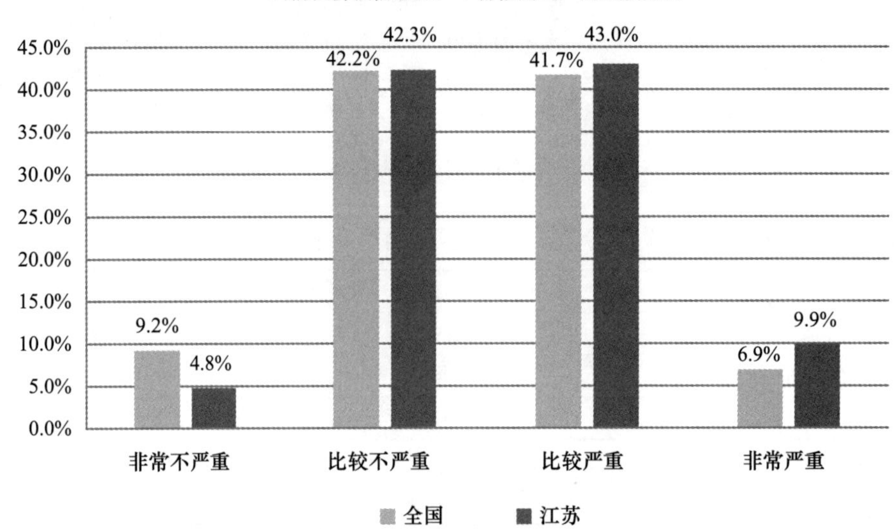

F11d 当前社会人与人之间缺乏信任，社会安全度低的严重程度如何

	全国	江苏
非常不严重	8.3%	4.5%
比较不严重	38.4%	34.7%
比较严重	44.6%	48.0%
非常严重	8.7%	12.8%
总计	100.0%	100.0%

当前社会人与人之间缺乏信任，社会安全度低的严重程度如何

60.0%
50.0%
40.0%
30.0%
20.0%
10.0%
0.0%
8.3%
4.5%
38.4%
34.7%
44.6%
48.0%
8.7%
12.8%
非常不严重
比较不严重
比较严重
非常严重
全国
江苏

F11e 当前社会缺乏公德，如公共场所大声喧哗、随地吐痰等的严重程度如何

	全国	江苏
非常不严重	10.2%	4.9%
比较不严重	44.1%	51.8%
比较严重	36.8%	35.6%
非常严重	9.0%	7.7%
总计	100.0%	100.0%

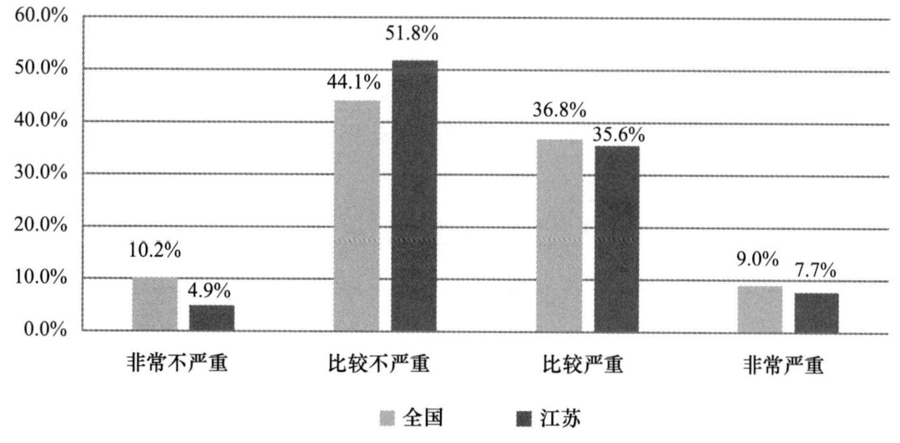

F11f 当前社会自私自利，损人利己的严重程度如何

	全国	江苏
非常不严重	9.8%	5.4%
比较不严重	41.2%	45.2%
比较严重	42.5%	41.3%
非常严重	6.5%	8.1%
总计	100.0%	100.0%

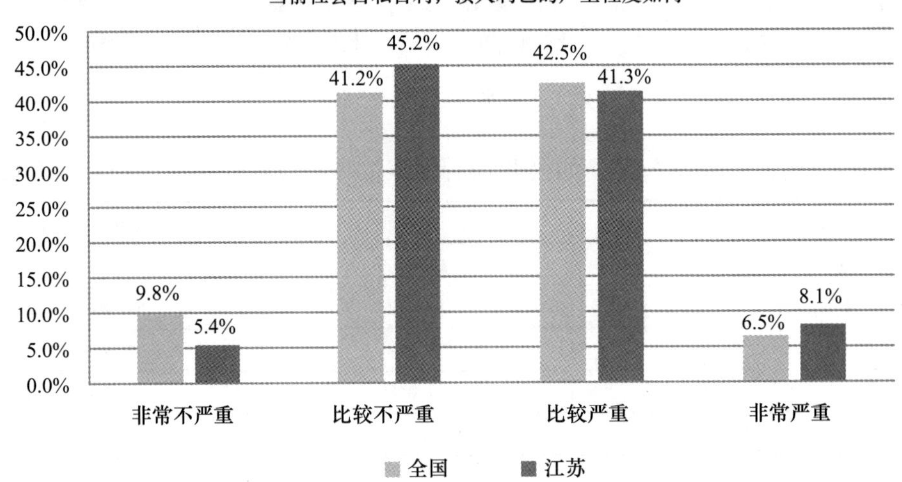

F11g 当前社会缺乏公正心和正义感的严重程度如何

	全国	江苏
非常不严重	9.8%	5.2%
比较不严重	43.1%	43.7%
比较严重	40.9%	41.0%
非常严重	6.2%	10.1%
总计	100.0%	100.0%

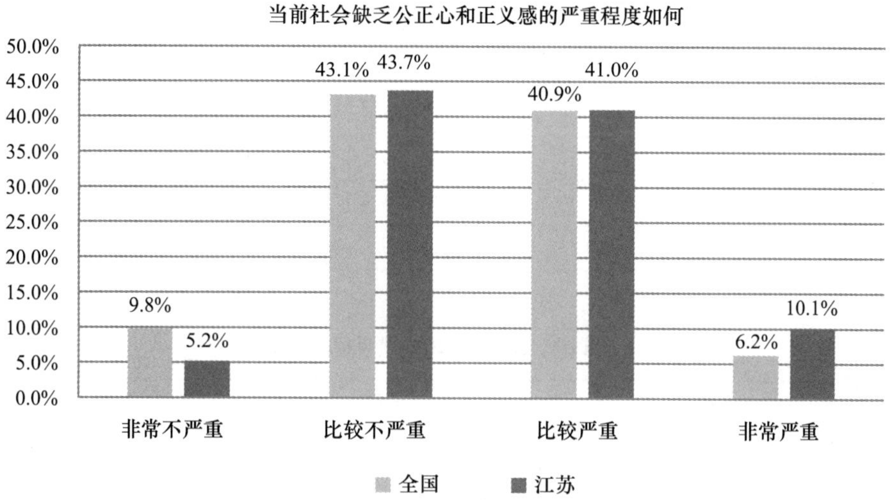

当前社会缺乏公正心和正义感的严重程度如何

F11h 当前社会私欲膨胀，物欲横流的严重程度如何

	全国	江苏
非常不严重	9.5%	4.2%
比较不严重	42.8%	38.9%
比较严重	40.5%	44.2%
非常严重	7.1%	12.7%
总计	100.0%	100.0%

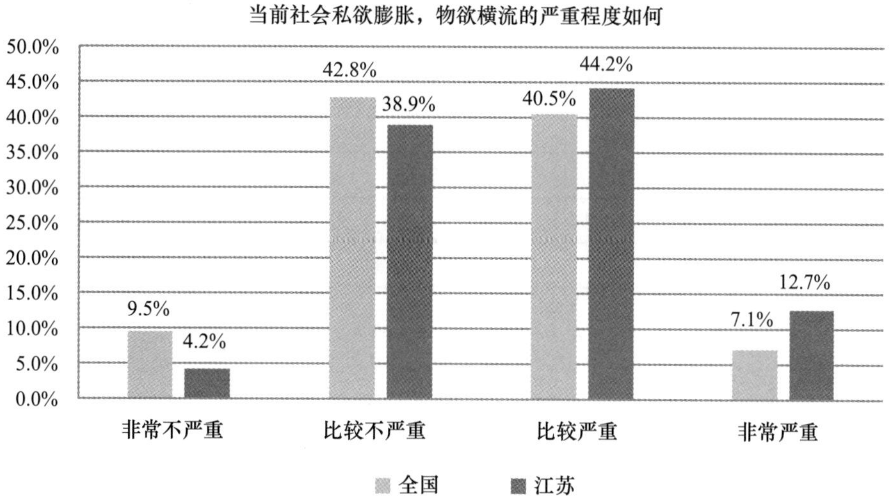

当前社会私欲膨胀，物欲横流的严重程度如何

F11i 当前社会缺乏羞耻感的严重程度如何

	全国	江苏
非常不严重	11.2%	5.6%
比较不严重	49.2%	50.1%
比较严重	33.3%	36.3%
非常严重	6.2%	8.0%
总计	100.0%	100.0%

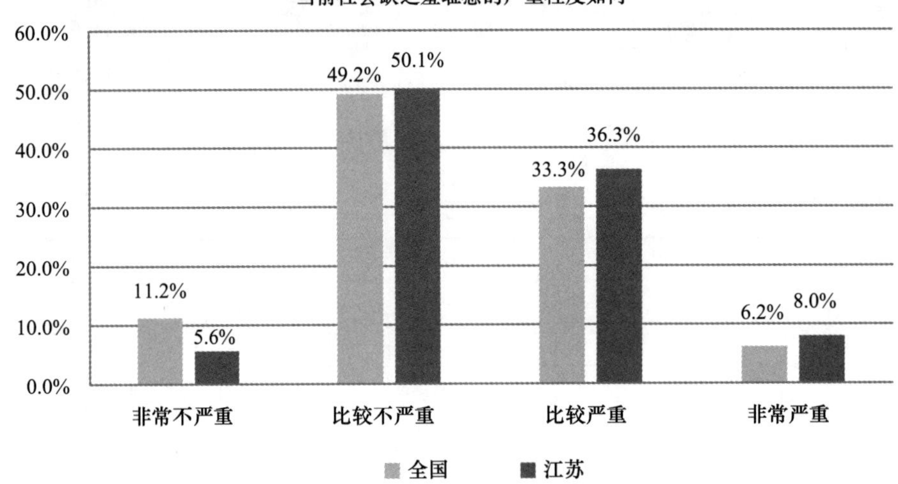

F11j 当前社会干部贪污受贿，以权谋利的严重程度如何

	全国	江苏
非常不严重	7.7%	2.7%
比较不严重	36.4%	32.8%
比较严重	38.1%	46.1%
非常严重	17.8%	18.4%
总计	100.0%	100.0%

当前社会干部贪污受贿，以权谋利的严重程度如何

50.0%
45.0%
40.0%
35.0%
30.0%
25.0%
20.0%
15.0%
10.0%
5.0%
0.0%

7.7%
2.7%
36.4%
32.8%
38.1%
46.1%
17.8%
18.4%

非常不严重　比较不严重　比较严重　非常严重

全国　江苏

F11k 当前社会生活奢侈，铺张浪费的严重程度如何

	全国	江苏
非常不严重	7.3%	3.8%
比较不严重	38.3%	41.6%
比较严重	39.9%	40.5%
非常严重	14.4%	14.1%
总计	100.0%	100.0%

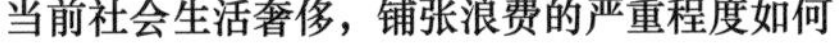

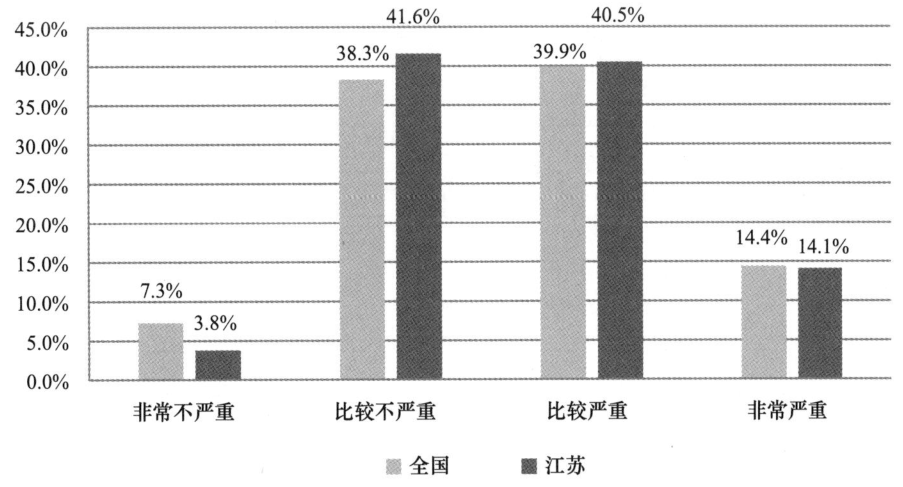

F111 当前社会干部不作为，扯皮推诿的严重程度如何

	全国	江苏
非常不严重	6.9%	3.0%
比较不严重	35.5%	30.6%
比较严重	39.1%	46.5%
非常严重	18.5%	19.9%
总计	100.0%	100.0%

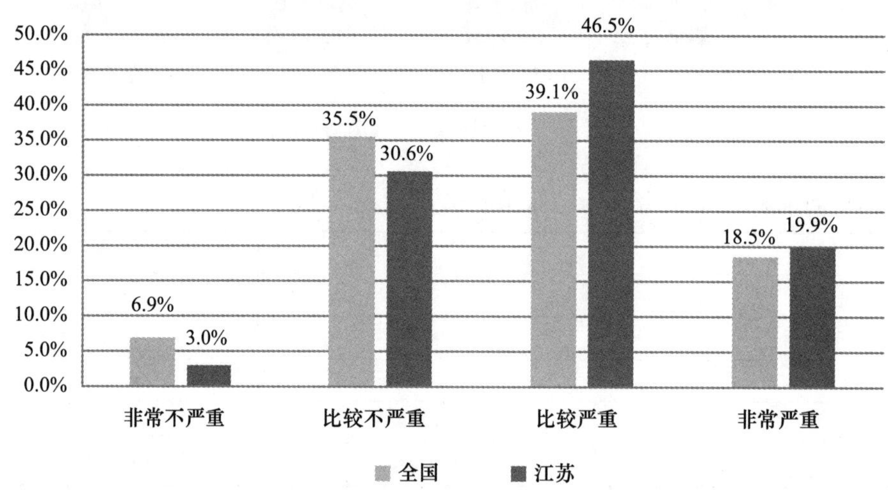

F12 您怎么看待做生意发了财的人

	全国	江苏
他们自己有本事，应该发财	57.7%	76.9%
尊重他们，他们为社会做了贡献	44.7%	52.8%
没什么了不起，他们常用不正当手段发财	12.7%	6.0%
是土豪，没文化，没教养	7.7%	7.3%
是他们运气好	17.3%	18.5%
有钱没钱，这都是命	16.4%	16.9%
天道不公，希望他们明天就破产	1.0%	1.0%
其他	0.5%	0.3%

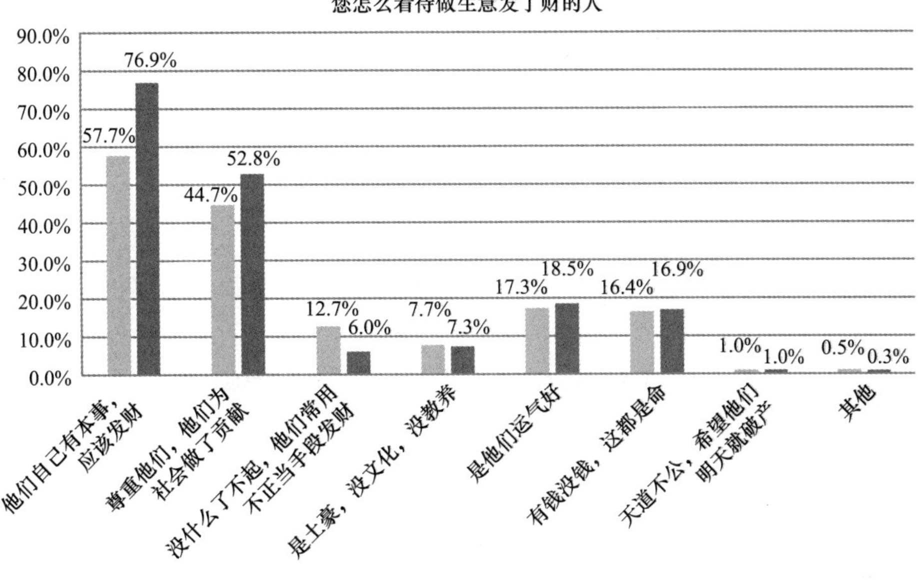

F13a 企业损害社会利益，如污染环境、以虚假广告误导公众等的严重程度如何

	全国	江苏
非常不严重	4.7%	2.6%
比较不严重	38.5%	38.0%
比较严重	47.5%	44.0%
非常严重	9.3%	15.3%
总计	100.0%	100.0%

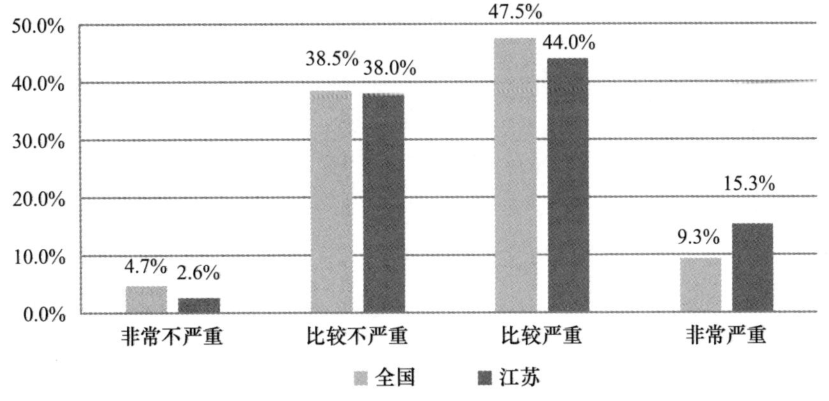

F13b 娱乐界以丑闻、绯闻炒作，污染社会风气的严重程度如何

	全国	江苏
非常不严重	5.8%	1.5%
比较不严重	27.7%	22.4%
比较严重	53.0%	57.5%
非常严重	13.5%	18.6%
总计	100.0%	100.0%

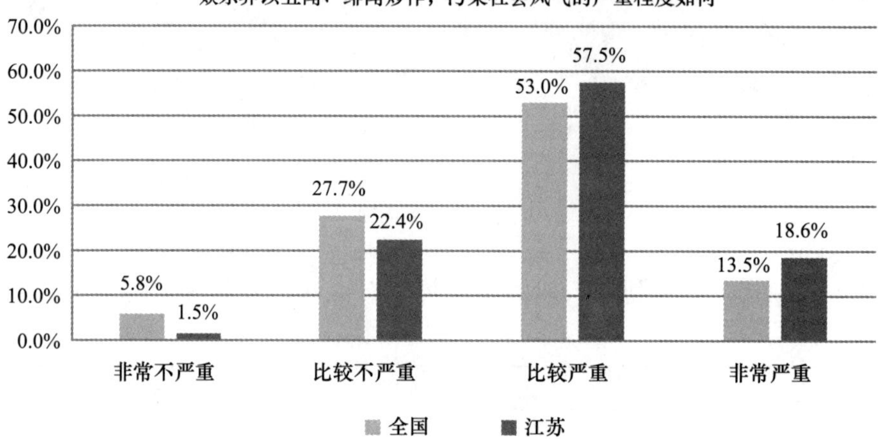

F13c 媒体缺乏社会责任，炒作新闻的严重程度如何

	全国	江苏
非常不严重	6.6%	1.6%
比较不严重	31.0%	24.0%
比较严重	50.1%	52.0%
非常严重	12.3%	22.4%
总计	100.0%	100.0%

媒体缺乏社会责任，炒作新闻的严重程度如何

60.0%
50.0%
40.0%
30.0%
20.0%
10.0%
0.0%
6.6%
1.6%
31.0%
24.0%
50.1%
52.0%
12.3%
22.4%
非常不严重
比较不严重
比较严重
非常严重
全国
江苏

F13d 社会财富分配不公，贫富悬殊过大的严重程度如何

	全国	江苏
非常不严重	5.9%	1.2%
比较不严重	26.6%	19.1%
比较严重	48.5%	46.4%
非常严重	19.0%	33.4%
总计	100.0%	100.0%

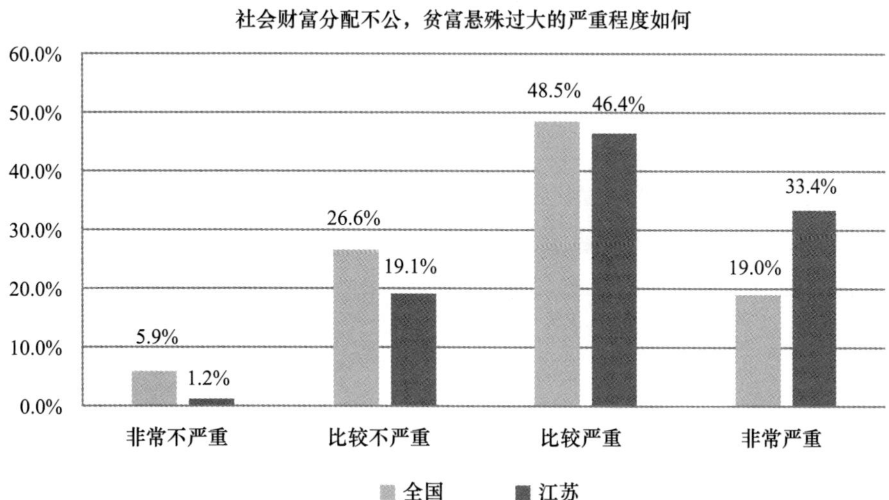

F13e 教师不尽职的严重程度如何

	全国	江苏
非常不严重	15.3%	8.4%
比较不严重	56.6%	55.7%
比较严重	24.1%	27.2%
非常严重	4.1%	8.7%
总计	100.0%	100.0%

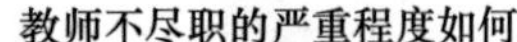

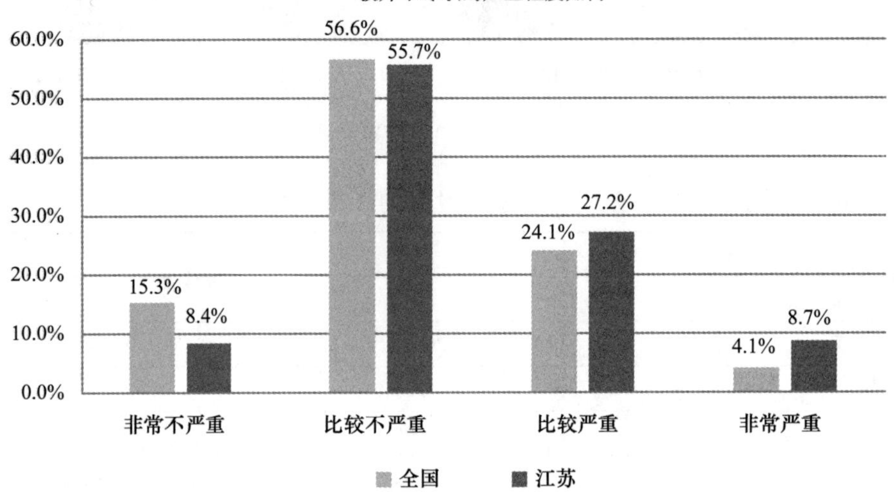

F13f 医生不守职业道德的严重程度如何

	全国	江苏
非常不严重	13.8%	7.8%
比较不严重	51.5%	51.2%
比较严重	29.6%	31.5%
非常严重	5.1%	9.5%
总计	100.0%	100.0%

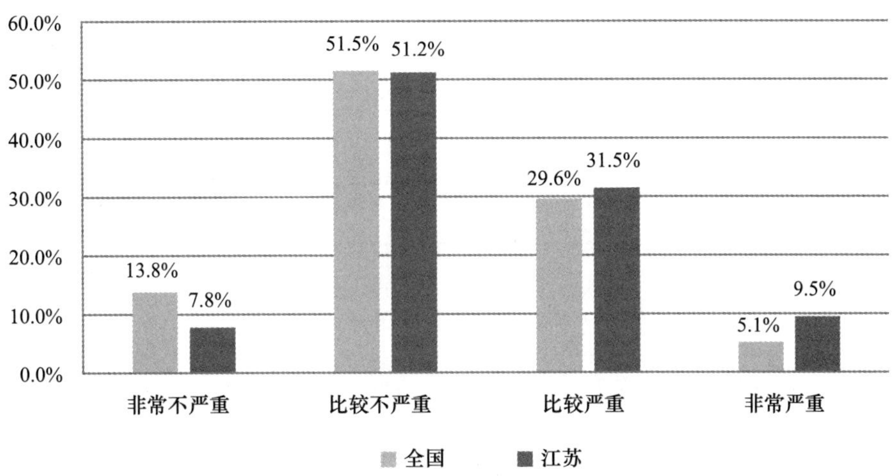

F13g 公众人物用知名度攫取财富的严重程度如何

	全国	江苏
非常不严重	8.6%	3.0%
比较不严重	34.9%	34.7%
比较严重	44.8%	42.8%
非常严重	11.8%	19.4%
总计	100.0%	100.0%

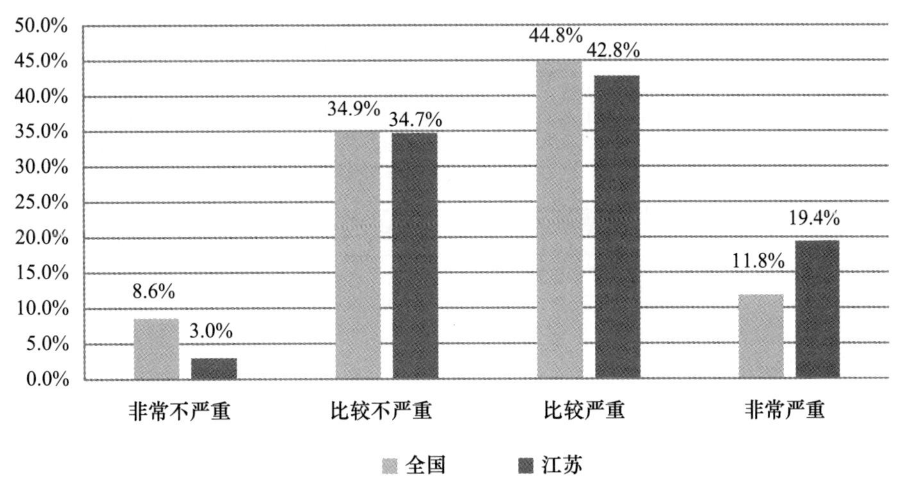

F13h 两性关系过度开放导致婚姻不稳定的严重程度如何

	全国	江苏
非常不严重	8.5%	2.5%
比较不严重	43.6%	39.1%
比较严重	37.3%	43.3%
非常严重	10.6%	15.1%
总计	100.0%	100.0%

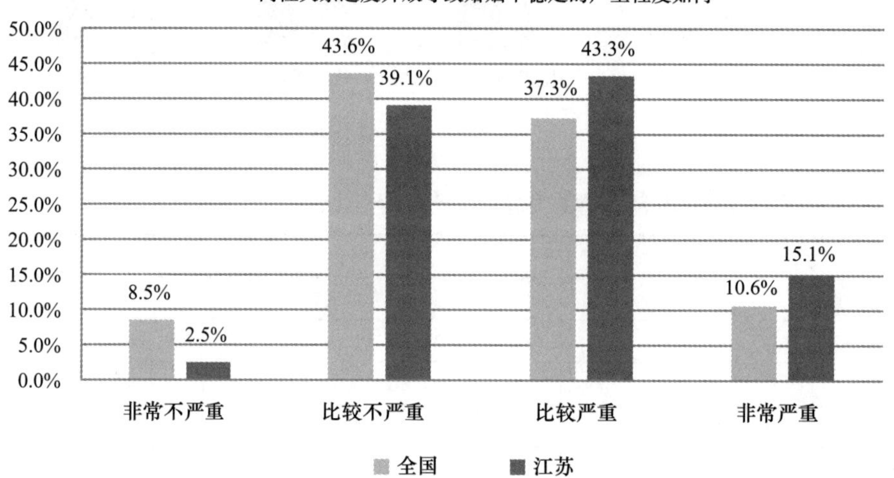

F13i 年轻人缺乏责任感，不孝敬父母的严重程度如何

	全国	江苏
非常不严重	13.1%	6.0%
比较不严重	53.4%	52.4%
比较严重	28.0%	31.6%
非常严重	5.5%	9.9%
总计	100.0%	100.0%

年轻人缺乏责任感，不孝敬父母的严重程度如何

60.0%
50.0%
40.0%
30.0%
20.0%
10.0%
0.0%

非常不严重：全国 13.1%，江苏 6.0%
比较不严重：全国 53.4%，江苏 52.4%
比较严重：全国 28.0%，江苏 31.6%
非常严重：全国 5.5%，江苏 9.9%

■ 全国　■ 江苏

F14 您是否知道您生活的社区（村）有社区公约、村规民约

	全国	江苏
知道有	36. 9%	50. 3%
知道没有	16. 7%	8. 9%
不知道有没有	46. 5%	40. 8%
总计	100. 0%	100. 0%

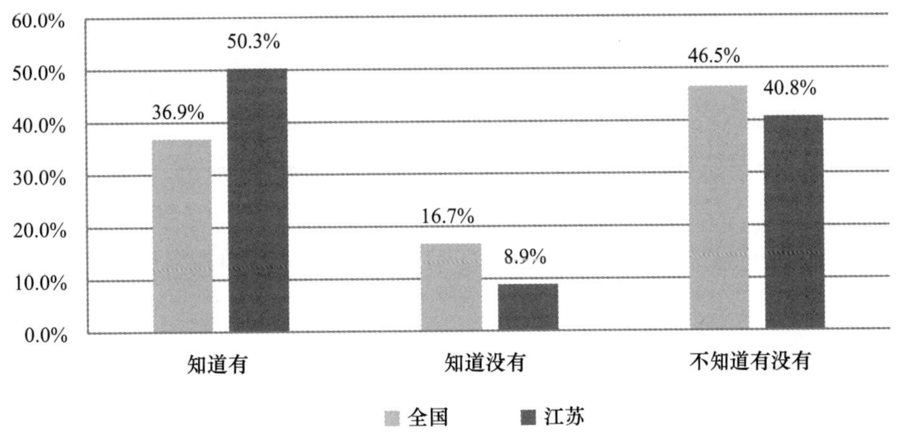

F15a 您周围的人在日常生活中遵守步行、骑车不闯红灯的情况如何

	全国	江苏
不遵守	7.6%	7.7%
基本遵守	67.5%	67.9%
自觉遵守	24.8%	24.4%
总计	100.0%	100.0%

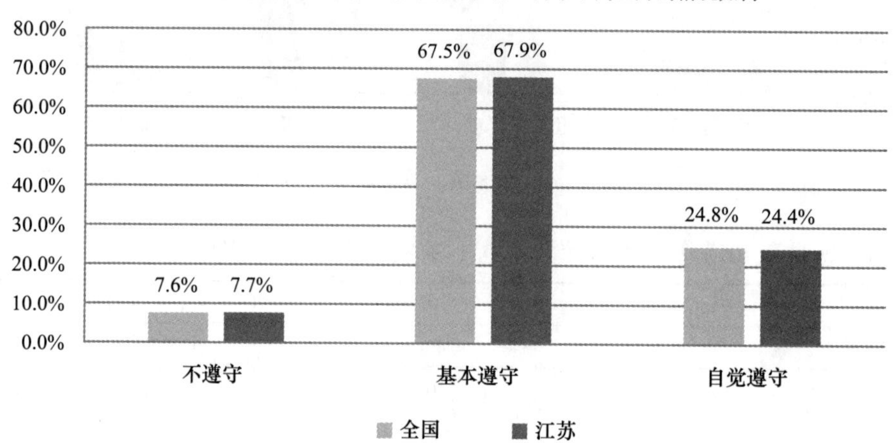

F15b 您周围的人在日常生活中遵守乘车、购物自觉排队的情况如何

	全国	江苏
不遵守	4.9%	3.7%
基本遵守	68.6%	71.7%
自觉遵守	26.5%	24.6%
总计	100.0%	100.0%

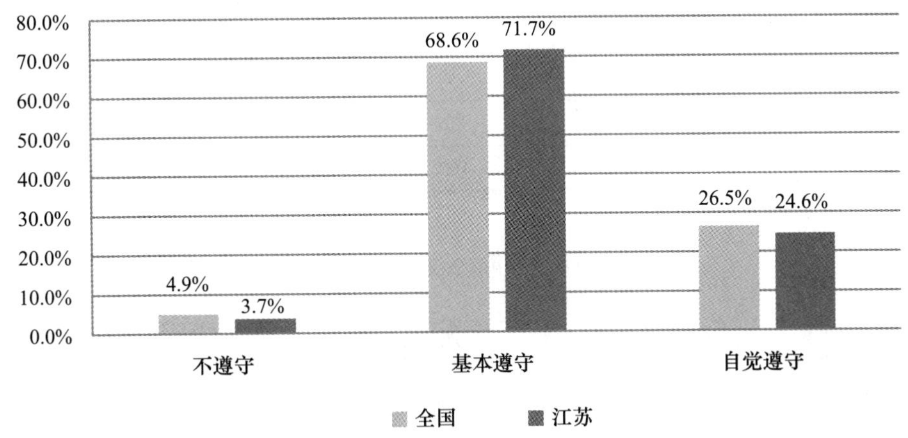

F15c 您周围的人在日常生活中遵守文明游览的情况如何

	全国	江苏
不遵守	6.5%	3.8%
基本遵守	67.2%	74.4%
自觉遵守	26.3%	21.8%
总计	100.0%	100.0%

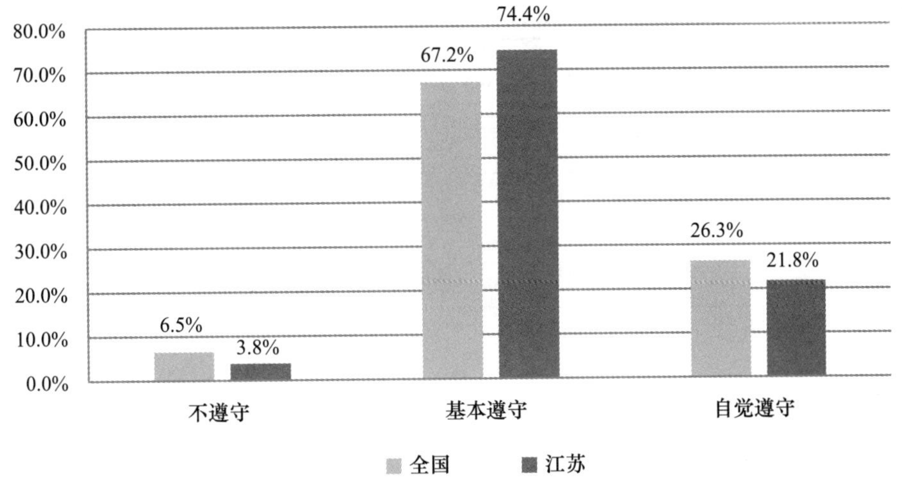

F15d 您周围的人在日常生活中遵守社区公约、村规民约的情况如何

	全国	江苏
不遵守	5.5%	3.5%
基本遵守	67.9%	75.9%
自觉遵守	26.7%	20.6%
总计	100.0%	100.0%

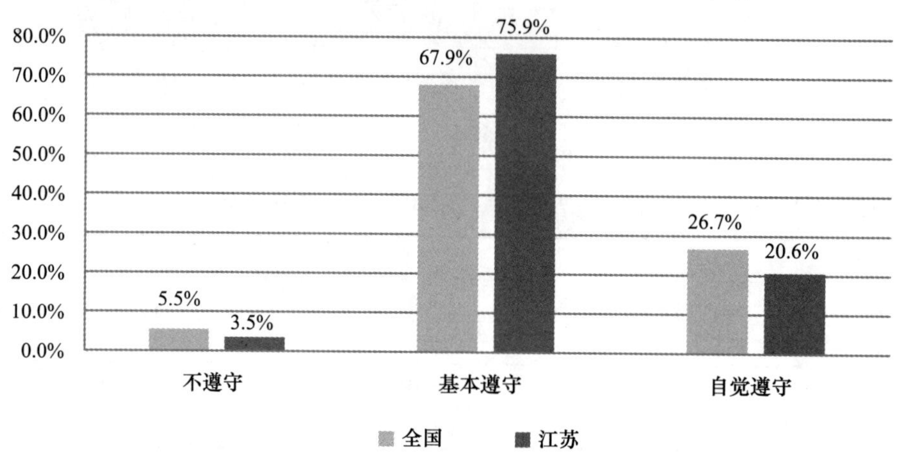

F16a 您对下列关于网络的说法是否赞同：网络是个虚拟空间，不受现实生活中的道德规范约束

	全国	江苏
非常不赞同	28.5%	34.3%
不太赞同	49.2%	50.9%
比较赞同	17.8%	12.0%
非常赞同	4.4%	2.8%
总计	100.0%	100.0%

网络是个虚拟空间，不受现实生活中的道德规范约束

60.0%
50.0%
40.0%
30.0%
20.0%
10.0%
0.0%
28.5% 34.3%
49.2% 50.9%
17.8% 12.0%
4.4% 2.8%
非常不赞同 不太赞同 比较赞同 非常赞同
全国 江苏

F16b 您对下列关于网络的说法是否赞同：人肉搜索侵犯个人隐私，应该杜绝

	全国	江苏
非常不赞同	3.7%	3.3%
不太赞同	23.6%	10.7%
比较赞同	51.9%	62.1%
非常赞同	20.8%	23.8%
总计	100.0%	100.0%

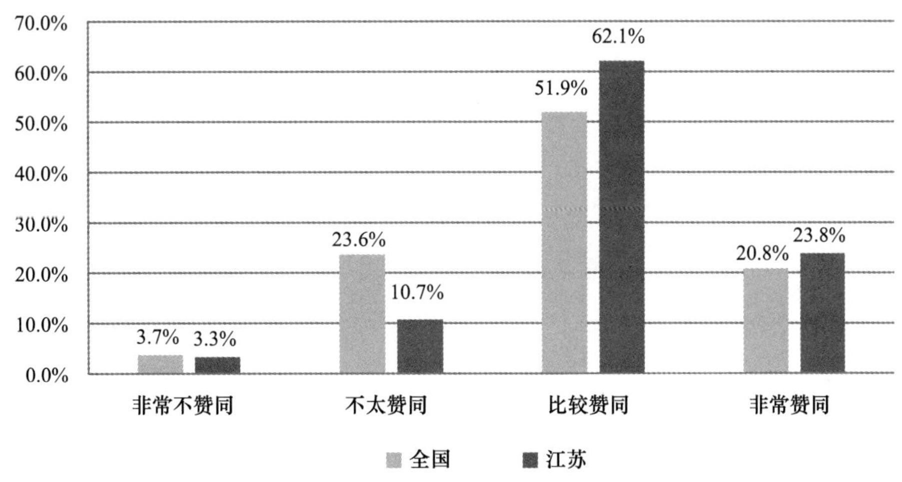

F16c 您对下列关于网络的说法是否赞同：明知网络谣言仍转发的，应该受到惩罚

	全国	江苏
非常不赞同	4.1%	2.3%
不太赞同	17.4%	7.7%
比较赞同	49.9%	61.0%
非常赞同	28.6%	29.1%
总计	100.0%	100.0%

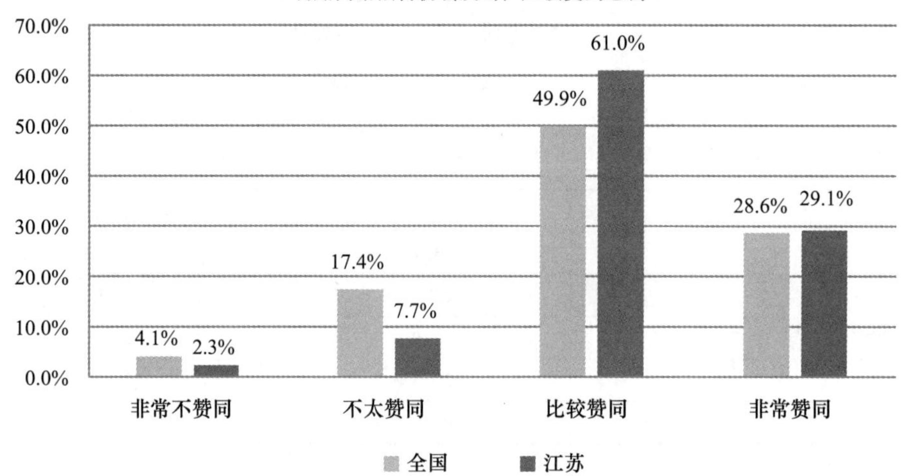

F17 被陌生人不小心踩到并发出哎哟一声后，您认为对方会做何种反应

	全国	江苏
用言语或手势表达歉意	75.9%	83.5%
不会有任何表示	18.7%	12.2%
反而说你大惊小怪	5.4%	4.3%
总计	100.0%	100.0%

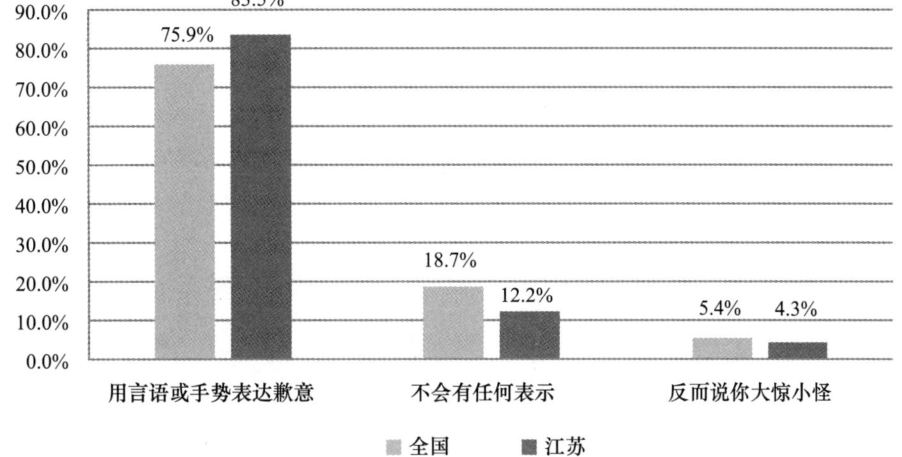

F18 您觉得您周围大多数人工作生活的精神状态怎么样

	全国	江苏
精神饱满、积极向上	42.0%	47.1%
安于现状、按部就班	54.4%	50.9%
精神萎靡、无所事事	3.5%	2.0%
总计	100.0%	100.0%

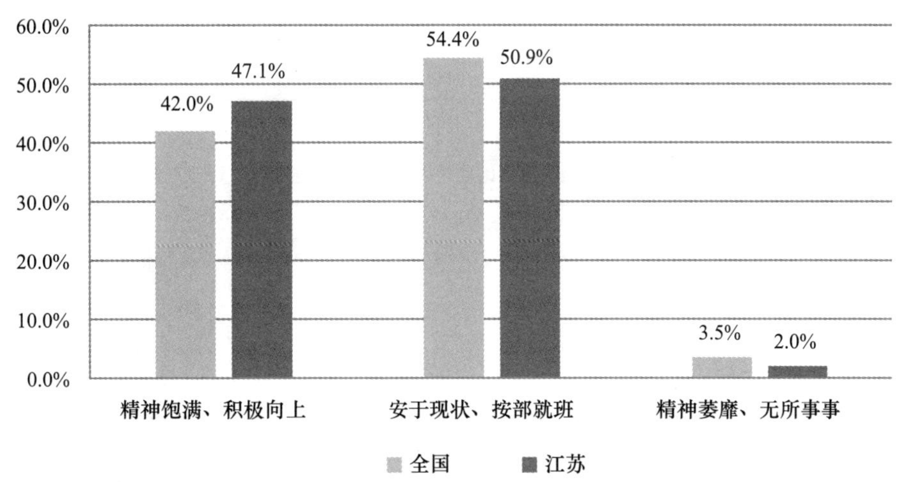

F19a 占卜算命在您身边常见吗

	全国	江苏
经常见到	11.7%	9.0%
偶尔见到	49.2%	50.2%
没见到	39.1%	40.7%
总计	100.0%	100.0%

占卜算命在您身边常见吗

60.0%
50.0%
40.0%
30.0%
20.0%
10.0%
0.0%
11.7% 9.0%
49.2% 50.2%
39.1% 40.7%
经常见到 偶尔见到 没见到
全国 江苏

F19b 操办喜事比富斗阔在您身边常见吗

	全国	江苏
经常见到	10.3%	13.5%
偶尔见到	43.7%	42.7%
没见到	46.0%	43.8%
总计	100.0%	100.0%

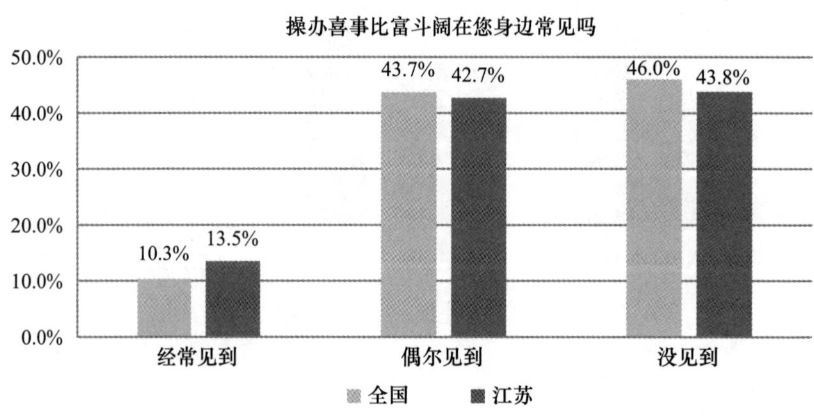

F19c 在父母生前不尽孝却对父母的丧事大操大办在您身边常见吗

	全国	江苏
经常见到	8.6%	9.4%
偶尔见到	40.6%	41.8%
没见到	50.8%	48.9%
总计	100.0%	100.0%

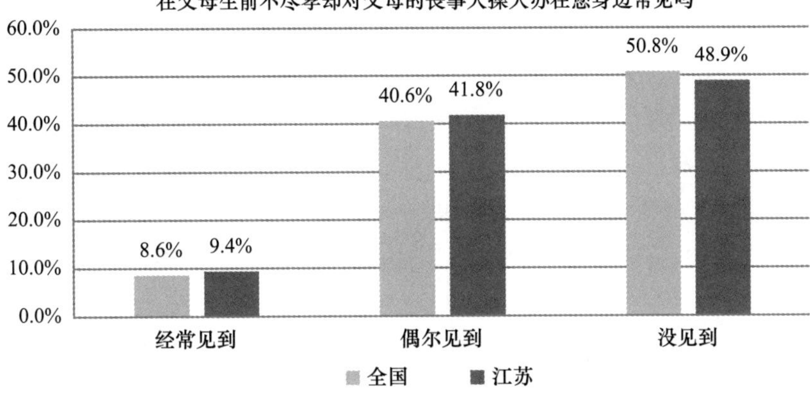

F19d 赌博或变相赌博在您身边常见吗

	全国	江苏
经常见到	12.8%	15.5%
偶尔见到	43.5%	48.0%
没见到	43.7%	36.5%
总计	100.0%	100.0%

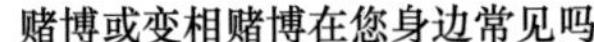

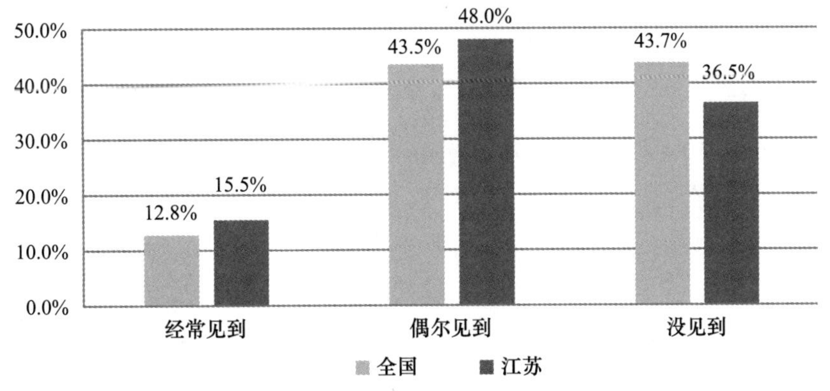

F19e 封建迷信活动在您身边常见吗

	全国	江苏
经常见到	5.1%	6.0%
偶尔见到	28.1%	32.7%
没见到	66.8%	61.3%
总计	100.0%	100.0%

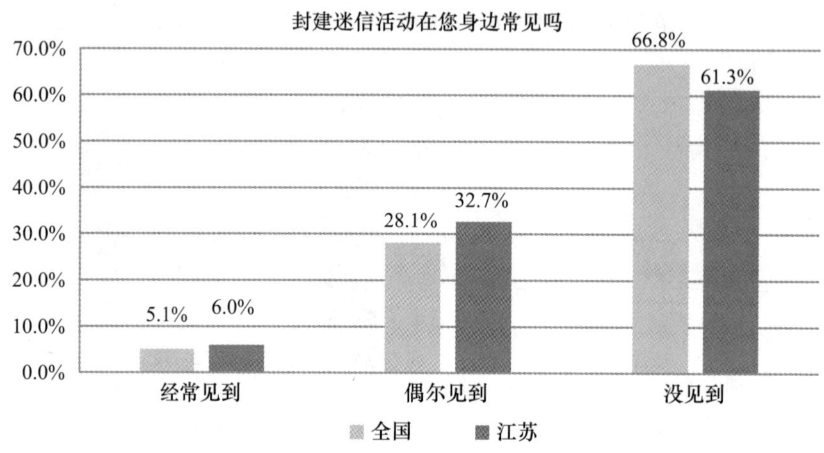

F19f 非法宗教活动在您身边常见吗

	全国	江苏
经常见到	2.1%	1.4%
偶尔见到	14.3%	11.3%
没见到	83.6%	87.3%
总计	100.0%	100.0%

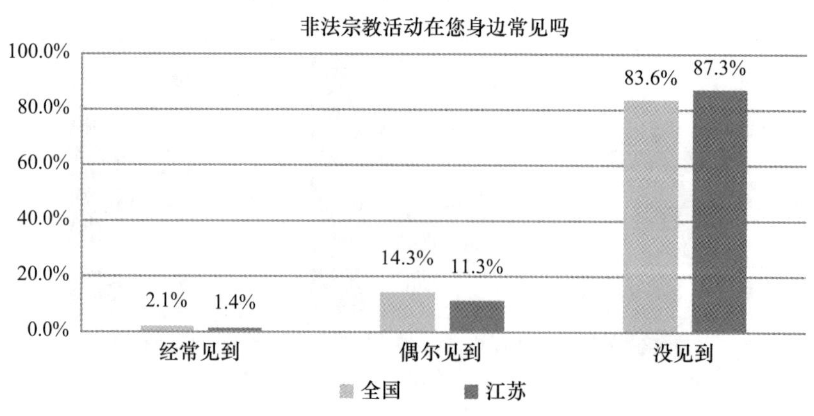

F20 您认为目前我国社会中道德和幸福的现实关系是

	全国	江苏
总体上道德和幸福能够一致，能惩恶扬善	67.9%	72.5%
有道德讲伦理的人大都吃亏，不守道德的人更能占便宜	23.8%	22.0%
道德与幸福没有关系，能挣钱有发展无论怎样行动都行	8.3%	5.5%
总计	100.0%	100.0%

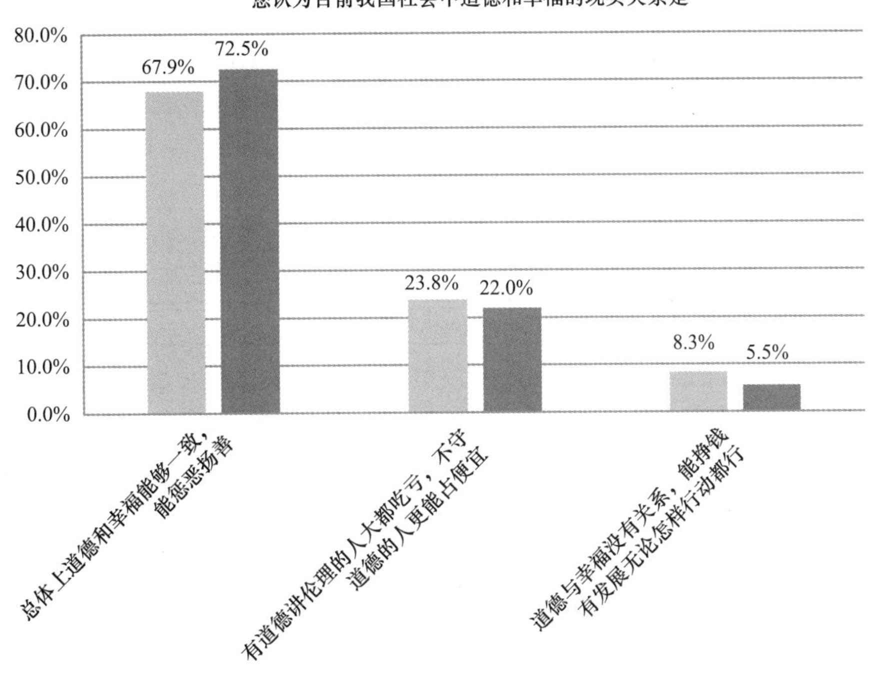

F21a 在您所在的单位，有没有一种亲切和踏实的感觉

	全国	江苏
有	19.5%	29.8%
还可以	68.0%	60.4%
没有	12.6%	9.8%
总计	100.0%	100.0%

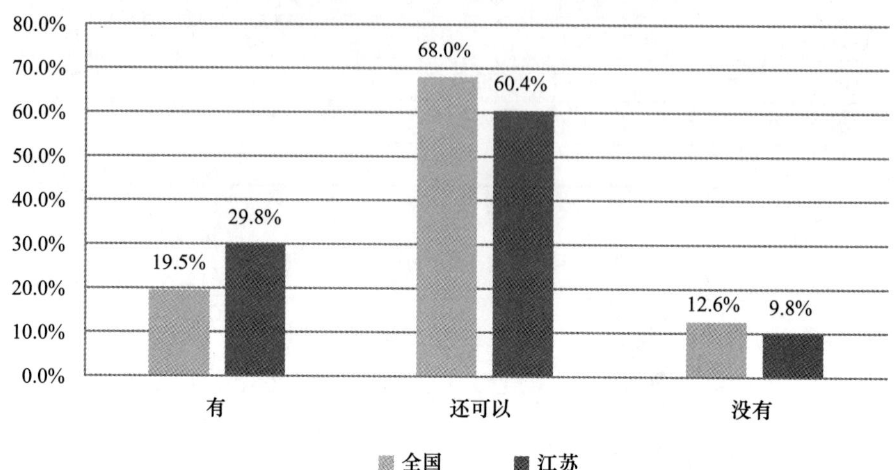

F21b 在您所在的社区/村，有没有一种亲切和踏实的感觉

	全国	江苏
有	25. 6%	30. 8%
还可以	68. 5%	62. 9%
没有	5. 9%	6. 2%
总计	100. 0%	100. 0%

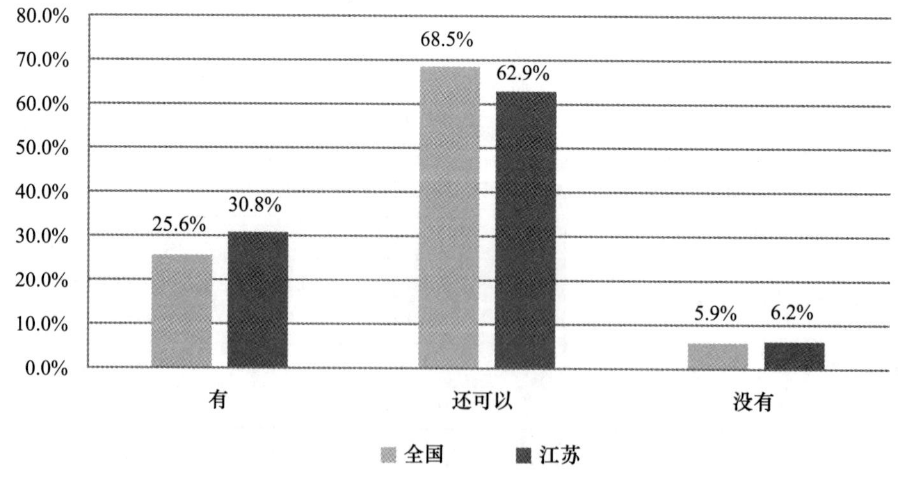

F21c 在您所在的城市，有没有一种亲切和踏实的感觉

	全国	江苏
有	26.1%	29.1%
还可以	65.0%	63.4%
没有	8.9%	7.5%
总计	100.0%	100.0%

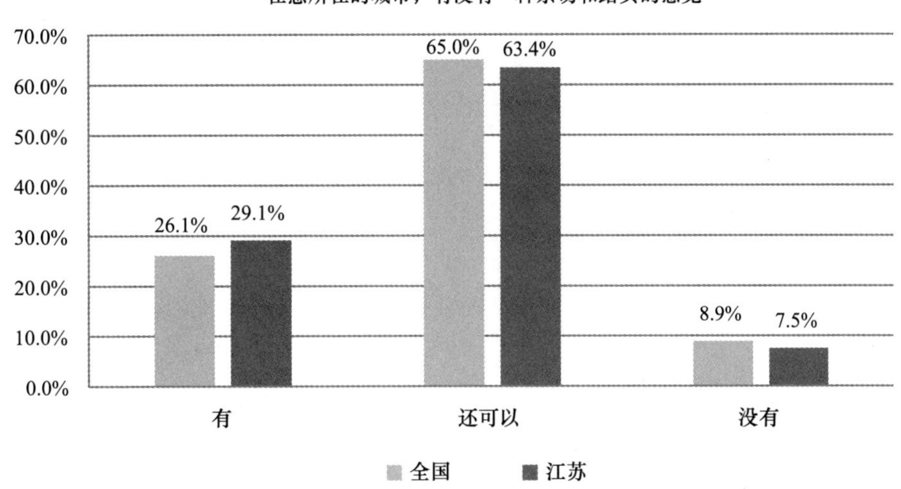

F22 您认为您目前的状况是

	全国	江苏
生活富裕，但不感到幸福和快乐	7.1%	2.1%
生活富裕，幸福也快乐	11.0%	10.0%
生活小康，幸福且快乐	47.0%	57.2%
生活小康，但不感到幸福和快乐	5.8%	6.6%
生活清贫，幸福且快乐	23.9%	20.6%
生活贫困，既不幸福也不快乐	5.2%	3.6%
总计	100.0%	100.0%

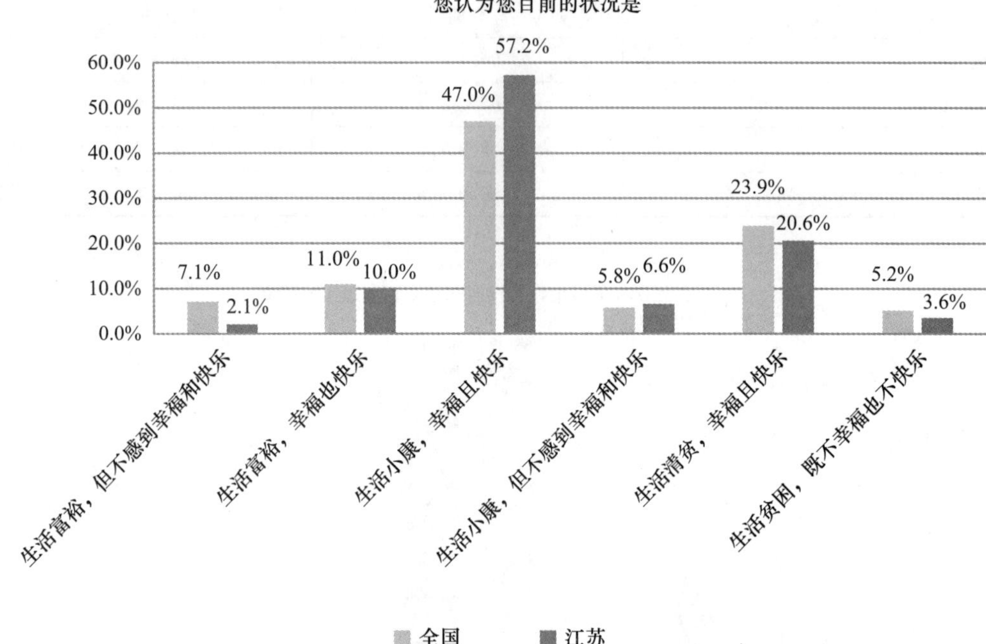

F23 最近这些年，您的生活水平对幸福感的影响是怎样的

	全国	江苏
生活水平提高了，但幸福感和快乐感降低了	11.6%	7.9%
生活水平提高了，幸福感和快乐感提高了	50.7%	62.1%
生活水平没变，幸福感和快乐感提高了	27.7%	22.5%
生活水平没变，幸福感和快乐感降低了	5.8%	5.0%
生活水平下降，但幸福感和快乐感提高了	1.9%	0.8%
生活水平下降，幸福感和快乐感也降低了	2.2%	1.7%
总计	100.0%	100.0%

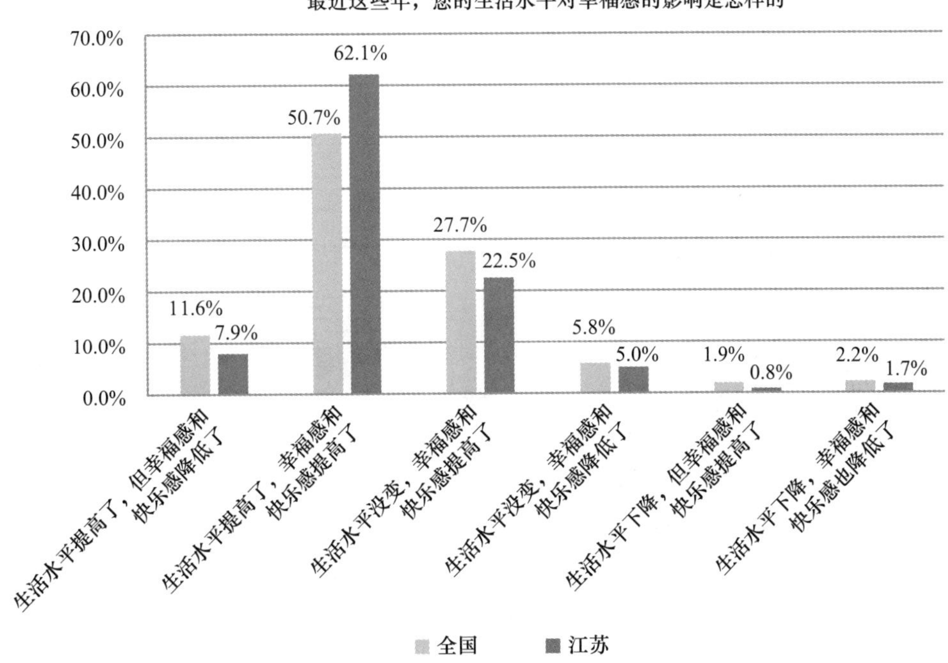

F24a 近十年来，您认为下列哪一类人获得的利益最多

	全国	江苏
工人	1.2%	0.5%
农民	2.8%	1.7%
公务员	10.1%	11.9%
国有企业的经营管理者	9.7%	10.3%
集体企业的经营管理者	3.9%	2.1%
私营企业家	10.8%	21.7%
外商、境外来大陆的投资者	9.7%	10.0%
个体户	5.3%	5.2%
私营、外资企业中的管理人员	10.4%	6.9%
专家学者、专业技术人员	4.7%	6.0%
政府官员	31.0%	23.4%
其他	0.4%	0.3%
总计	100.0%	100.0%

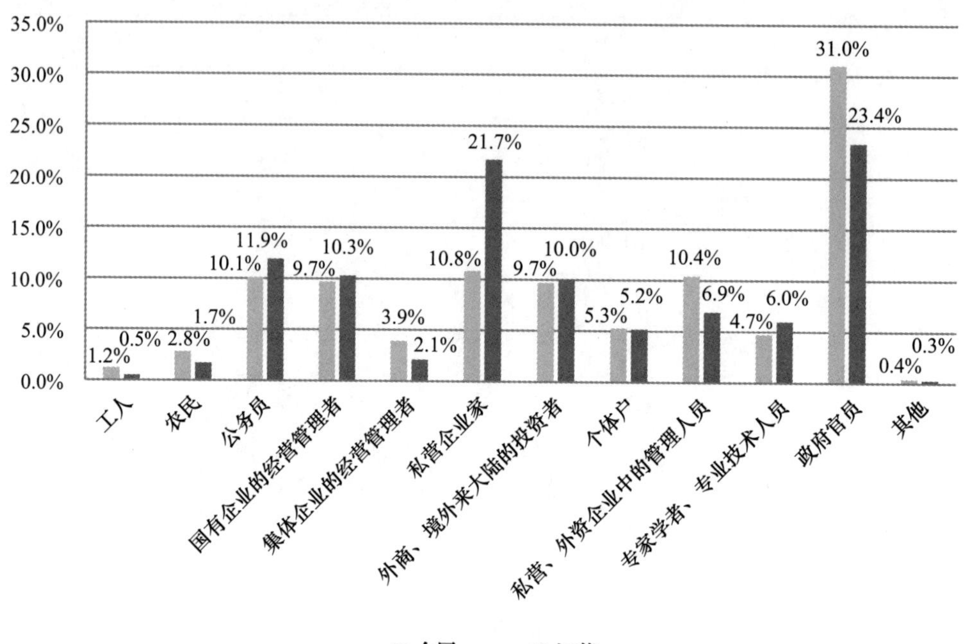

F24b 近十年来，您认为下列哪一类人获得的利益最少

	全国	江苏
工人	21.1%	24.3%
农民	69.3%	70.5%
公务员	1.3%	0.7%
国有企业的经营管理者	0.6%	0.4%
集体企业的经营管理者	0.7%	0.3%
私营企业家	0.8%	0.5%
外商、境外来大陆的投资者	0.4%	0.3%
个体户	3.0%	1.3%
私营、外资企业中的管理人员	0.8%	0.3%
专家学者、专业技术人员	0.9%	0.7%
政府官员	0.6%	0.6%
其他	0.5%	0.1%
总计	100.0%	100.0%

近十年来，您认为下列哪一类人获得的利益最少

80.0%
70.0%
60.0%
50.0%
40.0%
30.0%
20.0%
10.0%
0.0%
21.1%
24.3%
69.3%
70.5%
1.3%
0.7%
0.6%
0.4%
0.7%
0.3%
0.8%
0.5%
0.4%
0.3%
3.0%
1.3%
0.8%
0.3%
0.9%
0.7%
0.6%
0.6%
0.5%
0.1%
工人
农民
公务员
国有企业的经营管理者
集体企业的经营管理者
私营企业家
外商、境外来大陆的投资者
个体户
私营、外资企业中的管理人员
专家学者、专业技术人员
政府官员
其他
■ 全国　■ 江苏

F25 您认为弱势群体产生的最主要原因是

	全国	江苏
制度不合理，社会关怀不够	41.6%	39.8%
收入分配不公	40.9%	47.6%
机会不平等	34.6%	33.6%
弱势群体自己不努力	19.3%	20.4%
缺乏生存技能	27.0%	35.0%

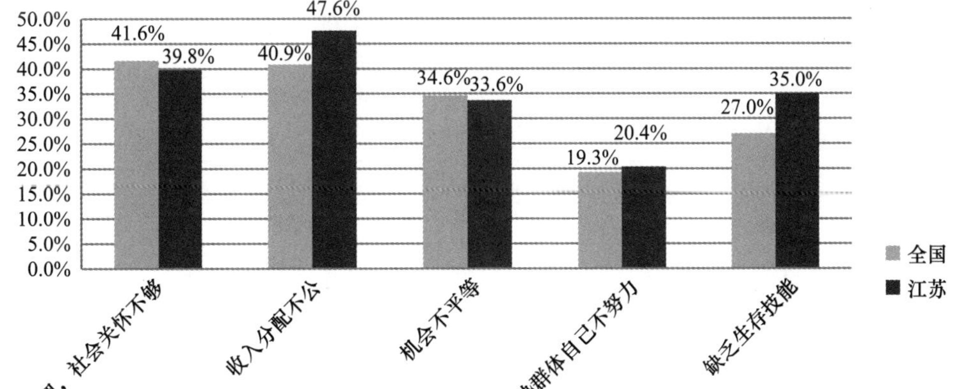

F26 您认为我们是否应该改造城市的垃圾筒，为一些老人或流浪者在垃圾筒中找东西时提供方便

	全国	江苏
应该，社会有义务为他们提供一种有尊严的生活	77.6%	84.7%
不应该，这些人本来就与城市不和谐	16.8%	9.9%
做这样的事不值得，应该将钱花到更重要的地方	5.3%	5.1%
其他	0.3%	0.3%
总计	100.0%	100.0%

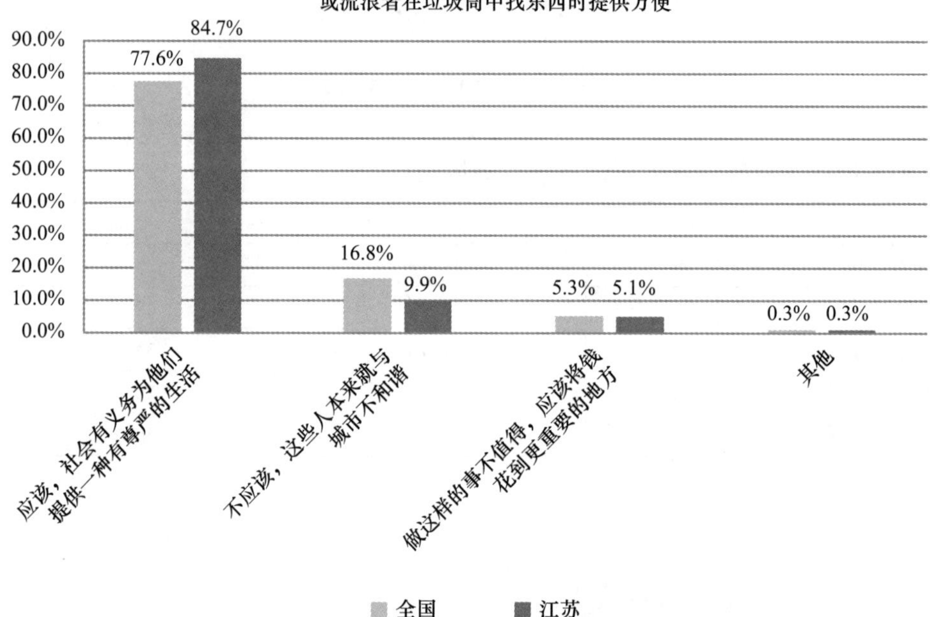

F27 对当今中国社会，您更担忧哪种问题

	全国	江苏
坑蒙拐骗，不守信用	27.1%	31.6%
人与人之间互不信任，相互提防，没有安全感	47.5%	46.2%
可信任的人很少，遇到问题难以找到人倾诉和帮助	24.3%	18.3%
其他	1.1%	3.9%
总计	100.0%	100.0%

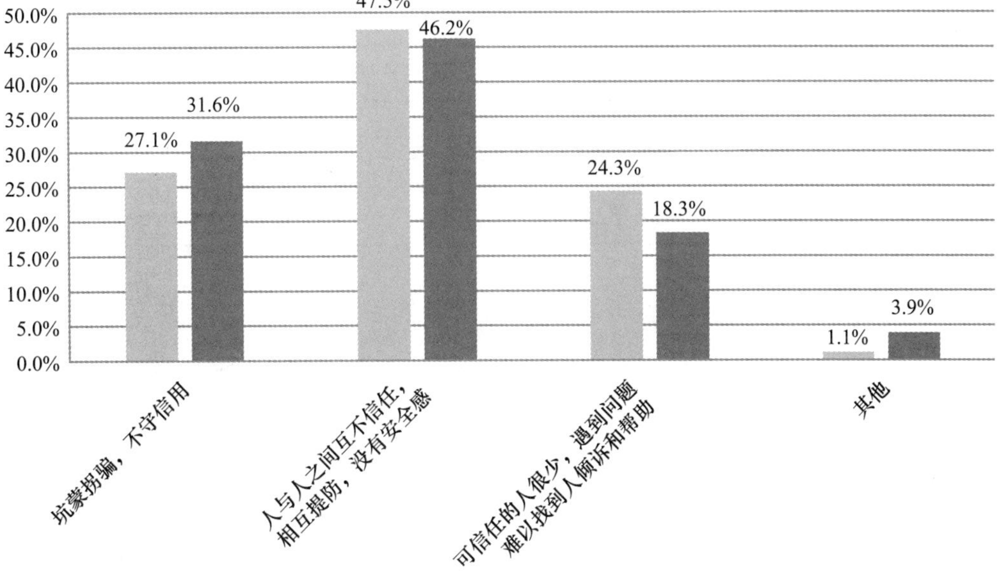

F28 您觉得大多数人都是可以相信的吗？如果 1 分代表“大多数人都可以相信”，5 分代表“对其他人都应该小心防备”，您会选几分

	全国	江苏
1（大多数人都可以相信）	8.8%	9.5%
2	37.2%	34.1%
3	43.4%	41.8%
4	8.6%	12.7%
5（对其他人都应小心防备）	2.0%	1.9%
总计	100.0%	100.0%

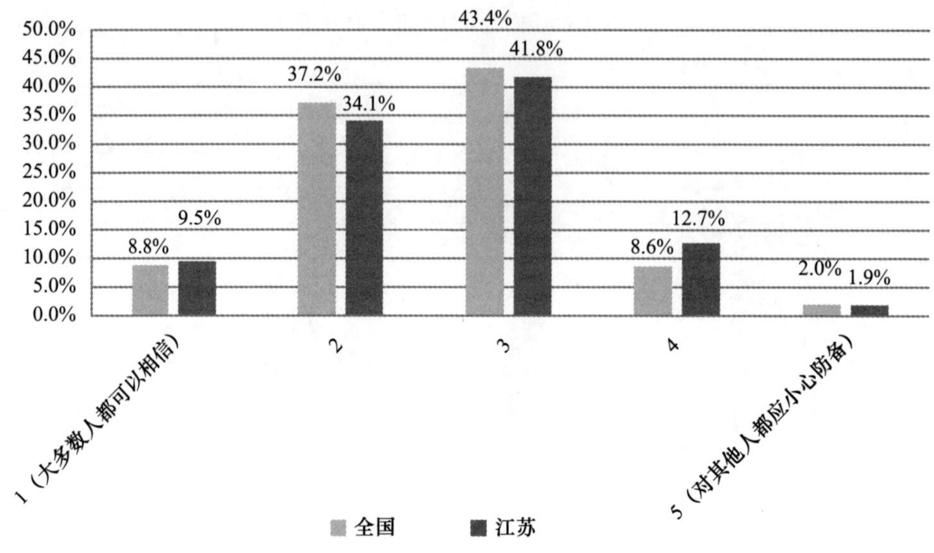

F29a 您对您的家人的信任程度如何

	全国	江苏
完全信任	83.2%	81.1%
比较信任	15.3%	18.5%
不太信任	1.4%	0.3%
根本不信任	0.2%	0.1%
总计	100.0%	100.0%

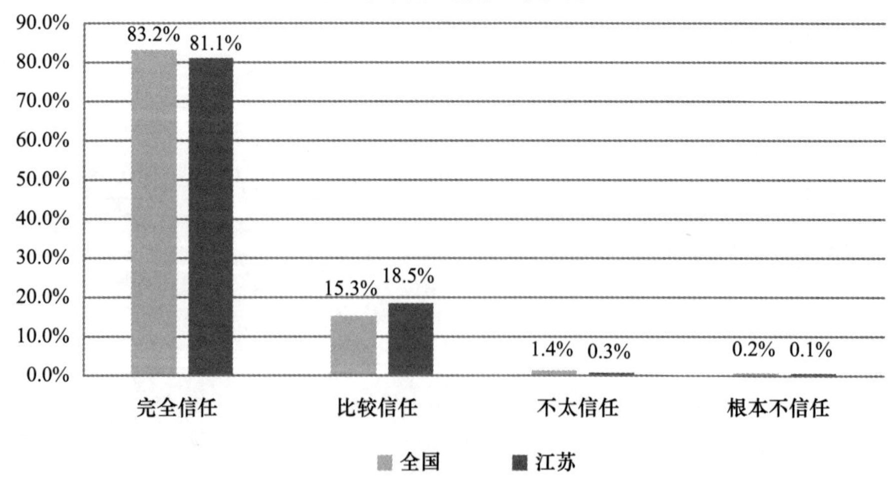

F29b 您对您的邻居的信任程度如何

	全国	江苏
完全信任	24.3%	12.1%
比较信任	66.0%	79.2%
不太信任	9.0%	8.1%
根本不信任	0.7%	0.6%
总计	100.0%	100.0%

您对您的邻居的信任程度如何

90.0%
80.0%
70.0%
60.0%
50.0%
40.0%
30.0%
20.0%
10.0%
0.0%
24.3%
12.1%
66.0%
79.2%
9.0%
8.1%
0.7%
0.6%
完全信任
比较信任
不太信任
根本不信任
全国
江苏

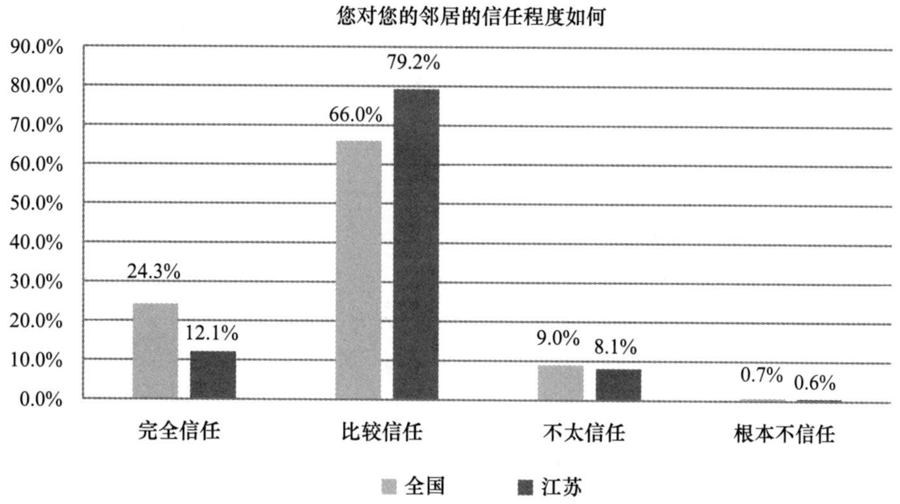

F29c 您对外地人的信任程度如何

	全国	江苏
完全信任	2.9%	1.0%
比较信任	28.8%	19.4%
不太信任	54.1%	58.5%
根本不信任	14.1%	21.1%
总计	100.0%	100.0%

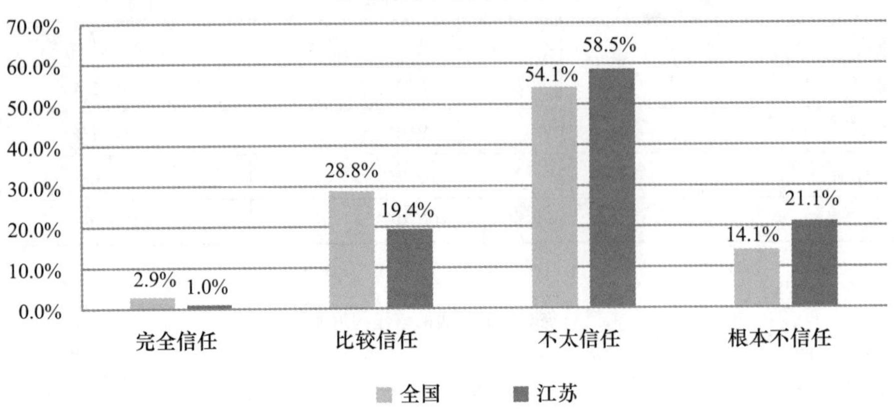

F29d 您对陌生人的信任程度如何

	全国	江苏
完全信任	1.2%	0.7%
比较信任	19.2%	7.9%
不太信任	53.9%	56.5%
根本不信任	25.7%	34.9%
总计	100.0%	100.0%

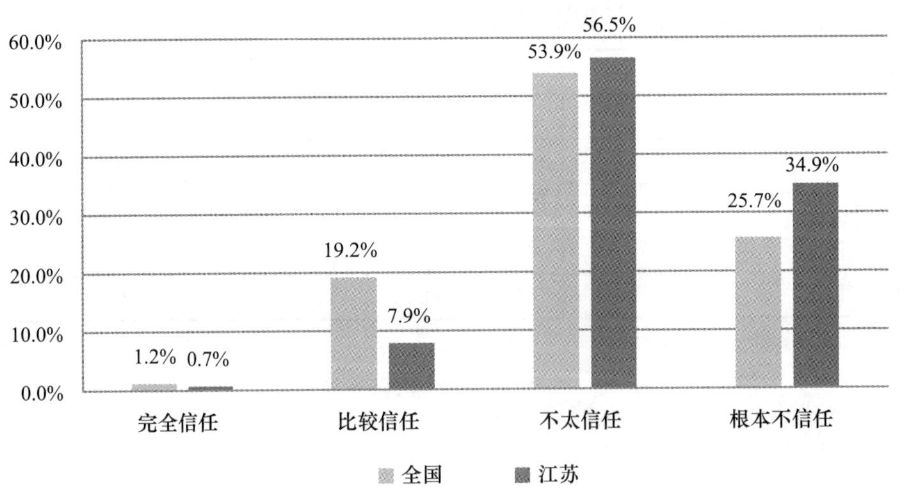

F29e 您对外国人的信任程度如何

	全国	江苏
完全信任	1.4%	0.8%
比较信任	15.9%	11.0%
不太信任	54.8%	56.4%
根本不信任	27.9%	31.8%
总计	100.0%	100.0%

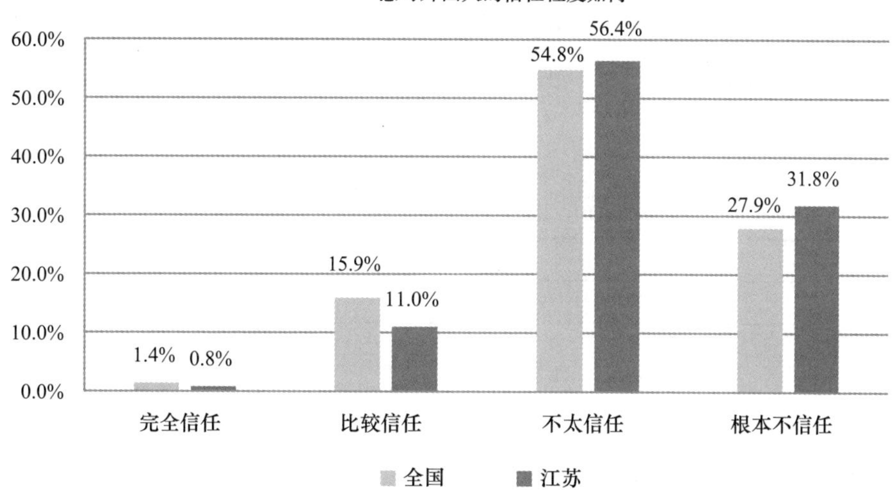

F29f 您对同事或同学的信任程度如何

	全国	江苏
完全信任	7.5%	6.9%
比较信任	74.6%	79.8%
不太信任	15.9%	12.1%
根本不信任	2.1%	1.1%
总计	100.0%	100.0%

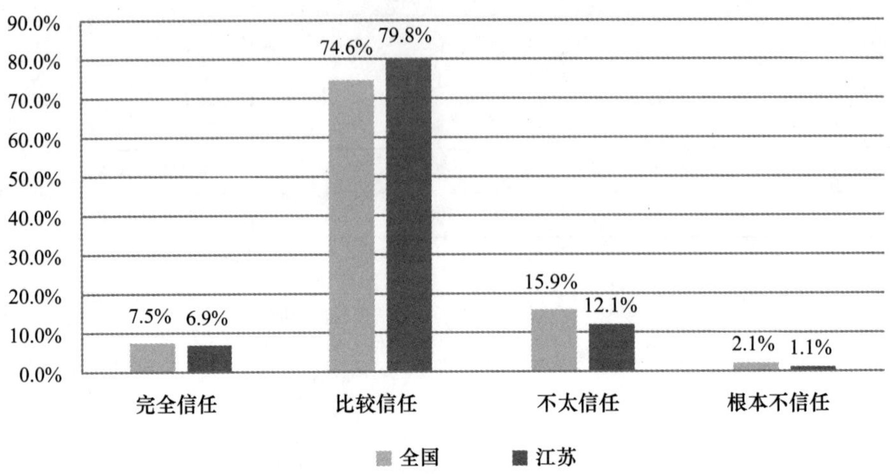

F29g 您对您的上司或领导的信任程度如何

	全国	江苏
完全信任	6.0%	7.0%
比较信任	65.2%	75.4%
不太信任	25.3%	16.3%
根本不信任	3.5%	1.3%
总计	100.0%	100.0%

您对您的上司或领导的信任程度如何

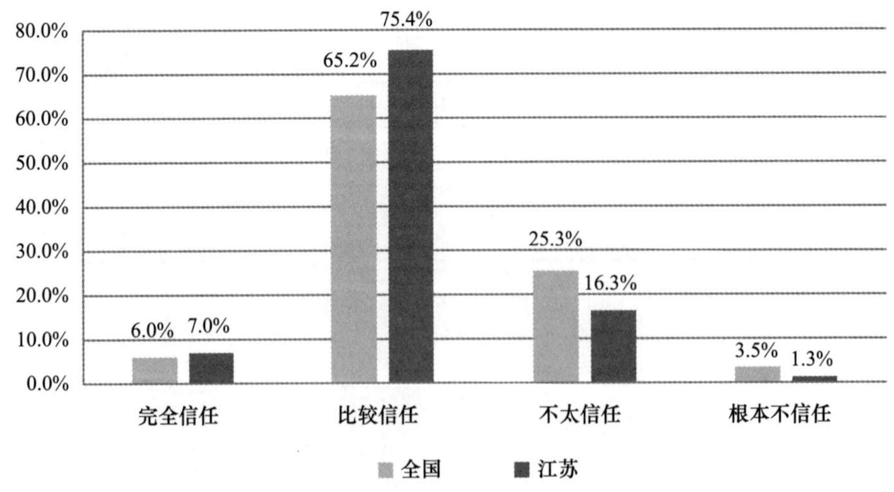

F29h 您对您的朋友的信任程度如何

	全国	江苏
完全信任	16. 3%	15. 0%
比较信任	76. 0%	80. 9%
不太信任	6. 5%	3. 4%
根本不信任	1. 2%	0. 6%
总计	100. 0%	100. 0%

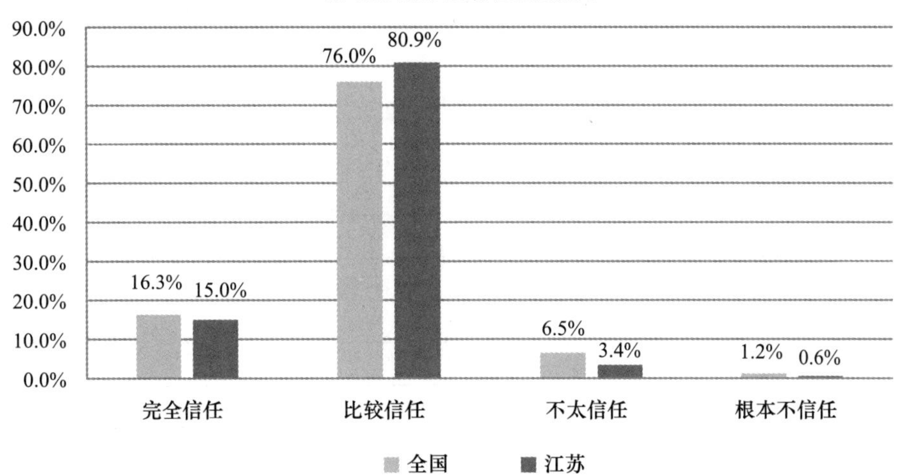

F30 您是否同意“在这个社会上，您一不小心别人就会想办法占您的便宜”

	全国	江苏
非常不同意	6. 1%	4. 3%
比较不同意	34. 4%	27. 6%
说不上同意不同意	32. 1%	30. 8%
比较同意	23. 9%	34. 2%
非常同意	3. 6%	3. 1%
总计	100. 0%	100. 0%

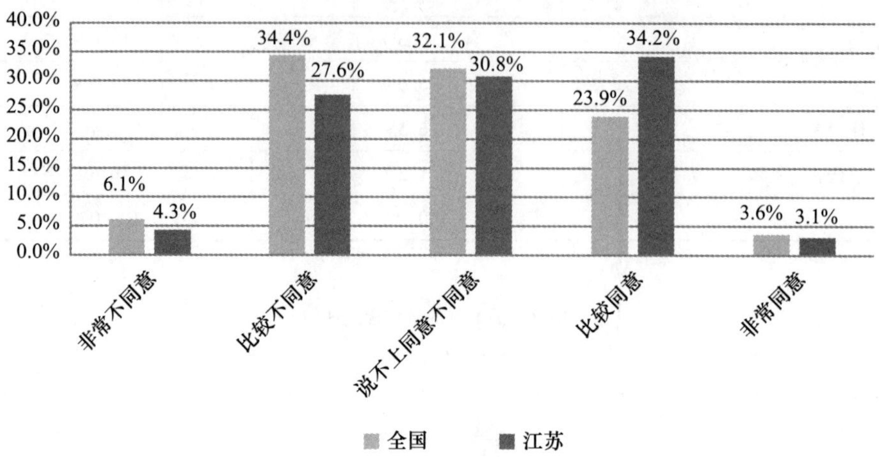

F31 您对所生活的地方道德建设满意吗

	全国	江苏
满意	11.9%	11.4%
基本满意	74.9%	79.1%
不满意	13.2%	9.5%
总计	100.0%	100.0%

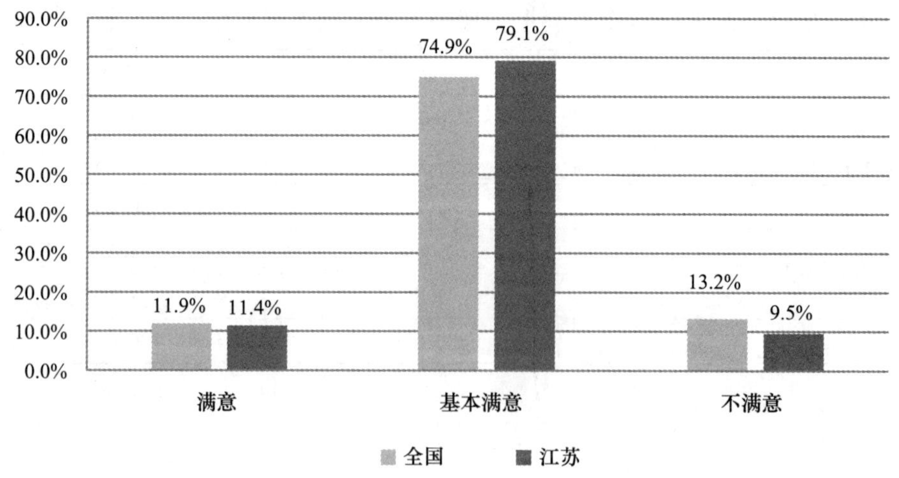

F32a 您对商人的信任程度如何

	全国	江苏
完全信任	3.6%	1.3%
比较信任	53.5%	44.7%
不太信任	39.4%	48.8%
根本不信任	3.5%	5.2%
总计	100.0%	100.0%

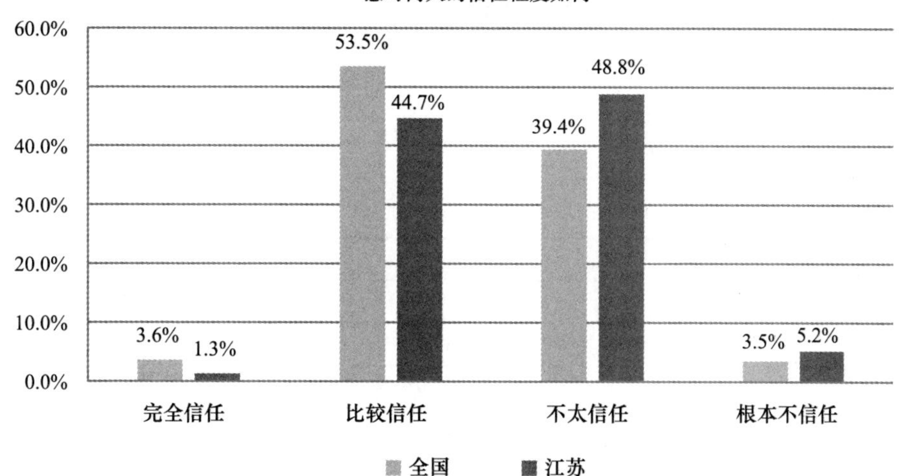

F32b 您对单位领导/社区（村）干部的信任程度如何

	全国	江苏
完全信任	5.1%	4.7%
比较信任	57.3%	64.2%
不太信任	31.6%	27.9%
根本不信任	6.0%	3.3%
总计	100.0%	100.0%

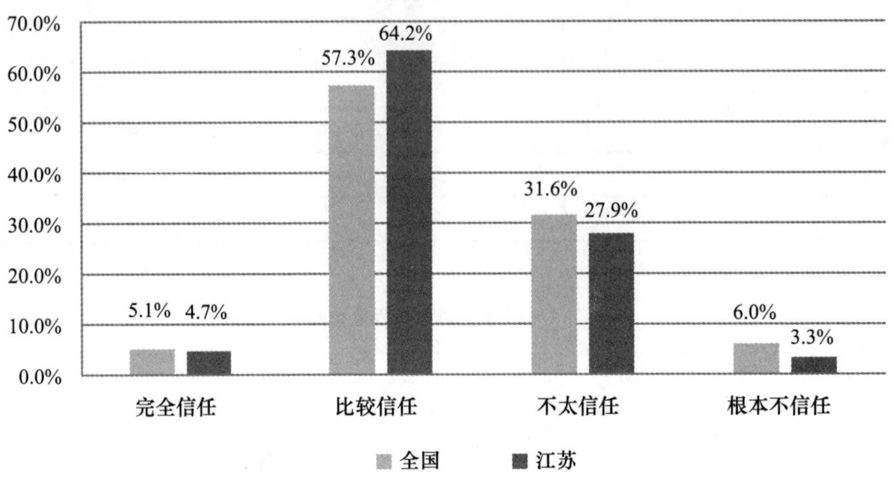

F32c 您对公务员的信任程度如何

	全国	江苏
完全信任	6.9%	7.0%
比较信任	63.6%	61.6%
不太信任	26.7%	27.8%
根本不信任	2.9%	3.6%
总计	100.0%	100.0%

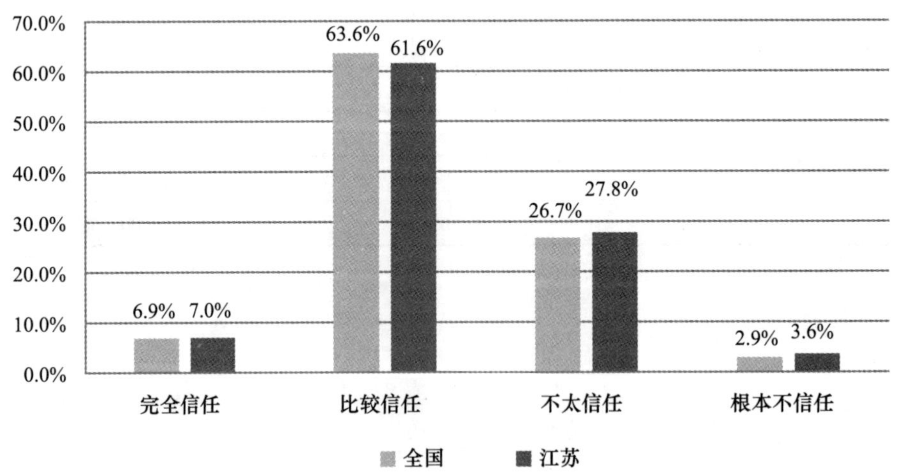

F32d 您对教师的信任程度如何

	全国	江苏
完全信任	14.6%	11.8%
比较信任	69.7%	70.7%
不太信任	14.0%	15.3%
根本不信任	1.7%	2.3%
总计	100.0%	100.0%

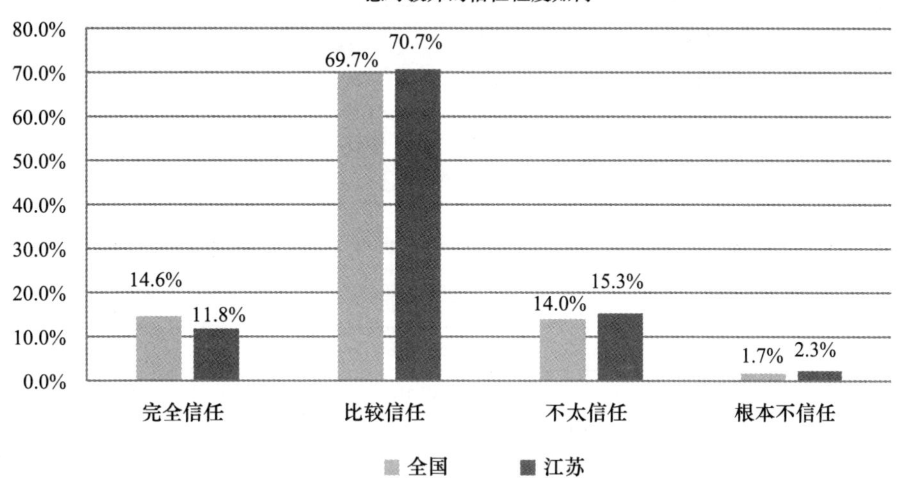

F32e 您对警察的信任程度如何

	全国	江苏
完全信任	17.1%	20.2%
比较信任	66.4%	66.1%
不太信任	14.6%	11.4%
根本不信任	1.9%	2.2%
总计	100.0%	100.0%

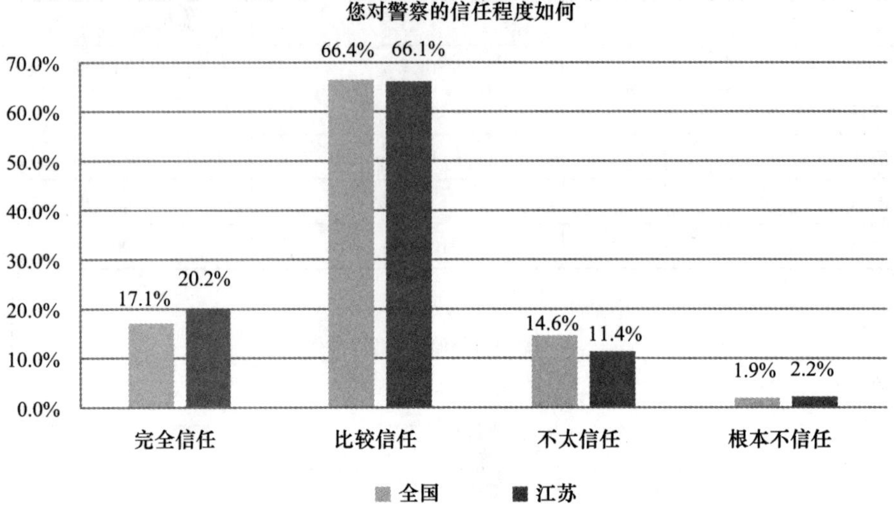

F32f 您对医生的信任程度如何

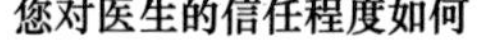

	全国	江苏
完全信任	13.3%	10.4%
比较信任	63.6%	66.8%
不太信任	20.5%	19.8%
根本不信任	2.6%	3.0%
总计	100.0%	100.0%

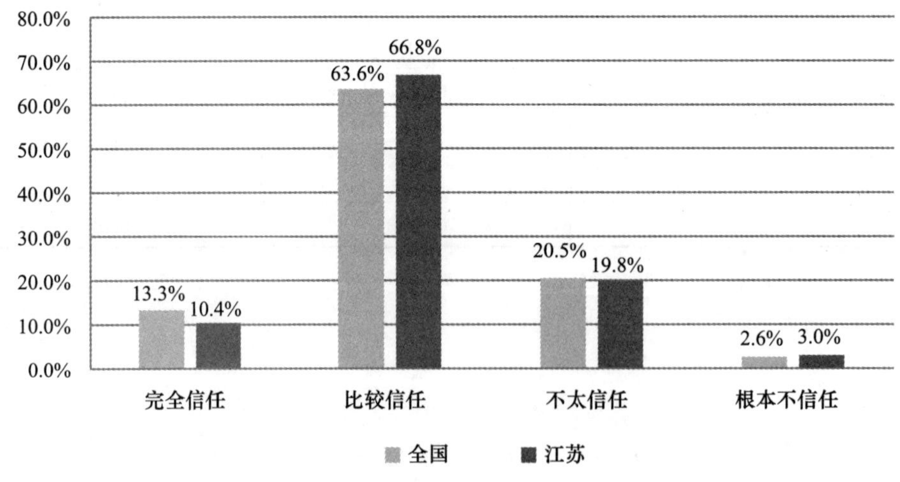

F32g 您对法官的信任程度如何

	全国	江苏
完全信任	16.0%	16.9%
比较信任	65.3%	71.0%
不太信任	16.3%	10.6%
根本不信任	2.4%	1.5%
总计	100.0%	100.0%

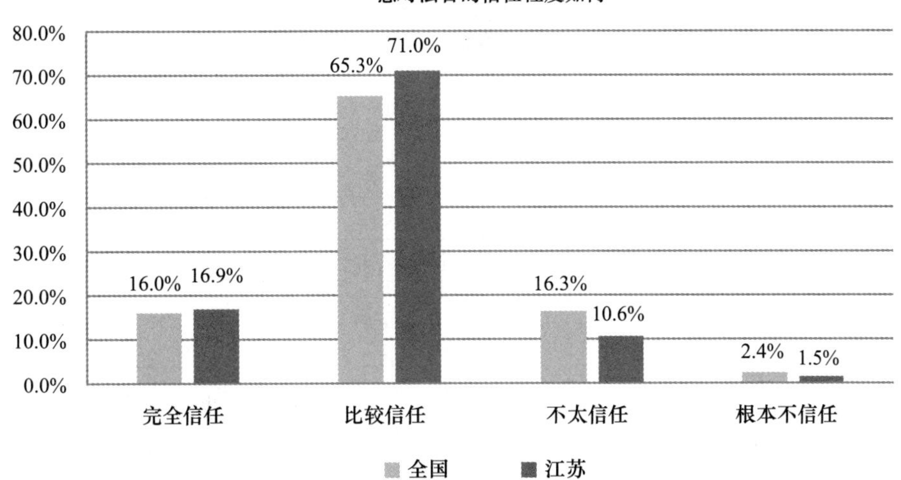

F32h 您对农民的信任程度如何

	全国	江苏
完全信任	12.4%	11.3%
比较信任	75.0%	76.7%
不太信任	11.3%	10.6%
根本不信任	1.3%	1.3%
总计	100.0%	100.0%

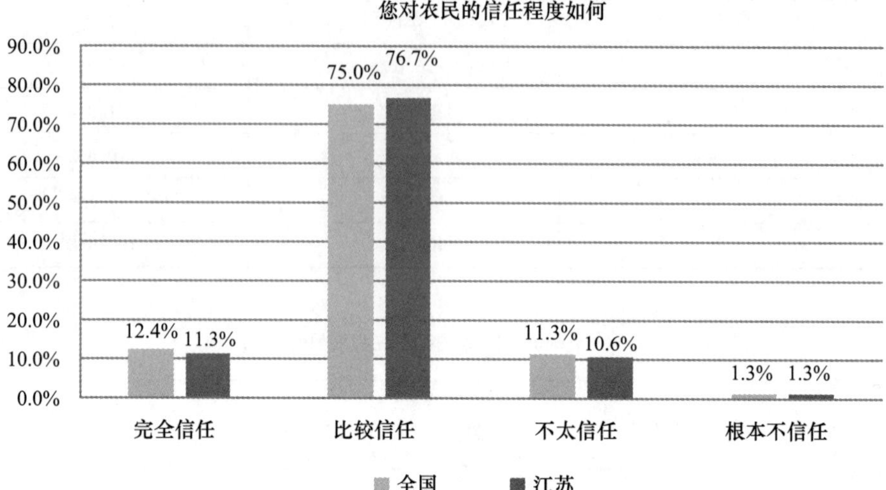

F32i 您对工人的信任程度如何

	全国	江苏
完全信任	9.9%	10.4%
比较信任	75.5%	76.4%
不太信任	13.0%	12.1%
根本不信任	1.6%	1.2%
总计	100.0%	100.0%

F32j 您对专家学者的信任程度如何

	全国	江苏
完全信任	11.4%	10.4%
比较信任	59.5%	63.8%
不太信任	23.4%	22.8%
根本不信任	5.7%	3.0%
总计	100.0%	100.0%

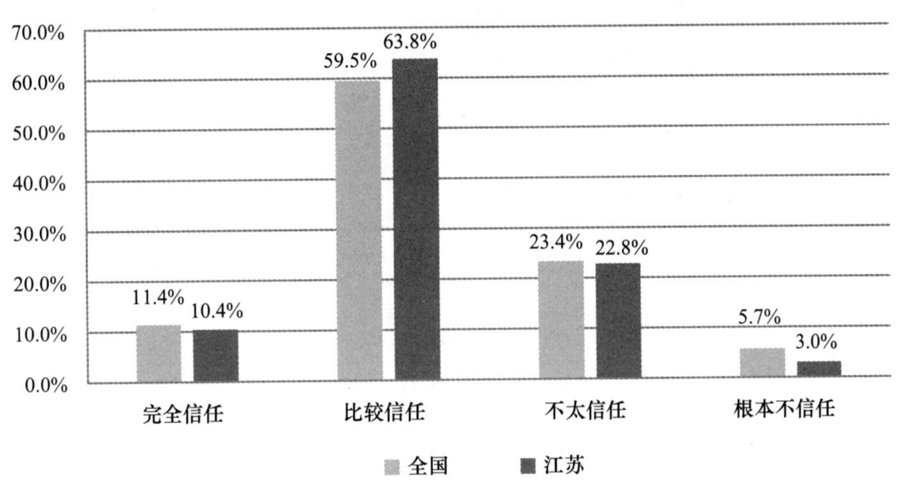

F32k 您对演艺娱乐圈的信任程度如何

	全国	江苏
完全信任	3.6%	1.6%
比较信任	31.8%	34.1%
不太信任	46.1%	47.7%
根本不信任	18.5%	16.6%
总计	100.0%	100.0%

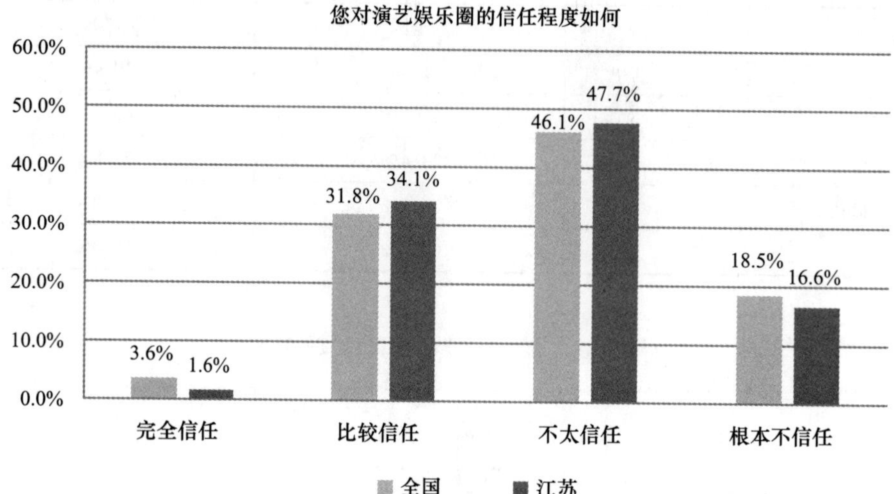

F321 您对公众人物的信任程度如何

	全国	江苏
完全信任	4.6%	3.2%
比较信任	43.6%	47.8%
不太信任	38.1%	40.2%
根本不信任	13.7%	8.8%
总计	100.0%	100.0%

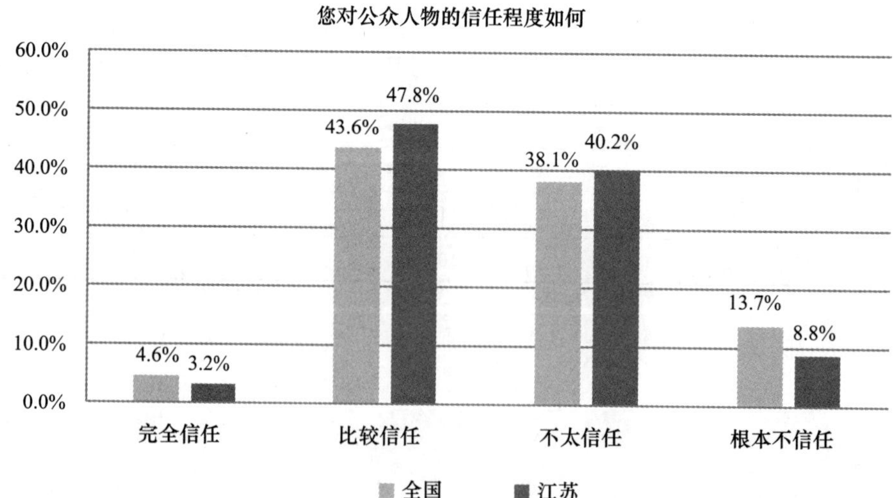

F33 您在生活中经常买到假冒伪劣商品吗

	全国	江苏
经常	7.3%	5.1%
偶尔	64.8%	68.9%
没有	27.9%	25.9%
总计	100.0%	100.0%

您在生活中经常买到假冒伪劣商品吗

80.0%
70.0%
60.0%
50.0%
40.0%
30.0%
20.0%
10.0%
0.0%
7.3% 5.1%
64.8% 68.9%
27.9% 25.9%
经常 偶尔 没有
全国 江苏

F34 您在购物、就医、理财等方面经常遇到虚假广告吗

	全国	江苏
经常	11.0%	14.8%
偶尔	55.4%	57.9%
没有	33.5%	27.3%
总计	100.0%	100.0%

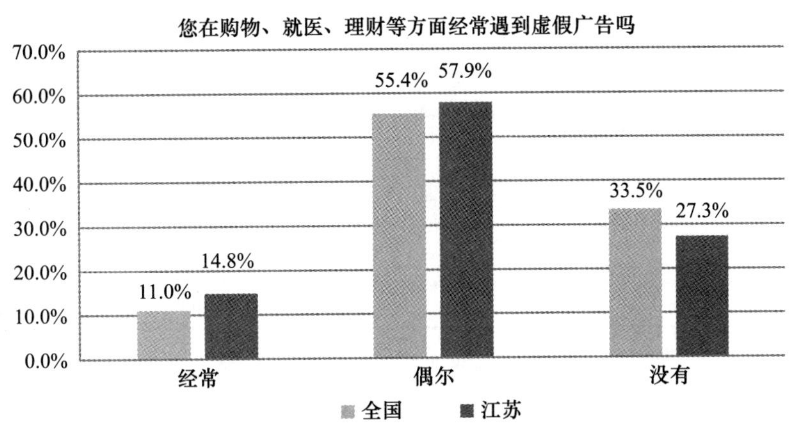

F35 如果在路边看到一个老人摔倒，您的反应是

	全国	江苏
立即扶起	44.0%	37.7%
等有证人时再扶	26.7%	27.2%
先拍照，再扶起	7.2%	11.9%
不扶，避免惹是生非	9.9%	9.2%
报警	11.1%	13.3%
其他	1.0%	0.7%
总计	100.0%	100.0%

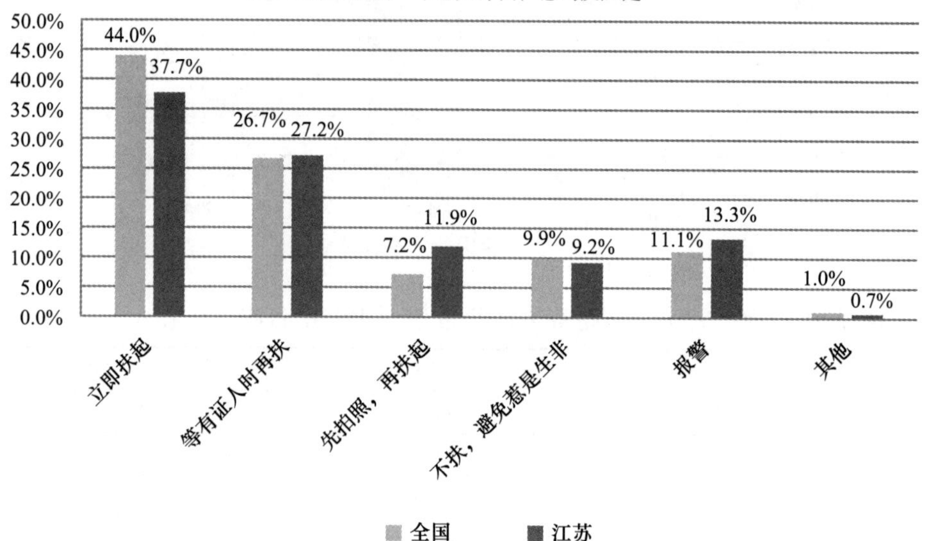

F36 我们都听说过或见证过好心人救助老人却反被诬陷的事情。假如您是这位好心人，您会

	全国	江苏
我是多管闲事，下次再也不会帮助别人了	23.6%	23.2%
我正直善良真心待人，对得起良知和良心	39.0%	43.0%
下次还是会伸出援手，但是会提高警惕，注意保护自己	36.9%	33.6%
其他	0.5%	0.2%
总计	100.0%	100.0%

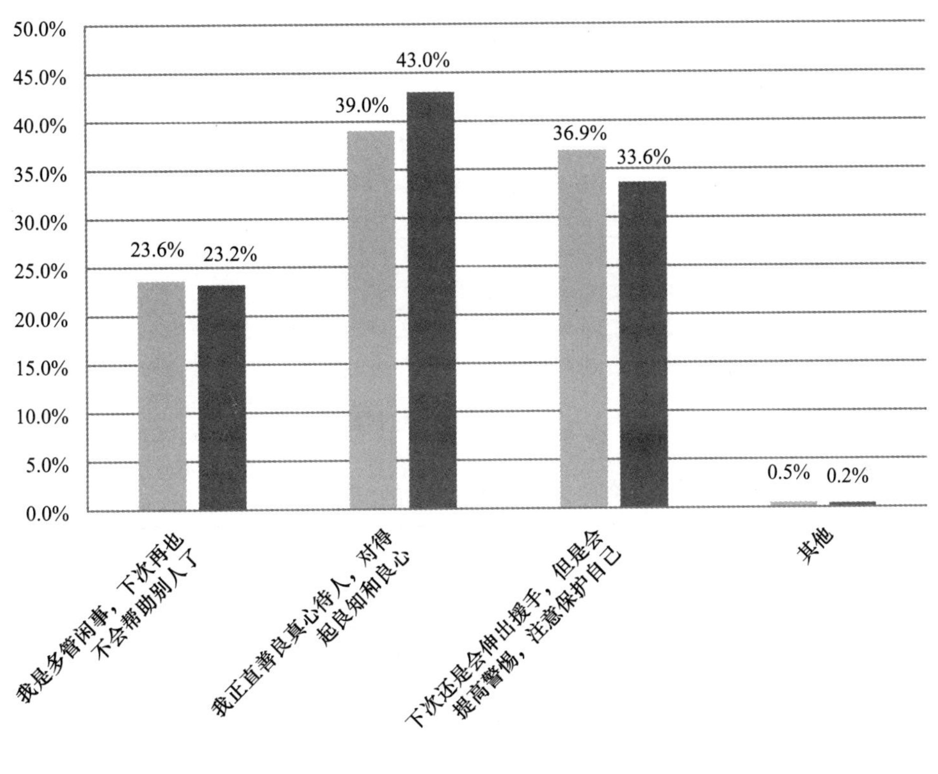

F37a 您对政府官员的伦理道德整体状况的满意度

	全国	江苏
非常不满意	6.2%	5.3%
比较不满意	31.1%	36.0%
比较满意	60.7%	55.6%
非常满意	2.0%	3.0%
总计	100.0%	100.0%

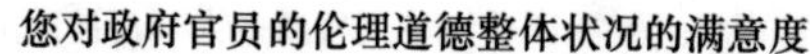

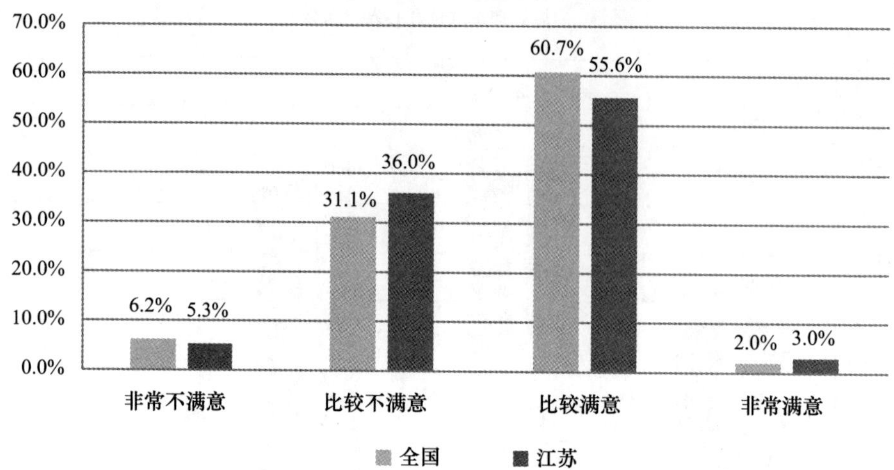

F37b 您对一般公务员的伦理道德整体状况的满意度

	全国	江苏
非常不满意	2.3%	4.1%
比较不满意	26.3%	31.4%
比较满意	67.0%	60.8%
非常满意	4.4%	3.7%
总计	100.0%	100.0%

您对一般公务员的伦理道德整体状况的满意度

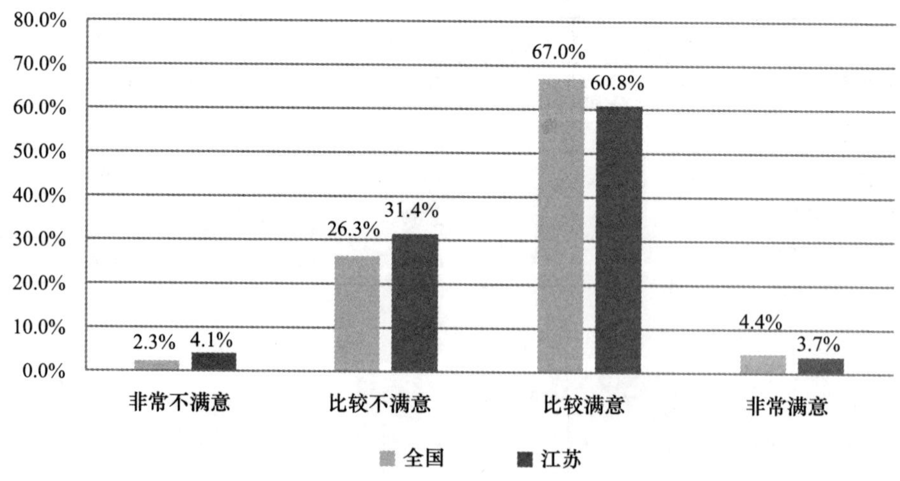

F37c 您对企业家的伦理道德整体状况的满意度

	全国	江苏
非常不满意	1.6%	2.6%
比较不满意	23.8%	28.7%
比较满意	68.6%	63.4%
非常满意	6.0%	5.3%
总计	100.0%	100.0%

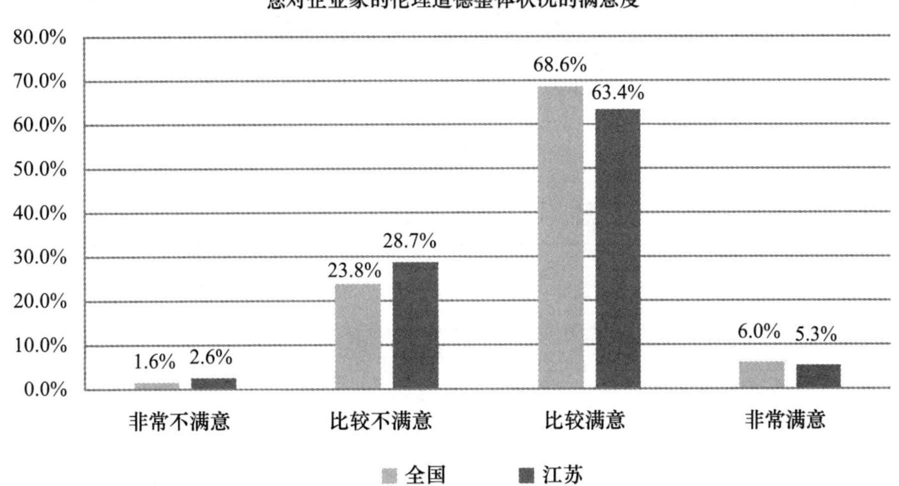

F37d 您对演艺娱乐界的伦理道德整体状况的满意度

	全国	江苏
非常不满意	7.7%	10.8%
比较不满意	43.8%	43.1%
比较满意	42.4%	42.3%
非常满意	6.1%	3.8%
总计	100.0%	100.0%

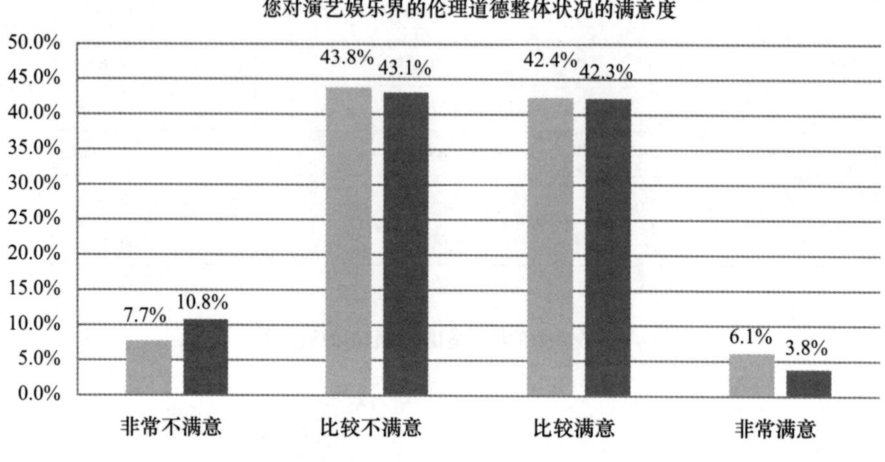

F37e 您对教师的伦理道德整体状况的满意度

	全国	江苏
非常不满意	1.7%	2.3%
比较不满意	14.9%	18.7%
比较满意	69.5%	69.5%
非常满意	13.9%	9.6%
总计	100.0%	100.0%

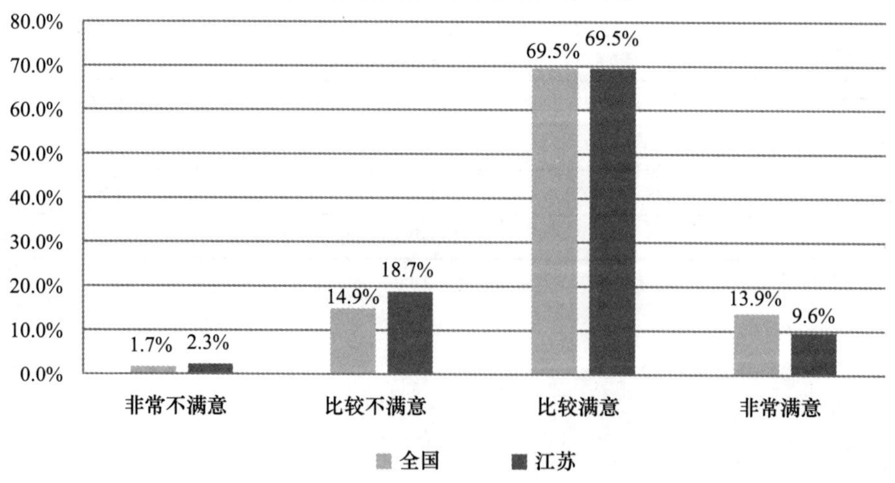

F37f 您对青少年的伦理道德整体状况的满意度

	全国	江苏
非常不满意	1.1%	2.0%
比较不满意	16.9%	16.4%
比较满意	70.2%	70.7%
非常满意	11.9%	10.9%
总计	100.0%	100.0%

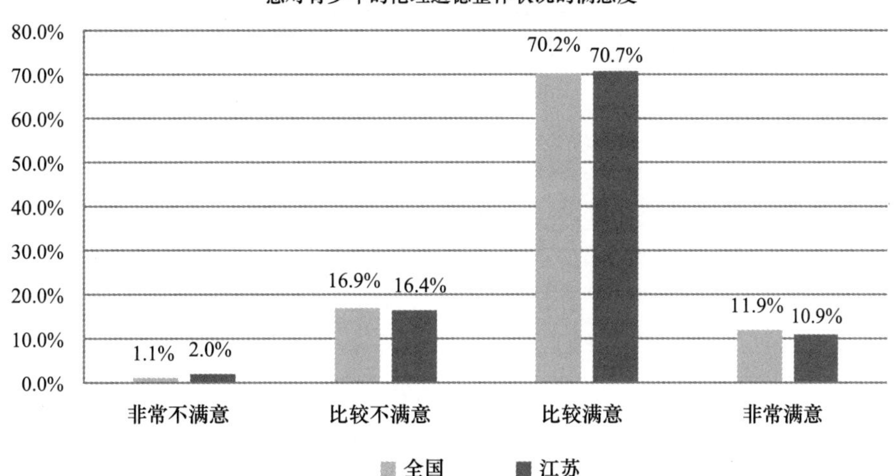

F37g 您对弱势群体的伦理道德整体状况的满意度

	全国	江苏
非常不满意	2.1%	2.3%
比较不满意	25.7%	21.5%
比较满意	69.9%	74.4%
非常满意	2.4%	1.8%
总计	100.0%	100.0%

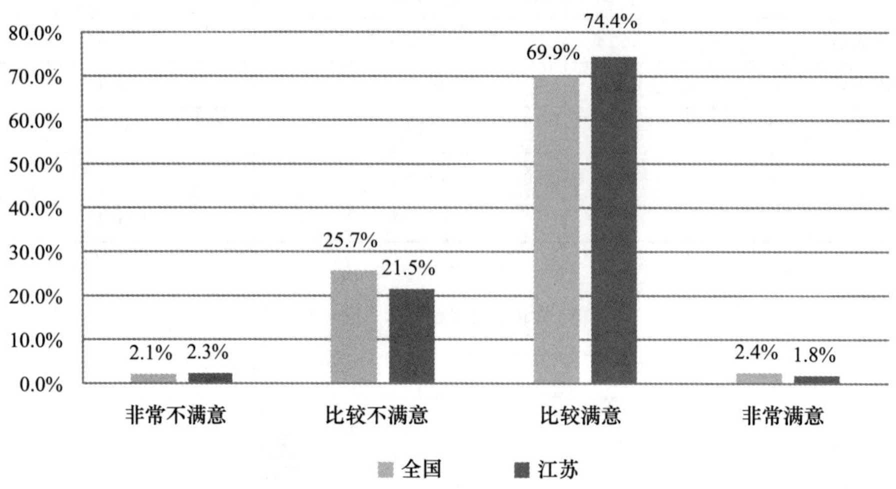

F37h 您对自由职业者的伦理道德整体状况的满意度

	全国	江苏
非常不满意	1. 3%	1. 6%
比较不满意	20. 8%	18. 4%
比较满意	72. 6%	76. 5%
非常满意	5. 4%	3. 5%
总计	100. 0%	100. 0%

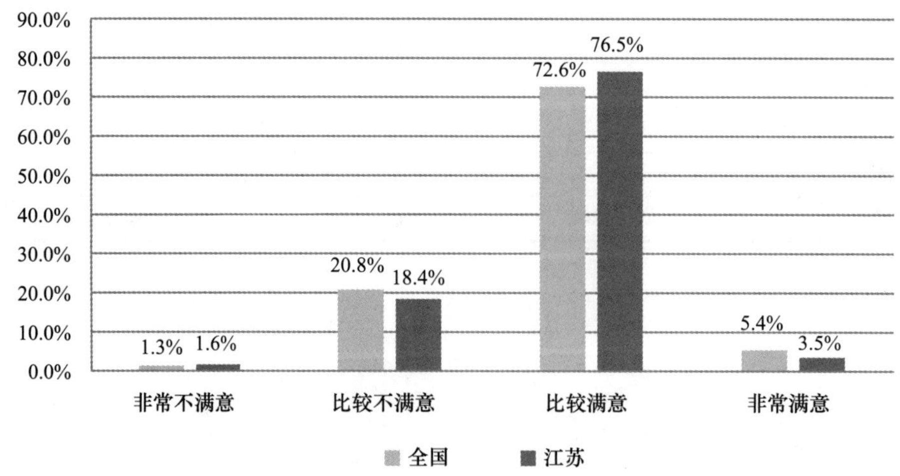

F37i 您对农民的伦理道德整体状况的满意度

	全国	江苏
非常不满意	0.9%	1.6%
比较不满意	14.1%	10.7%
比较满意	74.9%	77.5%
非常满意	10.1%	10.2%
总计	100.0%	100.0%

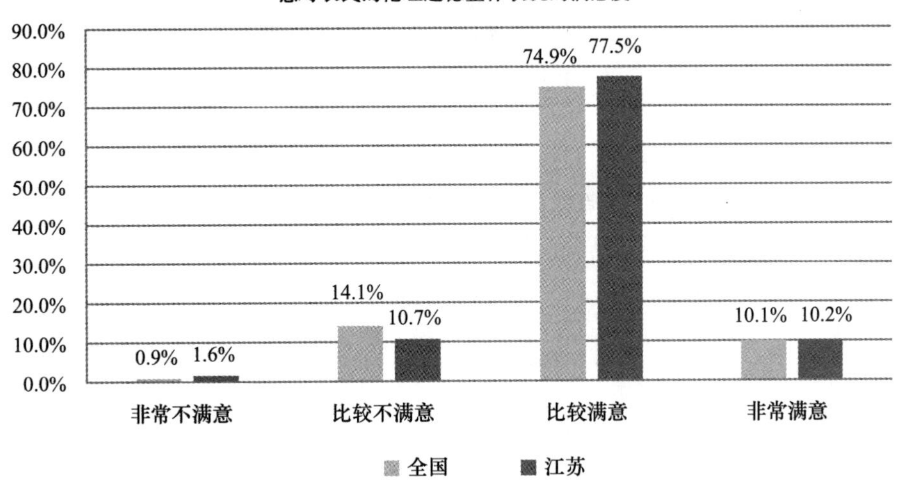

F37j 您对商人的伦理道德整体状况的满意度

	全国	江苏
非常不满意	2.3%	2.5%
比较不满意	28.6%	31.0%
比较满意	62.1%	62.6%
非常满意	6.9%	3.9%
总计	100.0%	100.0%

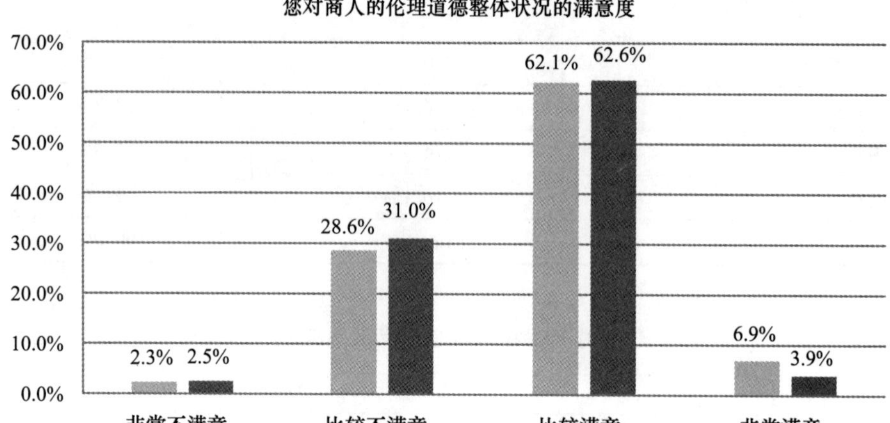

F37k 您对工人的伦理道德整体状况的满意度

	全国	江苏
非常不满意	0.6%	1.0%
比较不满意	14.9%	11.7%
比较满意	75.9%	81.2%
非常满意	8.6%	6.1%
总计	100.0%	100.0%

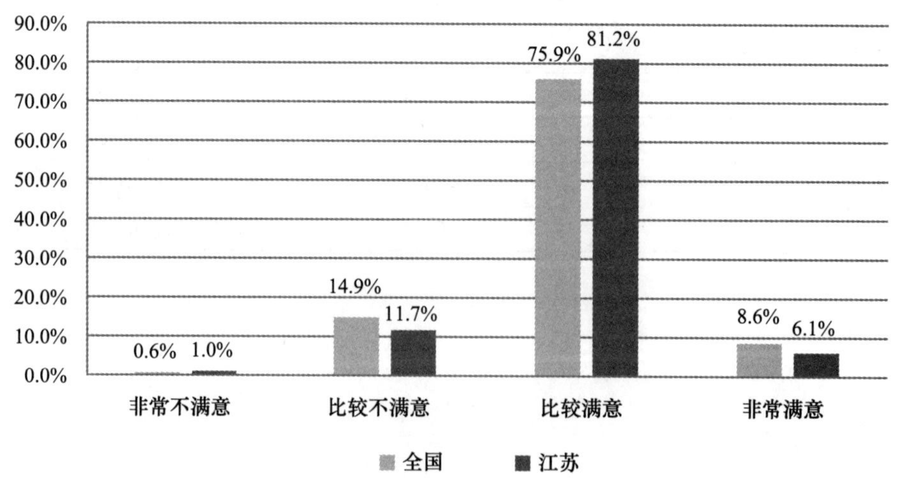

F37l 您对专家学者的伦理道德整体状况的满意度

	全国	江苏
非常不满意	1.6%	1.6%
比较不满意	18.7%	17.1%
比较满意	68.9%	73.4%
非常满意	10.9%	8.0%
总计	100.0%	100.0%

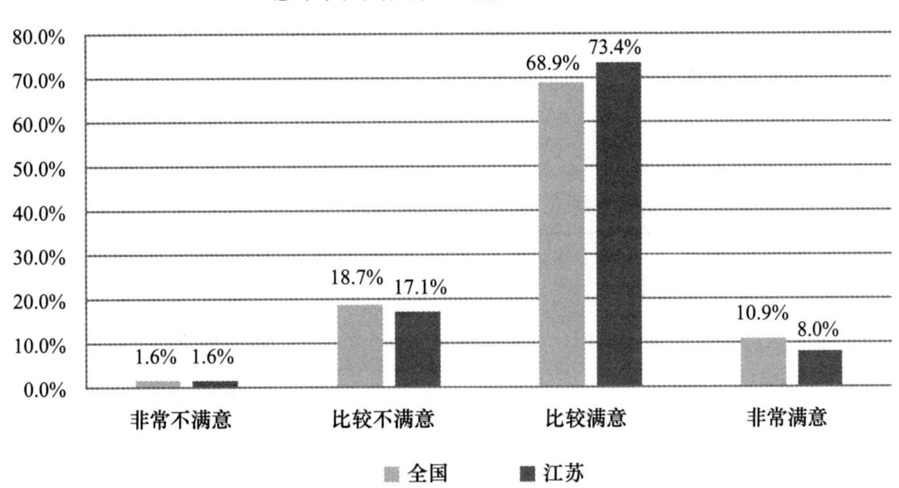

F37m 您对医生的伦理道德整体状况的满意度

	全国	江苏
非常不满意	2.9%	3.4%
比较不满意	21.7%	22.2%
比较满意	66.0%	68.1%
非常满意	9.4%	6.2%
总计	100.0%	100.0%

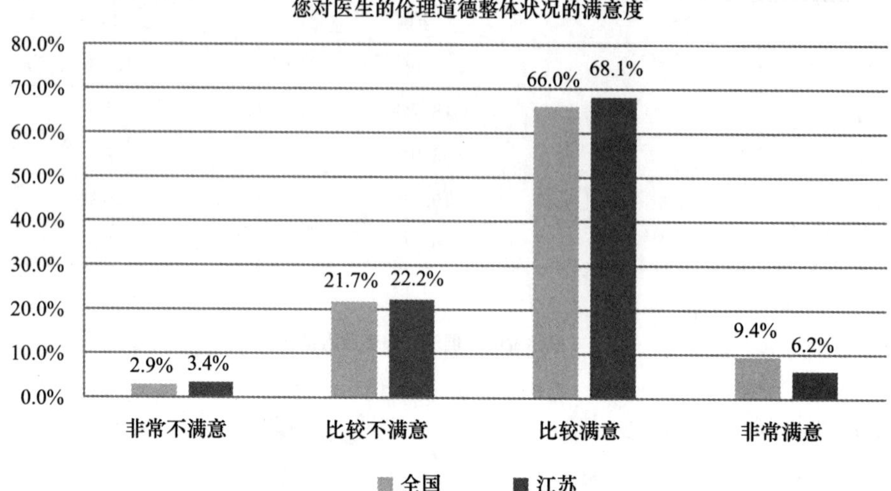

F38 下列哪些因素可能影响人际关系紧张

	全国	江苏
社会资源缺乏，引发恶性竞争	29.6%	23.5%
过度宣扬竞争意识	25.2%	22.7%
社会财富分配不公，贫富差距过大	33.0%	34.0%
个人主义盛行	18.6%	22.1%
缺乏爱心	22.3%	24.7%
缺乏相互理解和沟通的意识和能力	18.6%	17.2%
制度安排不公正，机会不平等	23.1%	24.2%
以权谋私，官员腐败	21.2%	24.4%
缺乏道德信用	18.7%	26.2%
人与人、人与社会之间缺乏信任	28.4%	36.2%
传统伦理瓦解，社会缺乏统一的价值观	9.1%	8.1%
一切诉诸利益或法律，人际关系缺乏伦理调节的机制和能力	4.3%	4.7%

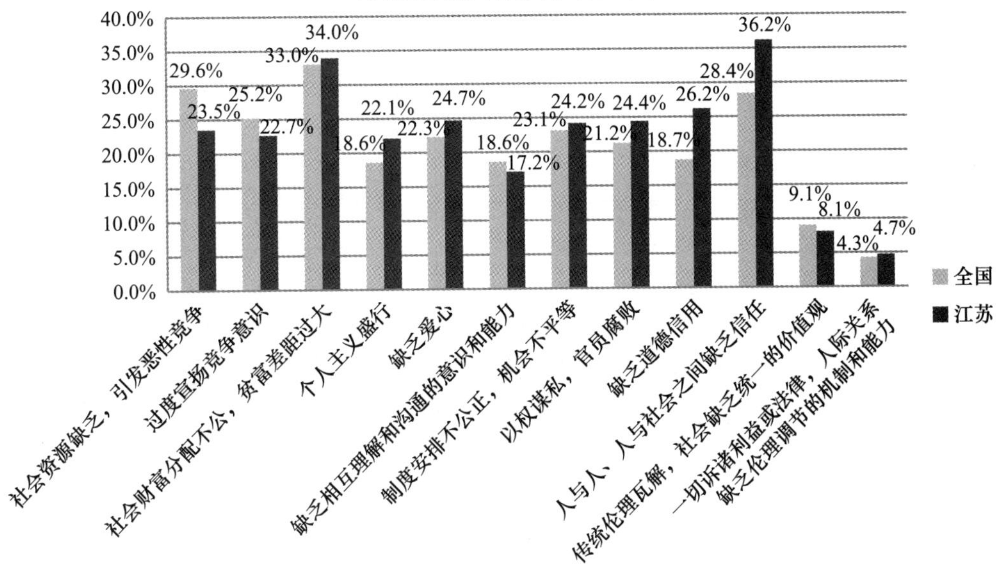

F39 您认为在现代中国社会实际奉行的道德价值是

	全国	江苏
义利合一，用符合道德的方式谋利	51.6%	59.2%
见利忘义，唯利是图	37.1%	31.0%
不计较利害得失，道德至上	11.0%	9.5%
其他	0.2%	0.2%
总计	100.0%	100.0%

F40 对形成我国当前各种新型伦理关系和道德观念，哪些因素影响最大

	全国	江苏
网络和媒体	47.2%	57.5%
政府	59.4%	61.5%
大学及其文化	22.7%	21.6%
市场	32.6%	38.8%
企业	21.0%	23.8%
社会团体	17.8%	21.3%
知识精英	11.3%	9.5%
国外的思潮与生活方式	12.5%	16.2%

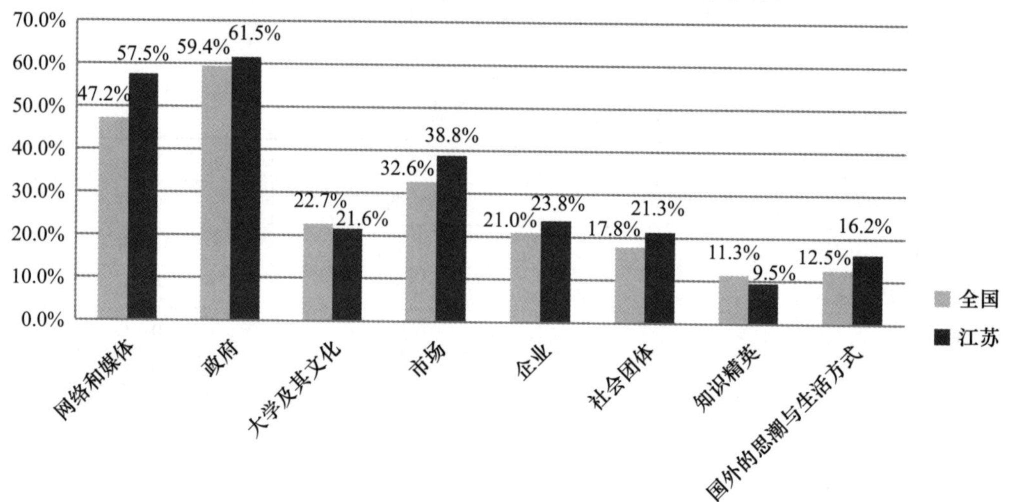

F41 对当前我国伦理关系和道德风尚造成最大负面影响的因素是

	全国	江苏
传统文化的崩坏	41.20%	37.8%
外来文化的冲击	37.70%	35.7%
市场经济导致的个人主义	26.20%	26.8%
网络技术的发展	21.70%	22.2%
分配不公，两极分化	25.90%	37.4%
以权谋私，官员腐败	23.70%	26.8%

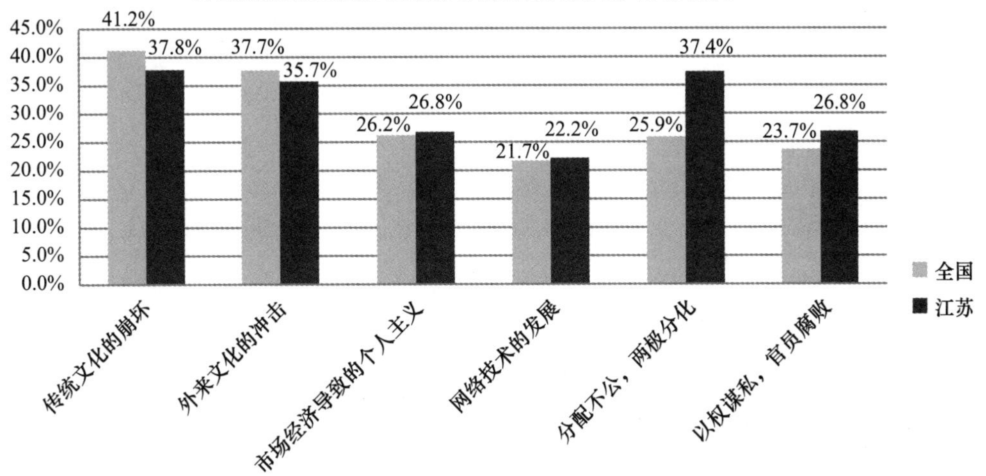

F42 造成当今不良道德风尚的最主要原因是

	全国	江苏
以权谋私，官员腐败	55.3%	59.9%
企业不讲诚信和损害社会利益	41.1%	37.9%
学校道德教育功能弱化	24.4%	24.9%
家庭伦理功能弱化	16.5%	17.3%
个人缺乏道德自觉	40.0%	47.3%
分配不公，两极分化	25.3%	34.6%
社会的不良影响	35.8%	40.7%

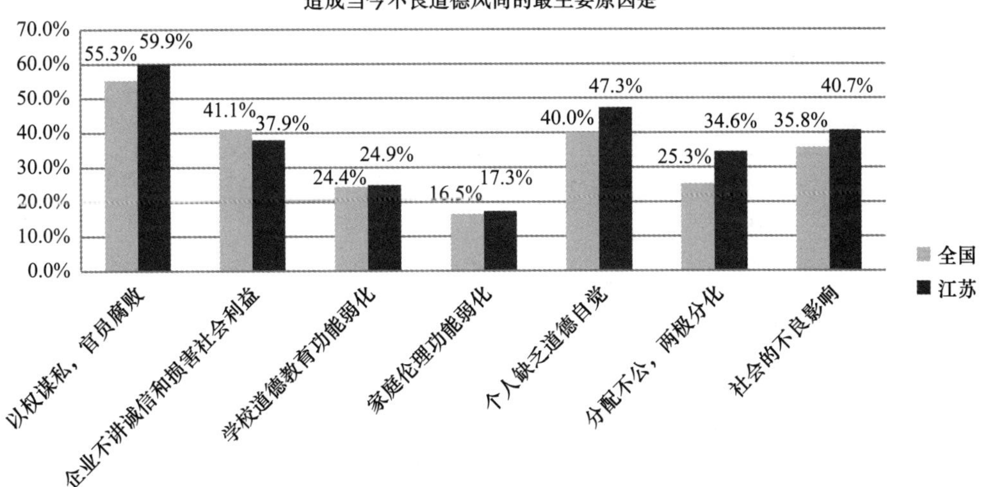

F43a 导致当前医患关系紧张的主要原因是

	全国	江苏
医生缺乏职业道德，对病人不负责任	33.8%	37.3%
医疗制度不合理，看病难看病贵	45.3%	47.1%
医生腐败，不送红包不认真看病	12.9%	11.5%
“医闹”，病人蓄意闹事	7.7%	3.7%
其他	0.3%	0.3%
总计	100.0%	100.0%

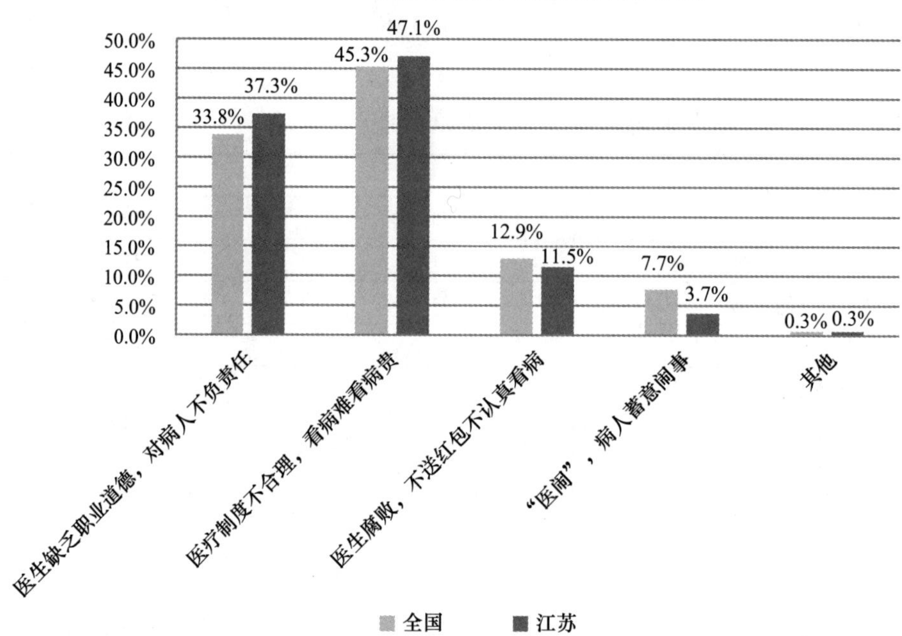

F43b 导致当前医患关系紧张的次要原因是

	全国	江苏
医生缺乏职业道德，对病人不负责任	35.9%	38.7%
医疗制度不合理，看病难看病贵	31.6%	32.1%
医生腐败，不送红包不认真看病	18.2%	19.3%
“医闹”，病人蓄意闹事	14.2%	9.6%
其他	0.2%	0.3%
总计	100.0%	100.0%

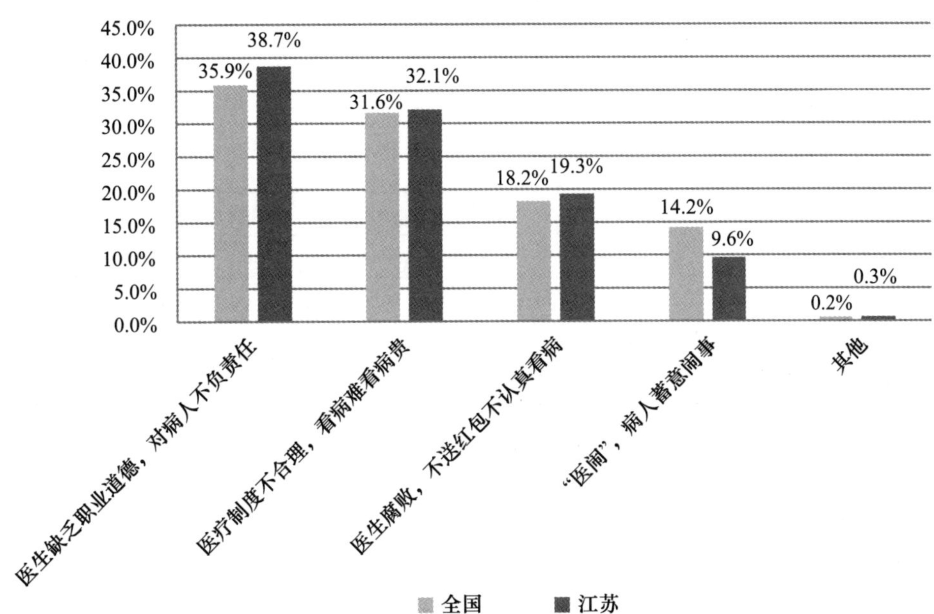

F44 您是否曾经与医生（医院）发生过矛盾或纠纷

	全国	江苏
是	4.5%	3.5%
否	95.5%	96.5%
总计	100.0%	100.0%

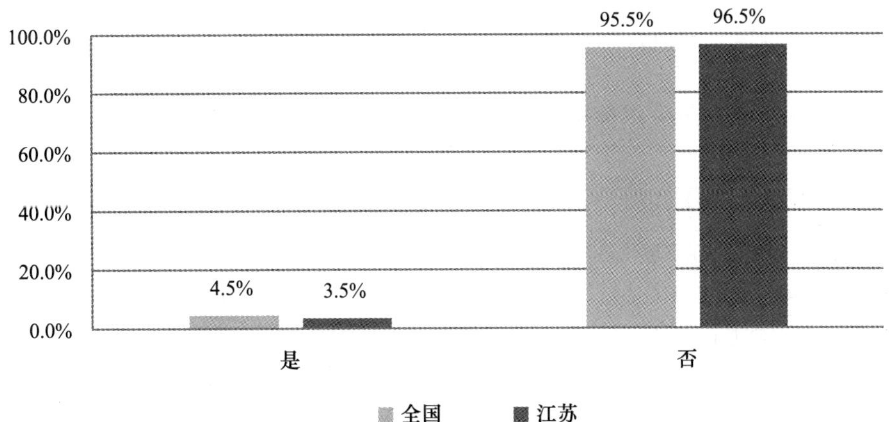

F45 您采取了哪些方式来解决医患纠纷

	全国	江苏
与医院协商	44.1%	49.7%
寻求卫生局的调解或介入	23.4%	21.5%
医学鉴定	12.5%	10.7%
司法诉讼	18.2%	16.8%
寻求媒体曝光	10.0%	9.4%
信访	4.7%	5.4%
寻求第三方医疗纠纷调解委员会调解	13.2%	12.1%
直接找医生或医院算账	19.2%	20.1%

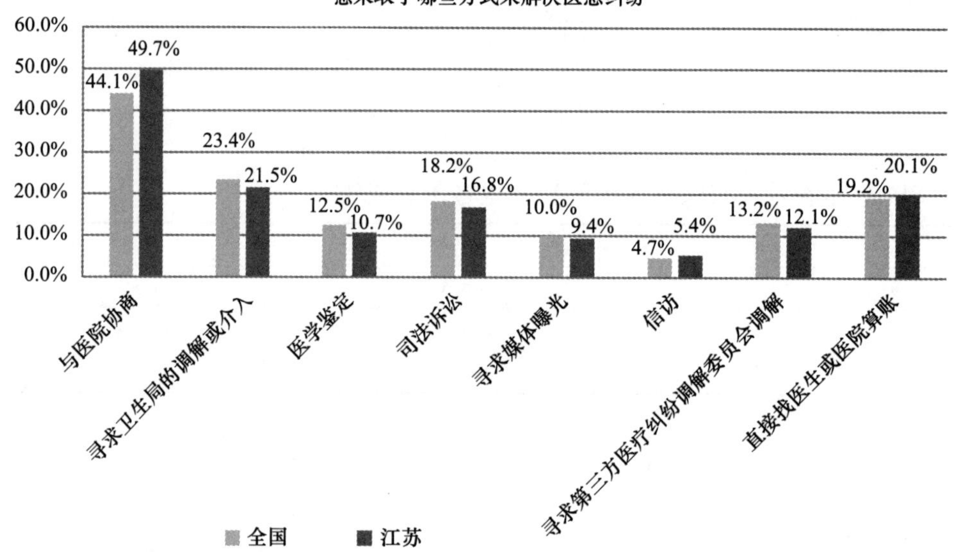

F46 某些患者会在手术前给医生红包，您认为送红包的主要理由是

	全国	江苏
不相信医生能平等地对待每个病人，送红包能提高关注度，必须送	24.3%	27.0%
医生很辛苦，送红包是表示尊敬和感谢	13.7%	9.4%
大家都送，我不送会吃亏，不送心里不踏实	17.5%	20.7%
送红包能让医生对我更用心，但我不会这么做	18.0%	21.0%
大家都送红包，事实上无助于提高治疗效果，我不会这么做	18.3%	15.2%
想送，但我没有能力送	8.2%	6.7%
总计	100.0%	100.0%

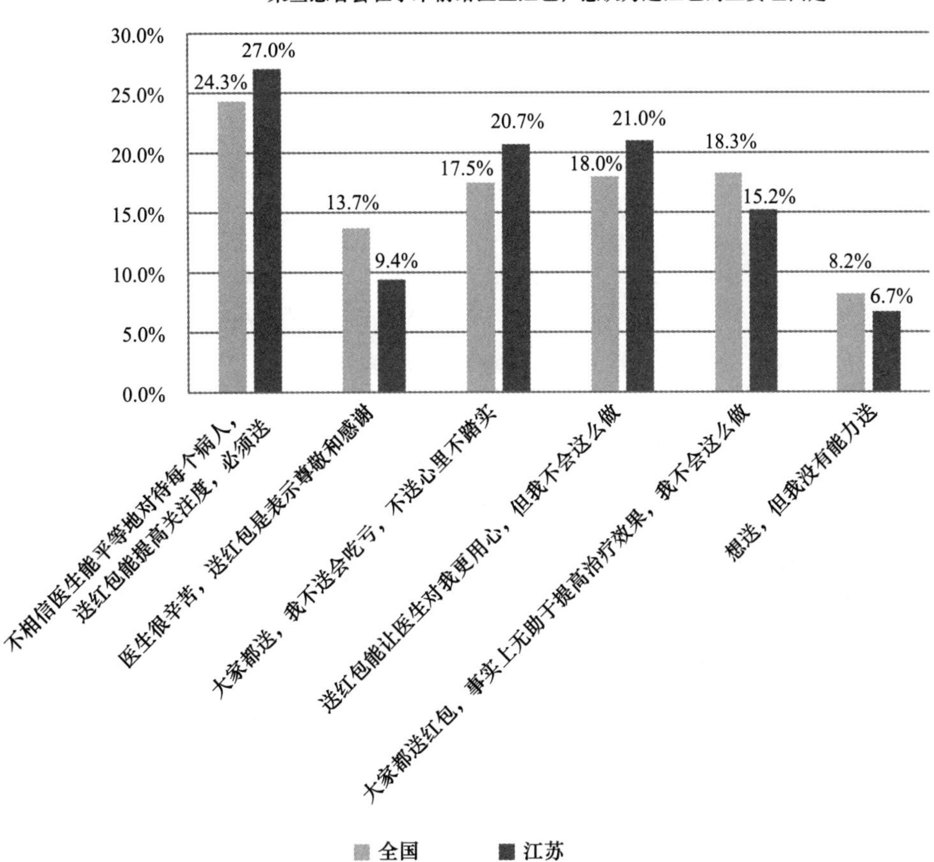

G1 和前几年相比，您认为目前我国官员腐败现象有什么变化

	全国	江苏
有很大改善	12.8%	12.2%
有较大改善	65.1%	63.5%
没什么变化	19.5%	20.6%
更加恶化	2.3%	3.1%
其他	0.3%	0.7%
总计	100.0%	100.0%

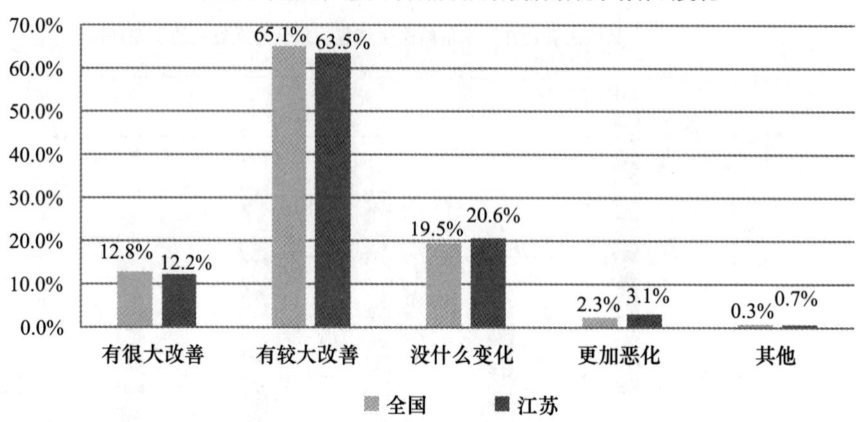

G2 您认为干部当官的目的是

	全国	江苏
为国家与社会做贡献	27.0%	31.9%
为人民服务，为百姓做好事做实事	45.4%	48.3%
为家庭增光，光宗耀祖	25.6%	32.5%
为自己升官发财	34.3%	50.2%
没特殊目的，一个稳定而待遇高的职业而已	21.1%	20.6%
其他	0.2%	0.3%

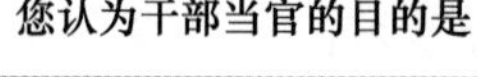

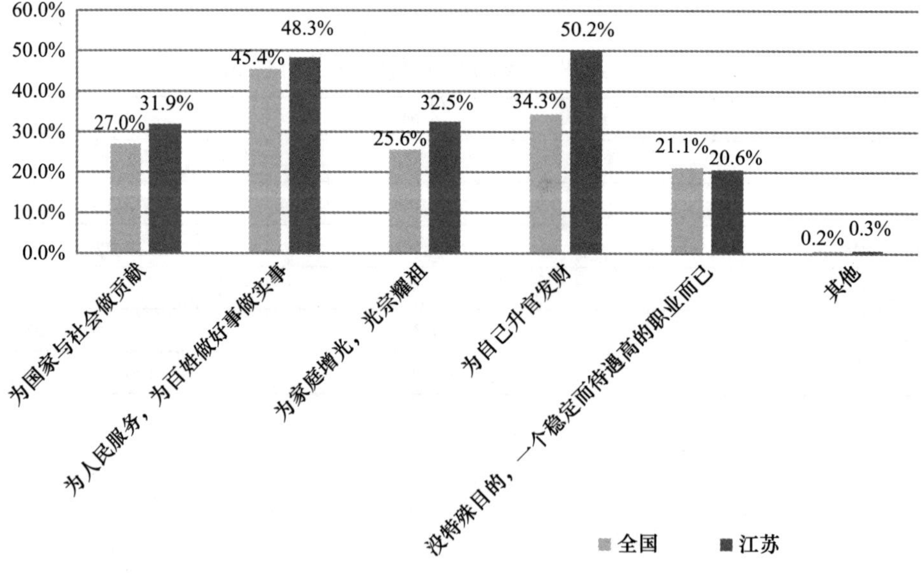

G3 与前几年相比，您对政府官员的信任度有什么变化

	全国	江苏
信任度提高了	38.8%	41.7%
更加不信任	13.6%	8.7%
没什么变化	47.4%	49.4%
其他	0.2%	0.2%
总计	100.0%	100.0%

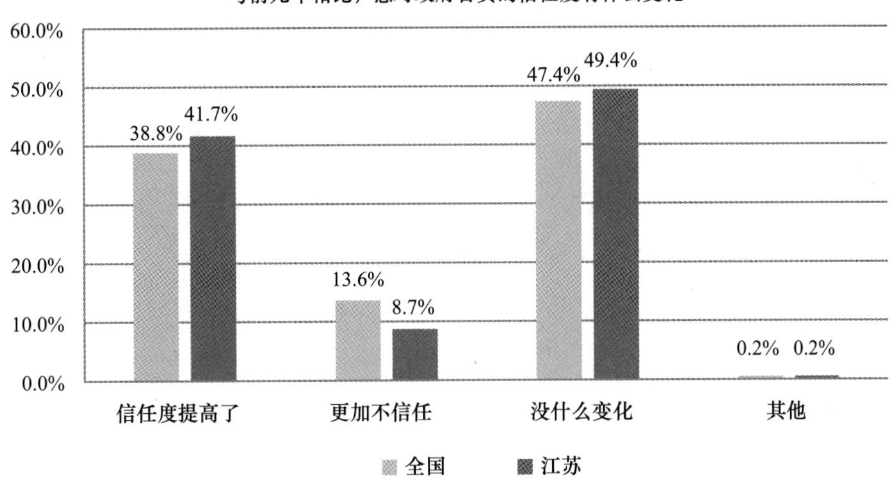

G4 在生活中或媒体上看到政府官员时，您首先想到的是

	全国	江苏
公仆，为老百姓谋福利	19.3%	18.0%
官僚，根本不了解我们的情况	22.2%	19.8%
有权有势的人	20.1%	27.3%
有本事的人	14.3%	9.3%
领导，决定我们命运的人	9.5%	9.2%
贪官	5.7%	8.5%
惹不起但躲得起的人	3.1%	2.6%
遇到大事可以信任的人	2.9%	3.5%
其他	3.0%	1.8%
总计	100.0%	100.0%

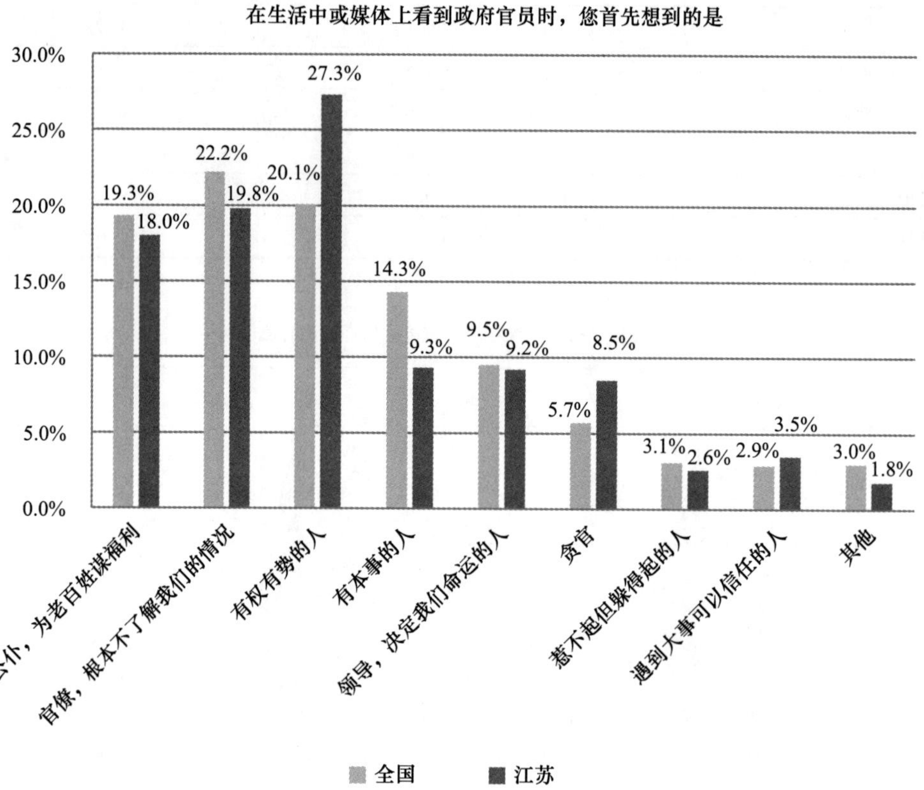

在生活中或媒体上看到政府官员时，您首先想到的是

30.0%
25.0%
20.0%
15.0%
10.0%
5.0%
0.0%

19.3% 18.0%
22.2% 19.8%
20.1% 27.3%
14.3% 9.3%
9.5% 9.2%
5.7% 8.5%
3.1% 2.6%
2.9% 3.5%
3.0% 1.8%

公仆，为老百姓谋福利
官僚，根本不了解我们的情况
有权有势的人
有本事的人
领导，决定我们命运的人
贪官
惹不起但躲得起的人
遇到大事可以信任的人
其他

全国 江苏

G5 您觉得当前我国政府官员道德问题最严重的是（多选）

	全国	江苏
贪污受贿	49.5%	56.8%
以权谋私	56.0%	66.6%
生活作风腐败	31.6%	34.8%
官僚主义	15.1%	19.5%
平庸，不作为，只保护自己不解决实际问题	35.8%	36.7%
乱作为，搞政绩工程折腾百姓	22.2%	24.0%
铺张浪费	12.9%	11.9%
拉帮结派	13.3%	9.3%
骄横跋扈，欺压百姓	7.2%	5.9%

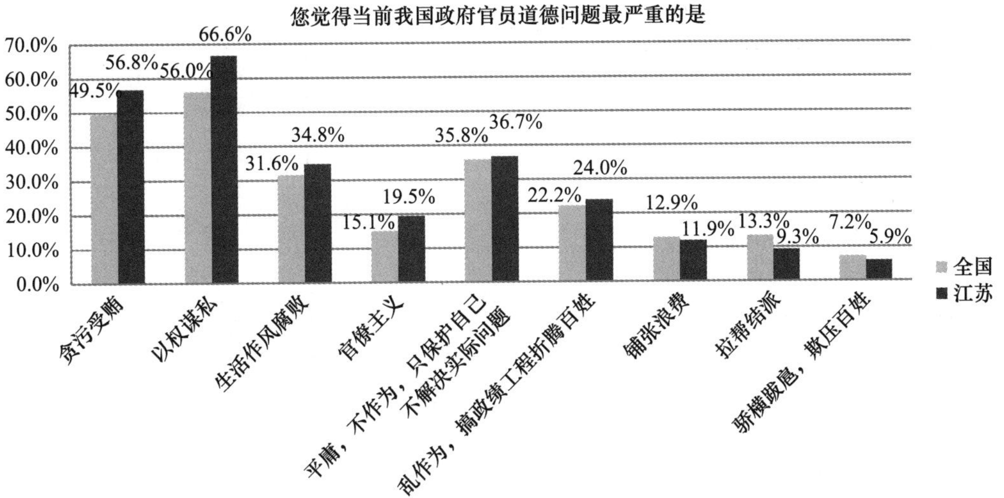

G6 政府在制定政策和决策时充分考虑到伦理道德方面的要求了吗

	全国	江苏
有考虑，能够从日常生活中感受到	37.1%	32.8%
有考虑，能够从政策文件中体会到	23.7%	30.0%
只是口头上说说，没有实质性行动	28.1%	28.4%
没有考虑，政策制度都是从自己的政绩和富人的利益着想	10.4%	8.5%
其他	0.7%	0.3%
总计	100.0%	100.0%

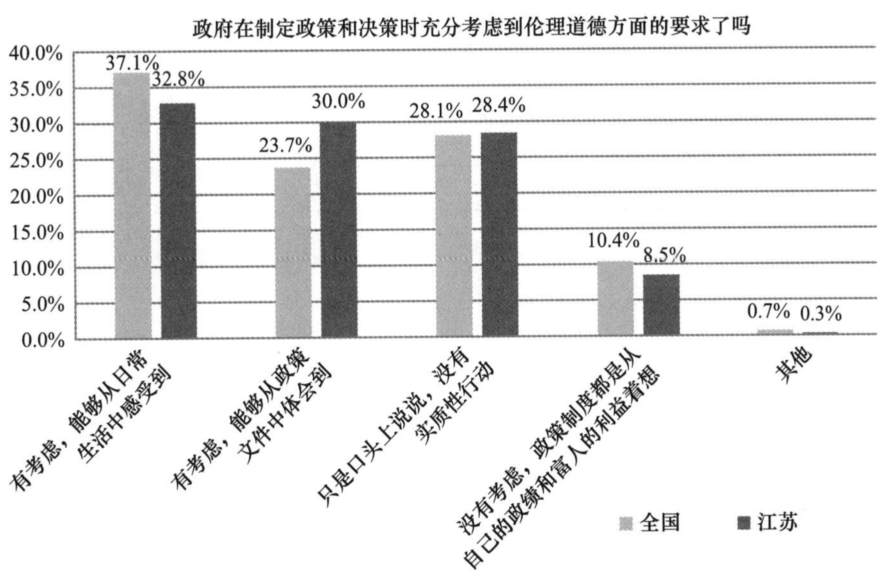

G7a 您认为本地区社区提供的服务做得怎么样

	全国	江苏
很好	8.2%	7.5%
比较好	67.1%	71.9%
不太好	22.7%	19.5%
很差	2.0%	1.1%
总计	100.0%	100.0%

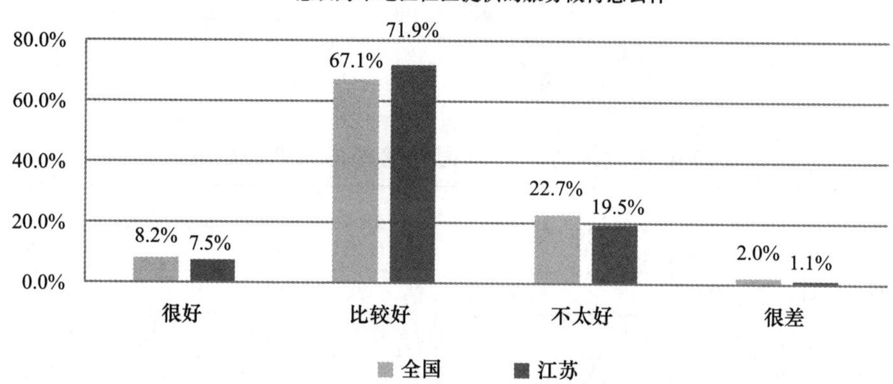

G7b 您认为周围人的尊重和关爱本地区做得怎么样

	全国	江苏
很好	9.7%	10.3%
比较好	69.4%	73.5%
不太好	19.6%	15.1%
很差	1.4%	1.1%
总计	100.0%	100.0%

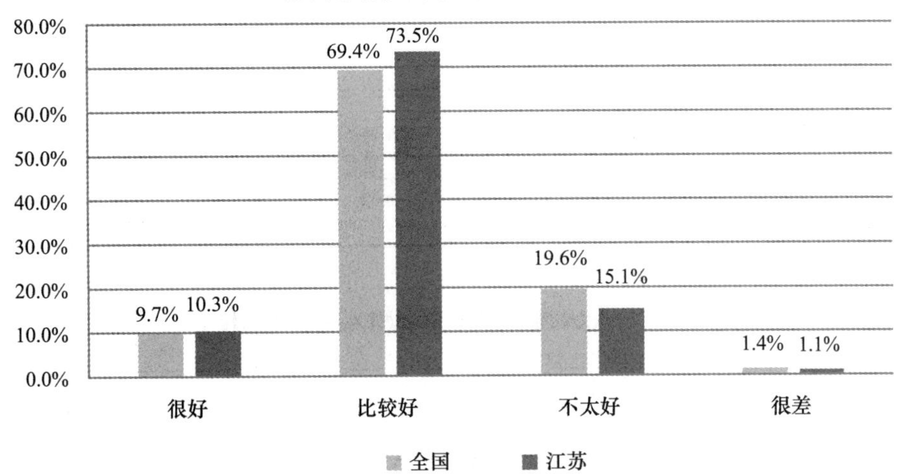

G7c 您认为社会服务机构提供专业化服务本地区做得怎么样

	全国	江苏
很好	10. 1%	9. 5%
比较好	54. 6%	55. 8%
不太好	32. 2%	29. 5%
很差	3. 1%	5. 2%
总计	100. 0%	100. 0%

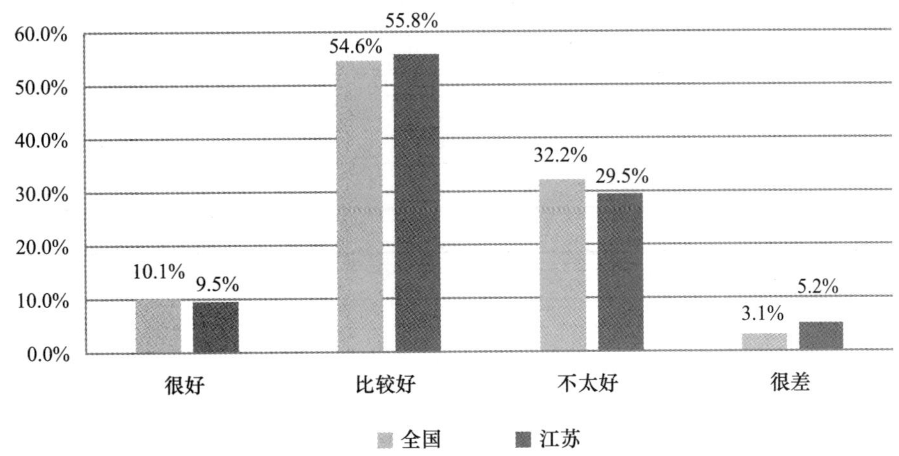

G7d 您认为政府实施的社会援助本地区做得怎么样

	全国	江苏
很好	10.7%	10.0%
比较好	52.8%	61.0%
不太好	31.8%	25.6%
很差	4.7%	3.4%
总计	100.0%	100.0%

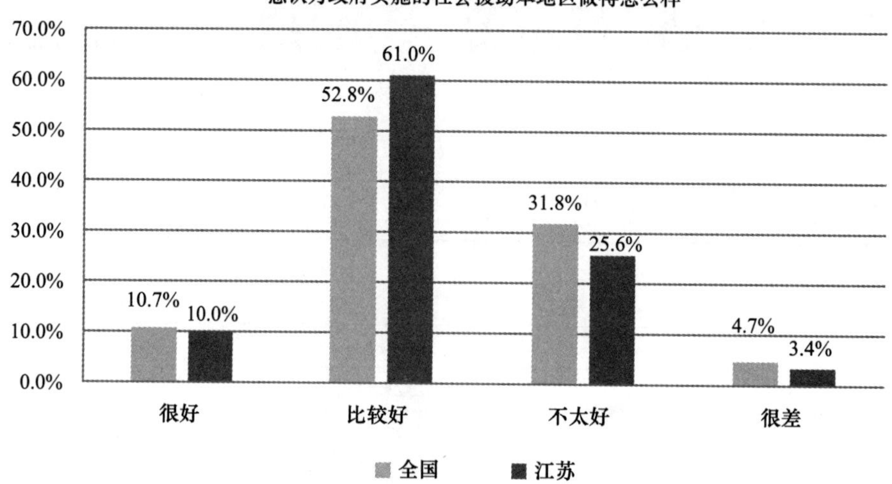

G7e 您认为公益与慈善事业本地区做得怎么样

	全国	江苏
很好	9.0%	9.0%
比较好	52.1%	61.2%
不太好	32.6%	25.8%
很差	6.2%	4.0%
总计	100.0%	100.0%

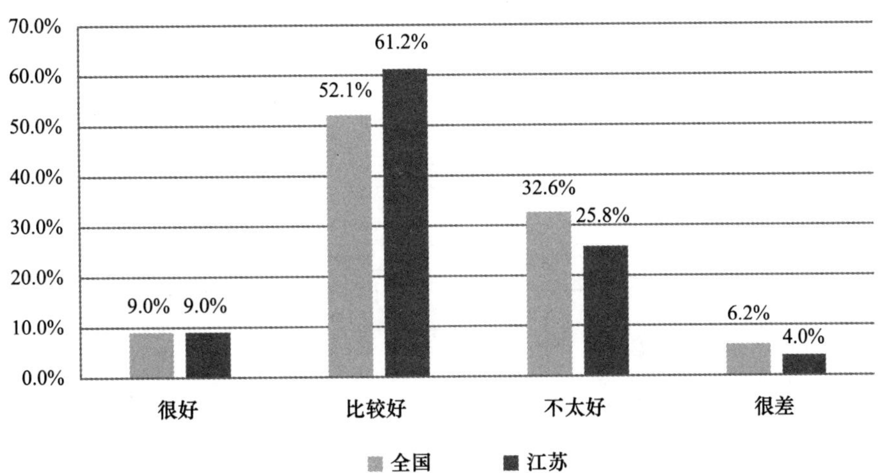

G7f 您认为志愿者帮助本地区做得怎么样

	全国	江苏
很好	9.7%	10.3%
比较好	55.3%	61.6%
不太好	29.4%	24.7%
很差	5.6%	3.4%
总计	100.0%	100.0%

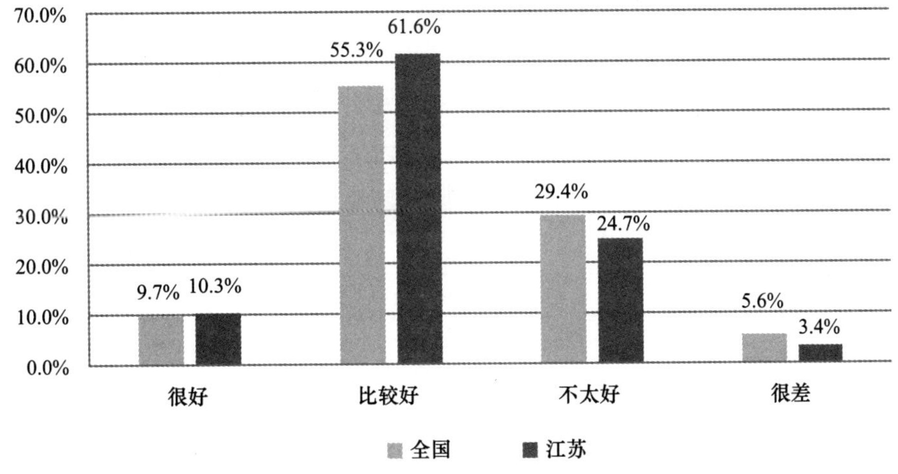

G8 您认为有必要为好人树碑立传吗

	全国	江苏
很有必要，可以让更多的人知道他们、学习他们	67.8%	81.8%
可有可无	15.9%	10.5%
没有必要	16.3%	7.8%
总计	100.0%	100.0%

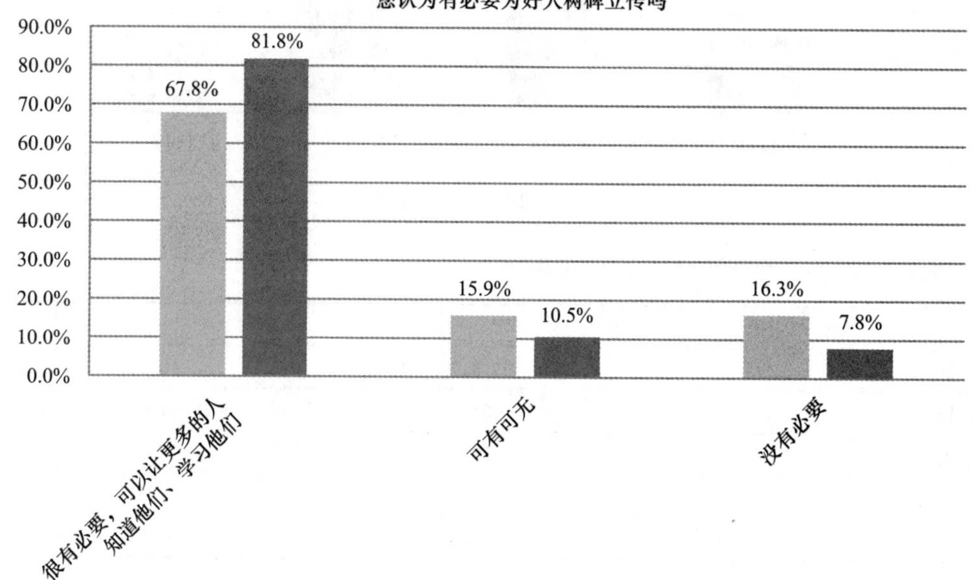

G9 党中央出台了一系列治国理政的新举措，给社会生活带来了什么变化

	全国	江苏
社会在向好的方面发展，对未来生活更有信心	50.8%	58.6%
目前没看出有什么影响	21.4%	19.7%
虽然出台了一些政策，感觉解决不了什么问题	19.1%	15.1%
不关心这些，说不清楚	8.6%	6.5%
其他	0.1%	0.1%
总计	100.0%	100.0%

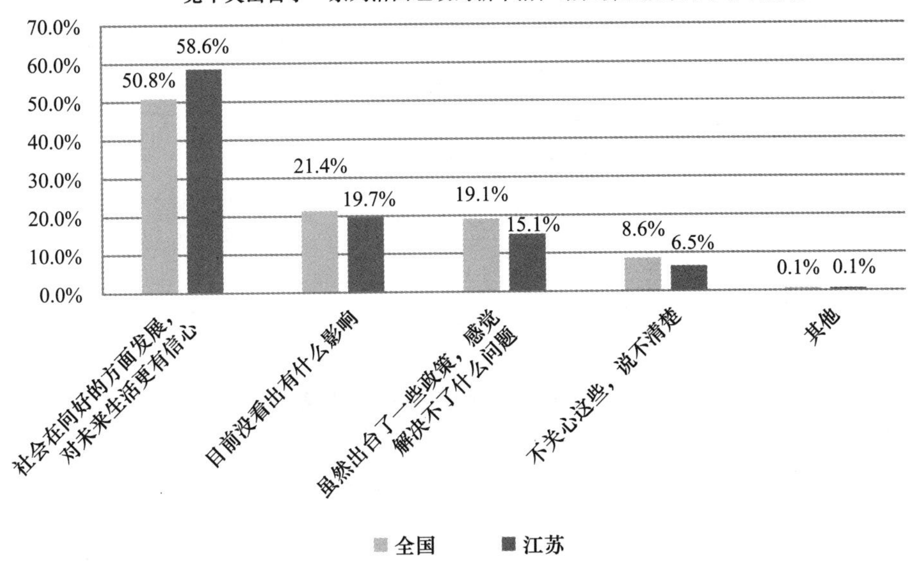

G10a 就业政策对促进社会公平有效果吗

	全国	江苏
较大效果	6.3%	8.0%
有点效果	57.1%	66.6%
没有效果	31.4%	23.5%
更不公平	4.4%	1.6%
大大加剧了不公平	0.8%	0.3%
总计	100.0%	100.0%

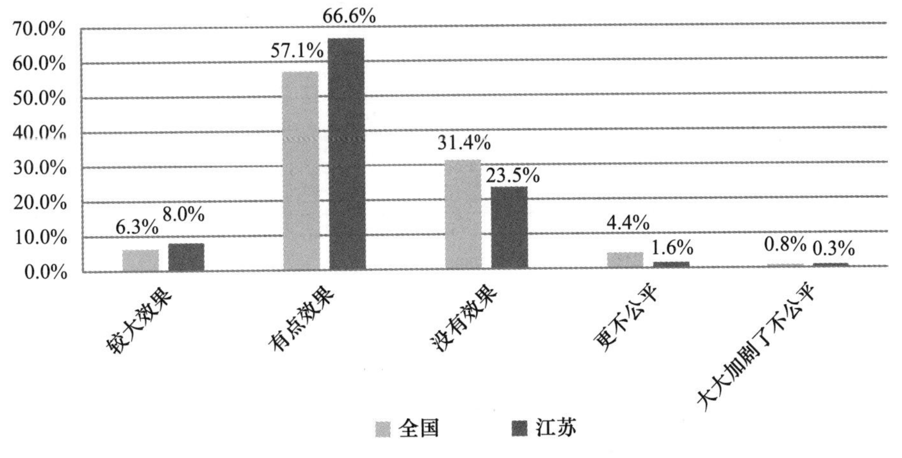

G10b 教育政策对促进社会公平有效果吗

	全国	江苏
较大效果	8.9%	11.0%
有点效果	61.1%	68.3%
没有效果	25.1%	15.3%
更不公平	4.4%	3.4%
大大加剧了不公平	0.5%	2.0%
总计	100.0%	100.0%

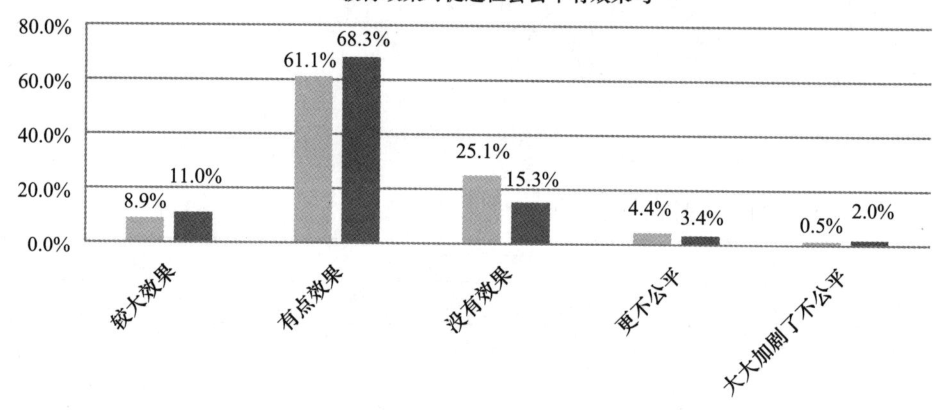

G10c 医疗卫生政策对促进社会公平有效果吗

	全国	江苏
较大效果	9.9%	12.5%
有点效果	57.4%	60.8%
没有效果	25.2%	20.2%
更不公平	6.7%	3.9%
大大加剧了不公平	0.8%	2.6%
总计	100.0%	100.0%

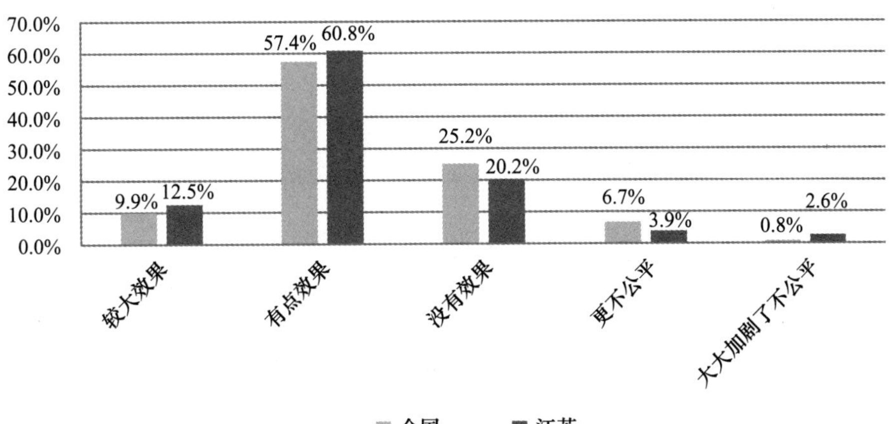

G10d 低保政策对促进社会公平有效果吗

	全国	江苏
较大效果	10.0%	13.8%
有点效果	50.3%	60.7%
没有效果	26.9%	19.0%
更不公平	11.2%	4.4%
大大加剧了不公平	1.6%	2.1%
总计	100.0%	100.0%

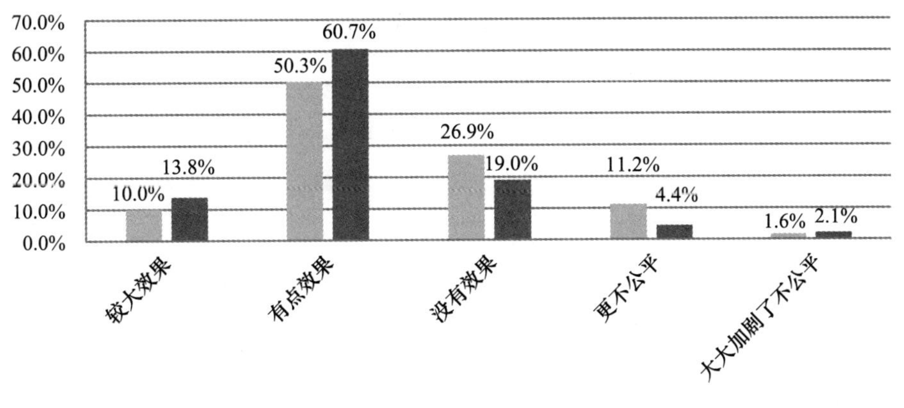

G10e 房地产政策对促进社会公平有效果吗

	全国	江苏
较大效果	5.9%	5.2%
有点效果	34.9%	43.5%
没有效果	38.8%	31.3%
更不公平	15.3%	12.5%
大大加剧了不公平	5.1%	7.6%
总计	100.0%	100.0%

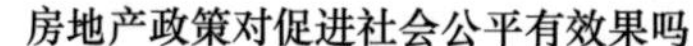

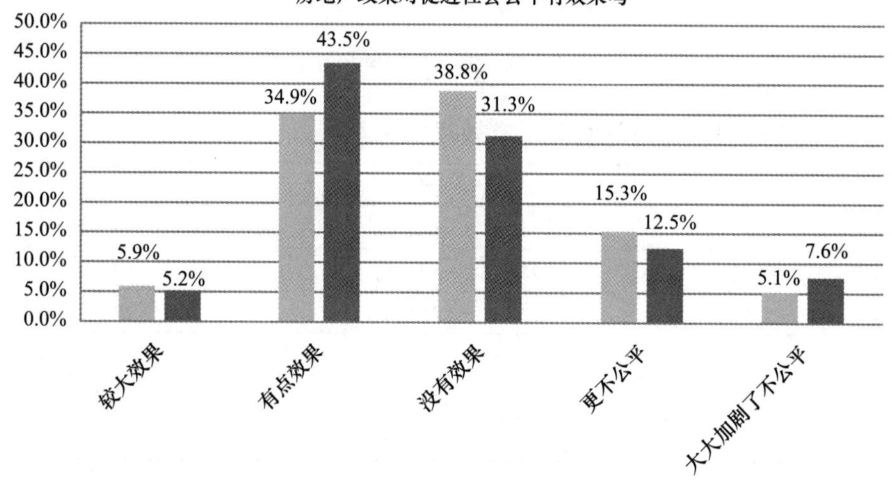

G10f 拆迁安置政策对促进社会公平有效果吗

	全国	江苏
较大效果	5.8%	6.2%
有点效果	34.0%	46.5%
没有效果	38.0%	26.2%
更不公平	16.1%	12.5%
大大加剧了不公平	6.1%	8.6%
总计	100.0%	100.0%

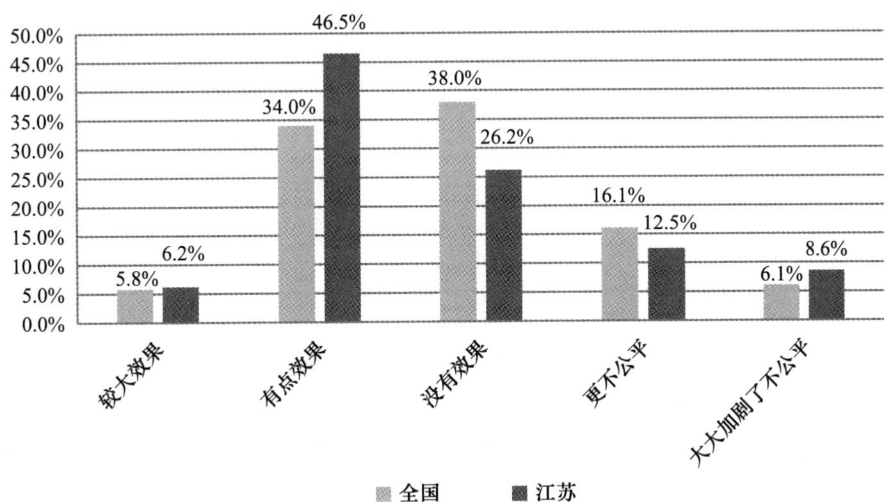

G11 如果遭遇重大公共事件，您相信政府公布的信息和采取的措施吗

	全国	江苏
相信，大都是可靠的，比网络流传的可靠	62.6%	72.6%
不相信，都是安抚百姓的策略措施	16.4%	14.2%
将信将疑，走一步看一步	21.0%	13.1%
其他	0.1%	
总计	100.0%	100.0%

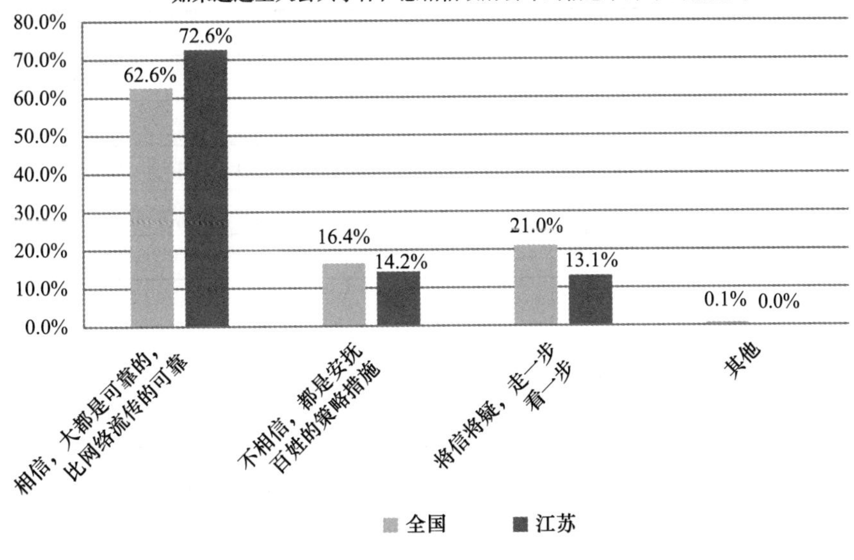

G12a 政府推动或倡导的文明城市创建效果如何

	全国	江苏
完全没效果	2.1%	1.9%
效果较差	22.4%	13.5%
效果较好	65.1%	67.0%
效果很好	10.4%	17.6%
总计	100.0%	100.0%

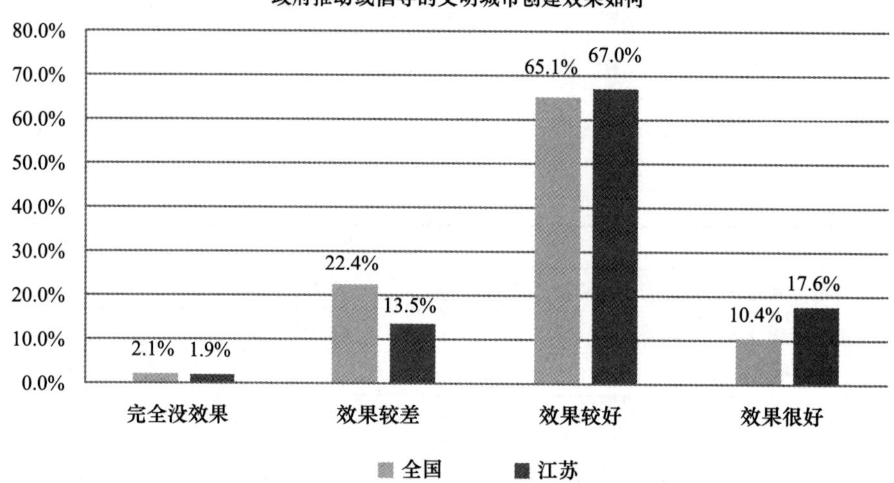

G12b 政府推动或倡导的学雷锋活动效果如何

	全国	江苏
完全没效果	2.7%	2.5%
效果较差	24.3%	18.8%
效果较好	63.7%	64.9%
效果很好	9.4%	13.8%
总计	100.0%	100.0%

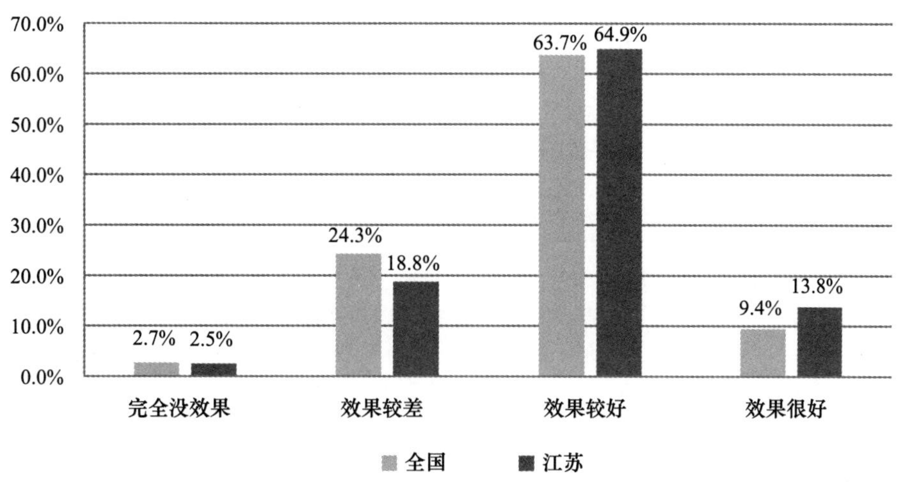

G12c 政府推动或倡导的典型人物的宣传效果如何

	全国	江苏
完全没效果	2.6%	2.1%
效果较差	22.3%	18.8%
效果较好	64.1%	61.0%
效果很好	11.0%	18.1%
总计	100.0%	100.0%

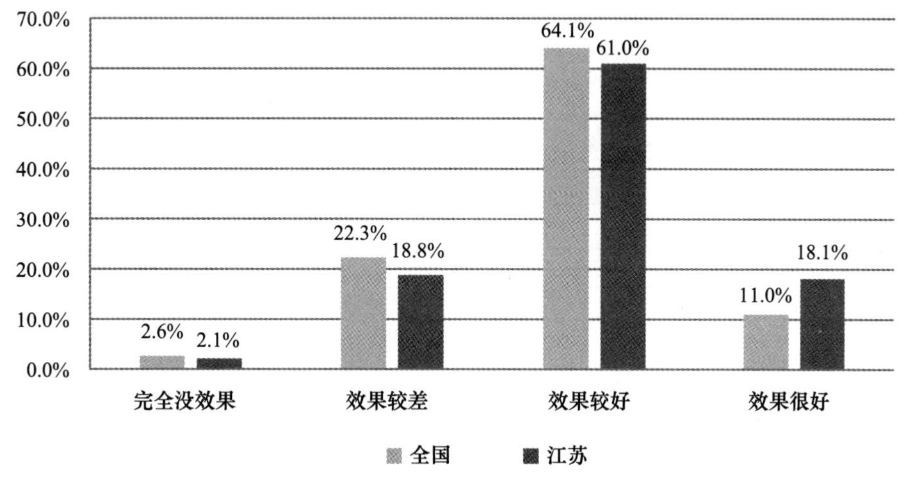

G12d 政府推动或倡导的志愿服务推广效果如何

	全国	江苏
完全没效果	2.2%	2.0%
效果较差	23.8%	18.8%
效果较好	60.0%	60.5%
效果很好	14.0%	18.7%
总计	100.0%	100.0%

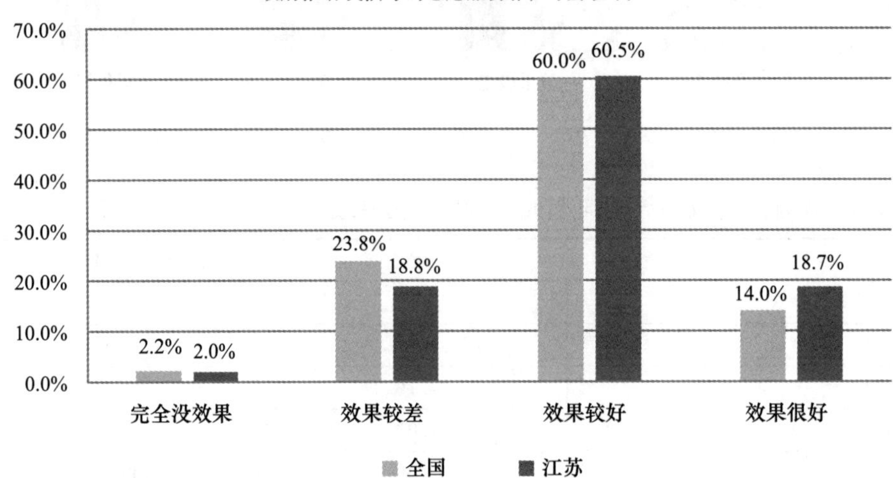

G12e 政府推动或倡导的反腐倡廉的举措效果如何

	全国	江苏
完全没效果	4.6%	4.2%
效果较差	22.7%	18.9%
效果较好	56.3%	57.9%
效果很好	16.5%	19.0%
总计	100.0%	100.0%

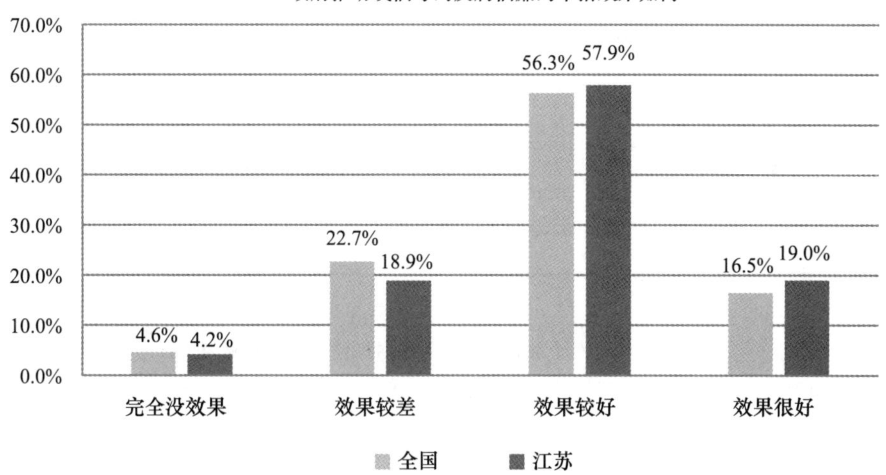

G12f 政府推动或倡导的《公民道德建设实施纲要》的推进效果如何

	全国	江苏
完全没效果	4.3%	2.3%
效果较差	24.5%	18.9%
效果较好	58.6%	62.9%
效果很好	12.5%	15.9%
总计	100.0%	100.0%

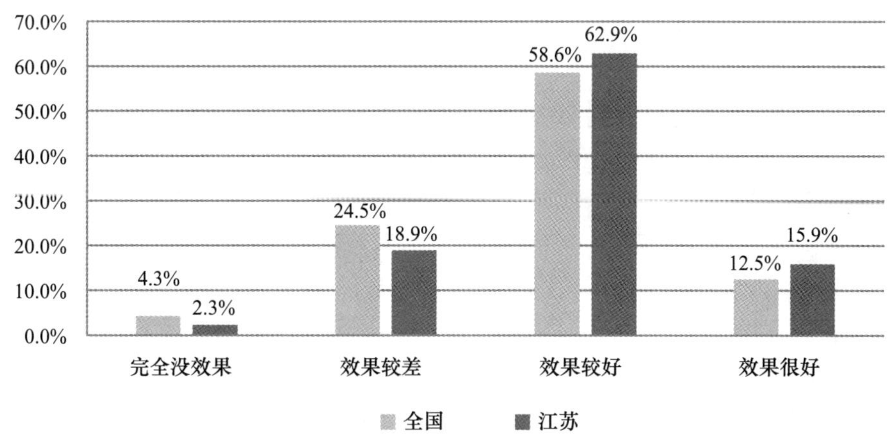

G13 您对于我们正在走的中国特色社会主义道路怎么看

	全国	江苏
充满信心，因为它可以给中国带来繁荣富强	47.0%	53.5%
不太了解，但相信这条路能够让老百姓都过上好日子	36.4%	34.2%
表示怀疑，走这条路究竟怎么样，现在还说不清楚	11.6%	8.2%
走什么样的路，跟我没关系	4.8%	4.0%
其他	0.2%	0.1%
总计	100.0%	100.0%

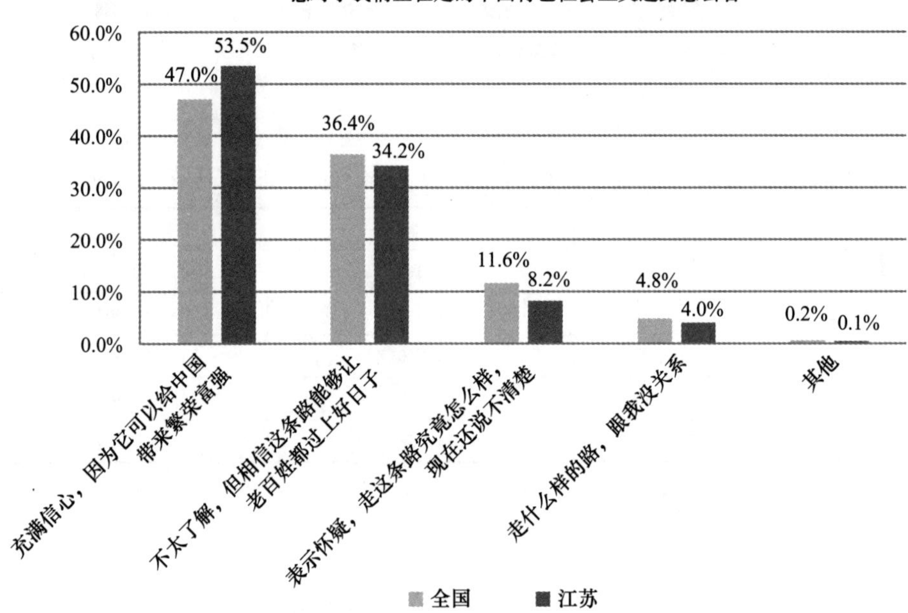

G14 党的十八大提出，到2020年全面建成小康社会，到21世纪中叶建成社会主义现代化国家，您认为这样的目标能实现吗

	全国	江苏
相信一定能实现	31.2%	40.1%
有困难，但只要努力还是能实现的	56.0%	49.8%
不可能实现	3.7%	3.1%
说不清楚，跟我没关系	8.9%	6.9%
其他	0.2%	0.1%
总计	100.0%	100.0%

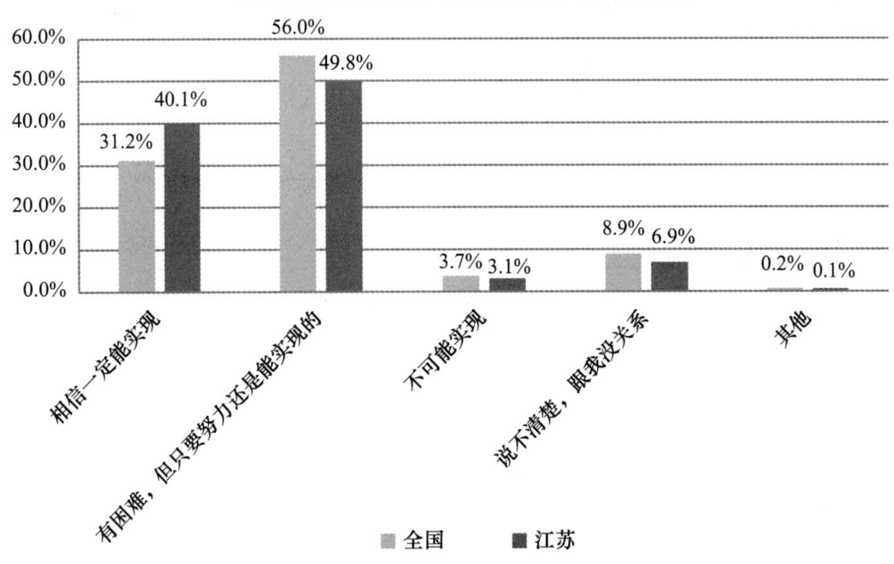

G15 您对您周围的党员干部道德状况怎么评价

	全国	江苏
总体还不错	42.3%	51.4%
普遍比较差	21.7%	19.1%
和普通群众没有太大差别	36.0%	29.6%
总计	100.0%	100.0%

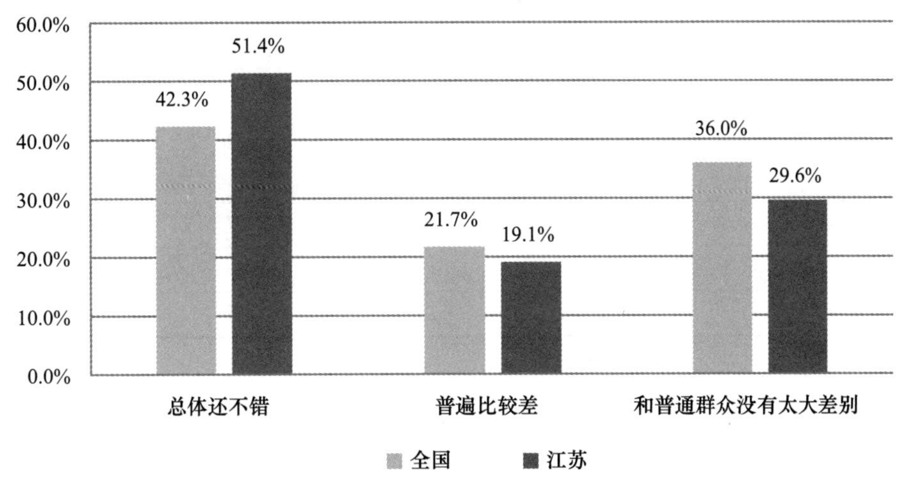

G16 您认为当前官员的勤政作为是怎样的

	全国	江苏
努力作为，成绩显著	22.7%	24.8%
努力作为，成绩一般	48.8%	53.4%
行政不作为	19.3%	17.3%
行政乱作为	9.2%	4.5%
总计	100.0%	100.0%

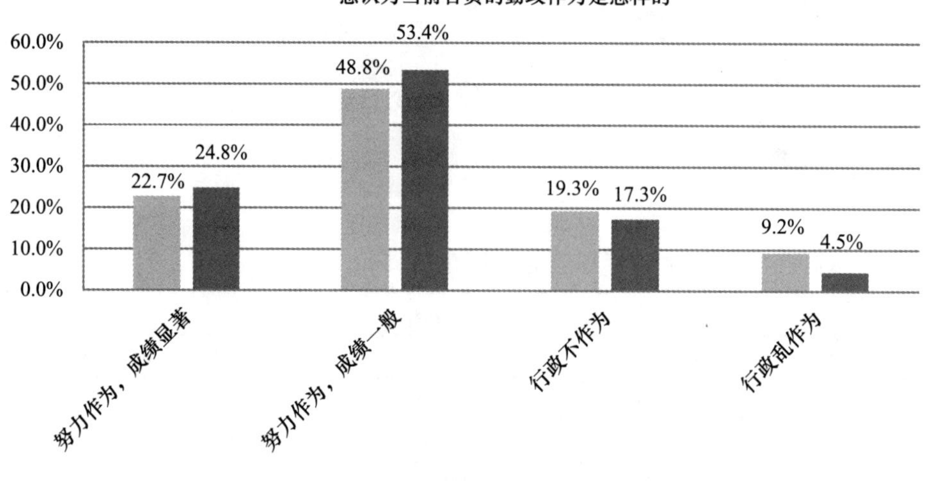

G17 您到政府部门办事，首先选择的方法是

	全国	江苏
找亲朋好友帮忙办理	18.5%	12.7%
找政府中的熟人办理	21.2%	24.5%
送红包	1.7%	1.0%
直接找相关职能部门办理	58.2%	61.6%
其他	0.5%	0.2%
总计	100.0%	100.0%

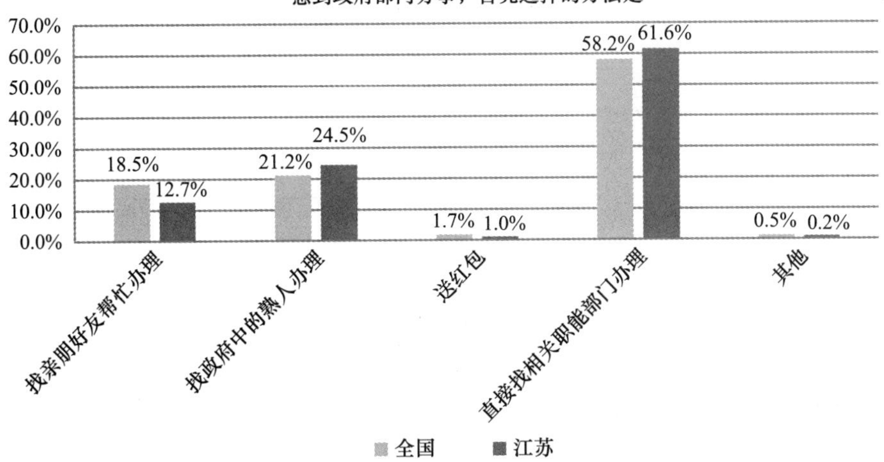

H1 您认为近五年来，您所在地区政府的环境保护工作做得怎么样

	全国	江苏
片面注重经济发展，忽视了环境保护工作	22.6%	17.6%
重视不够，环保投入不足	29.6%	25.9%
虽尽了努力，但效果不佳	18.7%	14.2%
尽了很大努力，有一定成效	23.7%	34.3%
取得了很大的成绩	5.4%	8.1%
总计	100.0%	100.0%

您认为近五年来，您所在地区政府的环境保护工作做得怎么样

40.0%
35.0%
30.0%
25.0%
20.0%
15.0%
10.0%
5.0%
0.0%
22.6%
17.6%
29.6%
25.9%
18.7%
14.2%
23.7%
34.3%
5.4%
8.1%
片面注重经济发展，忽视了环境保护工作
重视不够，环保投入不足
虽尽了努力，但效果不佳
尽了很大努力，有一定成效
取得了很大的成绩
全国
江苏

H2a 在最近的一年里，您是否从事过垃圾分类投放工作

	全国	江苏
从不	40.5%	44.7%
偶尔	45.1%	38.5%
经常	14.4%	16.8%
总计	100.0%	100.0%

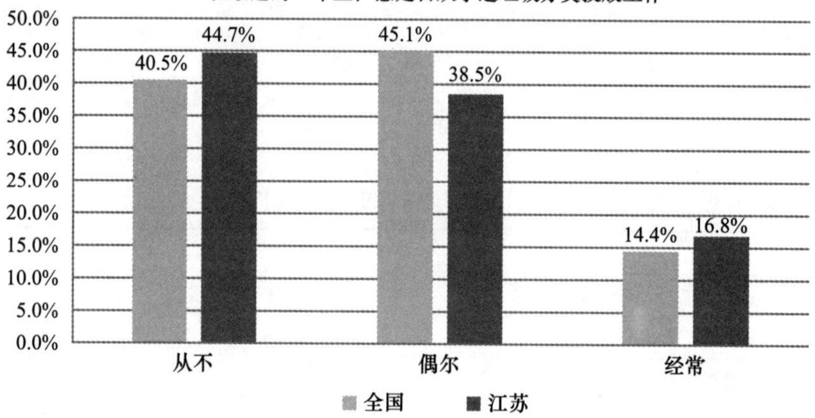

H2b 在最近的一年里，您是否与自己的亲戚朋友讨论过环保问题

	全国	江苏
从不	38.0%	45.6%
偶尔	50.7%	43.3%
经常	11.3%	11.2%
总计	100.0%	100.0%

在最近的一年里，您是否与自己的亲戚朋友讨论过环保问题

60.0%
50.0%
40.0%
30.0%
20.0%
10.0%
0.0%

38.0% 45.6%
50.7% 43.3%
11.3% 11.2%

从不 偶尔 经常

全国 江苏

H2c 在最近的一年里，您是否有过在采购日常用品时自己带购物篮或购物袋行为

	全国	江苏
从不	22.7%	22.9%
偶尔	52.0%	45.9%
经常	25.2%	31.2%
总计	100.0%	100.0%

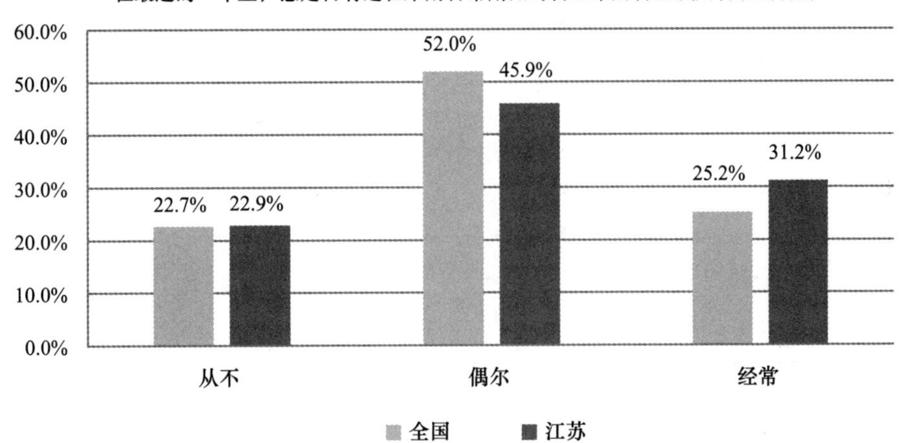

H2d 在最近的一年里，您是否有过优先选择公交、步行等绿色出行方式的行为

	全国	江苏
从不	12.9%	18.8%
偶尔	42.0%	39.7%
经常	45.1%	41.5%
总计	100.0%	100.0%

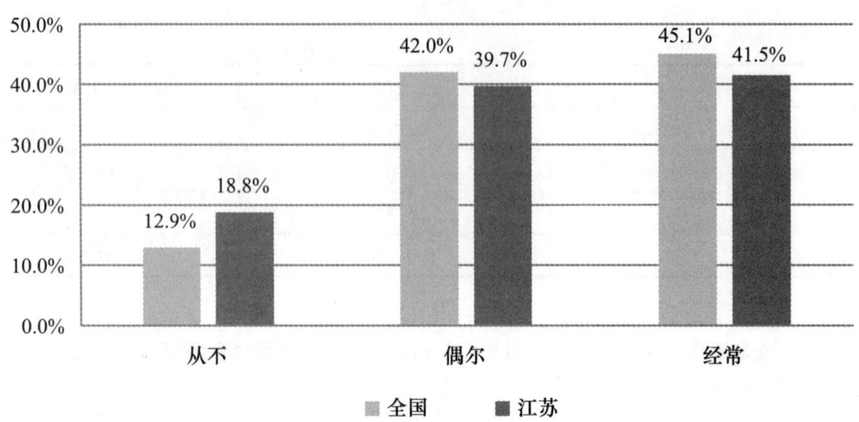

H2e 在最近的一年里，您是否有过为环境保护捐款的行为

	全国	江苏
从不	67.2%	73.9%
偶尔	27.3%	22.0%
经常	5.5%	4.1%
总计	100.0%	100.0%

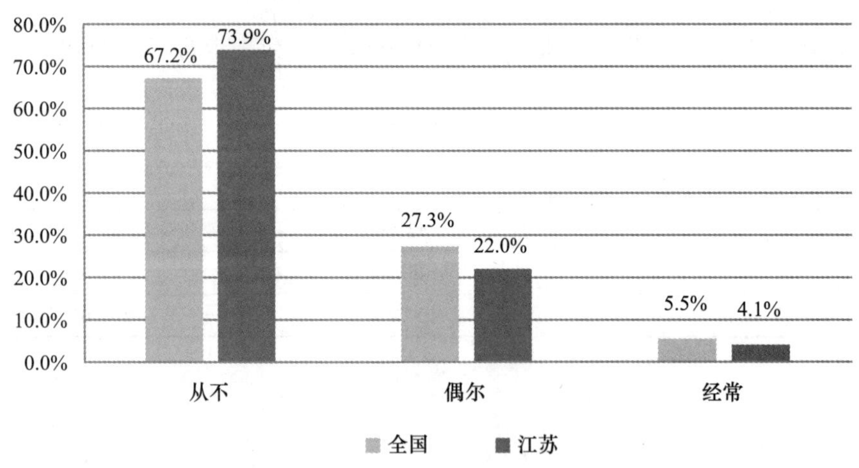

H2f 在最近的一年里，您是否主动关注过环境方面的信息报道和宣传教育

	全国	江苏
从不	61.6%	69.0%

续表

	全国	江苏
偶尔	31.5%	24.7%
经常	6.9%	6.3%
总计	100.0%	100.0%

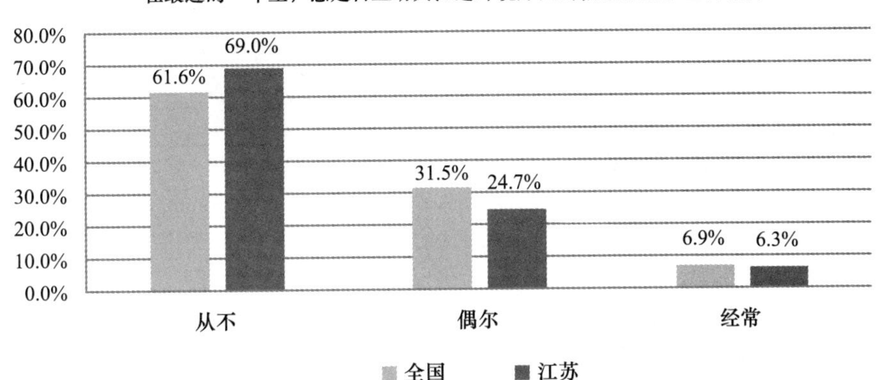

H2g 在最近的一年里，您是否积极参加过民间环保团体举办的环保活动

	全国	江苏
从不	72.7%	78.2%
偶尔	23.3%	17.9%
经常	4.0%	3.9%
总计	100.0%	100.0%

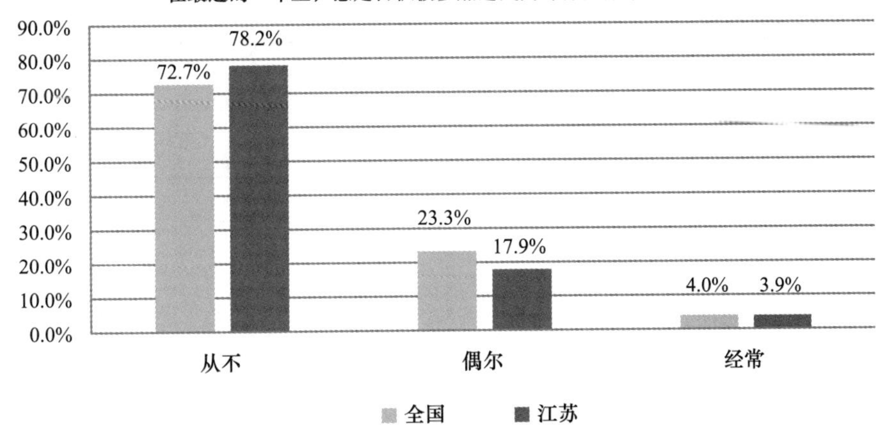

H2h 在最近的一年里，您是否积极参加过要求解决环境问题的投诉、上诉

	全国	江苏
从不	79.7%	81.9%
偶尔	17.2%	15.0%
经常	3.1%	3.1%
总计	100.0%	100.0%

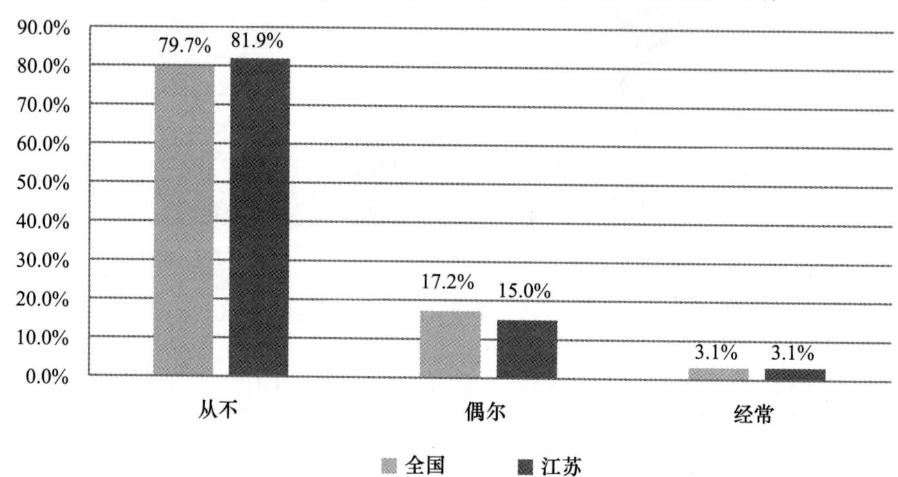

H3 如果您的周围有一片森林，政府将成材的树林砍伐下来办木材厂，将极大增加您的收入，但将破坏环境，您会支持这一决定吗

	全国	江苏
支持，对大家有好处	11.9%	8.7%
反对，这是发子孙财，破坏生态	70.0%	70.2%
不支持也不反对，政府决定	18.0%	21.0%
其他	0.1%	0.1%
总计	100.0%	100.0%

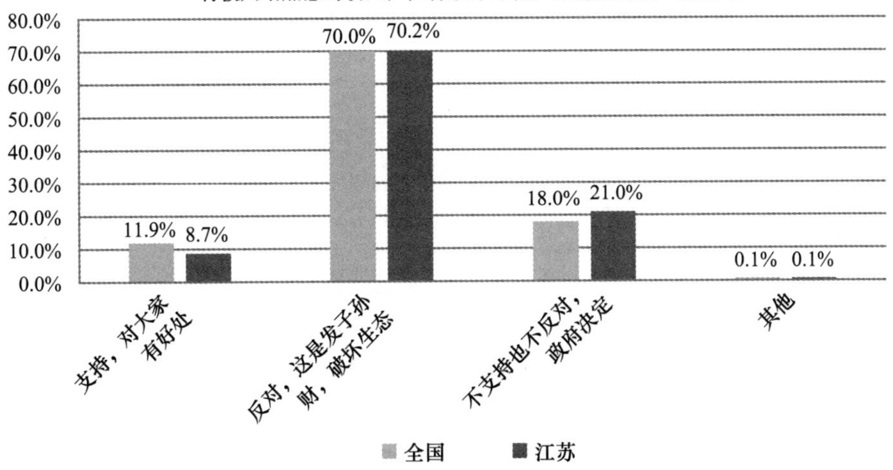

H4 如果要办一个化工厂，您是这个厂的持股职工，但会给下游地区造成污染，您会支持这个决定吗

	全国	江苏
支持，我们不会受污染	12.9%	6.8%
反对，这是嫁祸于人	69.0%	76.4%
不支持也不反对，成了可分红，不成是领导的责任	17.9%	16.8%
其他	0.2%	0.1%
总计	100.0%	100.0%

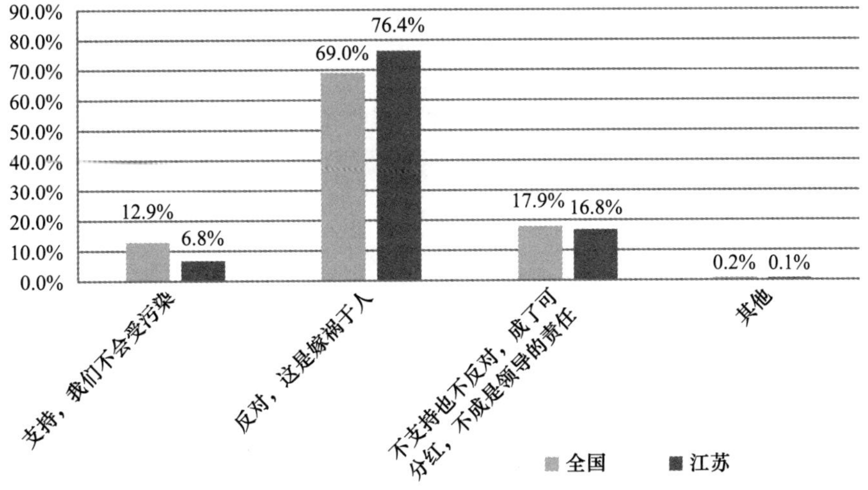

H5 您认为造成生态环境问题的最主要原因是

	全国	江苏
企业唯利是图，造成环境污染	26.6%	32.4%
政府缺乏生态意识，政策失当	34.8%	32.1%
个人缺乏环保意识	20.5%	18.0%
当代人自私自利，不顾未来和子孙利益	17.2%	16.8%
其他	0.9%	0.6%
总计	100.0%	100.0%

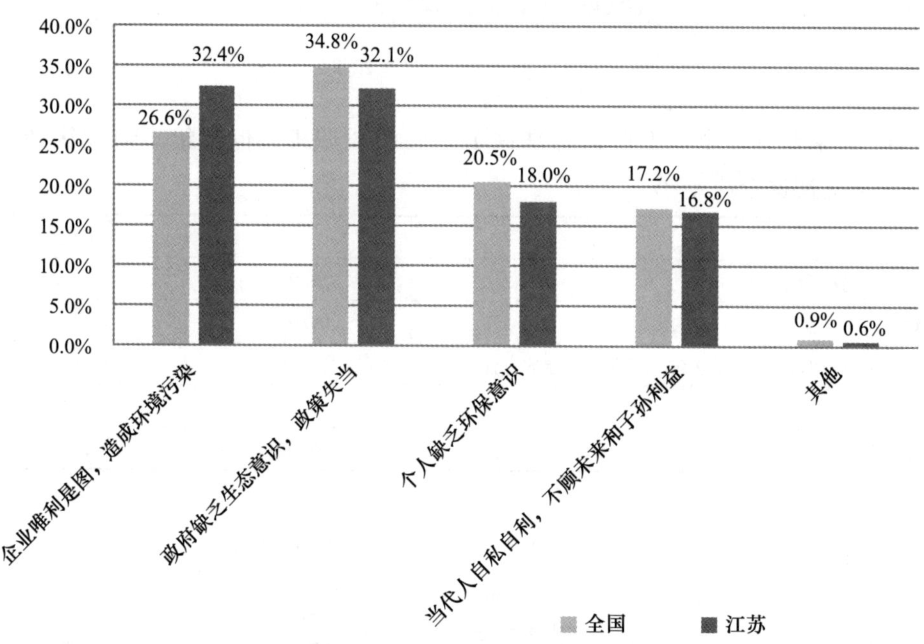

H6 如果环境保护主管部门邀请您参加座谈会或听证会，您是否会出席

	全国	江苏
会	71.0%	68.0%
不会	29.0%	32.0%
总计	100.0%	100.0%

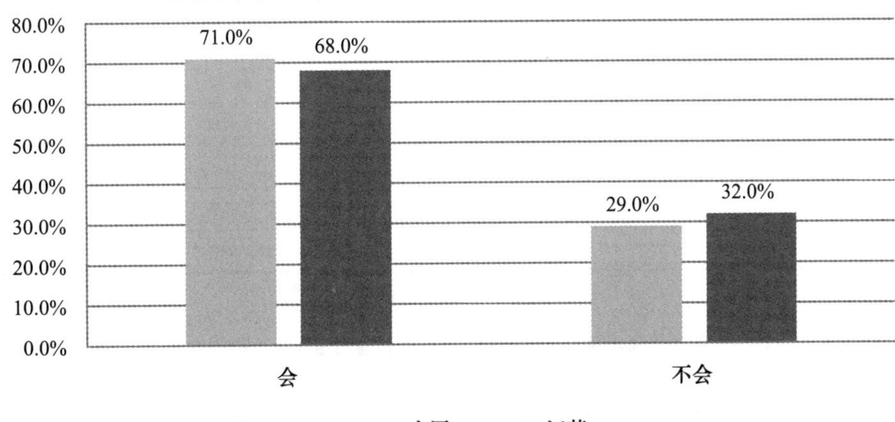

H7 若您所在社区参加“绿色社区”创建活动，您是否会积极参与

	全国	江苏
会	76.7%	73.5%
不会	23.3%	26.5%
总计	100.0%	100.0%

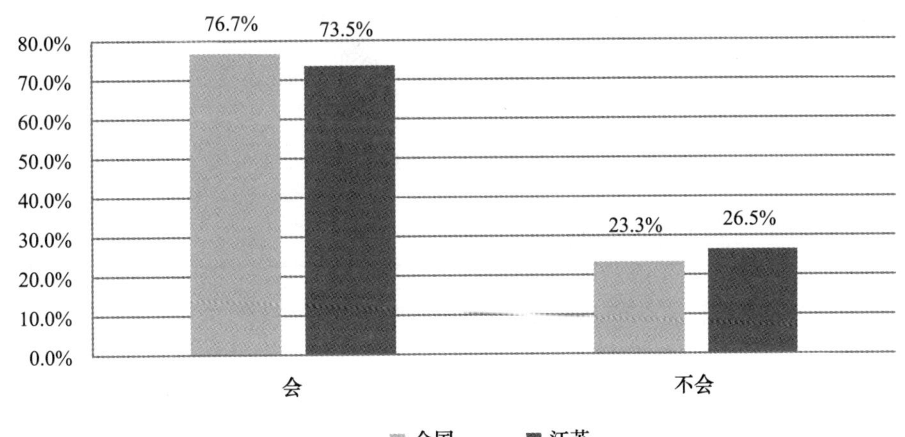

I1 如果您周围有很多外国人，您愿意和他们建立什么样的关系

	全国	江苏
愿意做朋友	36.0%	40.6%

续表

	全国	江苏
愿意做兄弟姐妹	10.7%	4.5%
不愿意来往，得提防他们	4.3%	3.0%
偶尔交往，仅限于礼节性的	13.4%	15.0%
无法和他们来往，存在语言、文化、习俗等障碍	35.2%	36.7%
其他	0.4%	0.3%
总计	100.0%	100.0%

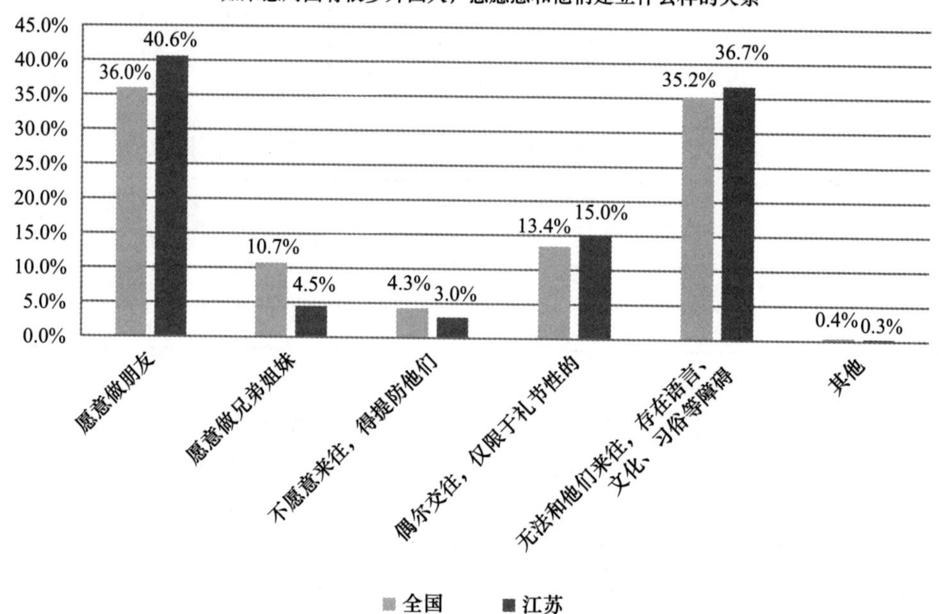

I2 您更愿意过春节还是圣诞节

	全国	江苏
圣诞节	0.7%	0.5%
春节	79.1%	82.4%
两个都愿意过	17.2%	15.8%
两个都不想过	3.0%	1.4%
总计	100.0%	100.0%

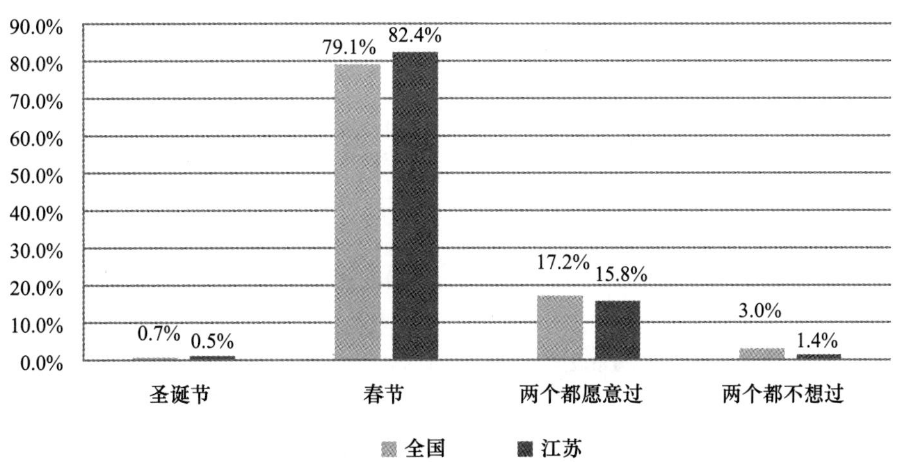

I3 您同意中国人与外国人通婚吗

	全国	江苏
非常同意	6.1%	3.6%
比较同意	57.2%	68.4%
不太同意	31.4%	23.3%
强烈反对	5.3%	4.8%
总计	100.0%	100.0%

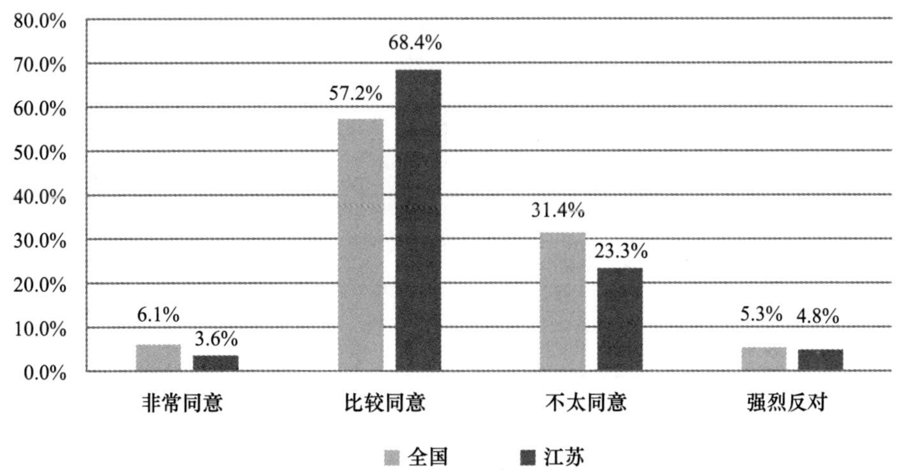

I4 对外来的城市农民工如建筑工人、家庭保姆等，您的态度是

	全国	江苏
看不起和排斥	2.2%	0.7%
无视和冷漠以对	7.8%	3.8%
尊重和体谅	73.0%	77.1%
同情和友爱	16.7%	18.4%
其他	0.3%	0.1%
总计	100.0%	100.0%

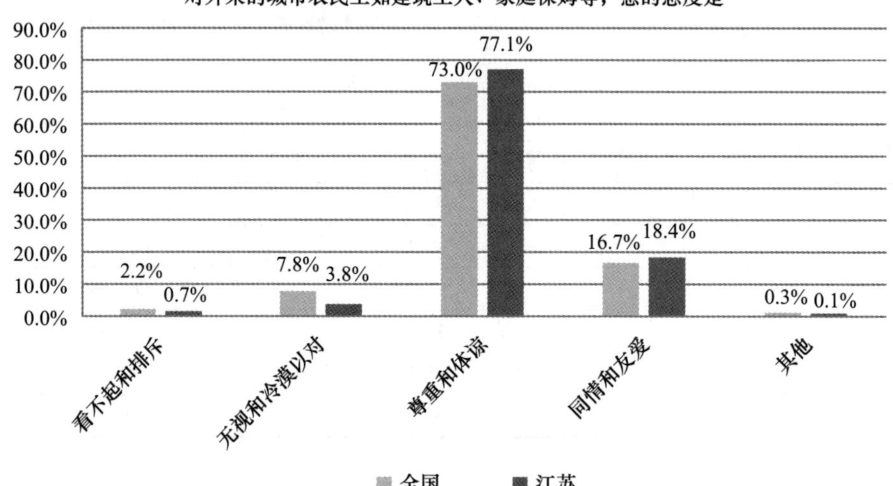

I5 您在日常生活中与同乡人和外乡人的关系是

	全国	江苏
与同乡人交往多	41.2%	42.7%
与外乡人交往多	12.0%	9.1%
一样多	19.1%	23.4%
偶尔与外乡人有交往，主要与同乡人交往	27.7%	24.7%
其他	0.1%	0.1%
总计	100.0%	100.0%

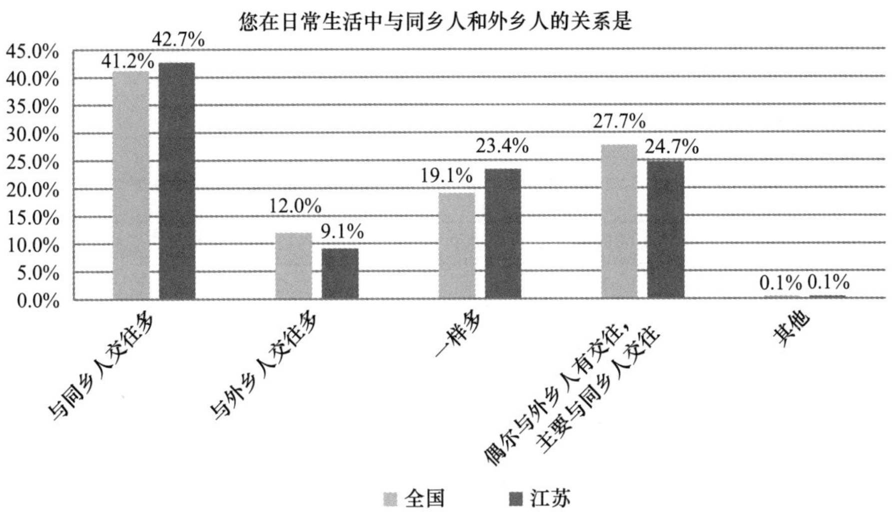

I6 您所在地区的政府对待外来人员的政策取向是

	全国	江苏
不冷不热，顺其自然	44.1%	45.6%
提高门槛，严加限制	16.2%	10.4%
降低门槛，广泛吸收	24.1%	33.2%
对有钱人、高级专家采取特殊政策吸引，对一般人严格限制	15.0%	10.7%
其他	0.6%	0.1%
总计	100.0%	100.0%

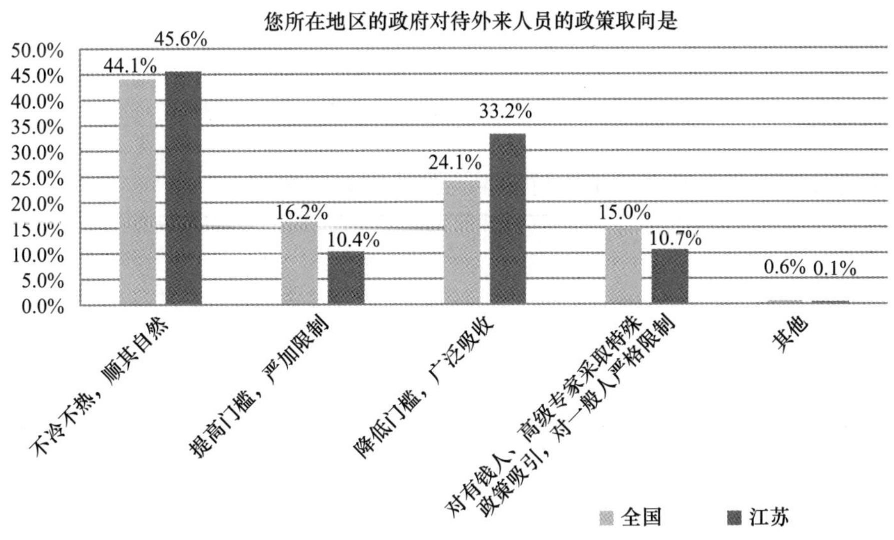

I7 您认为在当前的中国，读书还能不能改变命运

	全国	江苏
读书只是改变命运的一个路径	35.7%	38.6%
读书是改变命运的主要路径	42.5%	40.4%
读书是改变命运的唯一路径	12.4%	12.5%
不再是改变命运的路径，没权势的人读了书照样穷	9.2%	8.4%
其他	0.2%	0.1%
总计	100.0%	100.0%

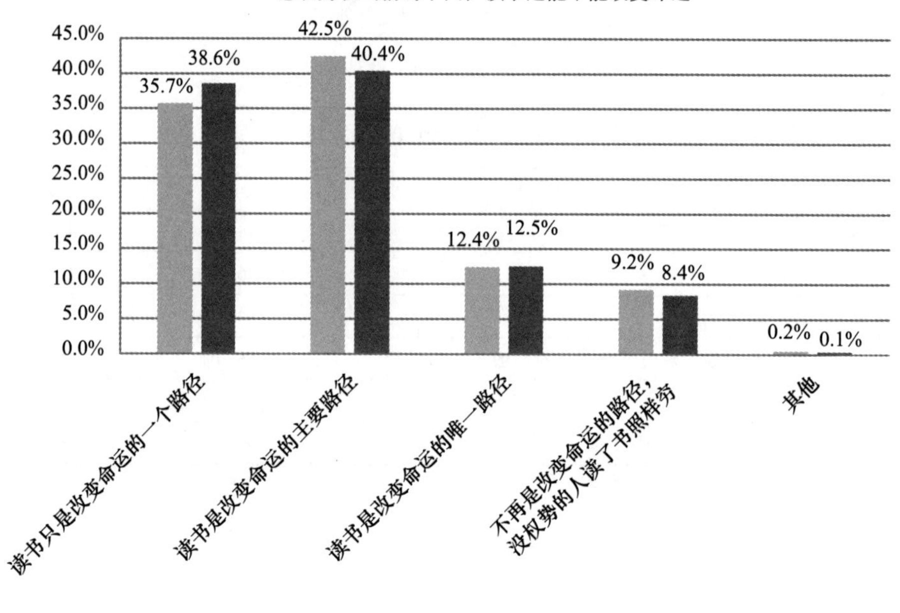

I8 您如何认识名牌大学里农村学生比例急剧减少的现象

	全国	江苏
是一种社会倒退	12.5%	9.6%
农村教育的落后	39.7%	37.2%
教育不公平	28.4%	33.2%
有钱人和有权人特权的表现	12.0%	13.4%

续表

	全国	江苏
代际不公、社会不公的延续和加剧	6.6%	5.7%
其他	0.9%	1.0%
总计	100.0%	100.0%

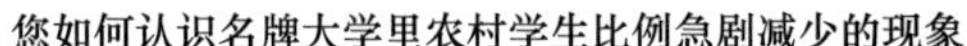

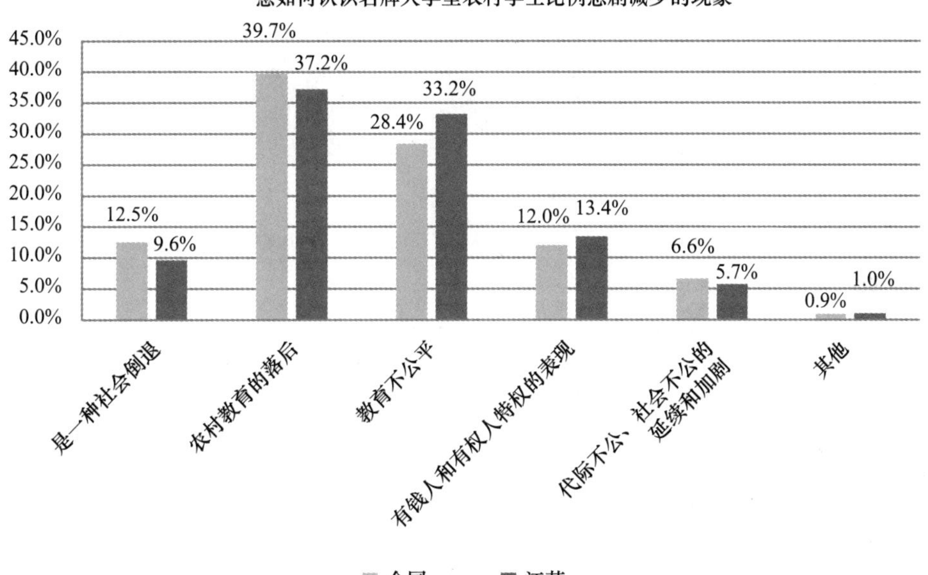

I9 您的同学指出您家乡的某一风俗习惯很落后保守，您会作出什么反应

	全国	江苏
坦然面对，承认这一风俗习惯确实落后	52.9%	52.2%
虽然认为说得对，但是感觉他或她在批评自己的家乡，因此不自在	28.2%	30.4%
虽然认为说得对，但是感到受到羞辱	8.4%	8.9%
批评家乡就是批评自己，要为家乡的风俗习惯做辩护	10.2%	8.3%
其他	0.2%	0.2%
总计	100.0%	100.0%

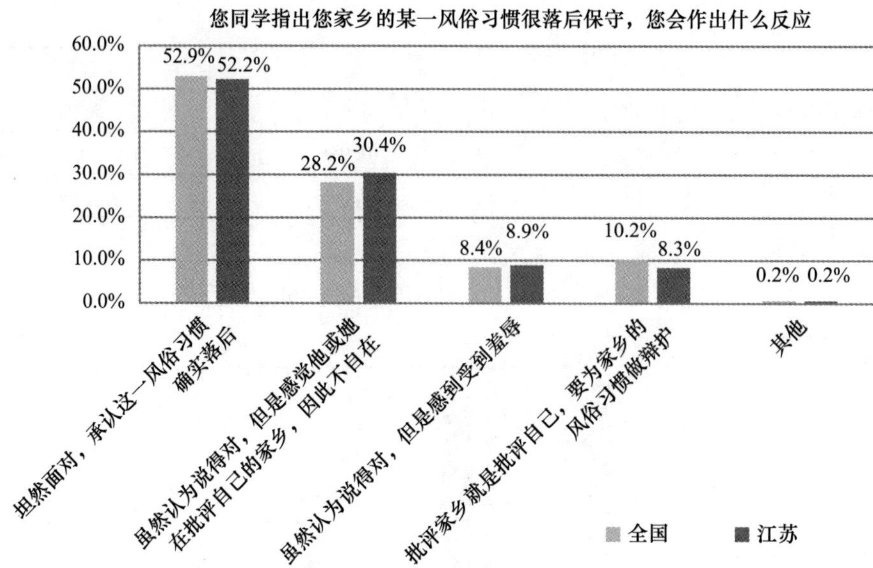

I10 如果您有机会出国，初到国外时，您交朋友会有意识地交中国朋友吗

	全国	江苏
会，认为在异国他乡找自己本国人有一种归属感	50.4%	63.7%
不会，看缘分交朋友，不强调国籍	20.8%	13.2%
不会，会有意识地多交外国朋友	3.9%	4.5%
视情况而定	24.8%	18.7%
总计	100.0%	100.0%

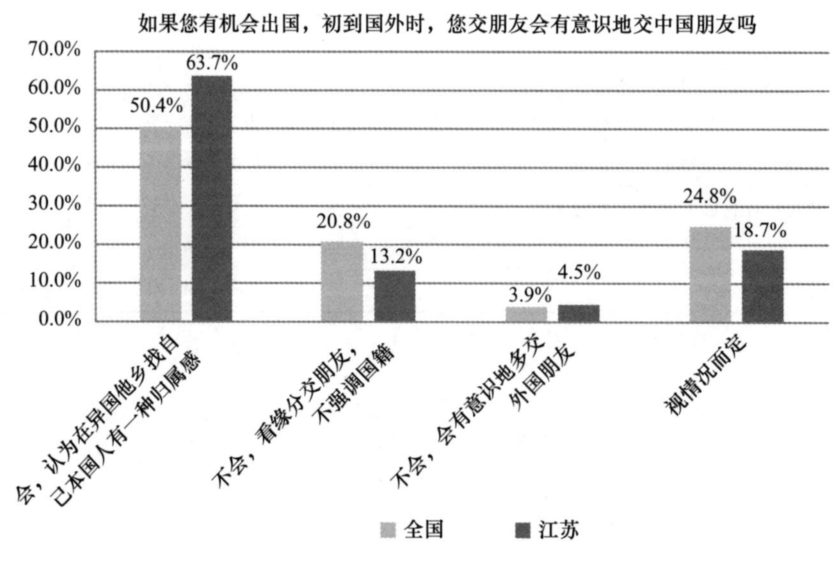

I11 您是否愿意与不同民族的人交往

	全国	江苏
非常不愿意	2.8%	2.3%
不太愿意	16.3%	18.0%
比较愿意	71.4%	74.0%
非常愿意	9.5%	5.7%
总计	100.0%	100.0%

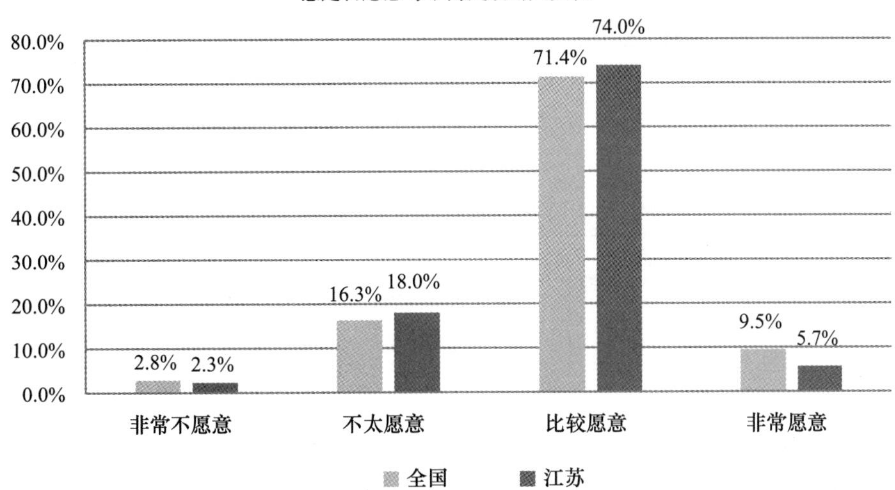

I12 您是否愿意与不同宗教信仰的人相处

	全国	江苏
非常不愿意	4.6%	2.8%
不太愿意	22.9%	23.1%
比较愿意	65.4%	70.0%
非常愿意	7.0%	4.0%
总计	100.0%	100.0%

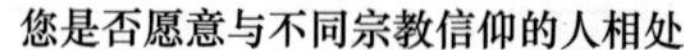

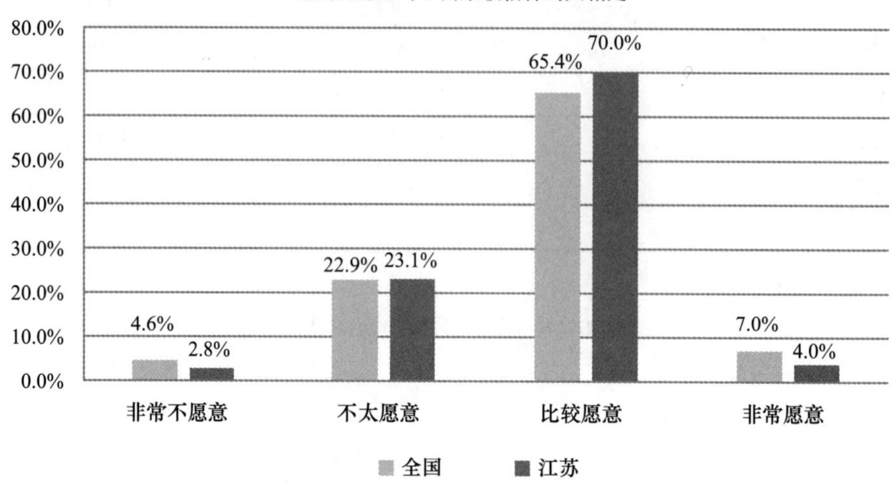

I13 您与您的邻居平时来往多吗

	全国	江苏
非常多	17.8%	17.0%
比较多	48.3%	55.9%
偶尔	29.1%	23.6%
几乎不来往	4.9%	3.6%
总计	100.0%	100.0%

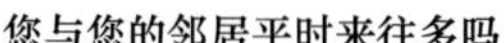

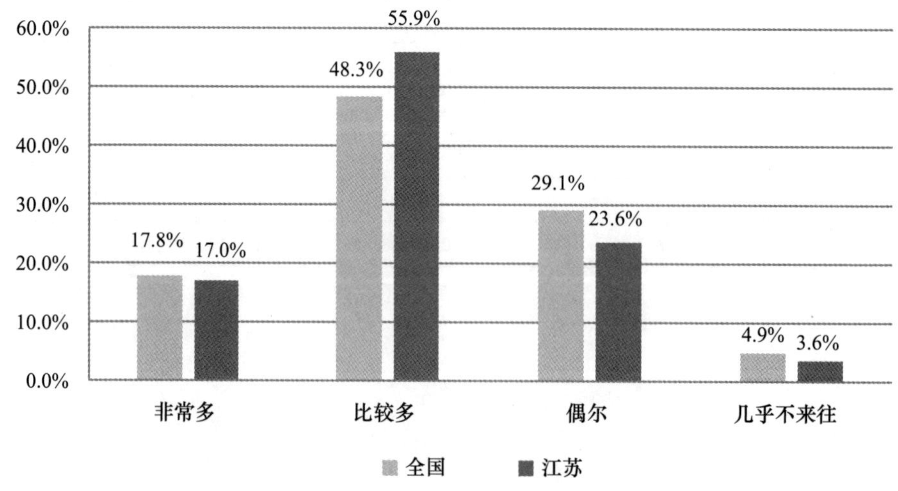

I14a 您在多大程度上愿意和农民工、进城务工人员成为邻居

	全国	江苏
非常愿意	13.7%	10.8%
比较愿意	76.9%	77.8%
不太愿意	9.0%	10.8%
很不愿意	0.4%	0.6%
总计	100.0%	100.0%

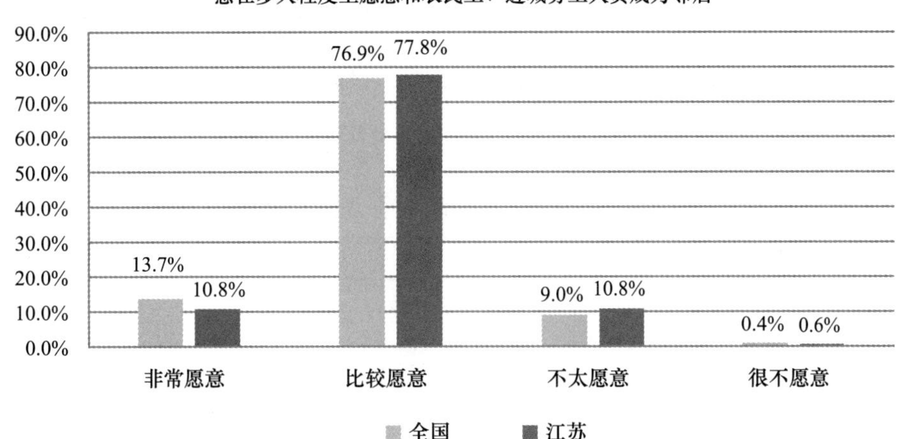

I14b 您在多大程度上愿意和商人成为邻居

	全国	江苏
非常愿意	11.0%	7.7%
比较愿意	70.6%	70.0%
不太愿意	17.2%	21.4%
很不愿意	1.1%	0.9%
总计	100.0%	100.0%

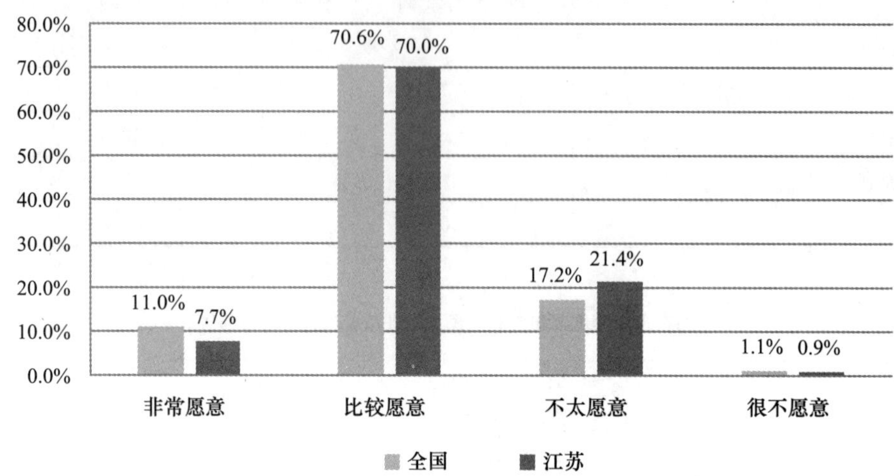

I14c 您在多大程度上愿意和企业家或高级管理人员成为邻居

	全国	江苏
非常愿意	15.6%	14.7%
比较愿意	70.7%	71.4%
不太愿意	12.7%	12.6%
很不愿意	1.1%	1.2%
总计	100.0%	100.0%

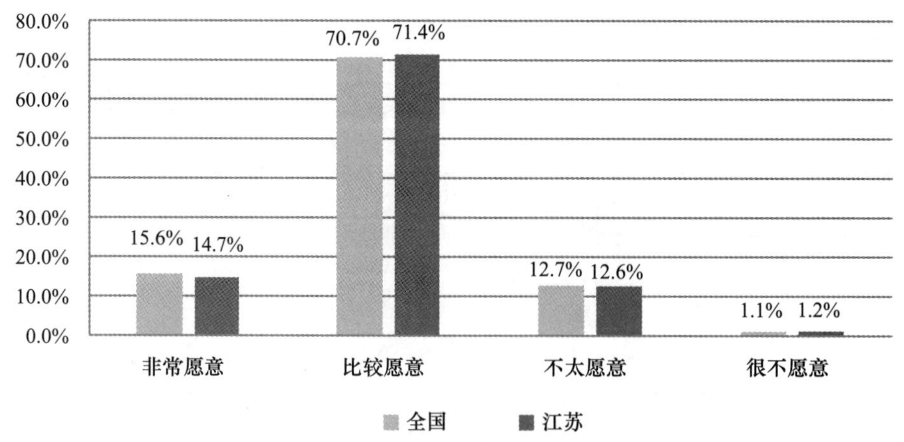

I14d 您在多大程度上愿意和技术工人成为邻居

	全国	江苏
非常愿意	19.2%	18.7%
比较愿意	72.4%	74.7%
不太愿意	7.7%	6.0%
很不愿意	0.7%	0.6%
总计	100.0%	100.0%

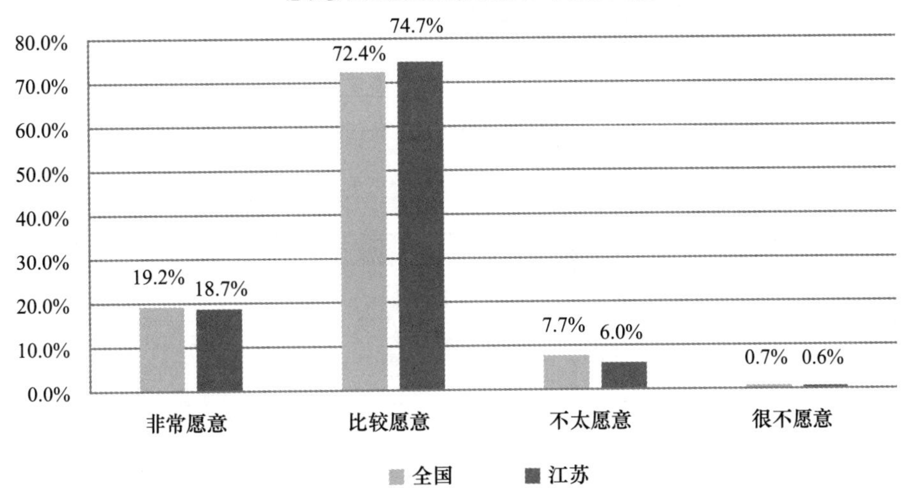

I14e 您在多大程度上愿意和教师成为邻居

	全国	江苏
非常愿意	28.3%	25.8%
比较愿意	65.7%	68.8%
不太愿意	5.3%	4.9%
很不愿意	0.6%	0.6%
总计	100.0%	100.0%

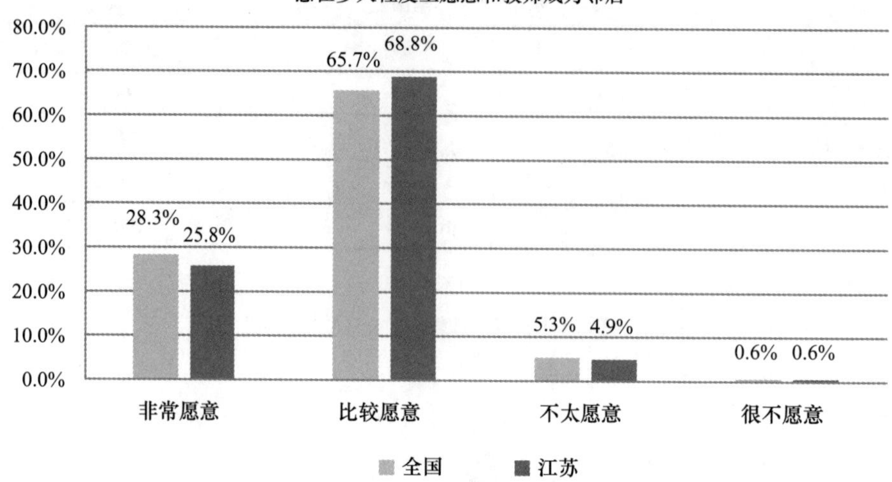

I14f 您在多大程度上愿意和医生成为邻居

	全国	江苏
非常愿意	26.2%	22.2%
比较愿意	65.7%	69.4%
不太愿意	7.2%	7.4%
很不愿意	0.8%	1.0%
总计	100.0%	100.0%

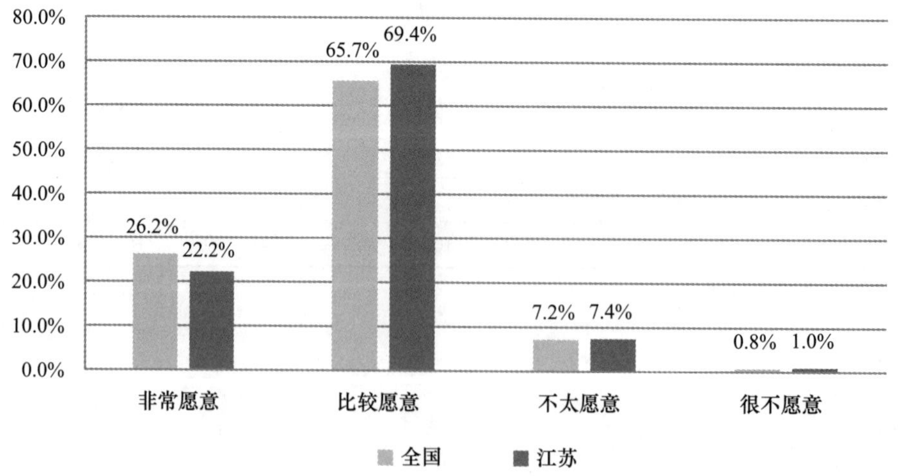

I14g 您在多大程度上愿意和富人成为邻居

	全国	江苏
非常愿意	13.0%	8.1%
比较愿意	56.7%	52.7%
不太愿意	25.4%	32.6%
很不愿意	4.9%	6.5%
总计	100.0%	100.0%

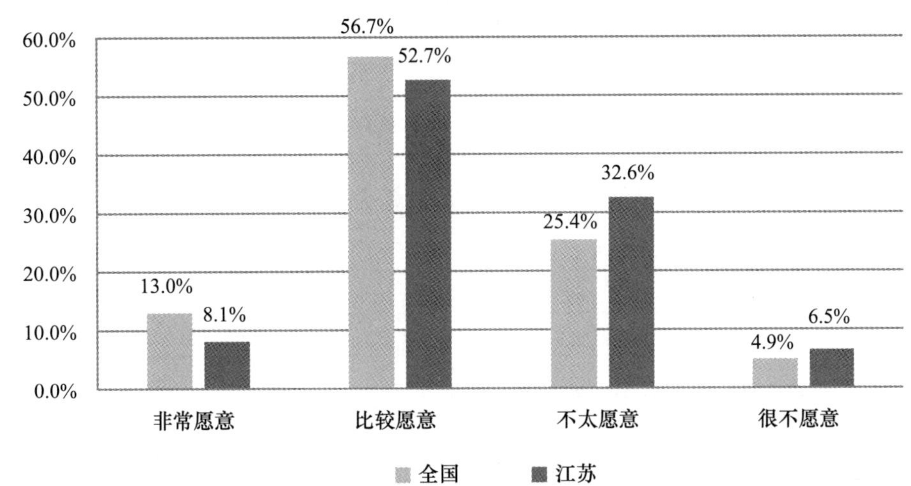

I14h 您在多大程度上愿意和土豪成为邻居

	全国	江苏
非常愿意	10.0%	6.2%
比较愿意	50.9%	46.9%
不太愿意	31.3%	36.8%
很不愿意	7.9%	10.2%
总计	100.0%	100.0%

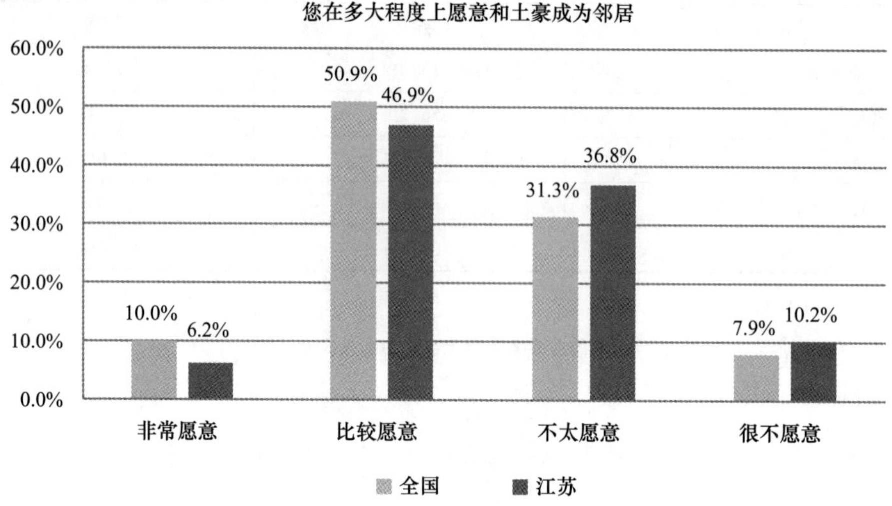

I14i 您在多大程度上愿意和专家学者成为邻居

	全国	江苏
非常愿意	17.8%	13.1%
比较愿意	60.2%	66.5%
不太愿意	18.2%	16.8%
很不愿意	3.8%	3.5%
总计	100.0%	100.0%

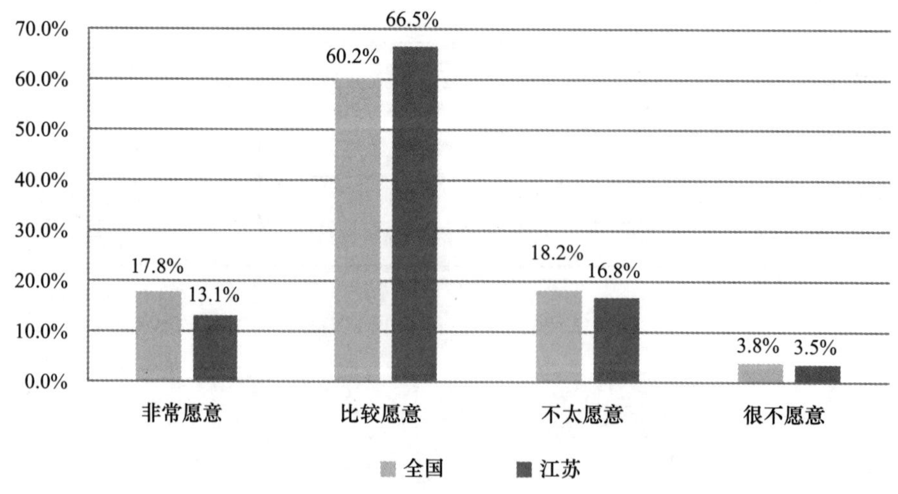

I14j 您在多大程度上愿意和政府官员成为邻居

	全国	江苏
非常愿意	12. 5%	10. 1%
比较愿意	54. 7%	57. 5%
不太愿意	25. 2%	27. 0%
很不愿意	7. 7%	5. 4%
总计	100. 0%	100. 0%

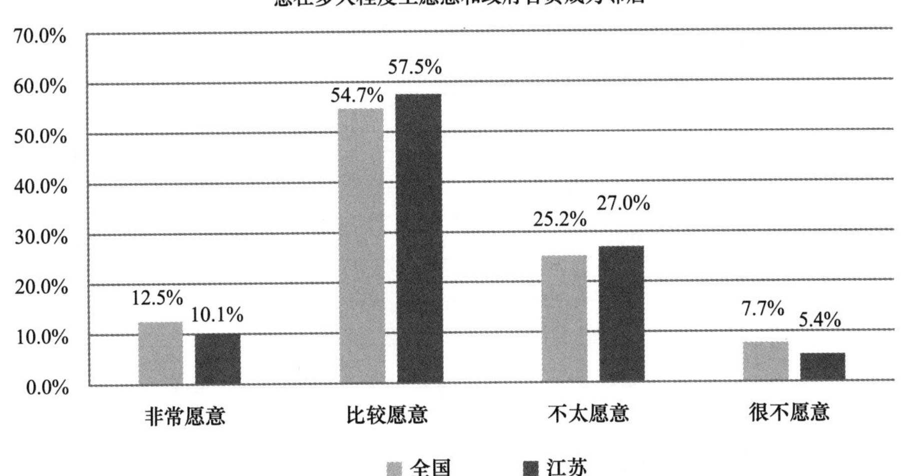

I14k 您在多大程度上愿意和公众人物、演艺人士成为邻居

	全国	江苏
非常愿意	9. 4%	6. 0%
比较愿意	51. 2%	49. 9%
不太愿意	28. 8%	33. 0%
很不愿意	10. 7%	11. 2%
总计	100. 0%	100. 0%

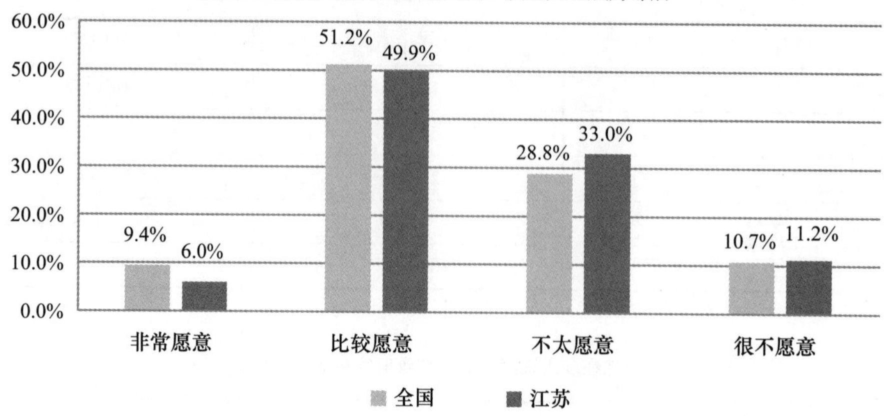

I15 您如何看待中国对其他落后国家的广泛援助计划

	全国	江苏
完全支持，认为这有助于提升国家形象和国际地位	45.6%	35.4%
支持，认为我们应该帮助比我们落后的国家	26.3%	32.6%
支持，但国家应该征求纳税人的意见	9.7%	11.2%
不支持，因为我们国家尚存在很多贫困人口	18.4%	20.8%
总计	100.0%	100.0%

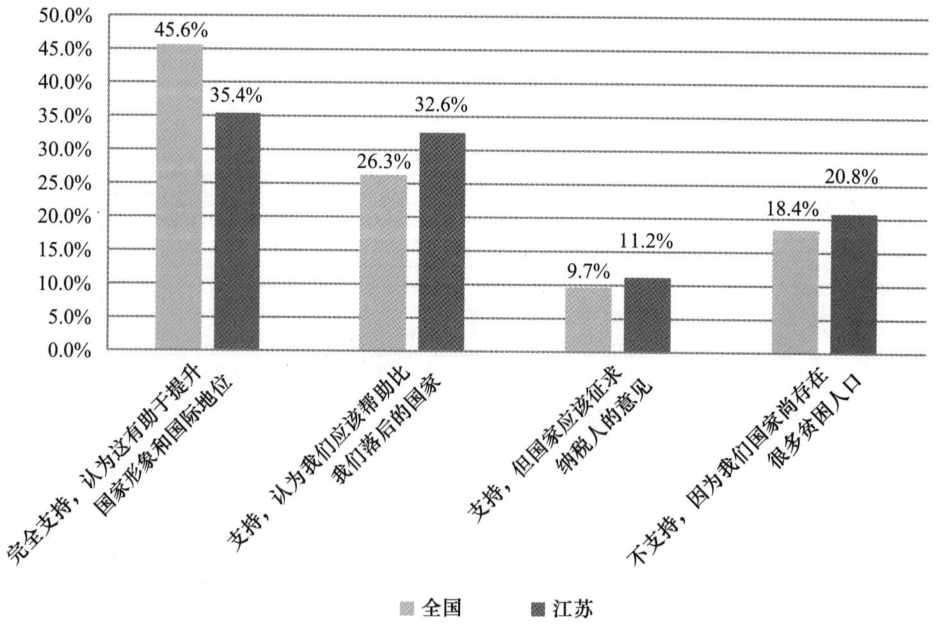

I16 您听说过一些道德模范的故事吗？您愿意像他们那样做人做事吗

	全国	江苏
知道一些，他们很了不起，应努力向他们学习	52.0%	55.2%
知道一些，很敬佩他们，但自己学不来	28.0%	26.6%
知道一些，我感到他们那样做有点不值得	4.6%	6.2%
没听说过谁是道德模范和身边好人	15.3%	12.0%
其他	0.1%	0.1%
总计	100.0%	100.0%

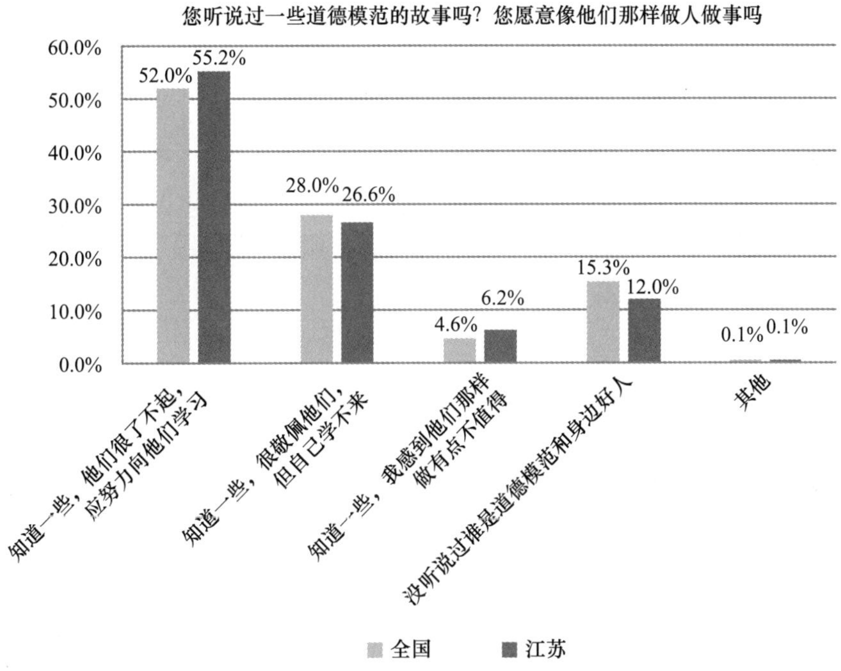

I17 当有陌生人走进您的单位或社区，或在车厢中与陌生人在一起时，您经常的态度是

	全国	江苏
对他微笑	32.1%	27.2%
主动打招呼	15.5%	11.0%
没有任何反应	29.5%	27.1%
保持警惕，防止上当	22.6%	34.5%
其他	0.2%	0.2%
总计	100.0%	100.0%

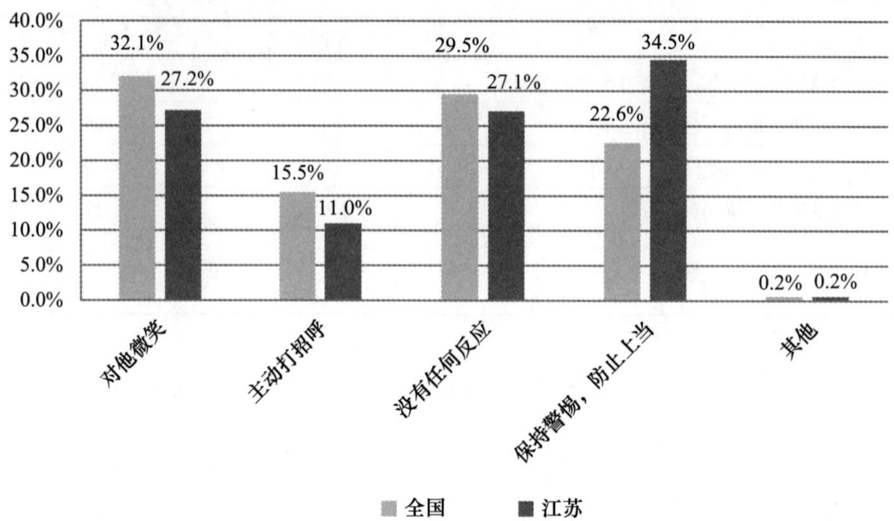

I18 假设您双手抱着东西走进电梯，您觉得电梯里的陌生人可能会怎样

	全国	江苏
主动问您去几楼并帮您按楼层	37.5%	32.7%
当作没看见	15.1%	15.0%
会在您的请求下给予帮助	47.4%	52.3%
总计	100.0%	100.0%

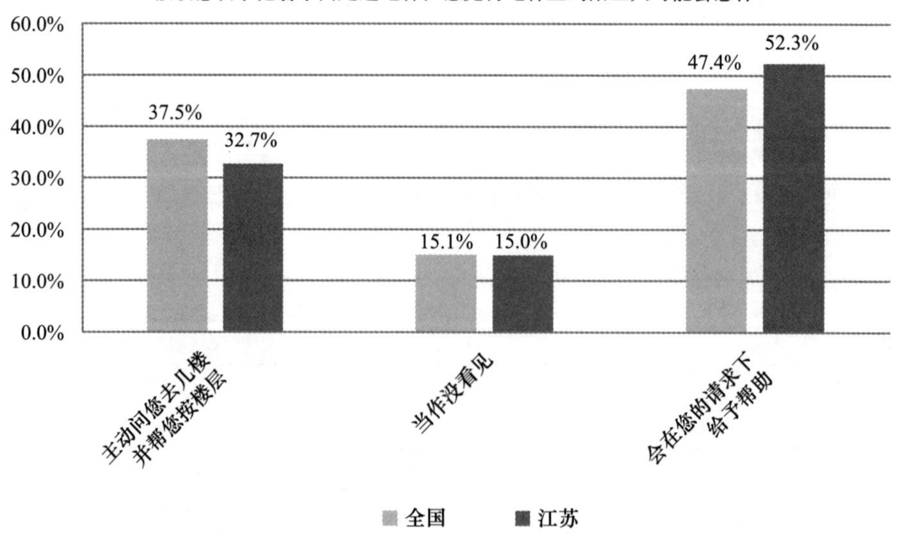

K1 您目前的婚姻状况是

	全国	江苏
未婚	13.3%	11.1%
已婚	81.8%	85.4%
离婚	1.3%	1.0%
丧偶	3.5%	2.4%
其他	0.1%	
总计	100.0%	100.0%

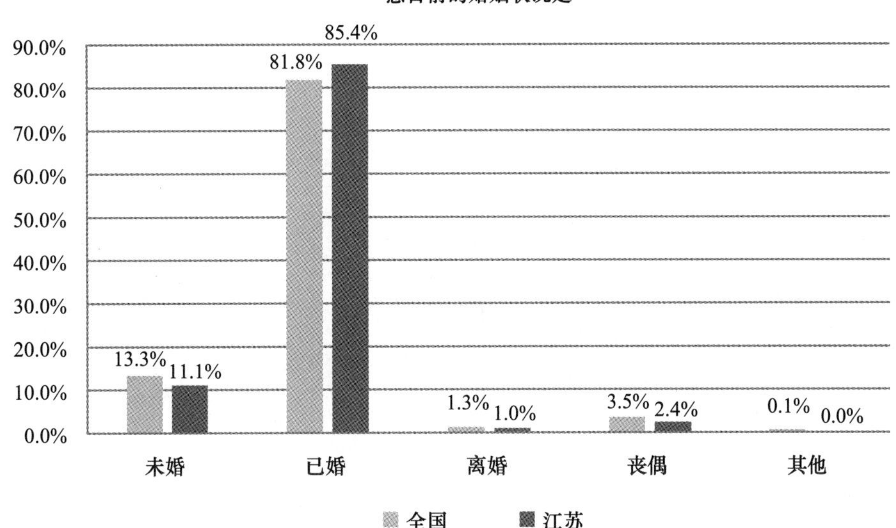

K2 您家里住在一起并且一起吃饭的有几个人（包括您自己）

	全国	江苏
1	5.5%	4%
2	22.3%	20.5%
3	26.3%	27.6%
4	21.3%	17.6%
5	14.1%	19.5%
6	7.7%	7.8%
7	1.5%	1.8%
8	0.7%	0.5%
9	0.2%	0.2%

续表

	全国	江苏
10	0.2%	0.2%
11	0.1%	
总计	100.0%	100.0%

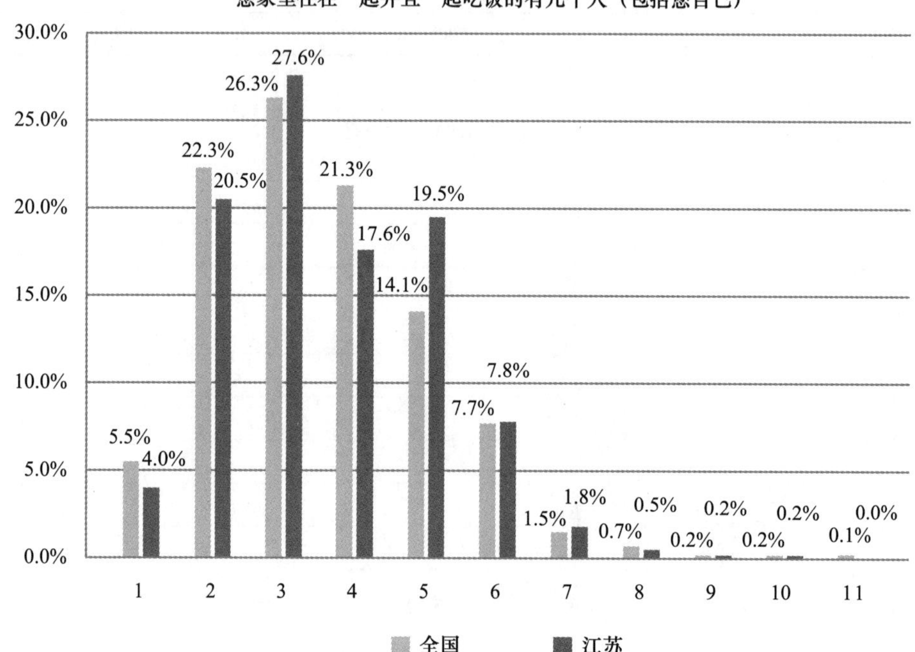

注：柱状条形图中，位于上方的数据为江苏数据，下方的为全国数据

K3 请问您有几个子女

	全国	江苏
	14.9%	13.8%
1	43.7%	55.6%
2	35.1%	26.7%
3	5.4%	3.5%
4	0.8%	0.3%
5	0.2%	0.1%
总计	100.0%	100.0%

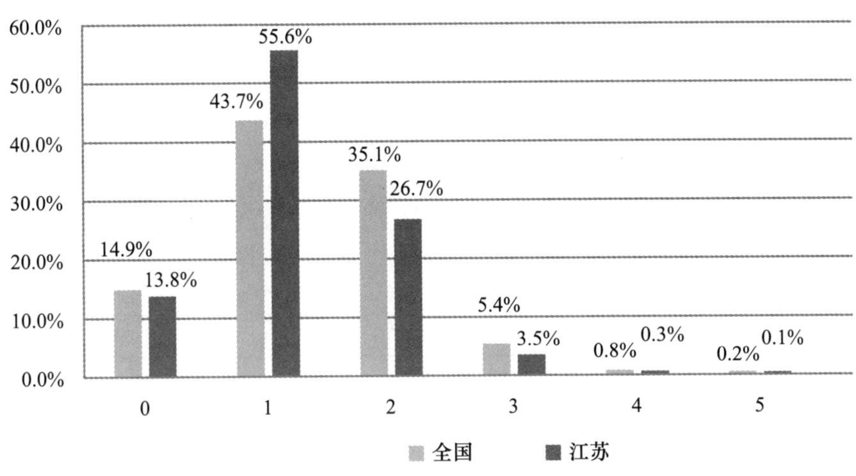

K3a 请问您有几个儿子

	全国	江苏
	21.9%	29.9%
1	67.3%	62.7%
2	10.2%	7.2%
3	0.5%	0.2%
4	0.1%	
总计	100.0%	100.0%

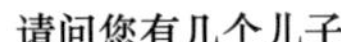

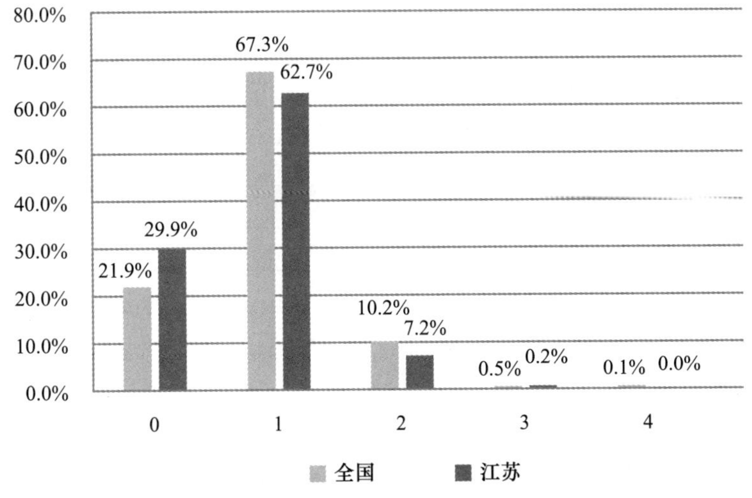

K3b 请问您有几个女儿

	全国	江苏
	41.9%	45.5%
1	48.0%	46.5%
2	9.2%	7.4%
3	0.7%	0.6%
4	0.1%	
5		0.1%
总计	100.0%	100.0%

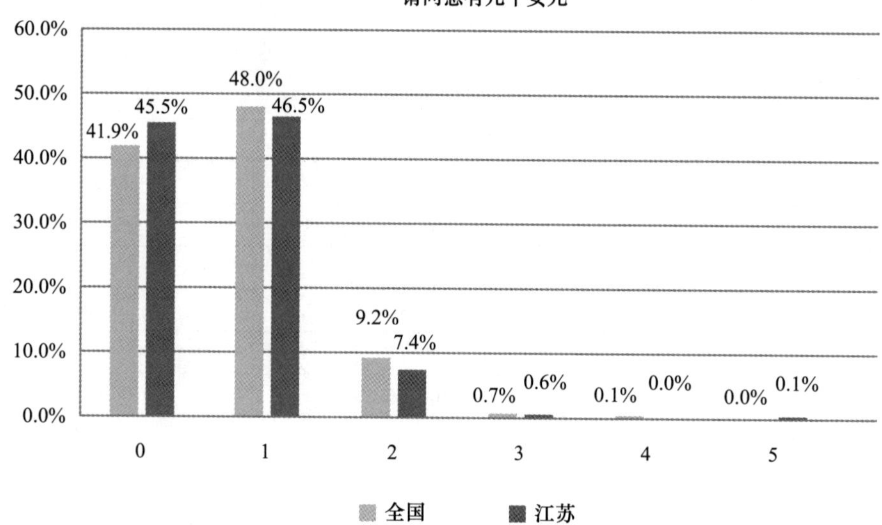

K4 您目前的居住状况是

	全国	江苏
与配偶居住	21.1%	19.9%
与配偶及已婚子女居住	10.9%	13.2%
与配偶及父母居住	8.2%	8.8%
独自居住	5.8%	4.0%
与配偶及未婚子女居住	28.8%	32.1%
祖父母辈与孙辈居住	7.6%	3.8%
其他	17.5%	18.1%
总计	100.0%	100.0%

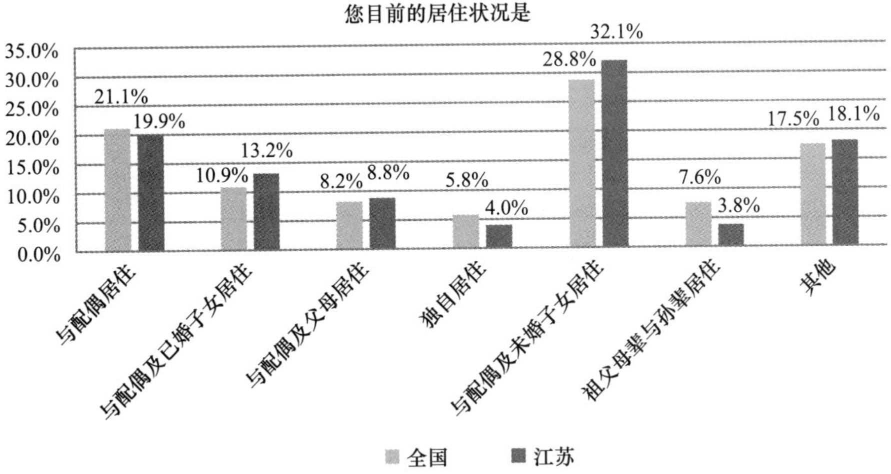

K5 请问您现在的住房属于以下哪种情况

	全国	江苏
父母买或祖上传的私房	14.2%	14.3%
自己买或盖的房	65.9%	69.5%
与父母合买的商品房	1.1%	1.6%
买单位/房管局的房	2.8%	0.8%
单位分的公房	1.0%	1.3%
租私人的房	12.8%	9.8%
租房管局的房	0.3%	0.2%
其他	2.0%	2.5%
总计	100.0%	100.0%

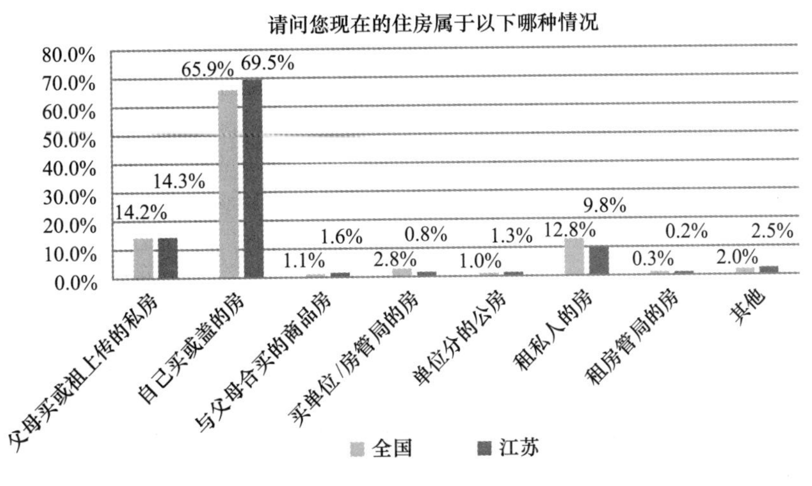

K6 您最近一年来的月平均收入属于下面哪个范围

	全国	江苏
无收入	16.4%	15.1%
1—999 元	10.3%	9.5%
1000—1999 元	19.8%	13.4%
2000—3999 元	32.6%	35.5%
4000—5999 元	14.6%	18.8%
6000—8999 元	4.7%	4.8%
9000—12999 元	1.1%	1.9%
13000—20000 元	0.4%	0.6%
20000 元以上	0.2%	0.5%
总计	100.0%	100.0%

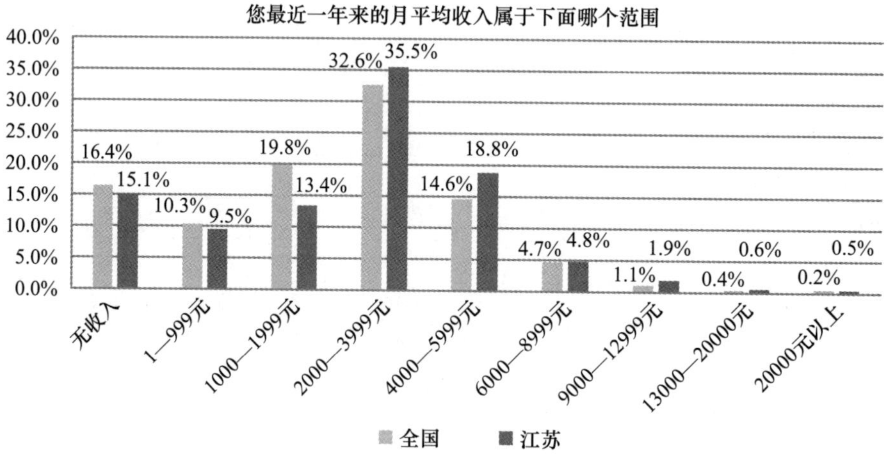

您最近一年来的月平均收入属于下面哪个范围

■ 全国　■ 江苏

K7 2016 年您的家庭全年总收入属于下面哪个范围

	全国	江苏
少于 1000 元	0.8%	0.6%
1000—1999 元	0.6%	0.3%
2000—3999 元	1.0%	0.5%
4000—6999 元	1.8%	0.9%
7000—9999 元	3.8%	1.2%
1 万—1.9999 万元	10.4%	4.1%
2 万—3.9999 万元	21.4%	11.8%

续表

	全国	江苏
4 万—5. 9999 万元	21. 8%	21. 8%
6 万—7. 9999 万元	15. 7%	20. 0%
8 万—9. 9999 万元	10. 9%	15. 7%
10 万—19. 9999 万元	9. 6%	19. 3%
20 万—29. 9999 万元	1. 7%	2. 7%
30 万—49. 9999 万元	0. 5%	0. 8%
50 万—99. 9999 万元	0. 1%	0. 3%
100 万元及以上	0. 1%	0. 1%
总计	100. 0%	100. 0%

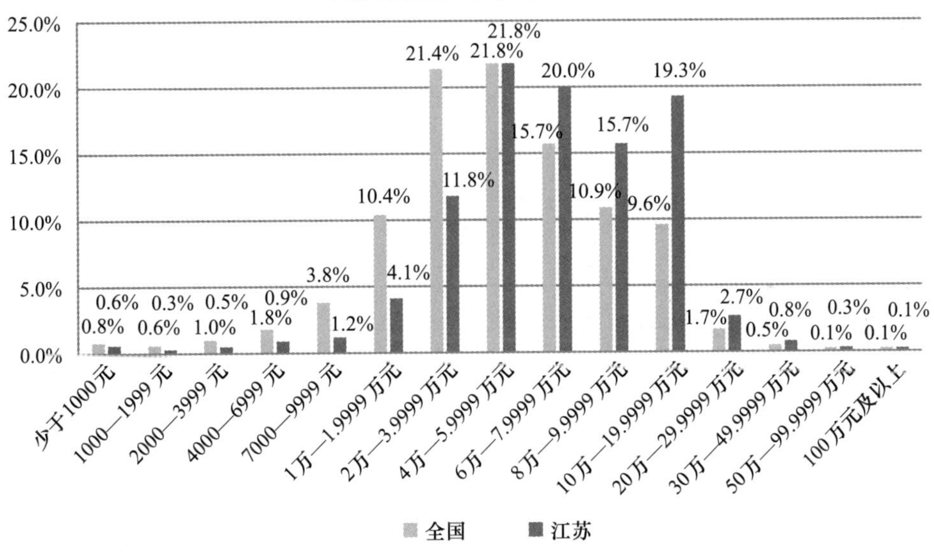

K8 您目前的政治面貌是

	全国	江苏
共产党员	6. 5%	8. 5%
民主党派	0. 2%	0. 3%
共青团员	6. 5%	7. 7%
群众	86. 8%	83. 6%
总计	100. 0%	100. 0%

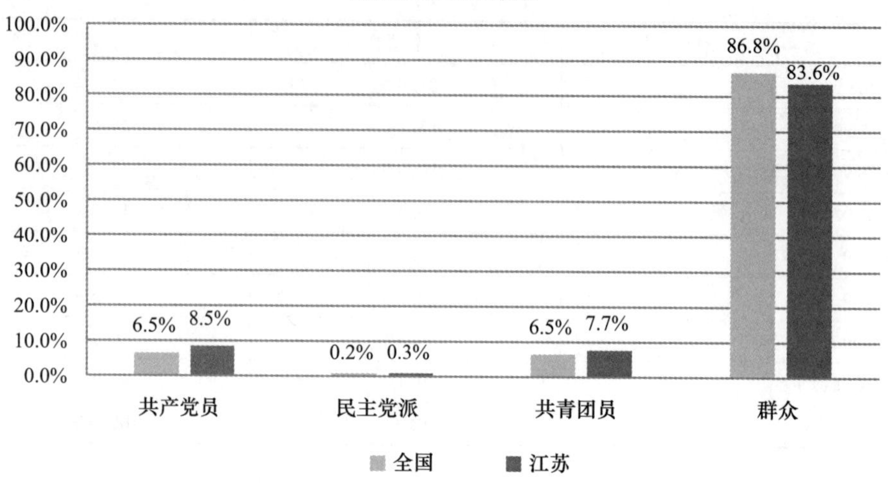

K9 您经常离开本市外出（包括出差、旅游、探亲等）吗

	全国	江苏
每周几次	0.3%	0.4%
每月几次	1.8%	3.1%
每年几次	16.1%	24.3%
每年一次	19.5%	11.7%
两三年一次	6.1%	4.6%
几乎不去	56.3%	56.0%
总计	100.0%	100.0%

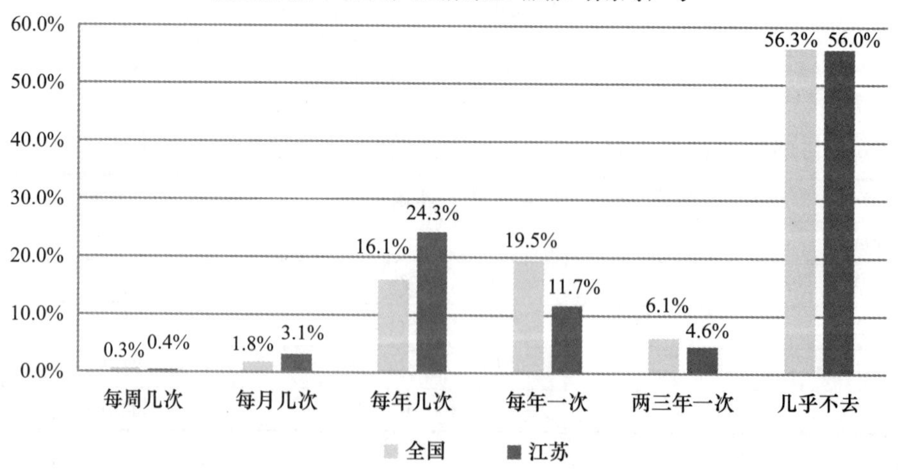

K10 您去过国外或港、澳、台地区吗

	全国	江苏
去过	7.1%	7.8%
没去过	92.9%	92.2%
总计	100.0%	100.0%

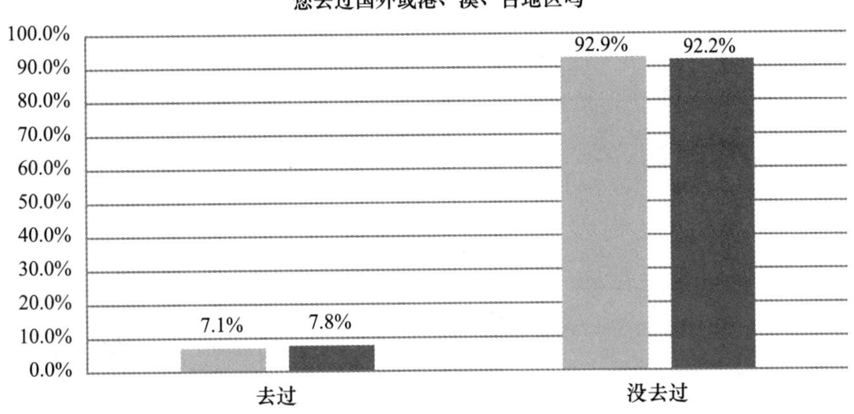

K11 您的家人和亲戚当中是否有人曾经或正在国外学习、工作或生活

	全国	江苏
有	8.3%	13.4%
没有	91.7%	86.6%
总计	100.0%	100.0%

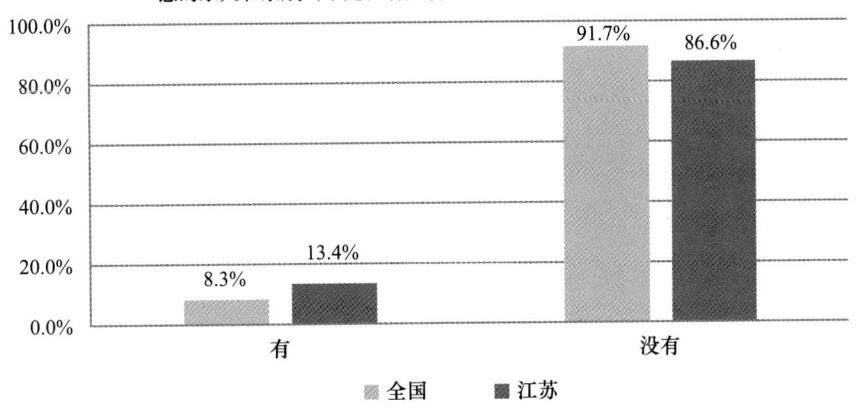

K12 您的好朋友当中是否有人曾经或正在国外学习、工作或生活

	全国	江苏
有	9.2%	15.4%
没有	90.8%	84.6%
总计	100.0%	100.0%

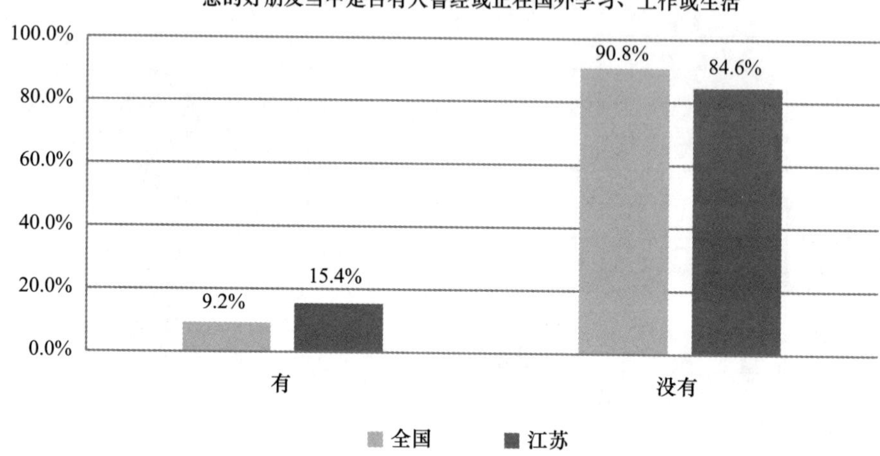

后　记
数字写春秋

纤弱婉约而又婀娜多姿的数字从现身于茫茫宇宙的那一刻，便携带了太多的神奇密码。十个阿拉伯数字仅用了前七个，配上某些标识抑扬顿挫的符号，呆板的信息立马好似被赋予上帝所吹的那口灵气而成为变幻无穷的音乐。人们对数字如此信赖和崇拜，据说寻找外星人最重要的地球符号便是数字。不过，数字的灵性来自人赋予的意义，数字的无穷魅力在于其排列组合所表征的那个或隐或显的大千世界。呈现于眼前的这个偌大的数据库是由图或表组合的数字王国，它的特异之处在于，以伦理道德为主角，演绎着一个可道而又不可道的精神的王国，背后透迤的是改革开放40年激荡在精神世界苍穹所写意的春秋诗篇。这是一个数字呈现的火红时代的精神春秋，当然也包括呈现它的学者及其团队拔节成长的生命春秋。数字写春秋，既是本书的主题，也是创造它的人们的宏愿，只是无论春江水暖，还是秋意阑珊，我们都期待一次灵魂的缠绵。

改革开放40年，留下的不只是被某些固守帝国心态的西方人视为“威胁”的经济奇迹，更留下了一个跌宕起伏的精神世界，只是这个世界难以触摸，不仅因为它因其静水流深，更因为这个世界是由无数星辰构成的浩瀚宇宙，没有博大的视界和具有穿透力的思想难以发现其一泻千里的银河和作为宇宙星标的北斗。“四十而不惑”，改革开放已经到达不惑之境，对它的认知和呈现能否“不惑”，如何“不惑”，这不仅是对我们的学术能力的考验，也是对我们学术抱负的考验。为了迈向“不惑”，十年前，在改革开放的“而立”之年，我们东南大学的伦理学团队便开启“而立”之行，通过大规模全国调查，描绘和演绎这个时代伦理道德发展的精神史。历史机遇让我们在漫游思辨王国的同时打开了数字世界的大门，我们决心以最具确定性的数字写意最不具确定性的精神。这是一个浩大、枯燥而又考量耐力的艰苦工程，不仅每一次调查都是一次伦理关系与道德生活的精神体检，而且只有通过多次调查所获得的大数据的链接，才能触摸精神世界脉动的旋律。马克思说，伦理道德是物质生活条件的反映；黑格尔说，伦理道德是绝对精神的客观形态，家庭、社会和国家都是它的外化。伦理道德到底是物质世界的追随者还是生活世界的创造者？我们决定通过数字倾听和体验这一来自两个世界的天籁之音。伴随改革开放，伦理道德到底是“滑坡”，是“爬坡”，还是“永远在路上”？数字向我们展示了被激扬的社会情绪的不息旋律，也展示了经过反思的理性乐章，更有潜藏于高亢情绪和深沉理性背后的那种“天不变道亦不变”的伦理型文化的本能和基因。它让我们坚定了一种追求和抱负，至少坚定了一种信念：以数字展现这个伟大时代到达不惑之境的伦理道德的精神世界及其成长历史，从而为民族精神发展提供集体记忆力；为学术研究提供客观依据；为党和政府治国理政提供科学信息。

历史是人类在生命成长中踏成的康庄大道。在这条大道上，有人欢马叫的缤纷，有对身后足迹的眷念，更有一往无前通向远方的行进。黑格尔将历史分为三种，记事的历史，反省的历史，精神的历史，其中只有精神的历史才具有哲学意义。黑格尔的历史观当然具有绝对精神的偏见，但三种历史的自觉确实具有启发意义。这皇皇数十卷的数据库对改革开放 40 年的伦理道德发展具有记事意义，借此可以对中国伦理道德发展进行历史反思，同时由它们所构成的信息链和数据流既呈现了改革开放 40 年，从中也可以透视整个中国伦理道德发展的精神哲学规律，因而具有深刻的精神史意义。在由“记事的历史”向“反省的历史”和“精神的历史”的不断提升中，我们期待着学术发现和学术慧见。这个数据库呈现的不仅是改革开放 40 年伦理道德发展的春秋史，它的建构过程，也是我们这个团队在改革开放中成长的春秋史。三轮全国调查、四轮江苏调查，从 2007 年到 2017 年，十年生命节律不仅呈现了改革开放从“三十而立”到“四十而不惑”的伦理道德的发展史，而且也呈现了东南大学伦理学团队和社会学团队，以及与之相关的其他学术团队，从对中国伦理道德国情包括对调查研究方法从无知到知，从知之不多到走向专业化的成长之路。在学术和学科成长的过程中，如果说 2007 年伦理学团队展开的全国和江苏调查是少年期，2013 年伦理学与社会学团队会合而进行的大调查是青春期，那么 2017 年的大调查便是成熟期，标志着我们的伦理道德国情研究跟随改革开放同步进入“不惑”之境，其间 2015 年道德发展高端智库和道德发展研究院的成立，是由青春期的躁动走向“不惑”期的成熟的标志。在这个过程中，不仅伦理学与社会学的整合、东南大学与中国人民大学、北京大学等专业调查组织的合作显现学科发展的改革与开放的气派，而且思辨研究和实证研究的深度切合，宣示追求“顶天立地”的“不惑”，并由此迈向“知天命”即履行自己的学术天命的学术征程。

也许有人认为，我们的持续大调查和建立数据库的努力，暗合了当今人文科学的社会科学化及其走向应用的国际趋势。坦率地说，每每听到这类评价，我总是保持高度的警惕和紧张。不错，大数据的建立和运用是当今包括人文科学在内的一切科学发展的重要趋势，国际顶尖的学术机构如哈佛大学的人文科学研究，借助社会科学方法的移植也确实取得了某些突破性进展。但人文科学的“社会科学化”确实必须警惕，两种学科之间的区分，不仅是数据的运用与否，更重要的是理想主义与现实主义两种不同取向，如果失去理想主义，失去意义世界建构的追求，人文科学最终将因“还俗”而失去自身。当今人文科学研究和人的精神世界“祛魅”的现代病，与人文科学被“化”或社会科学对人文科学的僭越存在深刻关联。西方世界运用数学和数据分析的方法进行的学术研究，在经济学等领域占主导地位，有很强的科学性与客观性，但其潜在的问题也已经被发现，经济学领域对人的经济行为的非经济分析已经预示一种新智慧的出现。与之相关的另一种“社会科学化”是所谓“应用研究”。与社会科学相比，人文科学相当程度上指向人的精神世界，其价值是“以无用求大用”。当然，人文科学也应当并且必须服务于国家重大需求，但直接而过度的应用导向同样会使人文科学难以完成自己的学术天命。在这个西方学术掌控话语权与评价权的时代，学术研究的方法和取向很容易以西方学术趋势为趋势，然而事实已经证明，西方学术已经面临难题，甚至正遭遇危机。

2010 年我在伦敦国王学院做访问教授时，曾对大英图书馆和伦敦国王学院图书馆的伦理学藏书做过一次比较全面的检索，试图发现和描绘西方伦理学发展的趋势。结果令我惊讶不已，自 20 世纪 70 年代以来，西方伦理学确实发生走向应用的重大转向，其中 20 世纪 90 年代和 21 世纪初是一个重要拐点，所有藏书中经济伦理、商务伦理、法伦理、伦理心理学等应用类藏书大幅度增加，与之相反，理论研究与历史研究的著作逐年减少，并且越来越少。图书馆折射的不仅是藏书，更是知识生产的状况。这一特点确实是西方趋势，但现实的并不是合理的，它表明，西方学术研究发展已经形成一种断裂带甚至走到悬崖边，宏大高远的理论研究和理论建构，让位于就事论事的问题研究，长此以往，将对文化传承和学术发展以及人的精神世界及其完整性产生深远影响。面对这一“西方趋向”，我们的选择不是跟风，而是保持一份清醒和警惕，以一种学术创新和学术自信宣告：在西方学术的断裂处，我们来了！应该说，这是中国学术发展的一次真正走向世界和赢得话语权的机遇，其中的关键在于，我们是否有足够的卓识和担当。

为此，无论是建立数据库，还是在运用数据库进行研究的过程中，我们都有一份学术清醒，将“热点”和“前沿”分开，将思辨研究和实证研究紧密结合。我们的努力不只是通过数据链和信息流发现和揭示伦理道德发展的事实，更不只是追随“热点”，而是由此寻找和追踪伦理道德发展的前沿，进行前沿性的理论研究和现实研究。我们追求的境界是“顶天立地”，“顶天”即尖端性的理论研究，“立地”即扎实而科学的调查研究，然而理论研究与现实研究、“顶天”与“立地”并不是两个过程，因为前沿和尖端并不存在于理论演绎中，甚至并不只存在于对以往研究的文献综述中，而是存在于现实、存在于生活世界中。这就是数据的意义，也是我们调查研究和建立数据库的意义。通过调查研究和数据分析，作出新发现新解释，甚至发出具有诊断意义的预警，由此进行前沿性的理论研究和理论建构，这是我们进行调查研究和建立数据库的学术追求。这种独特追求的要义就是：在这个不断变化的世界和不断推进的学术发展中，自己谱写自己的学术春秋。

演绎改革开放40年伦理道德发展的精神史的春秋，见证学术团队和学术研究成长史的春秋，自己谱写自己的学术春秋，一言蔽之，这套千万言的数据库和分析报告的要义就是：数字写春秋！

樊　浩

2018年9月10日